普通高等教育电气工程与自动化类系列教材

过程控制系统

第2版

俞金寿　孙自强　编著

机 械 工 业 出 版 社

本书在分析稳态和动态数学模型的基础上，简要介绍了过程控制系统中的自动化仪表，主要讨论了简单控制系统，常用复杂控制系统（串级、均匀、比值、前馈、选择性、分程、双重、差拍等控制）的结构、原理、特点、适用场合、系统设计及应用等问题，并简单介绍了先进控制技术（基于模型的预测控制、软测量技术、纯滞后补偿控制、自适应控制、智能控制、综合自动化等），阐述了过程工业（石化、化工、轻工、医药等）生产过程中基于常规控制系统组成的典型单元操作的控制方案，还介绍了典型工业生产过程（常减压过程、催化裂化过程、乙烯过程、聚合过程、生物发酵过程、制浆造纸过程、冶金过程、电力过程和化肥生产过程）的控制。本书的特点是理论与实际结合，基本理论与新的发展并重，内容切合信息时代的需要，并力求深入浅出，着重物理概念。

本书可作为过程控制系统的课程教材、继续教育教材或参考书，也可供从事过程控制的工程技术人员或有关专业的高校师生阅读使用，还可供需要了解过程控制系统的自动化工作者参考。

本书配有免费电子课件，欢迎选用本书作教材的老师登录 www.cmpedu.com 下载或发邮件到 yu57sh@163.com 索取。

图书在版编目（CIP）数据

过程控制系统/俞金寿，孙自强编著．—2 版．—北京：机械工业出版社，2015.1（2025.1 重印）

普通高等教育电气工程与自动化类系列教材

ISBN 978-7-111-48542-1

Ⅰ.①过…　Ⅱ.①俞…②孙…　Ⅲ.①过程控制—自动控制系统—高等学校—教材　Ⅳ.①TP273

中国版本图书馆 CIP 数据核字（2014）第 266100 号

机械工业出版社（北京市百万庄大街 22 号　邮政编码 100037）
策划编辑：于苏华　责任编辑：张振霞
版式设计：霍永明　责任校对：佟瑞鑫
封面设计：马精明　责任印制：常天培
固安县铭成印刷有限公司印刷
2025 年 1 月第 2 版第 11 次印刷
184mm×260mm · 21.75 印张 · 524 千字
标准书号：ISBN 978-7-111-48542-1
定价：55.00 元

电话服务　　　　　　　　网络服务
客服电话：010-88361066　机 工 官 网：www.cmpbook.com
　　　　　010-88379833　机 工 官 博：weibo.com/cmp1952
　　　　　010-68326294　金 书 网：www.golden-book.com
封底无防伪标均为盗版　　机工教育服务网：www.cmpedu.com

序

随着科学技术的不断进步，电气工程与自动化技术正以令人瞩目的发展速度，改变着我国工业的整体面貌。同时，对社会的生产方式、人们的生活方式和思想观念也产生了重大的影响，并在现代化建设中发挥着越来越重要的作用。随着与信息科学、计算机科学和能源科学等相关学科的交叉融合，它正在向智能化、网络化和集成化的方向发展。

教育是培养人才和增强民族创新能力的基础，高等学校作为国家培养人才的主要基地，肩负着教书育人的神圣使命。在实际教学中，根据社会需求，构建具有时代特征、反映最新科技成果的知识体系是每个教育工作者义不容辞的光荣任务。

教书育人，教材先行。机械工业出版社几十年来出版了大量的电气工程与自动化类教材，有些教材十几年、几十年长盛不衰，有着很好的基础。为了适应我国目前高等学校电气工程与自动化类专业人才培养的需要，配合各高等学校的教学改革进程，满足不同类型、不同层次的学校在课程设置上的需求，由中国机械工业教育协会电气工程及自动化学科教学委员会、中国电工技术学会高校工业自动化教育专业委员会、机械工业出版社共同发起成立了“全国高等学校电气工程与自动化系列教材编审委员会”，组织出版新的电气工程与自动化类系列教材。这套教材基于**“加强基础，削枝强干，循序渐进，力求创新”**的原则，通过对传统课程内容的整合、交融和改革，以不同的模块组合来满足各类学校特色办学的需要。并力求做到：

1. 适用性：结合电气工程与自动化类专业的培养目标、专业定位，按技术基础课、专业基础课、专业课和教学实践等环节，进行选材组稿。对有的具有特色的教材采取一纲多本的方法。注重课程之间的交叉与衔接，在满足系统性的前提下，尽量减少内容上的重复。

2. 示范性：力求教材中展现的教学理念、知识体系、知识点和实施方案在本领域中具有广泛的辐射性和示范性，代表并引导教学发展的趋势和方向。

3. 创新性：在教材编写中强调与时俱进，对原有的知识体系进行实质性的改革和发展，鼓励教材涵盖新体系、新内容、新技术，注重教学理论创新和实践创新，以适应新形势下的教学规律。

4. 权威性：本系列教材的编委由长期工作在教学第一线的知名教授和学者组成。他们知识渊博，经验丰富。组稿过程严谨细致，对书目确定、主编征集、资料申报和专家评审等都有明确的规范和要求，为确保教材的高质量提供了有力保障。

此套教材的顺利出版，先后得到全国数十所高校相关领导的大力支持和广大骨干教师的积极参与，在此谨表示衷心的感谢，并欢迎广大师生提出宝贵的意见和建议。

此套教材的出版如能在转变教学思想、推动教学改革、更新专业知识体系、创造适应学生个性和多样化发展的学习环境、培养学生的创新能力等方面收到成效，我们将会感到莫大的欣慰。

全国高等学校电气工程与自动化系列教材编审委员会

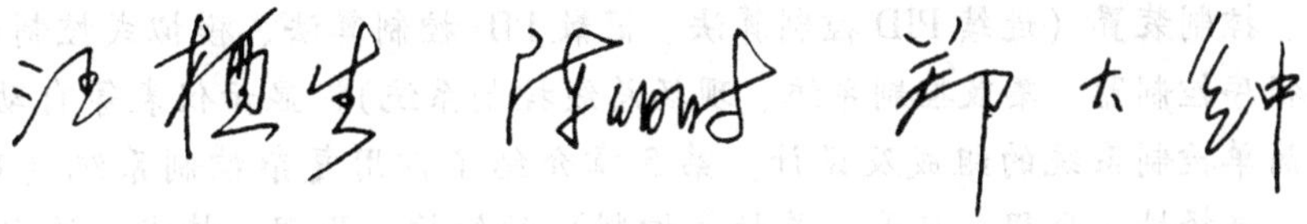

前　言

本书第1版于2009年出版，到现在已有5年多。使我们深感荣幸的是本书得到不少大专院校的认可，被选为教材，也受到了许多自动化技术人员的欢迎。这次再版，我们努力保持原有的优点，并力求克服原书的不足，考虑到过程控制技术人员的需要，增加了过程控制系统中的自动化仪表内容，在先进控制技术中简要补充了工业生产过程监控技术、故障检测诊断与容错控制技术、工业生产过程操作优化技术等内容。

本书总计8章，第1章主要叙述过程控制系统的发展以及过程控制系统基本概念。第2章是过程数学模型建立基本方法及例子。第3章简要介绍了过程控制系统中的检测仪表、变送器、控制装置（连续PID控制算法、离散PID控制算法、模拟式控制器、数字式控制器、可编程序控制器、集散控制系统、现场总线控制系统）、显示仪表等自动化仪表。第4章介绍了简单控制系统的组成及设计。第5章介绍了常用复杂控制系统（串级、均匀、比值、前馈、选择性、分程、双重、差拍等控制）的结构、原理、特点、适用场合、系统设计及应用等问题。第6章简单介绍了基于模型的多变量预测控制、软测量技术、纯滞后补偿控制系统、自适应控制、智能控制系统、工业生产过程监控技术、故障检测诊断与容错控制技术、工业生产过程操作优化技术等先进控制技术。第7章阐述了生产过程中典型单元操作（流体输送设备、传热设备、蒸发器、管式加热炉、工业窑炉、精馏塔、化学反应器）基于常规控制系统组成的控制方案。第8章介绍了典型工业生产过程（常减压过程、催化裂化过程、乙烯过程、聚合过程、生物发酵过程、制浆造纸过程、冶金过程、电力过程和化肥生产过程）的控制。

本书介绍的各类控制系统可以采用基地式仪表、气动单元组合仪表、电动单元组合仪表、可编程序控制器、现场总线、计算机等自动化工具来实现。考虑到自动化专业中应用范围广泛，第7、8章内容较多，各有关院校可以根据自身特点进行选择。

本书由俞金寿、孙自强编著。由于作者水平有限，不妥之处欢迎读者批评指正。

作者于华东理工大学

目　录

第1章　绪　论

1.1　控制理论与过程控制系统的发展概况

20世纪40年代开始形成的控制理论被称为“20世纪上半叶三大伟绩之一”，在人类社会的各个方面有着深远的影响。控制理论与其他任何学科一样，源于社会实践和科学实践。在自动化的发展中，有两个明显的特点：第一，任务的需要、理论的开拓与技术手段的进展三者相互推动、相互促进，显示了一幅交错复杂，但又轮廓分明的画卷，三者间表现出清晰的同步性；第二，自动化技术是一门综合性的技术，控制论更是一门广义的学科，在自动化的各个领域，移植和借鉴起了交流汇合的作用。

自动化技术的前驱，可以追溯到我国古代，如指南车的出现。至于工业上的应用，一般以瓦特的蒸汽机调速器作为正式起点。工业自动化的萌芽是与工业革命同时开始的。这时候的自动化装置是机械式的，而且是自力型的。随着电动、液动和气动这些动力源的应用，电动、液动和气动的控制装置开创了新的控制手段。

到第二次世界大战前后，控制理论有了很大发展。电信事业的发展导致了奈奎斯特（Nyquist）频率域分析技术和稳定判据的产生（1932年）。Bode的进一步研究开发了易于实际应用的伯德（Bode）图（1945年）。1948年，Evans提出了一种易于工程应用的求解闭环特征方程根的简单图解方法——根轨迹法。至此，自动控制技术开始形成一套完整的、以传递函数为基础的、在频率域对单输入单输出控制系统进行分析与设计的理论，这就是今天的经典控制理论。经典控制理论最辉煌的成果之一要首推比例积分微分（PID）控制规律。PID控制原理简单、易于实现，对无时间延迟的单回路控制系统极为有效，直到目前为止，在工业过程控制中有80%~90%的系统还使用PID控制规律。经典控制理论最主要的特点是：线性定常对象，单输入单输出，完成镇定任务。复杂大型化生产过程对控制提出了更高要求，经典控制理论已不能满足要求，从而促使了现代控制理论的发展。

20世纪60年代，控制理论发展迅猛，这是以状态空间方法为基础，以极小值原理（Pontryagin，1962年）和动态规划方法（Belman，1963年）等最优控制理论为特征的，而以采用卡尔曼（Kalman）滤波器的随机干扰下的线性二次型系统（LQR）（Kalman，1960年）为标志线性系统的理论体系已基本建立。现代控制理论在航天、航空、制导等领域取得了辉煌的成果。现代控制理论中首先得到透彻研究的是多输入多输出系统，其中特别重要的是对描述控制系统本质的基本理论的建立，如可控性、可观性、实现理论、典范型、分解理论等，使控制由一类工程设计方法提高成为一门新的科学。为了扩大现代控制理论的应用范围，相继产生和发展了系统辨识与参数估计、随机控制、自适应控制及鲁棒控制等各种理论分支，使控制理论的内容越来越丰富。现代控制理论虽然在航天、航空、制导等领域取得了辉煌的成果，但对于复杂的工业过程却难以推广。

从20世纪70年代开始，为了解决大规模复杂系统的优化与控制问题，现代控制理论和系统理论相结合，逐步发展形成了大系统理论（Mohammad，1983年），其核心思想是系统的分解与协调。多级递阶优化与控制（Mesarovie，1970年）正是应用大系统理论的典范。实际上，大系统理论仍未突破现代控制理论的基本思想与框架，在工业过程控制中难以广泛应用。

20世纪80年代，对于含有大量不确定性和难以建模的复杂系统，基于知识的专家系统、模糊控制、人工神经网络控制、学习控制和基于信息论的智能控制等应运而生，它们在许多领域都得到了广泛的应用，成为自动控制的前沿学科之一。

智能控制（Intelligent Control，IC）是20世纪80年代以来极受人们关注的一个领域。学术界有不少人认为智能控制将是继经典控制理论方法和现代理论控制方法之后，成为新一代的控制理论方法。智能控制的理论和应用研究很多，在国内外都是受人瞩目的热点。近年来在洗衣机、空调器、摄像机等家电产品中越来越多地采用模糊控制，而智能仪表、智能大厦等术语也在一般报刊上常会看到，智能控制已走进千家万户。

什么是智能控制呢？最直观的定义显然是引入人工智能（Artificial Intelligence，AI）的控制，也就是人工智能与自动控制的结合（傅京孙教授，1971年）。人工智能与自动控制两者是不可或缺的，它一方面表明智能控制范围很广，而且会不断接纳新的内容；另一方面也给出明显的界限，与人工智能无关的控制不是智能控制。后来，智能控制还出现了各式各样的定义，如美国Saridis教授提出了把运筹学也结合起来的思想等。但是，从交集的角度看，还是以二元结构为宜。

人工智能的内容很广泛，如知识表示、问题求解、语言理解、机器学习、模式识别、定理证明、机器视觉、逻辑推理、人工神经网络、专家系统、智能控制、智能调度和决策、自动程序设计、机器人学等都是人工智能的研究和应用领域。人工智能是指智能机器所执行的通常与人类智能有关的功能，如判断、推理、证明、识别、感知、理解、设计、思考、规划、学习和问题求解等思维活动。

人工智能中有不少内容可用于控制，当前最主要的是3种形式：①专家系统；②模糊控制；③人工神经网络控制。它们可以单独应用，也可以与其他形式结合起来；可以用于基层控制，也可用于过程建模、操作优化、故障检测、计划调度和经营决策等不同层次。

从工业过程控制系统结构来看，已经经历了4个阶段。20世纪50年代是以基地式控制等组成的控制系统，如自力式温度控制器、就地式液位控制器等，它们的功能往往限于单回路控制。时至今日，这类控制系统仍没有被淘汰，而且还有了新的发展，但所占的比例大为减少。

20世纪60年代出现了由单元组合仪表组成的控制系统。单元组合仪表有电动和气动两大类，已延续40多年，目前国内还在广泛应用。由单元组合仪表组成的控制系统的控制策略主要是PID控制和常用的复杂控制系统（如串级、均匀、比值、前馈、分程和选择性控制等）。

20世纪70年代出现了计算机控制系统，最初是直接数字控制（DDC）实现集中控制，代替常规控制仪表。由于集中控制存在固有缺陷，所以未能普及和推广就被集散控制系统（DCS）所替代。DCS在硬件上将控制回路分散化，将数据显示、实时监督等功能集中化，有利于安全、平稳生产。就控制策略（算法）而言，DCS仍以简单PID控制为主，再加上一些复杂控制算法，并没有充分发挥计算机的功能和控制水平。

20 世纪 80 年代以后出现了优化与控制二层结构，在 DCS 的基础上实现先进控制和操作优化。在硬件上采用上位机和 DCS 或电动单元组合仪表相结合，构成二级计算机优化控制。随着计算机及网络技术的发展，DCS 出现了开放式系统，实现多层次计算机网络构成的管控一体化系统，即综合自动化系统。

现场总线导致了传统控制系统结构的变革，形成了新型的网络集成式全分布控制系统——现场总线控制系统（Fieldbus Control System，FCS）。它就是将挂接在总线上、作为网络节点的智能设备连接为网络系统，并进一步构成自动化系统，实现基本控制、补偿计算、参数修改、报警、显示、监控、优化及管控一体化的综合自动化功能。这是继基地式气动仪表控制系统、电动单元组合式模拟仪表控制系统、集中式数字控制系统、集散控制系统后的新一代控制系统。

新型的现场总线控制系统突破了 DCS 中通信由专用网络的封闭系统来实现所造成的缺陷，把封闭、专用的解决方案变成了公开化、标准化的解决方案，即可以把来自不同厂商而遵守同一协议规范的自动化设备，通过现场总线网络连接成系统，实现综合自动化的各种功能；同时把 DCS 集中与分散相结合的集散系统结构，变成了新型的全分布式结构，把控制功能彻底下放到现场，依靠现场智能设备本身便可实现基本控制功能。现场总线控制系统将给控制系统结构带来革命性变革，开辟控制系统的新纪元。

当前过程控制系统发展的一些主要特点是：

1. 生产装置实施先进过程控制成为发展主流

早期的简单控制由于受到经典控制理论和常规仪表的限制，难以处理工业过程中存在的耦合性、非线性和时变性等。尽管在 20 世纪 70 年代以后，许多生产装置采用了 DCS，但由于当时的理论和技术原因，控制水平仍停留在单回路 PID 控制、联锁保护控制等。随着企业提出的高柔性、高效益的要求，上述控制方案已经不能适应。以多变量预测控制为代表的先进控制策略的提出和成功应用以后，先进过程控制受到了过程工业界的普遍关注。先进过程控制（Advanced Process Control，APC）是指一类在动态环境中，基于模型、借助充分计算能力，为工厂获得最大利润而实施的运行和技术策略。这种新的控制策略实施后，系统运行在最佳工况，实现所谓“卡边生产”。据资料报道，一个乙烯装置投资 163 万美元实施先进过程控制，完成后预期可获得的效益为 600 万美元/年。目前，国内许多大企业纷纷投资，在装置自动化系统中实施先进过程控制。国外许多控制软件公司和 DCS 生产商都在竞相开发先进过程控制和优化控制的商品化工程软件包，西方国家有一定规模的先进控制软件公司大约有 45 家，推出 APC 软件 312 种，全世界应用 APC 有数千项，APC 软件应用年增长率达到 30% 左右。先进过程控制策略主要有：多变量预测控制、推理控制及软测量技术、自适应控制、鲁棒控制、智能控制（专家控制、模糊推理和神经网络控制）等，尤其智能控制已成为开发和应用的热点。

2. 过程优化得到迅速发展

在过程控制中，过程在线操作优化已得到迅速发展。在连续过程工业中，往往上游装置的部分产品是下游装置的原料，整个生产过程存在装置间的物流分配、物料平衡和能量平衡等一系列问题。借助在线优化可使整个生产过程获得较好的经济效益和社会效益。在过程操作优化中，主要是寻找最佳的工艺变量（参数）设定值以获得最大的经济效益，这称为稳态优化。稳态优化采用稳态模型进行离线或在线优化计算。离线优化是指利用稳态模型在约束条件下寻优的方法，求解最优的工艺变量值，提供操作指导。在线优化是周期性完成模型计算、模型和参数修正，并将最优变量值直接送到控制器作为设定值。为获得稳态最优，要求系统运行在一种特定的、保守程度较小的工况之下，为此，要求控制器具有良好控制性能，实现卡边控制，以获得最大经济效益。随着稳态优化的深入研究，一种基于动态模型联立求解的优化算法显示出其重要性。

生产过程的优化是在各种约束条件下，求取目标函数的最优值，通常是复杂的非线性优化问题。应用传统优化理论往往遇到困难。在过程优化中，由于系统的复杂性，求全局最优值十分困难，而且实际过程并不一定要求最优值，而只要求得“优化区域”或“满意解”就可满足要求。在过程优化中，实际的最优值往往处于约束的边界上。最近有人提出把工艺设计与控制整体考虑，在工艺设计的同时考虑到控制的实施方案及效果，就可以在工艺设计阶段消除那些可能导致控制困难的因素，这种方法正在受到人们的关注。

3. 故障预报与诊断受到各方普遍关注

故障预报与诊断技术（Fault Estimation and Diagnosis Technology）是发展于20世纪中叶的一门科学技术，是指对系统的异常状态的检测、异常状态原因的识别以及包括异常状态预报在内的各种技术的总称。

随着现代工业及科学技术的迅速发展，生产设备日趋大型化、高速化、自动化和智能化，系统的安全性、可靠性和有效性日益重要并越来越复杂，故障预报与诊断技术也越来越受到人们的重视。

故障预报与诊断技术是一门综合性技术，它的开发涉及多门学科，如现代控制理论、可靠性理论、数理统计、模糊集理论、信号处理、模式识别、人工智能等。

故障预报与诊断系统要力求提高故障的正确检测率，要降低故障的漏报率和误报率。漏报指发生了故障未报警，误报指未发生故障反而报警。

故障预报与诊断技术经过十几年的迅速发展，到目前为止已经出现了基于各种不同原理的众多方法。同以前相比，这些方法不论是预报性能、诊断性能，还是鲁棒性都有很大提高，而且对于线性时不变系统理论上已经形成了相对较为完整的体系结构。

对于基于解析冗余的方法，国际故障诊断权威，德国的 P. M. Frank 教授认为所有的故障诊断方法可以划分为基于知识的方法、基于解析模型的方法和基于信号处理的方法。

4. 传统的DCS走向国际统一标准的开放式系统

自1975年第一套分布式工业控制计算机系统诞生以来，历经近20年，各家DCS生产厂商的产品大多不能兼容。随着综合自动化的潮流和计算机科学与技术的发展，一些主要的DCS生产商经过激烈地竞争，最后终于联手共同推出一种国际标准的现场总线（Fieldbus）控制系统，它被公认为具有时代特点的新一代分布式计算机控制系统，主要特点如下：

1）开放性。现场总线采用同一种国际标准的通信协议，不同厂商的产品可方便地互连，可与局域网相连。

2）智能化现场仪表。除了一般现场控制、检测仪表功能以外，还具有诊断、自补偿、现场组态、现场校验功能。

3）现场仪表采用数字信号传输，提高了传输可靠性，节约了传输线的投资。

4）彻底的分散性。简单控制回路基本分散在现场实现，关键数字信号进中央控制室，中央控制室主要完成信息管理、先进过程控制和优化。

现场总线是自动化领域技术发展的热点之一，它的出现标志着工业控制技术领域又一个新时代的开始。现场总线控制系统必将逐步取代传统的独立控制系统、集中采集控制系统等，成为 21 世纪自动控制系统的主流。

5. 综合自动化系统是发展方向

流程工业自动化在 20 世纪 90 年代以前仍是自动化孤岛模式。进入 20 世纪 90 年代，国内外企业在国际市场剧烈竞争的刺激下，特别是流程工业还受到环境保护的巨大社会压力，节能降耗、少投入多产出的高效生产和减少污染的洁净生产成为企业的生产模式，企业把提高综合自动化水平作为挖潜增效、提高竞争能力的重要途径。集常规控制、先进控制、过程优化、生产调度、企业管理、经营决策等功能于一体的综合自动化成为当前自动化发展的趋势。

综合自动化系统的结构如图 1-1 所示，可以分为过程控制系统（Process Control System，PCS）、制造执行系统（Manufacturing Execusion System，MES）和经营计划系统（Business Planning System，BPS）三层结构。经营计划系统又称为企业资源规划层（Enterprise Resourse Planning，ERP）。

过程控制系统主要包括过程的数据采集与处理、简单控制系统、常用复杂控制系统、基本数据的统计与分析等。经营计划系统包括含资产管理、财务管理和人力资源在内的生产企业资源计划、产品和工艺设计、供应链管理、电子商务及销售服务管理等涉及经营与生产管理的内容。制造执行系统主要完成：①全流程价值链分析，给出产量、质量、消耗、成本及效益等有关的综合生产指标的目标值；②生产计划与调度，在满足各种约束条件下编制产量、质量、消耗、成本、设备运行等生产计划，并提出不同时间尺度的生产计划分解以及相应的生产调度计划；③综合经济指标优化，根据全流程模型和约束条件，求解出最优工艺操作指标和工艺约束范围；④生产管理与操作管理，给出生产质量、物耗等作业标准、操作允许限等，指挥生产过程的进行和资源的供应和配送，同时还要对生产设备进行动态管理，包括设备的故障诊断与预报维修等；⑤先进控制与操作优化，通过先进控制策略和优化模型的求解，保证各项生产指标的实现，使生产运作在优化状态；⑥生产过程实时监控，对整个生产过程进行检测，并不断与各种保证的标准和指标进行比较和分析，对异常工况进行监督报警和提示。所以，MES 既执行生产的实时控制与操作管理，又实现了 BPS 和 PCS 这两层的连接，起到了承上启下的作用。

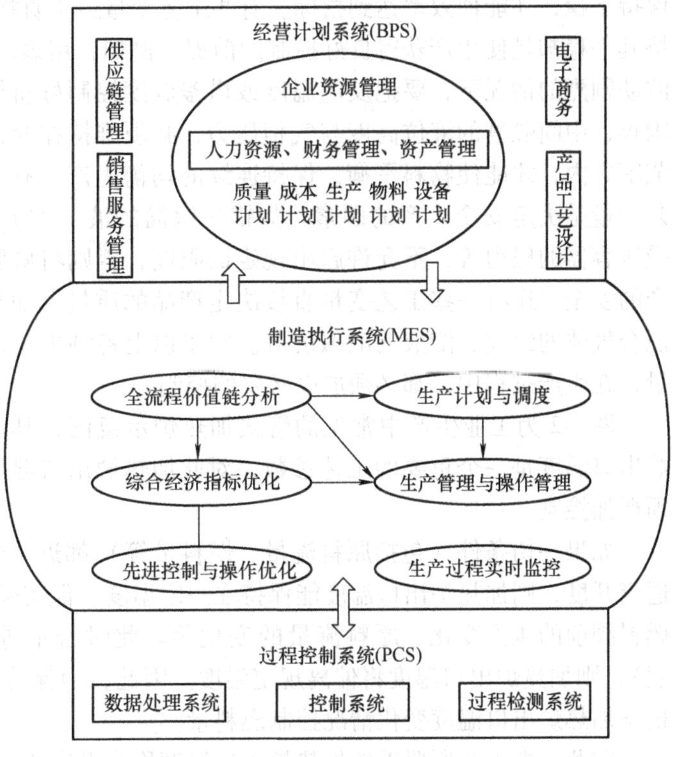

图 1-1 综合自动化系统的结构

综合自动化就是在计算机通信网络和分布式数据库的支持下，实现信息与功能的集成，进而充分调动人的因素的经营系统、技术系统及组织系统（Humanware）的集成，最终形成一个能适应生产环境不确定性和市场需求多变性的全局优化的高质量、高效益、高柔性的智能生产系统。

1.2 过程控制系统简介

1.2.1 概述

生产过程中，对各个工艺过程的物理量（或称工艺变量）有一定的控制要求。有些工艺变量直接表征生产过程，对产品的数量和质量起着决定性的作用。例如，精馏塔的塔顶或塔釜温度，一般在操作压力不变的情况下，必须保持一定，才能得到合格的产品；加热炉出口温度的波动不能超出允许范围，否则将影响后一工段的效果；化学反应器的反应温度必须保持平稳，才能使效率达到指标。有些工艺变量虽不直接地影响产品的数量和质量，然而保持其平稳却是使生产获得良好控制的前提。例如，用蒸汽加热反应器或再沸器，在蒸汽总压波动剧烈的情况下，要把反应温度或塔釜温度控制好将极为困难；中间贮槽的液位高度与气柜压力，必须维持在允许的范围之内，才能使物料平衡，保持连续的均衡生产。有些工艺变量是决定安全生产的因素，如锅炉锅筒的液（水）位、受压容器的压力等，不允许超出规定的限度，否则将威胁生产的安全。还有一些工艺变量直接决定产品的质量，如某些混合气体的组成、溶液的酸碱度等。对于以上各种类型的变量，在生产过程中，都必须加以必要的控制。

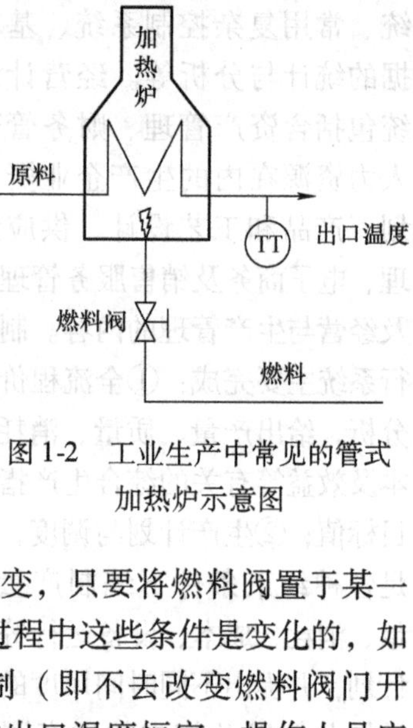

图 1-2 工业生产中常见的管式加热炉示意图

图 1-2 为工业生产中常见的管式加热炉示意图，其加热炉出口温度是一个重要的工艺参数，对此加热炉出口温度必须严加控制。

如果一切条件（包括原料流量、燃料量等）都近乎恒定不变，只要将燃料阀置于某一适当开度，则加热炉出口温度能保持在一定温度。但实际生产过程中这些条件是变化的，如燃料阀前的压力变化、原料流量的变化等。此时若不进行控制（即不去改变燃料阀门开度），则加热炉出口温度将偏离规定温度。因此，为保持加热炉出口温度恒定，操作人员应根据加热炉出口温度变化情况控制燃料量。

在此，把工艺所要求的加热炉出口温度称为设定值；把所要求控制的加热炉出口温度称为被控变量或输出变量；那些影响被控变量使之偏离设定值的因素称为扰动作用，如原料量、燃料量的变化等，设定值和扰动作用都是系统的输入变量；用以使被控变量保持在设定值范围内的作用称为控制作用。

为了保持加热炉出口温度为定值，手工控制时主要有以下三步：

1）观察被控变量的数值，在此即为加热炉出口温度。

2）把观察到的被控变量值与设定值加以比较，根据二者的偏差大小或随时间变化的情况作出判断，并发布命令。

3）根据命令操作燃料阀，改变燃料量，使加热炉出口温度回到设定值。

如果采用检测仪表和自动控制装置来代替手工控制，就成为自动控制系统。

现以图 1-3 所示的加热炉出口温度自动控制系统为例，说明自动控制系统的原理。当系统受到扰动作用后，被控变量（加热炉出口温度）发生变化，通过检测仪表得到其测量值 T，在自动控制装置（温度控制器 TC）中，将 T 与设定值 T_0 比较，得到偏差 $e=T-T_0$，经过运算后，发出控制信号，这一信号作用于执行器（在此为控制阀），改变燃料量，以克服扰动的影响，使被控变量回到设定值。这样就完成了所要求的控制任务。这些自动控制装置和被控的工艺对象组成了一个自动控制系统。

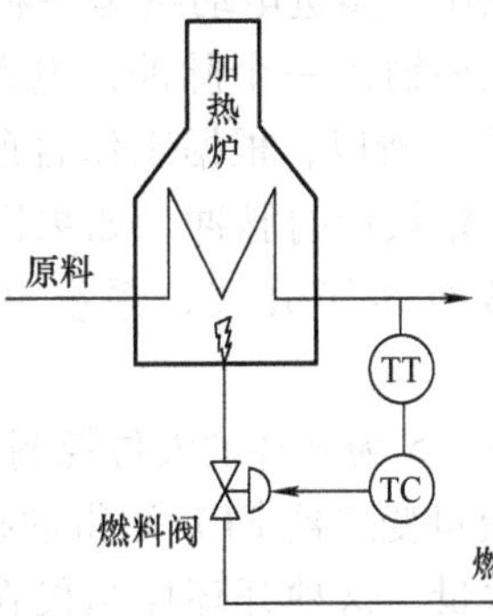

图 1-3　加热炉出口温度控制系统

通常，设定值是系统的输入变量，而被控变量是系统的输出变量。输出变量通过适当的检测仪表又送回输入端，并与输入变量相比较，因此称为反馈，二者相加称为正反馈，二者相减称为负反馈。输出变量与输入变量相比较所得的结果称为偏差，控制装置根据偏差方向、大小或变化情况进行控制，使偏差减小或消除。发现偏差，然后去除偏差，这就是反馈控制的原理。利用这一原理组成的系统称为反馈控制系统，通常也称为自动控制系统。实现自动控制的装置可以各不相同，但反馈控制的原理却是相同的。由此可见，有反馈存在，按偏差进行控制，是自动控制系统最主要的特点。

1.2.2　闭环控制与开环控制

在反馈控制系统中，被控变量送回输入端，与设定值进行比较，根据偏差进行控制，控制被控变量，这样，整个系统构成了一个闭环，因此称为闭环控制。

闭环控制的特点是按偏差进行控制，所以不论什么原因引起被控变量偏离设定值，只要出现偏差，就会产生控制作用，使偏差减小或消除，达到被控变量与设定值一致的目的，这是闭环控制的优点。

由于闭环控制系统按照偏差进行控制，所以尽管扰动已经发生，但在尚未引起被控变量变化之前，是不会产生控制作用的，这就使控制不够及时。此外，如果系统内部各环节配合不当，系统会引起剧烈振荡，甚至会使系统失去控制，这些是闭环控制系统的缺点，在自动控制系统的设计和调试过程中应加以注意。

有时也采用比较简单的开环控制方式，这种控制方式不需要对被控变量进行测量，只根据输入信号进行控制。由于不测量被控变量，也不与设定值相比较，所以系统受到扰动作用后，被控变量偏离设定值，并无法消除偏差，这是开环控制的缺点。

图 1-4 为目前数字程序控制机床中广泛应用的精密定位控制系统框图，这是一个开环控制系统。工作台位移是被控变量，它只根据控制信号（控制脉冲）变化。系统中既不对被

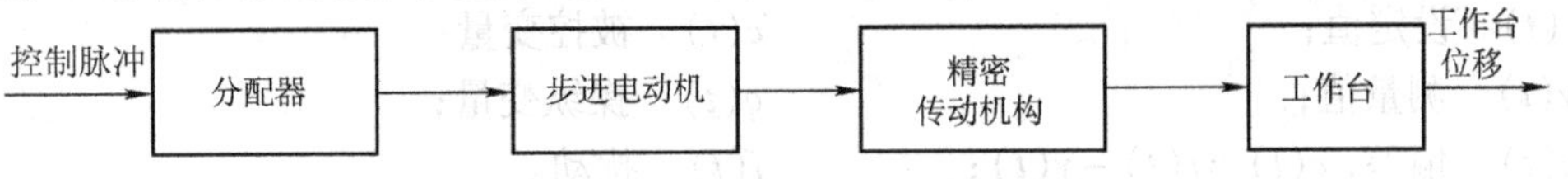

图 1-4　精密定位控制系统框图

控变量进行测量，也不将其与控制信号进行比较，系统结构比较简单，但不能保证消除误差。图中，步进电动机是一种由“脉冲数”控制的电动机，只要输入一个脉冲，电动机就转过一定角度，称为“一步”。所以，根据工作台所需要移动的距离，输入端给予一定数量的脉冲。如果因为外界干扰，步进电动机多走或少走了几步，系统并不能“觉察”，从而造成误差。

图1-5为开环的液位控制系统。这里是根据由检测仪表（流量变送器FT）测得的扰动信号（蒸汽流量）来控制给水量。这种开环控制仅在蒸汽扰动信号对液位有影响时，才进行补偿，而对其他影响液位的扰动无控制作用。因此，不能保证液位无误差。

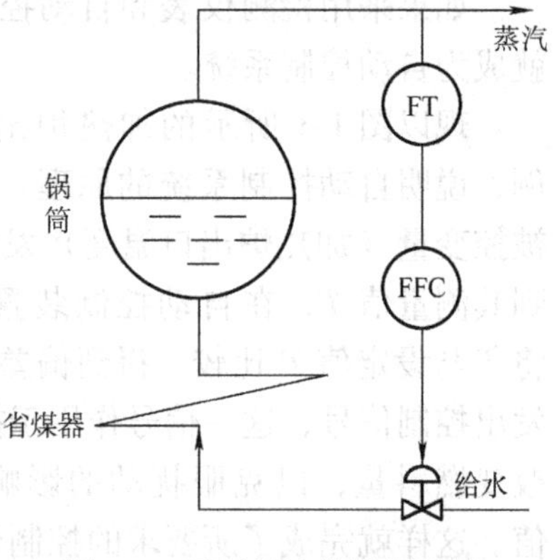

图1-5　开环的液位控制系统

依据扰动作用进行控制的系统，虽然不一定能消除偏差，但是也有突出的优点，即控制作用不需要等待偏差的产生，控制很及时，对于较频繁的主要扰动能起到补偿的效果。这种系统称为前馈控制系统，所用的控制装置FFC称为前馈控制器。

综上所述，开环控制与闭环控制各有特点，应根据各种不同的情况和要求，合理选择适当的方式。前馈-反馈控制系统就是开环与闭环控制的组合形式，在不少情况下可获得很好的效果。

1.2.3　控制系统的组成及框图

在研究自动控制系统时，为了更清楚地表示控制系统各环节的组成、特性和相互间的信号联系，一般都采用框图。图1-6为闭环控制系统组成框图。每个框表示组成系统的一个环节，两个框之间用带箭头的线段表示信号联系；进入框的信号为环节输入，离开框的为环节输出。输入会引起输出变化，而输出不会反过来直接引起输入的变化，环节的这一特性称为单向性。

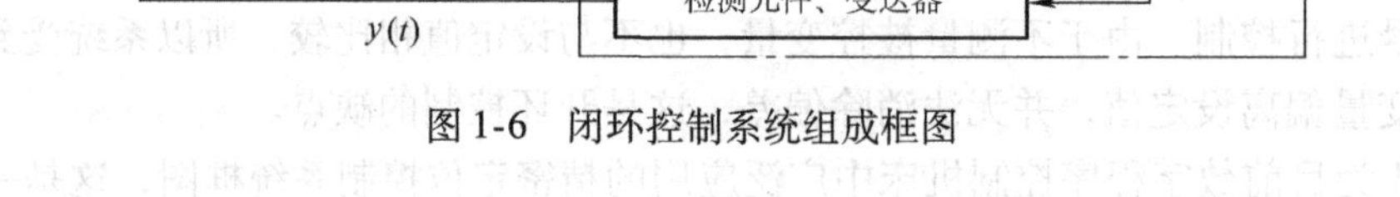

图1-6　闭环控制系统组成框图

图1-6中各符号含义如下：

$r(t)$	设定值；	$c(t)$	被控变量；
$y(t)$	测量值；	$q(t)$	操纵变量；
$e(t)$	偏差，$e(t)=r(t)-y(t)$；	$f(t)$	扰动。
$u(t)$	控制作用（控制器输出）；		

检测元件和变送器的作用是把被控变量 $c(t)$ 转化为测量值 $y(t)$。例如，用热电阻或热电偶测量温度，并用温度变送器转换为统一的气压信号（20～100kPa）或直流电流信号（0～10mA或4～20mA）。

比较机构的作用是比较设定值 $r(t)$ 与测量值 $y(t)$ 并输出其差值。在自动控制系统分析中，把 $e(t)$ 定义为 $[r(t)-y(t)]$。然而在仪表制造行业中，却把 $[y(t)-r(t)]$ 作为偏差，两者的符号恰好相反。

控制装置的作用是根据偏差的正负、大小及变化情况，按某种预定的控制规律给出控制作用 $u(t)$。

比较机构和控制装置通常组合在一起，称为控制器。目前应用最广的控制器是气动和电动控制器，它们的输出 $u(t)$ 也是统一的气压或电流信号。

执行器的作用是接收控制器送来的 $u(t)$，相应地去改变操纵变量 $q(t)$。最常用的执行器是气动薄膜控制阀，在采用电动控制器的场合，控制器的输出 $u(t)$ 还需经电-气转换器将统一的电流信号转换成统一的气压信号。

系统中控制器以外的各部分组合在一起，即过程、执行器、检测元件与变送器的组合称为广义对象。

在分析控制系统的工作过程时，有以下几个很重要的概念：

1. 信息的概念

图1-6中的 $r(t)$、$y(t)$、$e(t)$、$u(t)$、$q(t)$、$c(t)$ 和 $f(t)$ 尽管是实际的物理量，然而它们是作为信息来转换和作用的。图1-5中的箭头方向表示信息的流向。对于图1-7所示的两个液位控制系统，图1-7a的操纵变量是进入量，图1-7b的操纵变量是流出量。作为物料流动方向来看，两者有进、出之分；但作为信息来看，它们都是作用于过程，使液位发生变化的输入信号，因此信息流的流向是相同的。图1-6中的每一个部分称为一个环节，作用于它的信息称为该环节的输入信号，它送出的信息称为输出信号。上一环节的输出信号就是下一环节的输入信号。每一环节的输出信号与输入信号之间的关系仅仅取决于该环节的特性。从整个系统来看，设定值和扰动是输入信号，被控变量或其测量值是输出信号。

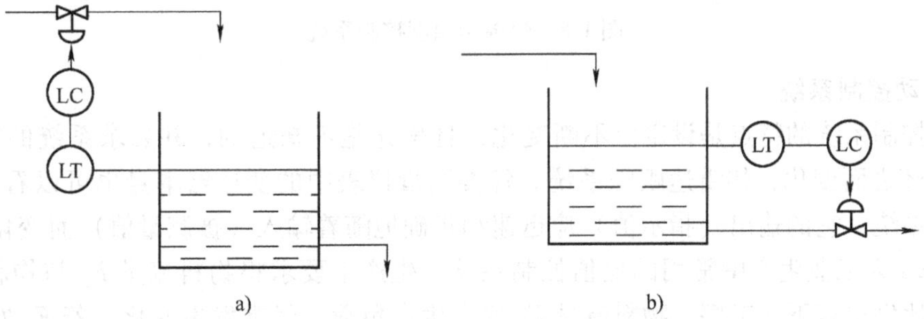

图1-7 两个液位控制系统

2. 闭环的概念

在框图中，任何一个信息都沿着箭头方向前进，最后又回到原来的起点，构成一个闭合回路，这种系统称为闭环系统。闭环系统的闭合回路是通过检测元件及变送器，将被控变量的测量值 $y(t)$ 送回到输入端与设定值 $r(t)$ 进行比较而形成的，所以闭环系统一定要有反馈。

3. 动态的概念

$r(t)$、$y(t)$、$e(t)$、$u(t)$、$q(t)$、$c(t)$ 和 $f(t)$ 都是时间函数，它们随时间而变，是不断运动的，在定值控制系统中，扰动作用使被控变量偏离设定值，控制作用又使它恢复到设定值。扰动与控制构成一对主要矛盾时，被控变量则处于不断运动之中。

1.2.4 控制系统的分类

自动控制系统的分类方法有多种，这里按设定值的不同情况，将自动控制系统分为3类，即定值控制系统、随动控制系统和程序控制系统。

1. 定值控制系统

设定值保持不变（为一恒定值）的反馈控制系统称为定值控制系统。这类系统在工业生产中得到广泛的应用，如各种温度、压力、流量、液位等控制系统；恒温箱的温度控制；稳压电源的电压稳定控制等。

图1-8a为一个用电阻丝加热的恒温箱温度控制系统的示意图。控制变压器活动触点的位置即改变了输入电压，则通过电阻丝的电流将产生变化，使恒温箱得到不同的温度。所以，控制活动触点的位置可以达到控制温度的目的。这里的被控变量是恒温箱的温度，经热电偶测量并与设定值比较后，其偏差经过放大器放大，控制电动机的转向，然后经过传动装置，移动变压器的活动触点位置，结果使偏差减少，直到温度达到给定值为止。系统的框图如图1-8b所示。

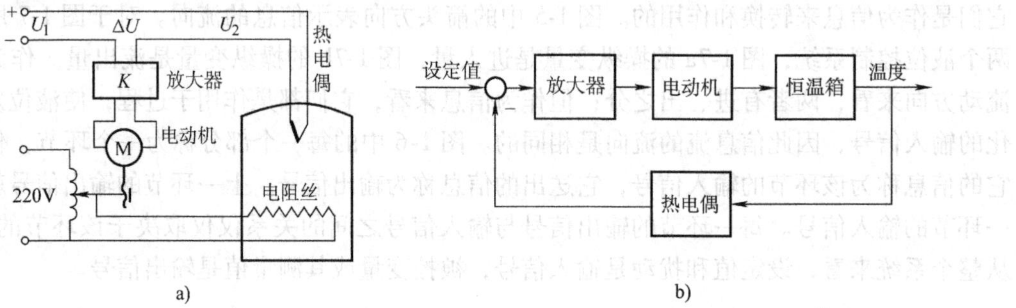

图1-8 恒温箱温度控制系统

2. 随动控制系统

这类控制系统的特点是设定值不断变化，且事先是不知道的，并要求系统的输出（被控变量）随之而变化，如雷达跟踪系统。各类测量仪表中的变送器本身也可以看做是一个随动控制系统，它的输出（指示值）应迅速和正确地随着输入（被测量值）而变化。

图1-9a为工业生产中常用的比值控制系统。生产上要求将物料流量 F_2 与物料流量 F_1 配成一定比例送至下一工序。物料流量 F_1 代表生产负荷，经常发生变化。若 F_1 发生变化，F_2 也需随之发生变化，使保持 F_2/F_1 比值不变。为了满足这个要求，就组成了图1-9a所示的比值控制系统，其动作原理是：当 F_1 发生变化时，F_1 经测量变送，并乘以某一比例系数 K 后，作为物料流量 F_2 控制器 F_2C 的设定值。此时由于设定值变化而产生偏差，使 F_2C 动作，从而改变 F_2 使之与 F_1 的比值保持不变；若由于 F_2 本身变化时，由测量变化而产生偏差使 F_2C 动作，控制 F_2 使之恢复到原值，从而保持比值不变。图1-9b是该系统的框图，从图中可以清楚地看出，该系统也是一个随动控制系统。

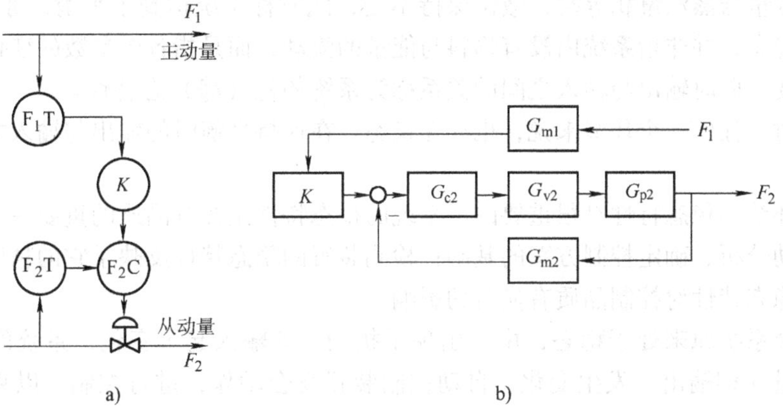

图 1-9 比值控制系统示意图及框图

3. 程序控制系统

这类控制系统的设定值也是变化的，但它是一个已知的时间函数，即根据需要按一定时间程序变化，如程序控制机床、冶金工业中退火炉的温度控制等。

图 1-10 为某电炉炉温程序控制系统。给定电压 U_0 由程序装置给出（根据需要按时间变化，由时钟机构和凸轮产生），并与热电偶所产生的热电动势 U_1 比较。若 $U_1 \neq U_0$，则放大器输入端有偏差电压 $U = U_0 - U_1$ 产生，此电压经放大后送到电动机。电动机根据偏差电压的大小和极性而动作，经减速器改变电炉电阻丝的电流，使电炉内温度发生变化，直至 $U_0 = U_1$ 为止。此时放大器将无偏差电压输入，电动机不转动。当 U_0 按一定程序变化时，电炉温度也随之而变化，使热电动势 U_1 时时跟踪 U_0。

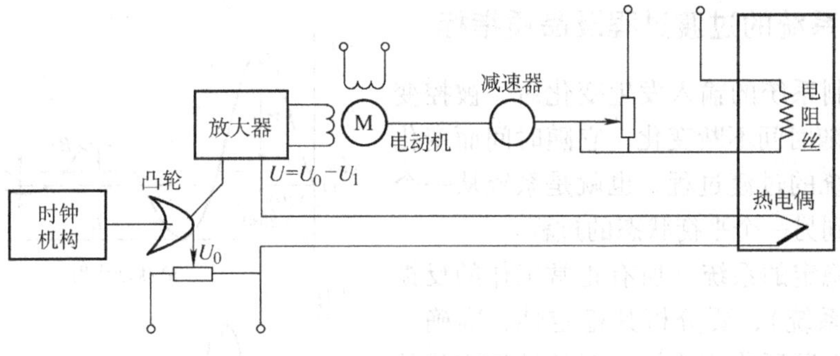

图 1-10 某电炉炉温程序控制系统

1.3 控制系统的过渡过程

1.3.1 稳态与动态

自动控制系统的输入有两种：一种是设定值的变化，或称设定作用；另一种是扰动的变化，或称扰动作用。当输入恒定不变时，整个系统若能建立平衡，系统中各个环节将暂不动作，它们的输出都处于相对静止状态，这种状态称为稳态或静态。例如前述锅炉锅筒液位系统中，当给水量与蒸汽量相等时，液位保持不变，此时称系统达到了平衡，亦即处于稳态。这里所说的稳态，并非指系统内没有物料与能量的流动，而是指各个参数的变化率为零，即参数保持不变。此时输出与输入之间的关系称为系统的稳（静）态特性。

同样，对于任何一个环节来说，也存在稳态。在保持平衡时的输出与输入关系称为环节的稳态特性。

系统和环节的稳态特性是很重要的。系统的稳态特性是控制品质的重要一环；对象的稳态特性是扰动分析、确定控制方案的基础；检测装置的稳态特性反映了它的精度；控制装置和执行器的稳态特性对控制品质有显著的影响。

假若一个系统原来处于稳态，由于出现了扰动，即输入起了变化，系统的平衡受到破坏，被控变量（即输出）发生变化，自动控制装置就会动作，进行控制，以克服扰动的影响，力图使系统恢复平衡。从输入开始，经过控制，直到建立新的稳态，在这段时间中整个系统的各个环节和变量都处于变化的过程之中，这种状态称为动态。另一方面，在设定值变化时，也引起动态过程，控制装置力图使被控变量在新的设定值或其附近建立平衡。总之，由于输入的变化，输出随时间而变化，其间的关系称为系统的动态特性。

同样，对任何一个环节来说，当输入变化时，也引起输出的变化，其间的关系称为环节的动态特性。

在控制系统中，了解动态特性比稳态特性更为重要，也可以说，稳态特性是动态特性的一种极限情况。在定值控制系统中，扰动不断产生，控制作用也就不断克服其影响，系统总是处于动态过程中。同样，在随动控制系统中，设定值不断变化，系统也总是处于动态过程中。因此，控制系统的分析重点要放在系统和环节的动态特性上，这样才能设计出良好的控制系统，以满足生产提出的各种要求。

1.3.2 控制系统的过渡过程及品质指标

当自动控制系统的输入发生变化后，被控变量（即输出）随时间不断变化，它随时间而变化的过程称为系统的过渡过程，也就是系统从一个平衡状态过渡到另一个平衡状态的过程。

对于一个稳定的系统（所有正常工作的反馈系统都是稳定系统），要分析其稳定性、准确性和快速性，常以阶跃作用为输入时的被控变量的过渡过程为例，因为阶跃作用很典型，实际上也经常遇到，且这类输入变化对系统来讲是比较严重的情况。如果一个系统对这种输入有较好的响应，那么对其他形式的输入变化就更能适应。

图1-11为定值控制系统和随动控制系统在阶跃作用下的过渡过程响应曲线。一个控制系统在受到外作用时，要求被控变量要平稳、迅速和准确地趋近或恢复到设定值。因此，在稳定性、快速性和准确性3个方面提出各种单项控制指标和

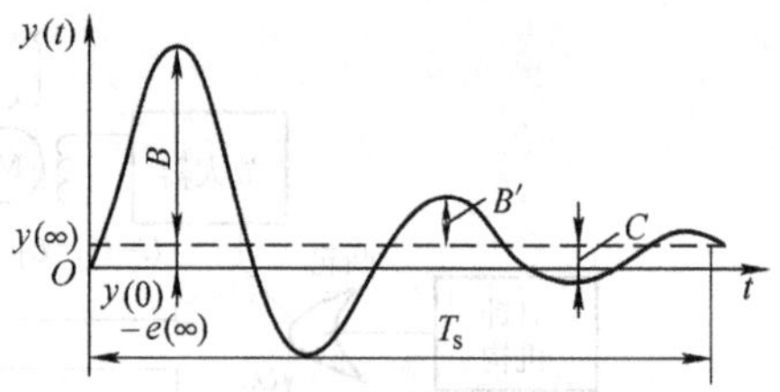

a) 扰动作用

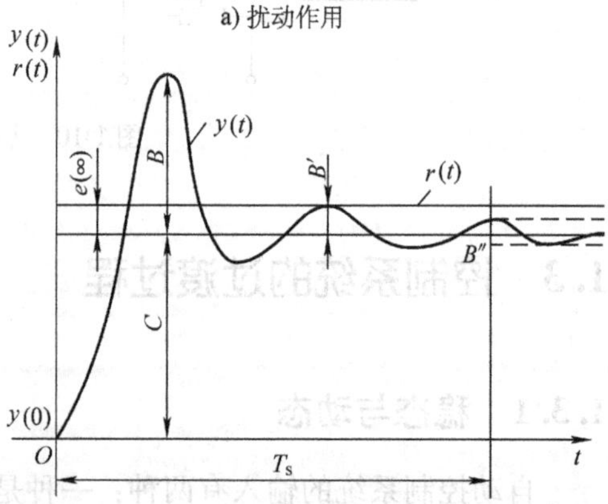

b) 设定作用

图1-11 阶跃作用下的过渡过程响应曲线

综合性控制指标。这些控制指标仅适用于衰减振荡过程。

1. 单项控制指标

(1) 衰减比 n

衰减比是衡量过渡过程稳定性的动态指标，它的定义是第一个波的振幅与同方向第二个波的振幅之比。在图 1-11 中，若用 B 表示第一个波的振幅，B'表示同方向第二个波的振幅，则衰减比 $n=B/B'$。显然，对衰减振荡而言，n 恒大于 1。n 越小，意味着控制系统的振荡过程越剧烈，稳定度也越低；n 接近于 1 时，控制系统的过渡过程接近于等幅振荡过程；反之，n 越大，则控制系统的稳定度也越高；当 n 趋于无穷大时，控制系统的过渡过程接近于非振荡过程。衰减比究竟以多大为合适，没有确切的定论，根据实际操作经验，为保持足够的稳定裕度，一般希望过渡过程有两个波左右，与此对应的衰减比在 4：1～10：1 的范围内。也有人用衰减率来反映衰减情况，$\eta=(B-B')/B$。$n=4:1$ 相当于 $\eta=0.75$；$n=10:1$相当于 $\eta=0.90$。

(2) 最大动态偏差 e_{max}或超调量 σ

最大动态偏差或超调量是描述被控变量偏离设定值最大程度的物理量，也是衡量过渡过程稳定性的一个动态指标。对于定值控制系统，过渡过程的最大动态偏差是指被控变量第一个波的峰值，如图 1-11a 中的 $B+C$。在设定作用下的控制系统（随动控制系统）中，通常采用超调量 σ 这个指标来表示被控变量偏离设定值的程度，它的定义是第一个波的峰值与最终稳态值之差，如图 1-11b 中的 B。一般超调量以百分数给出，即

$$\sigma=\frac{B}{C}\times 100\%$$

最大动态偏差或超调量越大，生产过程瞬时偏离设定值就越远。对于某些工艺要求比较高的生产过程，如存在爆炸极限的化学反应，就需要限制最大动态偏差的允许值；同时，考虑到扰动会不断出现，偏差有可能是叠加的，这就更需要限制最人动态偏差的允许值。因此，必须根据工艺条件确定最大动态偏差或超调量的允许值。

(3) 余差 $e(\infty)$

余差是控制系统过渡过程终了时设定值与被控变量稳态值之差，即 $e(\infty)=r-y(\infty)$。图 1-11a 是定值控制系统的过渡过程，其余差以 C 表示，即 $y(t)$ 的最终值 $y(\infty)$。图 1-11b 是随动控制系统的过渡过程，余差为 $r-y(\infty)=r-C$，C 是 $y(t)$ 的最终值。余差是反映控制准确性的一个重要稳态指标，一般希望其为零，或不超过预定的范围，但不是所有的控制系统对余差都有很高的要求，如一般贮槽的液位控制，对余差的要求就不是很高，而往往允许液位在一定范围内变化。

(4) 回复时间 T_s 和振荡频率 ω

回复时间表示控制系统过渡过程的长短，也就是控制系统在受到阶跃外作用后，被控变量从原有稳态值达到新的稳态值所需要的时间。严格地讲，控制系统在受到外作用后，被控变量完全达到最终稳态值需要无限长时间。但实际上当被控变量的变化幅度衰减到足够小，并保持在一个极小的范围内所需要的时间还是有限的。对于输入作用下的控制系统，被控变量进入工艺允许的稳态值所需要的时间称回复时间。对于设定作用下的控制系统（即随动控制系统），被控变量进入稳态值附近 ±5% 或 ±3% 的范围内所需要的时间称为回复时间。回复时间短，表示控制系统的过渡过程快，即使扰动频繁出现，系统也能适应；反之，过渡

时间长。显然，回复时间越短越好。它是反映控制快速性的一个指标。

在衰减比相同的条件下，振荡频率与回复时间成反比，振荡频率越高，回复时间越短。因此振荡频率也可作为衡量控制快速性的指标，定值控制系统常用振荡频率来衡量控制系统的快慢。

必须说明，这些控制指标在不同的控制系统中各有其重要性，而且相互之间又有着内在的联系。高标准地同时要求满足这几个控制指标是很困难的，因此，应根据工艺生产的具体要求分清主次，区别轻重，对于主要的控制指标应优先保证。

2. 综合控制指标

由于过渡过程中动态偏差越大，或是回复时间越长，则控制品质越差，所以综合控制指标采用积分鉴定的形式。

$$J = \int_0^\infty f(e,t)\,\mathrm{d}t \tag{1-1}$$

式中，J 为积分鉴定值；e 为动态偏差；t 为时间。

通常采用3种表达形式：

1）二次方积分鉴定（ISE）

$$f(e,t) = e^2, J = \int_0^\infty e^2\mathrm{d}t \tag{1-2}$$

2）绝对值积分鉴定（IAE）

$$f(e,t) = |e|, J = \int_0^\infty |e|\mathrm{d}t \tag{1-3}$$

若用动态偏差 e 作为 $f(e, t)$ 函数，正、负偏差将相互抵消。即使 e 值很大或剧烈波动，J 值仍然可以很小，所以 e^2 或 $|e|$ 一般用于评定定值控制系统的品质指标。

3）时间乘以绝对值的积分鉴定（ITAE）

$$f(e,t) = |e|t, J = \int_0^\infty |e|t\mathrm{d}t \tag{1-4}$$

式（1-4）是突出了快速性的要求，一般用于随动控制系统的品质指标评定。

对于有余差的系统，存在 $e(\infty)$，3种形式的积分鉴定值 J 都将趋于无穷大，无法鉴定系统的控制品质，为此采用 $e(t)-e(\infty)$ 作为动态偏差项代入。

自动控制系统控制品质的好坏，取决于组成控制系统的各个环节，特别是过程的特性。自动控制装置应按过程的特性加以适当的选择和调整，才能达到预期的控制品质。如果过程和自动控制装置两者配合不当，或在控制系统运行过程中自动控制装置的性能或过程的特性发生变化，都会影响到自动控制系统的控制品质，这些问题在控制系统的设计和运行过程中都应该充分注意。

1.4 过程控制系统的研究对象与任务

过程控制系统是自动化学科的一个分支，研究的任务是对过程控制系统进行分析与设计。在这里，设计是指过程控制系统的方案设计。

过程控制系统的第一个任务是对已有的控制系统进行分析，总结控制系统的特点，发现存在不足并加以改进。第二个任务是生产过程的工艺流程确定后，设计出满足工艺要求的控制方案。第三个任务是在控制方案确定后，如何使控制系统能够正常运行，并发挥其功能。

过程控制系统是以控制系统为主体，控制理论为基础，生产过程与工艺为一翼，自动化仪表和计算机为另一翼的，其学科的结构如图 1-12 所示。

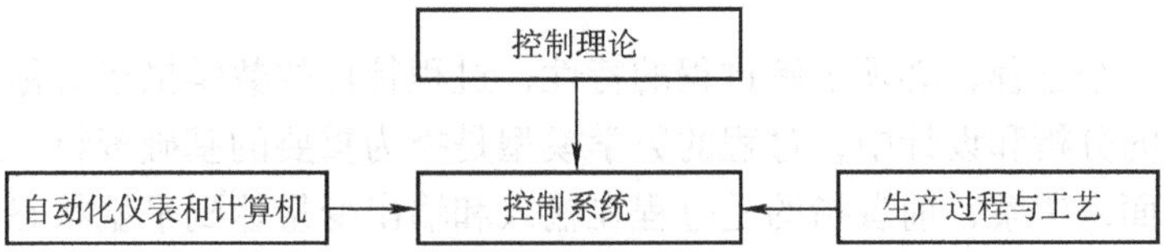

图 1-12　过程控制系统学科的结构

控制理论的移植和改造、控制系统结构的研究、控制算法的设计及控制系统的实现等是控制理论与生产工艺过程、自动化仪表和计算机的有机结合，是它们在过程控制系统的成功应用。

生产工艺过程的工艺变量（被控变量）要求保持在工艺操作所需的指标（设定值），为此需要检测元件和变送器获得这些被控变量，在控制装置中与设定值比较后，按一定的控制规律输出信号到执行器，调整操纵变量，使被控变量达到和保持在设定值，以及如何按工艺要求，选择被控变量、操纵变量、控制算法、执行器，设计简单合理控制方案。总的说来，过程控制系统要解决图 1-13 所示控制系统的方案设计、分析和应用问题。

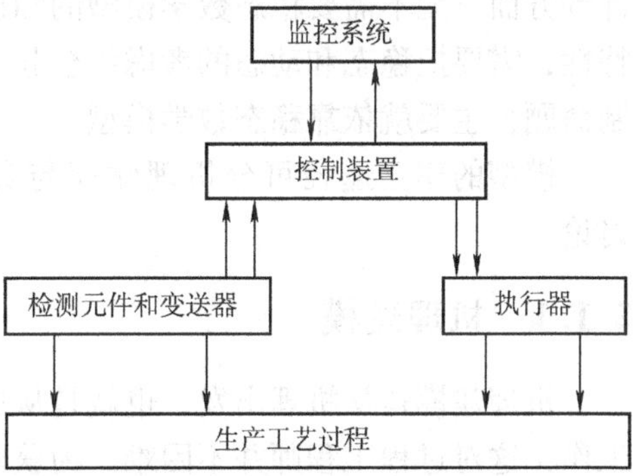

图 1-13　控制系统的控制结构

早期的过程控制系统是凭经验、凭直觉、凭定性说理的实际控制系统。目前，它已逐渐上升到科学性、条理性、有定量理论的指导阶段，成为把控制理论、生产过程与工艺、自动化仪表和计算机有机地结合起来的一门综合性工程学科。

过程控制系统为过程工业带来了十分明显经济效益和社会效益，如保证产品质量、提高产量、降低能耗、安全运行、改善劳动条件、提高生产管理水平等。其中，有些经济效益可直接计算得到，有些经济效益带有潜在的性质，如长期稳定运行、减少开停车等。此外，还有提高劳动生产率、改善生存环境等重要的社会效益。

习题及思考题

1-1　现代控制理论在过程控制中应用为什么不很成功？

1-2　当前过程控制系统发展的一些主要特点是什么？

1-3　什么是开环控制与闭环控制？简述各自特点。

1-4　简述控制系统的组成，并画出控制系统的框图。

1-5　按设定值的不同情况，自动控制系统有哪 3 类？

1-6　简述控制系统的过渡过程单项品质指标。

1-7　过程控制系统的任务是什么？

第 2 章　工业过程数学模型

人们要控制一个过程，必须了解过程的特性，过程特性的数学描述就称为过程的数学模型。在控制系统的分析和设计中，过程的数学模型是极为重要的基础资料。过程的特性可从稳态和动态两方面来考察，前者指的是过程在输入和输出变量达到平稳状态下的行为，后者指的是输出变量和状态变量在输入影响下的变化过程的情况。可以认为，动态特性是在稳态特性基础上的发展，稳态特性是动态特性达到平稳状态的特例。

2.1 工业过程稳态数学模型

从生产控制的角度来看，过程的稳态数学模型是系统方案和控制算法设计的重要基础之一。在被控变量与操纵变量的选择、检测点位置的选择、控制算法设计、操作优化控制的设计等方面，无不需要稳态数学模型的知识。当然，在不少情况下，必须同时掌握过程的动态特性，需要把稳态和动态的考虑结合起来，然而，像操作优化这样一个极富有经济价值的控制命题，主要就依靠稳态数学模型。

模型的建立途径可分机理建模与实验测试两大类，也可将两者结合起来。下面分别讨论。

2.1.1 机理建模

机理建模是从机理出发，也就是从过程内在的物理和化学规律出发建立稳态数学模型的工作，这对过程工程师并不困难。为获取控制用的模型，只要把自变量和待求变量作相应的调整就可以了。

下面以两侧流体都不起相变化的换热器（见图 2-1）作为例子，讨论输入变量作小范围变化的情况。

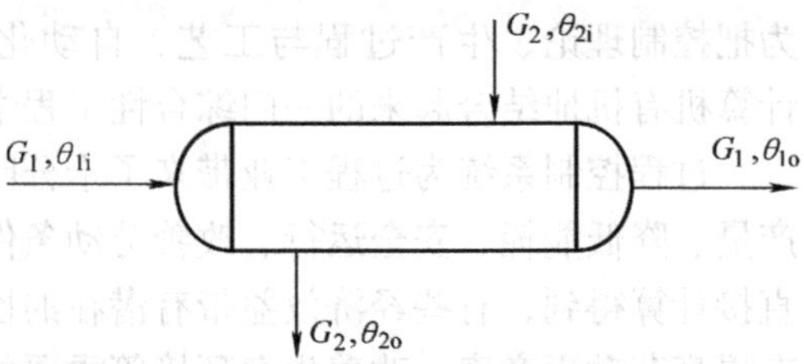

图 2-1　无相变的换热器

原始的基本方程式是热量平衡式（热损失忽略不计）和传热速率式，分别是（为了简化，采用算术平均值）

$$Q=G_1C_1(\theta_{1o}-\theta_{1i})=G_2C_2(\theta_{2i}-\theta_{2o}) \tag{2-1}$$

$$Q=KF(\theta_{2i}+\theta_{2o}-\theta_{1i}-\theta_{1o})/2 \tag{2-2}$$

式中，Q 为单位时间传热量；K 为传热系数；F 为传热面积；G_1 和 G_2 是流体 1 和 2 的质量流量；C_1 和 C_2 为相应的热容；θ 为温度；下标 1、2 表示流体 1 和 2，下标 i 和 o 表示流入和流出。

这里有 4 个输入变量，即 G_1、G_2、θ_{1i} 和 θ_{2i}，两个输出变量，即 θ_{1o} 和 θ_{2o}。如果 θ_{1o} 是被控温度，是需要研究的输出变量，则为了考察各个输入变量对它的影响，必须把式（2-1）和式（2-2）联立求解，为此，需把另一个输出变量 θ_{2o} 消去。本例中没有什么中间变量，如有的话，也需消去。

由式（2-1）可知

$$\theta_{2o}=[G_2C_2\theta_{2i}-G_1C_1(\theta_{1o}-\theta_{1i})]/G_2C_2$$

代入式（2-2），并加整理，可得

$$[(G_1C_1+G_2C_2)KF+2G_1C_1G_2C_2]\theta_{1o}=[(G_1C_1-G_2C_2)KF+2G_1C_1G_2C_2]\theta_{1i}+2G_2C_2KF\theta_{2i} \tag{2-3}$$

在输入变量作小范围变化时，可以先在额定的正常工作条件下求取稳态解，并把它们分别在符号的右上角注以圈号，如 θ_{1i}°、θ_{2i}°等，用以表示初始的稳态值。然后将各个输入变量逐一考虑，每次认为别的输入变量保持不变。例如，要求取 $\Delta\theta_{1i}$对 $\Delta\theta_{1o}$的影响结果时，就认为进入温度 θ_{1i}起了变化，由 θ_{1i}°改变为 $\theta_{1i}^{\circ}+\Delta\theta_{1i}$，这时候认为 G_1、G_2、θ_{2i}等都不变，只是输出变量由 θ_{1o}°改变为 $\theta_{1o}^{\circ}+\Delta\theta_{1o}$。代入式（2-3），并减去原来的稳态关系式，可得

$$[(G_1C_1+G_2C_2)KF+2G_1C_1G_2C_2]\Delta\theta_{1o}=[(G_1C_1-G_2C_2)KF+2G_1C_1G_2C_2]\Delta\theta_{1i} \tag{2-4}$$

式（2-4）表明了 $\Delta\theta_{1i}$与 $\Delta\theta_{1o}$的关系，同时也表明，它们两者间的关系是线性的。取 $\Delta\theta_{2i}$作为输入变量的增量时，情况也相似。

这种考虑小范围变化的处理方法称为增量化方法，在数学处理上是泰勒级数展开。其实，对式（2-3）等号两侧分别进行增量化，可直接导出式（2-4）。

输出变量与输入变量两者增量间的比值称为稳态增益，如 $\Delta\theta_{1o}/\Delta\theta_{1i}$、$\Delta\theta_{1o}/\Delta G_1$ 等。

对于输入变量大范围的变化，上面的做法显得过于粗糙，有时甚至不够正确。例如，像传热系数 K 就会随温度和流量而变化，但在上面的解法中完全没有考虑。因此，对于大范围的变化，往往只能采用逐点求解法。例如，要考察 G_1 和 θ_{1i}两者对 θ_{1o}的影响，可以有两种做法，一是分档次规定 G_1 值，在每档 G_1 值下，求取不同 θ_{1i}值时的 θ_{1o}值，这样得出的是在 θ_{1o}-θ_{1i}平面上的一簇曲线。每条曲线代表一种 G_1 值。二是分档次规定 θ_{1i}值，在每档 θ_{1i}值下，求取不同 G_1 值时的 θ_{1o}值，这样得出的是在 θ_{1o}-G_1 平面上的一簇曲线，每条曲线代表一种 θ_{1i}值。

这样求出的是整套数据或图形数据，不是关系公式。如通过回归方法与曲线拟合，也可化成经验关系式。

根据这些图形曲线可同时分析出输入变量小范围变化的效应。在每个操作点求取曲线斜率，即可得出输出变量与输入变量两者增量间的比值，即稳态增益。

2.1.2　经验建模

对已经投产的过程，如果条件允许，也可通过测试或依据积累的操作数据，用数学方法回归，得出经验模型。

经验模型的建立通常要经过下列步骤：

1. 确定输入变量与输出变量

输入变量是经验方程式中的自变量，输出变量是因变量。自变量的数目不宜太多，其原因很易说明。假定只有一个自变量 u_1，一个因变量 y，那就等效于在 y-u_1 平面上按实验数据回归成一条直线或曲线。假定有两个自变量，那就是在 y-u_1-u_2 三维空间上回归成一个曲面，实验数据应该在 u_1-u_2 平面上有较好的分布，这样才有可能得出比较可靠的模型。如果 u_2 的值很少变化，那么要揭示出 y-u_2 的关系将很困难。自变量数目越多，要得到正确的模型越

不容易。有时候，回归得到的方程式中，某些项应冠以正号时反而变成了负号。

2. 测试

现在理论上有很多实验设计方法，如正交设计等。然而真要应用，在实施上可能会遇到困难。因为工艺上很可能不允许操作条件作大幅度的变化，这时候，如果选取的变化区域过窄，不仅所得模型的应用范围不宽，而且测量误差的相对影响上升，模型的精确度将成问题。有一种解决办法是吸收调优操作的经验，即逐步向更好的操作点移动，这样有可能一举两得，既扩大了测试的区间，又改进了工艺操作。

测试中另一个重要问题是稳态是否真正建立，还是仍处于动态过程中，有时难以判断。特别是时滞大的过程，从表面上看似乎输入变量和输出变量都相对不动，实际上却处在动荡的孕育过程中。尽管人们已开辟了一些方法，像均值滤波方法等，然而收效不一定显著。

3. 对数据进行回归分析或神经网络建模

对线性系统来说，设

$$y = a_0 + a_1 u_1 + a_2 u_2 + \cdots + a_m u_m$$

由于已有很多组 y 与（u_1，u_2，…，u_m）的数据，要设法求取各系数 a_0，a_1，a_2，…，a_m。不难看出，要求解这些 a_i 值，至少需要（$m+1$）组数据。因为每组测量值都含有若干误差，所以为了提高模型的精确度，数据的组数应该多得多。线性回归通常采用最小二乘法，其目标是使目标函数 $J = \sum(y - a_0 - a_1 u_1 - \cdots)^2$ 为最小。

有时候，是否所有这些自变量都对 y 起作用，难以肯定，此时可以用数学方法检验各个自变量对 y 影响的显著性，也可以把某个或某些系数 a_i 置0，从结果进行比较。

回归的结果能否令人满意，可以衡量数据的拟合误差，也可以用一些数理统计方法，如 F 检验和复相关系数分析等。

对于非线性情况，模型结构需先确定，除非对过程的物理、化学规律十分清晰，否则就没有固定的方法，只能凭借一些技巧。采用二次型即包括 $u_i u_j$（i 可以等于 j，也可以不等于 j）项的最常见，考虑引入 $\ln u_i$ 或 e_i^u 的也有，这多少是参考了内在的机理规律。

作为工程处理，可以令这些非线性项作为新的变量，从而使方程成为线性形式。例如

$$y = a_{11} u_1 + a_{12} u_1 u_2 + a_{22} u_2^2$$

可改写成

$$y = a_{11} u_1 + a_{12} u_3 + a_{22} u_4$$

而令

$$u_3 = u_1 u_2,\ u_4 = u_2^2$$

这样做，从精确度的观点考虑是有问题的，因为一方面增加了自变量数，另一方面又扭曲了坐标标尺或坐标轴。然而这时候可像线性系统一样处理，工程上相当方便，仍属可取。其他方法可参阅数理统计方法方面的专门书籍。

应用时，可以比较几种模型结构，从中选出最合适的方程式。

4. 检验

实践是检验真理的标准，这是人所共知的，模型也的确需要检验。模型检验又分为自身检验与交叉检验。所谓自身检验，就是用原来进行回归计算的数据来检验，这能够检验回归计算是否出错，也能够检验曲线拟合得好不好，但不能完全说明是否真的合乎实际。所谓交叉检验，就是用新的未用于建模计算的数据来作检验。如果交叉检验结果良好，那么足以表

明模型可靠。建议和提倡采用交叉检验。

2.1.3　机理与经验的组合建模

模型的建立通常是基于机理与基于输入/输出数据两条途径，然而也有中间道路，把两者结合起来。人们把机理模型称为白箱模型，把经验模型称为黑箱模型，把介乎其间的称为灰箱模型。

机理模型的优点是：

1）可以充分利用已知的过程知识，从事物的本质上去认识外部特性。

2）可以验前得出，在流程和设备的设计阶段即能求取。

3）有较大的适用范围，操作条件变化可以类推，即使处理的物料有所改变，只要已知其物理化学参数，仍不难计算。

机理模型也有两个缺点：

1）对于复杂的过程，人们对基本方程的某些参数不完全掌握，例如，换热器的 K 值，由传热学书籍提供的公式可能有 ±(10% ~30%) 的误差；又如，精馏塔这样已经研究得比较透彻的设备，对塔板效率、塔板流体中的汽液比值等参数，很难预先精确估计。

2）如不经过输入/输出数据的验证，则近乎纸上谈兵，难以判断其正确性。

经验模型的优点和缺点与机理模型正好相反，特别是现场测试，实施中有一定难处。

把两种途径结合，可兼采两者之长，补各自之短。结合方法主要用于以下 3 方面：

1）主体上是按照机理方程建模，但对其中的部分参数通过实测得到。例如，换热器的 K 值可通过现场操作数据计算求出；精馏塔的情况，可先假定塔板效率，用以计算出各塔板的温度分布，再与温度的实测值核对，如有不符，则对塔板效率的假定值作相应的修正。

2）通过机理分析，把自变量适当组合，得出数学模型的函数形式。这样可使模型结构有了着落，估计参数就比较容易了。组合的另一个好处是可使自变量数减少，化工原理中常用的准数即为一例。

3）由机理出发，通过计算或仿真，得到大量的输入/输出数据，再用回归方法得出简化模型。控制用的数学模型需适应实时性的要求，必须相当简单，但依据机理的建模工作在数学上较为复杂，这些原始方程不能直接用作控制用的模型。因此只能预经计算或仿真得到数据，然后由这些数据回归出经验模型。尽管这种做法在实质上仍基于机理，但接近经验公式。

2.2　工业过程动态数学模型

过程的动态数学模型，对控制系统的设计和分析有着极为重要的意义。求取过程动态数学模型有两类途径：一是依据过程内在机理来推导，这就是过程动态学的方法；二是依据外部输入输出数据来求取，这就是过程辨识和参数估计的方法。当然，也可以把两者结合起来。

2.2.1　动态数学模型的作用和要求

过程的动态数学模型，是表示输出向量（或变量）与输入向量（或变量）间动态关系的数学描述。从控制系统的角度来看，操纵变量和扰动变量都属于输入变量，被控变量属于输出变量。

过程动态数学模型的用途，同样是相当广泛的，大体可分为两个方面：一是用于各类自动控制系统的分析和设计，二是用于工艺设计以及操作条件的分析和确定。

过程动态数学模型的重要性，随着自动控制水平的提高，越来越受人们的重视。对于简单控制系统和串级控制系统来说，如果对过程的数学模型有所了解，控制器的参数可以整定得更好更快。然而，如果知之不多，也可通过试凑法的途径把控制器整定好。到发展为复杂控制系统时，至少要知道控制通道与扰动通道放大系数的比值，而对于解耦控制系统，则要知道各条控制通道的传递函数。再而，进到最优控制系统，如果没有可靠的数学模型，则最优控制将成为无的放矢，毫无意义。过程的特性又往往随时间而变化，有时需要随时求取模型参数（在线辨识），不断修改控制规律，实行自适应控制。表 2-1 列出了动态数学模型的应用和要求。

表 2-1 动态数学模型的应用和要求

应用目的	过程模型类型	精确度要求(在输入/输出特性方面)
控制器参数整定	线性,参量(或非参量),时间连续	低
前馈,解耦,预估控制系统设计	线性,参量(或非参量),时间连续	中等
控制系统的计算机辅助设计	线性,参量(或非参量),时间离散	中等
自适应控制	线性,参量,时间离散	中等
模式控制,最优控制	线性,参量,时间离散或连续	高

除了用于自动控制系统的分析和设计外，动态数学模型还用于很多方面，例如，作为工艺结构设计的参考依据，作为间歇过程操作方案确定的依据，作为过程参数监测和故障检测的依据等。

对动态数学模型的具体要求，随其用途而异，总来说是要求简单和正确可靠。

要求正确可靠是不言自明的：模型是实际过程的数学仿真，如果误差很大，必将导致错误的结论。

要求简单的原因有：如果进行在线实时控制，模型一复杂，要按照目标函数计算最优控制作用就十分费时，计算工作量大，不用高运算速度的计算机，难于及时完成任务。如果模型用于前馈控制、解耦控制及模式控制，模型一复杂，控制规律也就复杂，不易实施。如果模型参数是依据输入/输出数据用估计方法得出的，那么模型结构越复杂，需要估计的参数数量就越多，此时难于保证所得参数的精度。所以，实际应用的动态数学模型，传递函数的阶次一般不高于三阶，有时宁可用具有时滞的二阶形式，最常用的是有时滞的一阶形式。

2.2.2 动态数学模型的类型

由过程机理推导得到的几种类型的数学模型见表 2-2。

表 2-2 数学模型的类型

过程类型	静态模型	动态模型
集中参数过程	代数方程	微分方程
分布参数过程	微分方程	偏微分方程
多级过程	差分方程	微分-差分方程

由系统辨识所得模型结构，一般比较简单。以单输入单输出为例，最常用的是下列形式的线性时间连续模型和线性时间离散模型：

1）线性时间连续模型可写成微分方程或传递函数形式。

$$a_n y^{(n)}(t)+\cdots+a_1 y^1(t)+y(t)=b_m u^{(m)}(t-\tau)+\cdots+b_1 u'(t-\tau)+b_0 u(t-\tau) \tag{2-5}$$

或

$$\frac{Y(s)}{U(s)}=\frac{b_0+b_1 s+\cdots+b_m s^m}{1+a_1 s+\cdots+a_n s^n}e^{-\tau s} \tag{2-6}$$

式中，y 为输出变量；u 为输入变量；τ 为纯滞后（时滞）。

2）线性时间离散模型可写成差分方程或脉冲传递函数形式

$$\begin{aligned}&a_n y(k-n)+a_{n-1}y(k-n-1)+\cdots+a_1 y(k-1)+y(k)\\&=b_m u(k-m-d)+\cdots+b_1 u(k-1-d)+b_0 u(k-d)\end{aligned} \tag{2-7}$$

即

$$y(k)=\frac{b_0+b_1 q^{-1}+\cdots+b_m q^{-m}}{1+a_1 q^{-1}+\cdots+a_n q^{-n}}q^{-d}u(k) \tag{2-8}$$

式中，d 为纯滞后（采样周期整数倍）；q^{-1}为后向差分算符，与 z 变换中的 z^{-1}相当。

若考虑随机干扰时，式（2-7）等式右边再加上一项随机干扰项 $n(k)$。

当然，时间连续和时间离散模型是可以在一定条件下转换的。

2.2.3 建立动态数学模型的途径

1. 机理模型的建立

由过程机理建立动态数学模型时需要足够和可靠的验前知识，才能导出正确的原始微分方程式。验前知识十分重要，如果前提有错误，结果往往失真。然而这类方程有个突出的好处，因为这是验前的方法，所以在工艺设备没有建立以前就可以得出模型，这对于事前设计和方案评比是十分有利的。

在机理模型建立时，原始微分方程的推导通常基于物料平衡和能量平衡关系。对于化学反应过程，列写每种组分物料平衡关系时，还应考虑反应中生成和消耗的物料，在列写热平衡式时，要考虑化学反应热。

为了找出输出与输入之间的关系，如果各式中有些项与输入或输出变量有关，应化为它们的函数，此时要用到各种速率或平衡关系式，然后进行增量化，得到用输出和输入变量的增量形式表示的微分或差分方程。必要时可进行无因次化。

由于原始微分方程往往相当复杂，需要简化后才能作为控制用的数学模型。模型简化有3 类方法：一是开始时就引入简化假定，使导出的方程形式简单些；二是在得到较复杂的原始方程后，用低阶的微分方程或差分方程去近似；三是把原始方程求解或用计算机仿真，得到一系列的响应曲线（阶跃响应曲线或频率特性），依据这些特性，用低阶的传递函数去近似。

如有可能，应对所得的数学模型进行验证，即与实际过程的响应曲线相比较。有人认为，响应曲线的形状，特别是中频或高频段的形状是重要的。

2. 系统辨识和参数估计

人们把由测试数据直接求取模型的途径称为系统辨识，而把在已定模型结构的基础上，由测试数据确定参数的方法称为参数估计。也有人将二者统称之为系统辨识，而把参数估计作为其中的一个步骤。在此对它们作简要的说明。

系统辨识的一般程序如图 2-2 所示。

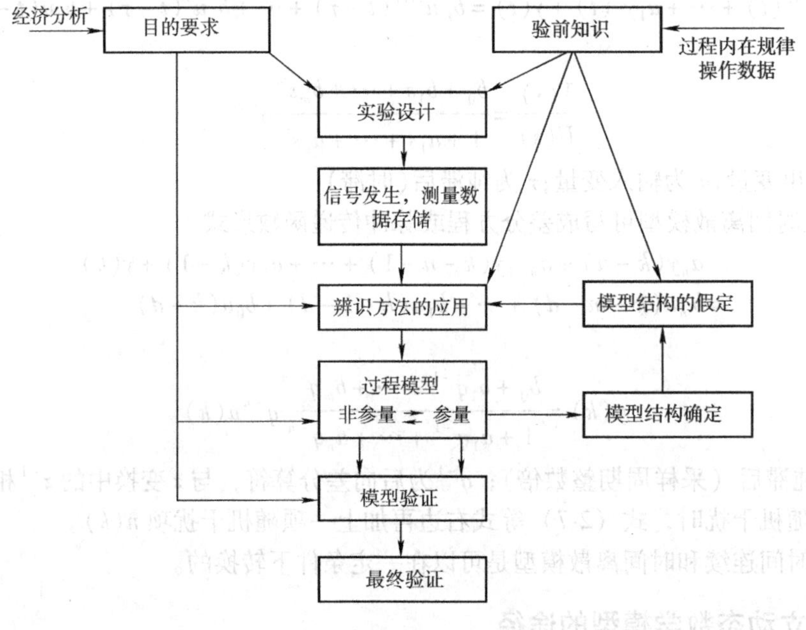

图 2-2　系统辨识的一般程序

首先,应该明确采取数学模型的目的,参阅表 2-1,应用目的不同,要求和形式也不一样。

其次，要掌握足够的验前知识。验前知识来自内在的物理化学规律，来自事前测试数据，也来自日常操作记录的分析，如过程是否接近线性、时滞和时间常数的大小等，对模型结构、实验设计、辨识方法都有影响。验前知识越丰富正确，辨识越容易迅速得到精确的结果。

再次，实验设计。实验设计包括下列因素的选取和确定：输入信号的幅度和频率、采样周期、总的测试时间、开环或闭环辨识、离线或在线辨识、信号发生、数据存储和计算装置、信号滤波及漂移处理方法。

输入信号、输出信号测量及数据存储是指通过手动，或采用信号发生器、特性测试仪或计算机发生输入信号，用记录仪、测试仪或用计算机处理输出信号的方式选择。输入信号应能激发过程特性的全部模式，幅值的大小既要考虑工艺容许限度，又要顾及所得结果的精确度。

辨识方法的应用是指用阶跃响应、频率响应、频谱分析、相关函数方法或参数估计方法来建立模型。如果得到的是图形或曲线，称为非参数方法；如果直接得到参数，则称为参量方法。

在模型结构的选择方面，包括模型形式、时滞情况及方程阶次的确定。通常先作假定，再回过来验证，例如假定为二阶，可得出一组参数，再假定为三阶，又可得出一组参数。然后依据估计参数和输入参数求取模型的输出，哪种模型的估计误差最小，又最简单，就选择作为最合适的结构。

模型的验证有两种方式，一是自身验证，即把测试输入下实际过程的输出与模型的输出作比较。然而，这时的肯定结论，推广至其他输入情况下不一定可靠，最好用另一种方式即交叉验证的方法，再进行一次测试，把另一组输入下的过程的实际输出量测值与模型的输出计算值作比较。

如果模型精度合乎要求，辨识工作即告完成；如果不合要求，要重新进行试验设计、重新假定模型结构，构成一个迭代程序。

3. 开环与闭环辨识

目前一般常用的辨识方法是在开环条件下进行的。然而在实际应用中，需要在闭环条件下进行过程辨识，这是因为开环辨识过程特性时，只能反映某一个确定工作点的特性。若过程为线性时，则能反映过程操作范围内变化时的特性，而存在非线性时，就不能反映操作条件变化时的特性。开环辨识对一些实验装置与小型装置实施是方便的，而对工业生产装置，特别是大型装置施行开环辨识，必然破坏生产的正常进行，被控变量长时间偏离设定值，一般生产单位是不希望的；被辨识过程是更大的复杂过程的一部分，无法除去反馈。

随着过程辨识方法的发展，有人总结出在控制器有噪声源或有外部输出信号等非常一般化的结构下，闭环可辨识的实验条件为：①在控制器输出端施加外部信号；②在控制器输入端施加外部信号；③改变线性反馈规律，如控制器的放大系数。数学仿真结果表明，对于单输入单输出离散随机系统，在控制器输出端施加准随机双位信号的实验条件是适宜于工业生产过程应用的闭环辨识实验条件的，按此实验条件进行闭环辨识可以得到精度与开环辨识相近的过程模型。

2.2.4　工业过程动态机理模型

1. 动态数学模型的一般列写方法

从机理出发，用理论的方法得到过程动态数学模型，其主要依据是物料平衡和能量平衡关系式，一般可用下式表示：

单位时间内进入系统的物料量(或能量) - 单位时间内由系统流出的物料量(或能量) = 系统内物料(或能量)储藏量的变化率

为了找到输出变量 y 与输入变量 u 之间的关系，必须设法消除原始微分方程中的中间变量，常常要用到相平衡关系式，用到传热、传质及化学反应速率关系式等。

在建立过程动态数学模型时，输出变量 y 与输入变量 u 可用 3 种不同形式，即可用绝对值 Y 和 U 表示，用增量 ΔY 和 ΔU 表示，或用无因次形式的 y 和 u 表示。

在控制理论中，增量形式得到广泛的应用。它不仅便于把原来非线性的系统线性化，而且通过坐标的移动，把工作点作为原点，使输出/输入关系更加清晰，且便于运算；另外，控制理论中普遍应用的传递函数，就是在初始条件为零的条件下定义的，采用增量形式可以方便地求得传递函数。

对于线性系统，增量方程式的列写很方便。只要将原方程中的变量用它的增量代替即可。对于原来非线性系统，则需要进行线性化，在系统输入和输出工作范围内，把非线性关系近似为线性关系。最常用的是切线法，在稳态特性上用经过工作点的切线代替原来的曲线。在列写动态方程后，将输入变量与输出变量间的非线性函数，在工作点附近展开成泰勒级数，忽略高次项后，即可得到变量（增量）的线性函数关系式。如果系统的稳态特性曲线在工作点附近区域没有间断点、折断点和非单值区域，就可以用这种方法进行。

最后还需指出，在列写动态方程时，式中除了输出变量、输入变量和系数外，常常会出现一些中间变量，应先将这些中间变量通过有关关系式化为输入或输出变量的函数，然后进行线性化和增量化。

2. 串接液位贮槽的数学模型

图 2-3 为两个串接液位贮槽，依据物料平衡关系可得到如下方程：

$$\left.\begin{aligned} Q_i - Q_{12} &= A_1 \frac{dh_1}{dt} \\ Q_{12} - Q_o &= A_2 \frac{dh_2}{dt} \end{aligned}\right\} \tag{2-9}$$

式中，Q_i 为流入贮槽Ⅰ的体积流量；Q_{12} 为流入贮槽Ⅱ的体积流量，亦即流出贮槽Ⅰ的体积流量；Q_o 为流出贮槽Ⅱ的体积流量；A_1 为贮槽Ⅰ的横截面积；A_2 为贮槽Ⅱ的横截面积；h_1 为贮槽Ⅰ的液位高度；h_2 为贮槽Ⅱ的液位高度。

这一过程的输出变量是 h_1 和 h_2，而输入变量有 3 个，即进入变量 Q_i，贮槽Ⅰ的流出阀开度和贮槽Ⅱ的流出阀开度。

在式（2-9）中，Q_{12} 是输出变量 h_1 和 h_2 及贮槽Ⅰ流出阀开度的函数。作为最初步近似，可以认为 Q_{12} 与（$h_1 - h_2$）成正比，与流出阀阻力 R_1（它取决于流出阀的开度）成反比。如 R_1 取合适单位，可以认为 $Q_{12} = (h_1 - h_2)/R_1$。类似地，Q_o 是输出变量 h_2 和贮槽Ⅱ流出阀开度的函数（其阻力为 R_2），可以表示为 $Q_o = h_1/h_2$。此时式（2-9）可以表示为

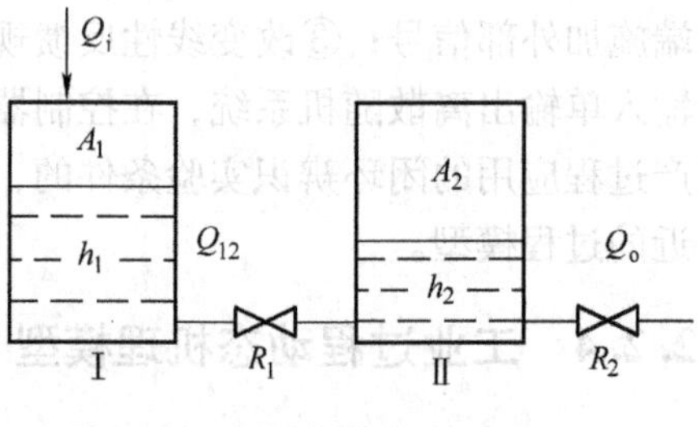

图 2-3 串接液位贮槽

$$\left.\begin{aligned} Q_i - \frac{h_1 - h_2}{R_1} &= A_1 \frac{dh_1}{dt} \\ \frac{h_1 - h_2}{R_1} - \frac{h_2}{R_2} &= A_2 \frac{dh_2}{dt} \end{aligned}\right\} \tag{2-10}$$

在此求取输出变量 h_1 和 h_2 与输入变量 Q_i 和 R_2 的动态方程。此时 R_1 不变，用 R_{10} 表示，对式（2-10）取增量方程式，这时除 h_2/R_2 项外都是线性的。依据上面的讨论有

$$\Delta\left(\frac{h_2}{R_2}\right) = \frac{\Delta h_2}{R_{20}} - \frac{h_{20}}{R_{20}^2}\Delta R_2$$

故

$$\left.\begin{aligned} \Delta Q_i - \frac{\Delta h_1 - \Delta h_2}{R_{10}} &= A_1 \frac{d\Delta h_1}{dt} \\ \frac{\Delta h_1 - \Delta h_2}{R_{10}} - \frac{\Delta h_2}{R_{20}} + \frac{h_{20}}{R_{20}^2}\Delta R_2 &= A_2 \frac{d\Delta h_2}{dt} \end{aligned}\right\} \tag{2-11}$$

或

$$\left.\begin{aligned} \frac{d\Delta h_1}{dt} &= -\frac{1}{A_1 R_{10}}\Delta h_1 + \frac{1}{A_1 R_{10}}\Delta h_2 + \frac{1}{A_1}\Delta Q_i \\ \frac{d\Delta h_2}{dt} &= \frac{1}{A_2 R_{10}}\Delta h_1 - \left(\frac{1}{A_2 R_{10}} + \frac{1}{A_2 R_{20}}\right)\Delta h_2 + \frac{h_{20}}{A_2 R_{20}^2}\Delta R_2 \end{aligned}\right\} \tag{2-12}$$

如写成矩阵形式，就可成为下列状态方程：

$$\dot{\boldsymbol{H}}=\boldsymbol{A}\boldsymbol{H}+\boldsymbol{B}\boldsymbol{U} \tag{2-13}$$

式中

$$\boldsymbol{H}=\begin{bmatrix}\Delta h_1\\ \Delta h_2\end{bmatrix}\qquad \boldsymbol{A}=\begin{bmatrix}-\dfrac{1}{A_1R_{10}} & \dfrac{1}{A_1R_{10}}\\ \dfrac{1}{A_2R_{10}} & -\left(\dfrac{1}{A_2R_{10}}+\dfrac{1}{A_2R_{20}}\right)\end{bmatrix}$$

$$\boldsymbol{B}=\begin{bmatrix}\dfrac{1}{A_1} & 0\\ 0 & \dfrac{h_{20}}{A_2R_{20}^2}\end{bmatrix}\qquad \boldsymbol{U}=\begin{bmatrix}\Delta Q_{\mathrm{i}}\\ \Delta R_2\end{bmatrix}$$

若用传递函数来表示，对式（2-13）进行拉普拉斯变换，并经运算整理可得

$$\boldsymbol{H}(s)=(s\boldsymbol{I}-\boldsymbol{A})^{-1}\boldsymbol{B}\boldsymbol{U}(s) \tag{2-14}$$

或

$$\begin{bmatrix}H_1(s)\\ H_2(s)\end{bmatrix}=\frac{\begin{bmatrix}(R_{10}R_{20}A_2s+R_{20}+R_{10}) & \dfrac{h_{20}}{R_{20}}\\ R_{20} & \dfrac{h_{20}}{R_{20}}(R_{10}A_1s+1)\end{bmatrix}}{A_1A_2R_{10}R_{20}s^2+(R_{10}A_1+R_{20}A_2+R_{20}A_1)s+1}\begin{bmatrix}Q_{\mathrm{i}}(s)\\ R_2(s)\end{bmatrix} \tag{2-15}$$

各通道传递函数可由式（2-15）得到，例如入口流量 $Q_{\mathrm{i}}(s)$ 对贮槽Ⅱ液位 $H_2(s)$ 的传递函数为

$$G_{21}(s)=\frac{H_2(s)}{Q_{\mathrm{i}}(s)}=\frac{R_{20}}{A_1A_2R_{10}R_{20}s^2+(R_{10}A_1+R_{20}A_2+R_{20}A_1)s+1} \tag{2-16}$$

其他通道的传递函数也很容易由式（2-15）得到。而对于更多个液位贮槽串接的情况，也可类似地求得动态方程，进而得到传递函数。

3. 换热器的数学模型

图 2-4 所示的换热器，两侧流体皆为温度均一的集中参数。

假设间壁热容和热损失忽略不计，传热系数 K 和比热容 C 均为常数。根据热量动态平衡关系可得下列方程：

$$\left.\begin{aligned}M_1C_1\frac{\mathrm{d}\theta_{1\mathrm{o}}}{\mathrm{d}t}&=G_1C_1(\theta_{1\mathrm{i}}-\theta_{1\mathrm{o}})-UA(\theta_{1\mathrm{o}}-\theta_{2\mathrm{o}})\\ M_2C_2\frac{\mathrm{d}\theta_{2\mathrm{o}}}{\mathrm{d}t}&=G_2C_2(\theta_{2\mathrm{i}}-\theta_{2\mathrm{o}})-UA(\theta_{2\mathrm{o}}-\theta_{1\mathrm{o}})\end{aligned}\right\} \tag{2-17}$$

式中，M_{i} 为流体的质量；G 为流体的质量流量；C 为流体的比热容；θ 为流体的温度；U 为传热系数；A 为传热面积。

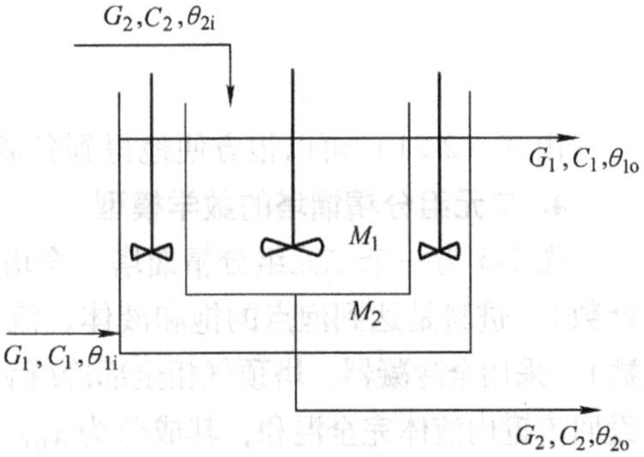

图 2-4　换热器

式（2-17）中，输出变量有两个，即流体1和流体2的出口温度Q_{1o}、Q_{2o}；输入变量有4个，即流体1和流体2的入口温度Q_{1i}、Q_{2i}，流体1和流体2的质量流量G_1、G_2。

对式（2-17）进行线性化，并整理化简得到增量方程式：

$$
\begin{aligned}
T_1\frac{d\theta_{1o}}{dt}&=-(1+a_1)\theta_{1o}+a_1\theta_{2o}+\theta_{1i}+(\overline{\theta}_{1i}-\overline{\theta}_{1o})\frac{G_1}{\overline{G}_1}\\
T_2\frac{d\theta_{2o}}{dt}&=a_2\theta_{1o}-(1+a_2)\theta_{2o}+\theta_{2i}+(\overline{\theta}_{2i}-\overline{\theta}_{2o})\frac{G_2}{\overline{G}_2}
\end{aligned}
\tag{2-18}
$$

式中 $$T_i=\frac{M_i}{\overline{G}_i}\qquad a_i=\frac{KA}{\overline{G}_i c_i}$$

式（2-18）中的变量字母上方加“－”都表示变量的稳态值，不加“－”是增量。

式（2-18）也可写成矩阵形式如下：

$$\dot{\boldsymbol{\theta}}_o=\boldsymbol{A\theta}_o+\boldsymbol{Bu}\tag{2-19}$$

式中 $\boldsymbol{\theta}_o=[\theta_{1o}\quad\theta_{2o}]^T$ $\boldsymbol{u}=[\theta_{1i}\quad\theta_{2i}\quad G_1\quad G_2]^T$

$$
\boldsymbol{A}=\begin{bmatrix}-\dfrac{1+a_1}{T_1} & \dfrac{a_1}{T_1}\\ \dfrac{a_2}{T_2} & -\dfrac{1+a_2}{T_2}\end{bmatrix}\qquad
\boldsymbol{B}=\begin{bmatrix}\dfrac{1}{T_1} & 0 & \dfrac{\overline{\theta}_{1i}-\overline{\theta}_{1o}}{T_1\overline{G}_1} & 0\\ 0 & \dfrac{1}{T_2} & 0 & \dfrac{\overline{\theta}_{2i}-\overline{\theta}_{2o}}{T_2\overline{G}_2}\end{bmatrix}
$$

若用传递矩阵来表示，对式（2-19）进行拉普拉斯变换，经运算整理可得

$$\boldsymbol{\theta}_o(s)=(s\boldsymbol{I}-\boldsymbol{A})^{-1}\boldsymbol{BU}(s)\tag{2-20}$$

或

$$
\begin{bmatrix}\theta_{1o}(s)\\ \theta_{2o}(s)\end{bmatrix}=\frac{\begin{bmatrix}(T_2s+a_2+1) & a_1 & \dfrac{\overline{\theta}_{1i}-\overline{\theta}_{1o}}{\overline{G}_1}(T_2s+a_2+1) & \dfrac{\overline{\theta}_{2i}-\overline{\theta}_{2o}}{\overline{G}_2}a_1\\ a_2 & (T_1s+a_1+1) & \dfrac{\overline{\theta}_{1i}-\overline{\theta}_{1o}}{\overline{G}_1}a_2 & \dfrac{\overline{\theta}_{2i}-\overline{\theta}_{2o}}{\overline{G}_1}(T_1s+a_1+1)\end{bmatrix}}{(T_2s+a_2+1)(T_1s+a_1+1)-a_1a_2}\begin{bmatrix}\theta_{1i}(s)\\ \theta_{2i}(s)\\ G_1(s)\\ G_2(s)\end{bmatrix}
\tag{2-21}
$$

由式（2-21）可以很方便地得到各通道的传递函数。

4. 二元组分精馏塔的数学模型

图2-5为一个二元组分精馏塔。全塔有N块塔板，加料板是第Ns块（塔板数自上而下计数）。进料是达到泡点的饱和液体，流量为F(kg · mol/h)，易挥发组分含量为x_F（摩尔分数）。采用全冷凝器，塔顶气相全部冷凝后进入回流罐，回流罐的蓄液量是M_D(kg · mol)。假设回流罐内液体完全混和，其成分为x_D。回流罐液体温度恰好为它的泡点温度，回流由泵送回至第1块塔板，回流量为L_R(kg · mol/h)，馏出液流量是D(kg · mol/h)。忽略塔顶至回流

罐气相管线及回流液管线下的延时。值得注意的是，由于回流罐内蓄液量的存在，y_1 虽然在定态时等于 x_D，但在动态过程中两者不一定相等。塔底产品流量是 B(kg·mol/h)，成分是 x_B。由再沸器产生的上升蒸汽量是 V(kg·mol/h)，假设塔底和再沸器内液体完全混和，且有相同成分 x_B，上升蒸汽的成分是 y_B，与液相成分 x_B 达到相平衡，再沸器和塔底的总蓄液量是 M_B(kg·mol)。

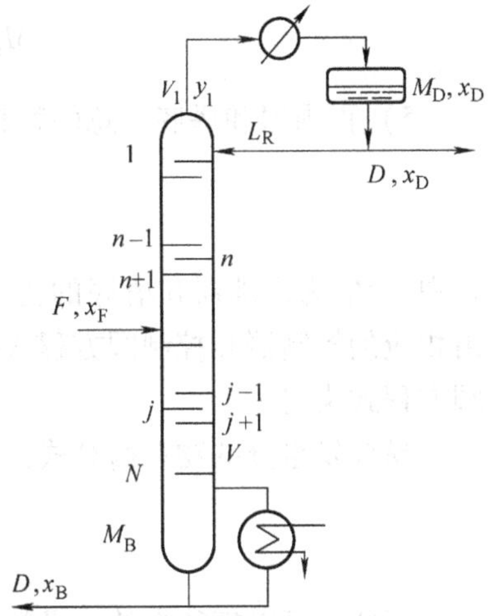

图 2-5　二元组分精馏塔

为简化方程又引入如下假设：

1）每块塔板达到充分混和，气、液相成分为 y_n 和 x_n 都可按集中参数处理。

2）塔内压力恒定。

3）每块塔板上的液相蓄存量是 M_n(kg·mol)，气相蓄存量较之液相少得多，可忽略不计。

4）两组分的摩尔汽化潜热近似相等，热损和显热效应可忽略不计。所以，提馏段各板 V_S 和 L_S 都保持不变，精馏段的 V_R 和 L_R 也保持不变。由于假设进料在泡点温度，因此提馏段的 V_S 和 L_S 与精馏段的 V_R 和 L_R 之间关系为

$$L_S = L_R + F \tag{2-22}$$

$$V_S = V_R = V \tag{2-23}$$

5）相平衡关系中 y 与 x 满足近似线性关系：

$$y_n = k_n x_n + C \tag{2-24}$$

式中，k_n 为相平衡常数；C 为常数。

依据以上关系和假设，可列出精馏塔各部分的动态物料平衡式如下：

1）冷凝器及回流罐。总的物料衡算式：

$$\frac{dM_D}{dt} = V - L_R - D \tag{2-25}$$

式中，M_D 为回流罐蓄液量，$M_D(0) = \overline{M}_D$ 由初始条件决定；D 为馏出液，闭环时由相应的控制器及控制阀方程式决定；L_R 为回流量，闭环时由相应的控制器及控制阀方程式决定。

易挥发组分的物料衡算式：

$$\frac{d(M_D x_D)}{dt} = Vy_1 - (L_R + D)x_D \tag{2-26}$$

2）精馏段第 n 板。精馏段第 n 板物料流动情况如图 2-6 所示。易挥发组分的物料衡算式：

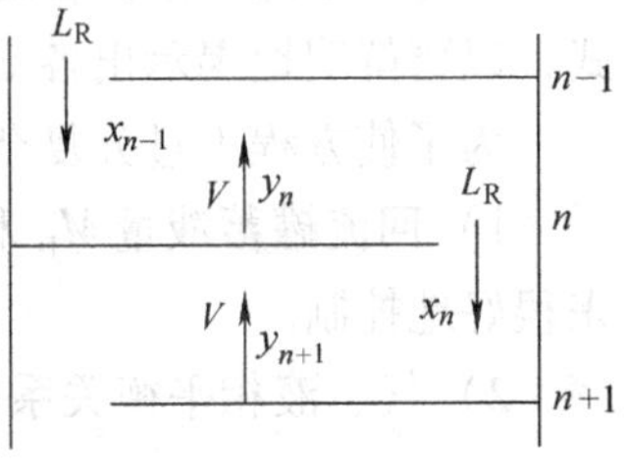

图 2-6　精馏段第 n 板物料流动情况

$$M_n \frac{dx_n}{dt} = L_R x_{n-1} - L_R x_n + Vy_{n+1} - Vy_n \tag{2-27}$$

3）加料板 Ns。易挥发组分的物料衡算式：

$$M_{Ns} \frac{dx_{Ns}}{dt} = L_R x_{Ns-1} - L_s x_{Ns} + Vy_{Ns+1} - Vy_{Ns} + Fx_F \tag{2-28}$$

4）提馏段第 j 板。易挥发组分的物料衡算式：

$$M_j\frac{\mathrm{d}x_j}{\mathrm{d}t}=L_s x_{j-1}-L_s x_j+Vy_{j+1}-Vy_j \tag{2-29}$$

5）再沸器和塔底。总的物料衡算式：

$$\frac{\mathrm{d}M_B}{\mathrm{d}t}=L_s-V-B \tag{2-30}$$

式中，M_B 为再沸器和塔底的蓄液量，$M_B(0)=\overline{M}_B$，由初始条件给出；B 为塔底产品流量，由相应的控制器和控制阀方程式决定；V 为再沸器产生的上升蒸汽，由相应的控制器和控制阀方程式决定。

易挥发组分的物料衡算式：

$$\frac{\mathrm{d}(M_B x_B)}{\mathrm{d}t}=L_s x_N-Vy_B-Bx_B \tag{2-31}$$

至此，可以把待求的变量数与方程数作一总结。假设输入（扰动）变量是进料流量 F 和成分 x_F，则待求变量如下：

各塔板的成分 x_n 和 y_n	$2N$
回流罐的蓄液量 M_D 及液相成分 x_D	2
回流量 L_R 和馏出液流量 D	2
再沸器内成分 x_B 和 y_B	2
再沸器上升蒸汽量 V 和采出量 B	2
再沸器的蓄液量 M_B	1

待求变量共计 $2N+9$ 个

而方程数为

各塔板易挥发组分的物料衡算式	N	式（2-27）~式（2-29）
相平衡关系（各塔板及再沸器）	$N+1$	式（2-24）
回流罐总物料及易挥发组分的物料衡算式	2	式（2-25）~式（2-26）
再沸器总物料及易挥发组分的物料衡算式	2	式（2-30）~式（2-31）

方程共计 $2N+5$ 个

方程数比未知变量数少4个。从控制观点看，还有4个变量（B、V、L_R、D）可以控制。所以，通常需要设置4个控制器（其中两个是液位控制器），这样各未知变量都可求出，系统也就完全确定了。

在得到上述动态方程之后，可以通过线性化转换成线性微分方程组，并列成状态方程形式，以更鲜明地揭示出各变量之间的关系。

为了使方程不过分复杂，再作如下假设：

1）回流罐蓄液量 M_D 和再沸器及塔底蓄液量 M_B 都保持恒定，它们分别用液位控制系统来很好地控制。

2）气、液相平衡关系可表示为

$$\Delta y_n=k_n\Delta x_n \tag{2-32}$$

这样，可把塔的各部分物料衡算式经线性化写成增量方程式。为了标记方便，变量符号上有“－”号的表示稳态值，不加标记的表示增量，而把Δ号略去。

1）回流罐。由于 M_D 为定值，总的物料和易挥发组分的物料衡算式分别是

$$V-L_R-D=0 \text{ 或 } V=L_R+D \tag{2-33}$$

$$\frac{dx_D}{dt}=\frac{\bar{V}k_1}{\bar{M}_D}x_1-\frac{\bar{V}}{\bar{M}_D}x_D \tag{2-34}$$

2）精馏段第 n 板。易挥发组分的物料衡算式：

$$\frac{dx_n}{dt}=\frac{\bar{L}_R}{\bar{M}_n}x_{n-1}-\frac{\bar{L}_R+\bar{V}k_n}{\bar{M}_n}x_n+\frac{\bar{V}k_{n+1}}{\bar{M}_n}x_{n+1}+\frac{\bar{x}_{n-1}-\bar{x}_n}{\bar{M}_n}L_R+\frac{\bar{y}_{n+1}-\bar{y}_n}{\bar{M}_n}V \tag{2-35}$$

3）加料板 Ns。易挥发组分的物料衡算式：

$$\frac{dx_{Ns}}{dt}=\frac{\bar{L}_R}{\bar{M}_{Ns}}x_{Ns-1}-\frac{\bar{L}+\bar{V}k_{Ns}}{\bar{M}_{Ns}}x_{Ns}+\frac{\bar{V}k_{Ns+1}}{\bar{M}_{Ns}}x_{Ns+1}+\frac{\bar{x}_{Ns-1}-\bar{x}_{Ns}}{\bar{M}_{Ns}}L_R+\frac{\bar{y}_{Ns+1}-\bar{y}_{Ns}}{\bar{M}_{Ns}}V+\frac{\bar{x}_F-\bar{x}_{Ns}}{\bar{M}_{Ns}}F+\frac{\bar{F}}{\bar{M}_{Ns}}x_F \tag{2-36}$$

4）提馏段第 j 板。易挥发组分的物料衡算式：

$$\frac{dx_j}{dt}=\frac{\bar{L}_s}{\bar{M}_j}x_{j-1}-\frac{\bar{L}_s+\bar{V}k_j}{\bar{M}_j}x_j+\frac{\bar{V}k_{j+1}}{\bar{M}_j}x_{j+1}+\frac{\bar{x}_{j-1}-\bar{x}_j}{\bar{M}_j}L_s+\frac{\bar{y}_{j+1}-\bar{y}_j}{\bar{M}_j}V+\frac{\bar{x}_{j-1}-\bar{x}_j}{\bar{M}_j}F \tag{2-37}$$

5）再沸器和塔底。由于 M_B 是定值，所以总的物料和易挥发组分的物料衡算式分别是

$$L_s-V-B=0 \text{ 或 } B=L_s-V \tag{2-38}$$

$$\frac{dx_B}{dt}=\frac{\bar{L}_s}{\bar{M}_B}x_N-\frac{\bar{V}k_B+\bar{B}}{\bar{M}_B}x_B+\frac{\bar{x}_N-\bar{x}_B}{\bar{M}_B}L_s+\frac{\bar{x}_B-\bar{y}_B}{\bar{M}_B}V+\frac{\bar{x}_N-\bar{x}_B}{\bar{M}_B}F \tag{2-39}$$

以上各式组合在一起，就成为矩阵形式的状态方程：

$$\begin{bmatrix}\frac{dx_D}{dt}\\ \frac{dx_1}{dt}\\ \vdots\\ \frac{dx_{Ns}}{dt}\\ \vdots\\ \frac{dx_N}{dt}\\ \frac{dx_B}{dt}\end{bmatrix}=\begin{bmatrix}-\frac{\bar{V}}{\bar{M}_D} & \frac{\bar{V}k_1}{\bar{M}_D} & 0 & 0 & \cdots & \cdots & \cdots & 0\\ \frac{\bar{L}_R}{\bar{M}_1} & -\frac{\bar{L}_R+\bar{V}k_1}{\bar{M}_1} & \frac{\bar{V}k_2}{\bar{M}_1} & 0 & \cdots & \cdots & \cdots & 0\\ \vdots & \vdots & \vdots & \vdots & \cdots & \cdots & \cdots & \vdots\\ 0 & \cdots & \frac{\bar{L}_s}{\bar{M}_{Ns}} & -\frac{\bar{L}_s+\bar{V}k_N}{\bar{M}_{Ns}} & \frac{\bar{V}k_{Ns+1}}{\bar{M}_{Ns}} & \cdots & 0 & 0\\ \vdots & & \vdots & & \vdots & \vdots & & \\ 0 & \cdots & \cdots & \cdots & \cdots & \frac{\bar{L}_s}{\bar{M}_N} & -\frac{\bar{L}_s+\bar{V}k_N}{\bar{M}_N} & \frac{\bar{V}k_B}{\bar{M}_N}\\ 0 & \cdots & \cdots & \cdots & \cdots & & \frac{\bar{L}_s}{\bar{M}_B} & -\frac{\bar{V}k_B+\bar{B}}{\bar{M}_B}\end{bmatrix}\begin{bmatrix}x_D\\ x_1\\ \vdots\\ x_{Ns}\\ \vdots\\ x_N\\ x_B\end{bmatrix}$$

$$+\begin{bmatrix} 0 & 0 \\ \dfrac{\bar{x}_D-\bar{x}_1}{\bar{M}_1} & \dfrac{\bar{y}_2-\bar{y}_1}{\bar{M}_1} \\ \vdots & \vdots \\ \dfrac{\bar{x}_F-\bar{x}_{Ns}}{\bar{M}_{Ns}} & \dfrac{\bar{y}_{Ns+1}-\bar{y}_{Ns}}{\bar{M}_{Ns}} \\ \vdots & \vdots \\ \dfrac{\bar{x}_{N-1}-\bar{x}_N}{\bar{M}_N} & \dfrac{\bar{y}_B-\bar{y}_N}{\bar{M}_N} \\ \dfrac{\bar{x}_N-\bar{x}_B}{\bar{M}_B} & \dfrac{\bar{x}_B-\bar{y}_B}{\bar{M}_B} \end{bmatrix}\begin{bmatrix} L_R \\ V \end{bmatrix}+\begin{bmatrix} 0 & 0 \\ \vdots & \vdots \\ \dfrac{\bar{F}}{\bar{M}_{Ns}} & \dfrac{\bar{x}_F-\bar{x}_{Ns}}{\bar{M}_{Ns}} \\ 0 & \vdots \\ \vdots & \dfrac{\bar{x}_{N-1}-\bar{x}_N}{\bar{M}_N} \\ 0 & \dfrac{\bar{x}_N-\bar{x}_B}{\bar{M}_B} \end{bmatrix}\begin{bmatrix} x_F \\ F \end{bmatrix} \tag{2-40}$$

或用向量形式表示

$$\boldsymbol{X}=\boldsymbol{A}\boldsymbol{X}+\boldsymbol{B}\boldsymbol{U}+\boldsymbol{P}\boldsymbol{d} \tag{2-41}$$

在上式中，把 L_R 和 V 作为控制变量，x_F 和 F 作为扰动变量，而把 $\boldsymbol{X}$ 作为状态变量，输出变量可以根据需要确定。如要把 $\boldsymbol{D}$ 和 $\boldsymbol{B}$ 作为控制变量，则可以通过物料衡算关系转换。

由式（2-40）可以看出，对于上下浓度差（$\bar{x}_{n-1}-\bar{x}_n$）较大的塔板，在遇到 L_R 变化时，初始的变化速度较快，即响应较快；对于（$\bar{y}_n-\bar{y}_{n+1}$）越大，在遇到 V 变化时，初始的变化速度越快，即响应越快。总的来说，凡是上下浓度差较大的塔板，也就是温度分曲线上温度变化较快的塔板就是灵敏板，这就是设计控制方案时用灵敏板作为被控变量的依据。

由式（2-40）还可以看到，整个精馏塔的工作是一个多容量的、相互间交叉连接的复杂过程，要整理成为整个塔的传递函数相当复杂。从20世纪70年代开始，现代控制理论的时域分析方法在控制系统分析中已占相当优势。因此，对式（2-40）状态方程组可以应用矩阵函数及状态传递矩阵理论，直接解出系统的时间响应。

最后，还必须指出，由于推导方程时假设两组分的摩尔汽化潜热近似相等，所以仅考虑物料平衡关系。若两组分的摩尔汽化潜热不相等，还需考虑热量平衡关系。此时，精馏塔系统更加复杂。

5. 连续搅拌槽式反应器的数学模型

图2-7为除热式连续搅拌槽式反应器，进行一级不可逆反应 $A \xrightarrow{k} B$。在列写方程时，设反应器内的容积为 V，进料的体积流量为 F_0、浓度为 C_{A0}、温度为 θ_i、密度为 ρ_0。反应器内温度 θ 和浓度 C_A 是均匀的，分别与出口温度和浓度一样。出口流量为 F，密度为 ρ，冷剂的体积流量为 F_c，冷剂进口温度为 θ_{ci}，冷剂出口温度为 θ_{co}。为处理问题方便，认为夹套内冷剂温度与冷剂出口温度一样，间壁传热面积为 A，总传热系数为 K，夹套内冷剂容积为 V_c，忽略壁的热容。

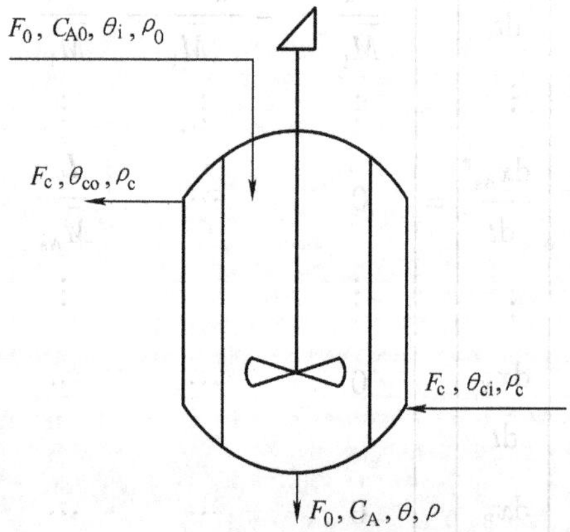

图2-7 除热式连续搅拌槽式反应器

(1) 基本方程

1) 总的物料衡算式:

$$\frac{d\rho V}{dt}=F_0\rho_0-F\rho \tag{2-42}$$

2) 组分 A 的物料衡算式:

$$\frac{dVC_A}{dt}=F_0C_{A0}-FC_A-VC_Ak \tag{2-43}$$

式中，k 为反应速度，$k=k_0\exp\left(-\frac{E}{R\theta}\right)$。

3) 反应器内的热量衡算式

$$\frac{dV\rho c_p\theta}{dt}=F_0\rho_0C_p(\theta_i-\theta)+KA(\theta_{co}-\theta)+HVC_Ak \tag{2-44}$$

式中，C_p 为反应物的平均比热容；H 为摩尔反应热。

4) 夹套的冷剂的热量衡算式 ρ_c

$$\frac{dV\rho C_{pc}\theta_{co}}{dt}=F_c\rho_cC_{pc}(\theta_{ci}-\theta_{co})+KA(\theta-\theta_{co}) \tag{2-45}$$

式中，C_{pc} 为冷剂的平均比热容；ρ_c 为冷剂的密度。

假设反应器和夹套内 V，V_c 和密度保持不变，此时 $F=F_0$，这样整理后可得到连续搅拌槽式反应器的数学模型如下:

$$\frac{dC_A}{dt}=F(C_{A0}-C_A)-C_Ak_0\exp\left(\frac{-E}{R\theta}\right) \tag{2-46}$$

$$\frac{d\theta}{dt}=\frac{F}{V}(\theta_i-\theta)+\frac{KA}{V\rho C_p}(\theta_{co}-\theta)+\frac{H}{\rho C_p}VC_Ak_0\exp\left(\frac{-E}{R\theta}\right) \tag{2-47}$$

$$\frac{d\theta_{co}}{dt}=\frac{F_c}{V_c}(\theta_{ci}-\theta_{co})+\frac{KA}{V_c\rho_cC_{pc}}(\theta-\theta_{co}) \tag{2-48}$$

(2) 方程式的线性化

对上述方程线性化后可得如下方程:

$$\frac{dC_A}{dt}=a_{11}C_A+a_{12}\theta+ab_{13}F \tag{2-49}$$

$$\frac{d\theta}{dt}=a_{21}C_A+a_{22}\theta+a_{23}\theta_{co}+b_{22}\theta_i+b_{23}F \tag{2-50}$$

$$\frac{d\theta_{co}}{dt}=a_{32}\theta+a_{33}\theta_{co}+b_{34}\theta_{ci}+b_{35}F_c \tag{2-51}$$

式中，系数 a_{ij} 和 b_{ij} 可查阅有关资料。

(3) 传递函数

只考虑反应器内热量衡算，则此时方程是

$$\frac{d\theta}{dt}=a_{21}C_A+a_{22}\theta+a_{23}\theta_{co}+b_{22}\theta_i+b_{23}F \tag{2-52}$$

对式(2-52)进行拉普拉斯变换后得

$$(s-a_{22})\theta(s)=a_{21}C_{\mathrm{A}}(s)+a_{23}\theta_{\mathrm{co}}(s)+b_{22}\theta_{\mathrm{i}}(s)+b_{23}F(s) \tag{2-53}$$

冷剂温度对出口温度的传递函数为

$$G_{01}(s)=\frac{\theta(s)}{\theta_{\mathrm{co}}(s)}=\frac{a_{23}}{s-a_{22}} \tag{2-54}$$

开环极点为

$$s=a_{22}=\frac{HC_{\mathrm{A}}kE}{\rho C_{\mathrm{p}}R\theta^{2}}-\left(\frac{F}{V}+\frac{KA}{V\rho C_{\mathrm{p}}}\right)$$

若$\dfrac{HC_{\mathrm{A}}kE}{\rho C_{\mathrm{p}}R\theta^{2}}>\left(\dfrac{F}{V}+\dfrac{KA}{V\rho C_{\mathrm{p}}}\right)$（式中变量为额定值），即放热量大于除热量，则传递函数的极点为正，是一阶不稳定环节，即对象开环不稳定。

2.2.5 过程辨识与参数估计

过程辨识的方法很多，依据输入变量的变化情况（即所施加外作用的形式），目前大致可分为非周期函数、周期函数、非周期性随机函数及周期性函数等4类，它们各自的特点比较见表2-3。下面讨论最常用的一些方法。

表2-3 4类辨识方法的特点比较

信号类型		需要设备	测试精确度	对工艺影响	测试时间	计算工作量	其他
非周期函数	阶跃函数	不需专用设备	尚好	大	短	小，可手工计算	会受干扰，可能会进入非线性区域
	脉冲函数	不需专用设备	低	较小	短	小，可手工计算	会受干扰。如参数不回原值，误差较大
周期函数	正弦波	需要专用设备	低频部分好	尚小	长	中等	
非周期性随机函数	白噪声或其他规定的随机函数	需要专用设备	尚好	小	较长	大，用计算机	
	日常工作记录	不需专用设备	较低	无	长	大，用计算机	
周期性随机函数	准随机双值信号（p. r. b. s）	数字计算机或专用设备	较低	较小	中	大，用计算机	

1. 阶跃响应法

阶跃响应法非常简单，只要有遥控阀和被控变量记录仪表就可以进行。先使工况保持平稳一段时间，然后使阀门作阶跃式的变化（通常在10%以内），在此同时把被控变量的变化过程记录下来，得到广义对象的阶跃响应曲线。由阶跃响应曲线推算传递函数的近似方法很多，这里介绍一种简单方法。

把对象作为具有纯滞后的一阶对象来处理，即

$$G(s)=\frac{K_0}{T_0s+1}\mathrm{e}^{-\tau s} \tag{2-55}$$

式中，K_0为对象放大系数；T_0为对象时间常数；τ为对象纯滞后。

则可在响应曲线拐点处作切线（见图2-8），各参数求法如下：

$$K_0 = \frac{\Delta y(\infty)}{\Delta u}$$

τ = 时间轴原点至通过拐点切线与时间轴交点的时间间隔

T_0 = 被控变量 y 完成全部变化量的 63.2% 所需时间 $-\tau$

另外一种确定 τ 和 T_0 的方法，是把达到 39% 和 63% 响应的时间读出来，分别用 $t_{0.39}$ 和 $t_{0.63}$ 来表示，按下式计算：

$$T_0 = 2(t_{0.63} - t_{0.39}) \tag{2-56}$$

$$\tau = 2t_{0.39} - t_{0.63} \tag{2-57}$$

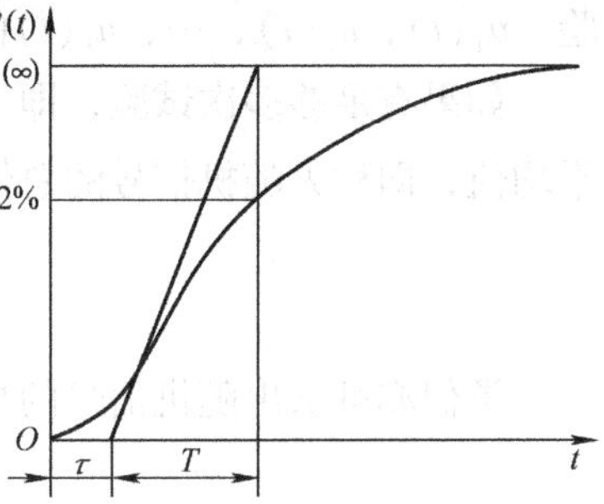

图 2-8　由阶跃响应曲线确定 K_0、τ 和 T_0 的图解法

2. 脉冲响应法

阶跃响应法尽管有许多优点，但也存在一些问题，特别是使工况长期偏离正常值，有时会对生产带来不利的影响。为了解决这个矛盾，一种方法就是在施加阶跃响应后，隔一段时间再施加一个反向的阶跃输入，合起来就是用脉冲作为输入信号，如图 2-9 所示。

既然输入是正向和反向阶跃作用之和，因而把输出变化过程折算为阶跃响应并不困难（见图 2-9）。输入是

$$\Delta u(t) = \Delta u_1(t) + \Delta u_2(t) = \Delta u_1(t) - \Delta u(t - \Delta t)$$

而输出是

$$\Delta y(t) = h_1(t) + h_2(t) = h_1(t) - h_1(t - \Delta t)$$

所以

$$h_1(t) = \Delta y(t) + h_1(t - \Delta t) \tag{2-58}$$

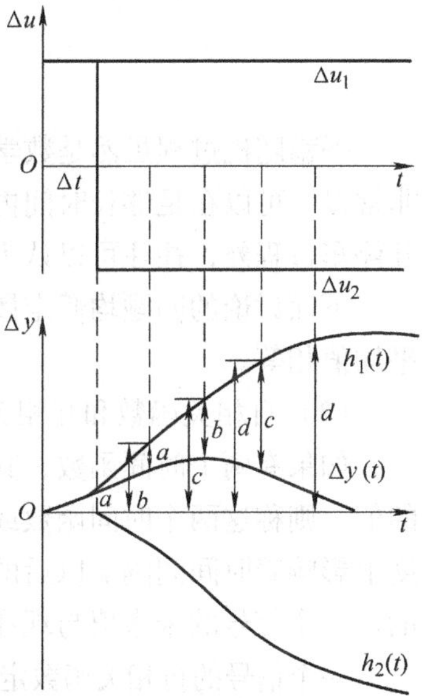

图 2-9　脉冲响应折算为阶跃响应

式（2-58）表示了响应曲线关系式，在 $0 \sim \Delta t$ 时间内，$h_1(t)$ 等于脉冲响应即 $h_1(t) = \Delta y(t)$，而后 $h_1(t)$ 等于当时的脉冲响应 $\Delta y(t)$ 加 Δt 时间以前的阶跃响应 $h_1(t - \Delta t)$，随着时间推移就可得到完整阶跃响应曲线。得阶跃响应曲线后，可以通过前述有关方法求取过程的数学模型。

这个方法精确度也不高，同时对工况漂移等干扰比较敏感，所以应用不很广泛。

3. 相关函数法

用统计相关函数法测定过程的动态特性是将一个特定的随机信号 $u(t)$ 加到被测过程的输入端，然后计算过程输出信号 $y(t)$ 与输入信号 $u(t)$ 的互相关函数，从这个互相关函数来度量过程的脉冲响应函数。

（1）随机信号的统计描述

随机信号的波形如图 2-10 所示。图中，$u(t)$ 是随着时间随机地变化的，称为随机信号。如果进行了许多次试

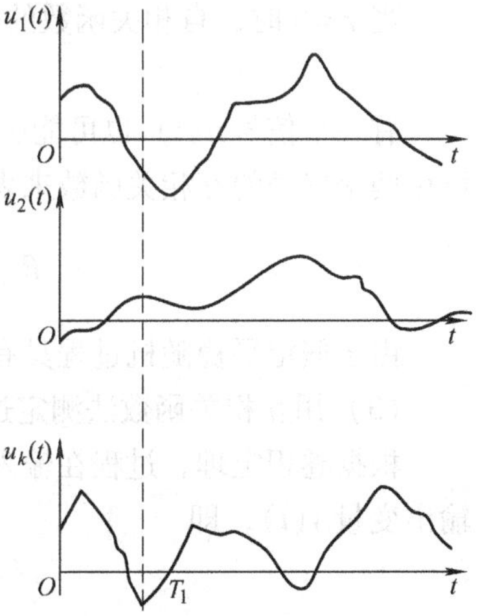

图 2-10　随机信号的波形

验，$u_1(t)$，$u_2(t)$，…，$u_k(t)$的集合就称为随机信号的总体。

如果有足够多次试验，即k值足够大，则可求出任一时刻（如T_1）下这些随机信号的平均值，即称为随机信号的总体平均值，记作$\overline{u(T_1)}$：

$$\overline{u(T_1)} = \frac{1}{k}\sum_{i=1}^{k} u_i(T_1) \tag{2-59}$$

类似亦可求出随机信号的总体均方值$\overline{u^2(T_1)}$：

$$\overline{u^2(T_1)} = \frac{1}{k}\sum_{i=1}^{k} u_i^2(T_1) \tag{2-60}$$

如果有一随机过程，它的统计特性在各个时刻都不变，则称为平稳随机过程，因此对于一个平稳随机过程，有

$$\left.\begin{aligned} \overline{u(T_1)} = \overline{u(T_2)} = \overline{u(T_3)} = \cdots \\ \overline{u^2(T_1)} = \overline{u^2(T_2)} = \overline{u^2(T_3)} = \cdots \end{aligned}\right\} \tag{2-61}$$

平稳随机过程虽然是数学上的抽象提法，但是有许多过程，它们的统计特性往往变化得非常慢，可以在足够长时间内认为是平稳随机过程。许多生产过程中参数的变化，除了装置开停车过程外，往往可以认为是平稳随机过程。

下面讨论的问题均假定属于平稳随机过程，并假定是各态经历的，即时间平均值与总体平均值相等。

（2）自相关函数和互相关函数

如果有两个时间函数，其中一个函数在任何时刻的值总是以某种方式依赖于另一个函数的值，则称这两个时间函数或两个信号是相关的。例如，有一个信号$u(t)$，总是在某种程度上影响着时间间隔τ以后的值，即$u(t+\tau)$依赖于$u(t)$，则称$u(t+\tau)$与$u(t)$是相关的。一个信号的未来值与现在值之间的依赖关系可用自相关函数来度量。

一个信号的自相关函数定义为$u(t)$和$u(t+\tau)$的乘积的时间平均值，记作$R_{uu}(\tau)$，即

$$R_{uu}(\tau) = \lim_{T\to\infty}\frac{1}{2T}\int_{-T}^{T} u(t)u(t+\tau)\mathrm{d}t \tag{2-62}$$

当$\tau=0$时，自相关函数的数值等于该信号的均方值，即

$$R_{uu}(0) = \overline{u^2(t)} = \sigma^2$$

有一个信号$u(t)$也可能影响另外一个信号$y(t)$的未来值，即$y(t+\tau)$，其相关的度量可用两个信号的互相关函数来表示，两个信号之间互相关函数定义为

$$R_{uy}(\tau) = \lim_{T\to\infty}\frac{1}{2T}\int_{-T}^{T} u(t)y(t+\tau)\mathrm{d}t \tag{2-63}$$

由于假定平稳随机过程具有各态经历性，因此相关函数只和τ有关，而与t无关。

（3）用互相关函数法测定过程的脉冲响应函数

根据卷积定理，过程在输入变量$u(t)$作用下，可通过它的脉冲响应函数$g(v)$来计算输出变量$y(t)$，即

$$y(t) = \int_0^{\infty} g(v)u(t-v)\mathrm{d}v \tag{2-64}$$

将式（2-64）代入式（2-63）得

$$R_{uy}(\tau) = \lim_{T\to\infty}\frac{1}{2T}\int_{-T}^{T}u(t)\int_{0}^{\infty}g(v)u(t+\tau-v)\mathrm{d}v\mathrm{d}t$$

更换积分次序可得

$$R_{uy}(\tau) = \int_{0}^{\infty}g(v)\left[\lim_{T\to\infty}\frac{1}{2T}\int_{-T}^{T}u(t)u(t+\tau-v)\mathrm{d}t\right]\mathrm{d}v \tag{2-65}$$

式(2-65)方括号中的一项是信号 $u(t)$ 的自相关函数在 $(\tau-v)$ 处的值 $R_{uu}(\tau-v)$，故

$$R_{uy}(\tau) = \int_{0}^{\infty}g(v)R_{uu}(\tau-v)\mathrm{d}v \tag{2-66}$$

式（2-66）就是著名的维纳-何甫方程。

如把 $R_{uu}(\tau)$ 和 $R_{uy}(\tau)$ 分别作为输入变量和输出变量来看待，也可画成如图 2-11 所示的框图。

如果测得了上述的自相关函数 $R_{uu}(\tau)$ 及互相关函数 $R_{uy}(\tau)$，则只要解式（2-66），就可以求得此过程的脉冲响应函数 $g(v)$，亦即获得了过程的动态特性。但对于一般形式的 $R_{uu}(\tau)$ 和 $R_{uy}(\tau)$，式（2-66）的求解是很困难的，必须寻求某些特殊形式的输入信号，以简化求解，如采用白噪声作为输入信号。

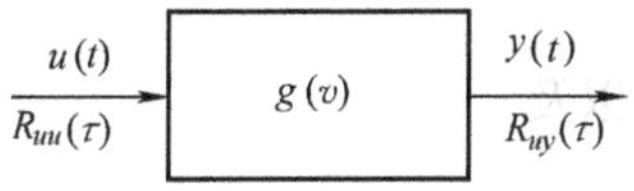

图 2-11　框图

若有一随机信号，经傅里叶频谱分析，它在所有频率下面都具有恒定的幅值，则称为白噪声。白噪声的变化速度极快，它的值前后互不相关。显然，白噪声只是理论上的抽象而已，实际并不存在。但是，若某个实际的随机信号，它在所考虑的的频率范围内（对工业过程来说，在低频范围内）其幅值是恒定的，则可以认为是一个白噪声。可以知道白噪声的自相关函数是一个 δ 函数：

$$R_{uu}(\tau) = M\delta(\tau) \tag{2-67}$$

式中，M 是常数。

将式（2-67）代入式（2-66），就有

$$R_{uy}(\tau) = \int_{0}^{\infty}Mg(v)\delta(\tau-v)\mathrm{d}v = Mg(\tau) \tag{2-68}$$

也就是说，当输入为白噪声时，输入信号与输出信号之互相关函数 $R_{uy}(\tau)$ 与脉冲响应函数成正比例，或

$$g(\tau) = \frac{1}{M}R_{uy}(\tau) \tag{2-69}$$

可见，在过程输入端加白噪声试验信号后，只要测量输入信号与输出信号的互相关函数，即可求得过程的脉冲响应函数 $g(\tau)$。

采用这个方法的优点是：试验可以在正常运行状态下进行，它不需要使被测过程过分偏离正常运行状态。这是因为白噪声的整个能量分布在一个很广的频率范围内，所以它对正常运行状态的影响是不大的，这对大型生产装置来讲很重要。

利用白噪声来测定过程动态特性，在原理上很方便，有人就把日常工作中的干扰作为白噪声看待，不另外施加测试信号，用日常操作数据进行统计。然而，为了准确地测出互相关函数 $R_{uy}(\tau)$，必须在较长的时间内进行积分，理论上时间应趋于无穷大。这显然是很不方便的，并且长时间的测量与积分，会引起由于信号漂移和非平稳因素所导致的误差。另一方

面，白噪声很难实现，因为它的频谱密度始终为1，不能办到。比较常用的方法是另行施加接近随机过程的周期性信号，准随机双位信号即为其中之一。

(4) 用准随机信号测定过程的动态特性

准随机信号的自相关函数与白噪声的自相关函数相似(即一个脉冲)，但是它具有一个重复周期。也就是说，准随机信号的自相关函数 $R_{uu}(\tau)$ 在 $\tau=0$，T，$2T$，…及 $-T$，$-2T$，…各点均取值 σ^2，而其他各点之值为0或一个小值。该自相关函数（理想）图形如图2-12所示。

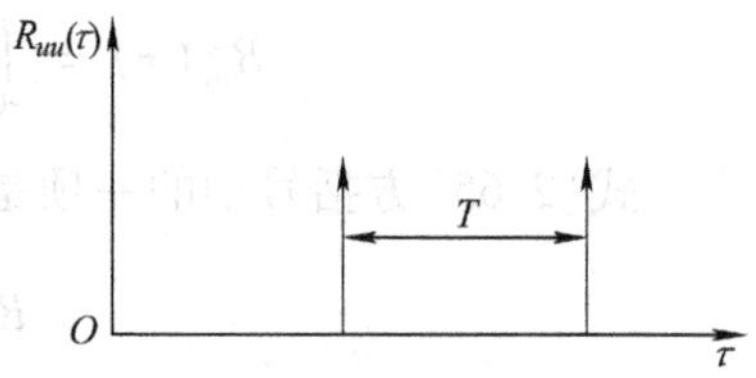

图2-12 准随机信号的自相关函数（理想）图形

准随机信号是一个具有周期 T 的周期信号。这里用 $u(t)$ 表示这个信号，其自相关函数为

$$R_{uu}(\tau) = \frac{1}{T}\int_0^T u(t)u(t+\tau)\mathrm{d}t \tag{2-70}$$

以及

$$R_{uu}(\tau - v) = \frac{1}{T}\int_0^T u(t)u(t+\tau-v)\mathrm{d}t \tag{2-71}$$

所以互相关函数为

$$R_{uy}(\tau) = \int_0^\infty g(v)\left[\frac{1}{T}\int_0^T u(t)u(t+\tau-v)\mathrm{d}t\right]dv \tag{2-72}$$

更换积分次序可得

$$R_{uy}(\tau) = \frac{1}{T}\int_0^T u(t)\left[\int_0^\infty g(v)u(t+\tau-v)\mathrm{d}v\right]\mathrm{d}t = \frac{1}{T}\int_0^T u(t)y(t+\tau)\mathrm{d}t \tag{2-73}$$

由此看出，采用准随机信号后，互相关函数只要通过一个周期的运算，就可以得到完全结果。

由式（2-66），并考虑 $u(t)$ 的周期 T，可写出

$$R_{uy}(\tau) = \int_0^T g(v)R_{uu}(\tau-v)\mathrm{d}v + \int_T^{2T} g(v)R_{uu}(\tau-v)\mathrm{d}v + \int_{2T}^{3T} g(v)R_{uu}(\tau-v)\mathrm{d}v + \cdots \tag{2-74}$$

根据式（2-68）得

$$R_{uy}(\tau) = M[g(\tau)+g(T+\tau)+g(2T+\tau)+\cdots] \tag{2-75}$$

如果在选择信号 $u(t)$ 的重复周期做出事先的安排，使得过程的脉冲响应函数在时间 T 时早已衰减为0(见图2-13)，则式（2-75）可简化为

$$R_{uy}(\tau) = Mg(\tau) \tag{2-76}$$

式（2-76）与式（2-68）完全相同，但此处 $R_{uy}(\tau)$ 的计算只需在 $0\sim T$ 时间内进行，这就显示了采用准随机信号的优越性。式（2-76）中 M 是与所选用的准随机信号本身特性（如幅值、周期）有关的系数。

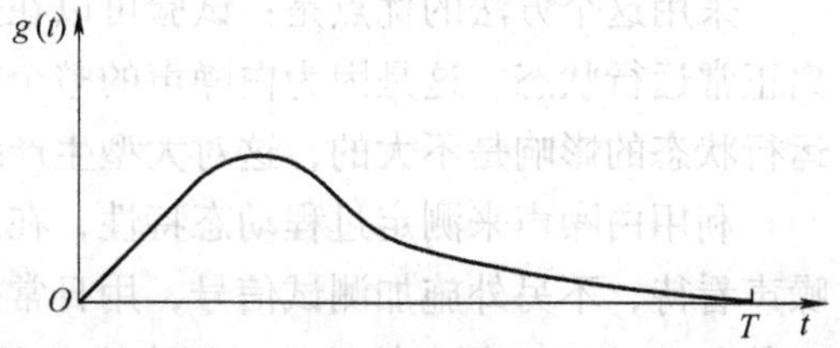

图2-13 脉冲响应

近年来在实践中应用较多的一种是准随机信号（p. r. b. s）。p. r. b. s 具有下列特征：

1）信号只有两个水平 $\pm V$，切换时间发生在时间间隔 Δt 的整数倍上，即 $t=0$，Δt，$2\Delta t$，…。

2）信号的切换次序是事先确定的，因此试验可以重复。

3）p. r. b. s 具有周期性，周期 $T=N\Delta t$，N 是个奇整数。

4）在整个周期中，有 $(N+1)/2$ 个时间间隔在一种信号水平，另外 $(N-1)/2$ 个在另一种信号水平。

5）p. r. b. s 的自相关函数如图 2-14 所示。

6）在 p. r. b. s 中最常用的是最大长度序列（M 序列），$N=2n-1$，n 是整数。$N=7$，15，31，…等。

用 p. r. b. s 有很多优点：对正常工况影响不大；测试周期不长，只要稍大于过渡过程时间（即大于时滞与时间常数之和）的 3 ~5 倍就可以了；如果过程特性为线性，工作点的漂移不影响计算结果。

当 M 序列的周期大于过程脉冲响应函数的持续时间时，过程的输出信号与输入信号之间的互相关函数与过程的脉冲响应成正比，如图 2-15 所示。

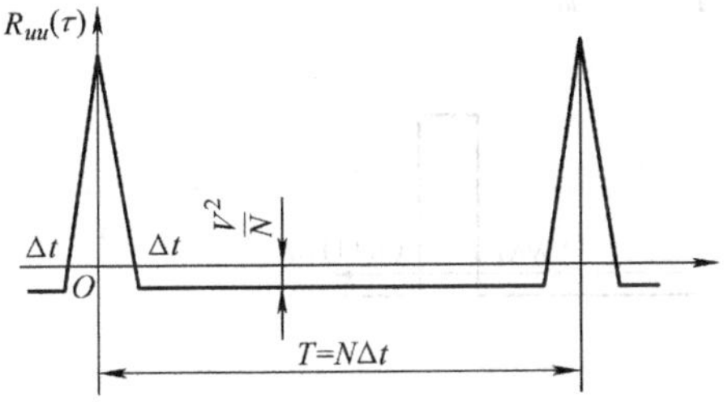

图 2-14　p. r. b. s 的自相关函数

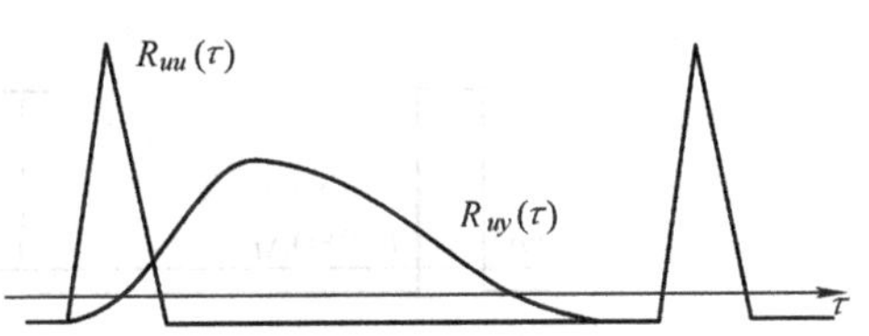

图 2-15　输入 M 序列时过程的脉冲响应曲线

由于准随机信号的自相关函数是一个周期性的三角波，所以互相关函数实际上相当于三角波的响应，并且该三角波的水平线与横坐标的距离为 $-V^2/N$，并非为零。只有当 Δt 选得很小，N 较大时，该三角波才能近似为理想的 δ 函数，该三角波的水平线与横坐标的距离才能近似为零。在某些条件下，这样的近似是允许的。但是若 Δt 选得过小，过程的输出也将变小，这就要影响测试结果的精确度。实际应用中，在数据处理上作一些改进，可以使数据处理大为简化，并且提高结果的精确度。

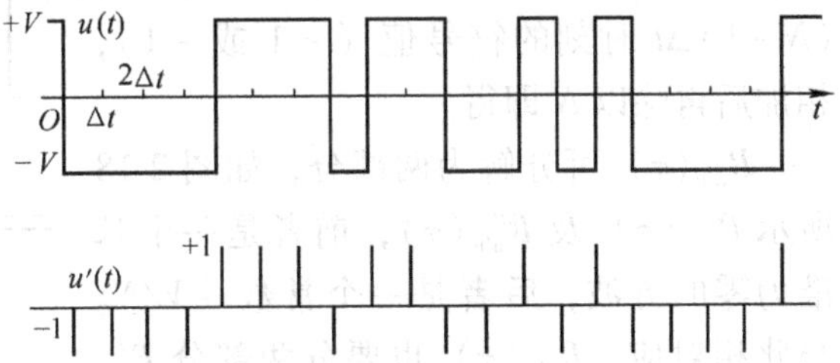

图 2-16　一种 M 序列 $u(t)$ 及 $u'(t)$

如果在测定过程的动态特性时，采用 M 序列形成的信号 $u(t)$ 作为输入，然后根据此信号再构成一个信号 $u'(t)$，如图 2-16 所示。$u'(t)$ 是一个离散的周期性信号，其周期也是 $T=N\Delta t$，它仅在 $-k\Delta t$，$-(k-1)\Delta t$，…，$-2\Delta t$，$-\Delta t$，0，Δt，$2\Delta t$，…，$k\Delta t$，…等时刻为一理想的脉冲（δ 函数），其正负号随 $u(t)$ 的正负号而决定。

将 $u(t)$ 的自相关函数改写成

$$R_{u'u}(\tau) = \frac{1}{N}\int_0^T u'(t)u(t+\tau)\,\mathrm{d}t \tag{2-77}$$

此函数的计算很容易，只要取出 τ, $\tau+\Delta t$, $\tau+2\Delta t$, …, $\tau+(N-1)\Delta t$ 等共 N 个时刻的 $u(t)$ 值，乘以 $u'(t)$ 在 0，Δt，…，$(N-1)\Delta t$ 时刻的符号值（+1 或 −1），相加后再除以 N 即可。根据式（2-77）可得

$$R_{u'u}(\tau)=\begin{cases}V, & -2N\Delta t\leqslant\tau<(-2N+1)\Delta t,\ -N\Delta t\leqslant\tau<(-N+1)\Delta t\\ & 0\leqslant\tau<\Delta t,\ N\Delta t\leqslant\tau<(N+1)\Delta t,\ 2N\Delta t\leqslant\tau<(2N+1)\Delta t,\cdots\\ -\dfrac{V}{N}, & \text{其他}\end{cases}$$

$R_{u'u}(\tau)$ 的图形如图 2-17 所示，是一个周期性的方波，方波宽度为 Δt，总的高度为 $\dfrac{N+1}{N}V$，周期为 $N\Delta t$。

$u'(t)$ 与过程输出 $y(t)$ 的互相关函数为

$$\begin{aligned}R_{u'y}(\tau)&=\frac{1}{N}\int_0^T u'(t)y(t+\tau)\,\mathrm{d}t=\frac{1}{N}\int_0^T u'(t)\left[\int_0^\infty g(v)u(t+\tau-v)dv\right]\mathrm{d}t\\&=\int_0^\infty g(v)\left[\frac{1}{N}\int_0^T u'(t)u(t+\tau-v)\,\mathrm{d}t\right]\mathrm{d}v=\int_0^\infty g(v)R_{u'u}(\tau-v)\,\mathrm{d}v\end{aligned}\tag{2-78}$$

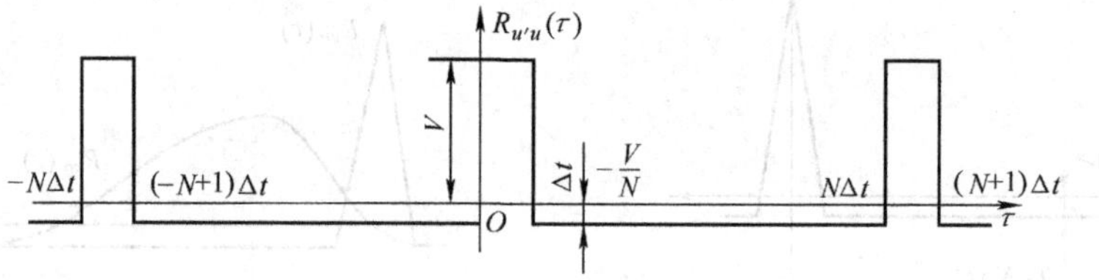

图 2-17 $R_{u'u}(\tau)$ 的图形

可见，若 $R_{u'u}(\tau)$ 作为过程的输入，则 $R_{u'y}(\tau)$ 就对应于它的输出。因为 $R_{u'u}(\tau)$ 是一个方波，所以 $R_{u'y}(\tau)$ 相当于一个方波响应，$R_{u'y}(\tau)$ 也很容易计算，只要取出 τ, $\tau+\Delta t$, $\tau+2\Delta t$, …, $\tau+(N-1)\Delta t$，共 N 个时刻的 y 值，乘以 $u'(t)$ 在 0，Δt，$2\Delta t$，…，$(N-1)\Delta t$ 时刻的符号值（+1 或 −1），相加后再除以 N 即得。

$R_{u'u}(\tau)$ 可分解为两部分，如图 2-18 所示 $R'_{u'u}(\tau)$ 及 $R''_{u'u}(\tau)$，前者是一个基准为零的方波，后者是一个常数 $-V/N$。与此相对应，$R_{u'y}(\tau)$ 也要分两部分 $R'_{u'y}(\tau)$ 及 $R''_{u'y}(\tau)$，前者对应于 $R'_{u'u}(\tau)$ 的响应，后者对应于 $R''_{u'u}(\tau)$ 的响应。

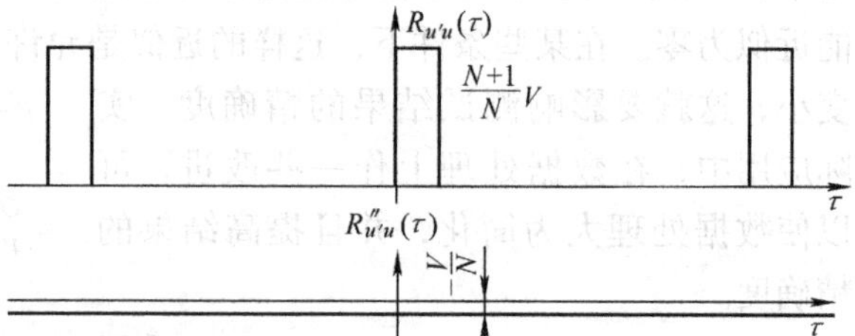

图 2-18 $R_{u'u}(\tau)$ 分解为两部分

而
$$R_{u'y}(\tau)=R'_{u'y}(\tau)+R''_{u'y}(\tau)\tag{2-79}$$
因此
$$R'_{u'y}(\tau)=R_{u'y}(\tau)-R''_{u'y}(\tau)\tag{2-80}$$

因为 $R''_{u'y}(\tau)$ 是常数 $R''_{u'u}(\tau)$ 的响应，相当于方波相应的稳态值。因此，为了求得基准为零的方波响应 $R'_{u'y}(\tau)$，应将按式（2-80）算出的相关函数减去稳态值。

为了提高精度，还可以多取几个周期的数据，然后取其平均值。

采用准随机双位信号测试动态特性时，对 p. r. b. s 选择有如下规定：

1）p. r. b. s 的步长 Δt 的选择。对系统输入一定脉冲宽度 τ 的正负脉冲，观察其输出反应 $y(t)$，改变 τ，使 τ 小到 τ_c 值，此时输出 $y(t)$ 几乎是零，则 τ_c 就是系统的截止周期，可取 $\Delta t=(2\sim5)\tau_c$。

2）序列脉冲数 N。要使 p. r. b. s 周期 $T=N\Delta t$ 大于系统的过渡过程时间 T_s，或 $T=N\Delta t>$（时滞 + 时间常数）的（3 ~5）倍，而 $N=2^n-1$，按此可选一定的位数 n。

3）脉冲的幅值 V。原则上是采样精度范围内，采样测量仪表对 p. r. b. s 的每一幅值变化都有反应，因而 V 不能过小，但亦不能过大。

2.2.6　典型过程动态数学模型

以阶跃响应分类，典型的过程数学模型分属下列 4 类。

1. 自衡的非振荡过程

自衡的非振荡过程又称非周期过程，这是一大类在工业生产过程中最常见的过程。该类过程在阶跃输入信号作用下的输出响应曲线没有振荡地从一个稳态趋向于另一个稳态。图 2-19 为该类过程典型的输出响应曲线。

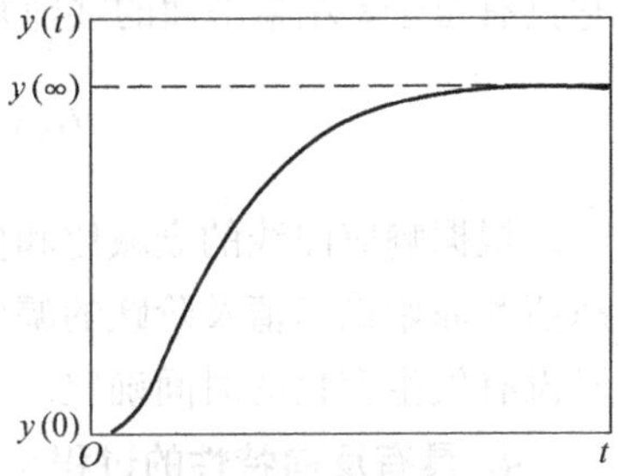

图 2-19　自衡非振荡过程的典型输出响应曲线

过程能自动地趋于新稳态值的特性称为自衡性。在外部阶跃输入信号作用下，过程原有平衡状态被破坏，并在外部信号作用下自动地非振荡地稳定到一个新的稳态，这类工业过程称为具有自衡的非振荡过程。

例如，液位储罐在进料阀开度增大时，原来的稳定液位会上升，由于出料阀开度未变，随着液位的升高使静压增大，出料流量也增大，因此，液位上升逐渐变慢，直到液位达到一个新的稳定位置。

具有自衡的非振荡过程的特性可用式（2-81）、式（2-82）的传递函数描述。

具有时滞的一阶环节：

$$G(s)=\frac{K}{Ts+1}e^{-s\tau} \tag{2-81}$$

具有时滞的二阶非振荡环节：

$$G(s)=\frac{K}{(T_1s+1)(T_2s+1)}e^{-s\tau} \tag{2-82}$$

第一种形式是最常用的。其中，K 是过程的增益或放大系数；T 是过程的时间常数；τ 是过程的时滞（纯滞后）。

2. 无自衡的非振荡过程

该类过程没有自衡能力，它在阶跃输入信号作用下的输出响应曲线无振荡地从一个稳态一直上升或下降，不能达到新的稳态。这类过程的响应曲线如图 2-20 所示。

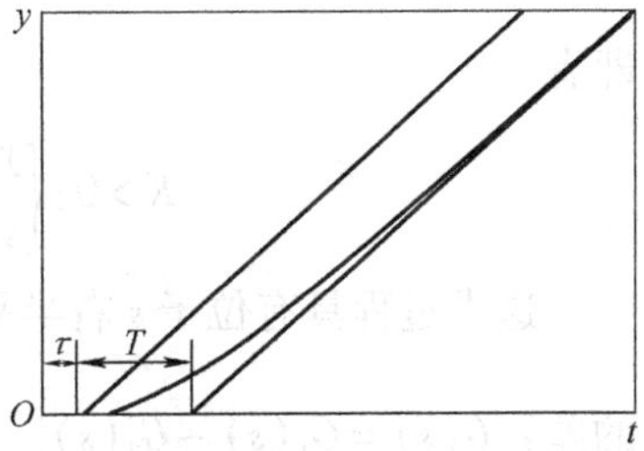

图 2-20　无自衡的非振荡过程的响应曲线

例如，某些液位储罐的出料采用定量泵排出，当进料阀开度阶跃变化时，液位会一直上升到溢出或下降到排空。

具有无自衡的非振荡过程的特性可用式（2-83）、式（2-84）的传递函数描述。

具有时滞的积分环节：

$$G(s)=\frac{K}{s}e^{-s\tau} \tag{2-83}$$

具有时滞的一阶和积分串联环节：

$$G(s)=\frac{K}{(Ts+1)s}e^{-s\tau} \tag{2-84}$$

该过程的增益 K 由输出响应曲线的斜率确定。过程输出响应曲线的渐进线与时间轴交点处的时间是时间常数 T 和时滞 τ 之和。其中，响应曲线在初始段没有发生变化的时间是时滞 τ。

3. 衰减振荡过程

该类过程具有自衡能力，在阶跃输入信号作用下，输出响应呈现衰减振荡特性，最终过程会趋于新的稳态值。图2-21为这类过程的阶跃响应。工业生产过程中这类过程不多见，它具有位于 s 左半平面的共轭复极点，其传递函数形式如下：

$$G(s)=\frac{K}{s^2+2\zeta\omega s+\omega^2}e^{-s\tau}\qquad(0<\zeta<1) \tag{2-85}$$

根据响应曲线的衰减比和振荡频率可以确定过程的阻尼比 ζ 和频率 ω，根据输出的新稳态值和原始稳态值及阶跃的幅值可以确定过程的增益 K，过程的时滞 τ 可根据响应曲线初始段没有发生变化的时间确定。

4. 具有反向特性的过程

该类过程在阶跃输入信号作用下开始与终止时出现反向的变化。该类过程的阶跃响应曲线如图2-22所示（图为根据式（2－86）其中 $K>0$ 时的情况）。

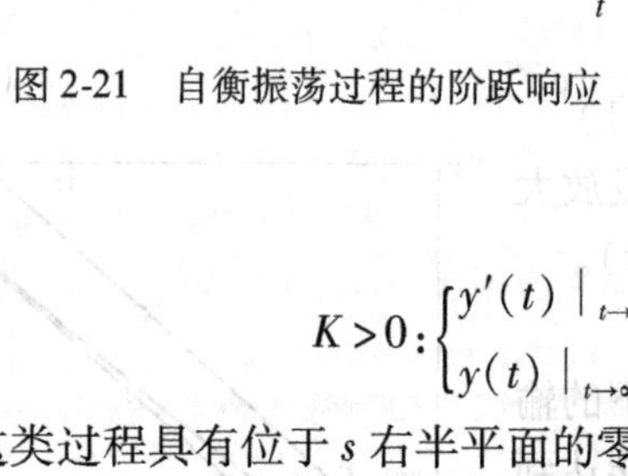

图2-21　自衡振荡过程的阶跃响应

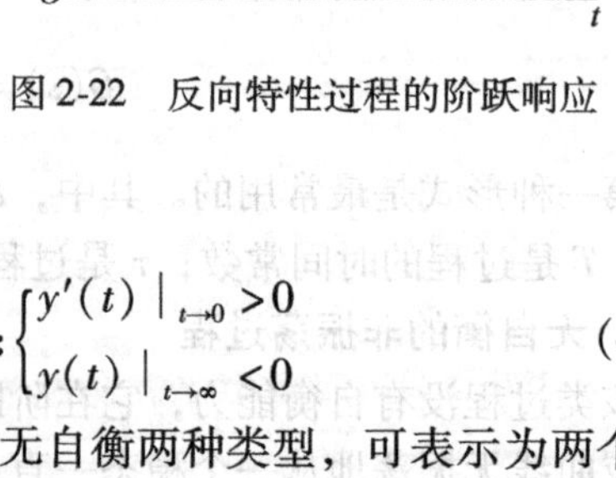

图2-22　反向特性过程的阶跃响应

即有

$$K>0:\begin{cases}y'(t)\mid_{t\to0}<0\\ y(t)\mid_{t\to\infty}>0\end{cases}\quad 或\quad K<0:\begin{cases}y'(t)\mid_{t\to0}>0\\ y(t)\mid_{t\to\infty}<0\end{cases} \tag{2-86}$$

这类过程具有位于 s 右半平面的零点。它有自衡和无自衡两种类型，可表示为两个环节的差：$G(s)=G_1(s)-G_2(s)$。其中，$G_1(s)=\dfrac{K_1}{T_1s+1}$；$G_2(s)$ 根据类型确定。

自衡型：

$$G_2(s)=\frac{K_2}{T_2s+1}$$

无自衡型：

$$G_2(s)=\frac{K_2}{s}$$

因此，该类过程的传递函数为

自衡型：

$$G(s)=\frac{K(1-T_\mathrm{d}s)}{(T_1s+1)(T_2s+1)} \tag{2-87}$$

无自衡型：

$$G(s)=\frac{K(1-T_\mathrm{d}s)}{(T_1s+1)s} \tag{2-88}$$

式中，$T_\mathrm{d}>0$。

这类过程的典型例子是锅炉锅筒水位。当蒸汽用量阶跃增加时，引起蒸汽压力突然下降，锅筒液位由于水的闪急汽化，造成虚假液位上升，但因用汽量的增加，最终，液位反而下降。这类过程由于控制器根据液位的上升会作出减少给水量的误操作，因此，控制这类过程最为困难。

习题及思考题

2-1　工业过程稳态数学模型的作用是什么？

2-2　数学模型的建立途径有哪些？

2-3　动态数学模型的作用和要求是什么？

2-4　简述动态数学模型的一般列写方法。

2-5　常见的过程动态特性的类型有哪几种？用传递函数近似描述它们的动态特性。

第3章　过程控制系统中的自动化仪表

3.1　检测仪表

在过程自动化中最常见的工艺变量是温度、压力、流量、物位。对工艺变量的检测变送是实现自动控制的基础。离开检测变送，自动控制就无从谈起。而人们在生产过程中需要通过显示装置掌握工况变化情况，因此显示仪表是重要的辅助工具。

检测元件又称为敏感元件、传感器，它直接响应工艺变量，并转化成一个与之成对应关系的输出信号。这些输出信号包括位移、电压、电流、电阻、频率、气压等。例如，热电偶测温时，将被测温度转化为热电动势信号；热电阻测温时，将被测温度转化为电阻信号；节流装置测流量时，将被测流量的变化转化为压差信号。由于检测元件的输出信号种类繁多，且信号较弱不易察觉，一般都需要将其经过变送器处理，转换成标准统一的电气信号（如4～20mA直流电流信号或1～5V直流电压信号等）送往显示仪表，便于指示或记录工艺变量，或同时送往控制器对被控变量进行控制。有时将检测元件、变送器及显示装置统称为检测仪表，或者生产现场将检测元件称为一次仪表，将变送器和显示装置称为二次仪表。

对于检测仪表来说，检测、变送与显示可以是3个独立部分，也可以只用到其中两个部分。例如，热电偶测温所得毫伏信号可以不通过变送器，直接送到电子电位差计显示。当然检测、变送与显示可以有机地结合在一起成为一体，如单圈弹簧管压力表。

过程控制对检测仪表有以下3条基本的要求：

1）测量值 $y(t)$ 要正确反映被控变量 $C(t)$ 的值，误差不超过规定的范围。

2）在环境条件下能长期工作，保证测量值 $y(t)$ 的可靠性。

3）测量值 $y(t)$ 必须迅速反映被控变量 $C(t)$ 的变化，即动态响应比较迅速。

第一条基本要求与仪表的精确度等级和量程有关，与使用、安装仪表正确与否有关；第二条基本要求与仪表的类型、元件材质以及防护措施等有关；第三条基本要求与检测元件的动态特性有关。

3.1.1　测量误差

在生产过程中对各种变量进行检测时，尽管检测技术和检测仪表有所不同，但从本质上看有共同之处，即可以将检测环节分成两个部分：一是能量形式的一次或多次转换过程；二是将被测变量与其相应的测量单位进行比较并输出检测结果。而检测仪表就是实施检测功能的工具。由于在检测过程中所使用的工具本身准确性有高低之分，或者检测环境发生变化，加之观测者的主观意志的差别，因此必然影响检测结果的准确性，使从检测仪表获得的被测值与实际被测变量真实值存在一定的差距，即测量误差。

测量误差有绝对误差和相对误差之分。绝对误差是指仪表指示值 x 与被测量的真值 x_0 之

间的差值，即

$$\Delta = |x - x_0| \tag{3-1}$$

但是被测量的真值是无法真正得到的。因此在一台仪表的标尺范围内，各点读数的绝对误差是指用标准表（准确度较高）和该表（准确度较低）对同一变量测量时得到的两个读数值之差，即把式（3-1）中的被测量真值用标准表的读数代替。

但是检测仪表都有各自测量标尺范围，即仪表的量程。同一台仪表量程若发生变化，也会影响测量的准确性。因此工业上定义了一个相对误差，即仪表引用误差，它是绝对误差与测量标尺范围之比，即

$$\delta = \frac{\pm(x - x_0)}{\text{标尺上限} - \text{标尺下限}} \times 100\% \tag{3-2}$$

考虑整个测量标尺范围内的最大绝对误差，则可得到仪表最大引用误差为

$$\delta_{max} = \frac{\pm(x - x_0)_{max}}{\text{标尺上限} - \text{标尺下限}} \times 100\% \tag{3-3}$$

仪表最大引用误差又称为允许偏差，它是仪表基本误差的主要形式。

各种测量过程都是在一定的环境条件下进行的，外界温度、湿度、电压的波动以及仪表的安装等都会造成附加的测量误差。因此考虑仪表测量误差时不仅要考虑其自身性能，还要注意使用条件，尽量减小附加误差。

3.1.2　仪表性能指标

评判一台仪表性能的优劣通常可用以下指标进行衡量。

（1）准确度

仪表的准确度是用来表示仪表测量结果的可靠程度。任何测量过程都存在着测量误差。在使用仪表测量生产过程中的工艺变量时，我们不仅需要知道仪表的指示值，而且还应该了解仪表的准确度。

仪表的准确度等级是按国家统一规定的允许偏差大小来划分成若干等级的。仪表准确度等级数值越小，说明仪表测量准确度越高。目前我国生产的仪表准确度等级有0.005、0.02、0.05、0.1、0.2、0.4、0.5、1.0、1.5、2.5、4.0等。仪表的准确度等级是将仪表允许偏差的“±”号及“%”去掉后的数值，以一定的符号形式表示在仪表标尺板上，如1.0外加一个圆圈或三角形。准确度等级1.0，说明该仪表的允许偏差为1.0%。

仪表准确度与量程有关，量程是根据所要测量的工艺变量来确定的。在仪表准确度等级一定的前提下适当缩小量程，可以减小测量误差，提高测量准确性。一般而言，仪表的上限应为被测工艺变量的4/3倍或3/2倍，若工艺变量波动较大，如测量泵的出口压力，则相应取为3/2倍或2倍。为了保证测量值的准确度，通常被测工艺变量的值以不低于仪表全量程的1/3为宜。

（2）变差

变差是指在外界条件不变的情况下使用同一仪表对某一变量进行正反行程（即在仪表全部测量值范围内逐渐从小到大和从大到小）测量时对应于同一测量值所得的仪表读数之间的差异。造成变差的原因很多，如传动机构的间隙、运动部件的摩擦、弹性元件的弹性滞后等。在仪表使用过程中，要求仪表的变差不能超出仪表的允许偏差。

(3) 线性度

通常总是希望检测仪表的输入、输出信号之间存在线性对应关系，并且将仪表的刻度制成线性刻度，但是实际测量过程中由于各种因素的影响，实际特性往往偏离线性，如图3-1所示。线性度就是衡量实际特性偏离线性程度的指标。

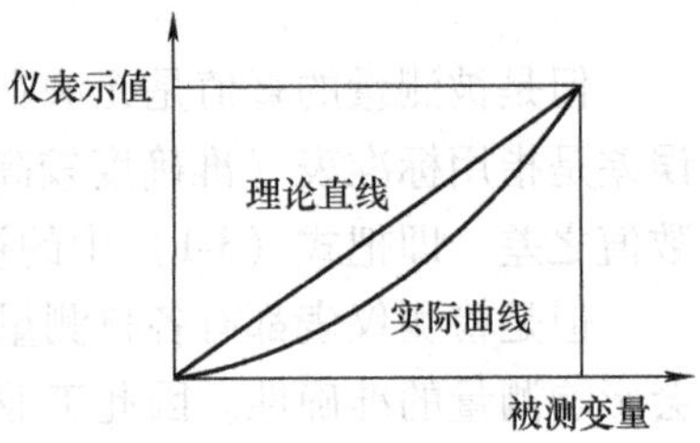

图3-1 线性度示意图

(4) 灵敏度和分辨率

灵敏度是指仪表输出变化量 ΔY 与引起此变化的输入变化量 ΔX 之比，即

$$灵敏度 = \Delta Y/\Delta X \tag{3-4}$$

对于模拟式仪表而言，ΔY 是仪表指针的角位移或线位移。灵敏度反映了仪表对被测量变化的灵敏程度。

分辨率又称为仪表灵敏限，是仪表输出能响应和分辨的最小输入变化量。分辨率是灵敏度的一种反映，一般说仪表的灵敏度越高，则分辨率越高。对于数字式仪表而言，分辨率就是数字显示器最末位数字间隔，代表被测量的变化与量程的比值。

(5) 动态误差

以上考虑的性能指标都是静态的，是指仪表在静止状态或者是在被测量变化非常缓慢时呈现的误差情况。但是仪表动作都有惯性迟延（时间常数）和测量传递滞后（纯滞后），当被测量突然变化后必须经过一段时间才能准确显示出来，这样造成的误差就是动态误差。在被测量变化较快时不能忽视动态误差的影响。

除了上面介绍的几种性能指标外，还有仪表的重复性、再现性、可靠性等指标。

3.1.3 温度检测

温度是表征物体冷热程度的物理量。物体的许多物理现象和化学性质都与温度有关。大多数生产过程都是在一定温度范围内进行的。因此对温度的检测和控制是过程自动化的一项重要内容。

1. 温度检测方法

温度检测方法按测温元件和被测介质接触与否可以分成接触式和非接触式两大类。

接触式测温时，测温元件与被测对象接触，依靠传热和对流进行热交换。接触式温度计结构简单、可靠，测温准确度较高，但是由于测温元件与被测对象必须经过充分的热交换且达到平衡后才能测量，这样容易破坏被测对象的温度场，同时带来测温过程的延迟现象，不适于测量热容量小的对象、极高温的对象、处于运动中的对象，不适于直接对腐蚀性介质进行测量。

非接触式测温时，测温元件不与被测对象接触，而是通过热辐射进行热交换，或测温元件接收被测对象的部分热辐射能，由热辐射能大小推出被测对象的温度。从原理上讲，非接触式测温的测量范围从超低温到极高温均可，且不会破坏被测对象的温度场。非接触式测温响应快，对被测对象干扰小，可用于测量运动的被测对象和有强电磁干扰、强腐蚀的场合。但缺点是容易受到外界因素的干扰，测量误差较大，且结构复杂，价格比较昂贵。

表3-1列出了几种主要的测温方法。

表 3-1　主要温度检测方法及特点

测温方式	类别和仪表		测温范围/℃	作用原理	使用场合
接触式	膨胀式	玻璃液体	-100 ~ 600	液体受热时产生热膨胀	轴承、定子等处的温度作现场指示
		双金属	-80 ~ 600	两种金属的热膨胀差	
	压力式	气体	-20 ~ 350	封闭在固定体积中的气体、液体或某种液体的饱和蒸气受热后产生体积膨胀或压力变化	用于测量易爆、易燃、振动处的温度，传送距离不是很远
		蒸汽	0 ~ 250		
		液体	-30 ~ 600		
	热电类	热电偶	0 ~ 1600	热电效应	液体、气体、蒸气的中、高温，能远距离传送
	热电阻	铂电阻	-200 ~ 850	导体或半导体材料受热后电阻值变化	液体、气体、蒸气的中、低温，能远距离传送
		铜电阻	-50 ~ 150		
		热敏电阻	-50 ~ 300		
	其他电学	集成温度传感器	-50 ~ 150	半导体器件的温度效应	
		石英晶体温度计	-50 ~ 120	晶体的固有频率随温度变化	
	光纤类	光纤温度传感器	-50 ~ 400	光纤的温度特性或作为传光介质	强烈电磁干扰、强辐射的恶劣环境
非接触式		光纤辐射温度计	200 ~ 4000		
	辐射式	辐射式	400 ~ 2000	物体辐射能随温度变化	用于测量火焰、钢水等不能接触测量的高温场合
		光学式	800 ~ 3200		
		比色式	500 ~ 3200		

2. 热电偶

热电偶的测温原理是基于热电偶的热电效应，如图 3-2 所示。将两种不同材料的导体或半导体 A 和 B 连在一起组成一个闭合回路，而且两个接点的温度 $\theta \neq \theta_o$，则回路内将有电流产生，电流大小正比于接点温度 θ 和 θ_o 的函数之差，而其极性则取决于 A 和 B 的材料。显然，回路内电流的出现，证实了当 $\theta \neq \theta_o$ 时内部有热电动势存在，即热电效应。图 3-2a 中 A、B 称为热电极，A 为正极，B 为负极。放置于被测介质温度为 θ 的一端，称工作端或热端；另一端称参比端或冷端（通常处于室温或恒定的温度之中）。在此回路中产生的热电动势可用下式表示：

$$E_{AB}(\theta,\ \theta_o) = E_{AB}(\theta) - E_{AB}(\theta_o) \tag{3-5}$$

式中，$E_{AB}(\theta)$ 表示工作端（热端）温度为 θ 时在 A、B 接点处产生的热电动势，$E_{AB}(\theta_o)$ 表示参比端（冷端）温度为 θ_o 时在 A、B 另一端接点处产生的热电动势。为了达到正确测量温度的目的，必须使参比端温度维持恒定，这样对一定材料的热电偶总热电动势 E_{AB} 便是被测温度的单值函数了。

$$E_{AB}(\theta,\ \theta_o) = f(\theta) - C = \varphi(\theta_o) \tag{3-6}$$

此时只要测出热电动势的大小，就能判断被测介质温度。

在热电偶测量温度时，要想得到热电动势数值，必定要在热电偶回路中引入第三种导体，接入测量仪表。根据热电偶的“中间导体定律”可知：热电偶回路中接入第三种导体后，只要该导体两端温度相同，热电偶回路中所产生的总热电动势与没有接入第三种导体时热电偶所产生的总热电动势相同；同理，如果回路中接入更多种导体时，只要同一导体两端温度相同，也不影响热电偶所产生的热电动势值。因此热电偶回路可以接入各种显示仪表、变送器、连接导线等，如图3-2b所示。

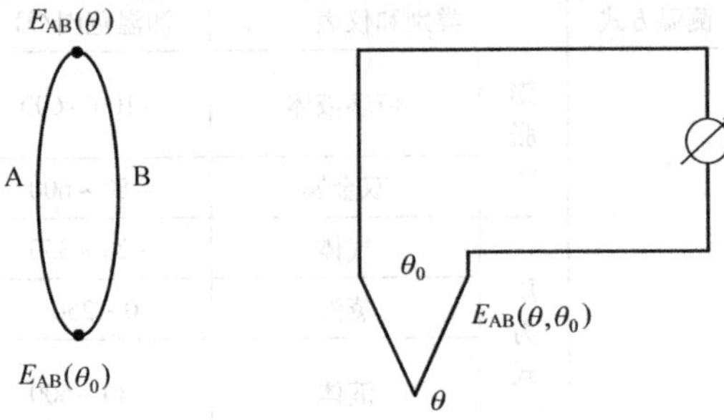

a) 热电偶热电效应　b) 热电偶测温回路

图3-2 热电偶原理及测温回路示意图

在参比端温度为0℃条件下，常用热电偶热电动势与温度一一对应的非线性关系都可以从标准数据表中查到。这种表称为热电偶的分度表。与分度表所对应的该热电偶的代号则称为分度号。几种工业常用热电偶的测温范围和使用特点列于表3-2中。

表3-2 工业常用热电偶

热电偶名称	分度号	测温范围/℃		特点
		长期	短期	
铂铑$_{30}$-铂铑$_6$	B	0~1600	1800	1. 热电动势小，测量温度高，准确度高 2. 适用于中性和氧化性介质 3. 价格高
铂铑$_{10}$-铂	S	0~1300	1600	1. 热电动势小，准确度高，线性差 2. 适用于中性和氧化性介质 3. 价格高
镍铬-镍硅（镍铬-镍铝）	K	0~1000	1200	1. 热电动势大，线性好 2. 适用于中性和氧化性介质 3. 价格便宜，是工业上最常用的一种
镍铬-康铜	E	0~550	750	1. 热电动势大，线性差 2. 适用于氧化及弱还原性介质 3. 价格低

工业常用热电偶有：普通型热电偶、铠装热电偶、多点式热电偶、隔爆型热电偶、表面型热电偶。

3. 热电阻

金属热电阻测温是基于导体的电阻会随温度的变化而变化的特性，因此只要测出感温元件热电阻的阻值变化，就可测得被测温度。工业上常用的热电阻是铜电阻和铂电阻两种，见表3-3。

表3-3 工业常用热电阻

热电阻名称	0℃时阻值/Ω	分度号	测温范围/℃	特点
铂电阻	50	Pt50	-200~500	1. 精度高，价格贵 2. 适用于中性和氧化性介质
	100	Pt100		
铜电阻	50	Cu50	-50~150	1. 线性好，价格低 2. 适用于无腐蚀性介质

工业用热电阻的结构形式有普通型、铠装型和专用型等。普通型热电阻一般包括电阻体、绝缘子、保护套管和接线盒等部分。铠装型热电阻将电阻体预先拉制成型并与绝缘材料和保护套管连成一体，直径小、易弯曲、抗振性能好。专用热电阻用于一些特殊的测温场合。

热电偶和热电阻都是常用工业测温元件，一般热电偶用于较高温度的测量，在 500℃以下（特别是 300℃以下），用热电偶测温就不十分妥当了。

3.1.4　流量检测

流量是指单位时间内流过管道某一截面的流体的数量，即瞬时流量。在某一时段内流过流体的总和，即瞬时流量在某一时段的累积量，称为累积流量（总流量）。

1. 流量的 3 种表示方法

（1）质量流量 q_m

单位时间内流过某截面的流体的质量，其单位为 kg/s。

（2）工作状态下的体积流量 q_v

单位时间内流过某截面的流体的体积，其单位为 m^3/s。它与质量流量 q_m 的关系是

$$q_m = q_v\rho \text{ 或 } q_v = q_m/\rho$$

式中，ρ 是流体密度。

（3）标准状态下的体积流量 q_{vn}　气体是可压缩的，q_v 会随工作状态而变化，q_{vn} 就是折算到标准的压力和温度状态下的体积流量。在仪表计量上多数以 20℃及 1 个物理大气压为标准状态。

q_{vn} 与 q_m 和 q_v 的关系是：

$$q_{vn} = q_m/\rho_n \text{ 或 } q_m = q_{vn}\rho_n$$

$$q_{vn} = q_v\rho/\rho_n \text{ 或 } q_v = q_{vn}\rho_n/\rho$$

式中，ρ_n 是气体在标准状态下的密度。

2. 流量检测的主要方法

由于流量检测的复杂性和多样性，流量检测的方法非常多，据估计目前至少有上百种流量检测方法，其中有十多种常用于工业生产中。流量检测方法大致可以分成以下两大类：

（1）体积流量测量

体积流量测量的方法又可分为两类：容积法（又称直接法）和速度法（又称间接法）。

1）容积法。在单位时间内以标准固定体积对流动介质连续不断地进行度量，以排出流体的固定容积数来计算流量。容积法受流体流动状态影响较小，适用于测量高黏度、低雷诺数的流体。

基于容积法的流量检测仪表有椭圆齿轮流量计、腰轮流量计、皮膜式流量计等。

2）速度法。先测出管道内的平均流速，再乘以管道截面积，求得流体的体积流量。速度法可用于各种工况下的流体的流量检测，但由于是利用平均流速计算流量，因此受管路条件影响较大，流动产生的涡流以及截面上流速分布不对称等都会影响测量精度。

用于测量管道内流速的方法或仪表主要有：

1）差压式：又称节流式，利用节流件前后的差压和流速关系，通过差压值获得流体的流速。

2）电磁式：导电流体在磁场中运动产生感应电动势，感应电动势大小与流体的平均流速成正比。

3）旋涡式：流体在流动中遇到一定形状的物体会在其周围产生有规则的旋涡，旋涡释放的频率与流速成正比。

4）涡轮式：流体作用在置于管道内部的涡轮上使涡轮转动，其转动速度在一定流速范围内与管道内流体的流速成正比。

5）声学式：根据声波在流体中传播速度的变化得到流体的流速。

6）热学式：利用加热体被流体的冷却程度与流速的关系来检测流速。

基于速度法的流量检测仪表有节流式流量计、靶式流量计、弯管流量计、转子流量计、电磁流量计、旋涡流量计、涡轮流量计、超声流量计等。

（2）质量流量测量

体积流量乘以密度可以得到质量流量，因此，质量流量与密度有关。在化工生产过程中有时流体密度不恒定，不能得到质量流量，而许多场合又需要得到质量流量。如石化行业要对产品流量精确计量，希望得到不受外界条件影响的质量流量，于是采用先测得体积流量再乘以流体密度求取质量流量的方法，但是流体密度会随着温度、压力而变化，因此需在测量体积流量和密度的同时，测量流体介质温度值及压力值进行补偿，再得到质量流量。当温度、压力变化频繁或组分波动时，增加了繁琐换算次数，无法提高计量准确度。

质量流量计是以测量流体流过的质量为依据的流量检测仪表，具有准确度不受流体的温度、压力、密度、黏度等变化影响的优点。质量流量的测量方法也分为直接法和间接法两类。

1）直接法：直接测量质量流量，如科里奥利力式流量计、量热式流量计、角动量式流量计等。

2）间接法：又称推导法，测出流体的体积流量及密度（或温度和压力），经过运算求得质量流量。主要有压力温度补偿式质量流量计。

3. 流量仪表的选用

各种测量对象对测量的要求不同，有时要求在较宽的流量范围内保持测量的准确度，有时要求在某一特定范围内满足一定的准确度即可。一般过程控制中对流量的测量可靠性和重复性要求较高，而在流量结算、商贸储运中对测量的准确性要求较高。应该针对具体的测量目的有所侧重地选择仪表。

流体特性对仪表的选用有很大影响。流体物性参数与流动参数对测量精确度影响较大；流体化学性质、脏污结垢等对测量的可靠性影响较大。在众多物性参数中，影响最大的是密度和粘度。如大部分流量计测量的是体积流量，但在生产过程中经常要进行物料平衡或能源计量，这就需要结合密度来计算质量流量，若直接选用直接式质量流量计则价钱太贵。

差压式流量计测量原理中测量流量本身就与密度有关，密度的变化直接影响测量的准确性。涡轮流量计适用于测低粘度介质，容积式流量计适用于测高粘度介质。另外，电磁流量计要考虑流体的电导率，超声流量计要考虑流体声速。有些流量计与介质直接接触，必须考虑是否会产生腐蚀，可动部件是否会被堵塞等。表3-4是按被测介质的一部分特性选用流量计的参考表。

表 3-4 按被测介质特性选用流量计

流量仪表 \ 适用性 \ 介质		清洁液体	脏污液体	蒸气或气体	高粘性液体	腐蚀性液体	腐蚀浆液	含纤维浆液	高温介质	低温介质	低流速流动	部分充满管道	非牛顿液体
节流装置	孔板	○	+	○	+	√	×	×	○	+	×	×	+
	文丘里管	○	+	○	+	+	×	×	+	+	+	×	×
	喷嘴	○	+	○	+	+	×	×	○	+	+	×	×
电磁流量计		○	○	×	×	○	○	○	+	×	√	+	√
涡街流量计		○	+	√	+	√	×	×	√	√	×	×	×
超声波流量计		○	+	×	+	+	×	×	×	+	+	×	×
转子流量计		○	+	○	√	√	×	×		×	√	×	×
容积式流量计		○	×	○	○	+	×	×	√	√	√	×	×
涡轮流量计		○	+	√	√	√	×	×	+	√	+	×	×
靶式流量计		○	√	√	√	√	+	×	√	+	×	×	+

注：标记√为适用；○为可用；+为一定条件下可用；×为不适用。

各种流量计对安装要求差异很大，如差压式流量计、旋涡式流量计需要长的上游直管段以保证检测元件进口端为充分发展的管流，而容积式流量计就无此要求。间接式质量流量计中包括推导运算，上、下游直管段长度的要求是保证测量准确性的必要条件。因此选用流量仪表时必须考虑安装条件。

流量仪表一般由检测元件、转换器及显示仪组成。而转换器及显示仪受环境条件影响较大，要注意测量环境温度、湿度、大气压、安全性、电气干扰等对测量结果的影响。

3.1.5 压力检测

压力是生产过程控制中的重要参数，许多生产过程（特别是化工、炼油等生产过程）都是在一定的压力条件下进行的。如连续催化重整反应器要求控制压力在0.24MPa，高压聚乙烯要求将压力控制在150MPa以上，而减压蒸馏则要在比大气压低很多的真空下进行。因此测量和控制压力能够保证生产过程安全、正常运行，保证产品质量。另外，有些变量的测量，如流量和物位，也可以通过测量压力或差压而获得。

1. 压力的单位和表示方法

（1）压力的单位

在工程上，压力定义为垂直、均匀地作用于单位面积上的力，用符号 p 表示。在国际单位制中定义1N力垂直作用于 $1m^2$ 面积上所形成的压力为1Pa（单位名称为帕斯卡，简称帕）。目前虽然规定Pa为法定计量单位，但其他一些压力单位还在普遍使用。表3-5给出了各种压力单位之间的换算关系。

表 3-5 压力单位换算表

单　位	帕（Pa）	巴（bar）	工程大气压（kgf/cm^2）	标准大气压（atm）	毫米水柱（mmH_2O）	毫米汞柱（mmHg）	磅力/平方英寸（lbf/in^2）
帕（Pa）	1	1×10^{-5}	1.019716×10^{-5}	0.9869236×10^{-5}	1.019716×10^{-1}	0.75006×10^{-2}	1.450442×10^{-4}
巴（bar）	1×10^{5}	1	1.019716	0.9869236	1.019716×10^{4}	0.75006×10^{3}	1.450442×10
工程大气压（kgf/cm^2）	0.980665×10^{5}	0.980665	1	0.96784	1×10^{4}	0.73556×10^{3}	1.4224×10
标准大气压（atm）	1.01325×10^{5}	1.01325	1.03323	1	1.03323×10^{4}	0.76×10^{3}	1.4696×10
毫米水柱（mmH_2O）	0.980665×10	0.980665×10^{-4}	1×10^{-4}	0.96784×10^{-4}	1	0.73556×10^{-1}	1.4224×10^{-3}
毫米汞柱（mmHg）	1.333224×10^{2}	1.333224×10^{-3}	1.35951×10^{-3}	1.3158×10^{-3}	1.35951×10	1	1.9338×10^{-2}
磅力/平方英寸（lbf/in^2）	0.68949×10^{4}	0.68949×10^{-1}	0.70307×10^{-1}	0.6805×10^{-1}	0.70307×10^{3}	0.51715×10^{2}	1

（2）压力的表示方法

压力有3种表示方法，即绝对压力、表压力、负压或真空度，它们之间的关系如图3-3所示。绝对压力是指物体所受的实际压力。表压力是指一般压力仪表所测得的压力，它是高于大气压力的绝对压力与大气压力之差，即

$$p_{表压}=p_{绝对压力}-p_{大气压力} \tag{3-7}$$

真空度是指大气压与低于大气压的绝对压力之差，是负的表压（负压），即

$$p_{真空度}=p_{大气压力}-p_{绝对压力} \tag{3-8}$$

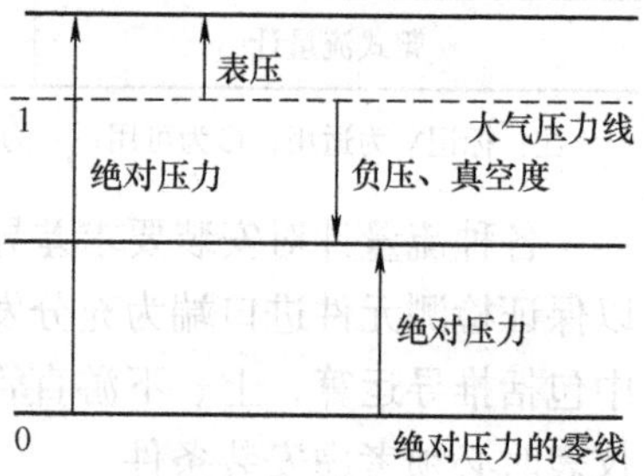

图3-3 绝对压力、表压力、负压或真空度之间的关系

通常情况下，由于各种工艺设备和检测仪表本身就处于大气压力之下，因此工程上经常采用表压和真空度来表示压力的大小，一般压力仪表所指示的压力也是表压或真空度。

2. 压力的检测方法

压力的检测方法主要有以下几种：

（1）弹性力平衡方法

基于弹性元件的弹性变形特性进行测量。弹性元件受到被测压力作用而产生变形，而因弹性变形产生的弹性力与被测压力相平衡。测出弹性元件变形的位移就可测出弹性力。此类压力表有弹簧管压力表、波纹管压力表、膜式压力表等。

（2）重力平衡方法

采用重力平衡方法的压力表主要有活塞式和液柱式。活塞式压力表将被测压力转换成活塞上所加平衡砝码的质量来进行测量，测量准确度高、测量范围宽、性能稳定可靠，一般作为标准型压力检测仪表来校验其他类型的测压仪表。液柱式压力表是根据流体静力学原理，将被测压力转换成液柱高度进行测量的，最典型的是U形管压力表，结构简单且读数直观。

（3）机械力平衡方法

该方法的原理是将被测压力变换成一个集中力，用外力与之平衡，通过测量平衡时的外力来得到被测压力。机械力平衡方法较多用于压力或差压变送器中，准确度较高，但结构复杂。

（4）物性测量方法

该方法基于在压力作用下测压元件的某些物理特性发生变化的原理，如电气式压力表、振频式压力表、光纤压力表、集成式压力表等。

3. 压力表的选用

压力表的选用主要包括仪表型式、量程范围、精度和灵敏度、外形尺寸以及是否还需要远传和其他功能，如指示、记录、报警、控制等。选用的依据如下：

1）必须满足工艺生产过程的要求，包括量程和准确度。

2）必须考虑被测介质的性质，如温度、压力、粘度、腐蚀性、易燃易爆程度等。

3）必须注意仪表安装使用时所处的现场环境条件，如环境温度、电磁场、振动等。

从被测介质性质来看，对腐蚀性较强的介质应使用像不锈钢之类的弹性元件或传感器；对氧气、乙炔等介质应选用专用的压力仪表。

从对仪表输出信号的要求来看，对于只需要观察压力变化的情况，可选用弹簧管或 U 形液柱式那样直接指示型的仪表；对于需要将压力信号远传到控制室或其他电动仪表的情况，则应选用电气式压力检测仪表或其他具有电信号输出的仪表，如应变片压力传感器、电容式压力传感器等；对于要检测快速变化的压力信号的情况，则应选用电气式压力检测仪表，如扩散硅压力传感器。

从仪表使用环境来看，对于温度特别高或特别低的环境，应选择温度系数小的敏感元件；对于爆炸性较强的环境，在使用电气式压力表时，应选择安全防爆型压力表。

各种压力表各有其特点和适用范围。在选择压力表后，还应该正确安装，避免因安装不当造成的测量误差。有关压力表的安装必须严格按照各种压力表的使用说明书规定进行。

3.1.6　物位检测

物位包括三个方面：①液位，指设备或容器中液体介质液面的高低；②料位，指设备或容器中块状、颗粒状或粉末状固体堆积高度；③界位，指两种液体（或液体与固体）分界面的高低。生产过程中经常需要对物位检测，主要目的是监控生产的正常和安全运行，保证物料平衡。

1. 物位检测方法

物位检测面临的对象不同，检测条件和检测环境也不相同，因而检测方法很多。归纳起来大致有以下几种方法：

1）直读式：这种方法最简单也最常见。在生产现场经常可以发现在设备容器上开一些窗口或接旁通玻璃管液位计，用于直接观察液位的高低。该方法准确可靠，但只能就地指示，容器压力不能太高。

2）静压式：根据流体静力学原理，静止介质内某一点的静压力与介质上方自由空间压力之差同该点上方的介质高度成正比。因此通过压差可测量液体的液位高度。基于这种方法的液位计有差压式、吹气式等。

3）浮力式：该方法利用浮子高度随液位变化而改变，或液体对沉浸于液体中的沉筒的浮力随液位高度而变化的原理而工作。前者称恒浮力法，后者称变浮力法。基于这种方法的液位计有浮子式、浮筒式、磁翻转式等。

4）机械接触式：该方法通过测量物位探头与物料面接触时的机械力实现物位的测量，主要有重锤式、音叉式、旋翼式等。

5）电气式：将敏感元件置于被测介质中，当物位变化时，其电气性质如电阻、电容、磁场等会相应改变。这种方法既适用于测量液位，又适用于测量料位，主要有电触点式、磁致伸缩式、电容式、射频导纳式等。

6）声学式：利用超声波在介质中的传播速度及在不同相界面之间的反射特性来检测物位，可以检测液位和料位。

7）射线式：放射线同位素所放出的射线（如γ射线等）穿过被测介质时会被介质吸收而减弱，吸收程度与物位有关。

8）光学式：该方法利用物位对光波的遮断和反射原理工作，光源有激光等。

9）微波式：该方法利用高频脉冲电磁波反射原理进行测量，主要有雷达液位计。

在物位检测中，有时需要对物位进行连续测量，时刻关注物位的变化；而有时仅需要测量物位是否达到上限、下限或某个特定的位置，这种定点测量用的仪表被称为物位开关，常用来监视、报警及输出控制信号。物位开关有浮球式、电学式、超声波式、射线式、振动式等，其工作原理与相应的物位计工作原理相同。

2. 物位检测仪表的选用

各种物位检测仪表都有其特点和适用范围，有些可以检测液位，有些可以检测料位。选择物位计时必须考虑测量范围、测量准确度、被测介质的物理化学性质、环境操作条件、容器结构形状等因素。在液位检测中最为常用的就是静压式和浮力式测量方法，但必须在容器上开孔安装引压管或在介质中插入浮筒，因此在介质为高黏度或者易燃易爆场合不能使用这些方法。在料位检测中可以采用电容式、超声波式、射线式等测量方法。各种物位测量方法的特点都是检测元件与被测介质的某一个特性参数有关，如静压式和浮力式液位计与介质的密度有关，电容式物位计与介质的介电常数有关，超声波物位计与超声波在介质中传播速度有关，核辐射物位计与介质对射线的吸收系数有关。这些特性参数有时会随着温度、组分等变化而发生变化，直接关系到测量精度，因此必须注意对它们进行补偿或修正。

3.1.7 成分、物性参数及其他变量的检测

在工业生产过程中，成分是最直接的控制指标。对于化学反应过程，我们要求产量多、收率高；对于分离过程，我们要求得到更多的纯度合格产品。为此，一方面要对温度、压力、液位、流量等变量进行观察、控制，使工艺条件平稳；另一方面又要取样分析、检验成分。例如在氨的合成中，若合成气中一氧化碳（CO）和二氧化碳（CO_2）的含量过高，合成塔触媒会“中毒”；氢氮比不适当，转化率会低。这些成分都需要进行分析。又如在石油蒸馏中，塔顶及侧线产品的质量不仅取决于沸点温度，也与密度等许多物性参数有关；监测分析大气环境时，需要对有关气体成分参数进行测量。因此，成分、物性的测量和控制是非常重要的。

在生产过程自动控制系统中除了对温度、压力、流量、液位和成分进行检测外，还要对其他一些比较重要的变量进行检测，以确保生产安全和正常运行。例如，大型机械转动设备

的转动速度、轴振动、轴位移，塑料薄膜、加工件的厚度，高温加热炉膛火焰，原料和产品的质量等。对这些变量的检测方法仍采用接触式和非接触式方法，检测仪表的工作原理仍为机械式、电磁式、超声波式、射线式、光电式等。

3.2 变送器

变送器是单元组合仪表中不可缺少的基本单元，其作用是将检测元件的输出信号转换成标准统一信号（如 4 ~ 20mA 直流电流）送往显示仪表或控制仪表进行显示、记录或控制。由于生产过程变量种类繁多，因此相应地有许多变送器，如温度变送器、差压变送器、压力变送器、液位变送器、流量变送器等。有的变送器将测量单元和变送单元做在一起（如压力变送器），有的则仅有变送功能（如温度变送器）。工业生产过程中最常见的是温度变送器和差压变送器。变送器按其驱动能源形式（电力或压缩空气）可以分为电动变送器和气动变送器。

变送器是基于负反馈原理工作的，包括测量（输入转换）、放大和反馈三个部分，其构成如图 3-4 所示。

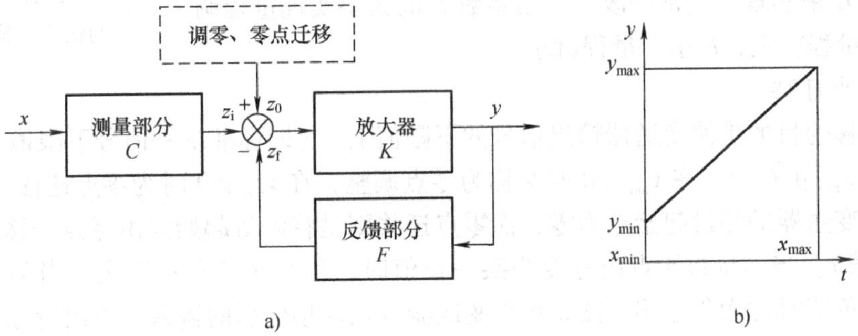

图 3-4 变送器原理图和输入输出特性

测量部分作用是检测被测参数 x，并将其转换成电压（或电流、位移、力矩、作用力等）信号 z_i送到放大器输入端。反馈部分作用是将变送器的输出信号 y 转换成反馈信号 z_f再送回放大器输入端。z_i与调零信号 z_0的代数和与反馈信号 z_f进行比较，其差值 ε 送入放大器进行放大，并转换成标准输出信号 y 。

根据图 3-4a 可以求得变送器输出与输入之间的关系为

$$y = \frac{K}{1 + KF}(Cx + z_0) \tag{3-9}$$

式中，K 为放大器的放大系数；F 为反馈部分的反馈系数；C 为测量部分的转换系数。

当 $KF \gg 1$ 时，式（3-9）可写为

$$y = \frac{1}{F}(Cx + z_0) \tag{3-10}$$

式（3-10）表明，在 $KF \gg 1$ 条件下，变送器输出与输入的关系取决于测量部分和反馈部分的特性，而与放大器特性几乎无关。如果转换系数 C 和反馈系数 F 是常数，则变送器的输出与输入将保持良好的线性关系。

3.2.1 变送器的量程迁移和零点迁移

在实际使用中由于测量要求或测量条件发生变化，需要根据输入信号的下限值和上限值调整变送器的零点和量程。图3-4b是变送器输入与输出关系示意图，x_{max}、x_{min}分别是被测参数的上、下限值，也即变送器测量范围的上、下限值（图中$x_{min}=0$）；y_{max}、y_{min}分别是输出信号的上、下限值，与标准统一信号的上、下限值相对应。但是当变送器测量范围的上限值或下限值发生变化时就要进行量程迁移或零点迁移。

（1）量程迁移

量程迁移的目的是使变送器输出信号的上限值y_{max}（即标准统一信号上限值，输出满度值）与测量范围的上限值x_{max}相对应。图3-5为变送器量程迁移前后的输入、输出特性。

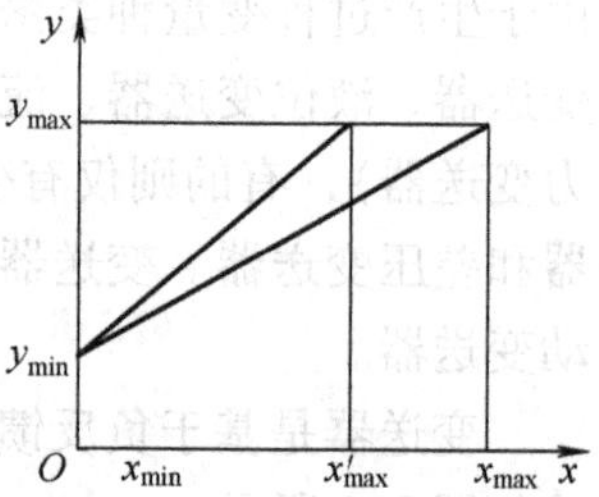

图3-5 变送器量程迁移前后的输入、输出特性

由图3-5可见，量程迁移就是改变变送器输入、输出特性的斜率，也就是改变变送器输出信号y与被测参数x之间的比例系数。

由式（3-10）可知，变送器量程调整可通过调整反馈系数F或转换系数C来实现。通常是改变反馈系数F的大小实现量程调整。F大，量程就大；F小，量程就小。

（2）零点迁移

零点迁移的目的是使变送器输出信号的下限值y_{min}（即标准统一信号下限值）与测量范围的下限值x_{min}相对应。在$x_{min}=0$时又称为零点调整，在$x_{min}\neq 0$时为零点迁移。也就是说，零点调整使变送器的测量起始点为零，而零点迁移则是将测量起始点由零点迁移到某一数值（正值或负值）。当测量起始点由零变为某一正值时，称为正迁移；反之，当测量起始点由零变为某一负值时称为负迁移。图3-6为变送器零点迁移前后的输入、输出特性。

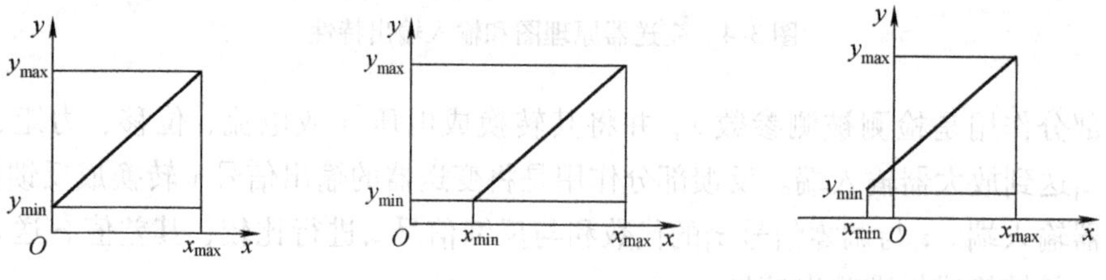

a) b) c)

图3-6 变送器零点迁移前后的输入、输出特性

由图3-6可见，零点迁移以后，变送器的输入、输出特性沿X坐标轴向右或向左平移一段距离，其斜率并不变化，即变送器量程不变。如果进行零点迁移，再辅以量程迁移，可以提高仪表的测量准确度和灵敏度。图3-7是在某一差压法液位测量中变送器量程缩小和零点迁移的示意图。

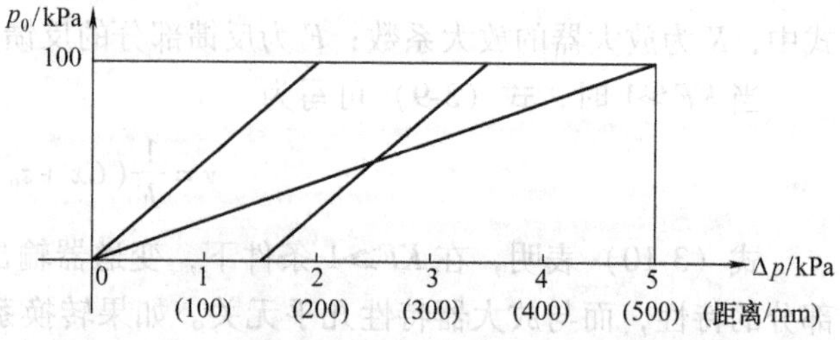

图3-7 变送器量程缩小和零点迁移的示意图

由于气、液两相接口相距 500mm，被测液位经常在 250mm ± 50mm 范围内波动，如把量程由 0 ~ 500mm 改为 150 ~ 350mm，则变送器量程缩小，提高了测量准确度，同时变送器输出将加大一倍半，提高了灵敏度。调整方法是：先缩小量程，将量程调整为 0 ~ 200mm，再零点迁移，使零点移到 150mm 处，同时量程范围也被改成了 150 ~ 350mm。

由式（3-10）可知，变送器零点调整和零点迁移可通过改变调零信号 z_0 的大小来实现。当 z_0 为负时实现正迁移；而当 z_0 为正时实现负迁移。

仪表的量程迁移和零点迁移扩大了使用范围，增加了通用性和灵活性。但是在何种条件下可以进行迁移，以及能够有多大的迁移量，还要结合具体仪表的结构和性能而定。

3.2.2 温度变送器

温度变送器是电动单元组合仪表的一个主要单元，其作用是将热电偶、热电阻的检测信号转换成标准统一信号（如 0 ~ 10mA 直流电流、4 ~ 20mA 直流电流、1 ~ 5V 直流电压），输出给显示仪表或控制器，实现对温度的显示、记录或自动控制。温度变送器还可以作为直流毫伏转换器来使用，以将其他能够转换成直流毫伏信号的工艺参数也变成标准统一信号输出。因此，温度变送器被广泛使用。

温度变送器有四线制和两线制之分，它们各有三个种类：直流毫伏变送器、热电偶温度变送器和热电阻温度变送器。四线制是指供电电源和输出信号分别用两根导线传输，目前使用的大多数变送器均为这种形式。由于电源与信号分别传送，因此对电流信号的零点及元器件的功耗无严格要求。两线制是指变送器与控制室之间仅用两根导线传输。这两根导线既是电源线又是信号线，既节省了大量电缆线等费用，又有利于安全防爆。图 3-8 为四线制传输与两线制传输示意图。

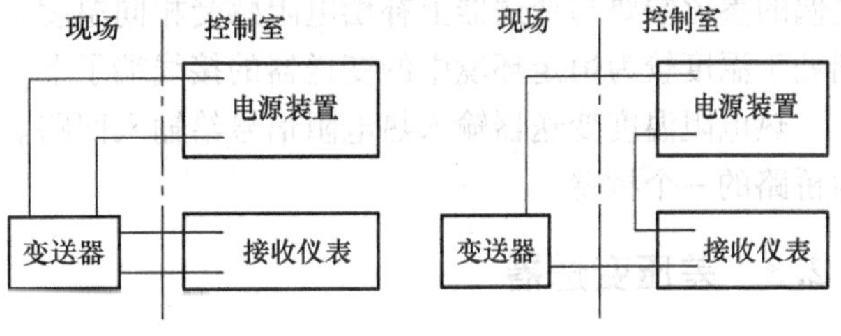

a) 四线制传输　　b) 两线制传输

图 3-8　四线制传输与两线制传输示意图

下面对四线制温度变送器作简要介绍。四线制温度变送器结构示意图如图 3-9 所示。

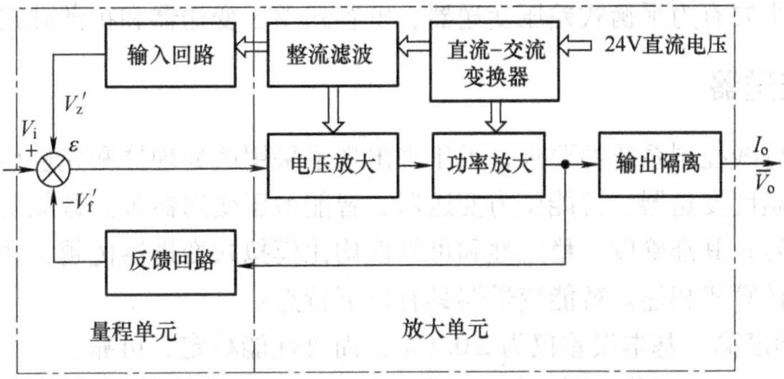

图 3-9　四线制温度变送器结构示意图

温度变送器输入信号有热电偶、热电阻和直流毫伏信号三种，总体结构相同，都分为量程单元和放大单元两部分，只是输入回路和反馈回路有所变化。在图 3-9 中，空心箭头

"⇨"表示供电回路，实心箭头"→"表示信号回路。毫伏输入信号 U_i 或由测温元件送来的反映温度大小的输入信号与桥路部分的输出信号 U'_z 及反馈信号 U'_f 相叠加，送入集成运算放大器，放大后的电压信号再由功率放大器和隔离输出电路转换成4～20mA直流电流 I_o 和1～5V直流电压 U_o 输出。由于输入和输出之间具有隔离变压器，并且采取安全火花防爆措施，因此具有良好的抗干扰性能，且能测量来自危险场所的直流毫伏或温度信号。热电偶和热电阻温度变送器中采用了线性化电路，从而使温度变送器的输出信号和被测温度呈线性关系，以便显示记录。

使用前温度变送器都需要根据测量范围进行量程迁移和零点迁移。这些工作都是在量程单元完成的。温度变送器有热电偶温度变送器量程单元、热电阻温度变送器量程单元、直流毫伏变送器量程单元。

温度变送器的正确使用：要选用与输入信号类型相符的温度变送器，并注意分度号匹配、接线等问题。

直流毫伏变送器输入直流毫伏信号。

热电偶温度变送器输入热电动势毫伏信号，输入回路即是参比端温度自动补偿桥路，其产生的补偿电动势与热电动势相加后作为测量电动势，因此补偿桥路上的补偿电阻阻值与各种分度号的热电偶电动势有关，热电偶温度变送器都标明应配接热电偶的分度号，因此使用热电偶温度变送器时，热电偶分度号要与热电偶温度变送器上所标的分度号一致。此外，热电偶的参比端要与变送器上补偿电阻感受相同温度，通常的做法是将热电偶补偿导线直接接到处于温度较为恒定环境中的变送器的接线端子上。

热电阻温度变送器输入热电阻信号给输入回路。输入回路是一个不平衡电桥，热电阻即为桥路的一个桥臂。

3.2.3 差压变送器

差压变送器通用性强，可用于连续测量差压、正压、负压、液位、重度等变量，与节流装置配合，还可以连续测量液体（或气体）流量。差压变送器将测量信号转换成标准统一信号，作为显示仪表、控制器或运算器的输入信号，以实现对上述参数的显示、记录或自动控制。

差压变送器主要有力平衡式差压变送器、电容式差压变送器和扩散硅式差压变送器。

3.2.4 智能变送器

为适应现场总线控制系统的要求，近年来出现了采用微处理器和先进传感器技术的智能变送器，有智能温度变送器、智能压力变送器、智能差压变送器等。智能变送器可以输出数字和模拟两种信号，其准确度、稳定性和可靠性均比模拟式变送器优越，并且可以通过现场总线网络与上位计算机相连。智能变送器具有以下特点：

1）测量准确度高，基本误差仅为±0.1%，而且性能稳定、可靠。

2）具有较宽的零点迁移范围和较大的量程比。

3）具有温度、静压补偿功能（差压变送器）和非线性校正能力（温度变送器），以保证仪表准确度。

4）具有数字、模拟两种输出方式，能够实现双向数据通信。

5）通过现场通信器能对变送器进行远程组态调零、调量程和自诊断，维护和使用十分方便。

从整体上看，智能变送器由硬件和软件两大部分组成。硬件部分包括微处理器电路，输入、输出电路，人、机联系部件等；软件部分包括系统程序和用户程序。不同厂家或不同品种的智能变送器的组成基本相似，只是在器件类型、电路形式、程序编码和软件功能上有所差异。

从电路结构看，智能变送器包括传感器部件和电子部件两部分。传感器部件视变送器的设计原理或功能而异，如有的采用半导体单晶硅制成差压敏感元件，有的采用电容式传感器。变送器电子部件均由微处理器、A/D 转换器、D/A 转换器等组成。各种产品在电路结构上也各具特色。

3.3　控制装置

3.3.1　控制装置概述

控制装置种类繁多，主要包括模拟电路、数字电路、计算机等几种方式构成的控制器及其外围附件。控制装置的核心是控制器，它相当于控制系统的“大脑”，接收控制系统的外部与内部信息，通过对这些信息的加工处理，输出控制信号给执行器。生产过程中被控变量偏离设定要求后，控制器在闭环控制系统中将检测变送环节传送过来的信息与被控变量的设定值比较后得到偏差，然后根据偏差按照一定的控制规律进行运算，最终输出控制信号，作用于执行器上，改变操纵变量，使被控变量符合设定要求。

控制器一般可按能源形式、信号类型和结构形式进行分类。

（1）按能源形式划分

控制器按能源形式可分为电动、气动等。过程控制一般都用电动和气动控制仪表，相应地采用电动和气动控制器。

气动控制仪表发展较早，其特点是结构简单、性能稳定、可靠性高、价格便宜，且在本质上安全防爆，因此广泛应用于石油、化工等有爆炸危险的场所。

电动控制仪表相对气动控制仪表出现得较晚，但由于电动控制仪表在信号的传输、放大、变换处理，实现远距离监视操作等方面比气动仪表容易得多，并且容易与计算机等现代化信息技术工具联用，因此电动控制仪表的发展极为迅速，应用极为广泛。近年来，电动控制仪表普遍采取了安全火花防爆措施，解决了防爆问题，所以在易燃易爆的危险场所也得到了应用。

目前采用的控制器以电动控制器占绝大多数。

（2）按信号类型划分

控制器按信号类型可以分为模拟式和数字式两大类。

模拟式控制仪表的传输信号通常是连续变化的模拟量，其线路较为简单，操作方便，在过程控制中已经广泛应用。

数字式控制仪表的传输信号通常是断续变化的数字量，以微型计算机为核心，其功能完善、性能优越，能够解决模拟式仪表难以解决的问题。近 20 年来，数字式控制仪表不断涌现新品种应用于过程控制中，以提高控制质量。

（3）按结构形式划分

控制器按结构形式可分为基地式、单元组合式、组装式，以及基于集散控制和现场总线的控制器。

基地式控制仪表将控制机构与指示、记录机构组成一体，结构简单，但通用性差，使用不够灵活，一般仅用于一些简单控制系统。

单元组合式控制仪表是将整套仪表划分成能独立实现某种功能的若干单元，各个单元之间用统一标准信号联系。将各个单元进行不同的组合，可以构成具有各种功能的控制系统，使用灵活方便，因此在生产现场得到广泛应用。

组装式控制器是在单元组合仪表的基础上发展起来的一种功能分离、结构组件化的成套仪表装置。

随着计算机技术的发展，出现了各种以微处理器为基础的控制器，在结构、功能、可靠性等各个方面都使控制器进入一个新阶段。基于计算机控制系统构建的控制装置、嵌入式智能仪表已经普及。

最初的计算机控制系统是替代常规控制仪表的直接数字控制系统（DDC），它容易进行信息通信，实现集中控制、显示和操作，控制精度高，使生产过程综合控制水平得到提高。但是，在大型化工厂或装置中，一台计算机往往要集中控制几十甚至几百个回路，事故发生的危险性高度集中，一旦计算机控制系统出现故障，控制、监视和操作都无法进行，给生产带来很大影响，甚至造成全局性的重大事故。集中控制的固有缺陷使DDC未能得到普及推广。

进入20世纪70年代后，为了进一步提高控制系统的安全性和可靠性，开发研制了新型的集散控制系统（DCS）。该控制系统实现了控制分散，危险分散，并将操作、监测和管理集中，克服了常规仪表控制系统控制功能单一和计算机控制系统危险集中的局限性，能够实现连续控制、间歇（批量）控制、顺序控制、数据采集处理和先进控制，将操作、管理与生产过程密切结合。

现场总线是在20世纪80年代中期在国际上发展起来的。随着微处理器和计算机功能不断增强和价格的降低，计算机和网络系统得到迅速发展，而处于生产过程底层的测控自动化系统，采用一对一设备连线，用电压、电流的模拟信号进行测量控制等，难以实现设备之间以及系统与外界之间的信息交换，容易使自动化系统成为“信息孤岛”。现场总线正是为实现整个企业的信息集成，实施综合自动化而开发的一种通信系统，它是开放式、数字化、多点通信的底层控制网络。基于现场总线构建的控制系统称为现场总线控制系统（Fieldbus Control System，FCS），它将挂接在总线上、作为网络节点的智能设备连接为网络系统，并构成自动化系统，实现基本控制、补偿计算、参数修改、报警、显示、监控、优化及管控一体化的综合自动化功能。

就目前化工过程控制而言，计算机控制主要用于生产监控、信息处理、优化操作、先进控制策略实施等方面。生产装置中的常规控制器逐步被嵌入式智能仪表、计算机等取代，通信网络技术与控制技术结合紧密。

3.3.2 连续比例积分微分控制算法

过程控制一般是指连续控制系统，控制器的输出随时间的变化发生连续变化。不管是何种控制器，都有其基本的控制规律，即控制器输出信号与输入信号之间的关系。控制器的输入信号 $e(t)$ 是测量值 $y(t)$ 与被控变量的设定值之差，即 $e(t)=y(t)-r(t)$；控制器的输出信号是送往执行机构的控制命令 $u(t)$。因此控制器的控制规律就是控制器的输出信号 $u(t)$ 随输入信号 $e(t)$ 变化的规律。

控制器的基本控制规律有比例、积分和微分等几种，工业上所用的控制规律是这些基本规律之间的不同组合。此外还有其他控制规律，如继电接触特性的位式控制规律等。

常用控制器具有在时间上连续的线性比例积分微分（PID）控制规律。

理想 PID 控制器的运算规律数学表达式为

$$\Delta u(t) = K_c\left[e(t) + \frac{1}{T_I}\int e(t)\mathrm{d}t + T_D\frac{\mathrm{d}e(t)}{\mathrm{d}t}\right] \tag{3-11}$$

式（3-11）传递函数表示为

$$G_c(s) = \frac{U(s)}{E(s)} = K_c\left(1 + \frac{1}{T_I s} + T_D s\right) \tag{3-12}$$

式中，K_c为控制器的比例增益；T_I为积分时间（以秒或分为单位）；T_D为微分时间（也以秒或分为单位）。式（3-12）中，第一项为比例（P）部分，第二项为积分（I）部分，第三项为微分（D）部分。K_c、T_I、T_D 这三个参数大小可以改变，相应地改变控制作用大小及规律：

1）若 T_I为∞，T_D为 0，积分项和微分项都不起作用，则为比例控制。

2）若 T_D为 0，微分项不起作用，则为比例积分控制。

3）若 T_I为∞，积分项不起作用，则为比例微分控制。

控制器运算规律通常都是用增量形式表示，若用实际值表示，则式（3-11）改写为

$$u(t) = K_c\left[e(t) + \frac{1}{T_I}\int e(t)\mathrm{d}t + T_D\frac{\mathrm{d}e(t)}{\mathrm{d}t}\right] + u(0) \tag{3-13}$$

式中，$u(0)$为控制器初始输出值，即$t=0$瞬间偏差为0时的控制器输出，$u(t)=\Delta u(t)+u(0)$。

1. 比例控制

（1）比例控制规律

在双位控制系统中，被控变量不可避免地会有持续的等幅振荡的过程，因此只能适用于控制要求不高的场合。对于大多数的控制系统，生产工艺要求被控变量在过渡过程结束后，能稳定在某一个值上。人们从人工操作的实践中认识到，当控制器的输出变化量与输入变化量（即设定值和测量值之间的偏差）成比例时，就能实现这一目标，这就是比例（P）控制。控制器输出信号 $u(t)$ 与输入信号 $e(t)$ 之间的关系为

$$\Delta u(t) = K_c e(t) \tag{3-14}$$

式中，K_c为控制器的比例增益。

由式（3-14）可知，控制器的输出变化量与输入偏差成正比，在时间上没有延滞，其开环输出特性如图 3-10 所示。

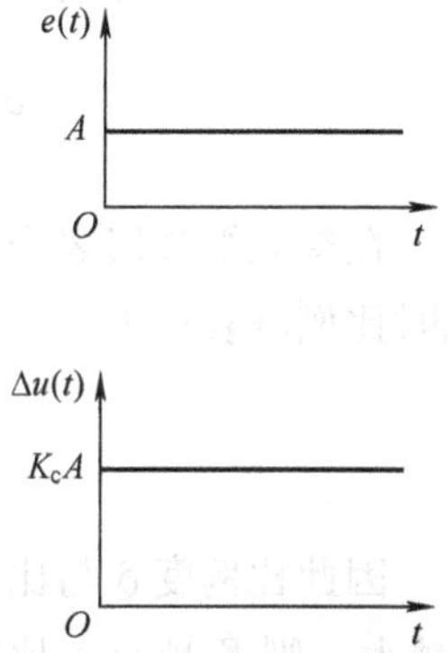

图 3-10 阶跃偏差作用下比例控制器的输出特性

比例控制器的传递函数为

$$G_c(s)=\frac{U(s)}{E(s)}=K_c \tag{3-15}$$

要注意的是，控制器输出与偏差之间在一定范围内保持比例关系。K_c越大，保持比例关系的范围越小。图3-11说明了偏差与输出之间保持线性关系的范围。图中，偏差在$-50\%\sim50\%$范围变化时，如果$K_c=1$，则控制输出$u(t)$变化在$0\sim100\%$范围内，并保持与输入$e(t)$之间有线性关系。如果$K_c>1$，则控制输出$u(t)$与输入$e(t)$之间的线性关系只在$-50\%/K_c\sim50\%/K_c$范围满足。当$|e(t)|$超出该范围，控制输出具有饱和特性，保持在最小或最大值。因此，比例控制有一定的应用范围，超过该范围时，控制输出与输入之间不成比例关系。这表明，从局部范围看，比例控制作用表示控制输出与输入之间是线性关系，从整体范围看，两者之间是非线性关系。

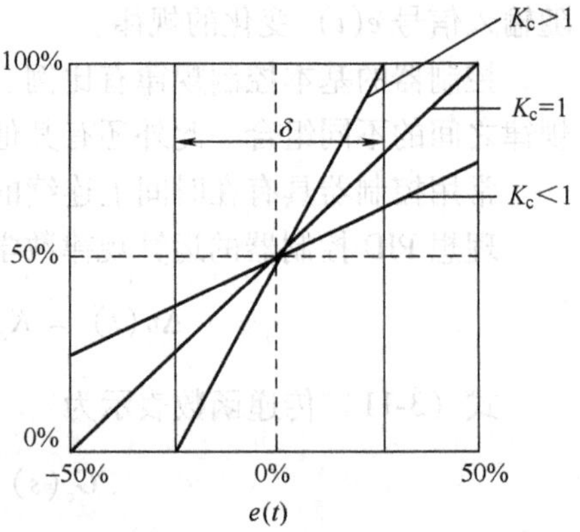

图3-11 偏差与输出之间保持线性关系的范围

(2) 比例度

通常用比例度表示控制输出与偏差成线性关系的比例控制器输入（偏差）的范围。比例度δ定义为

$$\delta=\frac{\dfrac{e}{Z_{max}-Z_{min}}}{\dfrac{\Delta u}{u_{max}-u_{min}}}\times100\% \tag{3-16}$$

式中，e为控制器输入信号的变化量，即偏差信号；Δu为控制器输出信号的变化量，即控制命令；$(Z_{max}-Z_{min})$为控制器输入信号的变化范围，即量程；$(u_{max}-u_{min})$为控制器输出信号的变化范围。

也就是说，控制器的比例度δ可理解为：要使输出信号作全范围变化，输入信号必须改变全量程的百分之几。

式（3-16）可改写为

$$\delta=\frac{e}{\Delta u}\frac{u_{max}-u_{min}}{Z_{max}-Z_{min}}\times100\%=\frac{1}{K_c}\frac{u_{max}-u_{min}}{Z_{max}-Z_{min}}\times100\% \tag{3-17}$$

在单元组合仪表中，控制器的输入和输出都是标准统一信号，即$Z_{max}-Z_{min}=u_{max}-u_{min}$，此时比例度表示为

$$\delta=\frac{1}{K_c}\times100\% \tag{3-18}$$

因此比例度δ与比例增益K_c成反比。δ越小，则K_c越大，比例控制作用就越强；反之，δ越大，则K_c越小，比例控制作用就越弱。

当仪表刻度非线性时，如差压变送器测量流量，数值显示用开方刻度，如用流量单位表示，则不同流量时，相同偏差下控制输出会不同。为此，比例度也定义为

$$\delta=\frac{\dfrac{\text{指针移动距离}}{\text{指针全量程距离}}}{\dfrac{\text{控制器输出变化}}{\text{控制器输出变化全范围}}}\times 100\% \tag{3-19}$$

（3）控制器的正作用和反作用

控制器有正作用控制器和反作用控制器之分，控制器增益有正、负之分。当控制器的测量 y 增加时，控制器输出 u 增加，称该控制器为正作用控制器，控制器的增益 K_c 为负；反之，当控制器的测量 y 增加时，控制器输出 u 减小，称该控制器为反作用控制器，控制器的增益 K_c 为正。这可根据 $u=K_c(r-y)=K_c e$ 推出。选择控制器正、反作用的目的是保证控制系统成为负反馈。

（4）比例增益 K_c 对闭环系统过渡过程的影响

将比例控制器切入系统，控制器在闭环运行下比例增益 K_c 对系统过渡过程的影响如图 3-12 所示。由图 3-12 可见：

1）比例控制是有余差的控制。例如，储罐液位控制系统，在初始状态，进料量等于出料量，控制器输出为 u_o，设定 r 与液位测量值 y 相等。当负荷增大，即出料量增大时，控制器输出为 $u=K_c e+u_o$，增加的控制输出 $K_c e$ 使进料的增加量等于出料的增加量，液位达到新的稳态值。这表明，比例控制是有余差的控制，余差的大小与比例增益 K_c 有关，与负荷的变化量有关。在同样的负荷变化扰动下，比例增益越大，余差越小；在相同比例增益下，负荷变化量越大，余差越大。

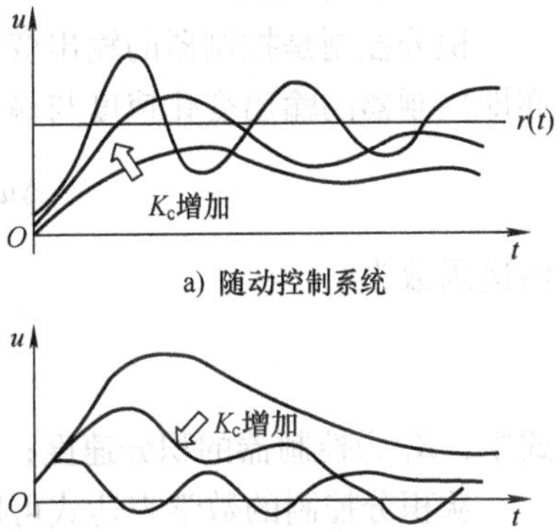

图 3-12　K_c 对系统过渡过程的影响

2）比例增益 K_c 对闭环系统稳定性的影响。比例增益 K_c 对闭环系统稳定性的影响如图 3-12 所示。不论是在设定值变化还是负荷（扰动）变化的情况下，K_c 越大，系统的振荡也越剧烈，稳定性越差。当 K_c 太大时，系统可能出现等幅振荡，甚至发散振荡；反之，则系统越稳定。

最大偏差在两类外作用下不一样。在扰动作用下，K_c 越大，最大偏差越小；在设定作用下且系统处于衰减振荡时，K_c 越大，最大偏差却越大。这是因为最大偏差取决于余差和超调量，在扰动作用下，主要取决于余差，K_c 大则余差小，所以最大偏差也小；在设定作用下，则取决于超调量，K_c 大则超调量大，所以最大偏差大。

如果 K_c 较大，则振荡频率提高，因此把被控变量拉回到设定值所需时间就短。

比例增益 K_c 的选取与对象的特性有关。一般而言，如果对象是较稳定的，即当广义对象的放大系数较小、时间常数较大、时滞较小的情况下，控制器 K_c 可以取得大一些，以提高系统的灵敏度；反之，如果对象的纯滞后较大、时间常数较小以及放大系数较大时，K_c 就应该取得小一些，否则达不到稳定的要求。工业生产中定值控制系统通常要求控制系统具有振荡不太剧烈，余差不太大的过渡过程，即衰减比在 4：1～10：1 的范围内，而随动控制系统一般衰减比在 10：1 以上。

通常，工业上常见系统的比例度 δ 的参考选取范围为：压力控制系统，30%～70%；流量控制系统，40% ~100%；液位控制系统，20% ~80%；温度控制系统，20% ~60%。

在基本控制规律中，比例作用是最基本、最主要也是应用最普遍的控制规律，它能较为迅速地克服扰动的影响，使系统很快地稳定下来。比例控制作用通常适用于扰动幅度较小、负荷变化不大、过程时滞（指 τ/T）较小或者控制要求不高的场合。这是因为负荷变化越大，则余差越大，如果负荷变化小，余差就不太显著；过程的 τ/T 越大，振荡越厉害，如把比例度 δ 放大，这样余差也就越大，如果 τ/T 较小，δ 可小一些，余差也就相应减小。控制要求不高、允许有余差存在的场合，可以用比例控制，例如在液位控制中，往往只要求液位稳定在一定的范围之内，没有严格要求，只有当比例控制系统的控制指标不能满足工艺生产要求时，才需要在比例控制的基础上适当引入积分或微分控制作用。

2. 比例积分控制

在工业上，为了保证控制质量，许多控制系统中是不允许存在余差的，因此，必须在比例控制的基础上引入积分控制。

（1）积分控制

积分控制是控制器的输出变化量 Δu 与输入偏差值 e 随时间的积分成正比的控制规律，亦即控制器的输出变化速度与输入偏差值成正比。其数学表达式为

$$\Delta u = K_I\int_0^t e(t)\,dt = \frac{1}{T_I}\int_0^t e(t)\,dt \qquad (3\text{-}20)$$

传递函数为

$$U(s) = \frac{1}{T_I s}E(s) \qquad (3\text{-}21)$$

式中，K_I 为控制器的积分速度；T_I 为控制器的积分时间，$T_I = 1/K_I$。

从积分控制的数学表达式可以看出，输出信号 Δu 的大小不仅与偏差信号 e 的大小有关，而且还取决于偏差 e 存在时间的长短。当输入偏差存在时，控制器的输出会不断变化，而且偏差存在的时间越长，输出信号的变化量也越大。直到偏差等于零时，控制器的输出不再变化而稳定下来。反过来说，当控制器的输出稳定下来不再变化时，输入偏差一定是零。所以在积分控制时，余差等于零，也就是说，积分作用可以消除余差。力图消除余差是积分控制作用的重要特性。

在幅度为 A 的阶跃偏差作用下，积分控制器的开环输出特性如图 3-13 所示。由式（3-20）可得 $\Delta u(t) = K_I\int e(t)\,dt = K_I At$。这是一条斜率不变的直线，直到控制器的输出达到最大值或最小值而无法再进行积分为止，输出直线的斜率即输出的变化速度正比于控制器的积分速度 K_I，即 $d\Delta u(t)/dt = K_I A$。积分速度越大，在同样的时间内积分控制器的输出变化量越大，即积分作用越强；反之，则积分作用越弱。

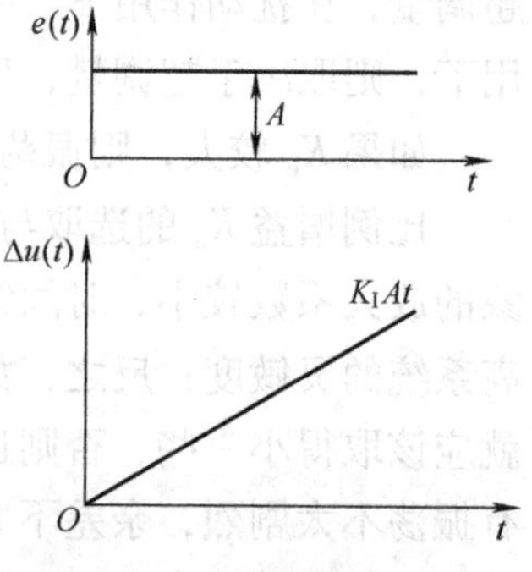

图 3-13 阶跃偏差作用下的积分输出

与比例控制不同的是，在输入偏差为零时，比例控制器的输出变化量 Δu 是零，即处在初始位置上，而积分控制器的输出却可以处在任何数值的位置上。因此，积分控制有重定作用。

虽然可以消除余差是积分控制的显著优点，但在工业上是很少单独使用积分控制的。因为与比例控制相比，积分控制器的输出变化总是滞后于偏差的变化，控制就不可能像比例控制

那样及时地对偏差加以响应，从而难以对干扰进行及时且有效的抑制。从图 3-14 可以看出，比例输出 Δu_P与 e 是同步的，e 大 Δu_P也大，e 小 Δu_P也小，因此变化是及时的。而积分输出则不然，在第一个前半周期内，测量值一直低于设定值，出现负偏差，所以 Δu_I按同一方向累积。t 从 0 到 t_1，负偏差不断增大，Δu_I也不断增大是合理的，但 t 从 t_1到 t_2，负偏差已经逐渐减小，但是 Δu_I还是继续增大，这就暴露了积分作用的落后性，结果往往超调，使被控变量波动得很厉害，引入积分作用后会使系统易于振荡。因此生产上都是将比例作用与积分作用组合成比例积分控制来使用。

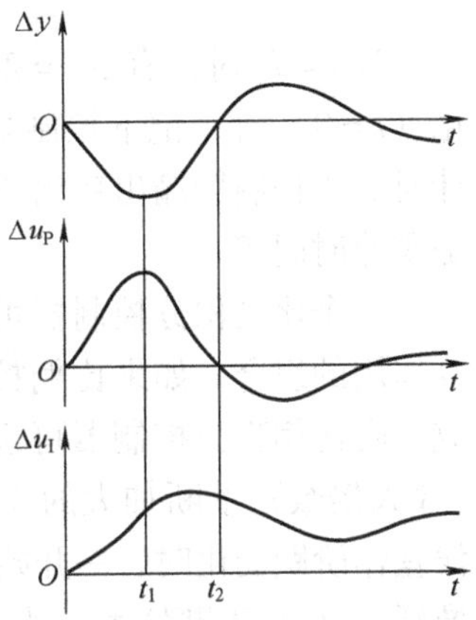

图 3-14　积分作用的落后性

(2) 比例积分控制

通常，工业生产上都是将比例作用与积分作用组合成比例积分（PI）控制来使用，这样，既能及时控制，又能消除余差。

比例积分控制规律的数学表达式为

$$\Delta u = K_c(e + \frac{1}{T_I}\int_0^t e\mathrm{d}t) \tag{3-22}$$

传递函数为

$$U(s) = K_c\left(1 + \frac{1}{T_I s}\right)E(s) \tag{3-23}$$

比例积分控制器的输出是比例作用和积分作用两部分之和。图 3-15 是比例积分控制器的输入与输出特性曲线。当输入偏差是一个阶跃信号时，由于比例作用的输出与输入偏差成正比，因此控制器一开始（$t=0$ 时）的输出也应该是阶跃变化，而此时积分作用的输出应为零；当 $t>0$ 时，偏差为一个恒值，其大小不再变化，所以比例输出也应是恒值，而积分输出则应以恒定的速度不断增大。可见图 3-15 中输出的垂直上升部分是由比例作用造成的，而慢慢上升部分是由积分作用造成的。

在 K_c和 A 确定的情况下，直线的斜率将取决于积分时间 T_I的大小：T_I越大，直线越平坦，说明积分作用越弱；T_I越小，直线越陡峭，说明积分作用越强。积分作用的强弱也可以用在相同时间下控制器积分输出的大小来衡量：T_I越大，则控制器的输出越小；T_I越小，则控制器的输出越大。特别当 T_I趋于无穷大时，则这一控制器实际上已成为一个纯比例控制器了。因而 T_I是描述积分作用强弱的一个物理量。

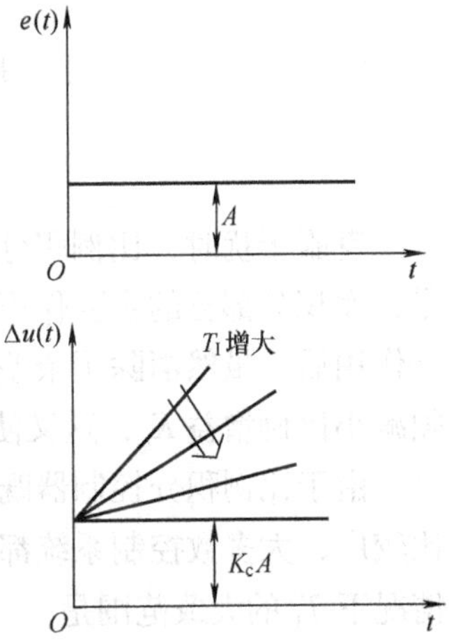

图 3-15　比例积分控制器的输入、输出特性

T_I的定义是：在阶跃偏差作用下，控制器的输出达到比例输出的两倍所经历的时间，就是积分时间 T_I。因为在任意时间 t，控制器的输出值为 $K_cA + (K_c/T_I)At$，当 $t = T_I$时，输出即为 $2K_cA$。

比例积分控制器在投运之前，需对比例度 δ 和积分时间 T_I 进行校验。积分时间 T_I 可以从图 3-16 中求出。因为在任何时间 t，控制器的输出为

$$\Delta u = K_c e + \frac{K_c}{T_I}et = K_c e(1 + \frac{1}{T_I}t)$$

当 $t = T_I$ 时，有 $\Delta u = 2K_cA$。因此，只要在输入发生阶跃变化（$t=0$）时，记下控制器输出变化的幅值 K_cA，同时用秒表计时。当控制器输出变化的幅值达到 $2K_cA$ 时，秒表上的时间就是积分时间 T_I。

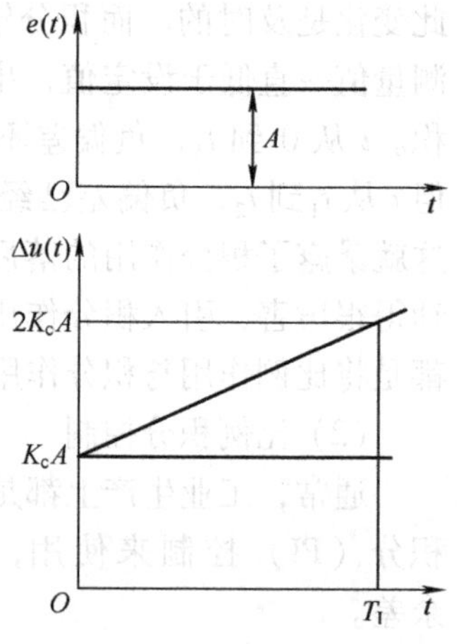

图 3-16 积分时间的测定

一个比例积分控制器可看成是粗调的比例作用与细调的积分作用的组合。如果比例控制器的输出增量与偏差信号一一对应，则比例积分控制器可理解为比例度不断减小，即比例增益（放大倍数）不断加大的比例控制器。从图 3-15 可以看到，在偏差作阶跃变化时，一开始 $u(t)$ 是 $e(t)$ 的 K_c 倍，随着时间的推延，$u(t)$ 不断增大，若仍从比例控制规律来看，则相当于控制器的比例增益不断增大。从理论上讲，当 t 趋于无穷大时，控制器的比例增益也将趋于无穷大，因而它能最终消除控制系统的余差。一旦余差消除，即控制器的输入偏差 $e(t)=0$，控制器的输出将稳定在输出范围内的任意值上。因此这种控制器也可看成工作点不断改变的比例控制器。

在一个纯比例控制的闭环系统中引入积分作用时，若保持控制器的比例度 δ 不变，则可从图 3-17 所示的曲线族中看到，随着 T_I 减小，则积分作用增强，消除余差较快，但控制系统的振荡加剧，系统的稳定性下降；T_I 过小，可能导致系统不稳定。T_I 小，扰动作用下的最大偏差下降，振荡频率增加。

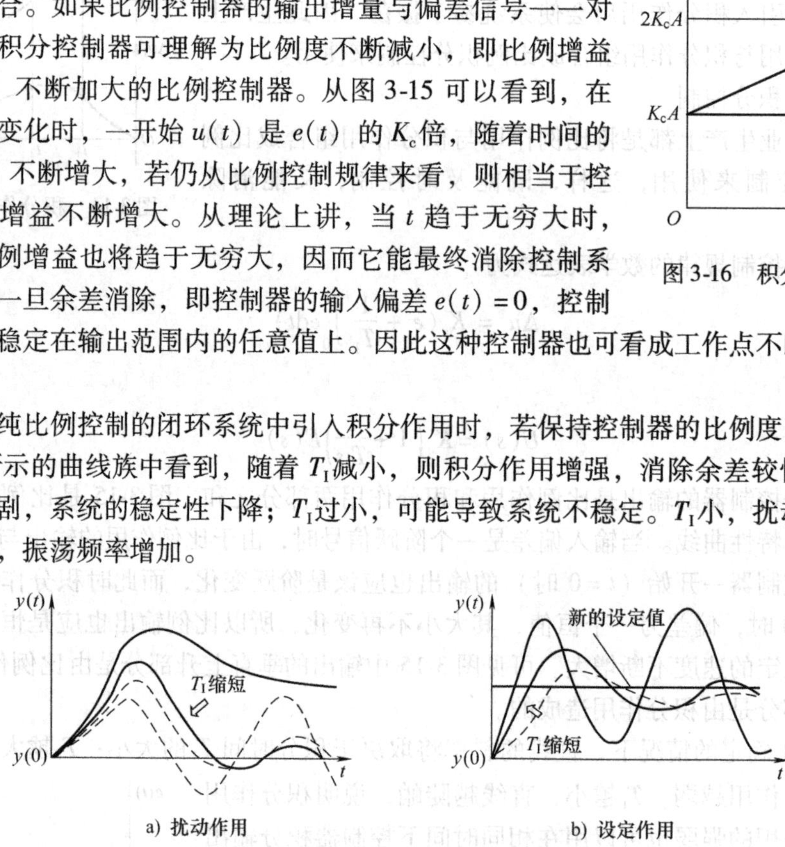

图 3-17 δ 不变时 T_I 对过渡过程的影响

克服干扰时，比例积分控制器中比例部分的主要作用是将偏差迅速“驱赶”到接近于零，而积分部分的主要作用则是能消除接近于零而比例作用又无法加以响应的余差。引入积分作用后，虽然消除了余差，但也降低了系统的稳定性。因此，要保持原有的稳定程度，必须减小比例增益 K_c，这又使系统的其他控制指标有所下降。

由于比例积分控制器既保留了比例控制器响应及时的优点，又能消除余差，故适应范围比较广，大多数控制系统都能使用。其积分时间 T_I 应根据不同的对象特性加以选择，一般情况下 T_I 的大致范围是：

① 压力控制，$T_I = 0.4 \sim 3\text{min}$；

② 流量控制，$T_I = 0.1 \sim 1\text{min}$；

③ 温度控制，$T_I = 3 \sim 10\text{min}$；

④ 液位控制，一般不需积分作用。

（3）积分饱和

我们知道，当某一极性的偏差持续存在时，具有积分作用的控制器的输出将不断增大或减小，直至控制器的极限值。虽然在一般的控制系统中，由于积分作用能够消除余差，在调节过程中能将偏差逐渐减至为零，即不会出现以上的现象，但是有些场合却不是这样，如一些为保障安全的控制系统（如图 3-18 所示的压力安全放空系统），或某些复杂控制系统（如有两个控制器的选择性控制系统）等。在这些系统中，控制器（或某个控制器）在正常工况下的输入偏差一直存在，使得该控制器的输出达到极限值。一旦需要动作时，控制器就无法及时使执行机构动作，从而造成调节过程中的动态偏差加大，甚至引起危险。这种现象就是所谓的积分饱和现象，如图 3-19 所示。

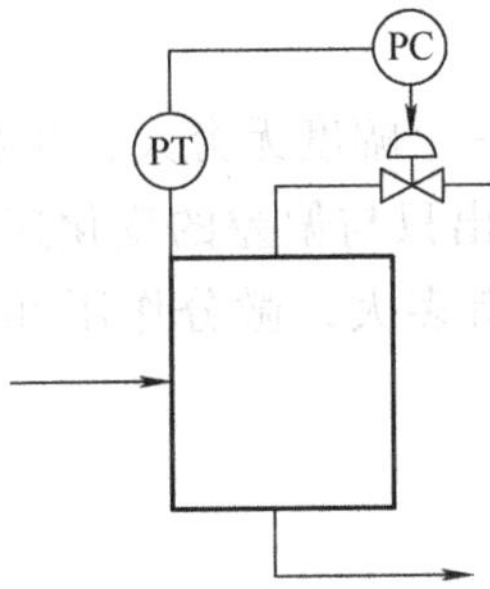

图 3-18　压力安全放空系统

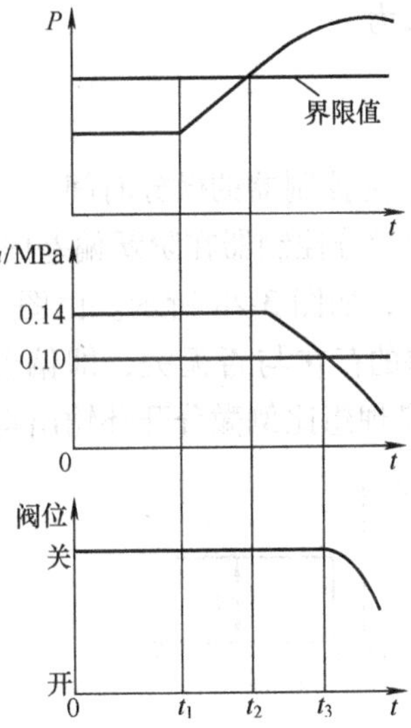

图 3-19　积分饱和现象

在图 3-18 的压力安全放空系统中，控制器的设定值为压力容器的容许限值。在正常操作情况下，实际压力总是低于该值，故偏差长期存在，使比例积分控制器的输出达到极限值。如果用的是气动仪表，控制器的输出将是气源压力 140kPa/cm^2（而不是额定的最大值 100kPa/cm^2）。虽然该压力对于关紧阀门是有利的，但是一旦容器内的压力开始上升（即图 3-19 中的 $t = t_1$）时，由于偏差的极性未变，控制器的输出也不会变化，直至容器压力大于容许限值（$t = t_2$）时才从 140kPa/cm^2 处开始下降。但因其值大于 100kPa/cm^2，调节阀仍未动作，直到 $t > t_3$，控制器的输出小于 100kPa/cm^2，调节阀才开始打开。可见，由于积分饱和现象的存在，使得控制系统在 $t_2 \sim t_3$ 时间段内未能进行正常的调节，从而可能造成不良后果。

防止积分饱和现象有三种办法：

1）对控制器的输出加以限幅，使其不超过额定的最大值或最小值。

2）限制控制器积分部分的输出，使之不超出限值。对于气动仪表，可采用外部信号作为其积分反馈信号，使之不能形成偏差积分作用；对于电动仪表，可改进仪表内部线路。

3）积分切除法，即在控制器的输出超过某一限值时，将控制器的调节规律由比例积分自动切换成纯比例调节状态。

3. 比例微分控制

虽然在比例作用的基础上增加了积分作用后，可以消除余差，但为了抑制超调，必须减小比例增益，又造成控制器的整体性能有所变差。当对象滞后很大，或负荷变化剧烈时，则不能及时控制。而且，偏差的变化速度越大，产生的超调就越大，需要越长的控制时间。在这种情况下，可以采用微分控制，因为比例和积分控制都是根据已形成的偏差而进行动作的，而微分控制却是根据偏差的变化趋势进行动作的，从而有可能避免产生较大的偏差，且可以缩短控制时间。

（1）微分控制

理想微分控制是指控制器的输出变化量与输入偏差的变化速度成正比的控制规律，其数学表达式为

$$\Delta u = T_{\mathrm{D}} \frac{\mathrm{d}e}{\mathrm{d}t} \tag{3-24}$$

式中，T_{D} 为控制器的微分时间。

理想微分控制器在阶跃偏差信号作用下的开环输出特性是一个幅度无穷大、脉宽趋于零的尖脉冲，如图3-20所示。由图3-20可见，微分控制器的输出只与偏差的变化速度有关，而与偏差的存在与否无关，即偏差固定不变时，不论其数值有多大，微分作用都无输出。图3-21是理想比例微分开环输出特性。

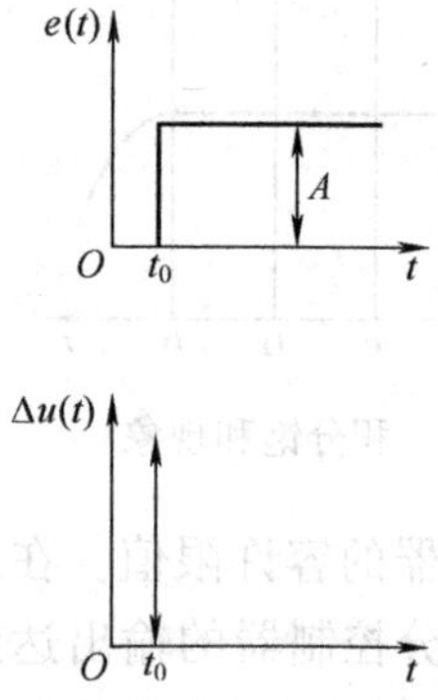

图3-20 理想微分输出特性

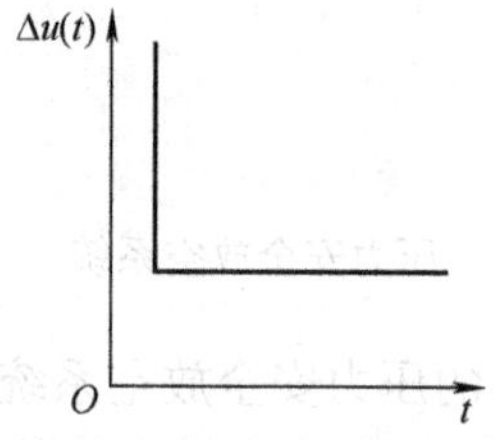

图3-21 理想比例微分开环输出特性

理想的微分控制器是难以实现的，工业上的微分控制器使用实际的微分控制规律。

（2）比例微分控制

比例微分控制器的数学表达式如下：

$$\frac{T_{\mathrm{D}}}{K_{\mathrm{D}}} \frac{\mathrm{d}\Delta u}{\mathrm{d}t} + \Delta u = K_{\mathrm{c}} \left(T_{\mathrm{D}} \frac{\mathrm{d}e}{\mathrm{d}t} + e \right) \tag{3-25}$$

或

$$U(s) = K_{\mathrm{c}} \frac{1 + T_{\mathrm{D}} s}{1 + \frac{T_{\mathrm{D}}}{K_{\mathrm{D}}} s} E(s) \tag{3-26}$$

当输入偏差为阶跃信号 E 时，比例微分（PD）控制器的输出为

$$\Delta u = K_c E + K_c E(K_D - 1)e^{-\frac{K_D}{T_D}t} \tag{3-27}$$

即比例微分控制器的输出是比例作用和微分作用两部分之和，其特性曲线（见图 3-22）的形状与实际的微分控制相似，只是起点和终点的幅度不同，都与比例增益 K_c 有关，是可以调整的。

与实际的微分控制一样，微分作用的大小由微分时间来衡量。要测定微分时间，可以设指数衰减曲线的时间常数为 $T = T_D/K_D$。当 $t = T$ 时，有

$$\begin{aligned}\Delta u &= K_c E + K_c E(K_D - 1)e^{-1} \\ &= K_c E + 0.632 K_c E(K_D - 1)\end{aligned} \tag{3-28}$$

式（3-28）说明，经过 T 时间后，比例微分控制器的输出下降到微分作用部分的 36.8%。据此，可以用实验的方法测出时间常数 T 的大小。然后根据 $T = T_D/K_D$，求出微分时间为

$$T_D = K_D T$$

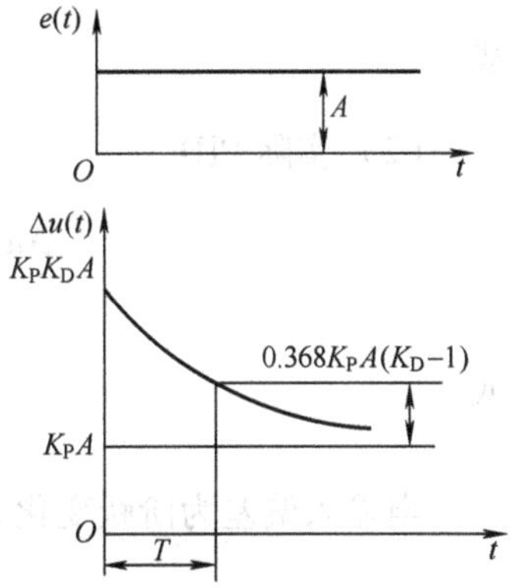

图 3-22　比例微分控制器的输入、输出特性

即微分时间 T_D 是时间常数 T 的 K_D 倍。

在负荷变化剧烈、扰动幅度较大或过程容量滞后较大的系统中，适当引入微分作用，可在一定程度上提高系统的控制质量。这是因为当控制器在“感受”到偏差后再进行调节，过程已经受到较大幅度扰动的影响，或者扰动已经作用了一段时间，而引入微分作用后，当被控变量一有变化时，根据变化趋势适当加大控制器的输出信号，将有利于克服扰动对被控变量的影响，抑制偏差的增长，从而提高系统的稳定性。如果要求引入微分作用后仍然保持原来的衰减比 n，则可适当减小控制器的比例度，一般可减小 10% 左右，从而使控制系统的控制指标得到全面改善。但是，如果引入的微分作用太强，即 T_D 太大，反而会引起控制系统剧烈地振荡，这是必须注意的。在通常的微分作用中，微分增益 $K_D > 1$。从式（3-26）中可以看出，如果 $K_D < 1$，则比例微分环节产生的超前作用小于一阶滞后环节产生的滞后作用，称为反微分。反微分具有滤波作用，对于某些反应太快的流量控制系统，采用反微分作用可以起到很好的滤波效果。

微分时间 T_D 的大小对系统过渡过程的影响，如图 3-23 所示。从图 3-23 中可见，若取 T_D 太小，则对系统的控制指标没有影响或影响甚微，如图中曲线 1；选取适当的 T_D，系统的控制指标将得到全面的改善，如图中曲线 2；但若 T_D 取得过大，即引入太强的微分作用，反而可能导致系统产生剧烈的振荡，如图中曲线 3。

4. 比例积分微分控制

从以上讨论可知，比例、积分、微分三种控制方式各有其独特的作用。比例控制是基本的控制方式，自始至终起着与偏差相对应的控制作用；添入积分控制后，可以消除纯比例控制无法消除的余差；而添入微分控制，则可以在系统受到快速变化干扰的瞬间，及时加以抑制，增加系统的稳定程度。将三种方式组合在一起，就是比例积分微分（PID）控

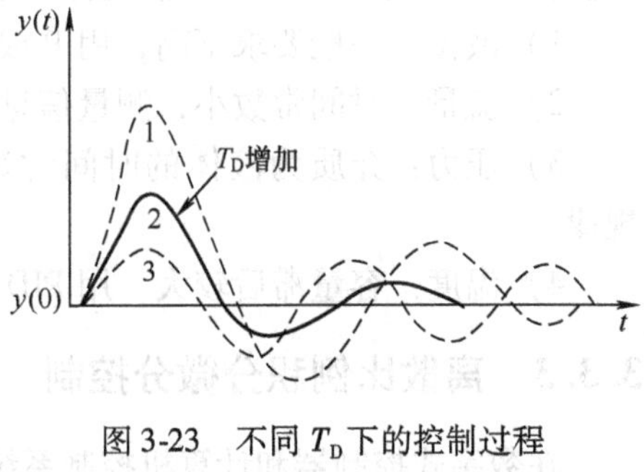

图 3-23　不同 T_D 下的控制过程

制，其数学表达式如下：

（1）理想 PID

$$\Delta u = K_c\left(e + \frac{1}{T_I}\int_0^t e\mathrm{d}t + T_D\frac{\mathrm{d}e}{\mathrm{d}t}\right) \tag{3-29}$$

或

$$U(s) = K_c\left(1 + \frac{1}{T_I s} + T_D s\right)E(s) \tag{3-30}$$

（2）实际 PID

$$\Delta u = K_c\left(e + \frac{1}{T_I}\int_0^t e\mathrm{d}t + e(K_D - 1)\mathrm{e}^{-\frac{K_D}{T_D}t}\right) \tag{3-31}$$

或

$$U(s) = K_c\left(1 + \frac{1}{T_I s} + \frac{1 + T_D s}{1 + \dfrac{T_D}{K_D}s}\right)E(s) \tag{3-32}$$

当输入偏差为阶跃变化 $e = A$ 时，实际 PID 控制器的输出为

$$\Delta y = K_c A + \frac{K_c A}{T_I}t + K_c A(K_D - 1)\mathrm{e}^{-\frac{K_D}{T_D}t} \tag{3-33}$$

图 3-24 是实际比例积分微分控制器的输入、输出曲线。从图中可以看到，比例作用是始终起作用的基本分量；微分作用在偏差出现的一开始有很大的输出，具有超前作用，然后逐渐消失；积分作用则在开始时作用不明显，随着时间的推移，其作用逐渐增大，起主要控制作用，直到余差消失为止。

比例积分微分（PID）控制器有三个参数可以选择：比例度 δ、积分时间 T_I、微分时间 T_D。δ 越小，比例作用越强；T_I 越小，积分作用越强；T_D 越大，微分作用越强。把微分时间调到零，就成了比例积分控制器；把积分时间调到无穷大，则成了比例微分控制器。

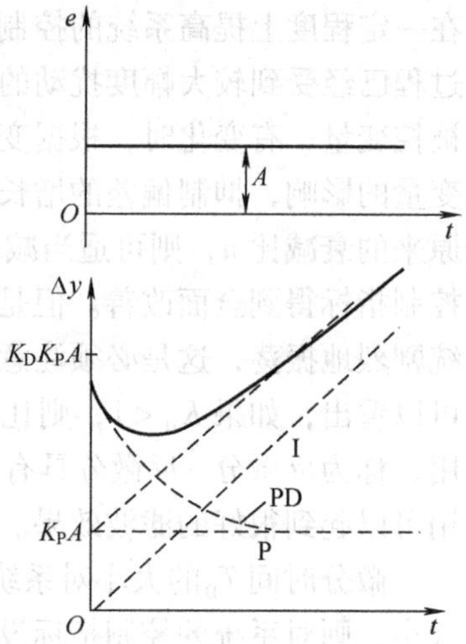

图 3-24 实际比例积分微分控制器的输入、输出曲线

比例积分微分控制器适用于被控对象负荷变化较大、容量滞后较大、干扰变化较强、工艺不允许有余差存在，且控制质量要求较高的场合。虽然 PID 控制规律综合了各种控制规律的优点，具有较好的控制性能，但这并不意味着它在任何情况下都是最合适的。只有根据被控对象的特性，合理选择比例度、积分时间和微分时间，才能获得较高的控制质量。各类生产过程常用的控制规律如下：

1）液位：一般要求不高，用 P 或 PI 控制规律。

2）流量：时间常数小，测量信息中掺有噪声，用 PI 或加反微分控制规律。

3）压力：介质为液体的时间常数小，介质为气体的时间常数中等，用 P 或 PI 控制规律。

4）温度：容量滞后较大，用 PID 控制规律。

3.3.3 离散比例积分微分控制

在数字式控制器和计算机控制系统中，对每一个控制回路采用的是采样控制，即对被控

变量的处理在时间上是离散断续进行的（某一时刻根据测量值与设定值的偏差计算出的输出值要保持到下一采样时刻才可能发生变化），因此，所用的控制规律应改为离散的比例积分微分（PID）控制。

1. 离散 PID 控制算法

离散 PID 控制是根据对模拟控制器的理想 PID 算法加以离散化得来的，且有几种不同的基本形式。

（1）位置式 PID 控制算法

$$
\begin{aligned}
u(k) &= K_c e(k) + \frac{K_c}{T_I}\sum_{i=0}^{k} e(i)\Delta t + K_c T_D \frac{e(k) - e(k-1)}{\Delta t} \\
&= K_c e(k) + K_I \sum_{i=0}^{k} e(i) + K_D[e(k) - e(k-1)]
\end{aligned}
\tag{3-34}
$$

式中，K_I 为积分系数 $K_I = \frac{K_c}{T_I}\Delta t$；$K_D$ 微分系数 $K_D = \frac{K_c T_D}{\Delta t}$；$\Delta t$ 为采样间隔时间（也常用 T_S 表示）。

注意到，$u(k)$ 不是控制器输出的变化量，而是实际的输出，经过数/模（D/A）转换后的模拟信号与阀门的位置一一对应，故称为位置式。这种算法每次需计算阀的绝对位置，控制器输出需与数字式控制阀连接，否则需经 D/A 转换成模拟量，并需保持电路将输出信号保持到下一采样时刻。需采用必要措施来防止积分饱和和进行手动或自动切换。

（2）增量式 PID 控制算法

$$
\begin{aligned}
\Delta u(k) &= u(k) - u(k-1) \\
&= K_c \Delta e(k) + K_I e(k) + K_D[(e(k) - e(k-1)) - (e(k-1) - e(k))] \\
&= K_c[e(k) - e(k-1)] + K_I e(k) + K_D[e(k) - 2e(k-1) + e(k-2)]
\end{aligned}
\tag{3-35}
$$

式（3-35）中的 $\Delta u(k)$ 对应于两次采样时间间隔内控制阀开度的变化量，可通过步进电动机等累积机构，将其转换成模拟量。

采用增量式 PID 控制算法时，可以从手动时的 $u(k-1)$ 出发，直接计算出投入自动运行时控制器应有的输出变化量 $\Delta u(k)$，从而方便了手动或自动切换。另外，由于这种算法对偏差不加以累积，从而不会引起积分饱和现象。因此，在实际中较多使用该算法。

（3）速度式 PID 控制算法

$$
\begin{aligned}
v(k) &= \Delta u(k)/\Delta t \\
&= K_c \frac{\Delta e(k)}{\Delta t} + \frac{K_c}{T_I} e(k) + \frac{K_c T_D}{(\Delta t)^2}[e(k) - 2e(k-1) + e(k-2)]
\end{aligned}
\tag{3-36}
$$

式（3-36）中，$v(k)$ 为控制器输出的变化速率，表征控制阀在采样周期内的平均变化速度。由于一旦采样周期选定之后，Δt 是一个常数，故速度式与增量式控制算法在本质上没有什么区别。

2. 离散 PID 控制算法的特点

与连续 PID 控制算法比较，离散 PID 控制算法具有下列特点：

1）PID 三种控制作用是相互独立，没有控制器参数之间的关联。

2）离散 PID 控制器的参数可以在更大范围设置。

3）离散 PID 控制器是采样控制，相当于引入时滞为 $T_S/2$ 的环节，所以控制品质差于连

续 PID 控制。用控制度表示连续控制与离散控制控制品质的差异程度。控制度定义为

$$控制度=\frac{\left[\min\int e^{2}\mathrm{d}t\right]_{\mathrm{DDC}}}{\left[\min\int e^{2}\mathrm{d}t\right]_{\mathrm{ANA}}}=\frac{\min\ (ISE)_{\mathrm{DDC}}}{\min\ (ISE)_{\mathrm{ANA}}} \tag{3-37}$$

控制度总是大于1，采样周期 T_S越小，控制度也越小。

4）采样周期 T_S的选择要满足香农采样定理。实际应用中，选择采样周期 T_S的原则是使控制度在1.2～1.5之间（这些经验数据主要适用于化工、炼油、石油化工等缓慢生产过程）。一般 $T_S=(\frac{1}{6}-\frac{1}{15})\ T_P$，通常取 $T_S=0.1T$。

① 流量：采样周期为1～5s，常用采样周期为1s。

② 压力：采样周期为3～10s，常用采样周期为5s。

③ 液位：采样周期为5～8s，常用采样周期为5s。

④ 温度：采样周期为10～20s，常用采样周期为15s。

⑤ 成分：采样周期为15～30s，常用采样周期为20s。

3. 离散 PID 控制算法的改进

除了以上几种基本算法之外，在实际使用中还可以采用一些改进的方法，以提高控制质量。

（1）积分分离

所谓积分分离，就是仅在偏差处于较小的范围内才使用积分作用，当偏差大于一定的数值时，则取消积分作用。积分分离的算式为

$$\Delta u(k)=K_c[e(k)-e(k-1)]+K_LK_Ie(k)+K_D[e(k)-2e(k-1)+e(k-2)] \tag{3-38}$$

其中，K_L 是积分因子，当 $e(k)\ \leqslant A$ 时，$K_L=1$，即引入积分作用；当 $e(k)\ \geqslant A$ 时，$K_L=0$，即取消积分作用。A 为预定的阈值。

采用积分分离的算式后，可以避免在开、停车或大幅度改变设定值时，由于短时间内产生很大偏差而引起的严重超调或长时间的振荡。从图3-25中可以看出，积分分离对提高控制质量有明显的效果。

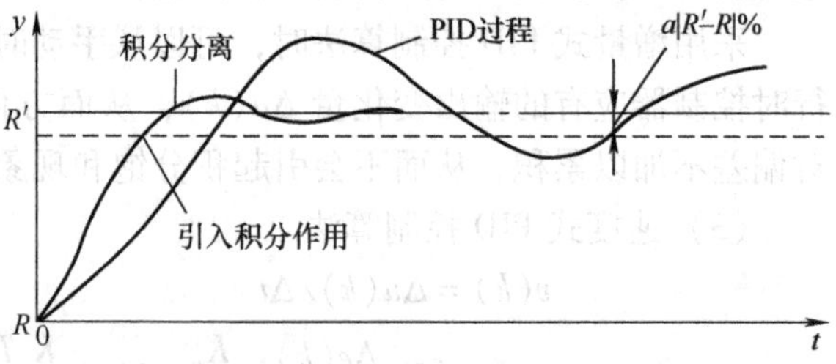

图3-25 具有积分分离的 PID 控制过程

（2）不完全微分

在基本算法中，采用的是理想的微分作用。当被控变量变化较快时，虽然计算机的相应输出也较大，但步进电动机无法在短时间内完成所要求的走步，从而限制了微分校正作用。所谓不完全微分是用实际的微分环节来代替理想的微分环节，其算式为

$$\Delta u(k)=a\Delta u(k-1)+(1-a)\Delta u'(k) \tag{3-39}$$

式中 $$a=\frac{T_D/K_D}{\Delta t+T_D/K_D}$$

$$\Delta u'(k)=K_c[e(k)-e(k-1)]+K_Ie(k)+K_D[e(k)-2e(k-1)+e(k-2)]$$

理想微分（或完全微分）虽然作用强烈，但仅在扰动产生的第一个周期起作用。而不

完全微分尽管在第一个周期的作用有所减弱，却可以维持一段时间，从总体上来看，微分作用还是增强了，从而可以提高控制质量。图 3-26 中是完全微分与不完全微分的比较。

（3）微分先行

微分先行是将微分环节移到测量值与设定值的比较点之前，即对测量值 $y(t)$ 而不是对偏差 $e(t)$ 进行微分运算，如图 3-27 所示。由于避开了对设定值的微分运算，这样在调整设定值时，输出就不会产生剧烈的跳变。而通常被控变量的变化总是比较缓和的。

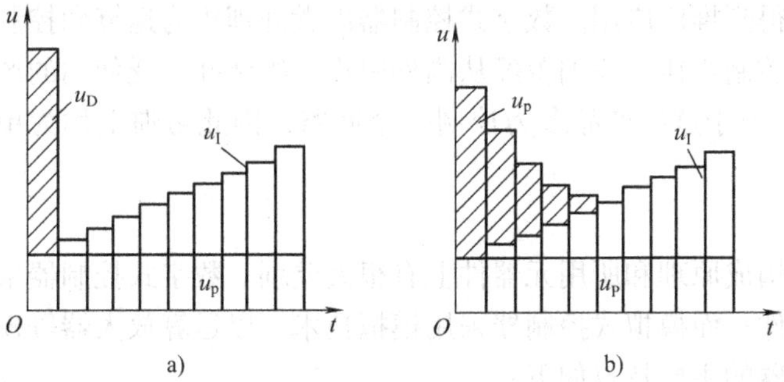

图 3-26　完全微分与不完全微分的阶跃响应

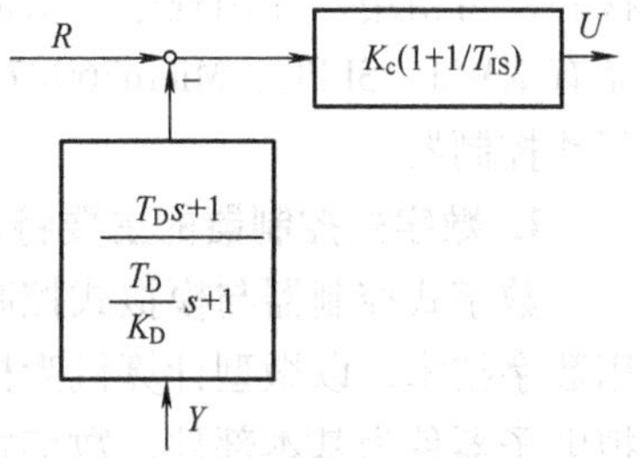

图 3-27　微分先行 PID 框图

对基本算式（3-35）加以修改，可导出采用微分先行时的如下算式：

$$\Delta u(k)=K_c[e(k)-e(k-1)]+K_Ie(k)-K_D[y(k)-2y(k-1)+y(k-2)] \quad (3\text{-}40)$$

3.3.4　模拟式控制器

模拟式控制器所传送的信号形式为连续的模拟信号，其基本结构包括比较环节、反馈环节、放大器三部分。

（1）比较环节

控制器首先要通过比较环节将被控变量的测量值与设定值进行比较得到偏差。在电动控制器中比较环节都是在输入电路中进行电压或电流信号的比较。

（2）反馈环节

控制器的 PID 控制规律是通过反馈环节进行的。在电动控制器中输出的电信号通过电阻和电容构成的无源网络反馈到输入端。

（3）放大器

放大器实质上是一个稳态增益很大的比例环节。在电动控制器中可采用高增益的集成运算放大器。

DDZ-Ⅲ型电动单元控制器是模拟式控制器中较为常见的一种，它以来自变送器或转换器的 1～5V 直流测量信号作为输入信号，与 1～5V 直流设定信号相比较得到偏差信号，然后对此信号进行 PID 运算后，输出 1～5V 或 4～20mA 直流控制信号，以实现对工艺变量的控制。

DDZ-Ⅲ型控制器采用集成电路，整套仪表可以构成安全火花型防爆系统，而且增加了安全单元（安全栅），实现控制室与危险场所之间的能量限制和隔离。这种控制器有软、硬两种手动操作方式，软手动与自动之间实现无扰动切换；采用国际标准信号制，现场传输信号为4~20mA直流电流，控制室联络信号为1~5V直流电压，信号电流和电压的转换电阻为250Ω；由于电气零点不是从零开始，因此容易识别断电、断线等故障；信号传输采用电流传送-电压接受的并联方式，即进出控制室的传输信号为直流电流信号（4~20mA），将此电流信号转换成直流电压信号后，以并联形式传输给控制室各仪表。

3.3.5 数字式控制器

数字式控制器以其强大的控制功能、灵活方便的操作手段、清晰直观的数字显示以及安全可靠、性能价格比高等特点，已经得到推广应用。数字式控制器以微处理机为运算和控制核心，可由用户编制程序，组成各种控制规律。我国曾经从国外引进、组装并广泛使用的产品有KMM、SLPC、Micro760/761等，由于这些产品多为控制一个回路，因此习惯上称为单回路控制器。

1. 数字式控制器的主要特点

数字式控制器与模拟式控制器在构成原理和所用元器件上有很大差别。数字式控制器采用数字技术，以微型计算机为核心部件；而模拟式控制器采用模拟技术，以运算放大器等模拟电子器件为基本部件。数字式控制器的主要特点如下：

（1）实现了模拟仪表与计算机一体化

将微处理机引入控制器，充分发挥了计算机的优越性，使控制器电路简化、功能增强，提高了性能价格比。同时考虑到人们长期以来习惯使用模拟式控制器的情况，数字式控制器的外形结构、面板布置保留了模拟式控制器的特征，使用操作方式也与模拟式控制器相似。

（2）具有丰富的运算控制功能

数字式控制器有许多运算模块和控制模块。用户根据需要选用部分模块进行组态，可以实现各种运算处理和复杂控制。除了具有模拟式控制器PID运算等一切控制功能外，还可以实现串级控制、比值控制、前馈控制、选择性控制、自适应控制、非线性控制等。因此数字式控制器的运算控制功能大大高于常规的模拟控制器。

（3）使用灵活方便，通用性强

数字式控制器模拟量的输入、输出均采用国际统一标准信号（4~20mA直流电流，1~5V直流电压），可以方便地与DDZ-Ⅲ型仪表相连。同时数字式控制器还有数字量输入、输出，可以进行开关量控制。用户程序采用面向过程语言（POL）编写，易学易用。

（4）具有通信功能，便于系统扩展

数字式控制器通过标准的通信接口，可以挂在数据通道上与其他计算机、操作站等进行通信，也可以作为集散控制系统的过程控制单元。

（5）可靠性高，维护方便

在硬件方面，一台数字式控制器可以替代数台模拟仪表，减少了硬件连接；同时控制器所用元器件高度集成化，可靠性高。

在软件方面，数字式控制器具有一定的自诊断功能，能及时发现故障，采取保护措施；复杂回路采用模块软件组态来实现，使硬件电路简化。

2. 数字式控制器的基本构成

通常数字式控制器包括硬件与软件两大部分。

（1）硬件部分

图3-28是数字式控制器硬件构成原理框图，它由主机电路（CPU、ROM、RAM、CTC、输入-输出接口等），过程输入、输出通道，人机联系部件和通信部件等组成。

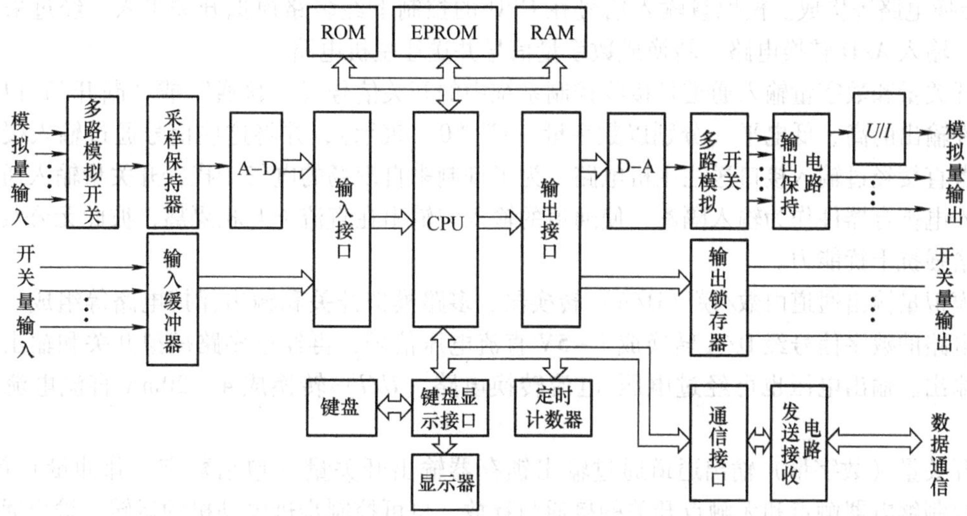

图3-28　数字式控制器硬件构成原理框图

1）主机电路。CPU（中央处理单元）是数字式控制器的核心，通常采用8位微处理器，完成接收指令、数据传送、运算处理和控制功能。它通过总线与其他部分连在一起构成一个系统。

系统ROM（只读存储器）存放系统程序。系统程序由制造厂家编制，用来管理用户程序、功能子程序、人机接口及通信等，一般用户是无法改变系统程序的。用户ROM一般采用EPROM芯片，存放用户编制的程序。用户程序在编制并调试通过后固化在EPROM中。如果程序要修改，则可通过紫外线“擦除”EPROM中的程序，重新将新的用户程序固化在EPROM中。

RAM（随机存储器）用来存放控制器输入数据、显示数据、运算的中间值和结果等。

在系统掉电时ROM中的程序是不会丢失的，而RAM中的内容会丢失。因此数字式控制器以镍镉电池作为RAM的后备电源，在系统掉电时自动接入，以保证RAM中内容不丢失。

有的数字式控制器采用电可改写的EEPROM芯片存放重要参数，它同RAM一样具有读写功能，且在掉电时不会丢失数据。

定时/计数器（CTC）有定时/计数功能。定时功能用来确定控制器的采样周期，产生串行通信接口所需的时钟脉冲；计数功能主要对外部事件进行计数。

输入、输出接口（I/O）是CPU同输入、输出通道及其他外设进行数据交换的部件，它有并行接口和串行接口两种。并行接口具有数据输入、输出、双向传送和位传送功能，用来连接输入、输出通道，或直接输入、输出开关量信号。串行接口具有异步或同步传送串行数据的功能，用来连接可接收或发送串行数据的外部设备。

一些新的数字式控制器采用单片微机作为主要部件。单片微机内包含了CPU、ROM、

RAM、CTC 和 I/O 接口电路，它起到多芯片组成电路的功能，因此体积更小、连线更少、可靠性更高，且价格便宜。

2）过程输入、输出通道。模拟量输入通道由多路模拟开关、采样保持器及模/数（A/D）转换电路等构成。模拟量输入信号在 CPU 的控制下经多路模拟开关采入，经过采样保持器，输入 A/D 转换电路，转换成数字量信号并送往主机电路。

开关量和数字量输入通道是接收控制系统中的开关信号（“接通”或“断开”）以及逻辑部件输出的高、低电平（分别以数字量“1”“0”表示），并将这些信号通过输入缓冲电路或者直接经过输入接口送往主机电路。为了抑制来自现场的电气干扰，开关量输入通道常采用光电耦合器件作为输入隔离，使通道的输入与输出在直流上互相隔离，彼此无公共连接点，增强抗干扰能力。

模拟量输出通道由数/模（D/A）转换器、多路模拟开关和输出保持电路等组成。来自主机电路的数字信号经 D/A 转换成 1 ~ 5V 直流电压信号，再经过多路模拟开关和输出保持电路输出。输出电压也可经过电压/电流转换电路（U/I）转换成 4 ~ 20mA 直流电流信号输出。

开关量（数字量）输出通道通过输出锁存器输出开关量（包括数字、脉冲量）信号，以便控制继电器触点和无触点开关的接通与释放，也可控制步进电动机的运转。输出通道也常采用光电耦合器件作为输出隔离，以免受到现场干扰的影响。

3）人机联系部件。数字式控制器的正面和侧面放置有人机联系部件。正面板的布置与常规模拟式控制器相似，有测量值和设定值显示表、输出电流显示表、运行状态（自动/串级/手动）切换按钮、设定值增/减按钮、手动操作按钮以及一些状态显示灯。侧面板有设置和指示各种参数的键盘、显示器。

4）通信部件。数字式控制器的通信部件包括通信接口和发送、接收电路等。通信接口将欲发送的数据转换成标准通信格式的数字信号，由发送电路送往外部通信线路（数据通道），同时通过接收电路接收来自通信线路的数字信号，将其转换成能被计算机接收的数据。数字式控制器大多采用串行通信方式。

（2）软件部分

数字式控制器软件包括系统程序和用户程序。

1）系统程序主要包括监控程序和中断处理程序两部分，是控制器软件的主体。

监控程序包括系统初始化、键盘和显示管理、中断管理、自诊断处理以及运行状态控制等模块，如图 3-29a 所示。

系统初始化是设置初始参数，如定时/计数数值、各个变量初始状态及数值等；键盘、显示管理模块用以识别键码、确定键处理程序的走向和显示格式；中断管理模块用以识别中断源，比较它们的优先级别，以便作出相应的中断处理；自诊断处理程序采用巡回检测方式监督检查控制器各功能部件是否正常，如果发生异常情况，则能显示异常标志，发出报警或作出相应的故障处理；运行状态控制是判断控制器操作按钮的状态和故障情况，以便进行手动、自动或其他控制。除此以外，有些控制器的监控程序还有时钟管理和外设管理模块。

仪表上电复位开始工作时，首先进行系统初始化，然后依次调用其他各个模块并且重复进行调用。一旦发生了中断，在确定了中断源之后，程序便进入相应的中断处理模块，待执行完毕，又返回监控程序，再循环重复上述工作。

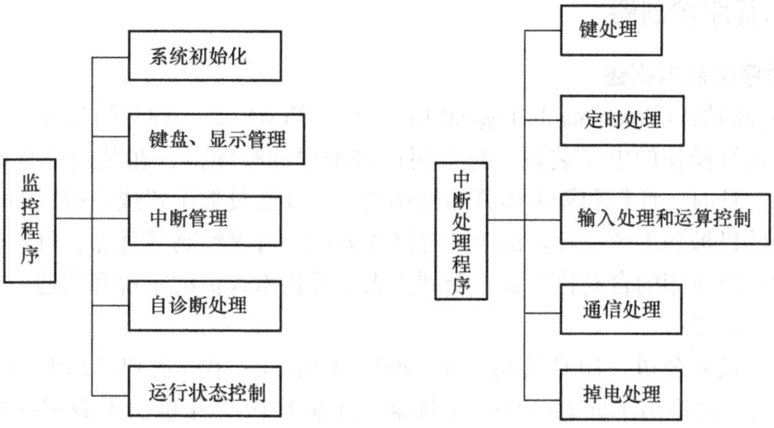

a) 监控程序　　b) 中断处理程序

图 3-29　系统程序的组成

中断处理程序包括键处理、定时处理、输入处理和运算控制、通信处理和掉电处理等模块，如图 3-29b 所示。

键处理模块识别键码，执行相应的键服务程序；定时处理模块实现控制器的定时（计数）功能，确定采样周期，并产生时序控制所需的时基信号；输入处理和运算模块的功能是进行数据采集、数字滤波、标度转换、非线性校正、算术运算和逻辑运算，各种控制算法（不仅是 PID 算法，还有多种复杂运算）的实施及数据输出等；通信处理模块按一定的通信规程完成与外界的数据交换；掉电处理模块用以处理掉电事故，当供电电压低于规定值时，CPU 立即停止数据更新，并将各种状态参数和有关信息存储起来，以便复电后控制器能正常运行。

以上是数字式控制器的基本功能模块。不同的控制器，其具体用途和硬件结构会有所差异，因而所选用的功能模块内容和数量都有所不同。

2）用户程序由用户自行编制，实际上是根据需要将系统程序中提供的有关功能模块组合连接起来（通常称为组态），以达到控制目的。

编程采用 POL（面向过程语言），它是为了定义和解决某些问题而设计的专用程序语言，程序设计简单、操作方便、容易掌握和调试，通常有组态式和空栏式语言两种。组态式又有表格式和助记符式之分，如 KMM 数字式控制器采用表格式组态语言，而 SLPC 数字式控制器采用助记符式组态语言。

控制器的编程工作是通过专用的编程器进行的，有在线和离线两种编程方法。

在线编程是指编程器与控制器通过总线连接共用一个 CPU，编程器插一个 EPROM 供用户写入。用户程序调试完毕后写入 EPROM，然后将 EPROM 取下，插在控制器上相应的 EPROM 插座上。SLPC 数字式控制器采用在线编程方法。

离线编程是指编程器自带一个 CPU，编程器脱离控制器，自行组成一台“程序写入器”，独立完成编程工作，并将程序写入 EPROM，然后再把写好的 EPROM 插在控制器上相应的 EPROM 插座上。KMM 数字式控制器采用这种离线编程方法。

3.3.6 可编程序控制器

1. 可编程序控制器概述

可编程序控制器（Programable Logical Controler，PLC）是一种专门为在工业环境下应用而设计的数字运算操作的电子装置。它采用可以编程的存储器，在其内部存储执行逻辑运算、顺序运算、计时、计数和算术运算等操作指令，并通过数字式或模拟式的输入和输出来控制各种类型的机械和生产过程。由于具有操作方便、可靠性高等优点，PLC 目前已成为工业自控领域中广泛应用的自动化装置，受到广大工程技术人员的重视和欢迎。

（1）PLC 的发展

美国的数字设备公司（DEC 公司）于1969 年研制出了第一台 PLC PDP-14。其后，美国的 MODICON 公司也推出了同名的 084 控制器，日本于 1971 年推出了 DSC-8 控制器，西欧国家的各种 PLC 也于 1973 年研制成功，我国在 1974 年开始研制并于 1977 年研制出第一台具有实用价值的 PLC。

从控制功能来看，PLC 的发展经历了以下四个阶段：

1）初创阶段：第一台 PLC 问世到 20 世纪 70 年代中期。这一阶段的产品主要用于逻辑运算和计时、计数运算。

2）扩展阶段：20 世纪 70 年代中期到 20 世纪 70 年代末期。这一阶段产品的扩展功能包括数据的传送、数据的比较和运算、模拟量的运算等。

3）通信阶段：20 世纪 70 年代末期到 20 世纪 80 年代中期。这一阶段 PLC 在通信方面有了很大的发展，形成了分布式的通信网络系统。但由于制造厂商各自采用不同的通信协议，产品互通较难。另外，在该阶段，数学运算功能得到较大扩充，产品可靠性进一步提高。

4）开放阶段：20 世纪 80 年代中期以后。主要表现在通信系统的开放，各制造厂的产品可以通信。在这一阶段，产品规模增大、功能完善，大中型产品多数有屏幕显示。此外，还采用标准软件系统，增加了高级编程语言等。

PLC 经过 30 多年的发展，已经形成了一些知名品牌，如美国 AB、日本三菱、德国西门子等。这些产品已经在工业现场得到了广泛的应用。

（2）PLC 的主要功能

1）开关逻辑和顺序控制。PLC 最广泛的应用是在开关逻辑和顺序控制领域，主要功能是进行开关逻辑运算和顺序逻辑控制。

2）模拟控制。在过程控制点数不多、开关量控制较多时，PLC 可作为模拟量控制的控制装置。采用模拟输入、输出卡件可实现 PID 等反馈或其他模拟量控制运算。

3）信号联锁。信号联锁是安全生产的保证，高可靠性的 PLC 在信号联锁系统中发挥了很大的作用。

4）通信。PLC 可以作为下位机，与上位机或同级的 PLC 进行通信，完成数据的处理和信息的交换，实现对整个生产过程的信息控制和管理。

（3）PLC 的特点

1）可靠性高。与通用的计算机控制系统相比，PLC 在软、硬件方面都采取了一系列提高可靠性的措施。

2）易操作性。操作、维修和编程都非常方便，极易操作使用。

3）灵活性。主要表现在编程的灵活性、扩展的灵活性和操作的灵活性三方面。

4）机电一体化。PLC 是专门为工业过程控制而设计的控制设备。机械和电气部件被有机地结合在一起，适应了机电一体化（仪表、电子、计算机综合）的要求，体积大大减小，功能不断完善，已成为当今数控技术、工业机器人、过程控制等领域的主要控制设备。

2. PLC 的结构和工作原理

PLC 由硬件和软件两大部分组成。

（1）PLC 硬件系统

根据结构形式的不同，PLC 可分为整体式和模块式两类。

整体式结构的 PLC 是将组成 PLC 的多个单元集成到一个箱体内构成主机，体积小、结构紧凑，还可以根据需要配接独立的 I/O 扩展单元组合使用。小型 PLC 通常采用整体式结构，如西门子的 S7-200 系列 PLC 等。

组合式 PLC 是将组成 PLC 的多个单元分别做成相应的模块，各模块可以插在底板或导轨上，通过总线相互联系，结构配置灵活。大、中型 PLC 常采用组合式结构，如西门子 S7-300/400 系列、美国 GE 公司的 VersaMax 系列、法国施奈德公司的 Modicon Premium 系列等。

PLC 硬件系统由基本控制单元、扩展单元和外部设备等三部分组成。

（2）PLC 的工作原理

PLC 的工作方式是周期扫描方式。在系统程序的监控下，PLC 周而复始地按固定顺序对系统内部的各种任务进行查询、判断和执行，这个过程实质上是一个不断循环的顺序扫描过程。一个顺序扫描过程称为一个扫描周期。

PLC 在一个扫描周期内基本上要执行以下六个任务：

1）运行监控任务。为了保证系统可靠工作，PLC 内部设置了系统定时计时器（Watch Dog Timer，WDT），由它来监视扫描周期是否超时。PLC 在每个扫描周期内都要对 WDT 进行复位操作，如果不能执行该任务，则 WDT 的计时会超过设定值，即扫描周期超过了规定时间，表明系统的硬件或用户软件发生了故障。

2）与编程器交换信息任务。当 PLC 执行到与编程器交换信息任务时，就把系统的控制权交给编程器，并启动信息交换的定时器。在编程器取得控制权后，用户就可以利用它来修改内存中的应用程序，对系统的工作状态进行修改。编程器在完成处理任务或达到信息交换的规定时间后，就把控制权交给 PLC。在每个扫描周期内都要执行此项任务。

3）与数字处理器 DPU 交换信息任务。一般大、中型 PLC 多为双处理器系统。其中字节处理器（CPU）为系统的主处理器；数字处理器（DPU）为系统的从处理器。与数字信息处理器交换信息的任务主要是数字处理器的寄存器信息与主系统的寄存器信息和开关量信息的交换。这个任务占用的时间随信息交换量而变化。一般小型 PLC 没有这个任务。

4）与外部设备接口交换信息任务。该任务主要是 PLC 与上位计算机、其他 PLC 或一些终端设备，如彩色图形显示器、打印机等交换信息。这一任务的大小和占用时间的长短随主机外设的数量和数据通信量而变化。如果没有连接外部设备，则该任务跳过。

5）执行用户程序任务。PLC 在每个扫描周期内都要把用户程序执行一遍。用户程序的执行是按用户程序的实际逻辑关系结构由前向后逐步扫描处理的，运行结果装入输出状态暂存区中，系统的全部控制功能都在这一任务中实现。

6）输入、输出任务。PLC 内部开辟了两个暂存区：输入信号状态暂存区和输出信号状态暂存区。用户程序从输入信号状态暂存区中读取输入信号状态，运算处理后将结果放入输出信号状态暂存区中。输入、输出状态暂存区与实际输入、输出单元的信息交换是通过执行输入、输出任务实现的。输入、输出任务还包括对输入、输出扩展接口的操作，即实现主机的输入、输出状态暂存区与简单输入、输出扩展机中的输入、输出单元或与智能型输入、输出扩展机中的输入、输出状态区之间的信息交换。PLC 在每个扫描周期都执行该任务。

（3）PLC 的软件系统

PLC 的软件系统由系统程序（又称系统软件）和用户程序（又称应用软件）两大部分组成。

系统程序由 PLC 制造厂商编制，固化在 PROM 或 EPROM 中，安装在 PLC 上，随产品提供给用户。系统程序包括系统管理程序、用户指令解释程序和供系统调用的标准程序模块等。

用户程序是根据生产过程控制的要求由用户使用制造厂商提供的编程语言自行编制的程序。用户程序包括开关量逻辑控制程序、模拟量运算程序、闭环控制程序和操作站系统应用程序等。

（4）PLC 的编程语言

PLC 有多种程序设计语言可供使用，如梯形图、语句表、功能表图、功能模块图和结构化文本编程语言等。

3.3.7 集散控制系统

1. 集散控制系统的发展概况

自从美国霍尼威尔（HONEYWELL）公司于 1975 年首次向世界范围推出了以微处理器为基础的集散控制系统（Distributed Control System，DCS）——TDC2000 系统以来，DCS 的结构和性能日臻完善，已经在炼油、石油化工、化工、电力、钢铁、纺织、食品加工等部门得到了广泛的采用，取得了良好的经济效益。DCS 的发展大致可分为四个阶段：

1）1975 ~ 1980 年是 DCS 的初创阶段，技术重点是实现分散控制。

2）1980 ~ 1985 年是 DCS 的成熟阶段。随着信息处理技术和计算机网络技术的发展，一方面更新集散系统的原有硬件和软件，另一方面积极开发高一层次的信息管理系统。

3）1985 ~ 1990 年 DCS 推出综合信息管理系统，将过程控制、监督控制、管理调度结合起来，体现出综合化、开放化和现场级的智能化。

4）1990 年以来，在网络结构上增加了工厂信息网（Intranet），能与 Internet 联网，实现管控一体化。典型产品有 SIMATIC PCS7、TPS、CENTUM-CS 等。

到目前为止，世界上已有近百家公司开发生产各种类型的集散控制系统，国外有代表性的公司包括美国 HONEYWELL、FOXBORO、EMERSON，德国 SIEMENS，日本 YOKOGAWA 等，国内有浙江中控、和利时等公司。

今后 DCS 将继续向更宽范围的集中和对控制更彻底的分散方向发展，即向着计算机集成制造系统（Computer Integrated Manufacturing System，CIMS）、计算机集成过程系统（Computer Integrated Process System，CIPS）和现场总线控制系统方向发展。

2. 集散控制系统的特点

DCS 的显著特性是实现集中管理和分散控制，其实质是利用计算机技术对生产过程进行集中监视、操作、管理和分散控制的一种新型控制技术，综合运用了计算机技术、信号处理技术、测控技术、通信网络技术和人机接口技术。具体可从以下几个方面理解：

（1）控制功能强大

DCS 采用了以微处理器为核心的智能技术，凝聚计算机先进技术。DCS 中的现场控制单元、过程输入输出接口、操作站以及数据通信接口等均采用 16 位、32 位或 64 位微处理器，具有记忆、数据运算、逻辑判断功能，能实现自适应、自诊断、自检测等。控制算法可达千余种，满足简单控制、复杂控制直至先进控制的需要。控制方式包括连续控制、逻辑控制、顺序控制、批量控制。

（2）丰富的功能软件包

DCS 具有丰富的功能软件包，能提供控制运算、过程监视、显示、信息检索和报表打印等功能。应用软件模块化后，用户可根据过程应用要求进行组态。DCS 有两种组态方法：功能模块法和高级语言程序设计法。控制功能模块连接方式以前用菜单或填表方式，目前流行用图形（功能方块和连线）方法，直观便捷；常用的高级语言有专用控制语言以及梯形逻辑语言、C 语言等。

（3）开放的通信网络

DCS 采用工业局域网技术组成通信网络，传输实时控制信息，对分散过程控制单元和人机接口单元进行控制、操作管理，实现全系统的综合管理。传输速率高，误码率低，快速实时响应能力强。通信网络采用高速光纤通信或 100Mbit/s 快速以太网、ATM 网等标准通信网络，适应企业信息化集成管理要求。

（4）友善的人机接口

DCS 中的 CPU 广泛采用 32 位或 64 位微处理器，处理速度快；具有易操作性；显示画面丰富多样，如有总貌显示、报警汇总、操作编组、点调整、趋势编组、趋势记录点、操作指导信息、流程图等画面和音响报警、语音输出、系统维护等功能。操作人员可通过操作站实现对生产装置的监控，实施控制策略，在线修改控制回路调节参数，远程控制现场阀门、电机的起闭动作等。

（5）运行安全可靠

DCS 的 MTBF（平均无故障时间间隔）达 10 万小时以上，MTTR（平均故障修复时间）仅有几分钟。硬件工艺方面体现在使用高度集成化的元器件，采用表面安装技术，使用 CMOS 器件减小功耗，对每个元部件的可靠性测试等。DCS 中各级人机接口、控制单元、过程接口、电源、I/O 插件、信息处理器、通信系统均可采用冗余配置。DCS 采用容错技术，包括故障自检、自诊断技术（如符号检测技术、动作间隔和响应时间的监视技术）、微处理器及接口和通道的诊断技术、故障信息和故障判断技术等。

3. 集散控制系统的硬件和软件

（1）DCS 的基本构成

DCS 的种类繁多，但系统的基本构成相似，图 3-30 给出了 DCS 的基本结构。

1）过程控制单元。过程控制单元是集散系统的核心部分，又称基本控制器，主要完成连续控制功能、顺序控制功能、算术运算功能、报警检查功能、过程 I/O 功能、数据处理功能和通信功能等。提供的控制算法和数学运算有PID、非线性增益、位式控制、选择性控制、函数计算、多项式系数、Smith预估等。

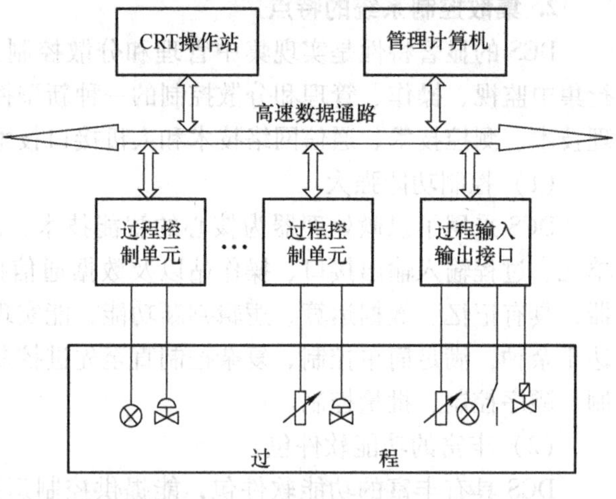

图3-30 DCS的基本结构

2）操作站。作为DCS的人机接口装置，操作站一般配有高分辨率、大尺寸的彩色显示屏，及键盘、打印机和大容量存储器等，操作员可进行监视、操作和控制，控制或维修工程师可实现控制系统组态、系统的生成和维护。作为管理计算机，可通过通信接口与通信系统相连，采集各种数据信息，用各种高级语言编程，执行工厂的集中管理和实现最优控制、顺序控制、后台计算以及软件开发的特殊功能。

3）高速数据通路。高速数据通路是具有高速通信能力的信息总线，可由双绞线、同轴电缆或光纤构成。为实现数据的合理传送，通信系统必须具有一定的网络结构，并遵循一定的网络通信协议。

早期的DCS采用专门的通信标准或通信协议，系统兼容和互连性差。为此，国际电工委员会（IEC）、国际标准化组织（ISO）、美国电子电气工程师协会（IEEE）、工厂自动化协议集团（MAP集团）等都为不同层次网络制定了相应的标准。

通常，DCS网络结构的最高层为工厂主干网络（称计算机网络级），负责中央控制室与上级管理计算机的连接，采用MAP、ETHERNET、ISO8802.4宽带通信网；第二层为过程控制网络，负责中央控制室各控制装置间的相互连接，支持集中智能、分散智能、分级智能及其组合的控制系统；最低一层为现场总线网，负责现场智能检测器、智能执行器与中央控制室控制装置间的互连。

（2）DCS的组态

1）DCS硬件组态。DCS的硬件组态是根据系统的规模及控制要求选择硬件，包括通信系统、人机接口、过程接口和电源系统的选择，DCS与下位设备及上位机通信接口的选择，上位机及DCS控制单元的选择等。

进行硬件组态时，应综合考虑各方面的因素。首先要满足系统的控制要求，选择性价比最佳的配置；其次还应考虑它在未来的定位；另外，还应考虑操作人员的易操作性，系统的易维护性等。

2）DCS的软件组态。DCS应用软件组态就是在系统硬件和系统软件的基础上，用软件组态的方式将系统提供的功能块连接起来，达到过程控制的要求。例如，模拟控制回路的组态是将模拟输入卡与选定的控制算法连接起来，再通过模拟输出卡将控制输出的结果送至执行器。

应用软件组态的方式有直接经DCS操作站组态、通过填写表格进行组态准备工作和利用PC进行组态等三种。组态结果转换成DCS可接收的编码。

应用软件的组态包括：网络组态文件（NCF）组态、数据点组态、用户画面、自由格式报表和键定义组态、区域数据库和历史组组态、控制程序的编制等。

3.3.8 现场总线控制系统

现场总线是 20 世纪 80 年代中期在国际上发展起来的。随着微处理器和计算机功能不断增强和价格的降低，计算机和网络系统得到迅速发展，而处于生产过程底层的测控自动化系统，采用一对一设备连线，用电压、电流的模拟信号进行测量控制等，难以实现设备之间以及系统与外界之间的信息交换，容易使自动化系统成为“信息孤岛”。现场总线正是为实现整个企业的信息集成，实施综合自动化而开发的一种通信系统，它是开放式、数字化、多点通信的底层控制网络。基于现场总线构建的控制系统称为现场总线控制系统（Fieldbus Control System，FCS）。它将挂接在总线上、作为网络节点的智能设备连接为网络系统，并构成自动化系统，实现基本控制、补偿计算、参数修改、报警、显示、监控、优化及管控一体化的综合自动化功能。这是继基地式气动仪表控制系统、电动单元组合式模拟仪表控制系统、集中式数字控制系统、集散控制系统后的新一代控制系统。

1. 现场总线控制系统的特点

（1）结构方面

FCS 结构上与传统的控制系统不同。FCS 采用数字信号代替模拟信号，实现一对电线上传输多个信号，现场设备以外不再需要 A/D、D/A 转换部件，简化了系统结构。由于采用了智能现场设备，能够把原先 DCS 系统中处于控制室的控制模块、各输入输出模块置入现场，使现场的测量变送仪表可以与阀门等执行机构传送数据，控制系统功能直接在现场完成，实现了彻底的分散控制。

（2）技术方面

1）系统的开放性，可以与遵守相同标准的其他设备或系统连接。用户具有高度的系统集成主动权，可根据应用需要自由选择不同厂商所提供的设备来集成系统。

2）互可操作性与互用性。互可操作性是指实现互联设备间、系统间的信息传送与沟通；互用性则意味着不同生产厂家的性能类似的设备可实现互相替换。

3）现场设备的智能化与功能自治性。将传感测量、补偿计算、过程处理与控制等功能分散到现场设备中完成，仅靠现场设备即可完成自动控制的基本功能，并可随时诊断设备的运行状态。

4）系统结构的高度分散性。FCS 是一种新的全分散性控制系统，从根本上改变了原有 DCS 集中与分散相结合的集散控制系统体系，简化了系统结构，提高了测控精度和系统可靠性。

5）对现场环境的适应性。现场总线专为现场环境而设计，支持双绞线、同轴电缆、光缆等，具有较强抗干扰能力，采用两线制实现供电和通信，并满足本安防爆要求等。

（3）经济方面

1）节省硬件数量和投资。FCS 中分散在现场的智能设备能执行多种传感、控制、报警和计算等功能，减少了变送器、控制器、计算单元等数量，也不需要信号调理、转换等功能单元及接线等，节省了硬件投资，减少了控制室面积。

2）节省安装费用。FCS 接线简单，一对双绞线或一条电缆上通常可挂接多个设备，因而电缆、端子、桥架等用量减少，设计与校对量减少。增加现场控制设备时，无需增设新的电缆，可就近连接到原有电缆上，节省了投资，减少了设计和安装的工作量。

3）节省维护费用。现场控制设备具有自诊断和简单故障处理能力，通过数字通信能将诊断维护信息送控制室，用户可查询设备的运行、诊断、维护信息，分析故障原因并快速排除，缩短了维护时间，同时系统结构简化和连线简单也减少了维护工作量。

2. 现场总线控制系统的发展

1983年Honeywell推出了智能化仪表——Smar变送器，这些带有微处理器芯片的仪表除增加了复杂的控制功能外，在4~20mA输出直流信号上叠加了数字信号，使现场和控制室之间的连接由模拟信号过渡到模拟和数字信号并存。此后几十年间，世界上各大公司都相继推出了各有特色的智能仪表，如Rosemount公司的1151，Foxboro的820、860等。以微处理器芯片为基础的各种智能型仪表，为现场仪表数字化及实现复杂应用功能提供了基础。但由于不同厂商设备之间的通信标准不统一，严重束缚了工厂底层网络的发展。

1984年，美国仪表协会（ISA）下属的标准与实施工作组中的ISA/SP50开始制定现场总线标准。1985年，国际电工委员会决定由Proway Working Group负责现场总线体系结构与标准的研究制定工作。1986年，德国开始制定过程现场总线（Process Fieldbus）标准，简称为PROFIBUS。1992年，由Siemens、Rosemount、ABB、Foxboro、Yokogawa等80家公司联合，成立了ISP组织，在PROFIBUS的基础上制定现场总线标准。1993年，以Honeywell、Bailey等公司为首，成立了World FIP组织，有120多个公司加盟该组织，并以法国标准FIP为基础制定现场总线标准。1994年，ISP和World FIP北美部分合并，成立了现场总线基金会（Fieldbus Foundation，FF），于1996年第一季度颁布了低速总线H1标准，将不同厂商符合FF规范的仪表互联，组成控制系统和通信网络，使H1低速总线步入实用阶段。与此同时，在不同行业还陆续派生出一些有影响的总线标准，如德国Bosch公司推出CAN，美国Echelon公司推出Lon Works等。

由于现场总线产品投资效益和商业利益的竞争，几种现场总线标准在今后一定时期内会共存。从长远看，现场总线将向开放系统、统一标准的方向发展。

3. 基金会现场总线

基金会现场总线由现场总线基金会（Fieldbus Foundation）组织开发。

（1）基金会现场总线的通信系统

根据自动化系统的特点，基金会现场总线通信将国际标准化组织ISO开放系统互联分层模型的七层（物理层、数据链路层、网络层、传输层、会话层、表示层和应用层）简化为三层（物理层、数据链路层和应用层），在应用层之上增加新的一层——用户层。其中，物理层（PL）规定了信号如何发送；数据链路层（DLL）规定如何在设备中共享网络和调度通信；应用层（AL）规定了在设备之间交换数据、命令、事件信息以及请求应答中的信息格式；用户层（UL）用于组成用户需要的应用程序，如规定标准的功能块、设备描述，实现网络管理、系统管理等。

（2）基金会现场总线系统的组态与运行

基金会现场总线系统是一个完整、协调而有序工作的自动化系统与网络系统。在系统启动运行之前，要对系统每个自控设备、网络节点设置特定参数，然后按一定程序，使各设备进入各自工作状态，集成为一个有序工作的系统。

1）系统的组态。系统组态就是从系统整体需要的角度，为其组成成员分配角色、选择希望某个设备所承担的工作，并设置好参数。基金会现场总线组态的四个层次为：制造商定义层组态、网络定义层组态、分布式应用定义层组态和设备定义层组态。不同层次规定不同的组态信息。

2）网段与系统的启动。系统启动时，组成这个系统的各总线段分别启动。总线段接通电源时，位于这个总线段上的链路主设备如果判断出没有链路活动调度器 LAS 在工作，就马上进入竞争 LAS 的过程。通常因其他设备还未进入竞争，第一个接通电源的链路主设备将赢得竞争而成为 LAS 的链路主管，开始运用负责时间发布的数据链路协议数据单元（TD DLPDU），为它的本地总线段提供数据链路时间。当含有系统时间的主管 LAS 加入到网络时，它也开始发布时间。在根部接口上收到 TD DLPDU 的网桥，对自身本地时钟进行调整，再对它下游端口重新发布时间。当所有在该网络中的网桥都处于工作状态，并具有重发布后的时间时，所有总线段上的数据链路时间就不再进行同步操作。

（3）FCS 的网络布线与安装

由于 FCS 一条双绞线上挂接着多个现场设备，传送着多个测点的过程变量和其他信息，因而它的布线和安装与传统的模拟控制系统相比有许多新的要求与特点。

图 3-31 为一个典型的基金会现场总线网段。在这个网段中，有作为链路主管、组态器和人机界面的计算机，符合 FF 通信规范要求的 PC 接口卡，网段上挂接的现场设备，总线供电电源，连接在网段两端的终端器，电缆或双绞线以及连接端子。

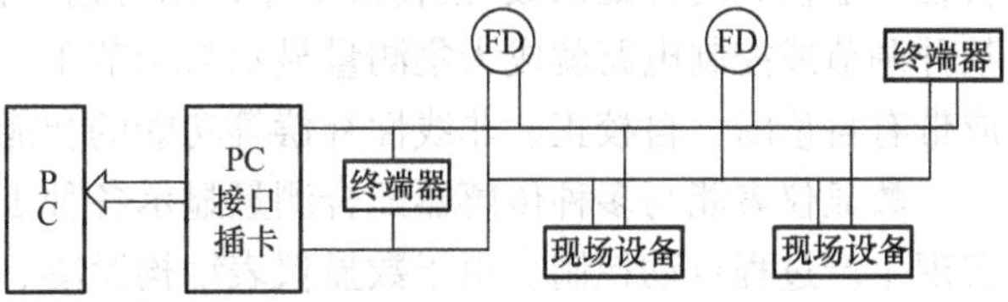

图 3-31　基金会现场总线网段基本构成

可采用中继器延长网段长度，用中继器增加网段上的连接设备数，用网桥或网关与不同速度、不同协议的网段连接。在本安防爆要求的危险场所，现场总线网段应配本安防爆栅。图 3-32 为基金会现场总线的本安网段示例。

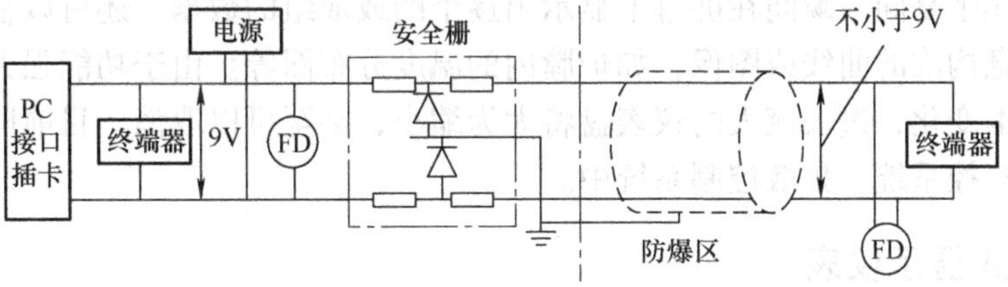

图 3-32　基金会现场总线的本安网段示例

3.4　显示仪表

显示仪表用于各种检测变量的显示、记录。过程控制系统离不开显示仪表。

3.4.1　仪表的显示方式

（1）模拟显示

检测元件和变送器将被控变量（物理量或化学量）变换成另一物理量，此物理量随被控变量作相应变化，这种变化是对被控变量的模拟，与此相配套的显示仪表称为模拟式显示仪表，用标尺、指针、曲线等方法显示、记录被控变量测量值。模拟式显示仪表一般由信号变换和放大环节、磁电偏转机构（或伺服电动机）及指示记录机构组成，工作可靠、价格低廉，能够满足一定的精确度要求，能够反映和记录测量值变化趋势。但是，模拟式显示仪表结构较复杂，读数不够直观，测量速度不够迅速，测量重现性不够好。

化工生产上传统的模拟式显示仪表是自动平衡式指示记录仪表，有电子电位差计和电子自动平衡电桥两类，它们通过自动调节电位差或电阻的方法，使电位差计或电桥达到平衡，从标尺上指针的位置读得测量结果。

(2) 数字显示

随着脉冲数字电路的发展以及微处理技术在显示记录仪表中的应用，显示仪表产品全面由模拟式向数字式方向升级换代。数字式显示仪表（简称数显仪表）是直接用数字量显示或以数字形式记录、打印被测变量值的仪表。它具有模/数转换器，可将被测变量转换成十进制数码，显示清晰直观，无读数视差。由于其内部没有模拟式显示仪表中所必需的机械运动结构，因此测量和显示速度、测量准确性及重现性等都有很大提高。数显仪表在数字显示的同时还可以直接输出代码，与计算机接口通信，可直接用于生产过程计算机控制系统中。若在数显仪表内部配以数/模转换电路，则可输出模拟信号供生产过程控制器用。如再配置某种调节或控制电路就成为集测量显示与调节于一身的数字显示调节仪；配以微处理器可组成带有自诊断、自校正、非线性补偿等功能的智能化数显仪表。

数显仪表能与多种传感器配合测量显示各种工艺参数，并可进行巡回检测、越限报警及实现生产过程自动控制。由于数显仪表结构紧凑、功能齐全、可靠性强，且其价格正不断下降，因而在当今现代化生产过程中得到越来越广泛的应用。数字式显示仪表正逐步取代模拟式显示仪表，在自动控制中起着重要作用。

(3) 屏幕显示装置

屏幕显示装置是计算机控制系统的一个组成部分。它利用计算机的快速存取能力和巨大的存储容量，几乎是同一瞬间在屏幕上显示出逐个的或成组的数据，还可以在屏幕上显示出一连串数据信息构成的曲线或图像，如炉膛内的温度分布图等。由于功能强大，使得控制室的面貌发生根本变化，过去庞大的仪表盘将大为缩小，甚至可以取消。目前屏幕显示装置主要用于计算机监控系统、集散控制系统中。

3.4.2 数字式显示仪表

数显仪表用数码管或液晶显示数值，清晰直观。数显仪表普遍采用中、大规模集成电路，线路简单、可靠性好、耐振性强。采用模块化设计方法，品种繁多，配接灵活，可输入多种类型测量信号，输出统一标准的电流信号（0～10mA 或 4～20mA 直流电流）和报警信号。仪表具有非线性校正及开方运算电路，配接热电偶测温时具有冷端温度补偿功能，配接热电阻时考虑了外线电阻的补偿，配接差压变送器测流量时可直接显示流量值。仪表外形尺寸和开孔尺寸均按国家标准或国际 IEC 标准设计。

无纸记录仪是一种以 CPU 为核心、采用液晶显示的新型显示记录仪表，完全摒弃了传统记录仪的机械传动、纸张和笔。其记录信号是通过 CPU 来进行转化和保存的，记录信号可以根据需要在屏幕上放大或缩小，便于观察，并且可以将记录曲线或数据送往打印机进行打印，或送往个人计算机加以保存和进一步处理。无纸记录仪有组态界面，组态包括：设置日期、时钟、采样周期、记录点数；页面设置、记录间隔；各个输入通道量程上下限、报警上下限、开方运算设置，流量、温度、压力补偿；如果带有 PID 控制模块，可以实现 PID 控制回路；通信方式设置；显示画面选择；报警信息设置。

近年来虚拟仪表发展迅速，利用计算机强大的功能可以覆盖显示仪表所有的工作。虚拟显示仪表硬件结构简单，仅由原有意义上的采样、模/数转换电路通过输入通道插卡插入计算机即可。虚拟显示仪表的显著特点是在计算机屏幕上完全模仿实际使用中的各种仪表，如仪表面盘、操作盘、接线端子等。用户通过计算机键盘、鼠标或触摸屏进行各种操作。

习题及思考题

3-1　如何根据待测工艺变量的要求来选择仪表的量程和精度？现欲测往复泵出口压力（约 1.2MPa），工艺要求 ±0.05 MPa，就地指示。可供选择的弹簧管压力表的精度为 1.0 级、1.5 级、2.5 级、4.0 级，量程为 0～1.6MPa、0～2.5MPa、0～4.0MPa 。试选择压力表的量程和精度。

3-2　某一标尺为 0～500℃的温度计出厂前经过校验，其刻度标尺各点的测量结果值为：

被校表读数/℃	0	100	200	300	400	500
标准表读数/℃	0	103	198	303	406	495

（1）求出仪表最大绝对误差值。

（2）确定仪表的允许偏差及精度等级。

（3）经过一段时间使用后重新校验时，仪表最大绝对误差为 ±8℃，问该仪表是否还符合出厂时的精度等级？

3-3　热电偶测温时，为什么要参比端温度补偿？参比端补偿方法有哪几种？为什么热电偶不适用于测量低温？

3-4　热电阻测温时，为什么要采用三线制接法？

3-5　流量检测的方法主要有哪两大类？它们又各自包含哪些检测方法？

3-6　压力检测方法有哪些？

3-7　物位检测方法有哪些？

3-8　温度变送器有何作用？

3-9　差压变送器有何作用？

3-10　智能变送器有什么特点？

3-11　什么是比例控制规律、积分控制规律和微分控制规律？它们有什么特点？说出它们的适用场合。

3-12　为什么积分控制规律一般不能单独使用，微分控制规律一定不能单独使用？

3-13　离散 PID 控制器有几种不同的基本形式？

3-14　DDZ-Ⅲ型控制器有哪些特点？

3-15　数字式控制器有哪些主要特点？

3-16　简述数字式控制器的基本构成以及各部分的主要功能。

3-17　简述 PLC 的功能和特点。

3-18　集散控制系统有哪些特点？简述集散控制系统的基本构成。

3-19　集散控制系统应用软件组态包括哪些方面？

3-20　什么是现场总线？简述现场总线特点。

3-21　数字式显示仪表由哪几部分组成？各部分有何作用？

3-22　无纸记录仪有哪些功能？

第4章 简单控制系统

简单控制系统指的是单输入单输出（SISO）的线性控制系统，是控制系统的基本形式。其特点是结构简单，而且具有相当广泛的适用性。在计算机控制已占主流的今天，即使在高水平的自动控制设计中，简单控制系统仍占控制回路的绝大多数，一般在85%以上。力求简单、可靠、经济与保证控制效果是控制系统设计的基本准则。

4.1 控制系统的组成

在生产过程中有各种控制系统，图4-1为几个简单控制系统的示例。在这些控制系统中都有一个需要控制的过程变量，如图中的温度、压力、液位、流量等，这些需要控制的变量称为被控变量。为了使被控变量与希望的设定值保持一致，需要有一种控制手段，如蒸汽流量、回流流量和出料流量等，这些用于调节的变量称为操纵变量或操作变量。被控变量偏离设定值的原因是由于过程中存在扰动，如蒸汽压力、泵的转速、进料量的变化等。

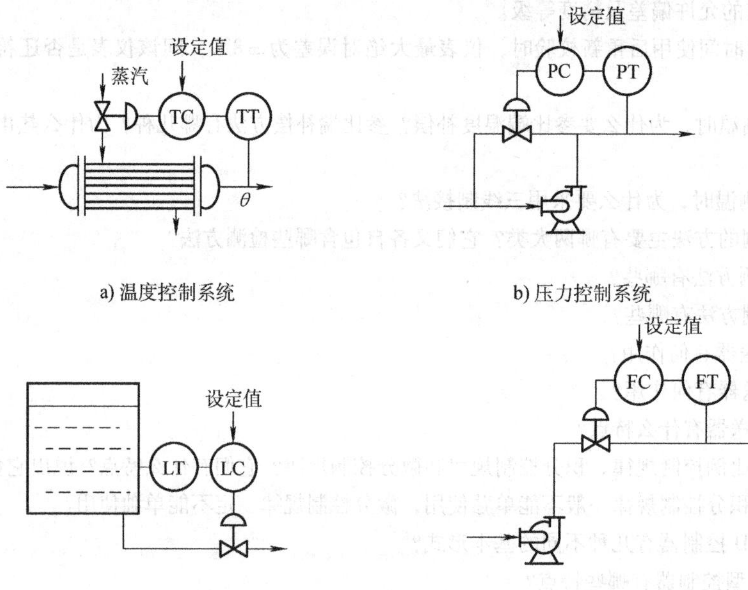

a) 温度控制系统　b) 压力控制系统

c) 液位控制系统　d) 流量控制系统

图4-1 简单控制系统的示例

在这些控制系统中，检测元件和变送器将被控变量检测出来并转换为标准信号，当系统受到扰动影响时，检测信号与设定值之间就有偏差，在控制器中，将其偏差值按一定的控制规律运算，并输出信号驱动执行机构改变操纵变量，使被控变量回复到设定值。可见，简单控制系统由检测变送单元、控制器、执行器和被控对象组成。

检测变送单元用于检测被控变量，并将检测到的信号转换为标准信号输出，如热电阻或热电偶和温度变送器、压力变送器和液位变送器、流量变送器等。

控制器用于将检测变送单元的输出信号与设定值信号进行比较，按一定的控制规律对其偏差信号进行运算，运算结果输出到执行器。控制器可以采用模拟仪表的控制器，或由微处理器组成的数字控制器，例如用 DCS 中的控制功能模块等实现。

执行器是控制系统环路中的最终元件，直接用于控制操纵变量变化。执行器接收控制器的输出信号，改变操纵变量。执行器可以是气动薄膜控制阀、带电气阀门定位器的电动控制阀等，也可用变频调速电动机等实现。

被控对象是需要控制的设备，如换热器、泵液位储罐和管道等。

图 4-1 中，TT、PT、LT 和 FT 分别表示温度、压力、液位和流量变送器，用 TC、PC、LC 和 FC 表示相应的控制器，图中的执行器都用控制阀表示。

简单控制系统的框图如图 4-2 所示。下面对图 4-2 说明几点：

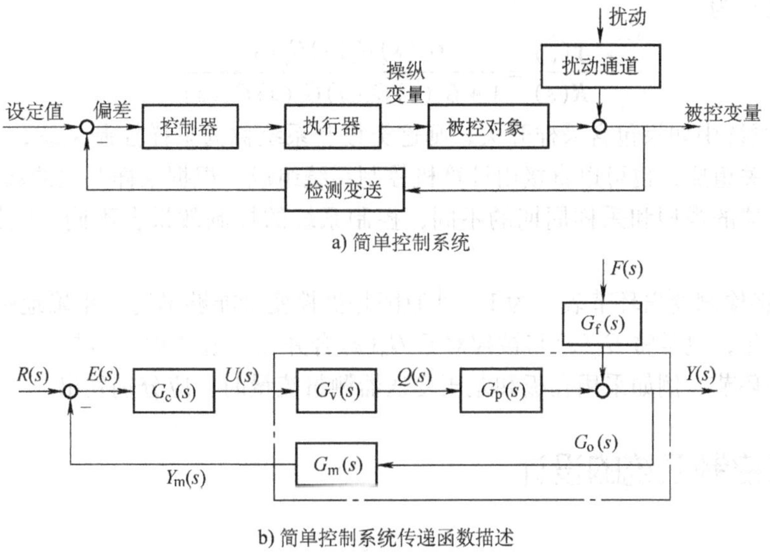

图 4-2　简单控制系统的框图

1）框图中的各个信号都是增量。增益和传递函数都是在稳态值为零时（即在工作点上）得到的。图中的箭头表示信号的流向，并非物流或能流的方向。

2）各环节的增益有正、负之别。各环节的增益可根据在稳态条件下该环节输出变化量与输入变化量之比确定。当该环节的输入增加时，其输出增加，则该环节的增益为正，反之，如果输出减小则增益为负。例如，在液位控制系统中，若控制阀装在入口处，则对象的增益是正的，若装在出口处，则对象的增益是负的；气开控制阀的增益是正的，气关控制阀的增益是负的；检测元件和变送器的增益一般是正的；控制器有正、反作用之分，正作用控制器的增益是负的，反作用控制器的增益是正的。整个控制系统必须是一个负反馈系统，所以回路中各环节增益的乘积必须为正值，控制系统可以通过选择控制器正、反作用来实现负反馈。

3）通常将执行器、被控对象和检测变送环节合并为广义对象，广义对象传递函数用 $G_o(s)$ 表示。因此，简单控制系统亦可表示为由控制器 $G_c(s)$ 和广义对象 $G_o(s)$ 组成的闭合回路。

4）简单控制系统对象有控制通道和扰动通道两个通道：控制通道是操纵变量作用到被控变量的通道；扰动通道是扰动作用到被控变量的通道。

5）设定值保持不变的反馈控制系统称为定值控制系统，当扰动影响被控变量时，简单控制系统通过控制通道的调节，改变操纵变量来克服扰动对被控变量的影响。从图 4-2 可知，定值控制系统的传递函数（输出拉普拉斯变换与扰动拉普拉斯变换之比）为

$$\frac{Y(s)}{F(s)}=\frac{G_f(s)}{1+G_c(s)G_v(s)G_p(s)G_m(s)}$$

6）设定值是任意变化的反馈控制系统称为随动控制系统或伺服控制系统。当控制系统的设定值变化时，控制系统通过控制通道的调节，改变操纵变量，使被控变量能跟随设定值的变化而变化。从图 4-2 可知，随动控制系统的传递函数（输出拉普拉斯变换与设定值拉普拉斯变换之比）为

$$\frac{Y(s)}{R(s)}=\frac{G_c(s)G_v(s)G_p(s)}{1+G_c(s)G_v(s)G_p(s)G_m(s)}$$

7）控制系统中如果包含采样开关，则这类控制系统称为采样控制系统，它可以由常规仪表加采样开关组成，也可以直接由计算机控制系统组成。根据采样开关的数量、设置的位置、采用保持器的类型和采样周期的不同，控制系统的控制效果会不同，应根据具体情况分析。

8）通常将检测变送环节表示为 1，其原因是被控变量能够迅速、正确地被检测和变送。此外，为了简化，也常将 $G_m(s)$ 与被控对象 $G_p(s)$ 合并在一起考虑，但是，在有非线性特性的检测和变送环节，例如采用孔板和差压变送器测量流量时，应分别列出。

4.2 简单控制系统的设计

4.2.1 控制系统设计概述

首先，要求自动控制系统设计人员在掌握较为全面的自动化专业知识的同时，也要尽可能多地熟悉所要控制的工艺装置对象。其次，要求自动化专业技术人员与工艺专业技术人员进行必要的交流，共同讨论确定自动化方案。第三，自动化专业技术人员要切忌盲目追求控制系统的先进性和所用仪表及装置的先进性，应力求用最简单的控制方案满足工艺要求。工艺专业技术人员要进一步建立对自动化技术的信心，特别是一些复杂对象和大系统的综合自动化，要注意倾听自动化专业技术人员的建议。第四，设计一定要遵守有关的标准、行规，按科学合理的程序进行。

1. 基本内容

（1）确定控制方案

首先要确定整个系统的自动化水平，然后才能进行各个具体控制系统方案的讨论确定。对于比较大的控制系统工程，更要从实际情况出发，反复多方论证，以避免大的失误。控制系统的方案设计是整个设计的核心，是关键的第一步。要通过广泛的调研和反复的论证来确定控制方案，它包括被控变量的选择与确认、操纵变量的选择与确认、检测点的初步选择及

系统组成、绘制出带控制点的工艺流程图和编写初步控制方案设计说明书等。

（2）仪表及装置的选型

根据已经确定的控制方案进行选型，要考虑到供货方的信誉、产品的质量、价格、可靠性、精度、供货方便程度、技术支持、维护等因素，并绘制相关的图表。

（3）相关工程内容的设计

包括控制室设计、供电和供气系统设计、仪表配管和配线设计和联锁保护系统设计等等，提供相关的图表。

2. 基本步骤

1）初步设计。初步设计的主要目的是上报审批，并为订货做准备。

2）施工图设计。施工图设计是在项目和方案获批后，为工程施工提供有关内容详细的设计资料。

3）设计文件和责任签字。设计文件和责任签字包括设计、校核、审核、审定、各相关专业负责人员的会签等，以严格把关、明确责任、保持协调。

4）参与施工和试车。设计人员应该到现场配合施工，并参加试车和考核。

5）设计回访。在生产装置正常运行一段时间后，应去现场了解情况，听取意见，总结经验。

4.2.2　被控变量与操纵变量的选择

被控变量的选择是控制系统设计中的关键问题。在实践中，该变量的选择以工艺人员为主，自控人员为辅，因为对控制的要求是从工艺角度提出的。但自控人员也应多了解工艺，多与工艺人员沟通，从自动控制的角度提出建议。工艺人员与自控人员之间的相互交流与合作，有助于选择好控制系统的被控变量。被控变量的选择原则如下：

1）尽量选择能直接反映产品质量的变量作为被控变量。

2）所选被控变量能满足生产工艺稳定、安全、高效的要求。

3）必须考虑自动化仪表及装置的现状。

在过程工业装置中，为了实现预期的工艺目标，往往有许多个工艺变量或参数可以被选择作为被控变量，也只有在这种情况下，被控变量的选择才是重要的问题。在多个变量中选择被控变量与过程特性有关。

在过程特性对控制性能指标的影响方面，主要讨论自衡的非振荡过程特性对控制性能指标的影响。其他类型的过程对控制性能指标的影响可作类似分析。

为使讨论具有广泛性，假设过程特性是广义对象的动态特性。从控制系统组成可以看到，控制系统对象有两个通道，即控制通道和扰动通道。设各通道传递函数为

$$G_o(s)=\frac{K_o}{T_o s+1}e^{-s\tau_o};\quad G_f(s)=\frac{K_f}{T_f s+1}e^{-s\tau_f}$$

1. 增益的影响

1）控制通道增益的影响。定值控制系统中，采用比例控制时其增益为 K_c，设阶跃扰动幅值为 F，根据终值定理，计算出新稳态值（即余差）。

$$y(\infty)=\lim_{s\to 0} s\frac{Y(s)}{F(s)}\frac{F}{s}=\frac{K_f F}{1+K_c K_o} \tag{4-1}$$

$$e(\infty) = -y(\infty) = -\frac{K_f F}{1 + K_c K_o} \tag{4-2}$$

若该控制系统为二阶衰减振荡过程，则最大偏差 A 为

$$A = \frac{K_f F}{1 + K_c K_o}\left[1 + \exp\left(-\frac{\zeta\pi}{\sqrt{1-\zeta^2}}\right)\right] = \frac{K_f F}{1 + K_c K_o}\left(1 + \frac{1}{n}\right) \tag{4-3}$$

可见，随着过程增益 K_o 的增加，余差减小，最大偏差减小，控制作用增强，但稳定性变差。在其他因素相同条件下，如果过程增益 K_o 越大，则控制作用就越大，克服扰动的能力也越强。

2）扰动通道增益的影响。从式(4-2)和式(4-3)可见，在其他因素相同条件下，$K_f F$ 越大，余差越大，最大偏差越大。

2. 时间常数的影响

1）控制通道时间常数的影响。在时滞 τ_o 与时间常数 T_o 之比不变的条件下进行讨论。控制系统的闭环特征方程为

$$1 + G_c(s)G_o(s) = 1 + \frac{K_c K_o}{(T_o s + 1)} e^{-s\tau} = 0$$

相位条件为

$$-\omega\tau - \arctan(T_o\omega) = -\pi \Rightarrow -\frac{\tau_o}{T_o}(T_o\omega) - \arctan(T_o\omega) = -\pi$$

若 τ_o/T_o 固定，则相位条件 $T_o\omega$ 不变，对稳定性没有影响。若 τ_o/T_o 固定，时间常数 T_o 大，则为使稳定性不变，ω 应减小，因此时间常数大时，为保证系统的稳定性，振荡频率减小，回复时间变长，动态响应变慢；反之，若 τ_o/T_o 固定，时间常数 T_o 小，则振荡频率增大，回复时间变短，动态响应变快。换言之，时间常数越大，过渡过程越慢。

2）扰动通道时间常数的影响。扰动通道时间常数 T_f 大，扰动对系统输出的影响缓慢，有利于通过控制作用克服扰动的影响，因此，控制质量高。T_f 小，扰动作用快，对系统输出的影响也快，控制作用不能及时克服扰动。

如果不考虑时滞 τ_o 和 τ_f，则有

$$\frac{Y(s)}{F(s)} = \frac{K_f}{1 + K_c K_o + T_o s}\,\frac{1 + T_o s}{1 + T_f s}$$

当 $T_o/T_f > 1$ 时，扰动对系统输出有微分作用，使控制品质变差；当 $T_o/T_f < 1$ 时，扰动对系统输出有滤波作用，减小了扰动对输出的影响。

3. 时滞的影响

1）控制通道时滞的影响。当检测变送环节存在时滞时，被控变量的变化不能及时传送到控制器；当被控对象存在时滞时，控制作用不能及时使被控变量变化；当执行器存在时滞时，控制器的信号不能及时引起操纵变量的变化。因此，开环传递函数存在时滞，引起相位滞后，会使交界频率和临界增益降低，使控制不及时、超调增大、稳定性下降，使闭环系统的控制品质下降。

用 τ_o/T_o 反映时滞的相对影响。通常，$\tau_o/T_o < 0.3 \sim 0.5$ 时，系统尚可用简单控制系统进行控制，当 $\tau_o/T_o > 0.3 \sim 0.5$ 时，应采用其他控制方案对该类过程进行控制。因此，在设计和应用时应尽量减小时滞，有时可增大时间常数以减小 τ_o/T_o。

2）扰动通道时滞的影响。时滞 τ_f 的存在不影响系统闭环极点的分布，因此，不影响系统稳定性。它仅表示扰动进入系统的时间先后，即不影响控制系统的控制品质。

4. 扰动进入系统位置的影响

进入系统的扰动位置远离被控变量，等效于扰动传递函数中的时间常数增大，因此，与扰动通道时间常数的影响相似。

根据上述分析，被控变量的选择原则如下：深入了解工艺过程，选择能够反映工艺过程的被控变量；控制通道的 K_o 尽量大；过程的 τ_o/T_o 应尽量小；过程的 T_o/T_f 应尽量小；扰动进入系统的位置应尽量远离被控变量。

操纵变量的选择原则如下：操纵变量必须是工艺上允许调节的变量；选择对被控变量影响较大的操纵变量，即 K_o 尽量大；选择对被控变量有较快响应的操纵变量，即过程的 τ_o/T_o 应尽量小；过程的 T_o/T_f 应尽量小，使过程的 K_fF 尽量小；工艺的合理性与动态响应的快速性应有机结合；一般不宜选择代表生产负荷的变量作为操纵变量，以免产量受到波动。

4.2.3　检测变送环节选择

1. 检测变送环节的性能

检测变送环节的作用是将工业生产过程的参数（流量、压力、温度、物位、成分等）经检测变送单元转换为标准信号。在模拟仪表中，标准信号通常采用 4 ~ 20mA、1 ~ 5V、0 ~ 10mA 电流或电压信号，20 ~ 100kPa 气压信号；在现场总线仪表中，标准信号是数字信号。检测元件和变送器的类型繁多，现场总线仪表的出现使检测变送器呈现模拟和数字并存的状态，但它们都可用时滞的一阶环节近似。

检测元件和变送器的基本要求是准确、迅速和可靠。准确指检测元件和变送器能正确反映被控或被测变量，误差应小；迅速指应能及时反映被控或被测变量的变化；可靠是检测元件和变送器的基本要求，它应能在环境工况下长期稳定运行。

由于检测元件直接与被测或被控介质接触，因此，在选择检测元件时应首要考虑该元件能否适应工业生产过程中的高温、低温、高压、腐蚀性、粉尘和爆炸性环境，能否长期稳定运行；其次，应考虑检测元件的精确度和响应的快速性等。除了这些选择检测元件和变送器的要求外，还应考虑检测元件和变送器的线性特性等。

仪表的精确度影响检测变送环节的准确性，应合理选择，以满足工艺检测和控制要求为原则。检测变送仪表的量程应满足读数误差的精确度要求，同时应尽量选用线性特性。仪表量程大则 K_m 小，而仪表量程小则 K_m 大。

检测元件和变送器增益 K_m 的线性度与整个闭环控制系统输入、输出的线性度有关，当控制回路的前向增益足够大时，整个闭环控制系统输入、输出的增益是 K_m 的倒数。例如，采用孔板和差压变送器检测变送流体的流量时，由于差压与流量之间的非线性，造成流量控制回路呈现非线性，并使整个控制系统开环增益非线性。

相对于过程的时间常数，大多数检测变送环节的时间常数是较小的。但成分检测变送环节的时间常数和时滞会很大；气动仪表的时间常数较电动仪表要大；采用保护套管温度计检测温度要比直接与被测介质接触检测温度有更大的时间常数。此外，应考虑时间常数随过程运行而变化的影响。例如，由于保护套管结垢，造成时间常数增大；保护套管磨损，造成时间常数减小等。对检测变送环节时间常数的考虑主要应根据检测变送、被控对象和执行器三者时间常数的匹配，即增大最大时间常数与次大时间常数之间的比值。

减小时间常数的措施包括检测点位置的合理选择，选用小惯性检测元件，缩短气动管线长度，正确使用微分单元，选用继动器等放大元件等。为了增大最大时间常数与次大时间常数之间的比值，对于快速响应的被控对象，如流量、压力等，有时需要增大检测变送环节的时间常数，常用的措施有合理选用微分单元（反微分）、并联大容量的电容或气容、串联阻容滤波环节等。

检测变送环节中时滞产生的原因是检测点与检测变送仪表之间有一定的传输距离 l，而传输速度 w 也有制约，因此，产生时滞：$\tau_m = l/w$。

传输速度 w 并非被测介质的流体流速。例如，孔板检测流量时，流体流速是流体在管道中的流动速度，而检测元件孔板检测的信号是孔板两端的差压，因此，检测变送环节的传输速度是差压信号的传输速度，对不可压缩的流体，该信号的传输速度是极快的。但对于成分的检测变送，由于检测点与检测变送仪表之间有距离 l，被检测介质经采样管线送达仪表有流速 w，因此，存在时滞 τ_m。

减小时滞的措施包括：选择合适的检测点位置，减小传输距离 l；选用增压泵、抽气泵等装置，提高传输速度 w。在考虑时滞影响时，应考虑时滞与时间常数之比，而不应只考虑时滞的大小，应减小时滞与时间常数的比值。

相对于流量、压力、物位等过程变量的检测变送，过程成分等物性数据的检测变送有较大的时滞，有时，温度检测变送的时滞相对时间常数也会较大，应充分考虑它们的影响。

2. 对检测变送信号的处理

检测变送信号的数据处理包括：信号补偿、线性化、信号滤波、数学运算、信号报警和数学变换等。

（1）信号补偿

热电偶检测温度时，由于产生的热电动势不仅与热端温度有关，也与冷端温度有关，因此需要进行冷端温度补偿；热电阻到检测变送仪表之间的距离不同，所用连接导线的类型和规格不同，线路电阻不同，因此需要进行线路电阻补偿；气体流量检测时，若检测点温度、压力与设计值不一致，因此需要进行温度和压力的补偿；精馏塔内介质成分与温度、塔压有关，正常操作时，塔压保持恒定，可直接用温度进行控制，当塔压变化时，需要用塔压对温度进行补偿等。

（2）线性化

检测变送环节是根据有关的物理化学规律检测被控变量的，它们有些存在非线性，例如，热电动势与温度、差压与流量等，这些非线性会造成控制系统的非线性，因此，应对检测变送信号进行线性化处理。可以采用硬件组成非线性环节实现，例如，采用开方器对差压进行开方运算，也可用软件实现线性化处理。

（3）信号滤波

由于存在环境噪声，如泵出口压力的脉动，储罐液位的波动等，它们使检测变送信号波动并影响控制系统的稳定运行，因此，需要对信号进行滤波。信号滤波有硬件滤波和软件滤波，有高频滤波、低频滤波、带通滤波、带阻滤波等。

硬件滤波通常采用阻容滤波环节，可以用电阻电容组成低通滤波，也可用气阻和气容组成滤波环节，可以组成有源滤波，也可组成无源滤波。由于硬件滤波需要硬件的投资，因此成本较高。软件滤波采用计算方法，用程序编制各种数字滤波器实现信号滤波，具有投资少、应用灵活等特点，受到用户欢迎。在智能仪表、DCS 等装置中通常采用软件滤波。

过程控制中常用的数学滤波算法有下列几种：一阶低通滤波、一阶高通滤波、递推平均滤波、程序判别滤波。

（4）数学运算、信号报警和数学变换

当检测信号与被控变量之间有一定的函数关系时，需要进行数学运算获得实际的被控变量数值。例如，节流装置差压的开方与流量是线性关系，因此，测得的差压数据应进行开方运算；累积流量是瞬时流量对时间的积分关系，因此，测得的瞬时流量应进行积分运算获得累积流量等。有时，对检测的信号要进行一些复合的数学运算，例如，对气体流量的温度和压力补偿运算就包含加、乘和除的运算。

信号的数学变换也常常被应用于检测变送信号的处理。例如，快速傅里叶变换、小波变换等。除了数学变换外，在计算机控制系统中，模/数转换和数/模转换是经常使用的。

如果检测变送信号超出工艺过程的允许范围，就要进行信号报警和联锁处理。同样，在计算机控制系统中如果检测到检测元件处于异常状态时，也需要为操作人员提供相关报警信息。因此，对检测变送信号的报警处理也是十分重要的功能。

4.2.4　执行器（气动薄膜控制阀）的选择

控制阀是自动控制系统中的一个重要组成部分，其作用是根据控制器输出的信号，直接控制能量或物料等介质的输送量，达到控制工艺参数的目的。

由于控制阀安装在生产现场，长年与生产介质直接接触，且不少控制阀往往工作在高温、高压、深冷、强腐蚀、易堵塞等恶劣条件下，因此如果对控制阀选择不当或维护不善，就会使整个控制系统不能可靠工作，或严重影响系统的控制质量。

根据使用的能源种类，控制阀可分为气动、电动和液动 3 种。其中，气动控制阀具有结构简单、工作可靠、价格便宜、防火防爆等优点，在自动控制中用得最多，故以下的讨论仅涉及气动控制阀。

控制阀选择的内容包括：结构形式及材质的选择，口径大小及开闭形式的选择，流量特性的选择，以及阀门定位器的选择等。

1. 结构形式及材质的选择

控制阀由执行机构和调节机构两部分组成。执行机构将控制器的输出信号转换成直线位移或角位移，两者之间为比例关系；调节机构则将执行机构输出的直线位移或角位移转换成流通截面积的变化，从而改变操纵变量的大小。

执行机构有 3 种类型：薄膜式、活塞式和长行程式。其中薄膜式和活塞式输出直线位移，长行程式输出转角位移（0 ~ 90°）。薄膜式结构简单、价格便宜，使用最为广泛；活塞式输出推力大，常用于高静压、高压差和需较大推力的场合；长行程式输出的行程长、转矩大，适用于转角的蝶阀、风门等。

调节机构的类型有直通阀（双座式和单座式）角阀、三通阀、球形阀、阀体分离阀、隔膜阀、蝶阀、高压阀、偏心旋转阀和套筒阀等。直通阀和角阀供一般情况下使用，其中直通单座阀适用于要求泄漏量小的场合；直通双座阀适用于压差大、口径大的场合，但其泄漏量要比单座阀大；而角阀适用于高压差、高黏度、含悬浮物或颗粒状物质的场合。三通阀适用于需要分流或合流控制的场合，其效果比两个直通阀要好；蝶阀适用于大流量、低压差的气体介质；而隔膜阀则适用于有腐蚀性的介质。总之，调节机构的选择应根据不同的使用要求而定。表4-1为部分不同结构形式控制阀的特点及适用场合。

表4-1 部分不同结构形式控制阀的特点及适用场合

阀结构形式	特点及适用场合
直通单座阀	只有一个阀心，阀前后压差小，适用于要求泄漏量小的场合
直通双座阀	有两个阀心，阀前后压差大，适用于允许有较大泄漏量的场合
角阀	阀体呈直角，适用于高压差、高黏度、含悬浮物和颗粒状物质的场合
隔膜阀	适用于有腐蚀性介质的场合
蝶阀	适用于有悬浮物的介质、大流量、压差小、允许大泄漏量的场合
三通阀	适用于分流或合流控制的场合
高压阀	适用于高压控制的特殊场合

此外，还应根据操纵介质的工艺条件和特性选择合适的材质。

2. 控制阀气开、气关型式的选择

对于一个具体的控制系统来说，究竟选气开阀还是气关阀，即在阀的气源信号发生故障或控制系统某环节失灵时，阀是处于全开的位置安全，还是处于全关的位置安全，要由具体的生产工艺来决定，一般来说要根据以下几条原则进行选择：

1）首先要从生产安全出发，即当气源供气中断，或控制器出故障而无输出，或控制阀膜片破裂而漏气等而使控制阀无法正常工作以至阀心回复到无能源的初始状态（气开阀回复到全关，气关阀回复到全开），应能确保生产工艺设备的安全，不致发生事故。如生产蒸汽的锅炉水位控制系统中的给水控制阀，为了保证发生上述情况时不致把锅炉烧坏，控制阀应选气关式。

2）从保证产品质量出发，当发生控制阀处于无能源状态而回复到初始位置时，不应降低产品的质量，如精馏塔回流量控制阀常采用气关式，一旦发生事故，控制阀全开，使生产处于全回流状态，防止不合格产品的蒸出，从而保证塔顶产品的质量。

3）从降低原料、成品、动力损耗来考虑。例如，控制精馏塔进料的控制阀就常采用气开式，一旦控制阀失去能源即处于气关状态，不再给塔进料，以免造成浪费。

4）从介质的特点考虑。精馏塔塔釜加热蒸汽控制阀一般选气开式，以保证在控制阀失去能源时能处于全关状态避免蒸汽的浪费，但是如果釜液是易凝、易结晶、易聚合的物料，控制阀则应选气关式以防调节阀失去能源时阀门关闭，停止蒸汽进入而导致釜内液体的结晶和凝聚。

3. 控制阀流量特性

控制阀的流量特性指的是介质流过阀门的流量与阀杆行程之间的关系，通常用相对值来表示，即

$$q = Q/Q_{\max} = f(l) = f(L/L_{\max})$$

式中，$Q_{\max}$和$L_{\max}$分别是阀全开时的最大流量和阀杆的最大行程。

根据控制阀两端的压降，控制阀流量特性分为理想流量特性和工作流量特性。理想流量特性是控制阀两端压降恒定时的流量特性，又称为固有流量特性。工作流量特性是在工作状

况下（压降变化）控制阀的流量特性。控制阀出厂所提供的流量特性指理想流量特性。

理想流量特性可分为线性、等百分比（对数）、抛物线、双曲线、快开、平方根等多种类型。国内常用的理想流量特性有线性、等百分比和快开等几种。

（1）线性流量特性

线性流量特性是指控制阀的流量与阀杆的行程成线性关系，即单位行程变化引起的流量变化是常数。线性流量特性控制阀的流量与行程的函数关系用下式描述：

$$dq = K_v dl \tag{4-4}$$

式（4-4）中，当 $L=0$ 时，$Q=Q_{min}$；当 $L=L_{max}$ 时，$Q=Q_{max}$。

定义控制阀的可调比为

$$R=\frac{Q_{max}}{Q_{min}} \tag{4-5}$$

则线性流量特性表示为

$$q=\frac{Q}{Q_{max}}=\frac{1}{R}\left[1+(R-1)\frac{L}{L_{max}}\right]=\frac{R-1}{R}l+\frac{1}{R} \tag{4-6}$$

增益为

$$K_v = 1-\frac{1}{R} \tag{4-7}$$

式中，K_v 是常数，线性流量特性控制阀的增益 K_v 与可调比有关，与最大流量 Q_{max} 和流过控制阀的流量 Q 无关。

（2）等百分比流量特性

等百分比流量特性是指单位行程变化引起的流量变化与此点的流量成正比关系，即控制阀的放大系数是变化的，随流量的增加而增大。等百分比流量特性控制阀的流量与行程的函数关系用下式描述：

$$dq = K_v q dl \tag{4-8}$$

用上述的边界条件代入，求解得到等百分比流量特性的函数关系为

$$q=\frac{Q}{Q_{max}}=R^{\left(\frac{L}{L_{max}}-1\right)}=R^{(l-1)} \tag{4-9}$$

等百分比流量特性控制阀的增益为

$$K_v=\frac{Q}{L_{max}}\ln R \tag{4-10}$$

等百分比流量特性的增益 K_v 与流量 Q 成正比。由式（4-8）可知，$\ln q \propto l$，即流量的对数与行程成正比，因此这种流量特性称为对数流量特性。又因 $\Delta Q/Q=R^{\Delta l}-1$，因此当行程增加相同的间隔时，流量增加相同的百分比，故又称为等百分比流量特性。

（3）快开流量特性

快开流量特性是指单位行程变化引起的流量变化与此点的流量成反比关系，快开流量特性控制阀的流量与行程的函数关系用下式描述：

$$dq = K_v q^{-1} dl \tag{4-11}$$

代入边界条件，求解得到快开流量特性的函数关系为

$$q=\frac{Q}{Q_{max}}=\frac{1}{R}\sqrt{1+(R^2-1)\frac{L}{L_{max}}}=\frac{1}{R}\sqrt{1+(R^2-1)l} \tag{4-12}$$

快开流量特性控制阀的增益为

$$K_v=\frac{Q_{max}^2-Q_{min}^2}{2L_{max}}\frac{1}{Q} \tag{4-13}$$

快开流量特性的增益 K_v 与流量 Q 的倒数成正比，或 $K_v \propto 1/Q$；随流量增大，增益反而减小。

具有这种流量特性的控制阀，在阀门开度较小时就有较大的流量，随着阀门开度的增加，流量很快就接近最大值；此后再增加阀门开度，流量的变化甚小，故称为快开型。实际工厂使用的快开流量特性的函数关系为

$$q=\frac{Q}{Q_{max}}=1-\left(1-\frac{1}{R}\right)\left(1-\frac{L}{L_{max}}\right)^2$$
$$=1-\left(1-\frac{1}{R}\right)(1-l)^2 \tag{4-14}$$

实际快开流量特性的增益为

$$K_v=\frac{2Q_{max}}{L_{max}}\left(1-\frac{1}{R}\right)\left(1-\frac{L}{L_{max}}\right) \tag{4-15}$$

图4-3为以上3种流量特性的曲线。

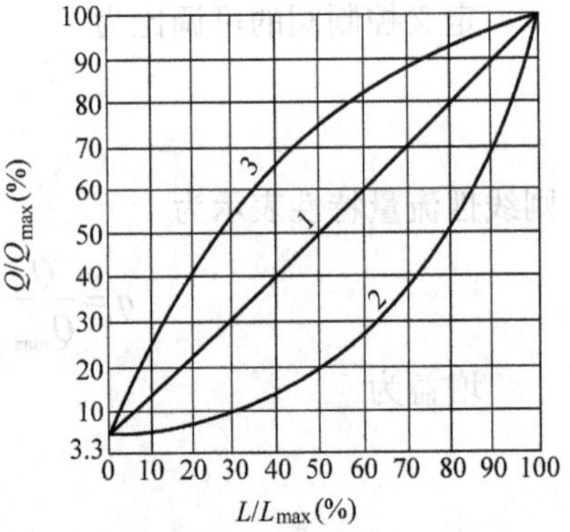

图4-3 阀的流量特性

1—线性 2—等百分比（对数） 3—快开

控制阀的理想流量特性是在阀两端压降恒定条件下的流量特性，实际应用时，控制阀两端的压降下降，因此，控制阀理想流量特性发生畸变。图4-4为线性、等百分比和实际工厂快开理想流量特性发生畸变的曲线。

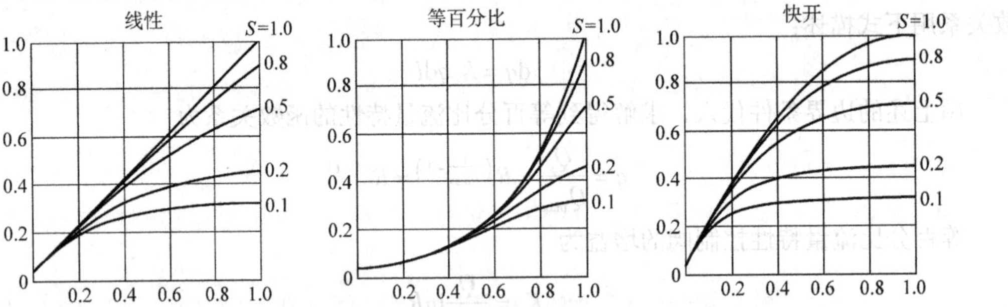

图4-4 实际应用时控制阀理想流量特性的畸变

图4-4中，S 称为压降比，定义为控制阀全开时，阀两端压降占系统总压降的比值。

阀与管路串联如图4-5所示。图中，P_v 是控制阀两端的压降；P_p 是系统中其他管路的阻力，包括静压头、管路阻力等；系统的总压降为 P_t。则有

$$S=\frac{P_{vmin}}{P_t}=\frac{P_{vmin}}{P_{vmin}+P_p}$$

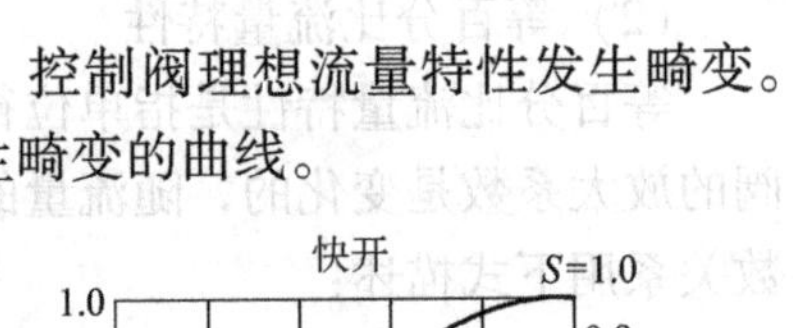

图4-5 阀与管路串联

可见，一般运行情况下，压降比 $S \leqslant 1$，并有：

1）当系统压降全部损失在控制阀时，$S=1$，这时工作流量特性与理想流量特性相同。

2）随着 S 的减小，管道总阻力增大，控制阀全开时的最大流量相应减小，因此，实际可调比随 S 的减小而减小。

3）随着 S 的减小，控制阀的流量特性发生畸变，特性曲线上凸，线性理想流量特性畸变为快开；等百分比理想流量特性趋向于线性特性；为了减小控制阀流量特性的畸变，应增大压降比 S。当希望通过降低控制阀压降来节能而效果不明显时，可提高压降比来减小特性曲线畸变，改善控制系统性能。

4. 控制阀流量特性的选择

根据控制系统稳定运行准则，扰动或设定变化时，控制系统稳态稳定运行的条件是控制系统各开环增益之积基本恒定；控制系统动态稳定运行的条件是控制系统总开环传递函数的模基本恒定。

选择控制阀工作流量特性的目的通过控制阀调节机构的增益来补偿因对象增益变化而造成开环总增益变化的影响，即用 K_v 的变化补偿 K_p 的变化，使 $K_{开}=K_cK_vK_pK_m$ 基本恒定。讨论时，假设控制器增益（或比例度）、执行机构增益、检测变送环节增益不随负荷或设定而变化。这样，当对象增益 K_p 随负荷或设定变化时，通过选择合适的控制阀流量特性，使控制阀增益 K_v 与 K_p 之积保持基本不变。

（1）随动控制系统

随动控制系统中设定值变化，负荷线不变，因此，设定值变化时，工作点从 A 移到 B，根据不同对象特性，选择不同的控制阀工作流量特性，如图 4-6 所示。

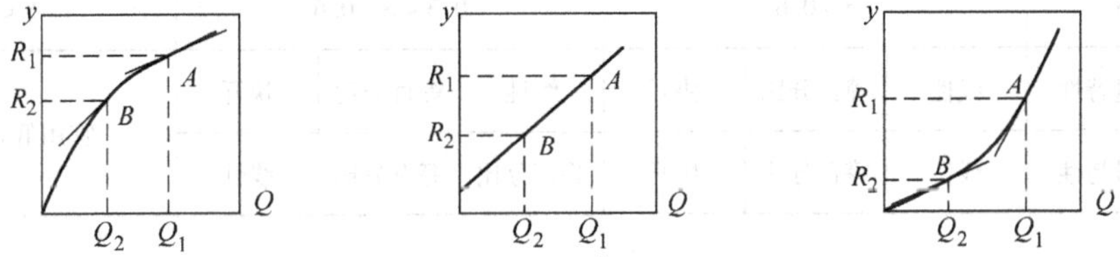

a) 等百分比型(对数型)　b) 线性型　c) 快开型

图 4-6 随动控制系统中控制阀工作流量特性的选择

（2）定值控制系统

定值控制系统受负荷扰动影响，设定值不变，负荷线变化，随负荷变化，如果工作点从 A 点移到 B 点，可根据不同被控对象特性，选择不同的控制阀工作流量特性，如图 4-7 所示。

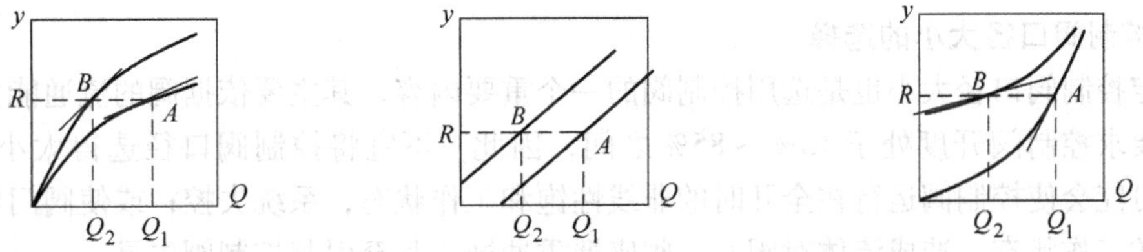

a) 等百分比型(对数型)　b) 线性型　c) 快开型

图 4-7 定值控制系统中控制阀工作流量特性的选择

(3) 定值控制系统受控制阀前压力扰动影响

定值控制系统受控制阀前压力扰动影响，设定值不变，负荷线也不变，工作点不变，即流过控制阀的流量 Q 不变，但阀两端压力变化引起最大流量 Q_{max} 变化。因此，对象增益 K_p 不变，应选择控制阀的增益 K_v 使之不随 Q_{max} 变化。线性型控制阀的 K_v 随 Q_{max} 变化，等百分比型控制阀的 K_v 不随 Q_{max} 变化，因此，对于定值控制系统，干扰来自阀前压力时，应选择等百分比流量特性的控制阀。

(4) 控制阀工作特性的选择

在选择控制阀工作流量特性时应注意下列事项：

1) 控制系统通常受到多种扰动的影响，因此，在选择控制阀工作流量特性时应抓住主要矛盾，即对控制系统有主要影响的扰动，并据此选择控制阀工作流量特性。

2) 在考虑被控对象特性时，应从整个工作范围考虑，而不能仅局限在工作点附近，因为，在工作点附近的特性通常可近似为线性，从而不能获得正确的分析结果。

3) 流量特性的选择是用于补偿广义被控对象的非线性特性，有时，被控对象的非线性并不能够用选择控制阀的流量特性来补偿，如 pH 控制系统。

从控制阀的工作特性选择控制阀的理想特性，由于控制阀制造厂提供的控制阀流量特性是理想流量特性，因此，在确定控制阀工作流量特性后，应根据被控变量类型和对象特性、压降比 S 的影响等确定控制阀理想流量特性，见表 4-2。

表 4-2 根据压降比 S 确定控制阀理想流量特性

压降比 S	$S>0.6$			$0.3<S<0.6$			$S<0.3$
所需工作流量特性	线性	等百分比	快开	线性	等百分比	快开	宜用低 S 控制阀
应选理想流量特性	线性	等百分比	快开	等百分比	等百分比	线性	

控制阀选择哪一种流量特性，要根据具体对象的特性来考虑，原则是希望控制系统的广义对象是线性的，即当工况发生变化，如负荷变动、阀前压力变化或设定值变动时，广义对象的特性基本不变，这样才能使整定后的控制器参数在经常遇到的工作区域内都适应，以保证控制品质。如果当工况发生变化后，广义对象的特性有变化，由于不可能随时修改常规控制器的参数，控制品质将会下降。

由于控制阀也是广义对象中的一部分，其又有不同的流量特性可供选择，因此可以根据不同的对象特性选择不同的流量特性，使控制阀在控制对象或测量变送环节的特性发生变化时，起到一个校正环节的作用。

5. 控制阀口径大小的选择

确定控制阀口径大小也是选用控制阀的一个重要内容，其主要依据阀的流通能力。正常工况下要求控制阀开度处于 15% ~85% 之间，因此，不宜将控制阀口径选得太小或过大；否则，可能会使控制阀运行在全开时的非线性饱和工作状态，系统失控；或使阀门经常处于小开度的工作状态，造成流体对阀心、阀座严重冲蚀，甚至引起控制阀失灵。

6. 阀门定位器的选择

阀门定位器有气动阀门定位器和电-气阀门定位器两种，后者还兼有电-气转换功能。

阀门定位器有以下 3 方面的功能：

（1）改善控制阀的动、稳态特性

由于阀门定位器和控制阀组成了一个随动系统，引入了负反馈，从而大大削弱了控制阀的动、稳态特性参数的影响。另外，由于阀门定位器的气源压力可以提高，从而能够增大控制阀执行机构的输出力，加快控制阀执行机构的动作速度，因此，使用阀门定位器可以减少控制信号的传递滞后，克服阀杆的摩擦力，消除介质对阀心的不平衡力，加快阀杆的移动速度，实现快速准确定位，提高控制精度。

在以下场合使用阀门定位器，可以改善控制阀的动、稳态特性：高压差的场合，高压、高温或低温介质、含有固体悬浮物的介质以及黏性介质的场合，大口径控制阀的场合，控制器与控制阀之间距离较大的场合。

（2）改善控制阀的流量特性

控制阀由执行机构和调节机构两部分组成，控制阀的流量特性由调节机构的特性决定。配上阀门定位器之后，由于阀杆位置是反馈到阀门定位器的反馈凸轮上，因此，改变反馈凸轮的形状就可以改变执行机构的特性，从而使控制阀的流量特性得到修改。

（3）实现分程控制

在某种复杂控制系统中，需要用一台控制器去操纵两台控制阀，每台控制阀工作在不同的信号范围内。此时，就需要使用阀门定位器来实现各控制阀的零位和量程的调整。

7. 其他执行器

除了控制阀外，其他的执行器有执行电动机、液压传动控制机构等。

（1）执行电动机

执行电动机是一种电动机，它是根据控制系统发来的指令执行运动的机电一体化产品。它除了具有一般电动机基本功能和特点，如将电能转化为机械能外，还具有如下特点：

1）可控性：能够将控制信号对应地转变为机械运动。

2）快速性：能满足控制系统快速信号变化的要求，及时做出响应。

3）高精确性：能精确地将机械定位在所需的位置，满足控制系统的要求。

4）环境适应性：能够适应环境的变化，如克服温度、湿度等变化的影响。

执行电动机按电动机原理可分为直流电动机、步进电动机、交流同步电动机、交流异步电动机、开关磁阻电动机等；按控制方式可分为调压调速电动机、变频调速电动机和电磁调速电动机等。

（2）液压传动和控制机构

在需要大功率、高精度控制的场合，通常可采用流体传动控制系统。流体传动控制系统包括液压传动系统和电液控制系统。

液压传动系统是以液体为工作介质，通过动力元件（如液压泵）将原动机的机械能转换为液体的压力能，并经管道和控制元件，借助执行元件（例如液压缸或液压电动机）使液压能转化为机械能，驱动负载完成直线或回转角度的运动。

基本的液压传动系统由方向控制回路、压力控制回路和流量控制回路等组成。方向控制回路可采用换向阀、单向阀等；压力控制回路可采用压力继电器、减压阀、顺序阀等；流量控制回路可采用节流阀、调速阀等。此外，还需要一些辅助控制回路，如平衡控制回路、卸压控制回路、增压和增速控制回路等。

电液控制系统是将电信号放大和转换为液压功率输出的控制系统。通常，电液伺服控制系统包括位置伺服控制、速度伺服控制系统和力伺服控制系统等。

电液比例阀是简单的电液控制元件，它介于一般阀与电液伺服阀之间，能够根据电信号对系统的流量、压力和液流方向进行连续的远程控制。按控制的参数不同，电液比例阀可分为比例压力阀、比例调速阀、换向阀和复合阀等。

(3) 其他执行装置

随着机器人技术和其他高新科学技术的发展，执行装置也得到飞速的发展。其他执行装置包括新型直流电动机、形状记忆合金驱动执行器、压电驱动执行器、磁致伸缩驱动执行器、仿生步进驱动执行器、超导驱动执行器、橡胶驱动执行器等，可参见有关资料。

4.2.5 控制规律及控制器作用方向的选择

在控制系统中，仪表选型确定以后，对象的特性是固定的、不可改变的；测量元件及变送器的特性比较简单，一般也是不可以改变的；执行器加上阀门定位器可有一定程度的调整，但灵活性不大；主要可以改变的就是控制器的参数。系统设置控制器的目的，也是通过它改变整个控制系统的动态特性，以达到控制的目的。

控制器的控制规律对控制品质影响很大。根据不同过程特性和要求，选择相应的控制规律，以获得较高的控制品质；确定控制器作用方向，以满足控制系统的要求，也是系统设计的一个重要内容。

1. 控制规律的选择

控制器控制规律主要根据过程特性和要求来选择。

(1) 位式控制

常见的位式控制有双位和三位两种，一般适用于滞后较小、负荷变化不大也不剧烈、控制品质要求不高、允许被控变量在一定范围内波动的场合，如恒温箱、电阻炉等的温度控制。

(2) 比例控制

比例控制是最基本的控制规律。当负荷变化时，比例控制克服扰动能力强，控制作用及时，过渡过程时间短，但过程终了时存在余差，且负荷变化越大余差也越大。比例控制适用于控制通道滞后较小、时间常数不太大、扰动幅度较小，负荷变化不大、控制品质要求不高，允许有余差的场合，如贮罐液位、塔釜液位的控制和不太重要的蒸汽压力的控制等。

(3) 比例积分控制

引入积分作用能消除余差，故比例积分控制是使用最多、应用最广的控制规律，但是，加入积分作用后要保持系统原有的稳定性，必须加大比例度（削弱比例作用），以使控制品质有所下降，如最大偏差和振荡周期相应增大、过渡时间加长等。对于控制通道滞后小、负荷变化不太大、工艺上不允许有余差的场合，如流量或压力的控制，采用比例积分控制规律可获得较好的控制品质。

(4) 比例微分控制

引入了微分，会有超前控制作用，能使系统的稳定性增加，最大偏差和余差减小，加快控制过程，改善控制品质，故比例微分控制适用于过程容量滞后较大的场合。对于滞后很小和扰动作用频繁的系统，应尽可能避免使用微分作用。

（5）比例积分微分控制

微分作用对于克服容量滞后有显著效果，对克服纯滞后是无能为力的。在比例作用的基础上加上微分作用能提高系统的稳定性，加上积分作用能消除余差，又有 δ、T_I、T_D 3 个可以调整的参数，因而可以使系统获得较高的控制品质。它适用于容量滞后大、负荷变化大、控制品质要求较高的场合，如反应器、聚合釜的温度控制。

2. 控制器作用方向的选择

控制系统各环节增益的有正、负之别。各环节增益的正或负可根据在稳态条件下该环节输出增量与输入增量之比确定。当该环节的输入增加时，其输出增加，则该环节的增益为正，反之，如果输出减小则增益为负。

对象的增益可以是正，也可以是负。例如，在液位控制系统中，控制阀装在入口处对象的增益是正的；如果装在出口处，则对象的增益是负的。

气开控制阀的增益是正的；气关控制阀的增益是负的。

检测元件和变送器的增益一般是正。

控制器有正、反作用之分，正作用控制器的增益是负的；反作用控制器的增益是正的。这是因为在控制系统中偏差是设定值减测量值（$R-Y$），而控制器中偏差是测量值减设定值（$Y-R$）。

整个控制系统必须是一个负反馈系统，所以回路中各环节增益的乘积必须为正值。一个控制系统设计好后，对象、控制阀、检测元件和变送器的增益亦确定了，通过选择控制器作用方向来保证控制系统是一个负反馈系统。

在图 4-8 所示液位控制系统中，如果操纵变量是进料量并选择气开阀，确定控制器正、反作用。进料阀开度增加，液位升高，因此对象增益 K_p 为正；液位升高，检测变送环节的输出增加，检测变送环节 K_m 为正；而气开阀 K_v 为正；为保证负反馈，$K_{开}=K_cK_vK_pK_m>0$，因此应选择控制器增益 K_c 为正，即为反作用控制器，如图 4-8a 所示。

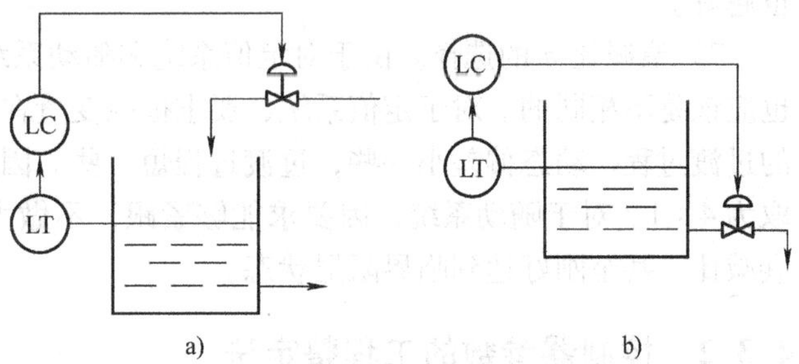

图 4-8　液位控制系统中控制器正、反作用的确定

如果操纵变量是出料量同样选择气开阀，此时出料阀开度增加，液位降低，因此对象增益 K_p 为负；应选择控制器增益 K_c 为负，即为正作用控制器，如图 4-8b 所示。

4.3　简单控制系统的参数整定

4.3.1　控制器参数整定的若干原则

系统投运之前，还需进行控制器的参数整定。所谓参数整定，就是对于一个已经设计并安装就绪的控制系统，选择合适的控制器参数（$\delta(K_c)$、T_I、T_D），来改善系统的稳态和动态特性，使系统的过渡过程达到最为满意的品质指标要求。

假设广义对象 $G_o(s)=\frac{K_o}{T_o s+1}e^{-s\tau_o}$；控制器参数为放大倍数（比例度）、积分时间和微分时间[$K_c(\delta)$、T_I，T_D]。

1）开环总增益 K_cK_o。如果增大了 K_o，则相应减小相同倍数的 K_c，反之亦然。例如变送器量程变小、控制阀口径增大，则相应减小 K_c。

2）$\frac{\tau_o}{T_o}$是广义对象的动态参数，该值越大，控制系统越不易稳定，应取较小的 K_c。$T_I=2\tau_o$，$T_D=0.5\tau_o$。

3）P、I、D 三者中，P 是最基本的，首先 P 作用，然后 T_I、T_D 作用。亦可按广义对象 τ_o，设置 T_I、T_D，最后调整 K_c。

4）积分引入可以消除余差，尽量缩小不稳定的弊端。一般 $T_I=2\tau_o$ 或 $T_I=(0.5-1)T_P$，T_P 是工作周期，引入积分作用后，相位滞后小于40°，幅值比增加小于20%，K_c 下降10% ~ 20%。

5）微分引入。对容量滞后有效，而对时滞无能为力。一般 $T_D=(0.25\sim0.5)T_I$ 或 $T_D=0.5\tau_o$，引入微分后可适当提高稳定性，K_c 可以提高10% ~20%。对含有高频噪声的过程，不宜引入微分，有些流量控制系统可引入反微分。

6）稳定性是控制系统品质的基本性能。一般取衰减比 n 作为稳定性指标。对于 PI 控制器，满足衰减比 n，有多组 K_c 与 T_I，一般取 K_c/T_I 大的一组为好。PI 控制器输出 $u=K_c+(K_c/T_I)\int edt$，消除余差项 $u=(K_c/T_I)\int edt$，K_c/T_I 越大，则 $\int edt$ 越小，控制品质也越好。

7）衰减比 n 的选择。由于对定值系统和随动系统的控制要求不同，所采用的品质指标也应该是不相同的。对于定值系统，要求被控变量在受到干扰的影响之后，有一个衰减振荡的过渡过程，动态偏差小一些，过渡过程短一些。因此，当采用时域品质指标时，衰减比应取为4 : 1。对于随动系统，因要求能够紧跟，不做大幅度来回振荡，则可以采用10 : 1 的衰减比，甚至刚好达到临界阻尼状态。

4.3.2 控制器参数的工程整定法

对于工程整定法，工程技术人员无需确切知道对象的数学模型，无需具备理论计算所必需的控制理论知识，就可以在控制系统中直接进行整定，因而简单、实用，在实际工程中被广泛使用。下面介绍几种常用的工程整定法。

1. 经验整定法

这种方法实质上是一种经验凑试法，是工程技术人员在长期生产实践中总结出来的。它不需要进行事先的计算和实验，而是根据运行经验，先确定一组控制器参数（见表4-3，这些经验数据主要适用于化工、炼油、石油化工等缓慢生产过程），并将系统投入运行，通过观察人为加入干扰（改变设定值）后的过渡过程曲线，根据各种控制作用对过渡过程的不同影响来改变相应的控制参数值，进行反复凑试，直到获得满意的控制品质为止。

表 4-3　控制器参数经验数据

被控变量	规律的选择	比例度 δ(%)	积分时间 T_I/min	微分时间 T_D/min
流量	对象时间常数小，参数有波动，δ 要大；T_I 要短；不用微分	40 ~ 100	0.3 ~ 1	
温度	对象容量滞后较大，即参数受干扰后变化迟缓，δ 应小；T_I 要长；一般需加微分	20 ~ 60	3 ~ 10	0.5 ~ 3
压力	对象的容量滞后不算大，一般不加微分	30 ~ 70	0.4 ~ 3	
液位	对象时间常数范围较大，要求不高时，δ 可在一定范围内选取，一般不用微分	20 ~ 80		

由于比例作用是最基本的控制作用，经验整定法主要通过调整比例度 δ 的大小来满足品质指标。整定途径有以下两条：

1）先用单纯的比例（P）作用，即寻找合适的比例度 δ，将人为加入干扰后的过渡过程调整为 4∶1 的衰减振荡过程。

然后再加入积分（I）作用，一般先取积分时间 T_I 为衰减振荡周期的一半左右。由于积分作用将使振荡加剧，在加入积分作用之前，要先减弱比例作用，通常将比例度增大 10% ~ 20%。调整积分时间的大小，直到出现 4∶1 的衰减振荡。

需要时，最后加入微分（D）作用，即从零开始，逐渐加大微分时间 T_D。由于微分作用能抑制振荡，在加入微分作用之前，可把比例度调整到比纯比例作用时更小些，还可把积分时间也缩短一些。通过微分时间的凑试，使过渡时间最短、超调量最小。

2）先根据表 4-3 选取积分时间 T_I 和微分时间 T_D，通常取 $T_D = (1/3 \sim 1/4)T_I$，然后对比例度 δ 进行反复凑试，直至得到满意的结果。如果开始时 T_I 和 T_D 设置得不合适，则有可能得不到要求的理想曲线。这时应适当调整 T_I 和 T_D，再重新凑试，使曲线最终符合控制要求。

经验整定法适用于各种控制系统，特别适用对象干扰频繁、过渡过程曲线不规则的控制系统。但是，使用此法主要靠经验，对于缺乏经验的操作人员来说，整定所花费的时间较多。

2. 临界比例度法

所谓临界比例度法，是在系统闭环的情况下，用纯比例控制的方法获得临界振荡数据，即临界比例度 δ_k 和临界振荡周期 T_k，然后利用一些经验公式，求取满足 4∶1 衰减振荡过渡过程的控制器参数。其整定参数计算表见表 4-4。具体整定步骤如下：

表 4-4　临界比例度法控制器参数计算表（4∶1 衰减比）

控制规律	比例度 δ(%)	积分时间 T_I/min	微分时间 T_D/min
P	$2\delta_k$		
PI	$2.2\delta_k$	$0.85T_k$	
PD	$1.8\delta_k$		$0.1T_k$
PID	$1.7\delta_k$	$0.5T_k$	$0.125T_k$

1）将控制器的积分时间放在最大值（$T_I=\infty$），微分时间放在最小值（$T_D=0$），比例度δ放在较大值后，让系统投入运行。

2）逐渐减小比例度，且每改变一次δ值时，都通过改变设定值给系统施加一个阶跃干扰，同时观察系统的输出，直到过渡过程出现等幅振荡为止，如图4-9所示。此时的过渡过程称为临界振荡过程，δ_k为临界比例度，T_k为临界振荡周期。

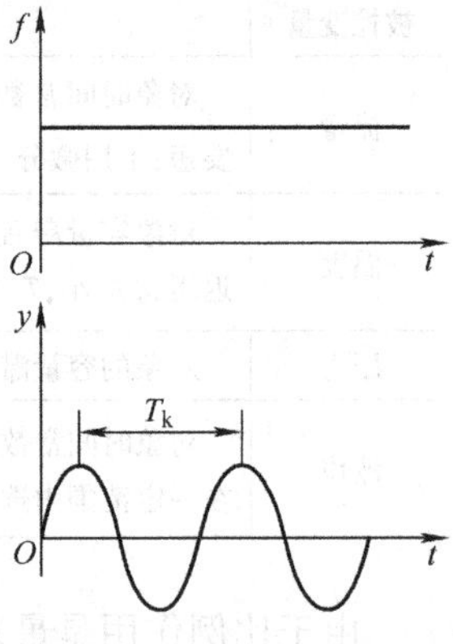

图4-9 临界比例度法

3）利用δ_k和T_k这两个试验数据，按表4-4中的相应公式，求出控制器的各整定参数。

4）将控制器的比例度换成整定后的值，然后依次放上积分时间和微分时间的整定值。如果加入干扰后，过渡过程与4∶1衰减还有一定差距，可适当调整δ值，直到过渡过程满足要求。

临界比例度法应用时简单方便，但必须注意的是：

1）此方法在整定过程中必定出现等幅振荡，从而限制了此法的使用场合。对于工艺上不允许出现等幅振荡的系统，如锅炉水位控制系统，就无法使用该方法；对于某些时间常数较大的单容量对象，如液位对象或压力对象，在纯比例作用下是不会出现等幅振荡的，因此不能获得临界振荡的数据，从而也无法使用该方法。

2）使用该方法时，控制系统必须工作在线性区，否则得到的持续振荡曲线可能是极限环，不能依据此时的数据来计算整定参数。

3. 衰减曲线法

衰减曲线法与临界比例度法的整定过程有些相似，即也是在闭环系统中，先将积分时间置于最大值，微分时间置于最小值，比例时间置于较大值，然后让设定值的变化作为干扰输入，逐渐减小比例度δ值，观察系统的输出响应曲线。按照过渡过程的衰减情况改变δ值，直到系统出现4∶1的衰减振荡，如图4-10所示。记下此时的比例度δ_s和衰减振荡周期T_s，然后根据表4-5所示的相应的经验公式，求出控制器的整定参数。

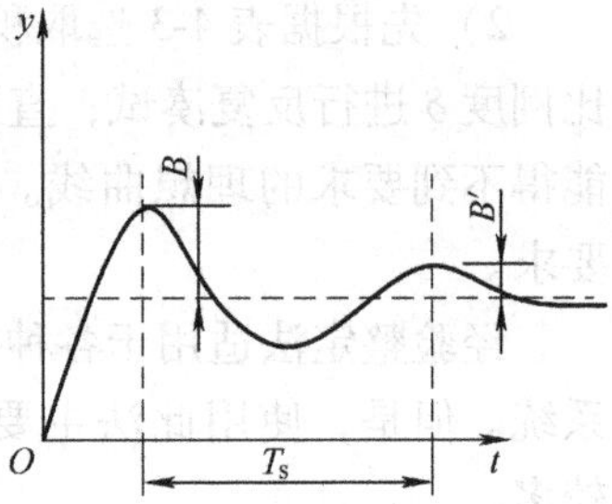

图4-10 4∶1衰减曲线法

衰减曲线法对大多数系统均可适用，且由于试验过渡过程振荡的时间较短，又都是衰减振荡，易为工艺人员所接受。故这种整定方法应用较为广泛。

表4-5 衰减曲线法控制器参数计算表（4∶1衰减比）

控制规律	比例度δ(%)	积分时间T_I/min	微分时间T_D/min
P	δ_s		
PI	$1.2\delta_s$	$0.5T_s$	
PID	$0.8\delta_s$	$0.3T_s$	$0.1T_s$

4. 反应曲线法

反应曲线法是根据广义对象的时间特性，通过经验公式求取。这是一种开环的整定方法，由Ziegler和Nichols在1942年首先提出。

当操纵变量作阶跃变化时，被控变量随时间的变化曲线称为反应曲线。对自衡的非振荡过程，广义对象的传递函数常用 $G_o(s)=\frac{K_o}{T_os+1}e^{-\tau s}$ 来近似，K_o、τ 和 T_o 则可由反应曲线用图解法得出。控制器参数整定的反应曲线法是根据广义对象的 K_o、τ 和 T_o 确定控制器参数的方法。

有了 K_o、τ 和 T_o 参数，就可以根据表 4-6 所示的经验公式，计算出满足 4∶1 衰减振荡的控制器整定参数。

表 4-6　反应曲线法控制器参数计算表（4∶1 衰减比）

控制规律	比例度 δ(%)	积分时间 T_I/min	微分时间 T_D/min
P	$K_o(\tau/T)$		
PI	$1.1K_o(\tau/T)$	3.3τ	
PID	$0.85K_o(\tau/T)$	2.2τ	0.5τ

4.4　控制系统的投运

控制系统的投运是指当控制系统的设计、安装等工作已经就绪，或经过停车检修之后，使系统投入使用的过程。为了保证控制系统的顺利投运，以达到预期的效果，就必须正确掌握投运方法，严格地做好投运的各项工作。

4.4.1　投运前的准备工作

投运前的准备工作如下：

1）熟悉工艺生产过程，即了解主要的工艺流程、设备的功能、各工艺参数间的关系、控制要求、工艺介质的性质等。

2）熟悉控制系统的控制方案，即掌握设计意图，明确控制指标，了解整个控制系统的布局和具体内容，熟悉测量元件、变送器、执行器的规格及安装位置，熟悉有关管线的布局及走向等。

3）熟悉各种控制装置，即熟悉所使用的测量元件、测量仪表、控制仪表、显示仪表及执行器的结构、原理，以及安装、使用和校验方法。

4）综合检查，即检查电源电路有无短路、断路、漏电等现象，供电及供气是否安全可靠；检查各种管路和线路等的连接，如孔板的上下游接压导管与差压变送器的正负压输入端的连接、热电偶的正负端与相应的补偿导线的连接等是否正确；检查引压和气动导管是否畅通，有无中间堵塞；检查控制阀气开、气关形式是否正确，阀杆运动是否灵活、能否全行程工作，旁路阀及上、下游截止阀是否按要求关闭或打开；检查控制器的正反作用、内外设定开关是否设置在正确位置。

5）现场校验，即现场校验测量元件、测量仪表、显示仪表和控制仪表的精度、灵敏度及量程，以保证各种仪表能正确工作。

4.4.2　投运过程

控制系统的投运次序如下：

1）根据经验或估算，设置 δ、T_I 和 T_D，或者先将控制器设置为纯比例作用，比例度放较大的位置。

2）确认控制阀的气开、气关作用后确认控制器的正、反作用。

3）现场的人工操作。控制阀安装示意图如图4-11所示，将控制阀前后的阀门1和2关闭，打开阀门3，观察测量仪表能否正常工作，待工况稳定。

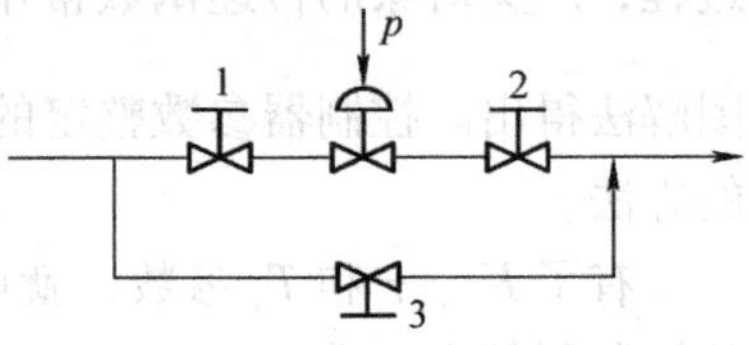

图4-11　控制阀安装示意图

4）手动遥控。用手操器调整作用于控制阀上的信号 p 至一个适当数值，然后，打开上游阀门1，在逐步打开下游阀门2，过渡到遥控，待工况稳定。

5）投入自动。手动遥控使被控变量接近或等于设定值，观察仪表测量值，待工况稳定后，控制器切换到“自动”状态。至此，初步投运过程结束。但控制系统的过渡过程不一定满足要求，这时需要进一步调整 δ、T_I 和 T_D 这3个参数。

4.5　简单控制系统设计案例

本节以喷雾式干燥设备控制系统作为案例介绍简单控制系统的设计。图4-12为喷雾式干燥设备，工艺要求将浓缩的乳液用热空气干燥成奶粉。乳液从高位槽流下，经过滤器进入干燥器从喷嘴喷出。空气由鼓风机送到热交换器，通过蒸汽进行加热。热空气与鼓风机直接送来的空气混合以后，经风管进入干燥器。乳液中的水分被蒸发，成为奶粉，并随湿空气一起送出。干燥后的奶粉含水量不能波动太大，否则将影响奶粉质量。

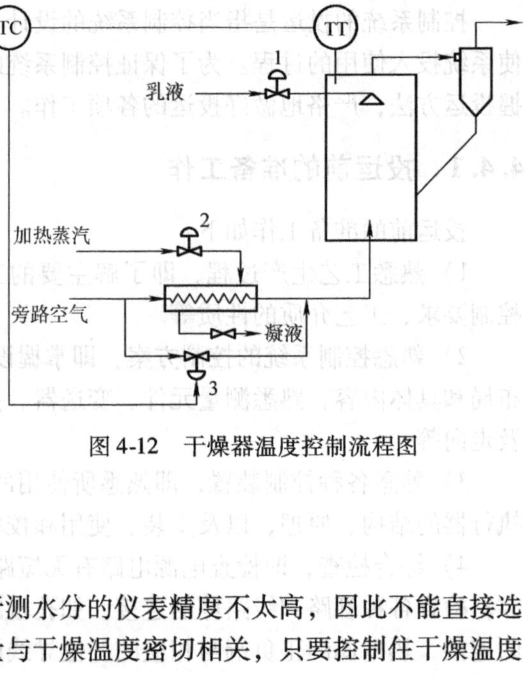

图4-12　干燥器温度控制流程图

4.5.1　控制方案设计

1. 确定被控变量

从工艺概况可知需要控制奶粉含水量。由于测水分的仪表精度不太高，因此不能直接选奶粉含水量作为被控变量。实际上，奶粉含水量与干燥温度密切相关，只要控制住干燥温度就能控制住奶粉含水量。所以，选干燥温度作为被控变量。

2. 确定操纵变量

影响干燥器温度的因素有乳液流量、旁路空气流量和加热蒸汽流量。粗略一看，选其中任一变量作为操纵变量，都能构成温度控制系统。在图4-12所示控制流程图中用控制阀位置代表可能的3种控制系统。

方案一（控制阀1）：如果乳液流量作为操纵变量，则滞后最小，对干燥温度控制作用明显。但是乳液流量是生产负荷，如果选它作为操纵变量，就不可能保证其在最大值上工作，限制了该装置的生产能力。这种方案是为保证质量而牺牲产量，工艺上是不合理的。因此不能选乳液流量作为操纵变量，该方案不能成立。

方案二（控制阀 2）：如果选择加热蒸汽流量作为操纵变量，由于换热过程本身是一个多容过程，因此从改变蒸汽量，到改变热空气温度，再来控制干燥温度，这一过程时滞太大，控制效果差。

方案三（控制阀 3）：如果选择旁路空气流量作为操纵变量，旁路空气量与热风量的混合后经风管进入干燥器，其控制通道的时滞虽比方案一大，但比方案二小。

综合比较之后，确定将旁路空气流量作为操纵变量较为理想。

4.5.2　检测控制仪表的选用

根据生产工艺和用户要求，选用电动单元组合仪表。

1）由于被控温度在 600℃以下，选用热电阻作为测温元件，配用温度变送器。

2）根据过程特性和控制要求，选用对数流量特性的控制阀。根据生产工艺安全原则和被控介质特点，控制阀应为气关型。

3）温度控制系统滞后较大，控制器选用 PID 控制。控制器正反作用选择时，可假设干燥温度偏高（即乳液中水分减少），则要求减少空气流量，由于控制阀是气关型，因此要求控制器输出增加。这样控制器应选择正作用。

习题及思考题

4-1　简单控制系统定义是什么？画出简单控制系统的典型框图。

4-2　在控制系统的设计中，被控变量的选择应遵循哪些原则？

4-3　在控制系统的设计中，操纵变量的选择应遵循哪些原则？

4-4　常用的控制器的控制规律有哪些？各有什么特点？适用于什么场合？

4-5　有一蒸汽加热设备利用蒸汽将物料加热，并用搅拌器不停地搅拌物料，到物料达到所需温度后排出。试问：

（1）影响物料出口温度的主要因素有哪些？

（2）如果要设计一温度控制系统，你认为被控量与操纵变量应选谁？为什么？

（3）如果物料在温度过低时会凝结，据此情况应如何选择控制阀的开、闭型式及控制器的正、反作用？

4-6　什么是气开阀？什么是气关阀？控制阀气开、气关形式的选择应从什么角度出发？被控对象、执行器以及控制器的正、反作用是如何规定的？

4-7　图 4-13 为一锅炉锅筒液位控制系统，要求锅炉不能烧干。试画出该系统的框图，判断控制阀的气开、气关形式，确定控制器的正、反作用，并简述当加热室温度升高导致蒸汽蒸发量增加时，该控制系统是如何克服干扰的？

4-8　图 4-14 为精馏塔温度控制系统，它通过调节进入再沸器的蒸汽量实现被控变量的稳定。试画出该控制系统的框图，确定控制阀的气开、气关形式和控制器的正、反作用，并简述由于外界干扰使精馏塔温度升高时该系统的控制过程（此处假定精馏塔的温度不能太高）。

4-9　什么是控制器参数的工程整定？常用的控制器参数整定的方法有哪几种？

4-10　某控制系统用临界比例度法整定参数，已知 $\delta_k = 25\%$、$T_k = 5\text{min}$。请分别确定 PI、PID 作用时的控制器参数。

4-11　简单控制系统的投运步骤是什么？

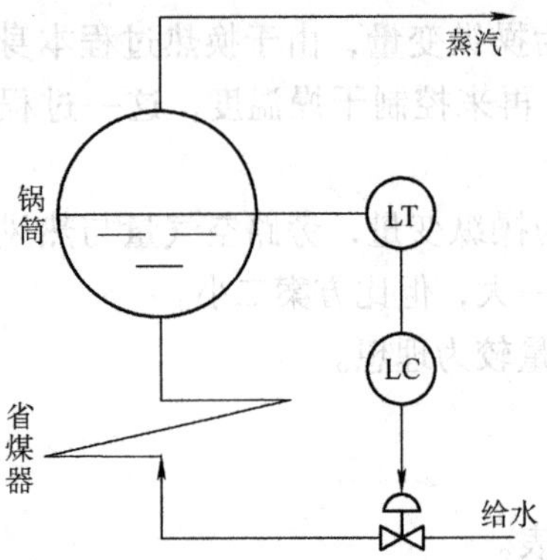

图4-13 锅炉锅筒液位控制系统

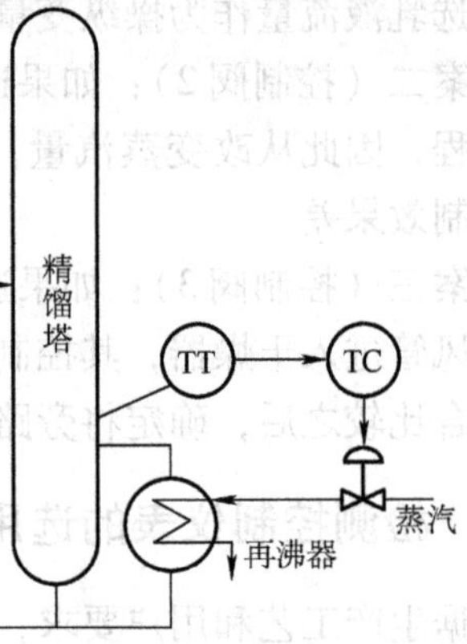

图4-14 精馏塔温度控制系统

第5章　常用复杂控制系统

简单控制系统解决了大量的定值控制问题，它是控制系统中最基本和使用最广的一种形式。但是，随着生产的发展以及工艺的革新，对操作条件的要求更加严格了，变量间的相互关系也更加复杂了。为适应生产发展的需要，人们在简单控制系统的基础上，增加计算环节、控制环节或其他环节，构成复杂控制系统。这些控制系统原来是经典控制理论的产物，以前也主要用常规仪表来实现。但到现在，它们已可用现代控制理论来分析，并且更多地是用计算机来实现。目前，在DCS装置中都备有很多种复杂控制系统的算法和模块。

在各自特定的条件下，采用复杂控制系统对提高控制品质，扩大自动化应用范围，起着关键性的作用。作粗略估计，通常复杂控制系统占全部控制系统的10%左右。

依照系统的结构形式和所完成的功能来分，常用复杂控制系统有串级、比值、均匀、分程、选择、前馈、双重、差拍等控制系统。

5.1　串级控制系统

5.1.1　串级控制系统的基本原理和结构

采用不止一个控制器，而且控制器间相串接，一个控制器的输出作为另一个控制器的设定值的系统，称为串级控制系统。串级控制系统是按其结构命名的。

串级控制系统的作用可以图5-1所示的加热炉出口温度控制系统为例来说明。

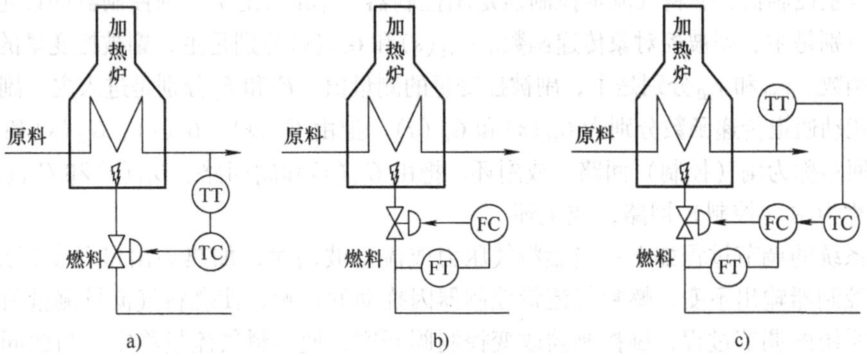

图5-1　加热炉出口温度控制系统

该系统的被控变量是出口温度，用燃料气作为操纵变量。可以组成图5-1a所示的简单控制系统。在有些场合，燃料气上游压力会有波动，即使阀门开度不变，仍将影响流量，从而逐渐影响出口温度。因为加热炉炉管等热容较大，自操纵变量至被控变量的时间常数较大，等温度控制器发现偏差再进行控制，显然不够及时，出口温度的最大动态偏差必然很大。如果改用图5-1b所示的流量控制系统，则对温度来说是开环的，此时可以迅速克服阀前压力等扰动，但对进料负荷、燃料气热值变化等扰动，却完全无能为力。人们日常的操作经验是：当温度偏高时，把燃料气流量控制器的设定值减小一些；当温度偏低的时候，燃料气流量控制器的设定值应该增加一些。按照上述操作经验，把两个控制器串接起来，流量控制器的设定值由温度控制器输出决定，即流量控制器的设定值不是固定的，系统结构如图5-1c所示。这样既能迅速克服影响流量的扰动作用，又能使温度在其他扰动作用下也保持在设定值，这就是串级控制系统。

串级控制系统的框图如图5-2所示。

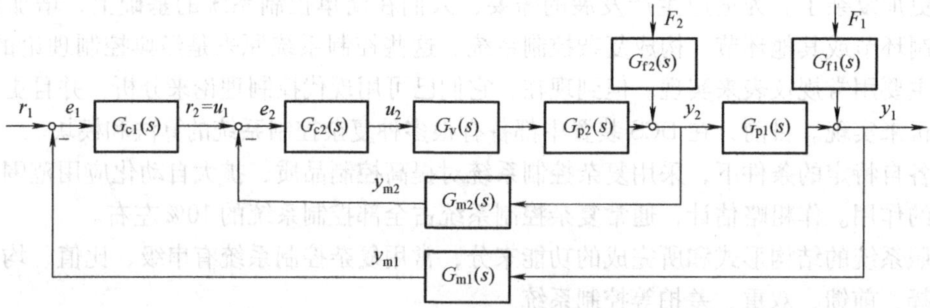

图5-2 串级控制系统的框图

图5-2中，主被控变量y_1是串级控制系统中要保持平稳控制的主要被控变量，如示例中的出口温度。副被控变量y_2是串级控制系统的辅助被控变量，如示例中的燃料气流量。通常，控制系统中的主要扰动影响首先在副被控变量反映。$G_{c1}(s)$和$G_{c2}(s)$分别是主、副控制器的传递函数，主控制器的输出作为副控制器的设定值，组成串联连接的结构，因此，主控制器输出u_1等于副控制器的设定r_2。由于主控制器的输出随偏差e_1而变化，即副控制器是在外部设定情况下工作，此时是随动控制。主控制器在内部设定情况下工作，因此是定值控制。示例中的温度控制器是主控制器，燃料气流量控制器是副控制器。r_1和r_2是主、副控制器的设定。$G_{p1}(s)$和$G_{p2}(s)$分别是主、副被控对象传递函数。$G_{m1}(s)$和$G_{m2}(s)$分别是主、副被控变量的检测变送环节传递函数。y_{m1}和y_{m2}分别是主、副被控变量的测量值。F_1和F_2分别是进入主、副被控对象的扰动。扰动通道传递函数分别为$G_{f1}(s)$和$G_{f2}(s)$。把由$G_{c2}(s)$、$G_v(s)$、$G_{p2}(s)$和$G_{m2}(s)$组成的控制回路称为副（控制）回路，或副环。把由$G_{c1}(s)$和副回路、$G_{p1}(s)$和$G_{m1}(s)$组成的控制回路称为主（控制）回路，或主环。

控制系统的调节过程如下：当燃料气压力或流量波动时，加热炉出口温度还没有变化，因此，主控制器输出不变，燃料气流量控制器因扰动的影响，使燃料气流量测量值变化，按定值控制系统的调节过程，副控制器改变控制阀开度，使燃料气流量稳定。与此同时，燃料气流量的变化也影响加热炉出口温度，使主控制器输出，即副控制器的设定变化，副控制器的设定和测量的同时变化，进一步加速了控制系统克服扰动的调节过程，使主被控变量回复到设定值。

当加热炉出口温度和燃料气流量同时变化时，主控制器通过主环及时调节副控制器的设定，使燃料气流量变化保持炉温恒定，而副控制器一方面接收主控制器的输出信号，同时，根据燃料气流量测量值的变化进行调节，使燃料气流量跟踪设定值变化，使燃料气流量能根据加热炉出口温度及时调整，最终使加热炉出口温度迅速回复到设定值。

串级控制系统中有关的传递函数如下：

$$\frac{Y_1(s)}{R_1(s)}=\frac{G_{c1}(s)G_{c2}(s)G_v(s)G_{p2}(s)G_{p1}(s)}{1+G_{c2}(s)G_v(s)G_{p2}(s)G_{m2}(s)+G_{c1}(s)G_{c2}(s)G_v(s)G_{p2}(s)G_{p1}(s)G_{m1}(s)} \tag{5-1}$$

$$\frac{Y_1(s)}{F_1(s)}=\frac{G_{f1}(s)+G_{c2}(s)G_v(s)G_{p2}(s)G_{m2}(s)G_{f1}(s)}{1+G_{c2}(s)G_v(s)G_{p2}(s)G_{m2}(s)+G_{c1}(s)G_{c2}(s)G_v(s)G_{p2}(s)G_{p1}(s)G_{m1}(s)} \tag{5-2}$$

$$\frac{Y_1(s)}{F_2(s)}=\frac{G_{f2}(s)G_{p1}(s)}{1+G_{c2}(s)G_v(s)G_{p2}(s)G_{m2}(s)+G_{c1}(s)G_{c2}(s)G_v(s)G_{p2}(s)G_{p1}(s)G_{m1}(s)} \tag{5-3}$$

$$\frac{Y_2(s)}{R_2(s)}=G_{副}(s)=\frac{G_{c2}(s)G_v(s)G_{p2}(s)}{1+G_{c2}(s)G_v(s)G_{p2}(s)G_{m2}(s)} \tag{5-4}$$

串级控制系统是由两个或两个以上的控制器串联连接，一个控制器输出是另一个控制器设定。主控制回路是定值控制系统。对主控制器的输出而言，副控制回路是随动控制系统，对进入副回路的扰动而言，副控制回路是定值控制系统。

5.1.2 串级控制系统的特点

串级控制系统增加了副控制回路，使控制系统性能得到改善，其主要特点如下：

1. 迅速克服进入副回路扰动的影响

当扰动进入副回路后，首先，副被控变量检测到扰动的影响，并通过副回路的定值控制作用，及时调节操纵变量，使副被控变量回复到副设定值，从而使扰动对主被控变量的影响减小，即副环回路对扰动进行粗调，主环回路对扰动进行细调。因此，串级控制系统能迅速克服进入副回路扰动的影响。

图 5-3 为串级控制系统的等效框图。副环扰动通道传递函数为

$$\frac{Y_2(s)}{F_2(s)}=\frac{G_{f2}(s)}{1+G_{c2}(s)G_v(s)G_{p2}(s)G_{m2}(s)} \tag{5-5}$$

单回路控制中副环扰动的传递函数为

$$\frac{Y_2(s)}{F_2(s)}=G_{f2}(s) \tag{5-6}$$

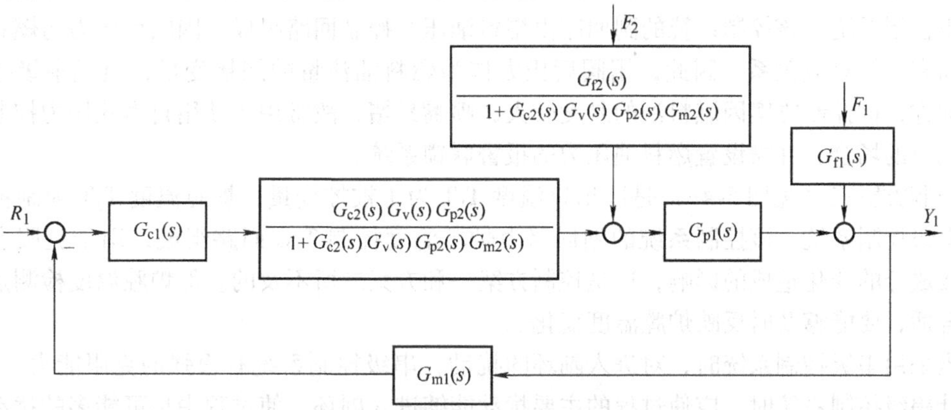

图 5-3 串级控制系统的等效框图

可见，串级控制系统中进入副环扰动的等效扰动是单回路控制系统中进入副环扰动的 $1/(1+G_{c2}(s)G_v(s)G_{p2}(s)G_{m2}(s))$ 倍。静态时，其值为 $1/(1+K_{c2}K_vK_{p2}K_{m2})$ 倍。

同样，串级控制系统在副环进入的扰动作用下，控制系统的余差为单回路控制系统余差的 $K_{c2}/(1+K_{c2}K_vK_{p2}K_{m2})$ 倍。

因此，串级控制系统能够迅速克服进入副环扰动的影响，并使系统最大偏差、余差大为减小。

下面以加热炉出口温度控制为例进行串级控制系统分析。加热炉出口温度控制有多种控制方案，图 5-4 显示了 3 种串级控制方案。图中，TT、PT、FT 分别为温度、压力、流量变送器，TC、PC、FC 分别为温度、压力、流量控制器。

加热炉控制的被控变量是出口温度。影响出口温度的扰动有燃料方面的燃料油压力、流量、成分和热值等，以及原料方面的原料进料流量、进料温度等。通常，进料流量和温度不可控。

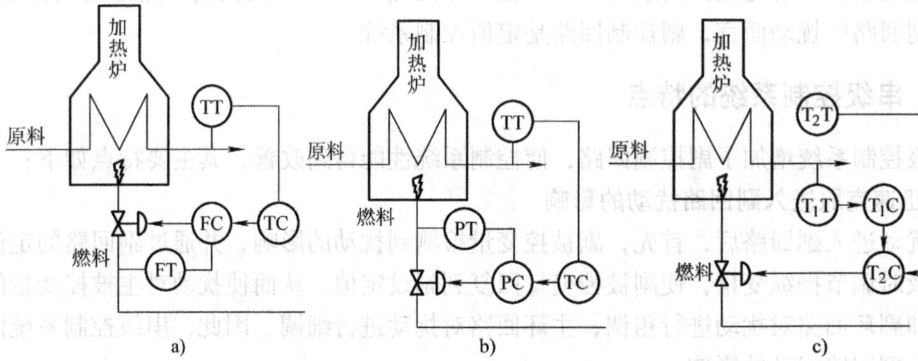

图 5-4 加热炉出口温度控制系统

控制方案一（见图 5-4a）是以出口温度为主被控变量，燃料油流量为副被控变量的串级控制系统。该控制系统的副回路由燃料油流量控制回路组成。因此，当扰动来自燃料油上游侧的压力波动时，因扰动进入副回路，所以，能迅速克服该扰动的影响。但该控制方案因燃料油的黏度较大，导压管易堵而不常被采用。

控制方案二（见图 5-4b）是以出口温度为主被控变量，燃料油阀后压力为副被控变量的串级控制系统。该控制系统的副回路由燃料油压力控制回路组成。因阀后压力与燃料油流量之间有一一对应关系，因此，用阀后压力作为燃料油流量的间接变量，组成串级控制系统。同样，该控制方案因燃料油的黏度较大，喷嘴易堵，故常用于使用自力式压力控制装置进行调节的场合，并需设置燃料油压力的报警联锁系统。

控制方案三（见图 5-4c）是以出口温度 T_1T 为主被控变量，炉膛温度 T_2T 为副被控变量的串级控制系统。该控制系统的副回路由炉膛温度控制 T_2C 回路组成，用于克服燃料油热值或成分的变化造成的影响，这是控制方案一和方案二所不及的。但炉膛温度检测点的位置应合适，要能够及时反映炉膛温度变化。

当采用串级控制系统时，对进入副环的扰动，串级控制系统有很强的克服能力。为此，在设计串级控制系统时，应使过程的主要扰动能够进入副环，使过程中尽可能多的扰动能进入副环，以充分发挥串级控制系统能迅速克服进入副环扰动的功能。

需要指出，串级控制系统对进入主环的扰动也有克服能力。实践和仿真结果表明，采用串级控制系统时，同样扰动从副环进入，其偏差要比单回路控制时小 10~100 倍；扰动从主环进入，则因串级控制系统的工作频率提高，其积分误差也比单回路控制要小 2 ~5 倍。

2. 改善了对象特性，提高了工作频率

把整个副回路看做主回路中的一个环节

$$\frac{Y_2(s)}{R_2(s)}=\frac{G_{c2}(s)G_v(s)G_{p2}(s)}{1+G_{c2}(s)G_v(s)G_{p2}(s)G_{m2}(s)} \tag{5-7}$$

若取副对象为过程中常见的一阶惯性环节，副控制器、执行器、副变送器均为比例环节，则

$$G_{p2}(s)=\frac{K_{p2}}{1+T_{p2}S} \qquad G_{c2}(s)=K_{c2}$$

$$G_v(S)=K_v \qquad G_{m2}(s)=K_{m2}$$

将副对象、副控制器、执行器、副变送器等各环节的传递函数代入式（5-7）可得

$$\frac{Y_2(s)}{R_2(s)}=\frac{K_{c2}K_v\dfrac{K_{p2}}{1+T_{p2}s}}{1+K_{c2}K_vK_{m2}\dfrac{K_{p2}}{1+T_{p2}s}} \tag{5-8}$$

整理后得

$$\frac{Y_2(s)}{R_2(s)}=\frac{K'_{p2}}{1+T'_{p2}s} \tag{5-9}$$

式中

$$K'_{p2}=\frac{K_{c2}K_vK_{p2}}{1+K_{c2}K_vK_{p2}K_{m2}} \tag{5-10}$$

$$T'_{p2}=\frac{T_{p2}}{1+K_{c2}K_vK_{p2}K_{m2}} \tag{5-11}$$

式(5-9)为副回路等效对象的特性，式(5-10)为副回路等效对象的放大倍数，式(5-11)为副回路等效对象的时间常数。由于放大倍数都为正值，所以$(1+K_{c2}K_vK_{p2}K_{m2})>1$，通常$K_{m2}\geqslant 1$，所以$K'_{p2}<K_{p2}$，$T'_{p2}<T_{p2}$。

上述结果表明，由于副环的作用，副回路等效对象的时间常数T'_{p2}较副对象的时间常数T_{p2}缩小为$1/(1+K_{c2}K_vK_{p2}K_{m2})$。等效对象的时间常数缩小，使控制通道的控制过程时间加快，因此对于克服整个系统的惯性滞后大有帮助。惯性时间的减小对加快系统响应、减小超调量、提高控制品质很有利。至于等效对象放大倍数的减小，可以通过增加主控制器的增益来加以补偿。

由于副回路等效对象的时间常数有所缩小，串级控制系统的工作频率得到了提高。串级控制系统工作频率的提高表明控制系统的操作周期缩短，在相同衰减比条件下的回复时间缩短，因此，有利于提高控制系统的动态性能。

3. 对负荷变化和操作条件的改变有一定自适应能力

串级控制系统，就其主回路来看，是一个定值控制系统；而就其副回路来看，则为一个随动控制系统。主控制器的输出能按照负荷或操作条件的变化而变化，从而不断地改变副控制器的设定值，使副控制器的设定值能随负荷及操作条件的变化而变化，这就使得串级控制系统对负荷的变化和操作条件的改变有一定的自适应能力。

过程控制系统的控制器参数都是在一定的负荷即一定的工作点下，按一定的品质指标要求整定得到的，它只适应特定的负荷及工作点情况。若对象含有非线性，那么，随着负荷的变化，工作点将会移动，对象特性就发生了改变。此时，控制器参数就不再适用了，应重新整定，否则将会引起控制品质下降。对于串级控制系统，此问题简单得多。串级控制系统依

靠主控制器的输出实时地调整副控制器的设定值，使系统能随着其工作负荷及工作点的变化及时进行调整，保证系统的控制品质。

由副回路的等效放大倍数 K'_{o2} 来看，有

$$K'_{o2}=\frac{K_{c2}K_{v}K_{o2}}{1+K_{c2}K_{v}K_{o2}K_{m2}}$$

当负荷变化时，将会引起过程特性 K_{o2} 的改变，但是，在一定的条件下，$K_{c2}K_{v}K_{o2}K_{m2}>1$，因而，$K_{o2}$ 的变化对等效对象的放大倍数 K'_{o2} 来说，影响却是很小的。所以，系统仍然具有较好的控制品质。由此可见，串级控制系统对负荷及操作条件的变化具有一定的适应能力。

5.1.3 串级控制系统的设计

1. 主、副回路的设计

串级控制系统的主回路仍是一个定值控制系统。主被控变量的选择和主回路的设计，仍可用单回路控制系统的设计原则进行。

对于副回路的设计，由前面分析可知，串级控制系统副回路具有调节速度快、抑制扰动能力强等特点。所以在设计时，副回路应尽量包含生产过程中主要的，变化剧烈、频繁的和幅度大的扰动，并力求包含尽可能多的扰动。这样可以充分发挥副回路的长处，将影响主被控变量最严重、频繁、激烈的干扰因素抑制在副回路中，确保主被控变量的控制品质。

设计副回路应注意工艺上的合理性。过程控制系统是为工业生产服务的，设计串级控制系统时，应考虑和满足生产工艺的要求。由串级控制系统的框图可以看到，系统的操纵变量是先影响副被控变量，然后再去影响主被控变量的。所以，应选择工艺上切实可行、容易实现，对主被控变量有直接影响且影响显著的变量为副被控变量来构成副回路。

设计副回路应考虑经济性。设计副回路时，应同时考虑实施的经济性和控制质量的要求，统筹兼顾。

主、副对象的时间常数匹配。在选择副被控变量进行副回路设计时，必须注意主、副对象时间常数的匹配。因为它是串级控制系统正常运行的首要条件，是保证安全生产、防止系统“共振”的基础。设计时，为防止系统“共振”现象发生，应使主、副对象的时间常数和时滞时间错开，副对象的时间常数和时滞应比主对象小一些，一般选择 $T_{o1}/T_{o2}=3\sim10$ 为好。在投运时若发生“共振”现象，应使主、副回路工作频率拉开，如可以增加主控制器的比例度，这样虽然降低了控制系统的品质，但可以消除“共振”。

2. 串级控制系统中主、副控制器的选择

主、副控制规律的选择。串级控制系统中，主、副控制器所起的作用是不同的，主控制器起定值控制作用，副控制器对主控制器输出起随动控制作用，而对扰动作用起定值控制作用。因此，主被控变量要求无余差，副被控变量却允许在一定范围内变动。这是选择控制规律的基本出发点。

一般主控制器可采用比例、积分两作用或比例、积分、微分3作用控制规律，副控制器采用单比例作用或比例积分作用控制规律即可。

3. 主、副控制器正、反作用的选择

为保证所设计的串级控制系统的正常运行，必须正确选择主、副控制器的正、反作用。

在具体选择时，先依据控制阀的气开、气关形式，副对象的放大倍数，决定副控制器正、反作用方式，即必须使的 $K_{c2}K_vK_{p2}K_{m2}$ 乘积为正值，其中 K_{m2} 一般为是正值。然后，决定主控制器的正、反作用方式。主控制器的正、反作用主要取决于主对象的放大倍数，至于控制阀的气开、气关形式，不影响主控制器正、反作用的选择，因为控制阀已包含在副回路内。总之，应使 $K_{c1}K_{p1}K_{m1}$ 的乘积为正值，K_{m1} 一般为正值，因此主控制器的正、反作用选择应使 $K_{c1}K_{p1}$ 为正值。

图 5-4c 所示加热炉出口温度和炉膛温度串级控制系统中控制器正、反作用的选择步骤如下：

1）控制阀：从安全角度考虑，选择气开型控制阀，$K_v>0$。

2）副被控对象：燃料油流量增加，炉膛温度升高，因此，$K_{p2}>0$。

3）副控制器：为保证负反馈，应满足 $K_{c2}K_vK_{p2}K_{m2}>0$，因 $K_{m2}>0$，应选 $K_{c2}>0$，即选用反作用控制器。

4）主被控对象：当炉膛温度升高时，出口温度升高，因此，$K_{p1}>0$。

5）主控制器：为保证负反馈，应满足 $K_{c1}K_{p1}K_{m1}>0$，因 $K_{m1}>0$；应选 $K_{c1}>0$，即选用反作用控制器。

该串级控制系统的调节过程如下：当扰动或负荷变化使炉膛温度升高时，因副控制器是反作用，所以控制器输出减小，因控制阀是气开型，所以控制阀开度减小，燃料量减小，使炉膛温度下降；同时，炉膛温度升高，使出口温度升高，通过反作用的主控制器，使副控制器的设定降低，通过副控制回路的调节，减小燃料量，减低炉膛温度，进而降低出口温度，以保持出口温度恒定。

图 5-5 为夹套反应釜进行放热反应，串级控制系统控制器正、反作用的选择步骤如下：

1）控制阀：从安全角度考虑，选择气关型控制阀，$K_v<0$。

2）副被控对象（T_2T）：冷却水流量增加，夹套温度下降，因此 $K_{p2}<0$。

3）副控制器（T_2C）：为保证负反馈，应满足 $K_{c2}K_vK_{p2}K_{m2}>0$，因 $K_{m2}>0$，应选 $K_{c2}>0$，即选用反作用控制器。

4）主被控对象（T_1T）：当夹套温度升高时，反应釜温度升高，因此 $K_{p1}>0$。

5）主控制器（T_1C）：为保证负反馈，应满足 $K_{c1}K_{p1}K_{m1}>0$，因 $K_{m1}>0$，应选 $K_{c1}>0$，即选用反作用控制器。

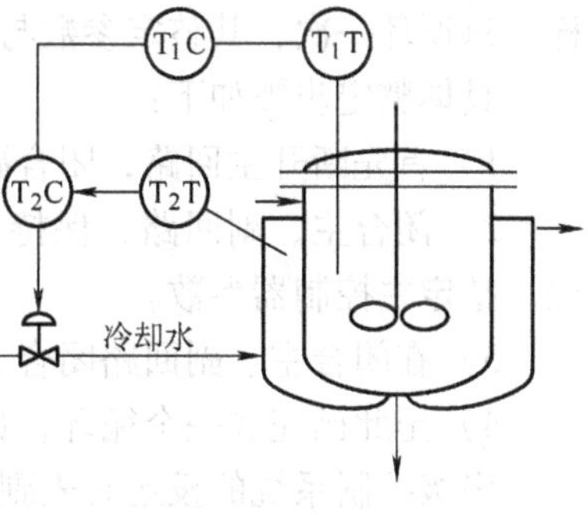

图 5-5　夹套反应釜的串级控制系统

4. 串级控制系统中副环检测变送环节的非线性

串级控制系统中，副被控变量是流量的情况最广泛。如果检测变送环节采用孔板和差压变送器，则副环检测变送环节是非线性环节，副被控变量是流量，但检测变送环节的输出是差压，即 $y_{m2}=K_{m2}y_2^2$。式中，y_2 是流量值，y_{m2} 是差压值，K_{m2} 是检测变送环节的增益。稳态时，测量值等于设定值，因此，副回路的稳态增益 $K_{副}(0)$ 为

$$K_{副}(0)=\frac{\mathrm{d}y_2}{\mathrm{d}r_2}=\frac{\mathrm{d}y_2}{\mathrm{d}y_{m2}}=\frac{1}{2\sqrt{K_{m2}}}\frac{1}{\sqrt{y_{m2}}}=\frac{1}{2K_{m2}y_2}$$

上式表明，副环稳态增益随副被控变量的增大而减小。

由于副环是主控制回路的一部分，副环特性的非线性使控制系统控制品质变差。当流量增大时，由于副环稳态增益减小，使主环控制变得不灵敏；当流量减小时，副环增益增大，使主环控制出现振荡甚至不稳定。

根据稳定运行准则，在简单控制系统中，当对象出现非线性特性时，是可以采用控制阀的流量特性进行补偿的，但在串级控制系统中，则由于副环未采用开方器而造成的非线性，是不能用控制阀的流量特性进行补偿的。因为，此时控制阀已经在副环内部了。

当检测变送环节采用孔板、差压变送器和开方器（或流量变送器）时，由于副环输入、输出间的关系通常是线性关系，因此，如果主被控对象是线性特性，就采用线性控制规律，如果主被控对象是非线性特性，则需用控制器的非线性控制规律来补偿，而不能用控制阀流量特性进行补偿。

5.1.4 串级控制系统控制器参数的整定

参数整定，就是通过调整控制器的参数，改善控制系统的动、稳态特性，找到最佳的调节过程，使控制品质最好。串级控制系统常用的控制器参数整定方法有3种：逐步逼近法、两步法和一步法。对新型智能控制仪表和DCS控制装置构成的串级控制系统，可以选择具备自整定功能的主要控制器。下面介绍逐步逼近的整定方法。

逐步逼近法就是在主回路断开的情况下，求取副控制器的整定参数，然后将副控制器的参数设置在所求的数值上，使串级控制系统主回路闭合，求取主控制器的整定参数。然后，将主控制器参数设置在所求的数值上，再进行整定，求出第二次副控制器的整定参数值。比较上述两次的整定参数和控制品质，如果达到了控制品质指标，整定工作结束。否则，再按此法求取第二次主控制器的整定参数值，依次循环，直至求得合适的整定参数值为止。这样，每循环一次，其整定参数与最佳参数值就更接近一步，故名逐步逼近法。

具体整定步骤如下：

1）首先断开主回路，闭合副回路，按单回路控制系统的整定方法整定副控制器参数。

2）闭合主、副回路，保持上一步取得的副控制器参数，按单回路控制系统的整定方法，整定主控制器参数。

3）在闭合主、副回路闭合，在主控制器参数保持的情况下，再次调整副控制器参数。

4）至此已完成一个循环，如控制品质未达到规定指标，返回2）继续。

串级控制系统的投运宜先副后主，由于设置副环的目的是提高主被控变量的控制品质，因此，对副控制器参数整定的结果不应作过多限制，应以快速、准确跟踪主控制器输出为整定参数的目标。当工艺过程对副被控变量也有一定控制指标要求时，如精确流量测量等，可采用逐步逼近法整定参数，使副被控变量也能够满足所需控制指标。

5.1.5 串级控制系统的变型

串级控制系统的变型有两种类型：一种变型是采用常规仪表时，采用加法器等运算单元来实现串级控制系统，以节省控制器的投资；另一种变型是采用阀门定位器，引入串级控制系统，这时副控制器参数通常不调整。

1. 引入中间辅助变量的串级控制系统

系统根据中间辅助变量的位置分为两类。

（1）中间辅助变量加在控制器输入端

图 5-6a 为该控制系统（变型一）的结构。图中，T_2Y 是微分单元，其传递函数为 $G_d(s)$，T_1Y 是加法单元；TC 是控制器，其传递函数为 $G_c(s)$；T_2T 和 T_1T 分别是夹套和反应釜温度变送器，用传递函数 $G_{m2}(s)$ 和 $G_{m1}(s)$ 表示；控制阀用 $G_v(s)$ 表示，夹套温度被控对象和反应釜温度被控对象用 $G_{p2}(s)$ 和 $G_{p1}(s)$ 表示；中间辅助变量是夹套温度，它经微分单元后连接到控制器的输入端。

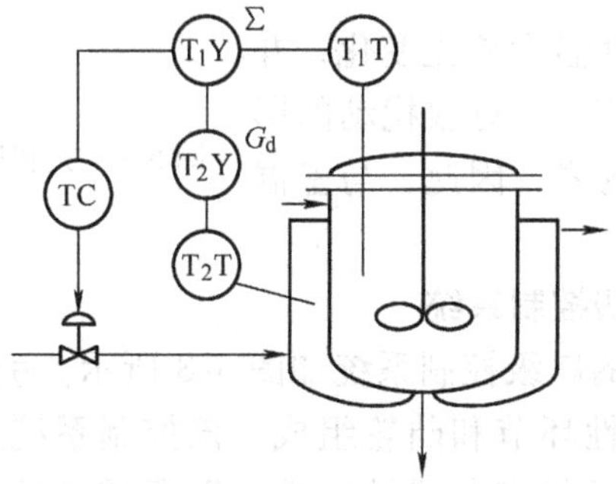

a) 控制系统结构

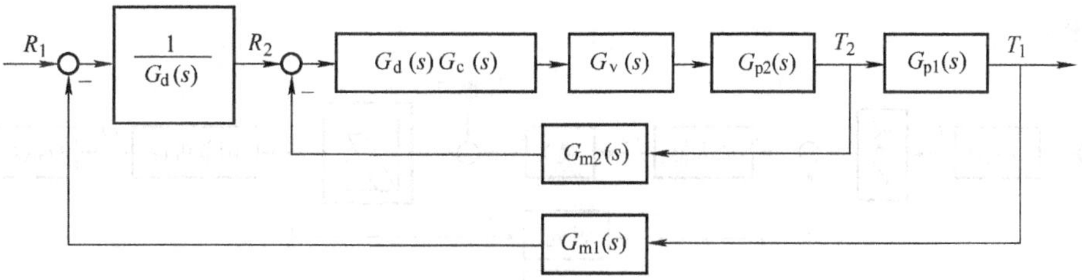

b) 控制系统框图

图 5-6　夹套反应釜的串级控制系统（变型一）

该控制系统的框图如图 5-6b 所示。经框图转换，可得到该串级控制系统主控制器和副控制器传递函数分别为 $1/G_d(s)$ 和 $G_d(s)G_c(s)$。主控制器是比例积分控制器，副控制器是原控制器串接微分控制，组成超前滞后环节，即

$$G_{c1}(s)=\frac{1+T_Ds}{K_dT_Ds}=\frac{1}{K_d}\left(1+\frac{1}{T_Ds}\right)$$

$$G_{c2}(s)=\frac{K_dT_Ds}{1+T_Ds}K_c\left(1+\frac{1}{T_Is}\right)=\frac{K_cK_dT_D}{T_I}\left(\frac{T_Is+1}{T_Ds+1}\right)$$

当系统受到扰动时，夹套温度首先变化，并经微分单元输出一个超前的控制信号，即 $G_d(s)G_c(s)$ 的输出信号，用于克服扰动的影响。稳态时，微分单元输出为零，因此，与釜温的单回路控制系统相同。

实施时，由于电动组合仪表的控制器有多路输入端，可方便地实现加法器功能，因此，该控制系统用微分单元代替控制器，降低了投资成本，同时具有串级控制系统的功能，能迅速克服进入副环的扰动。

(2) 中间辅助变量加在控制器输出端

该系统使用与变型一相同的仪表，中间辅助变量仍是夹套温度，它经微分单元后连接到控制器输出端。图5-7为该控制系统（变型二）的结构。可见，由于中间辅助变量连接位置的不同，主控制器是在原控制器基础上串接了积分控制，而副控制器是微分控制。

当扰动进入系统时，夹套温度首先变化，并经微分单元输出超前的控制信号，克服扰动的影响。稳态时，微分单元输出为零，因此，与釜温的单回路控制系统相同。

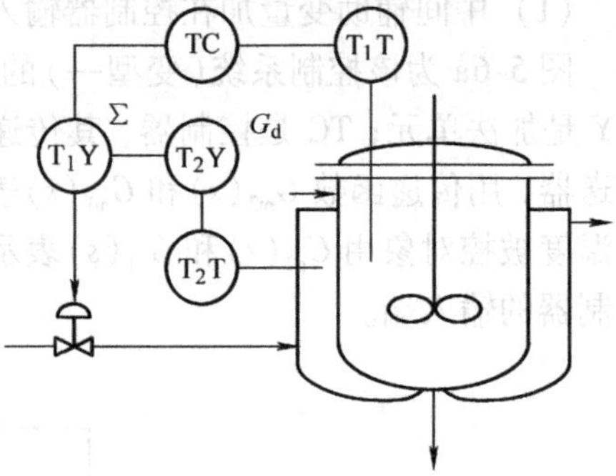

图5-7 夹套反应釜的串级控制系统（变型二）

2. 引入阀门定位器的串级控制系统

引入阀门定位器后组成的串级控制系统如图5-8所示。引入阀门定位器后，副环由放大器、膜头、阀杆回差非线性环节和凸轮组成。该控制系统采用固定比例的放大器。通过改变凸轮形状，使副环增益具有非线性特性，即所需的控制阀流量特性；副环也能有效克服由于回差等造成的非线性特性，改善动态特性。在使用时应注意，当阀门定位器用于流量等时间常数较小的控制系统时，由于副对象时间常数也较小，因此，容易出现共振现象。

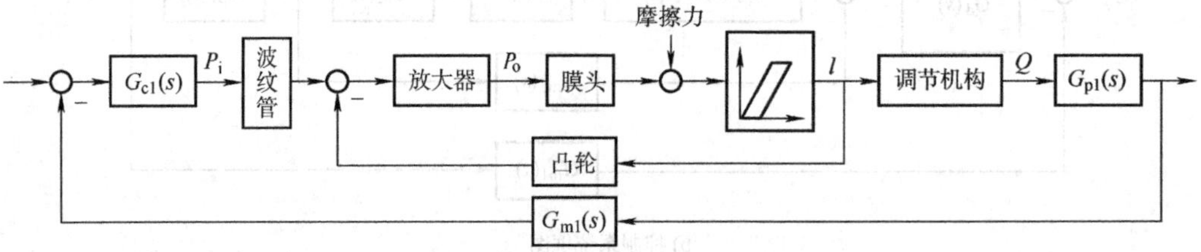

图5-8 引入阀门定位器后组成的串级控制系统

与这类控制系统类似的还有采用浮动阀的单回路控制系统。浮动阀类似于自力式控制阀，其阀体内部与膜头相通，膜头另一端还接收控制器的输出信号（有时需串接继动器进行放大）。当两者平衡时，阀杆不移动。因此，浮动阀组成串级控制系统的副环。例如，加热炉出口温度单回路控制系统中，如果采用浮动阀，就成为串级控制系统，它对于燃烧用煤气压力的波动有很好的克服能力。

5.1.6 串级控制系统的应用实例

图5-9为某大型氨厂引入弛放气作为辅助冲量的一段转化炉出口温度与燃料量串级控制系统。

不考虑弛放气辅助冲量，该串级控制系统为一典型的加热炉燃料量与加热炉出口被加热物料温度的串级控制系统。

由于合成氨过程产生一定的惰性气体，而惰性气体对合成反应不利，所以要将其排出，排出惰性气体同时也排出了大量的可燃气体，这就是弛放气。为了减少污染，回收能量，弛放气通常送入一段炉作为燃料燃烧。弛放气量的多少是由合成氨过程中的惰性气体含量决定的，经常变化。因此，它对一段炉出口温度有较大的影响，并且若将其作为控制通道，通道滞后很大，此时基本串级控制系统的控制品质无法达到满意的要求。为此，考虑引入弛放气流量信号——辅助冲量，经加法器与温度控制器的输出合成后作为流量控制器的给定输入，根据弛放气流量的变化及时增减燃料气的流量。引入辅助冲量后系统结构并没有太大的改变，依然是串级控制系统，但它却可以较好地克服弛放气量变化所产生的扰动，保证控制品质。

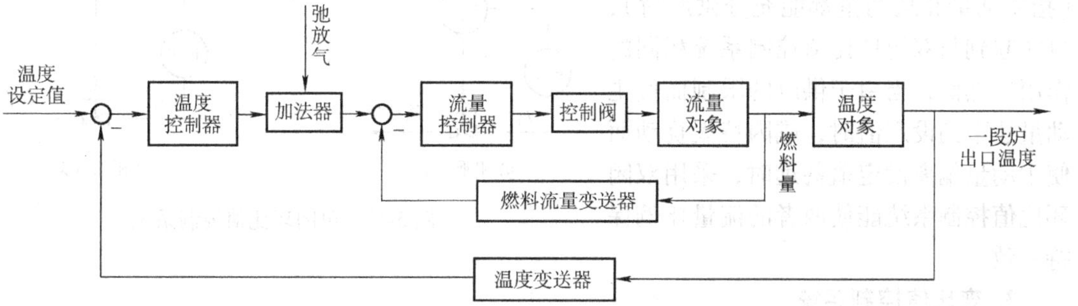

图 5-9 一段转化炉出口温度与燃料量串级控制系统

5.2 比值控制系统

5.2.1 比值控制系统的基本原理和主要结构形式

工业过程中经常需要按一定的比例控制两种或两种以上的物料量。例如，燃烧系统中的燃料与氧气量，参加化学反应的两种或多种化学物料量。一旦比例失调，将产生浪费，影响正常生产，甚至造成恶果。而比例得当，则可以保证优质、高产、低耗。为此，控制工程师们设计了比值控制系统。

比值控制系统中，需要保持比值关系的两种物料，必有一种处于主导地位，称此物料为主动量，通常用 F_1 表示，如燃烧比值系统中的燃料量；另一种物料称为从动量，通常用 F_2 表示，如燃烧比值系统中的空气量（氧含量）。比值控制系统就是要实现从动量 F_2 与主动量 F_1 的对应比值控制关系，即满足关系式 $F_2/F_1=k$，k 为从动量与主动量的比值。

用来实现两个或两个以上的物料按一定比例关系控制以达到某种控制目的的控制系统，称为比值控制系统。比值控制系统是以功能来命名的。比值控制系统主要有单闭环比值控制系统、双闭环比值控制系统和变比值控制系统。

1. 单闭环比值控制系统

单闭环比值控制系统在结构上与单回路控制系统一样。常用的控制方案有两种形式：一种是把主动量的测量值乘以某一系数后作为从动量控制器的设定值，这种方案称为相乘方案，是一种典型的随动控制系统，如图 5-10a 所示；另一种是把流量的比值作为从动量控制器的被控变量，这种方案称为相除方案，是典型定值控制系统，如图 5-10b 所示。图中，F_1T 和 F_2T 是主动量和从动量变送器，F_1C 和 F_2C 是主动量和从动量控制器，F_1Y 是乘法单元，F_fY 是除法单元。

2. 双闭环比值控制系统

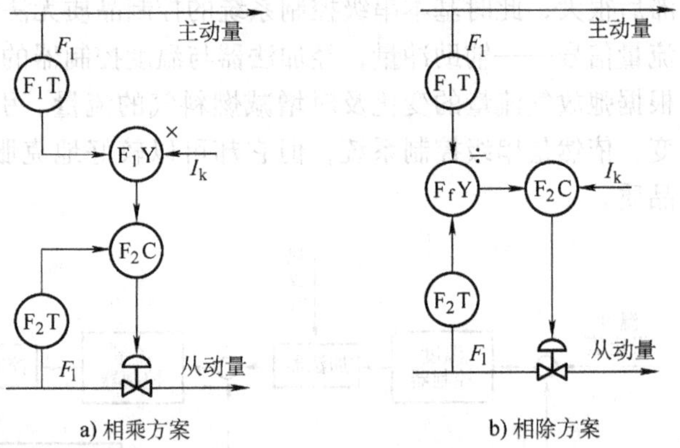

图 5-10 单闭环比值控制系统

双闭环比值控制系统如图 5-11 所示，图 5-11a 为相乘方案，图 5-11b 为相除方案。常有人提出问题，这种控制方案采用两个独立的流量控制系统岂不更为简单？的确，那样做，在正常工况（指主动量和从动量都能充分供应时），也能起到与双闭环比值控制系统相同的作用，然而，当由于供应的限制而使主动量达不到设定值时，或因特大扰动而使主动量偏离设定值甚远时，采用双闭环比值控制系统能使两者的流量比例保持一致。

3. 变比值控制系统

变比值控制系统的比值是变化的，比值由另一个控制器设定。例如，在燃烧控制中，最终的控制目标是烟道气中的氧含量（反映燃料完全燃烧指标），而燃料与空气的比值实质上是控制手段，因此，比值的设定值由氧含量控制器给出。图 5-12 分别是用相乘与相除方案，从结构上看，这种方案是以比值控制系统为副回路的串级控制系统。图中，TT 为出口温度变送器，TC 为出口温度控制器，AT 为氧含量变送器，AC 为氧含量控制器。

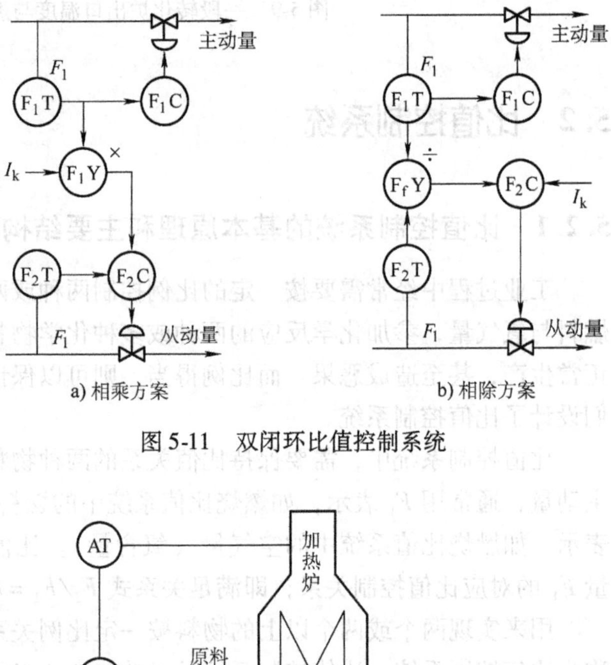

图 5-11 双闭环比值控制系统

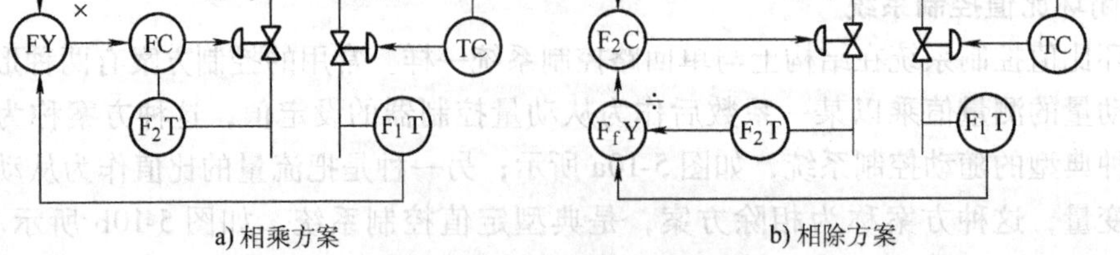

图 5-12 变比值控制系统

5.2.2 比值系数的计算

在此有必要把工艺比值系数（流量）和设置于仪表的比值系数区别开来。虽然它们同属无量纲系数，但除了特定场合外，两者的数值是不相等的。

工艺比值系数 k 是流量 F_2 与 F_1 的比值。F_2 与 F_1 可以同为质量流量、体积流量或折算成标准情况下的流量。

图 5-13 为单闭环比值控制系统。

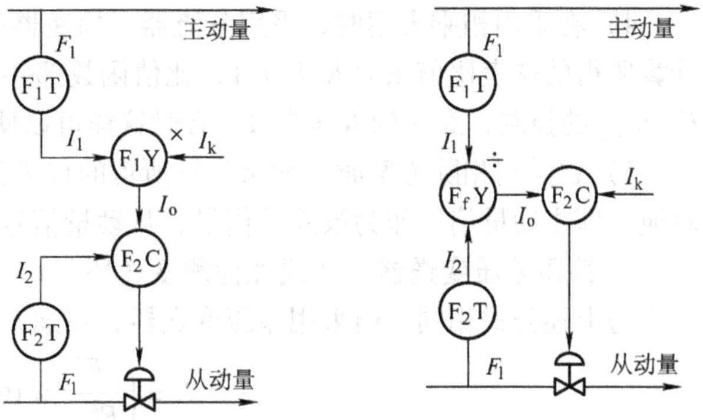

a) 相乘方案　　b) 相除方案

图 5-13　单闭环比值控制系统

下面以电动Ⅲ型仪表为例，推导电动Ⅲ型仪表比值系数 K 的计算公式。

1. 采用线性流量检测单元情况

在正常工况下，主动量与从动量变送器的输出值分别为

$$I_1 = \frac{F_1}{F_{1\max}}(I_{\max} - I_{\min}) + I_{\min} = \left(\frac{F_1}{F_{1\max}}16 + 4\right)$$

$$I_2 = \frac{F_2}{F_{2\max}}(I_{\max} - I_{\min}) + I_{\min} = \left(\frac{F_2}{F_{2\max}}16 + 4\right)$$

根据图 5-13a，电动乘法器的输出为

$$I_o = \frac{(I_1 - 4)(I_k - 4)}{16} + 4 = I_2$$

根据图 5-13b，电动除法器的输出为

$$I_o = \frac{(I_2 - 4)}{(I_1 - 4)}16 + 4 = I_k$$

将 I_1、I_2 代入上式得

$$I_k = \left(\frac{F_2/F_{2\max}}{F_1/F_{1\max}}16 + 4\right)$$

单元组合仪表比值系数

$$K = \frac{F_2/F_{2\max}}{F_1/F_{1\max}} = \frac{F_2}{F_1}\left(\frac{F_{1\max}}{F_{2\max}}\right) = k\left(\frac{F_{1\max}}{F_{2\max}}\right) \tag{5-12}$$

由式（5-12）可知，比值系数只与变送器的量程和所要求从动量与主动量的对应比例关系有关，它与变送器的电气零点无关。

应注意下列问题：

1）当采用线性流量检测单元时，只有在 $F_{1\max} = F_{2\max}$ 的场合，$k = K$。在同样的工艺比值系数 k 下，通过调整 $F_{1\max}$ 和 $F_{2\max}$ 也可以改变比值。

2）当采用线性检测变送环节时，仪表比值系数 K 与工艺比值系数 k 之间的关系可按 (5-12) 计算。

3）采用电动和气动仪表时，乘法器输入的比值电流或气压和相除方案中比值控制器设定电流或气压可按下列公式计算：

一般标准公式：输入信号 = 仪表量程范围 × K + 零点。

对于电动Ⅲ型组合仪表，$I_k = (16K + 4)$，单位为 mA；对于电动Ⅱ型组合仪表，$I_k = 10K$，单位为 mA；对于气动组合仪表，$P_k = 0.08K + 0.02$，单位为 MPa。

4）在采用相乘方案时，采用分流器、加法器等仪表可直接设置仪表比值系数 K。如果计算所得的仪表比值系数 K 大于 1，比值函数部件可以改接在 F_2 一侧，即实现 $K'F_2/F_{2\max} = F_1/F_{1\max}$ 的控制，此时的 $K' = 1/K$，有时这样可以使比值系数为更合适的数值。

5）在采用相除方案时，如果计算所得的仪表比值系数 K 大于 1，则除法器的输入信号对换，即主动量信号作为被除数信号，从动量信号作为除数信号。

2. 采用差压变送器（非线性检测变送环节）

与上述公式相同，但采用差压变送器，不加开方器，则主动量变送器输出为

$$I_1 = \left(\frac{F_1^2}{F_{1\max}^2} \times 16 + 4\right)$$

同理，从动量变送器输出为

$$I_2 = \left(\frac{F_2^2}{F_{2\max}^2} \times 16 + 4\right)$$

代入和简化得到

$$K = \frac{F_2^2}{F_1^2}\frac{F_{1\max}^2}{F_{2\max}^2} = k^2\frac{F_{1\max}^2}{F_{2\max}^2} \tag{5-13}$$

因此，除了采用非线性检测变送环节时，仪表比值系数 K 与工艺比值系数 k 之间的关系可按式（5-13）计算外，其他使用注意事项同上述。

3. 比值系数计算示例

图 5-14 为天然气转化过程比值控制系统。

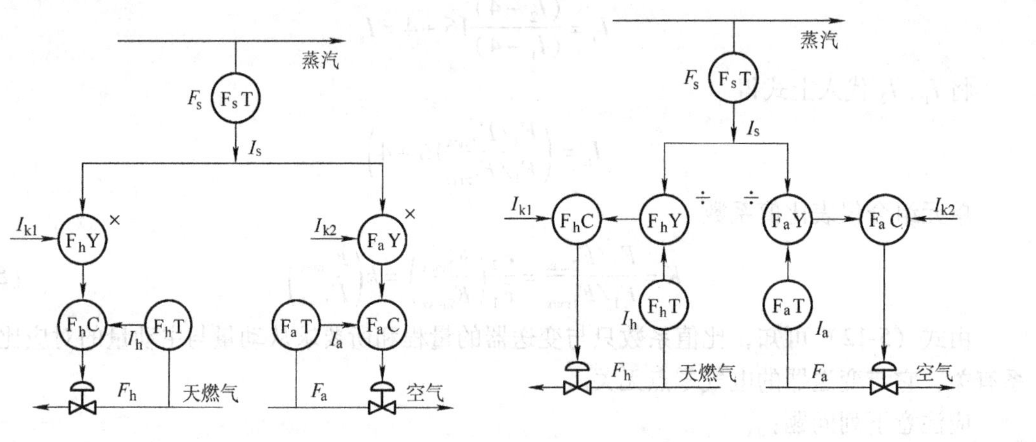

图 5-14 天然气转化过程比值控制系统

合成氨一段转化反应中，为保证天然气的转化率，需保持天然气、蒸汽和空气流量 F_h、F_s、F_a 三者的比值为 1 : 3 : 1.4。流量测量都采用节流装置和差压变送器 F_hT、F_sT、F_aT，未装开方器，其中，天然气最大流量为 11000m³/h；蒸汽最大流量为 31100m³/h；空气最大

流量为 14000m^3/h；采用相乘和相除方案，确定各差压变送器的量程，仪表比值系数 K_1 和 K_2，乘法器和除法器 FY 输入电流 I_{k1} 和 I_{k2}。F_hC 和 F_aC 为天然气和空气流量控制器。

从仪表精确度考虑，流量仪表测量范围分为 10 挡：1、1.25、1.6、2、2.5、3.2、4、5、6.3、8×10^n（n 为整数）。根据题意，各差压变送器的量程应选择为

$$F_{smax}=32000m^3/h,\ F_{hmax}=12500m^3/h,\ F_{amax}=16000m^3/h$$

采用蒸汽作为主动量 F_s，天然气 F_h 和空气 F_a 为从动量，防止水碳比过低造成析碳。

工艺比值系数为

$$k_1=F_h/F_s=1/3,\ k_2=F_a/F_s=1.4/3$$

因采用非线性检测变送环节，仪表比值系数的计算公式为

$$K=k^2\frac{F^2_{主max}}{F^2_{从max}}$$

即

$$K_1=k_1^2\frac{F^2_{smax}}{F^2_{hmax}}=\frac{1}{3^2}\frac{32000^2}{12500^2}=0.7282$$

$$K_2=k_2^2\frac{F^2_{smax}}{F^2_{amax}}=\frac{1.4^2}{3^2}\frac{32000^2}{16000^2}=0.8711$$

假设采用电动Ⅲ型仪表，则乘法器输入电流（即恒流给定器输出）和相除方案中比值控制器设定电流应为

$$I_{k1}=(16K_1+4)mA=15.65mA$$
$$I_{k2}=(16K_2+4)mA=17.94mA$$

5.2.3　比值控制系统工程应用中的问题

1. 主动量和从动量的选择

比值控制系统中主动量和从动量选择依据如下：

1）主动量通常选择可测量但不可控制的过程变量。

2）从安全考虑，如该过程变量供应不足会不安全时，应选择该过程变量为主动量。例如，蒸汽和甲烷进行甲烷转化反应时，蒸汽不足会造成析碳，因此，应选择蒸汽作为主动量。

3）从动量通常应是既可测量又可控制，并需要保持一定比值的过程变量。

2. 比值控制系统类型的选择

比值控制系统的类型有单闭环、双闭环和变比值 3 类，可根据工艺过程控制要求选择：

1）主动量不可控时，选用单闭环比值控制系统。例如，主动量来自上一工序。

2）主动量可控可测，并且变化较大时，宜选双闭环比值控制系统。

3）当比值根据生产过程的需要由另一个控制器进行调节时，应选择变比值控制系统。

4）当质量偏离控制指标需要改变流量的比值时，应采用变比值控制系统。

5）变比值控制系统的第三过程变量通常选择过程的质量指标，如烟道气中的氧含量等。

比值控制系统的实施方案有相乘和相除两类。一般情况下，宜选择相乘方案。采用计算机或 DCS 控制时，应选择相乘方案。需要获得主从动量流量的实际比值时，建议用除法器作比值运算，但不包含在控制回路内部。

3. 比值函数环节的选择

采用常规仪表实施比值控制系统时，需要选择比值函数环节的仪表，根据比值控制系统类型的选择，比值控制系统宜采用相乘方案，因此，比值函数环节可从乘法器、分流器、加法器等仪表中选择。采用乘法器需要配套恒流给定器，但比值系数设置的精度较高；采用分流器比较简单，可直接用电位器实施，但精度不高；加法器实施时可直接用控制器的输入乘以比值系数，同样，设置比值系数的精度也不高。计算机控制装置或 DCS 实施比值控制时，仪表比值系数采用工艺比值系数直接设置，使用系统内部乘法运算或比值控制功能模块直接完成比值运算（采用相乘方案）。

采用常规仪表实施比值控制系统，如果 K 大于 1，应将比值函数环节设置在从动量控制回路内。用 DCS 或计算机实施时，K 可大于 1，比值函数环节仍设置在从动量控制回路设定值通道。

4. 变送器量程的选择

变送器量程的选择影响仪表比值系数的数据。常规仪表实施比值控制系统时，为提高控制精确度，通常应使 KF_1 的数值位于从动量控制器量程范围的中间（仪表比值系数小于 1），或者使 $K'F_2$ 的数值位于从动量控制器量程范围的中间（仪表比值系数大于 1）。采用计算机 DCS 组成比值控制系统时，为提高控制精确度，可适当缩小检测变送器的量程范围，并且不需计算仪表比值系数。

采用常规仪表时，如果采用线性检测变送环节，主、从动量的仪表量程范围相等，则工艺比值系数 k 与仪表比值系数 K 相等；如果采用非线性检测变送环节，主、从动量的仪表量程范围满足 $k = F_{2\max}^2/F_{1\max}^2$，则工艺比值系数 k 与仪表比值系数 K 相等。

5. 流量的温度压力补偿

当采用孔板等节流装置测量气体流量时，如果设计计算时的工况温度和压力与实际运行时的工况温度和压力有偏差，就会对气体流量测量造成误差。因此，当被测气体的工况温度较高、变化较大或工况压力较高、变化较大时，应对该气体流量进行温度压力补偿。其中，温度应换算到热力学温度，压力应换算到绝对压力。

5.2.4 比值控制系统的参数整定和投运

单闭环比值控制系统是随动控制系统，应按照随动控制系统的整定原则整定从动量控制器的参数，即整定为非振荡或衰减比 10∶1 的过渡过程为宜。双闭环比值控制系统中主动量的控制系统是定值控制系统，以衰减比为 4∶1 整定主控制器参数；从动量控制系统是随动控制系统为主的控制系统，以非振荡或衰减比为 10∶1 整定从动量控制器参数。变比值控制系统中从动量控制系统是串级控制系统的副环，因此，按串级控制系统副环的整定方法整定参数，变比值控制器按串级控制系统主对象整定控制器参数。

比值控制系统的投运可按单回路控制系统的投运方法分别投运主、从动量控制系统。变比值控制系统按串级控制系统的投运方法进行投运。

5.2.5 比值控制系统的应用实例

一段转化炉的主要功能是将原料转化为合成所需要的氢，该转化过程是在一定的温度条件下进行的，所以转化过程中原料量与加热燃料量有一定的比例关系，为此设计了双闭环比值控制系统。简化的控制系统框图如图 5-15 所示。比值控制系统的主动量为原料量，从动量为燃料量，其目的是随着生产负荷的变化，相应实时地提高或减少加热燃料气量，以保证转化温度。同时，为了克服燃料气压力的扰动等影响，一段炉的温度还采用了串级控制系统。

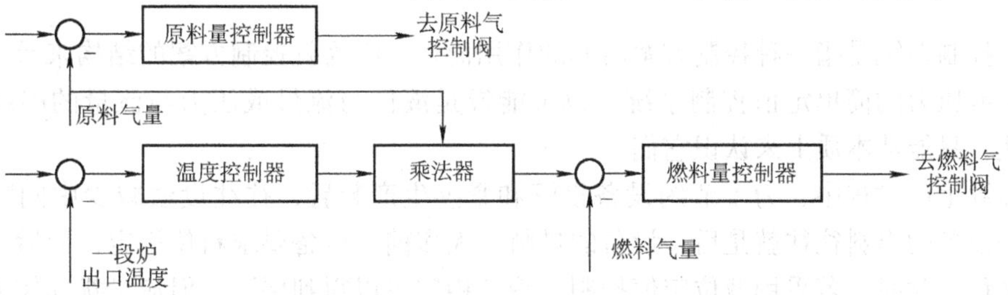

图 5-15　一段转化炉原料量与加热燃料量比值控制系统框图

该比值控制系统由单回路控制器来构成，其比值运算部分的组态如图 5-16 所示。比值运算采用了两个乘法器，其中 U_1 为温度控制器的输出，U_3 为原料量，U_4 为燃料控制器的外给定值，而 P_4 则为所要计算的仪表比值系数 K，内部运算变量均为百分数（%）型数据。流量信号都选取了开方、小信号切除、滤波平滑等预处理。

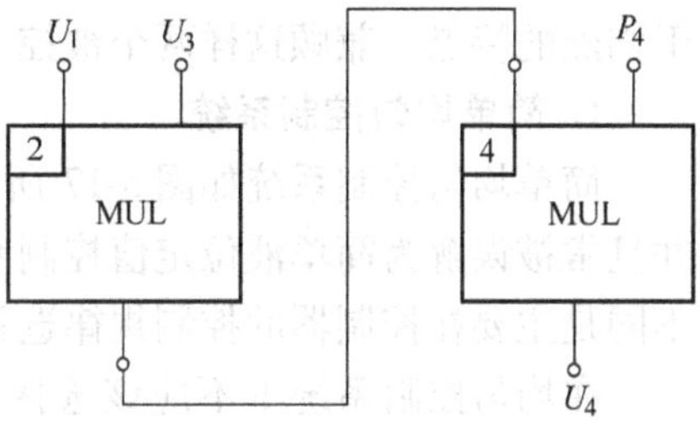

图 5-16　比值运算部分的组态

由燃料气热值和变换反应方程等工艺条件可知工艺比值系数 $k = 0.567$，即工艺要求的燃料气与原料气比值关系。U_1 为温度控制器的输出，它表征了燃料量与原料量的动态比值关系，因此，U_1 也有一个量程问题，取工艺要求的 k 的两倍 k_{max} 为量程上限，即 U_1 的值代表了 $k/2$。表 5-1 为各运算块内部变量的工作范围。

表 5-1　各运算块内部变量的工作范围

内部变量	0.0%	100.0%	说　明
U_1	0	113.4	温度控制器输出
U_3	0	$41577 Nm^3/h$	原料量测量
U_4	0	$20000 Nm^3/h$	燃料控制器的设定，燃料气量测量

根据式（5-12），有

$$P_4 = K = \frac{F_2/F_{2max}}{F_1/F_{1max}} = \frac{F_2}{F_1}\left(\frac{F_{1max}}{F_{2max}}\right) = k\left(\frac{F_{1max}}{F_{2max}}\right) = 2U_1\frac{U_{3max}}{U_{4max}}$$

$$= 2U_1\frac{U_{3max}}{U_{4max}} = 2 \times 56.7 \times 41577/20000 = 235.7\%$$

将 P_4 按计算值设定好，投入运行后，该系统即可按与原料量一定的对应关系调节燃料量，完成比值控制。由图 5-15 还可看到，该比值控制系统是一种变比值控制系统。当燃料气热值等设计因素发生变化时，通过温度控制器可以自动地改变燃料量与原料量的比值关系，以确保一段炉的出口温度恒定为目标值。

5.3 均匀控制系统

5.3.1 均匀控制系统的基本原理和主要结构形式

均匀控制系统是指一种控制方案所起的作用而言，因为就控制方案的结构来看，它可能像是液位或压力的简单定值控制系统，也可能像是液位与流量或压力与流量的串级控制系统。因此，只能从本质上来认识它们。

在连续生产过程中，为了节约设备投资和紧凑生产装置，往往设法减少中间贮罐。这样，前一设备的出料往往就是后一设备的进料，大多前一设备要求料位稳定，而后一设备要求进料平稳。此时，若采用液位定值控制，液位稳定可以得到保证，但流量扰动较大；若采用流量定值控制，流量稳定可以得到保证，但液位会有大幅度的波动。这就产生了矛盾。为协调此类矛盾，设计了均匀控制系统。均匀控制系统与前面所研究过的控制系统有所不同，具有既允许表征前后供求矛盾的两个变量都有一定范围的变化，又要保证它们的变化不应过于剧烈的特点。兼顾这样两个被控变量，有3种可行方案。

1. 简单均匀控制系统

简单均匀控制系统如图5-17所示，从方案外表上看，它像一个简单液位定值控制系统，并且常被误解为简单液位定值控制系统，使设计思想得不到体现。该系统与定值控制系统的不同是主要在控制器的控制规律选择和参数整定问题上。

在均匀控制系统中不应该选择微分作用，有时还可能需要选择反微分作用。在参数整定上，一般比例度要大于100%，并且积分时间要长一些，这样液位仍会变化，但变化不会太剧烈。同时，控制器输出很和缓，阀位变化不大，流量波动也相当小。这样就实现了均匀控制的要求。

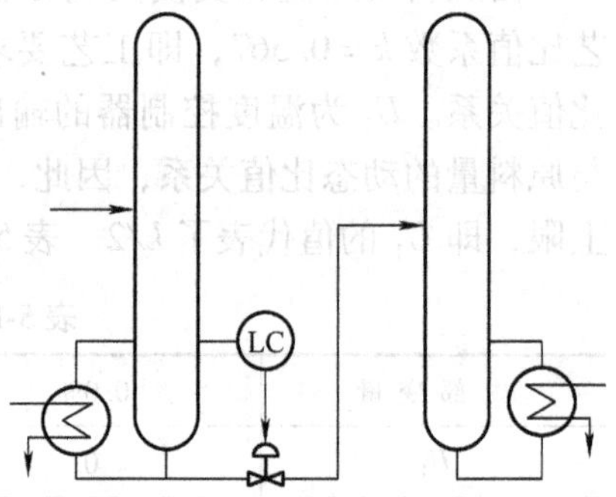

图5-17 简单均匀控制系统

2. 串级均匀控制系统

图5-18为一精馏塔底液位与塔底流量的串级均匀控制系统。从外表上看，它与典型的串级控制系统没有区别，但是它的目的是实现均匀控制。

系统中副回路流量控制的目的是为了消除控制阀前后压力干扰及自衡作用对流量的影响。因此，副回路与串级控制中副回路一样，副控制器参数整定的要求与前面所讨论的串级控制对副回路的要求相同。而主控制器即液位控制器，则与简单均匀控制系统的控制器的参数整定相同，以满足均匀控制的要求，使液位与流量均可保证在较小的幅度内缓慢地变化。

在有些容器中，液位是通过进料阀来控制的，用液位控制器对进料的流量控制，同样可以实现均匀控制的要求。

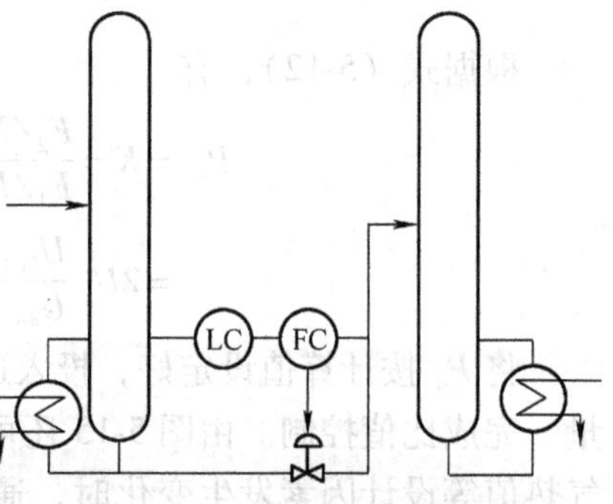

图5-18 串级均匀控制系统

当物料为气体时，前后设备的均匀控制是前者的气体压力与后面设备的进气流量之间的均匀，它既保证了前设备压力的稳定又保证了后设备进料的平稳。

3. 双冲量均匀控制系统

这种控制系统是串级控制系统的变型，它将两个需兼顾被控变量的差（或和）作为被控变量。图 5-19 为双冲量均匀控制系统。

当控制阀安装在出口时，液位偏高或流量偏低时，都应开大控制阀，因此，应取液位和流量信号之差作为测量值。正常情况下，该差值可能为零、负值或正值，因此，在加法器 FY 引入偏置值，用于降低零位，使正常情况下加法器的输出在量程的中间值。为调整两个信号的权重，可对这两个信号进行加权，即

$$I_y = c_1 I_L - c_2 I_F + I_B \tag{5-14}$$

式中，I_y 是流量控制器的测量信号；I_L 是液位变送器输出电流；I_F 是流量变送器输出电流；I_B 是偏置值；c_1 和 c_2 是加权系数，它们在电动加法器中可方便地实现。

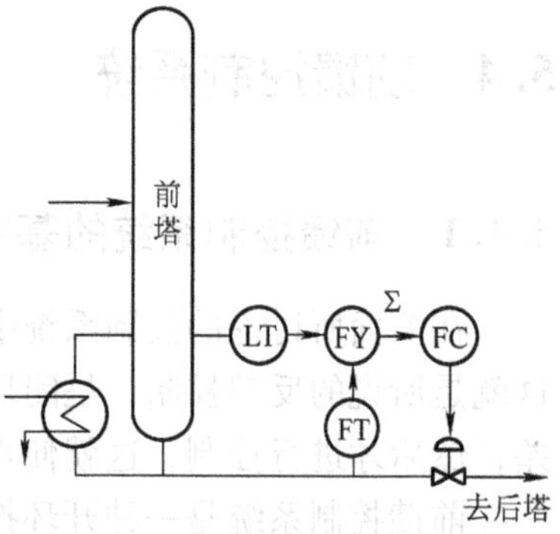

图 5-19　双冲量均匀控制系统

当控制阀安装在入口时，应取液位和流量信号之和作为测量值，均匀控制系统的测量值应是液位和流量信号之和减去偏置值，即

$$I_y = c_1 I_L + c_2 I_F - I_B$$

该控制系统中，当液位偏低或流量偏低时，都应打开控制阀，因此，取两个信号之和作为测量值，同样原因，应设置偏置值，但因正常时，两个信号都为正，因此，应减去偏置值，正常情况下使差值在量程范围的中间值。

5.3.2　均匀控制系统控制规律的选择及参数整定

1. 控制规律作用的选择

对一般的简单均匀控制系统的控制器，都可以选择纯比例控制规律，这是因为均匀控制系统所控制的变量都允许有一定的范围的波动且对余差无要求，而纯比例控制规律简单明了，整定简单便捷、响应迅速。例如，对液位—流量的均匀控制系统，K_c 增加，液位控制作用加强，反之液位控制作用减弱而流量控制稳定性加强，可以根据需要选择适当的比例度。

对一些输入流量存在急剧变化的场合或液位存在“噪声”的场合，特别是希望液位正常稳定工况时保持在特定值附近时，则应选用比例积分控制规律。这样，在不同的工作负荷情况下，都可以消除余差，保证液位最终稳定在某一特定值。

2. 参数的整定

（1）纯比例控制规律

1）先将比例度放置在不会引起液位超值但相对较大的数值，如 $\delta = 200\%$ 左右。

2）观察趋势，若液位的最大波动小于允许的范围，则可增加比例度。

3）当发现液位的最大波动大于允许范围，则减小比例度。

4）反复调整比例度，直至液位的波动小于且接近于允许范围时为止。一般情况 $\delta = 100\% \sim 200\%$。

(2) 比例积分控制规律

1）按纯比例控制方式进行整定，得到所适用的比例度 δ 值。

2）适当加大比例度值，然后，投入积分作用。由大至小逐渐调整积分时间，直到记录趋势出现缓慢的周期性衰减振荡为止。大多数情况 T_I 在几分钟到十几分钟之间。

5.4 前馈控制系统

5.4.1 前馈控制系统的基本原理

在前面所讨论的控制系统中，控制器都是按照被控变量与设定值的偏差来进行控制的，这就是所说的反馈控制，是闭环的控制系统。反馈控制中，当被控变量偏离设定值，产生偏差，然后才进行控制，这就使得控制作用总是落后于干扰对控制系统的影响。

前馈控制系统是一种开环控制系统，它是在前苏联学者所倡导的不变性原理的基础上发展而成的。20世纪50年代以后，在工程上，前馈控制系统逐渐得到了广泛的应用。前馈控制系统是根据扰动或设定值的变化按补偿原理而工作的控制系统，其特点是当扰动产生后，被控变量还未变化以前，根据扰动作用的大小进行控制，以补偿扰动作用对被控变量的影响。前馈控制系统运用得当，可以使被控变量的扰动消灭于萌芽之中，使被控变量不会因扰动作用或设定值变化而产生偏差或者降低由于扰动而引起的控制偏差和产品质量的变化，它较之反馈控制能更加及时地进行控制，比反馈控制要及时，并且不受系统滞后的影响。

加热炉的主要扰动是原料流量 F_1 的变化，根据原料流量 F_1 的变化来调整燃料流量 F_2 的控制系统为前馈控制，图5-20为加热炉的前馈控制系统及其框图。

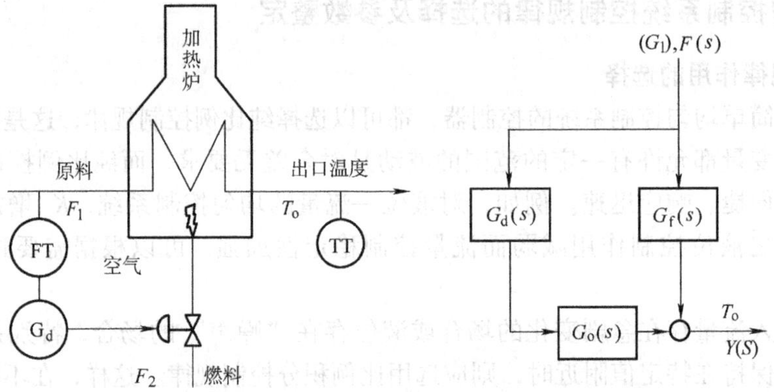

图5-20　加热炉的前馈控制系统及其框图

设 $G_f(s)$ 为扰动通道的传递函数，$G_o(s)$ 为控制通道的传递函数，$G_d(s)$ 为前馈补偿控制单元的传递函数，如果把扰动值（进料流量）测量出来，并通过前馈补偿控制单元来进行控制，则

$$Y(s)=G_f(s)F(s)+G_d(s)G_o(s)F(s)$$
$$=[G_f(s)+G_d(s)G_o(s)]F(s) \tag{5-15}$$

为了使扰动对系统输出的影响为零，应满足

$$G_f(s)+G_d(s)G_o(s)=0$$

即

$$G_d(s)=-\frac{G_f(s)}{G_o(s)} \tag{5-16}$$

式（5-16）即为完全补偿时的前馈控制器模型。由此可见，前馈控制的好坏与扰动特征和对象模型密切相关。对于精确的对象与扰动数学模型，前馈控制系统可以作到无偏控制。然而，这只是理论上的愿望。实际过程中，由于过程模型的时变性、非线性以及扰动的不可完全预见等影响，前馈控制只能在一定程度上补偿扰动对被控变量的影响。因此，在大多数实际应用中，往往都是将反馈控制与前馈控制结合起来，设计成前馈-反馈控制系统。这样，可以利用前馈控制来克服可以预见的主要扰动，而对于前馈控制补偿不完全的部分，即扰动依旧作用于被控变量所产生的偏离及其余扰动，由反馈控制来消除。这样的控制系统即使在大而频繁的扰动下，仍然可以获得优良的控制品质。

5.4.2　前馈控制系统的主要结构形式

1. 稳态前馈

稳态前馈是在扰动作用下，前馈补偿作用只能最终使被控变量回到要求的设定值，而不考虑补偿过程中的偏差大小。在有条件的情况下，可以通过物料平衡和能量平衡关系求得采用多大校正作用。

稳态前馈控制不包含时间因子，实施简便。事实证明，在不少场合，特别是控制通道和扰动通道的时间常数相差不大时，应用稳态前馈控制可以获得很好的控制精度。

2. 前馈-反馈控制系统

单纯的前馈控制是开环的，对补偿作用没有加以检验。在实际工业过程中单独使用前馈控制很难满足工艺的要求，因此前馈与反馈相结合构成前馈-反馈控制系统。前馈-反馈控制系统有两种结构：一是前馈控制作用与反馈控制作用相乘，如图 5-21 所示精馏塔灵敏板温度的进料前馈-反馈控制系统；二是前馈控制作用与反馈控制作用相加，这是前馈-反馈控制系统中最典型的结构，如图 5-22 所示加热炉出口温度的进料前馈-反馈控制系统。

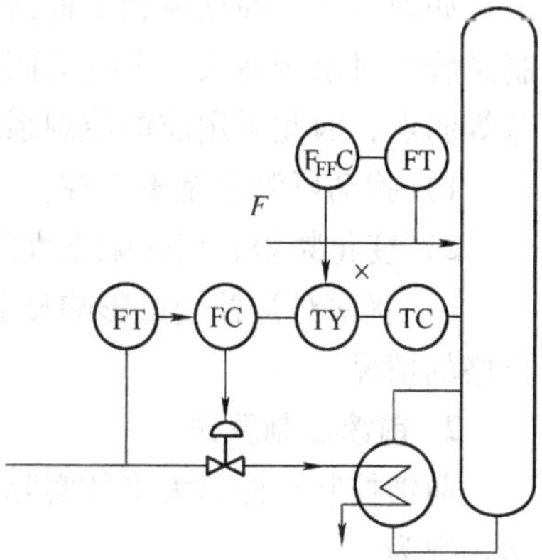

图 5-21　精馏塔出口温度的进料前馈-反馈控制系统（相乘型）

3. 多变量前馈控制系统

当被控过程的扰动不止一个，而它们变化幅度较大且频繁时，可采用多输入单输出的多变量前馈控制系统。当被控过程是多输入多输出过程，为了消除相互之间的影响，可用多输入多输出的多变量前馈控制系统进行控制系统的解耦，在此简单介绍。

设一个线性定常的多变量动态方程的矩阵形式为

$$\boldsymbol{Y}_{C\times1}=\boldsymbol{A}_{C\times M}\boldsymbol{U}_{M\times1}+\boldsymbol{B}_{C\times D}\boldsymbol{F}_{D\times1}$$

式中，$\boldsymbol{Y}_{C\times1}$是对象被控向量（$C$ 维）；$\boldsymbol{U}_{M\times1}$是控制向量（$M$ 维）；$\boldsymbol{F}_{D\times1}$是扰动向量（$D$ 维）；$\boldsymbol{A}_{C\times M}$、$\boldsymbol{B}_{C\times D}$分别是系数矩阵。

设多变量前馈控制模型的传递矩阵为 $\boldsymbol{D}_{M\times D}$，则有

$$\boldsymbol{Y}_{C\times 1} = [\boldsymbol{A}_{C\times M}\boldsymbol{D}_{M\times D} + \boldsymbol{B}_{C\times D}]\boldsymbol{F}_{D\times 1}$$

为了实现完全补偿（$C=M$ 的情况下）前馈模型的传递矩阵为

$$\boldsymbol{D}_{M\times D} = -[\boldsymbol{A}_{C\times M}]^{-1}\boldsymbol{B}_{C\times D} \tag{5-17}$$

同单变量前馈控制系统一样，可将前馈与反馈结合起来构成多变量前馈-反馈系统。

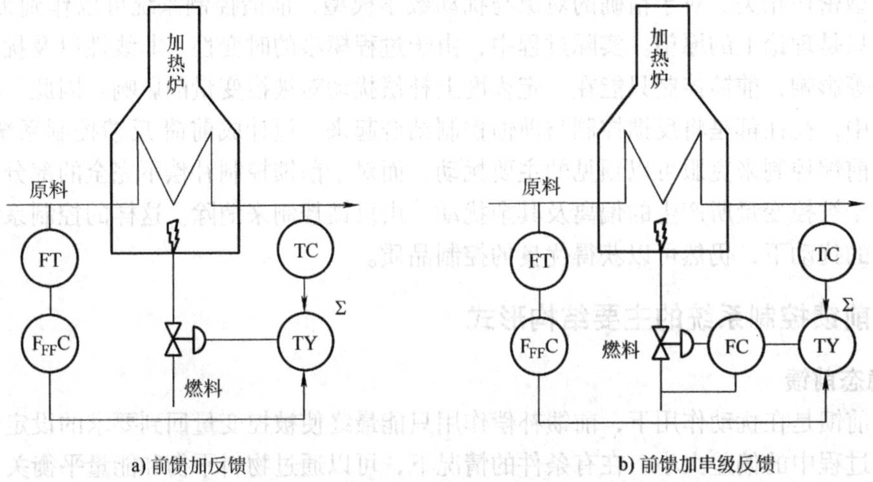

图 5-22　加热炉出口温度的进料前馈-反馈控制系统（相加型）

5.4.3　前馈控制系统的设计及工程实施中的若干问题

1. 采用前馈控制系统的条件

如前所述，前馈控制是根据扰动作用的大小进行控制的。前馈控制系统主要用于克服控制系统中对象滞后大、由扰动而造成的被控变量偏差消除时间长、系统不易稳定、控制品质差等弱点，因此采用前馈控制系统的条件是：

1）扰动可测但是不可控。

2）变化频繁且变化幅度大的扰动。

3）扰动对被控变量影响显著，反馈控制难以及时克服，且过程对控制精度要求又十分严格的情况。

2. 前馈控制算法

前馈控制算法对大多数实际工业过程可用时滞加一阶滞后的结构形式，前馈控制器的传递函数为

$$G_d(s) = -\frac{G_f(s)}{G_o(s)} = -\frac{K_f}{K_o}\frac{T_o s+1}{T_f s+1}e^{-(\tau_f-\tau_o)s} = K_d\frac{T_1 s+1}{T_2 s+1}e^{-\tau_d s} \tag{5-18}$$

式中，$K_d = -\dfrac{K_f}{K_o}$是增益项，为一比例环节；$\dfrac{T_1 s+1}{T_2 s+1} = \dfrac{T_o s+1}{T_f s+1}$为一超前-滞后环节，$T_1 > T_2$ 时具有超前特性，$T_1 = T_2$ 时正好是比例环节，$T_1 < T_2$ 时具有滞后特性。

在有些过程控制中，不需要输出信号中的直流分量（即稳态分量），此时可采用传递函数为 $Ts/(Ts+1)$ 的前馈控制器。

3. 前馈补偿装置及偏置的选择

采用 DCS 或计算机控制时，前馈控制器的控制规律可方便地实现，例如，可采用超前滞后功能模块，采用前馈-反馈控制算法的功能模块等。常规仪表实施时，通常采用稳态前馈，即用前馈增益 K_{FF} 实现，如用比例环节。当被控过程的模型和扰动模型能够较准确地获得时，也可采用相应的单元组合仪表实现动态前馈控制规律。

在正常工况下，扰动变量有输出，因此，前馈控制器也有输出。当组成前馈-反馈控制系统时，反馈信号与正常工况下前馈信号相结合，其数据可能超出仪表量程范围，因此，采用常规仪表时，应在前馈控制器输出添加偏置信号 B，其数据应等于正常稳态工况下扰动变量经前馈控制器后的输出，其符号应抵消正常工况的输出。前馈反馈控制中偏置值的设置（偏差信号加入点）如图 5-23 所示。偏置信号为

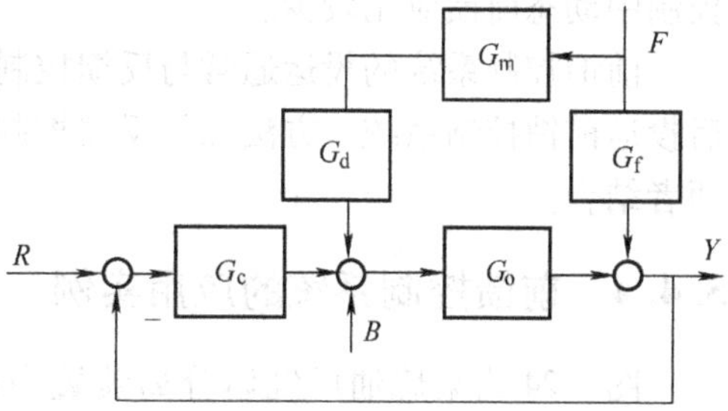

图 5-23　前馈反馈控制中偏置值的设置

$$B = -K_m K_{FF} F \tag{5-19}$$

式中，K_m 是前馈信号检测变送环节的增益；K_{FF} 是稳态前馈增益；F 是正常工况下扰动变量的数值。

添加偏置值后，正常工况下，扰动引入的前馈信号与偏置值信号抵消，因此，送到执行器的信号是反馈控制信号。当扰动变量变化时，扰动变量引入的前馈信号减去偏置值后作为实际的扰动前馈信号，与反馈信号相加，实现了前馈-反馈控制功能。

采用 DCS 或计算机实现前馈-反馈控制系统时，也可如上述方法设置偏置值。有些情况下，如锅炉三冲量控制系统中，给水和蒸汽量是物料平衡的，可不设置偏置值。

4. 前馈控制系统的投运和参数整定

前馈控制系统的参数整定有下列内容：确定稳态前馈增益、设置偏置值、调整超前滞后环节的时间常数。

（1）稳态前馈增益的确定

除了可根据机理分析计算稳态前馈增益外，还可有两种实测确定方法：一是工况下实测扰动通道的增益和控制通道的增益，然后相除得到稳态前馈增益；二是扰动变化量 Δf 影响下，通过反馈控制系统使被控变量回复到设定值，这时，控制器输出变化量为 Δu，则稳态前馈增益为

$$K_{FF} = \frac{\Delta u}{\Delta f} \tag{5-20}$$

（2）偏置值的设置

根据已确定的稳态前馈增益，在正常工况下，扰动变量经检测变送和前馈控制器后输出信号的负值作为偏置值。

（3）超前滞后环节的整定

当采用动态前馈时，需进行超前滞后环节的整定，有两种方法。方法一是实测扰动通道传递函数 $G_F(s)$，实测前馈广义对象的传递函数 $G_o(s)$，前馈通道广义对象包含扰动变量的检测变送环节、执行器和被控过程。当扰动变量是流量时，可用实测的执行器和被控过程的

传递函数近似，当扰动变量不是流量或动态时间常数较大时，应实测扰动变量检测变送环节的传递函数，然后确定动态前馈的超前滞后环节参数。方法二是经验法，根据输出响应曲线调试超前滞后环节参数。由于动态前馈的参数调整不合适时反而引入扰动，因此，一般过程控制中动态前馈应用较少。

前馈控制系统的投运通常与反馈控制系统投运结合。方法一是先投运反馈控制系统，然后投运前馈控制系统。方法二是反馈控制系统和前馈控制系统各自投运，整定好参数后再把两者结合。

5.4.4 前馈控制系统的应用实例

图5-24为某炼油厂气体分离装置中的两个关联较强的精馏塔-反应原料塔（塔—502，以下简称塔2）和橡胶原料塔（塔—504，以下简称塔4）的多变量前馈-反馈控制流程。塔2顶部产品作为烷基化反应原料送出，塔底的重组分则输送到下一工序作为塔4的进料。塔4的塔顶产品为合成橡胶的原料，底部产品则送往罐区作为液化气用。由于塔2底部的C_4、C_5馏分是靠塔内自压压入塔4作为进料而没有中间储槽直接输送，所以为保证塔2顶部产品质量所进行的一些必要操作势必会影响到塔4的工况，给塔4的操作带来较强烈的扰动。考虑塔2和塔4的实际情况，其塔4的主要扰动是来自塔2低部出料的流量以及温度变化。鉴于此，在常规反馈控制的基础上，应用了多变量前馈-反馈控制系统。

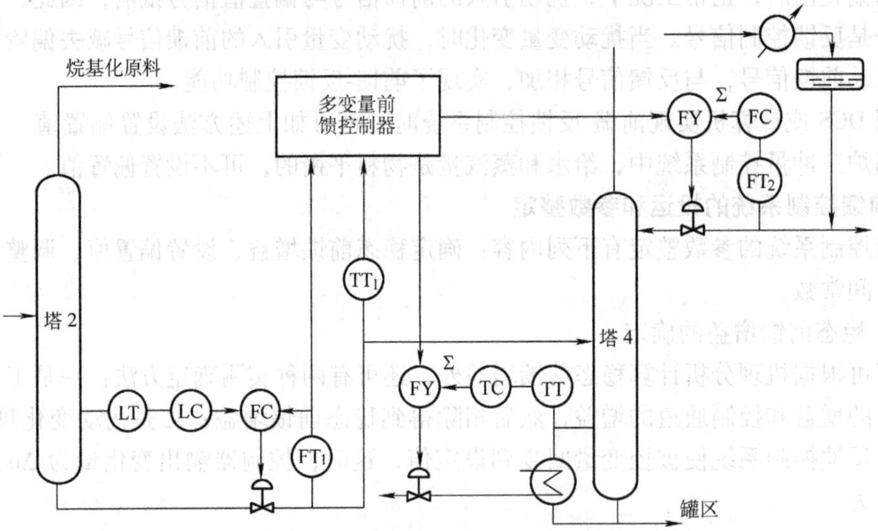

图5-24 精馏塔多变量前馈-反馈控制流程

针对塔2与塔4的特定工况，设计采用前馈控制方案。其原因是：为稳定塔2的产品质量而进行的各种操作必然会对塔4造成可测而不可控的扰动。基于此，在常规的反馈控制方案前提下，选择塔2底部的出口流量（FT_1），以及表征塔4进料热焓的温度（TT_1）作为前馈信号，将塔4顶回流量（FT_2）及塔4底的再沸器蒸汽流量作为控制变量构成多变量前馈-反馈控制系统。通过该控制方案，可以有效地克服塔2操作时对塔4所造成的干扰，此时塔4顶、底成分的控制关系为

$$\begin{bmatrix} X_D \\ X_B \end{bmatrix} = \begin{bmatrix} A_{11} A_{12} \\ A_{21} A_{22} \end{bmatrix} \begin{bmatrix} L \\ V \end{bmatrix} + \begin{bmatrix} B_{11} B_{12} \\ B_{21} B_{22} \end{bmatrix} \begin{bmatrix} F \\ Q \end{bmatrix}$$

式中，X_D 为塔 4 顶的轻关键组分；V 为塔 4 再沸器的蒸汽量；X_B 为塔 4 底的重关键组分；F 为塔 4 进料流量；Q 为塔 4 进料的热焓；L 为塔 4 回流量。

为了工程实施简便，采用多变量前馈控制器结构为

$$DD = K_{d_{ij}} \frac{T_{1_{ij}} + 1}{T_{2_{ij}} + 1} e^{-\tau_{ij} s}$$

经过实际测算，前馈控制器各参数预定为

$$K_{d_{ij}} = \begin{bmatrix} K_{d_{11}} & K_{d_{12}} \\ K_{d_{21}} & K_{d_{22}} \end{bmatrix} = \begin{bmatrix} -0.8 & -0.1 \\ 1.0 & -0.9 \end{bmatrix}$$

$$T_{1_{ij}} = \begin{bmatrix} T_{1_{11}} & T_{1_{12}} \\ T_{1_{21}} & T_{1_{22}} \end{bmatrix} = \begin{bmatrix} 12 & 21 \\ 16 & 24 \end{bmatrix}$$

$$T_{2_{ij}} = \begin{bmatrix} T_{2_{11}} & T_{2_{12}} \\ T_{2_{21}} & T_{2_{22}} \end{bmatrix} = \begin{bmatrix} 9 & 18 \\ 20 & 15 \end{bmatrix}$$

$$\tau_{ij} = \begin{bmatrix} \tau_{11} & \tau_{12} \\ \tau_{21} & \tau_{22} \end{bmatrix} = \begin{bmatrix} 12 & 28 \\ 10 & 23 \end{bmatrix}$$

采用 DCS 不同的控制功能模块组态可以方便地完成上述的多变量前馈-反馈控制功能。对于前馈控制模型，选用 DCS 内部的比率环节、超前/滞后环节以及纯滞后环节来拟合；对于前馈与反馈控制系统的综合，应用加法器来实现。多变量前馈-反馈控制系统是通过把前馈控制的结果叠加到塔顶回流量反馈控制器的输出及塔底温度反馈控制器输出，然后作用到其对应的控制阀上来实现的。

5.5　选择性控制系统

5.5.1　选择性控制系统的基本原理和主要结构形式

在控制系统中含有选择单元的系统，通常称为选择性控制系统。常用的选择器是低选器和高选器，它们各有两个或更多个输入，低选器把低信号作为输出，高选器把高信号作为输出，即分别是

$$\left.\begin{aligned} u_o &= \min(u_{i1}, u_{i2}, \cdots, u_{ij}) \\ u_o &= \max(u_{i1}, u_{i2}, \cdots, u_{ij}) \end{aligned}\right\} \tag{5-21}$$

式中，u_{ij}是第 j 个输入；u_o 是输出。

选择性控制系统将逻辑控制与常规控制结合起来，增强了系统的控制能力，可以完成非线性控制、安全控制和自动开停车等控制功能。选择性控制又称取代控制、超驰控制和保护控制等。

选择性控制系统是为使控制系统既能在正常工况下工作，又能在一些特定的工况下工作而设计的，因此，选择性控制系统应具备：

1）生产操作上有一定的选择性规律。

2）组成控制系统的各个环节中，必须包含具有选择性功能选择单元。

选择性控制系统可分为如下几类：

1. 选择器位于两个控制器与一个执行器之间

超驰（Override）控制系统是选择性控制系统中常用的类型。图5-25为液氨蒸发器超驰控制系统及框图。液氨蒸发器是一个换热设备，在工业生产上用得很多。液氨的汽化，需要吸收大量的汽化热，因此，它常用来冷却流经管内的被冷却物料。

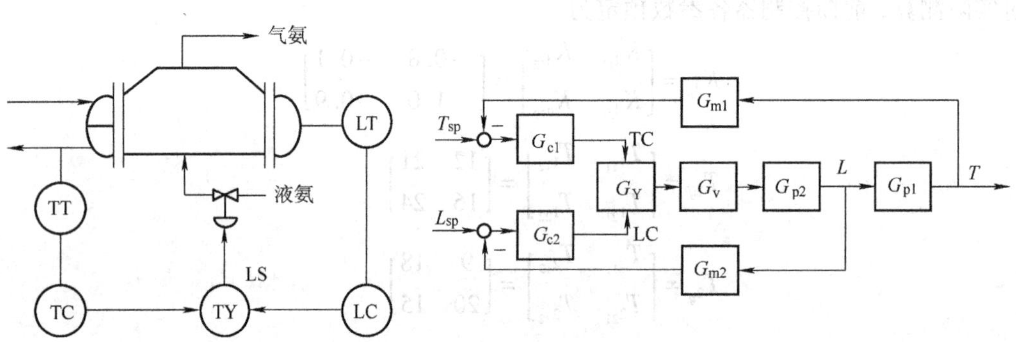

图5-25 液氨蒸发器超驰控制系统及框图

在正常工况下，控制阀由温度控制器TC的输出来控制，这样可以保证被冷却物料的温度为设定值。但是，蒸发器需要有足够汽化空间，来保证良好的汽化条件以及避免出口氨气带液，为此又设计了液面超驰控制系统。在液面达到高限的工况，即便被冷却物料的温度高于设定值，也不再增加氨液量，而由液位控制器LC取代温度控制器TC进行控制。这样，既保证了必要的汽化空间又保证了设备安全。

超驰控制系统设计步骤如下：

1）根据安全角度选择控制阀：本例为气开型，使事故时控制阀处于关闭位置，即 $K_v>0$。

2）确定被控过程特性：控制阀开度增大，进入液氨量增加，液位升高，$K_{p2}>0$；液位升高，温度下降，$K_{p1}<0$。

3）确定控制器的正、反作用形式：根据负反馈准则，选择 $K_{c2}>0$，使 $K_{c2}K_vK_{p2}>0$（通常 $K_{m2}>0$）。因 $K_{p1}<0$，选择 $K_{c1}<0$，使 $K_{c1}K_vK_{p2}K_{p1}>0$。因此，液位控制器选反作用，温度控制器选正作用。

4）确定选择器类型：根据超过安全软限时应使取代控制器（本例中的液位控制器），又称超驰控制器代替正常控制器（本例中的温度控制器），即根据在取代工况下取代控制器输出信号是增加（降低）确定选择器是高选器（低选器）。本例中，因液位控制器是反作用控制器，液位高于安全软限时，液位控制器输出降低，因此，G_Y 选用低选器。低选器常用LS或小于符号（<）表示，高选器常用HS或大于符号（>）表示。

超驰控制系统和类似的控制系统结构也被用于生产过程的自动开停车和逻辑提量和减量的控制系统中。

2. 操纵变量的选择性控制

在控制器与检测元件或变送器之间引入选择单元的称为操纵变量选择性控制。

加热炉燃料有低价燃料 A 和补充燃料 B，A 最大供应量为 A_H，燃料 A 超过 A_H 时启用补充燃料 B，为此设计了图 5-26 所示选择性控制系统。

正常工况时：$m < A_H$，温度控制器 TC 的输出 m 经低选器作为燃料 A 流量控制器 F_1C 的设定值，构成温度控制器 TC 与燃料 A 流量控制器串级控制。补充燃料 B 流量控制器 F_2C 设定值 <0。

当 $m > A_H$，燃料 A 流量控制器 F_1C 为定值控制，设定值为 A_H。温度控制器 TC 的输出 m 至加法器，$m-n>0$ 作为补充燃料 B 流量控制器 F_2C 的设定值，构成温度控制器 TC 与燃料 B 流量控制器串级控制。

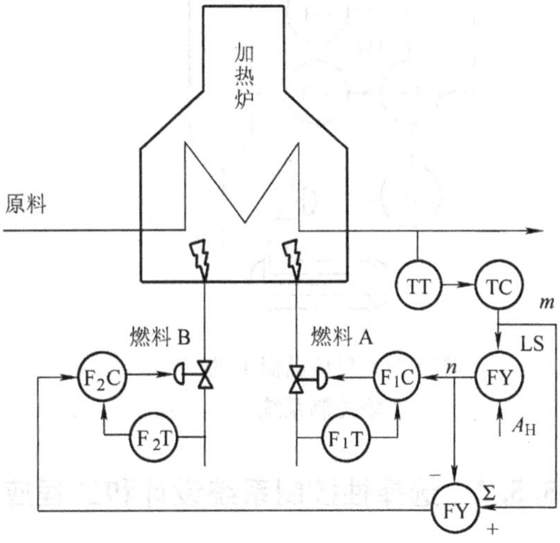

图 5-26　燃料燃烧的选择性控制系统

3. 利用选择器实现非线性控制规律

利用选择器对信号进行限幅，实现非线性函数关系。例如，精馏塔进料量对加热量的前馈控制系统中，精馏塔的约束条件是防止漏液和液泛。即加热量不允许太少，太少会造成漏液；加热量也不允许过多，过多会造成液泛。为此，加入高、低限幅器（用高选器和低选器实现），组成图 5-27 所示的非线性控制规律。

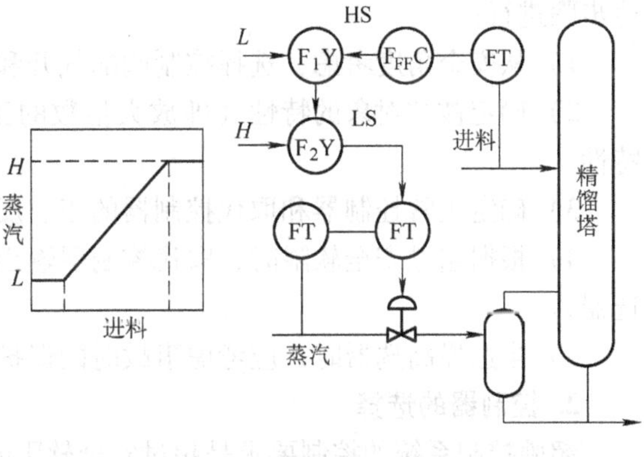

图 5-27　非线性控制规律

4. 选择器位于几个检测变送环节与控制器之间

这类控制系统主要用于确定被控变量的选点。分为竞争控制系统和冗余系统。

（1）竞争控制系统

这类控制系统选择几个检测变送信号的最高、最低信号用于控制。

图 5-28 为反应器温度的竞争控制系统，为控制反应温度，选择其中高点温度用于控制。图中，T_1T、T_2T、T_3T 是 3 个温度检测变送环节，它们的输出送高选器 TY，将输入信号的高者作为控制器 TC 的测量值。这里，3 个温度信号经竞争得到出线权，因此，称为竞争控制系统。通过竞争，可保证反应器温度不超限。

（2）冗余系统

为防止因仪表故障造成事故，对同一检测点采用多个仪表测量，选择性控制系统选择中间值或多数值，作为该检测点的测量值，这类系统称为冗余系统。

图 5-29 为选择中间值的连接图，在 DCS 或计算机控制系统中也可调用有关功能模块直接获得所需数值。

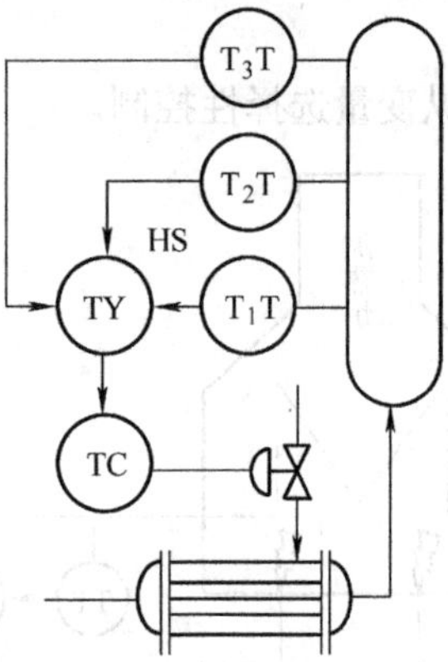

图5-28　反应器温度的竞争控制系统

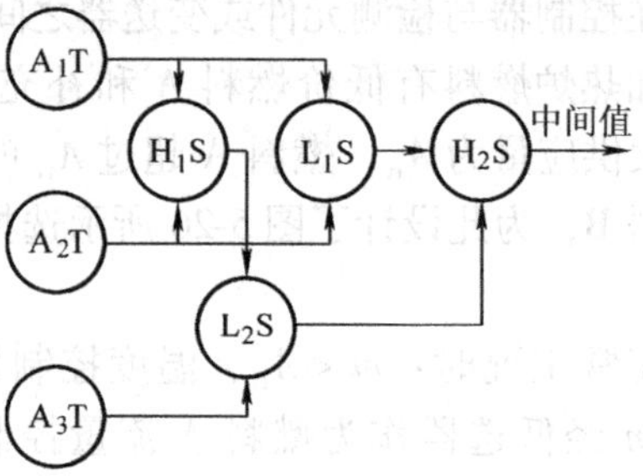

图5-29　选择性控制系统选择中间值的连接

5.5.2　选择性控制系统设计和工程应用中的问题

1. 选择器类型的选择

超驰控制系统的选择器位于两个控制器和一个执行器之间。选择器类型的选择可根据下述步骤进行：

1）从安全角度考虑，选择控制阀的气开和气关型式。

2）确定被控对象的特性（即放大倍数的正负），应包括正常工况和取代工况时的对象特性。

3）确定正常控制器和取代控制器的正、反作用方式。

4）根据超过安全软限时，取代控制器输出是增大（减小），确定选择器是高选器（低选器）。

5）当选择高选器时，应考虑事故时的保护措施。

2. 控制器的选择

超驰控制系统的控制要求是超过安全软限时能够迅速切换到取代控制器。因此，取代控制器应选择比例度较小的比例或比例积分控制器，正常控制器与单回路控制系统的控制器选择相同。控制器的正、反作用可根据负反馈准则，如上述进行选择。

3. 防积分饱和

超驰控制系统中，正常工况下，取代控制器的偏差一直存在，如果取代控制器有积分控制作用，就会存在积分饱和现象。同样，取代工况下，正常控制器的偏差一直存在，如果正常控制器有积分控制作用，就会存在积分饱和现象。当存在积分饱和现象时，控制器的切换就不能及时进行。这里，由于偏差为零时，两个控制器的输出不能及时切换的现象称为选择性控制系统的积分饱和。

保持控制器切换时跟踪的方法是采用积分外反馈，即将选择器输出作为积分外反馈信号，分别送两个控制器。图5-30为选择性控制系统防积分饱和的连接方法。

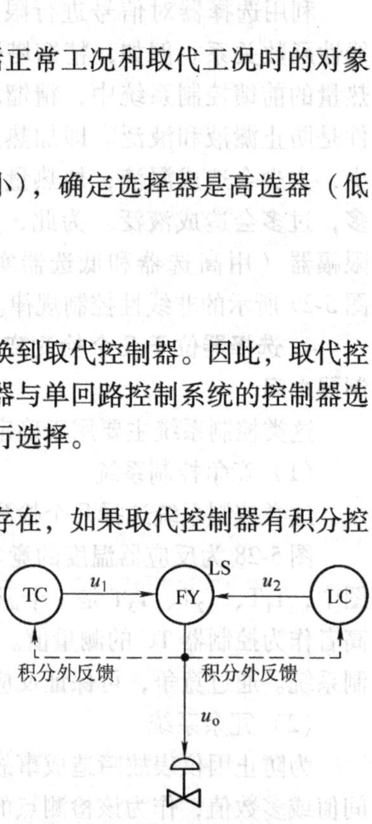

图5-30　选择性控制系统的防积分饱和的连接方法

当控制器 TC 切换时，有 $u_1 = K_{c1}e_1 + u_o$；

当控制器 LC 切换时，有 $u_2 = K_{c2}e_2 + u_o$。

在控制器切换瞬间，偏差 e_1 或 e_2 为零，有 $u_1 = u_2$，实现了输出信号的跟踪和同步。

5.5.3　选择性控制系统的应用实例

1. 一段转化炉燃烧安全选择性控制系统

图 5-31 为一段转化炉的燃烧安全选择性控制系统框图。正常工况时，由一段炉出口温度及弛放气流量来决定天然气的流量，但是非正常工况时，进入燃烧室的天然气流量会有较大的变化。若天然气流量大，则其压力相应会增高，这有可能引起脱火；反之，若天然气流量小，则其压力相应会减小，这有可能引起回火。不管脱火还是回火，都是很危险的。为了防止脱火，采用了燃烧安全选择性控制系统，一旦烧嘴的燃料压力高到接近脱火压力时，系统选择由烧嘴燃料压力来控制燃烧（压力控制器为反作用工作方式），防止了脱火，保证了生产安全。实际生产中还应用了火焰检测器监测天然气燃烧状况，紧急情况时，起动联锁切断天然气，防止回火。

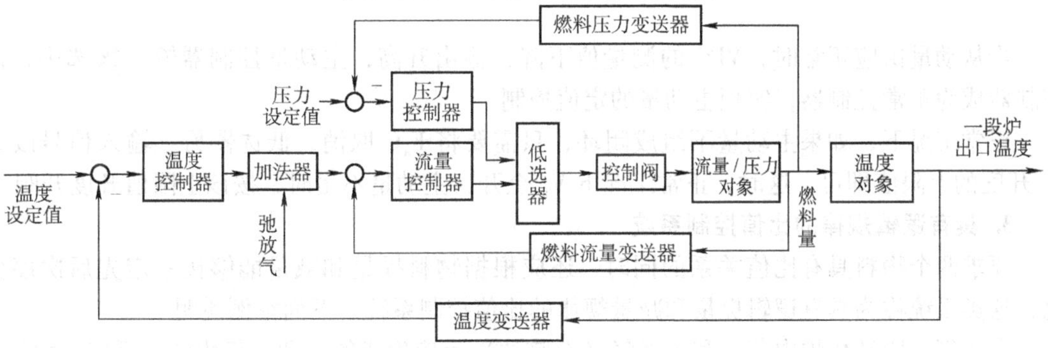

图 5-31　一段转化炉的燃烧安全选择性控制系统框图

2. 从动量供应不足时的比值控制系统

通常比值控制系统中的主、从动量是人为确定的，但一旦主、从动量关系确定后，就不能改变主、从关系。因此，主动量不足时，从动量可跟踪主动量的减小而减小，但当从动量供应不足时，主动量不会随从动量的减小而减小，使比值关系变化。为使从动量不足时能使主动量随之减小，可采用选择器组成从动量供应不足时的比值控制系统。

该控制系统在从动量供应充足时，从动量按正常比值关系跟随主动量变化而变化；从动量供应不足时，减小主动量控制阀开度，使主从动量保持所需比值关系。

图 5-32 为从动量不足的比值控制系统。图中，VPC 是阀位控制器，其设定值为 95%；F_1Y 和 F_2Y 是低选和高选器；F_bY 和 F_cY 是乘法器比值函数环节，比值为 K_b 和 K_c；F_aT、F_bT 和 F_cT 为流量检测变送器；F_aC、F_bC 和 F_cC 为流量控制器；V_a、V_b 和 V_c 是控制阀。

该控制系统判别从动量流量不足的方法是根据从动量控制阀的开度，即 VPC 控制器的测量值，如果开度大于 95%（VPC 的设定），则 VPC 输出减小，并被低选器选中，关小主动量控制阀 V_a。随着主动量控制阀的关小，主动量流量 F_a 下降，按比值关系自动减小从动量控制器的设定，使从动量也随之减小。达到从动量供应不足时，自动减小主动量流量的控制目的。示例中有两个从动量，因此，从动量控制阀的信号经高选器选出高值，作为从动量不足的标志，送 VPC 作为测量信号。为了防止积分饱和，采用积分外反馈信号，即图中 LS 输出到两个控制器的信号。

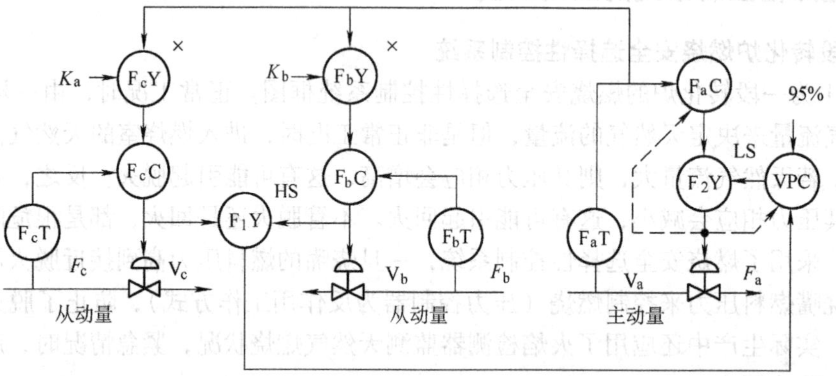

图 5-32 从动量不足的比值控制系统

当从动量供应正常时，VPC 的测量值下降，输出升高，主动量控制器输出被选中，该控制器成为正常控制器，实现主动量的定值控制。

正常工况下，如果主动量不组成闭环，只需要将 F_aC 取消，低选器另一输入信号改为 V_a 开度的上限值即可。这时，正常工况下 V_a 全开，主动量不足时，按该上限值开度开阀。

3. 具有逻辑规律的比值控制系统

要求两个物料具有比值关系的同时，还应根据物料提量和减量能够按一定先后次序变化，这类系统称为具有逻辑提量和减量规律的比值控制系统。下面举例说明。

合成氨一段转化炉内蒸汽和天然气（石脑油）反应生成氢气和一氧化碳，反应方程为

$$C_nH_{2n+2}+\frac{n-1}{2}H_2O\rightarrow\frac{3n+1}{4}CH_4+\frac{n-1}{4}CO_2$$

$$CH_4+H_2O\uparrow\leftrightarrow CO+3H_2+Q$$

反应强烈放热。蒸汽和天然气的配比称为水/碳比，它是重要的控制指标。水/碳比过高，蒸汽消耗量过大，不经济；水/碳比过低，催化剂表面会出现析碳现象，损坏催化剂。采用以蒸汽为主动量，天然气为从动量的双闭环比值控制系统。提量和减量时的控制要求是：提量时，先提蒸汽量，后提天然气流量；减量时，先减天然气流量，后减蒸汽量。控制目的是确保水/碳比不低于限值，不出现析碳现象。同时，能够降低蒸汽消耗量，有利于节能。

图 5-33 为具有逻辑提量和减量规律的比值控制系统。图中，FY 是比值函数环节，如乘法器。由于仪表比值系数大于 1，因此，设置在从动量回路。HS 和 LS 是高选器和低选器，SP 是提量和减量的设定信号。提量时，SP 增大，高选器输出选中 SP，蒸汽控制器调节蒸汽量使蒸汽量先增加，经检测后的信号被低选器选中，逐渐增大天然气控制器的设定值，使天然气流量跟随蒸汽流量，并按所需比值增大，以达到提量时先提蒸汽量，后提天然气流量的控制目的。减量时，SP 减小，低选器输出选中 SP，使天然气控制器设定减小，并经调节后减小天然气流量，检测后按所需比值关系的信号被高选器选中，并逐渐减小，使蒸汽流量相

应减小，以达到减量时先减天然气流量，后减蒸汽量的控制目的。

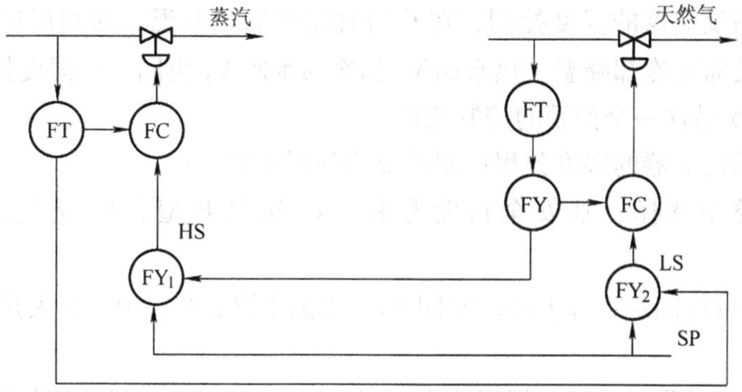

图 5-33 具有逻辑提量和减量规律的比值控制系统

这类具有逻辑提量和减量的比值控制系统应用广泛。例如，在锅炉控制系统中，常采用燃料量和空气量比值控制系统，这种控制系统也称为双交叉燃烧控制系统。当蒸汽用量增大时，先提空气量，后提燃料量；当蒸汽用量减小时，先降燃料量，后降空气量，从而使燃料能完全燃烧，不冒黑烟。

5.6 分程控制系统

一个控制器的输出同时送往两个或多个执行器，而各个执行器的工作范围不同，这样的系统称为分程控制系统。例如，一个控制器的输出同时送往气动控制阀甲和乙，阀甲在气压 20 ~ 60kPa 范围内由全开到全关，而阀乙在气压 60 ~ 100kPa 范围内由全开到全关，控制阀分程工作。

采用两个控制阀的情况，分程动作可为同向与异向两大类，各自又有气开与气关的组合，因此共有 4 种组合，如图 5-34 所示。在采用 3 个或更多个控制阀时，组合方式更多。不过，总的分程数也不宜太多，否则每个控制阀在很小的输入区间内就要从全开到全关，要精确实现这样的规律相当困难。为了实现分程动作，一般需要引入阀门定位器。

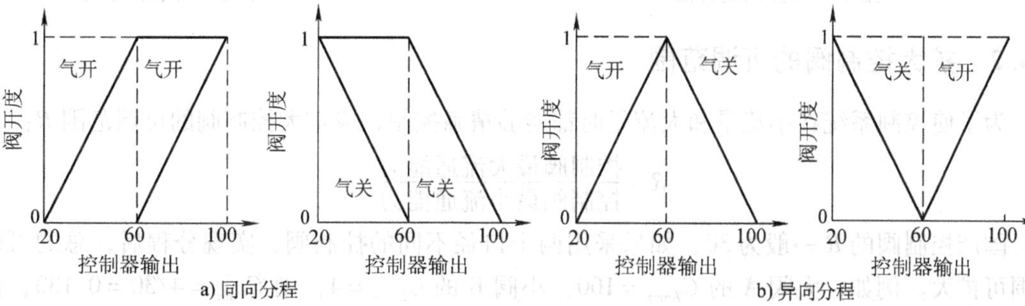

图 5-34 分程控制系统的分程组合

5.6.1　不同工况需要不同的控制手段

间歇式搅拌槽反应器的温度控制，在开始时需要加热升温，而到反应开始并逐渐剧烈时，反应放热，又需要冷却降温。热水阀 V_1 和冷却水阀 V_2 由同一个温度控制器操纵，需要分程工作。图5-35是这一个例子的控制流程。

间歇式搅拌槽反应器的温度分程控制系统的分析如下：

1）控制阀类型选择：从安全角度考虑，V_1 选气开型，V_2 选气关型。即 $K_{v1}>0$，$K_{v2}<0$。

2）被控对象特性确定：开大冷却水阀 V_2，釜温下降；$K_{p2}<0$，开大热水阀 V_1，釜温升高，$K_{p1}>0$。

3）控制器正、反作用选择：根据稳定运行准则，$K_c>0$，即反作用控制器。

4）控制过程分析：如图5-36所示，反应初期，釜内温度较低，釜温工作点位于图中 A 点，反作用控制器输出增加，应开大热水阀 V_1，直到反应开始放热。反应进行过程中应移走反应热，假设釜温工作点位于图中 B 点，则反作用控制器输出减小，逐渐开大冷却水阀 V_2，使反应釜温度恒定。因此，该控制系统应选用气关-气开异向分程控制。

分析时假设控制器为比例控制作用，如果选用气开-气关异向分程则不能满足控制要求，因此，应选用气关-气开异向分程。

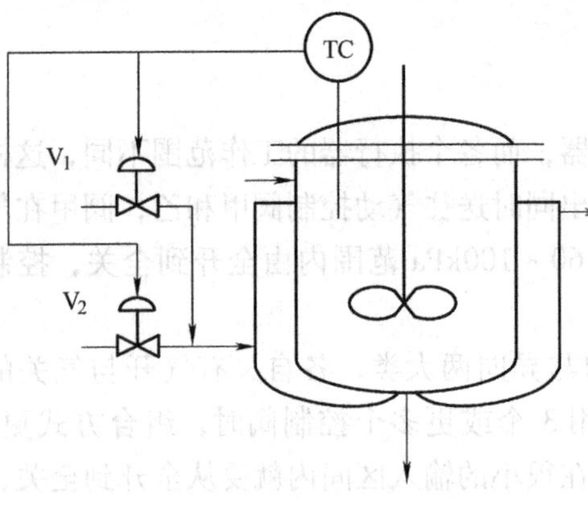

图5-35　间歇式搅拌槽反应器的温度分程控制流程图

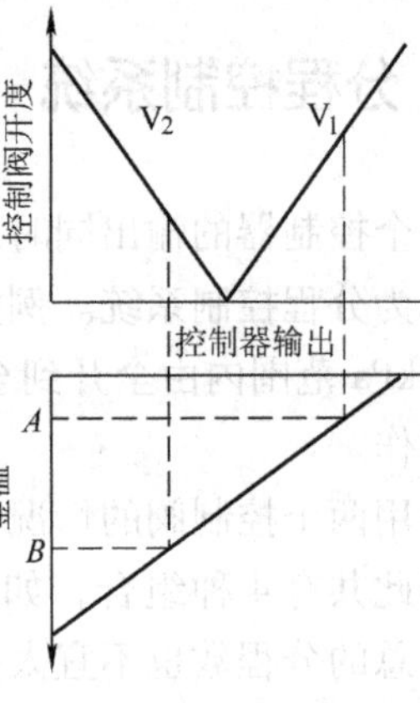

图5-36　反应釜温度分程控制系统分析

5.6.2　扩大控制阀的可调范围

为了使控制系统在小流量和大流量时都能够精确控制，应扩大控制阀的可调范围 R：

$$R=\frac{\text{控制阀最大流通能力}}{\text{控制阀最小流通能力}}$$

国产控制阀的 R 一般为30，如果采用两个口径不同的控制阀，实现分程后，总的可调范围可扩大。例如，大阀A的 $C_{\text{Amax}}=100$，小阀B的 $C_{\text{Bmax}}=4$，则 $C_{\text{Bmin}}=4/30=0.133$；假设大阀泄漏量为0，则分程控制后，最小总流通能力为0.133，最大总流通能力为100+4；系统的可调范围为(100+4)/0.133=780。

5.7 双重控制系统

5.7.1 双重控制系统的基本原理和主要结构形式

一个被控变量采用两个或两个以上的操纵变量进行控制的控制系统称为双重或多重控制系统。这类控制系统采用不止一个控制器，其中，一个控制器输出作为另一个控制器的测量信号。

系统操纵变量的选择需从操作优化的要求综合考虑。它既要考虑工艺的合理和经济，又要考虑控制性能的快速性。而两者又常常在一个生产过程中同时存在。双重控制系统是综合这些操纵变量的各自优点，克服各自弱点进行优化控制的。

图 5-37 为双重控制系统的应用示例。蒸汽减压系统中，高压蒸汽通过两种方式减压为低压蒸汽。直接通过减压阀 V_1 的减压方式具有快速的动态响应，控制效果很好，但能量消耗在减压阀上，经济性较差；通过蒸汽涡轮机回收能量，具有较好的工艺合理性，蒸汽能量得到回收，但动态响应迟缓。从操作优化的观点出发，图 5-37 所示的双重控制系统结合了上述两种控制方法的优点。图中，VPC 是阀位控制器，PC 是低压侧压力控制器。正常工况下，大量蒸汽经蒸汽涡轮机减压，既回收能量又达到减压目的。控制阀 V_1 的开度处于快速响应条件下尽可能小的开度（如 10% 开度）。一旦蒸汽用量变化，在 PC 出现偏差的开始阶段，主要通过动态响应快速的操纵变量（主控制阀即控制阀 V_1）来迅速消除偏差，与此同时，通过阀位控制器 VPC 逐渐改变控制阀 V_2（副控制阀）的开度，使控制阀 V_1 平缓地回复到原来的设定开度。因此，双重控制系统既能迅速消除偏差，又能最终回复到较好的稳态性能指标。

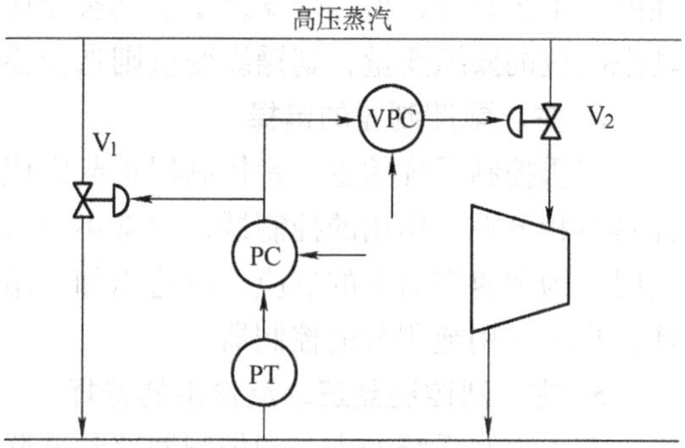

图 5-37　蒸汽减压系统双重控制系统

双重控制系统框图如图 5-38 所示，与串级控制系统相比，双重控制系统主控制器的输出作为副控制器的测量，而串级控制系统中主控制器的输出作为副控制器的设定。串级控制系统中两个控制回路是串联的，而双重控制系统中两个控制回路是并联的，因此，后者被称为双重控制系统。两者都具有“急则治标，缓则治本”的控制功能，但解决的问题不同。

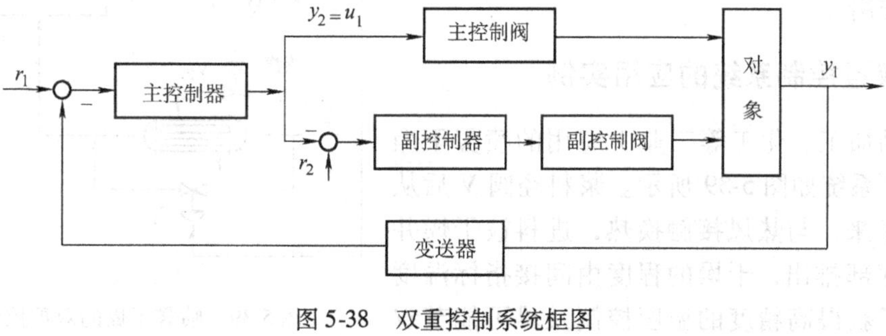

图 5-38　双重控制系统框图

双重控制系统动态稳态结合、快慢结合，“急则治标、缓则治本”，这里的“快”指动态特性好，“慢”指稳态性能好。由于双重控制回路的存在，使双重控制系统能先用主控制器的调节作用，将主被控变量 y_1 尽快地回复到设定值 r_1，保证控制系统有良好的动态响应，达到“急则治标”的功效。在偏差减小的同时，双重控制系统又充分发挥副控制器的调节作用，从根本上消除偏差，使副被控变量 y_2 回复到 r_2，使控制系统具有较好的稳态性能，达到“缓则治本”的目的。双重控制系统较好地解决了动态和稳态的矛盾，达到了操作优化的目标。

5.7.2 双重控制系统设计和工程应用中的问题

1. 主、副操纵变量的选择

双重控制系统通常有两个或两个以上的操纵变量，其中，一个操纵变量具有较好的稳态性能，工艺合理，另一个操纵变量具有较快的动态响应。因此，主操纵变量应选择具有较快动态响应的操纵变量，副操纵变量则选择稳态性能较好的操纵变量。

2. 主、副控制器的选择

双重控制系统的主、副控制器均起定值控制作用，为了消除余差，主、副控制器均应选择具有积分控制作用的控制器，通常不加入微分控制作用，当快响应被控对象的时间常数较大时，为加速主对象的响应，可适当加入微分。对于副控制器，由于起缓慢的调节作用，因此，也可选用纯积分的控制器。

3. 主、副控制器正、反作用的选择

双重控制系统的主、副控制回路是并联的单回路，主、副控制器正、反作用的选择与单回路控制系统中控制器正、反作用的选择方法相同。一般先确定控制阀的气开、气关型式，然后根据快响应被控对象的特性确定主控制器的正、反作用方式，最后根据慢响应被控对象的特性确定副控制器的正、反作用方式。

4. 双重控制系统的投运和参数整定

双重控制系统的投运与简单控制系统投运相同。在手动自动切换时应该无扰动切换；投运方式是先主后副，即先使快响应被控对象切入自动，然后再切入慢响应控制回路。

主控制器参数整定与快响应控制系统的参数整定相似，要求具有快的动态响应；副控制器参数整定以缓慢变化，不造成对系统的扰动为目标，因此，可采用宽比例度和大积分时间，甚至可采用纯积分作用。

5.7.3 双重控制系统的应用实例

在食品加工、化工等工业中应用的喷雾干燥的双重控制系统如图 5-39 所示。浆料经阀 V 后从喷头喷淋下来，与热风接触换热，进料被干燥并从干燥塔底部排出，干燥的程度由间接指标温度控制。为了获得高精度的温度控制及尽可能节省

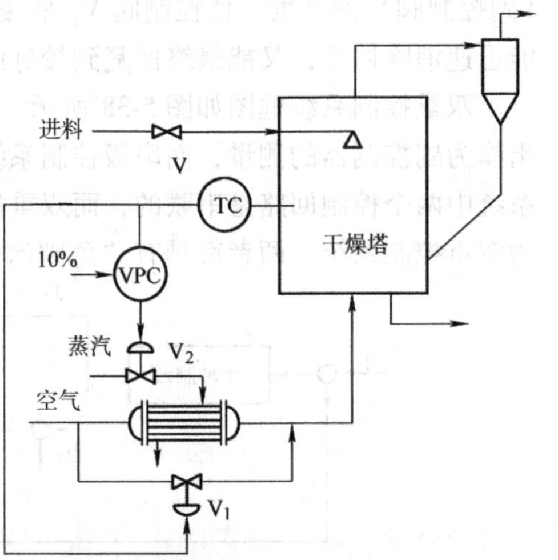

图 5-39 喷雾干燥的双重控制系统

蒸汽的消耗量，采用图示的双重控制系统，取得良好的控制效果。

喷雾干燥过程中操纵变量的选择十分重要。图 5-39 中，进料量由于它受前工序来料的影响，一般不能控制；V_1 是旁路冷风量控制阀，它具有快速响应特性，但经济性较差，V_2 是蒸汽量控制阀，它具有工艺合理的优点，但动态响应慢。图中，将调节 V_1 和 V_2 的优点结合起来，当温度有偏差时，先改变旁路风量，使温度快速回复到设定，同时，代表阀位的信号作为 VPC 的测量，直接说明蒸汽量是否合适，在 VPC 的调节下，蒸汽量逐渐改变，以适应热量平衡的需要，因此，扰动的影响最终通过改变载热体流量来克服。

5.8　差拍控制系统

对已知控制系统，研究控制器参数对系统控制性能的影响称为控制系统的分析。而根据期望的控制性能（品质）来求取控制系统的结构或控制算法，则称为控制系统的综合（设计）。用常规仪表来实施控制系统的综合（设计）时，若按期望的控制性能来求取控制算法，则因为其实施困难，故一般不采用，而用计算机来实施就很方便。差拍控制就是按期望的控制性能来综合（设计）的控制系统。

5.8.1　差拍控制系统的基本原理

数字计算机组成的控制系统如图 5-40 所示。其中，$G_c(z)$是通过数字计算机来实施的数字控制器脉冲传递函数。$HG_p(z)$是广义对象的脉冲传递函数，它包含了保持器（通常采用零阶保持器）。

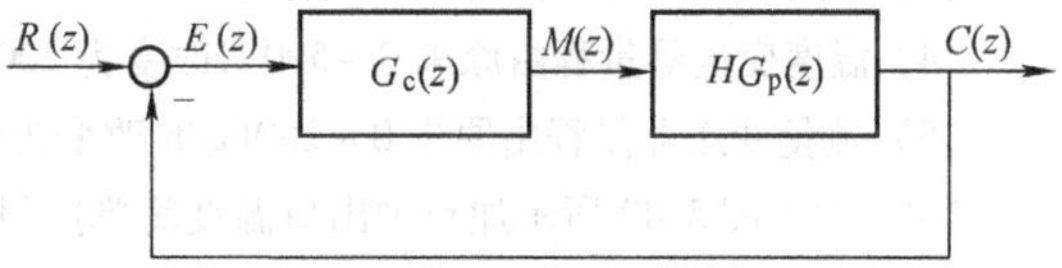

图 5-40　数字计算机组成的控制系统

像连续控制系统一样，数字控制器的控制算法可以采用离散化的常规控制来实施，也可以如上所述，采用根据闭环控制品质来设计数字控制器。

设 $HG_p(z)$含时滞项 z^{-d}，那么不管 $HG_p(z)$的输入是什么，在 dT_s 时间内系统将不能响应（T_s 是采样周期），至少需在$(d+1)$拍[即时间$(d+1)T_s$]才能响应。因此，$C(z)/R(z)$必须含有时滞项，即 $C(z)$与 $R(z)$之间至少有$(d+1)$拍的时滞。这种控制称为差拍控制。

现在规定的差拍数$(d+1)$是最小的，因此又称为最小拍控制。

在这种系统中，$G_c(z)$的输出有时会上下剧烈波动，称为“跳动”现象。其原因也应从脉冲传递函数来寻找，“跳动”取决于 $G_c(z)$的极点分布。从控制理论可知，当一个环节的脉冲传递函数的极点在负实轴上时，遇到阶跃函数输入，输出将出现上、下波动。当极点 $z=-1.0$ 时，就出现不衰减的振荡。

最小拍控制系统达到稳态值的时间是最短的。从这个意义上说，它是一种最优控制系统。但是，按照算法要求，控制作用可能超过界限值。同时由于存在前述的一些问题，应用范围有限，需加改进。

5.8.2　达林控制算法

在设定值作阶跃变化时，最小拍控制系统要求输出在（$d+1$）拍起就跟上，这对大多数工业生产过程来说，是相当严格的要求，而实际过程是希望 $C(t)$ 的输出变化平缓些，以减少跳动，提高稳定性。基于这些考虑，达林（Dahlin）在1968年提出了一种控制算法。他选取一个具有纯滞后的一阶非周期特性作为所需的闭环特性。

这表示在输入的设定值信号作阶跃变化时，输出 $C(t)$ 先延滞 τ 时刻，然后按指数曲线趋近于设定值。

5.8.3 V.E. 控制算法

在上述控制算法中，闭环系统输出 $C(t)$ 变化平稳，品质指标有所改善，但由于这类控制算法是采用了控制器与广义对象的零极点相消的方法来实施所需闭环特性要求的，因此，当对象具有跳动特性的零点时，为了进行对消，控制器 $G_c(z)$ 就会含有这类极点，从而使控制器输出出现跳动，影响了使用效果。沃格尔和埃德加（Vogel & Edgar）提出的V.E. 控制算法为了不发生这类零极点的相消，让闭环脉冲传递函数保留了这些有跳动特性的对象的零点，从而从根本上消除了跳动现象。

习题及思考题

5-1 与简单控制系统相比，串级控制系统有些什么特点？

5-2 串级控制系统最主要的优点体现在什么地方？试通过一个例子与简单控制系统作一比较。

5-3 对于如图5-41所示的加热器串级控制系统，要求：

(1) 画出该控制系统的框图，并说明主被控变量、副被控变量分别是什么？

(2) 试确定控制阀的气开、气关型式。

(3) 确定主、副控制器的正、反作用。

(4) 温度变送器量程由原来0~500℃改变为200~300℃，控制系统会出现什么现象？应如何解决？

(5) 流量变送器量程由原来0~250kg/h改变为0~400kg/h，控制系统会出现什么现象？应如何解决？

5-4 对于图5-42所示加热炉出口温度简单控制系统，要求：

(1) 在进料流量或燃料成分扰动下，设计合理串级控制系统，画出框图，确定控制系统正、反作用。

(2) 在燃料油压力扰动下，设计合理串级控制系统。

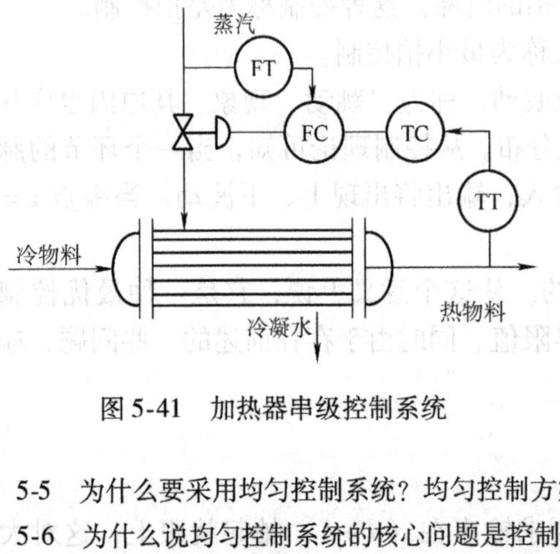

图5-41 加热器串级控制系统

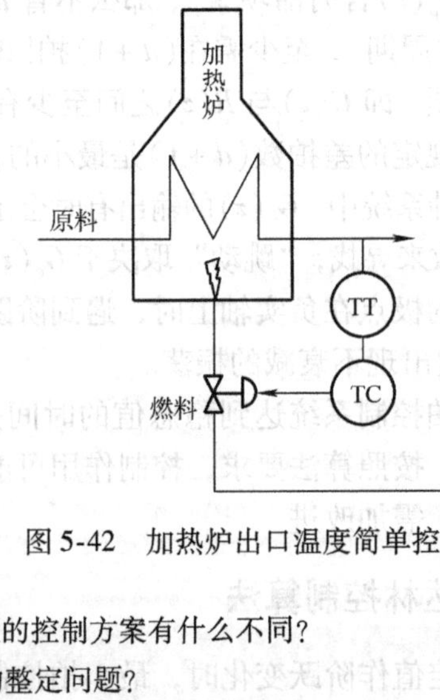

图5-42 加热炉出口温度简单控制系统

5-5 为什么要采用均匀控制系统？均匀控制方案与一般的控制方案有什么不同？

5-6 为什么说均匀控制系统的核心问题是控制器参数的整定问题？

5-7 比值控制系统有哪些类型？各有什么特点？

5-8　工艺要求 $F_2/F_1=1/2$，F_1、F_2 是体积流量。F_1 的流量是不可控的，仪表量程是 $0\sim3600\mathrm{N\cdot m^3/h}$，$F_2$ 的流量是可控的，仪表量程是 $0\sim2400\mathrm{N\cdot m^3/h}$，画出控制点流程图，并计算比值系数 K。若工艺要求改为 $F_2/F_1=1$，画出控制点流程图，并计算比值系数 K。

5-9　什么是分程控制系统？它区别于一般的简单控制系统的最大特点是什么？

5-10　分程控制系统应用于哪些场合？请分别举例说明其控制过程。

5-11　与反馈控制系统相比，前馈控制系统有什么特点？为什么控制系统中不单纯采用前馈控制，而是采用前馈-反馈控制？

5-12　什么情况下前馈控制系统需要设置偏置信号？应如何设置？

5-13　选择性控制系统有些什么类型？各有什么特点？

5-14　为防止加热炉出口温度控制系统阀后压力过高造成脱火，试设计防脱火控制系统。

5-15　试比较串级控制系统与双重控制系统的异同。

第 6 章　先进控制技术

为了克服控制理论和实际工业应用之间的脱节现象，尽快地将现代控制理论移植到过程控制领域，充分发挥计算机的功能，世界各国在加强建模理论、辨识技术、最优控制、高级过程控制等方面进行研究，推出了从实际工业过程特点出发、寻求对模型要求不高、在线计算方便、对过程和环境的不确定性有一定适应能力的控制策略和方法。本章就基于模型的预测控制、推断控制、软测量技术、纯滞后补偿控制、解耦控制、自适应控制、智能控制、综合自动化等先进控制技术作一些介绍，以推动先进控制技术的应用。

6.1　基于模型的预测控制

预测控制的基本出发点与传统的 PID 控制不同。通常的 PID 控制，是根据过程当前的和过去的输出测量值和设定值的偏差来确定当前的控制输入。而预测控制不但利用当前的和过去的偏差值，而且还利用预测模型来预估过程未来的偏差值，以滚动优化确定当前的最优输入策略。因此，从基本思想看，预测控制优于 PID 控制。

6.1.1　预测控制的基本原理

1. 基本原理

预测控制的基本结构如图 6-1 所示。

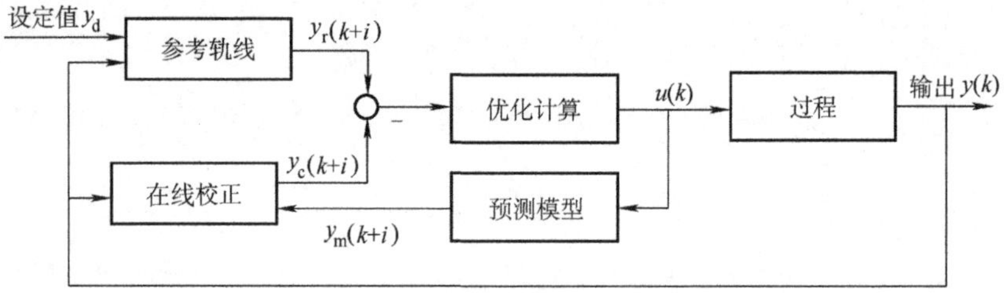

图 6-1　预测控制的基本结构

各类预测控制算法都有一些共同特点，归结起来有 3 个基本特征：

（1）预测模型

预测控制需要一个描述系统动态行为的模型，称为预测模型。它应具有预测功能，即能够根据系统的现在时刻的控制输入及过程的历史信息，预测过程输出的未来值。在预测控制中，各种不同算法采用不同类型的预测模型，如最基本的模型算法控制（MAC）、动态矩阵控制（DMC）等，通常采用在实际工业过程中较易获得的脉冲响应模型和阶跃响应模型等非参数模型或传递函数。随着预测控制的发展，除了上述两种非参数模型外，目前经常采用易于在线辨识并能描述不稳定过程的受控自回归滑动平均模型（Controlled Auto-Regressive Moving Average，CARMA）和受控自回归积分滑动平均模型（Controlled Auto-Regressive Integrated

Moving Average，CARIMA）以及能反映系统内在联系的状态空间模型。

（2）反馈（在线）校正

在预测控制中，采用预测模型进行过程输出值的预估只是一种理想的方式，对于实际过程，由于存在非线性、时变、模型失配和干扰等不确定因素，使基于模型的预测不可能准确地与实际相符。因此，在预测控制中，通过输出的测量值与模型的预估值进行比较，得出模型的预测误差，再利用模型预测误差来校正模型的预测值，从而得到更为准确的将来输出的预测值。正是这种由模型加反馈校正的过程，使预测控制具有很强的抗干扰和克服系统不确定的能力。

（3）滚动优化

预测控制是一种优化控制算法。它是通过某一性能指标的最优化来确定未来的控制作用。这一性能指标还涉及过程未来的行为，它是根据预测模型由未来的控制策略决定的。

然而，预测控制中的优化与通常的离散最优控制算法不同，不是采用一个不变的全局最优目标，而是采用滚动式的有限时域优化策略。也就是说，优化过程不是一次离线完成的，而是反复在线进行的，即在每一采样时刻，优化性能指标只涉及从该时刻起到未来有限的时间，而到下一个采样时刻，这一优化时段会同时向前推移。因此，预测控制不是用一个对全局相同的优化性能指标，而是在每一个时刻有一个相对于该时刻的局部优化性能指标。不同时刻优化性能指标的形式是相同的，但其所包含的时间区域是不同的。这就是滚动优化的含义。这种局部的有限时域的优化目标，只能得到全局的次优解。但是由于这种优化过程是在线反复进行的，而且能更为及时地校正因模型失配、时变和干扰等引起的不确定性，始终把优化过程建立在从实际过程中获得的最新信息的基础上。因此，只要预测范围选择得合适，可以使控制保持实际上的最优。

2. 参考轨线

在预测控制中，考虑到过程的动态特性，为了使过程避免出现输入和输出的急剧变化，往往要求过程输出 $y(k+i)$ 沿着一条所期望的、平缓的曲线达到设定值 y_r。这条曲线通常称为参考轨线 $y_r(k+i)$。它是设定值经过在线“柔化”后的产物。最广泛采用的参考轨线为一阶指数变化形式，可写为

$$y_r(k+i)=\alpha^i y(k)+(1-\alpha^i)y_r \qquad i=1,2,\cdots \tag{6-1}$$

式中，$\alpha=e^{\frac{-T_s}{T}}$，$T_s$ 为采样周期，T 为参考轨迹的时间常数；下标 r 为参考轨线；$y(k)$ 为现时刻过程输出；y_r 为设定值，当 $y_r=y(k)$，则对应着镇定问题，而 $y_r \neq y(k)$ 则对应着跟踪问题。

显然，T 越小，则 α 越小，参考轨迹就能越快地达到设定值 y_r。α 是预测控制中的一个重要设计参数，它对闭环系统的动态特性和鲁棒性都有重要作用。

3. 在线滚动的实现方式

在预测控制中，通过求解优化问题，可得到现时刻所确定的一组最优控制 $\{u(k),u(k+1),\cdots,u(k+M-1)\}$，其中 M 为控制的时域长度。在现时刻 k 只施加第一个控制作用 $u(k)$，等到下一个采样时刻 $(k+1)$，再根据采集到的过程输出，重新进行优化计算，求出新一组最优控制作用，仍只施加第一个控制作用，如此类推，“滚动”式推进。它可以有效地克服过程的一些不确定性因素，提高控制系统的鲁棒性。

4. 预测控制的一些优良性质

由于预测控制的一些基本特征使其产生许多优良性质：对数学模型要求不高；能直接处理具有纯滞后的过程；具有良好的跟踪性能和较强的抗干扰能力；对模型误差具有较强的鲁棒性。

这些优点使预测控制更加符合工业过程的实际要求，这是PID控制或现代控制理论无法相比的。因此，预测控制在实际工业中已得到广泛重视和应用，而且必将获得更大的发展，特别是多变量有约束预测控制的推广应用将会改变过去传统的单变量设计方法，而展现多变量设计的新阶段，使工业过程控制出现新的面貌。

6.1.2　预测控制算法

1. 模型算法控制

模型算法控制(Model Algorithmic Control, MAC)是基于脉冲响应模型的预测控制，又称模型预测启发式控制(MPHC)，适用于渐进稳定的线性过程。MAC包括预测模型、参考轨迹、反馈(在线)校正、滚动优化等部分组成。

(1) 预测模型

MAC的预测模型是采用脉冲响应模型。有

$$y_m(k+j) = \sum_{i=1}^{N} h_i u(k+j-i) \qquad j=1,2,\cdots,P \tag{6-2}$$

式中，P为预估时域长度。

(2) 反馈校正

为了克服扰动和模型失配等因素对模型预测值的影响，采用当前的过程输出的测量值$y(k)$与模型的计算值$y_m(k)$进行比较，用其差$e(k)$来修正模型输出的预估值。设修正后的输出预估值记为$y_P(k+j)$，则有

$$y_P(k+j) = y_m(k+j) + \beta_j[y(k) - y_m(k)] \tag{6-3}$$

式中，$y(k)$为当前时刻k的测量值；β为加权系数。

(3) 设定值与参考轨迹

假定设定值为y_d。在预测控制中，有时并不是要求输出迅速地跟踪设定值，而是使输出变量按一定的轨迹缓慢地跟踪设定值，以便使控制作用跳动较小，获得平稳的输出特性，通常取一阶指数变化形式，则有

$$y_r(k+j) = \alpha^j y(k) + (1-\alpha^j) y_d \qquad j=1,2,\cdots,P \tag{6-4}$$

(4) 最优控制作用

设优化控制的目标函数为

$$\begin{aligned}\min \boldsymbol{J} &= \|\boldsymbol{Y}_P(\boldsymbol{k}) - \boldsymbol{Y}_r(\boldsymbol{k})\|_Q^2 + \|\boldsymbol{U}_2(\boldsymbol{k})\|_R^2 \\ &= [\boldsymbol{Y}_P(\boldsymbol{k}) - \boldsymbol{Y}_r(\boldsymbol{k})]^T \boldsymbol{Q} [\boldsymbol{Y}_P(\boldsymbol{k}) - \boldsymbol{Y}_r(\boldsymbol{k})] + \boldsymbol{U}_2^T(\boldsymbol{k}) \boldsymbol{R} \boldsymbol{U}_2(\boldsymbol{k})\end{aligned} \tag{6-5}$$

对于无约束时的上述优化可用最小二乘法求解。

(5) MAC在实施中应注意的若干问题

1) 脉冲响应系数长度N的选择。N的选择显然与采样周期有关，对于给定的过程，采样周期短，则N会相应地增大。通常可选$N=20\sim60$为宜。

2) 输出预估时域长度P的选择。P是预测控制中极为重要的设计参数之一。通常P越

大，预测控制的鲁棒性就越强。但相应的计算量和存储量也增大。一般，P 选择等于过程单位阶跃响应达到其稳态值所需过渡时间的一半所需的采样次数。

3）控制时域长度 M 的选择。M 也是预测控制中极为重要的设计参数之一。M 越大，系统的鲁棒性也就越强。但是为了避免优化过程的寻优困难，M 不宜选得太大，一般 M 取小于 10 为宜。

4）参考轨迹的收敛参数 α 的选择。由前所述，α 大，则预测控制的鲁棒性强，但导致闭环系统的响应速度变慢。相反，若 α 过小，则过渡过程较易出现超调与振荡。因此，α 的选择应全面考虑过程的非线性、模型误差等的大小以及闭环系统相应的动态要求。通常采用分段取值的试差方法。α 值的范围是 $0 \leqslant \alpha \leqslant 1$。

5）误差权矩阵 $\boldsymbol{Q}$ 的选择。对应性能指标中的误差权矩阵 $\boldsymbol{Q}$，它的物理意义显而易见，q_j 作为权系数，则反映它们在不同时刻逼近的重视程度。对于 q_j 的取值是为了使控制系统稳定，其对纯滞后部分控制作用是无能为力的，在这些时刻，取 $q_j=0$；其他时刻，取 $q_j=1$。

6）控制权矩阵 $\boldsymbol{R}$ 的选择。控制权矩阵 $\boldsymbol{R}$ 的作用是对控制作用变化加以适度的限制，它是作为一种软约束加入到性能指标中去的。引入 r 的主要作用，在于防止控制量过于剧烈的变化。因此，在整定中，当控制量变化太大时，可先置 $r=0$，待系统稳定且满足要求后则加大 r 值。事实上，只要取一个很小的 r 值，就足以使控制量的变化趋于平缓。

这类模型算法控制是存在稳态偏差的。

2. 动态矩阵控制

动态矩阵控制（Dynamic Matrix Control，DMC）是基于阶跃响应模型的一种预测控制算法，它是由 Culter 提出来的一种有约束多变量优化控制算法。它采用工程上易于测试的阶跃响应模型，算法比较简单，计算量较少，鲁棒性较强，适用于纯滞后、开环渐近稳定的非最小相位移系统。近年来，DMC 已在化工、炼油、石油化工、冶金等企业中得到成功应用，已有商品化软件出售。DMC 算法包含预测模型、反馈（在线）校正、滚动优化等几部分。

3. 预测函数控制

预测函数控制（Predictive Function Control，PFC）是一种新颖的预测控制算法，它在保持模型预测控制优点的同时，通过引入基函数的概念增强了输入控制量的规律性，提高了响应的快速性和准确性，可有效地减少算法的计算量。预测函数控制不仅在理论上取得了一系列成果，而且在机器人、火炮或雷达的目标跟踪、冶金轧制过程等快速随动系统中得到了广泛的应用。

预测函数控制不仅具有模型预测控制的 3 个基本特征，即预测模型、滚动优化、反馈校正，而且具有自己的特点，即把每一时刻加入的控制输入看做是若干事先选定的基函数的线性组合。预测函数控制假设在输入频谱有限的情况下，控制输入仅属于一组与设定值轨线和对象性质有关的特定的基函数族。对于线性被控过程，过程的输出是将上述基函数作用于对象模型的响应（当过程模型已知时，可事先算出）的加权组合。通过在线优化可求出这些线性加权系数，进而可计算得到未来的控制输入。

4. 广义预测控制

广义预测控制（Generalized Predictive Control，GPC）考虑过程随机噪声，采用易于在线辨识并能描述不稳定过程的受控自回归滑动平均模型（CARMA）和受控自回归积分滑动平均模型(CARIMA)。

5. 预测控制与PID串级控制

预测控制虽然有较快的跟踪性能，并对模型失配有较强的鲁棒性。但它的抗干扰性却比不上传统的PID控制，这是因为预测控制一般采样周期较大，为1～5min，对随机突发性干扰难于及时克服。为此，一般采用预测控制与PID串级控制。

6.1.3　预测控制软件包的发展

目前，国外已经形成许多以预测控制为核心思想的先进控制商品化软件包，成功应用于石油化工中的催化裂化、常减压、连续重整、延迟焦化、加氢裂化等许多重要装置。

1. 第一代模型预测控制技术

第一代模型预测控制技术以IDCOM和DMC为代表，主要处理无约束过程的预测控制。

2. 第二代模型预测控制技术

QDMC算法可以被称为第二代预测控制软件包，它采用二次规划方法(QP)求解，可以系统地处理输入、输出约束问题。主要特点是：采用线性阶跃响应模型；采用有限预测时域上的二次型性能指标；过程的输出尽可能接近期望的设定值；用二次规划方法求解最优输入值。

随着MPC技术应用不断扩大和深入，QDMC在实际应用发生了新问题：由于系统受外界干扰，可能会造成QP无可行解的情况；系统输入、输出可能会失效而丢失，这就产生了自由度可控制结构变化问题；容错能力拟待提高，需要处理子系统病态问题；控制要求向多样化和复杂化发展，用单目标函数中的权系数来表示所有的控制要求是非常困难的。

3. 第三代模型预测控制技术

为了解决无可行解的问题，控制结构能随情况发生变化，能使用于过程动态特性以及更高的品质要求，国外公司技术人员开发第三代MPC。第三代模型预测控制技术主要特点是：处理约束的多变量、多目标、多控制模式和基于模型预测的最优控制器。在国内应用较多有IDCOM-M、DMC、SMCA等控制软件包。

4. 第四代模型预测控制技术

在第三代模型预测控制技术基础上又出现了第四代模型预测控制技术，它们的特征是：基于Windows的图形用户界面；采用多层优化，以实现不同等级目标控制；采用灵活的优化方法；直接考虑模型不确定性(鲁棒控制设计)；改进的辨识技术等。主要代表产品有DMC-plus、RMPCT等。

6.1.4　预测控制的工业应用

预测控制工业应用实例不少，在此介绍模型预测控制在空分装置上的应用。

1. 空分装置实施模型预测控制的总体思路及系统结构

(1) 空分装置工艺过程简介

$20km^3/h$的空分装置系成套引进美国PRAXAIR公司的工艺流程和专利技术，以空气为原料，采用液氧内压缩及全精馏流程来生产氧气、氮气、液氧、液氮和液氩产品。空分装置工艺流程简图如图6-2所示。

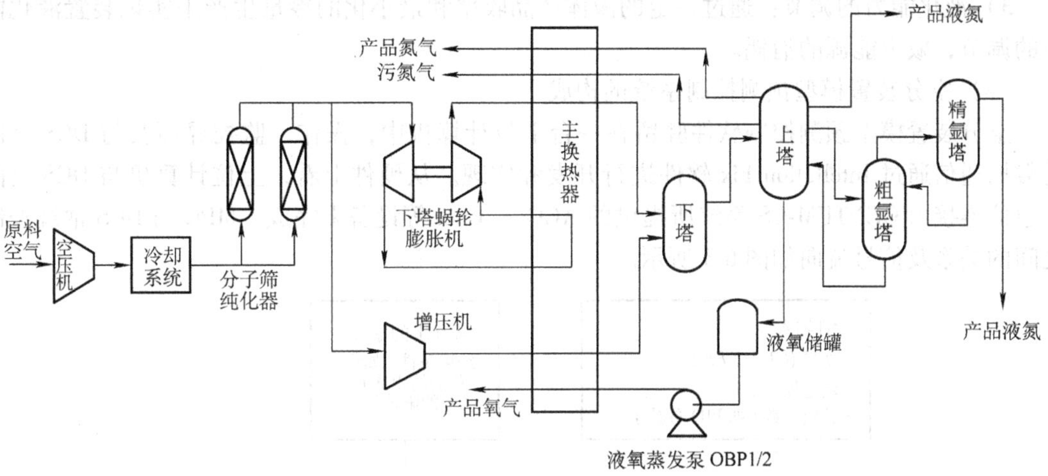

图 6-2　空分装置工艺流程简图

原料空气首先经空压机压缩升压，冷却、去除其中的水分及二氧化碳后，分成两路分别送下塔涡轮膨胀机增压、增压机增压。增压后的空气经主换热器换热后，以气、液两股物料形式送入分馏系统的下塔进行初步分馏操作，进一步的分馏操作则通过将下塔液空送入上塔实现。经过上塔的分馏，将在塔底获得产品液氧，塔顶获得产品氮气，产品液氮在上塔上部近塔顶端取得。液氩的提取是通过从上塔中、下部抽出富氧液空，经粗氩塔、精氩塔分别去除其中的氧、氮组分后，在精氩塔的近顶端获得。产品液氧通过液氧蒸发泵 OBP1/2 送入主换热器回收冷量后得到产品氧气。

（2）装置采用 MPC 控制的出发点

空分装置常规控制方案的实现，使用的是日本横河公司的 CENTUM-CS 型 DCS。在未使用 MPC 之前，虽能保证装置的安稳长优运行，但优化生产操作的目标远未实现，某些技术经济指标及产品质量指标同国外先进水平还存在一定差距，同时采用 DCS 实施控制的优越性也未能完全体现出来。

为提高 DCS 在高层次上的应用并提高自动化水平及操作效率，保证生产过程在外界条件变化及出现各种干扰因素的情况下仍能经济有效地运行，必须使用一种新型的控制算法对新的运行条件进行最优工况的计算，将计算所得各操作变量的最优设定值进至处于下层的 DCS，从而直接或间接地控制好生产所关心的主要工艺参数及质量指标，使装置运行于新的最优状态，取得最佳的经济效益。

在新型控制算法的选择上，采用了 PRAXAIR 公司针对其所提供的空分装置相应开发出的模型预测控制软件。该控制软件以动态矩阵控制（DMC）为核心内容，这是一种基于被控对象阶跃响应的预测控制法，适用于渐近稳定的线性对象。

（3）模型预测控制所要实现的目标

1）空气分离能力的调节：在设备约束条件之内最小化空气量；按操作人员指定的产品收率进行调节。

2）精馏塔系统的优化：对精馏塔系统进行优化操作，实现在一定加工空气量下获得最多的产品，同时将关键纯度等主要的质量指标维持在最优值。

3）液化能力的调节：通过一定的液体产品收率和最小化的冷量生产来实现装置液化能力的调节，减少能源的消耗。

（4）空分装置模型预测控制系统的构成

空分装置模型预测控制软件驻留在一台上位计算机中，操作、监控界面及与 DCS 之间的数据通信通过 Intellution Fix 软件进行开发和实现。从硬件上看，上位计算机与 DCS 之间的通信连接由 CENTUM-CS 系统所提供的 ACG 及 Enet 等设备来完成。MPC 与 DCS 常规控制之间的关系及信号流向如图 6-3 所示。

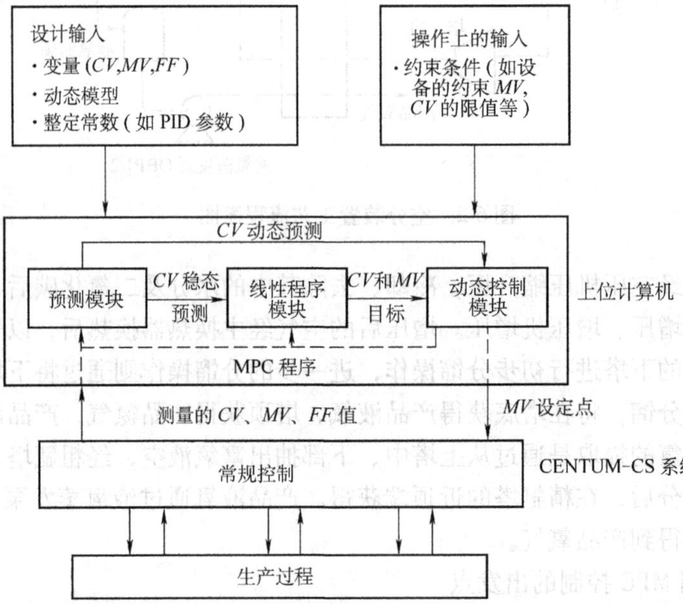

图 6-3　MPC 与 DCS 常规控制之间的关系及信号流向

图 6-3 中的 *MV* 称为操纵变量，是 MPC 程序所要直接控制的变量。DCS 中有关这些变量的控制器的设定值由 MPC 程序计算所得。

CV 称为控制变量，是在用户所设定的高、低限内被 MPC 程序间接控制的变量。这些变量通常是一些重要的工艺参数指标及产品质量指标。

MV 与 *CV* 之间的关系在于 *MV* 设定值是根据 *CV* 的当前值及历史趋势由 MPC 程序计算所得，而 *MV* 设定值改变的直接目的是使 *CV* 值维持在设定的范围之内。MPC 程序的一个主要目的也就是为了保持 *CV* 值的稳定。

存在关联的一对 *MV* 与 *CV* 之间的关系曲线称为一个模型。一般采用对 *MV* 施加单位阶跃变化，记录 *CV* 值的变化来获得。通常一个 *MV* 会与多个 *CV* 之间存在一定的关联，整个装置的模型就由这些存在关联的所有 *MV* 与 *CV* 之间的关系曲线构成，这种模型又称为装置的矩阵。

FF 称为前馈变量或扰动变量，是装置中影响 *CV* 值稳定的一些干扰因素。

2. 空分装置模型预测控制的应用

（1）*MV*、*CV*、*FF* 的选取

在空分装置的模型预测控制系统中，共设置了 8 个操纵变量 *MV*、24 个被控变量 *CV* 和 2

个前馈变量 *FF*。

被控变量 *CV* 依照如下 4 点进行选取及定义：

1）各设备的约束条件。如空压机的喘振界限 UDY-510，电动机功率限制 JIC-500，出口压力限制 PIC-510，涡轮转速 SI-216 等。

2）重要阀位的限制。如空压机的入口导向叶片开度、上述各 *MV* 对应的调节阀开度等，均以字母 *ZI* 开头标志。

3）产品的纯度(质量指标)。包括液氧纯度 AI1，上塔回流液氨纯度 AI2B，粗氩塔进料氧含量 AI4，出冷箱污氮气含量 AI3，产品氩氧含量 AI7。

4）一些重要流量的需求值(产量指标)。如产品氧流量 FY-600，产品液氨流量 FY-321 等。

上述各点所对应的被控变量，在重要性和优先控制级别上是从高到低的。这是因为在任何情况下都应将设备的安全放在首位，超出设备的限制必将造成设备损坏或装置停车。阀位限制是维持装置正确稳定控制所不能违背的条件。因而这两点高于产品的纯度指标及产量指标。纯度与产量相比，显然首先要满足的是纯度指标。

(2) *MV* 与 *CV* 之间的关系曲线(装置的模型)

根据 MPC 控制软件投用之前的数据采集、测试和精确的数学最小二乘法分析，得出装置中各 *MV*、*CV* 之间的关系曲线即相应模型。

(3) 空分装置 MPC 软件的工作过程

MPC 软件所处的上位计算机以 2min 的采样周期从 CENTUM-CS 系统中读取全部的 *CV*、*MV* 和 *FF* 值，根据在过去几小时内各控制变量的历史数据预测其未来可能到达的数值，称为 *CV* 的目标值。然后依照上述的 *MV*、*CV* 之间的关系曲线计算新的 *MV* 设定点(目标值)并回送给 CENTUM-CS 系统，以保证将各 *CV* 值控制在限定的范围之内。如果发生不可能将所有 *CV* 值都控制在限定的范围之内的情况时，MPC 软件将根据（1）中所述的各控制变量之间的高、低级别，保证重要 *CV* 值的稳定，放弃次要的 *CV* 值。对于上述过程，下面举例予以说明。

当氧纯度 AI1 下降时，影响 AI1 的各个操纵变量为 FIC-580、FIC-600、FIC-321、HIC-218。这时，为保证 AI1 回升至控制范围之内，MPC 将计算出各 *MV* 的设定点，即通过增加空气流量、加大涡轮喷嘴开度、增加液氮提取量、减少氧气采出量等实现氧纯度的稳定。此处氧气采出量的减少必然影响到产量指标 FY-600 的稳定，有可能使得该 *CV* 值越限。但由于与氧纯度相比，这是一个次要的指标，为保证高级别 *CV* 的稳定，可放弃该 *CV* 值的稳定。当所有控制变量都处于正常范围之内时，MPC 程序将自动调节各 *MV* 及 *CV* 至其高、低限值(通常称为卡边控制)，实现对装置的优化操作，将装置的操作费用降至最低，这些具体的调节措施一般包括如下几点：

1）将空压机的加工气量降至最低，以减少功率的消耗。

2）将粗氩塔进料中的氧含量 AI4 提升至高限值，即维持进料中具有较高的氩含量，又保证实现最高的氩提取量。

3）减少氧气采出量，维持最低的管网氧气需求量。

4）调节涡轮喷嘴开度，维持装置的冷量平衡。此时装置的操作状况为最佳工况，一旦出现干扰因素使得一些控制变量超出限制范围时，系统将暂时放弃上述的优化操作并回到前述的过程中，将各 *CV* 值调回到限定的范围之内。

（4）MPC 使用过程中的注意事项

在 MPC 程序投用的过程中，为了保证程序的正常工作，必须注意如下几点：

1）基本控制回路的稳定操作。

2）各受控调节器需处于正确的操作模式。

3）数据库的参数须定期保存。

4）保证仪表示值的准确性，MPC 投用期间严禁校验现场仪表及分析仪。

5）DCS 中对各个 MPC 所操纵的变量限值的设置应宽于 MPC 中的设置。

6）MPC 程序投用期间应保证各个设备的正常运行。

3. 模型预测控制在空分装置中实施的主要步骤及效果

MPC 在空分装置中实施的主要步骤如下：

1）现场调查检测仪表及主要控制回路的工作情况，校准各个仪表。

2）确定装置实施 MPC 控制所需的 *MV*、*CV* 变量。

3）对各控制回路进行参数整定，确定理想的 P、I、D 值，改善和稳定常规控制回路的控制品质。

4）MPC 上位计算机与 CENTUM-CS 系统间进行信号通信试验，完善接口，保证数据的双向传输。

5）在上位计算机的 Fix 软件平台中，对需采集的数据按 CENTUM-CS 系统规定的数据格式和符号规则进行名称定义和地址分配，同时修改和完善 Fix 数据库组态内容，完善人机界面组态。

6）在 CENTUM-CS 系统中进行相关组态的修改和完善，增加与 MPC 相配合的逻辑、回路、流程图画面等的组态。

7）以平均每45min 对一操纵变量施加单位阶跃变化的频率连续 24h 采集过程响应数据，持续 5 ~7 天。在操作过程中，应注意采集到的数据需包括装置所有可能的操作条件、生产能力下的过程响应数据，如最高、最低的空气进料量，最大、最小的液氮提取量。

8）对采集到的数据采用专门的分析软件进行分析处理，得出预测控制所需的动态矩阵即装置的数学模型、各变量之间的关联曲线。

9）将得出的模型输入上位计算机中，同时输入各种操作数据，如高、低限值等。

10）投用 MPC 程序进行运行测试。

11）MPC 系统正常运行期间的维护管理。

空分装置模型预测控制系统投用以来，提高了装置的生产操作控制和管理水平，优化了装置的运行，取得了明显优于常规控制的控制效果。运行以来的数据表明，由于卡边操作，使得装置的能耗降低 7%，产量提高了 5%，更为显著的是，装置负荷的调整远快于手动控制，提高了操作效率。此外，该控制系统投用后，装置工艺的中间控制从未知到已知，增加了操作人员的可操作性，中间过程有预测及实时变化趋势，减少了操作人员的盲目性，产品的质量指标更加稳定。

6.2 推断控制

生产过程的被控变量(过程的输出)有时不能直接测得，因而就难以实现反馈控制。如果扰动可测，则尚能采用前馈控制。假若扰动也不能直接测得，则可以采用推断控制。

推断控制是利用数学模型由可测信息将不可测的输出变量推算出来实现反馈控制，或将不可测扰动推算出来以实现前馈控制。

对于不可测扰动的推断控制是美国学者 C. B. Brosilow 等于 1978 年提出来的。它利用过程的辅助输出，如温度、压力、流量等测量信息，来推断不可直接测量的扰动对过程主要输出（如产品质量、成分等）的影响。然后基于这些推断估计量来确定控制输入，以消除不可直接测量的扰动对过程主要输出的影响，改善控制品质。

推断控制系统的组成框图如图 6-4 所示。

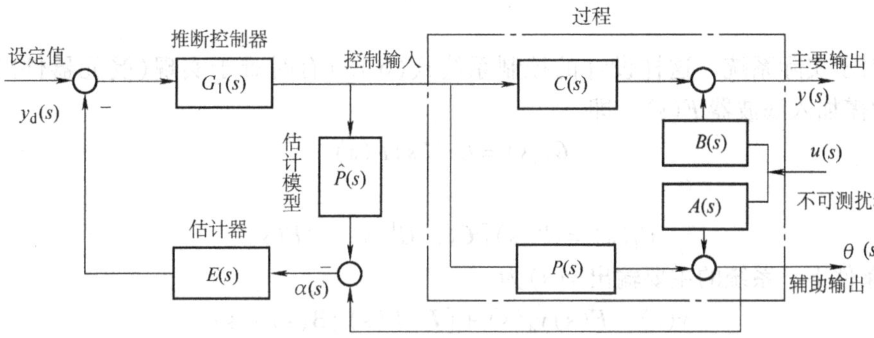

图 6-4　推断控制系统的组成框图

由于过程的主要输出 $y(s)$ 是不易测量的被控变量，因此引入易测量的过程辅助输出 $\theta(s)$。它们与不可直接测量扰动 $u(s)$ 以及控制输入 $m(s)$ 的关系可描述为

$$y(s) = C(s)m(s) + B(s)u(s) \tag{6-6}$$

$$\theta(s) = P(s)m(s) + A(s)u(s) \tag{6-7}$$

推断控制系统通常包括 3 个部分。

1. 信号分离

引入估计模型 $\hat{P}(s)$，将不可测扰动 $u(s)$ 对 $\theta(s)$ 的影响分离出来，若 $\hat{P}(s) = P(s)$，则送入估计器 $E(s)$ 的信号为

$$\alpha(s) = \theta(s) - \hat{P}(s)m(s) = A(s)u(s) \tag{6-8}$$

从而实现了信号分离。

2. 估计器 $E(s)$

估计器用于估计不可直接测量扰动对过程主要输出 $y(s)$ 的影响，由于估计器的输入信号为 $A(s)u(s)$，设估计器为

$$E(s) = B(s)A^{-1}(s) \tag{6-9}$$

或采用最小二乘估计器

$$E(s) = B(s)[A^{T}(s)A(s)]^{-1}A^{T}(s) \tag{6-10}$$

则估计器输出为

$$\beta(s) = E(s)A(s)u(s) = B(s)u(s) \tag{6-11}$$

它等于不可直接测量扰动 $u(s)$ 对过程主要输出 $y(s)$ 的影响估计值。

3. 推断控制器 $G_I(s)$

它的设计应能使系统对设定值变化具有良好的跟踪性能，对外界扰动具有良好的抗干扰能力，由图6-4可知：

$$y(s)=C(s)G_I(s)\{y_d(s)-E(s)[\theta(s)-\hat{P}(s)m(s)]\}+B(s)u(s) \tag{6-12}$$

因此当推断控制器 $G_I(s)$ 设计为

$$G_I(s)=C^{-1}(s) \tag{6-13}$$

或

$$G_I(s)=C^T(s)[C(s)C^T(s)]^{-1}$$

时，在不可直接测量扰动 $u(s)$ 作用下，主要输出 $y(s)=0$，而在设定值发生变化时，$y(s)=y_d(s)$。

然而对于实际系统，这样设计的控制系统式(6-13)有时难于实现(受元器件的物理约束)，为此需加入滤波器 $F(s)$，即

$$G_I(s)=C^{-1}(s)F(s) \tag{6-14}$$

或者

$$G_I(s)=C^T(s)[C(s)C^T(s)]^{-1}F(s)$$

在此条件下，系统的主要输出 $y(s)$ 为

$$y(s)=F(s)y_d(s)+[\boldsymbol{I}-F(s)]B(s)u(s) \tag{6-15}$$

式中，$\boldsymbol{I}$ 为单位矩阵。

对于单输入单输出系统，滤波器可选用

$$F(s)=\frac{e^{-\tau s}}{(Ts+1)^n} \tag{6-16}$$

式中，T 为时间常数，它的选择直接影响系统的动态行为。

很显然，加入滤波器 $F(s)$ 之后，要实现设定值变化的动态跟踪以及不可直接测量扰动的完全动态补偿是不可能的。但从式(6-15)可见：只要滤波器的稳态放大倍数为1，则系统的稳态性能就能够得到保证，实现稳态无差控制。

图6-4所示的推断控制，其实质是估计出不可测的扰动以实现前馈性质的控制。从这个意义上讲它是开环的。

必须说明，推断控制系统的成功与否，在于是否有可靠的不可测变量(输出)估计器，而这又取决于对过程的了解程度。如果过程模型 $A(s)$、$B(s)$、$P(s)$ 和 $C(s)$ 很精确，就能得到理想的估计器，从而实现完善的控制。当过程模型只是近似知道时，推断控制的控制品质将随过程模型的精度不同而不同。由于推断控制是基于模型的控制，要获得过程模型精确的难度较大，所以这类推断控制应用不多。

6.3 软测量技术

在线分析仪表(传感器)不仅价格昂贵，维护保养复杂，而且由于分析仪表滞后大，最终将导致控制品质的性能下降，难以满足生产要求。另外，还有部分产品质量目前无法测量。近年来，为了解决这类变量的测量问题，各方面在深入研究，目前应用较广泛的是软测量技术。

软测量的基本思想是对于难以测量或暂时不能测量的重要变量(或称为主导变量)，选

择另外一些容易测量的变量(或称为辅助变量)，通过构成某种数学关系来推断和估计，以软件来代替硬件(传感器)功能。这类方法具有响应迅速，连续给出主导变量信息，且具有投资低、维护保养简单等优点。

6.3.1　软测量技术的基本原理

软测量技术主要有机理分析与辅助变量的选择、数据采集和处理、软测量模型的建立及软测量模型的在线校正等部分，现简述如下：

1. 机理分析与辅助变量的选择

首先明确软测量的任务，确定主导变量。在此基础上深入了解和熟悉软测量对象及有关装置的工艺流程，通过机理分析可以初步确定影响主导变量的相关变量——辅助变量。辅助变量的选择包括变量类型、变量数目和检测点位置的选择，这 3 个方面是互相关联、互相影响，由过程特性所决定的。在实际应用中，选择还受经济条件、维护的难易程度等外部因素制约。

如果辅助变量个数太多，为了实时运行方便需要对系统进行降维，降低测量噪声的干扰和软测量模型的复杂性。降维的方法可以根据机理模型，用几个辅助变量计算得到不可测的辅助变量，如分压、内回流比等；亦可采用主元分析(PCA)、部分最小二乘法(PLS)等统计方法进行数据相关分析，剔除冗余的变量，降低系统的维数。

2. 数据采集和处理

从理论上讲，过程数据包含了工业对象的大量相关信息。因此，首先数据采集量多多益善，不仅可以用来建模，还可以检验模型。实际需要采集的数据是与软测量主导变量对应时间的辅助变量的过程数据。其次，数据覆盖面在可能条件下应宽一些，以便软测量具有较宽的适用范围。

为了保证软测量精度，数据正确性和可靠性十分重要。采集数据必须进行处理。数据处理包含两个方面，即换算(Scaling)和数据误差处理。

3. 软测量模型的建立

软测量的核心问题是其模型的建立，也即建立待估计变量与其他直接测量变量间的关联模型。软测量建模的方法多种多样，且各种方法互有交叉，且有相互融合的趋势，因此很难有妥当而全面的分类方法。

(1) 机理建模

从机理出发，也就是从过程内在的物理和化学规律出发，通过物料平衡与能量平衡和动量平衡建立数学模型。为了获得软测量模型，只要把主导变量和辅助变量作相应调整就可以了。对于简单过程可以采用解析法，而对于一些复杂过程，特别是需要考虑输入变量大范围变化的场合，采用仿真方法。目前，典型化工过程的仿真程序已编制了各种现成的软件包，可供使用。

机理建模优点是，可以充分利用已知的过程知识，从事物的本质上认识外部特征；有较大的适用范围，操作条件变化可以类推。但机理建模也有弱点：对于某些复杂的过程难以建模；必须通过输入/输出数据验证。

(2) 经验建模

通过实测或依据积累操作数据，用数学回归方法、神经网络方法等得到经验模型。

进行模型测试时，虽然理论上有很多实验设计方法，如常用的正交设计等，但在工程实施上可能会遇到困难，因为工艺上可能不允许操作条件作大幅度变化。如果选择变化区域过窄，不仅所得模型的适用范围不宽，而且测量误差也相对上升，模型精度不易保证。有一种办法是吸取调优操作经验，即逐步向更好的操作点移动，这样可能一举两得，既扩大了测试范围，又改进了工艺操作。测试中，另一个问题是稳态是否真正建立，否则会带来较大误差。还有，数据采样与产品质量分析必须同步进行。

最后是模型检验，检验分自身检验与交叉检验，这里建议和提倡交叉检验。

经验建模的优点与弱点与机理建模正好相反，特别是现场测试，实施中有一定难度。

(3) 机理建模与经验相结合

把机理建模与经验建模结合起来，可兼容两者之长，补各自之短。结合方法有：主体上按照机理建模，但其中部分参数通过实测得到；通过机理分析，把变量适当结合，得出数学模型函数形式，这样使模型结构有了着落，估计参数就比较容易，还可使自变量数目减少；由机理出发，通过计算或仿真，得到大量输入数据，再用回归方法或神经网络方法得到模型。

机理与经验相结合建模是一个较实用的方法，目前被广泛采用。

4. 软测量模型的在线校正

由于软测量对象的时变性、非线性以及模型的不完整性等因素，必须考虑模型的在线校正，才能适应新工况。软测量模型的在线校正可表示为模型结构和模型参数的优化过程，具体方法有自适应法、增量法和多时标法。对模型结构的修正往往需要大量的样本数据和较长的计算时间，难以在线进行。为解决模型结构修正耗时长和在线校正的矛盾，提出了短期学习和长期学习的校正方法。短期学习由于算法简单、学习速度快便于实时应用。长期学习是当软测量仪表在线运行一段时间积累了足够的新样本模式后，重新建立软测量模型。

6.3.2 软测量技术的工业应用实例

软测量技术工业应用成功实例不少。国外有 Inferential Control 公司、Setpoint 公司、DMC 公司、Profimatics 公司、Simcon 公司、Applied Automation 公司等以商品化软件形式推出各自的软测量仪表，如测量10%、50%、90%和最终的 ASTM 沸点、闪点、倾点、粘点和雷得蒸汽压等，这些已广泛应用于常减压塔、FCCU 主分馏塔、焦化主分馏塔、加氢裂化分馏塔、汽油稳定塔、脱乙烷塔等先进控制和优化控制。它增加了轻质油收率，降低了能耗并减少了原油切换时间，取得了明显经济效益。下面介绍一个丙烯腈收率软测量的实例。

某化工事业部的年产5万吨丙烯腈装置，采用美国标准石油公司 Sohio 的生产工艺，以 C—41 作催化剂，用丙烯、氨、空气为原料，在 A、B 反应器中一次直接氧化制取丙烯腈（即丙烯氨氧化法）。工艺条件由车间根据计划科下达的当月生产任务和生产装置运行的实际情况确定，如图6-5所示。

由图6-5可以看出，在催化剂确定之后，对丙烯腈收率影响较大的因素可以归结为原料的配比、反应温度、反应压力、接触时间、空塔线速等条件。

根据丙烯腈工艺分析，将反应压力、中段温度、纯丙烯量、空比、氨比、反应线速、触媒量选作为软测量建模的辅助变量。

数据的采集是通过 DCS 系统进行的，每天采集一次，并记录丙烯腈收率的人工分析值。采集的数据为 1174 组数据，其中 A 反应器 575 组，B 反应器 599 组。

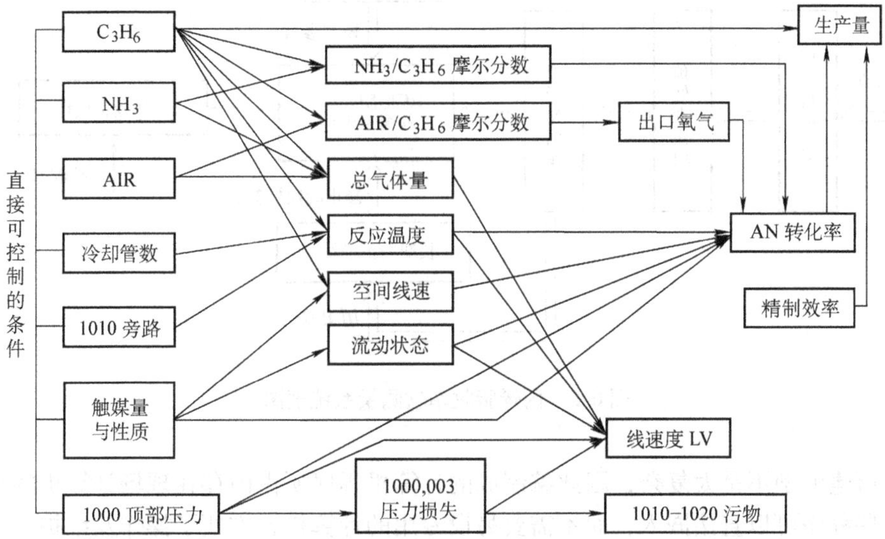

图 6-5　丙烯腈生产工艺条件

为了评价所选的辅助变量对于丙烯腈收率的作用，对数据进行了偏相关系数的分析，其结果见表 6-1。

表 6-1　辅助变量与丙烯腈收率的偏相关系数

变量名称	反应压力	中段温度	纯丙烯量	空比	氨比	触媒量	反应线速
偏相关系数	0.9600	0.3400	0.9609	0.7601	0.6274	0.1465	0.2818

表 6-1 中的数据说明，所选的辅助变量与被测的丙烯腈收率的关系都是较密切的，能很好地反映丙烯腈的收率。

这里采用机理与经验相结合建模方法，通过历史操作数据，用多元线性回归、主元分析（PCA）和主元回归（PCR）、神经网络方法（BPN、RBFN、……）等得到经验模型。从一系列仿真结果可以看出，选用 7 个辅助变量，采用主元分析后建立的 RBF 神经网络进行软测量建模，并加上校正是可行的，不仅简化操作，节省时间，而且泛化性能较好。

丙烯腈收率软测量系统框图如图 6-6 所示，由于前期工作中已经确定好各个辅助变量，并利用历史数据进行仿真建模，建立了 RBF 神经网络模型。模型建好后通过本系统对现场 DCS 计算机的数据进行实时采集，并通过调用已经建好的模型对输入数据进行计算，得出实时的软测量值。

在线校正分长期校正和短期校正，经过长时期运行后，利用历史数据进行长期校正。短期校正每 24h 由操作人员送入人工化验数据和采样时间，进行自动校正。

系统输出以数字和曲线两种方式进行显示。

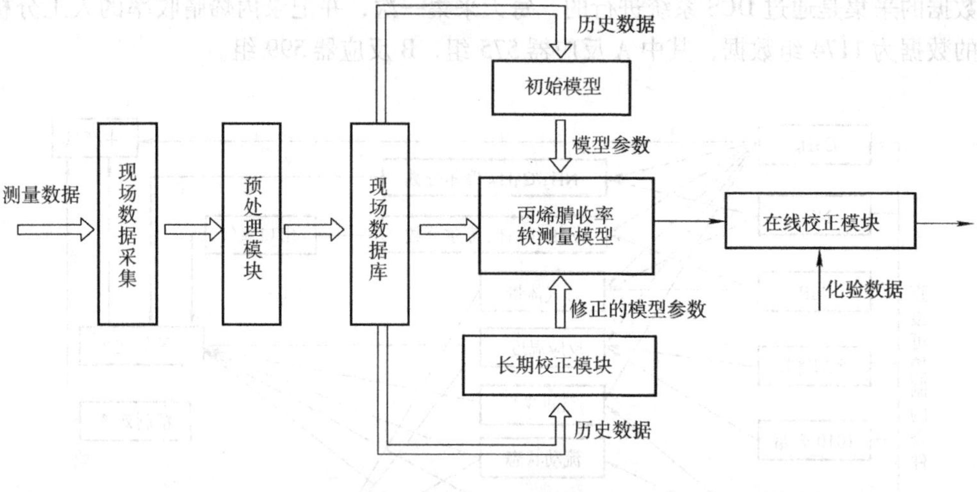

图6-6 丙烯腈收率软测量系统框图

由于所建模型不是太复杂，因此编制成的计算机程序所占内存在现场计算机的允许范围内，使这些程序可以直接嵌入，而不需要另设专用的计算机，方便了操作及维护。

该软测量模型能够很好地对丙烯腈等的收率进行在线测量，精度基本满足要求，操作简单、画面直观，能为操作人员提供有用的实时信息，以指导生产。

6.4 纯滞后补偿控制

从广义角度来说，所有的工业过程控制对象都是具有纯滞后(时滞)的对象。衡量过程具有纯滞后的大小通常采用过程纯滞后τ和过程惯性时间常数T之比τ/T。$\tau/T<0.3$时，称生产过程是具有一般纯滞后的过程；当$\tau/T>0.3$时，称为具有大纯滞后的过程。一般纯滞后过程可通过常规控制系统得到较好的控制效果。而当纯滞后较大时，则用常规控制系统常常较难奏效。目前克服大纯滞后的方法主要有史密斯预估补偿控制、自适应史密斯预估补偿控制、观测补偿器控制、采样控制、内部模型控制(IMC)、达林算法等。在此，介绍史密斯预估补偿控制。

史密斯(O. J. M. Smith)在1957年提出了一种预估补偿控制方案。它针对纯滞后系统中闭环特征方程含有纯滞后项，在PID反馈控制基础上，引入了一个预估补偿环节，从而使闭环特征方程不含纯滞后项，提高了控制品质。

图6-7为史密斯预估补偿控制方案的框图。

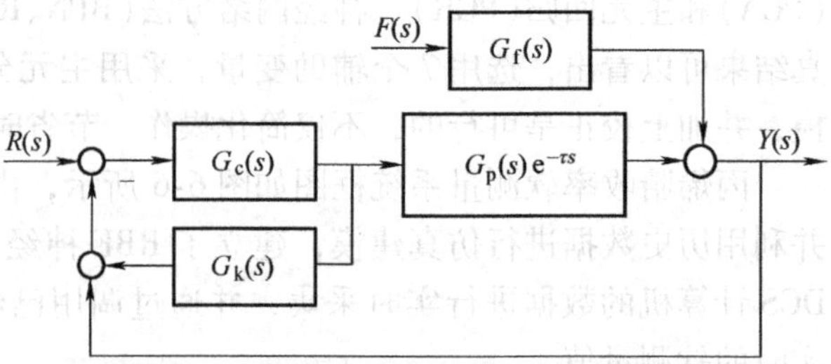

图6-7 史密斯预估补偿控制方案的框图

图6-7中，$G_k(s)$是史密斯引入的预估补偿器传递函数。为使闭环特征方程不含纯滞后τ，对图6-7所示的系统，就要求

$$\frac{Y(s)}{R(s)}=\frac{G_c(s)G_p(s)e^{-\tau s}}{1+G_c(s)G_p(s)} \tag{6-17}$$

$$\frac{Y(s)}{F(s)}=\frac{G_f(s)}{1+G_c(s)G_p(s)} \tag{6-18}$$

引入预估补偿器 $G_k(s)$后，闭环传递函数是

$$\frac{Y(s)}{R(s)}=\frac{G_c(s)G_p(s)e^{-\tau s}}{1+G_c(s)G_k(s)+G_c(s)G_p(s)e^{-\tau s}} \tag{6-19}$$

根据式(6-19)与式(6-17)，可以看到，若 $G_k(s)$满足

$$G_k(s)=G_p(s)(1-e^{-\tau s}) \tag{6-20}$$

就能实现上述要求。这时闭环特征方程是

$$1+G_c(s)G_p(s)=0 \tag{6-21}$$

这相当于把 $G_p(s)$作为对象，用 $G_p(s)$的输出作为反馈信号，从而使反馈信号相应提前了 τ 时刻，所以这种控制称为预估补偿控制。由于闭环特征方程不含纯滞后项，所以有可能提高控制器 $G_c(s)$的增益，从而明显改善控制品质。

将式(6-20)代入式(6-19)得

$$\frac{Y(s)}{R(s)}=\frac{G_c(s)G_p(s)}{1+G_c(s)G_p}e^{-\tau s}=G_1(s)e^{-\tau s} \tag{6-22}$$

式中，$G_1(s)$表示没有纯滞后环节时的随动控制的闭环传递函数，$G_1(s)=\dfrac{G_c(s)G_p(s)}{1+G_c(s)G_p}$。

同样，从图 6-4 可得定值控制得闭环传递函数是

$$\frac{Y(s)}{F(s)}=\frac{G_f(s)[(1-e^{-\tau s})G_p(s)G_c(s)+1]}{1+G_c(s)G_p}=G_f(s)[1-G_1(s)e^{-\tau s}] \tag{6-23}$$

因此，经过预估补偿后，闭环特征方程中已消去了 $e^{-\tau s}$项，也就是消除了纯滞后对控制品质的不利影响。对于随动控制系统，由式(6-22)，控制过程仅在时间上推迟了时间 τ。这样，系统的过渡过程形状和品质与无纯滞后的完全相同。对于定值控制系统，由式(6-23)，控制作用要比干扰的影响滞后一个 τ 的时间，因此控制的效果不像随动控制系统那样明显。

为了实施史密斯预估补偿控制，必须求取补偿器的数学模型。若模型与对象特性不一致，则根据式(6-19)可以看到，闭环特征方程中还会存在纯滞后项，两者严重不一致时，甚至会引起系统稳定性变差。

实际工业过程的被控对象通常是参数时变的。当参数变化不大时可近似作为常数处理，采用史密斯预估补偿控制方案有一定效果。

6.5　解耦控制

6.5.1　系统的关联分析

在一个生产装置中，往往需要设置若干个控制回路，来稳定各个被控变量。在这种情况下，几个回路之间，就可能相互关联、相互耦合、相互影响，构成多输入多输出的相关(耦

合)控制系统。

关联严重的控制系统如图6-8所示。图中，流量、压力控制方案就是相互耦合的系统。在这两个控制系统中，单把其中任一个投运都是不成问题的，生产上也用得很普遍。然而，若把两个控制系统同时投运，问题就出现了。控制阀A和B对系统压力的影响程度同样强烈，对流量的影响程度也相同。因此，当压力偏低而开大控制阀A时，流量也将增加，如果通过流量控制器作用而关小阀B，结果又使管路的压力上升。阀A和阀B相互间就是这样互相影响着。

在一个装置或设备上，如果设置多个控制系统，关联现象就可能出现。然而，有些系统间的关联并不显著。系统间的关联程度是不一样的，那么如何来表征系统的关联程度呢？可以采用“相对增益”的方法来分析。

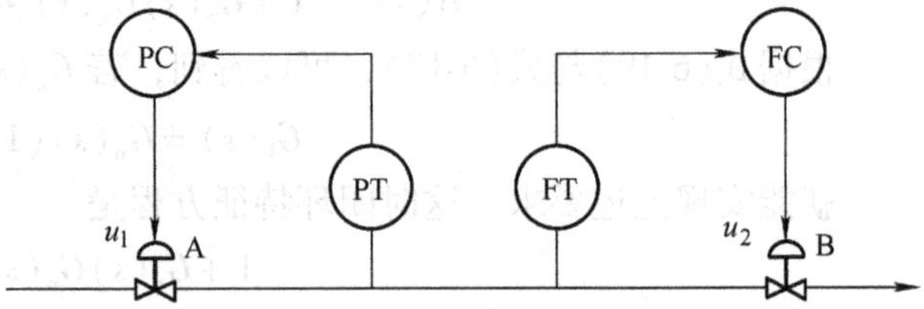

图6-8 关联严重的控制系统

6.5.2 相对增益

令某一通道 $u_j \to y_i$ 在其他系统均为开环时的放大系数与该一通道在其他系统均为闭环时的放大系数之比为 λ_{ij}，称为相对增益，则

$$\lambda_{ij} = \frac{\partial y_i / \partial u_j |_u}{\partial y_i / \partial u_j |_y} \tag{6-24}$$

式(6-24)中分子项外的下标 u 表示除了 u_j 以外，其他都保持不变，即都为开环；分母项外的下标 y 表示除了 y_i 以外，其他 y 都保持不变，即其他系统都为闭环系统。

现以图6-8所示系统为例。该系统被控变量与操纵变量关系的双输入双输出对象稳态特性框图如图6-9所示。

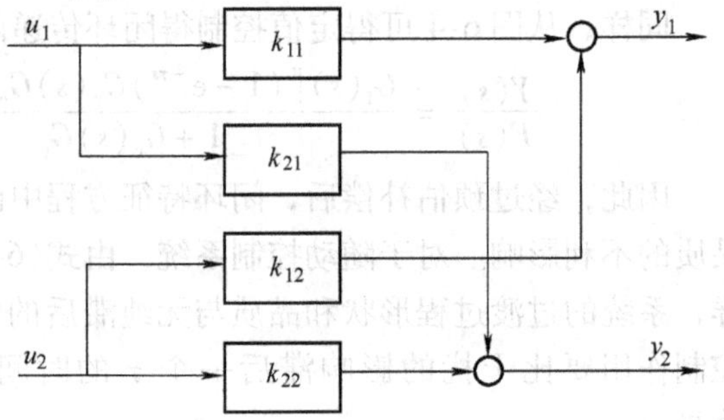

图6-9 双输入双输出对象稳态特性框图

由图6-9可得，该系统稳态方程为

$$\left.\begin{aligned} y_1 &= k_{11}u_1 + k_{12}u_2 \\ y_2 &= k_{21}u_1 + k_{22}u_2 \end{aligned}\right\} \tag{6-25}$$

式中，k_{ij}表示第 j 个输入变量作用于第 i 个输出变量的放大系数。

下面来求 λ_{11}，首先求取 λ_{11}的分子项$\partial y_1 / \partial u_1 |_u$，除 u_1 外，其他 u 不变，则有

$$\left.\frac{\partial y_1}{\partial u_1}\right|_{u_2 = \text{常数}} = k_{11} \tag{6-26}$$

再求 λ_{11}的分母项$\partial y_1 / \partial u_1 |_y$，除 y_1 外，其他 y 不变，由式(6-25)可得

$$y_1 = k_{11}u_1 + k_{12}u_2$$
$$0 = k_{21}u_1 + k_{22}u_2$$

由上两式可得

$$y_1 = k_{11}u_1 - k_{12}\frac{k_{21}}{k_{22}}u_1 \tag{6-27}$$

所以，$\left.\dfrac{\partial y_1(s)}{\partial u_1(s)}\right|_{y_2=常数} = k_{11} - k_{12}\dfrac{k_{21}}{k_{22}} = \dfrac{k_{11}k_{22} - k_{12}k_{21}}{k_{22}}$

求得 λ_{11} 的分子项与分母项即可得 λ_{11}

$$\lambda_{11} = \frac{\partial y_i/\partial u_j|_u}{\partial y_i/\partial u_j|_y} = \frac{k_{11}k_{22}}{k_{11}k_{22} - k_{12}k_{21}} \tag{6-28}$$

同样可推导出

$$\lambda_{22} = \lambda_{11} = \frac{k_{11}k_{22}}{k_{11}k_{22} - k_{12}k_{21}} \tag{6-29}$$

$$\lambda_{12} = \lambda_{21} = \frac{-k_{12}k_{21}}{k_{11}k_{22} - k_{12}k_{21}} \tag{6-30}$$

如果排成数阵形式

$$\begin{array}{c|cc} & u_1 & u_2 \\ \hline y_1 & \lambda_{11} & \lambda_{12} \\ y_2 & \lambda_{21} & \lambda_{22} \end{array} \tag{6-31}$$

式(6-31)称为布里斯托尔阵列(Briistol 阵列)，或相对增益阵列。

在双输入双输出情况下，下面几点很有用：

1）相对增益阵列中，每行和每列的元素之和为 1，这个基本性质在 2×2 变量系统中特别有用。只要知道了阵列中任何一个元素，其他元素可立即求出。例如

在 $\lambda_{11}=0.5$ 时

$$\boldsymbol{\lambda} = \begin{bmatrix} 0.5 & 0.5 \\ 0.5 & 0.5 \end{bmatrix}$$

图 6-1 所示压力和流量系统就属此情况。

在 $\lambda_{11}=1.2$ 时

$$\boldsymbol{\lambda} = \begin{bmatrix} 1.2 & -0.2 \\ -0.2 & 1.2 \end{bmatrix}$$

2）在相对增益阵列中所有元素为正时，称之为正耦合。当 k_{11} 与 k_{22} 同号(都为正或都为负)，k_{12} 与 k_{21} 中一正一负时，λ_{ij} 都为正值，且 $\lambda_{ij} \leqslant 1$，属正耦合系统。

3）在相对增益阵中只要有一元素为负，称之为负耦合。

4）当一对 λ_{ij} 为 1，则另一对 λ_{ij} 为 0，此时系统不存在稳态关联。

5）当采用两个单一的控制器时，操纵变量 u_j 与被控变量 y_i 间的匹配应使两者间的 λ_{ij} 尽量接近 1。

6）如果匹配的结果是 λ_{ij} 仍小于 1，则由于控制间关联，该通道在其他系统闭环后的放大系数将大于在其他系统开环时的数值，系统的稳定性往往有所下降。

7）千万不要采用 λ_{ij} 为负值的 u_j 与 y_i 的匹配方式，这时候当其他系统改变其开环或闭环状态时，本系统将丧失稳定性。

把 Bristol 阵列作为关联程度的衡量，已为人们所熟悉。但明显可以看出，它没有考虑动态项的影响，因此按它做出的结论带有一定的局限性。

6.5.3 减少与解除耦合途径

1. 被控变量与操纵变量间正确匹配

对有些系统来说，减少与解除耦合的途径可通过被控变量与操纵变量间的正确匹配来解决，这是最简单的有效手段，理论上在前面已分析过，在此举例加以说明。

例如图6-10所示的混合器浓度和流量控制系统，浓度C要求控制为75%，现在来分析这个系统的关联程度，这样匹配是否合理。

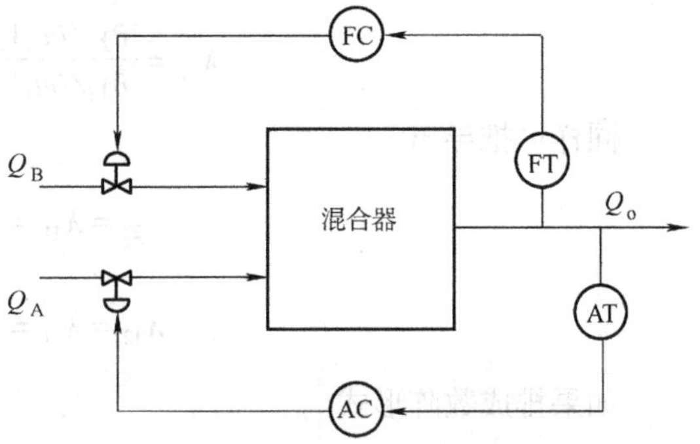

图6-10 混合器浓度和流量控制系统

对于图6-10所示的系统，有

$$Q_o = Q_A + Q_B \tag{6-32}$$

$$C = \frac{Q_A}{Q_A + Q_B} = \frac{Q_A}{Q_o} \tag{6-33}$$

根据图6-10所示匹配，首先求取相对增益λ_{11}（浓度C与Q_A配对）的分子项：

$$\left.\frac{\partial C}{\partial Q_A}\right|_{Q_B} = \left.\frac{\partial\left(\frac{Q_A}{Q_A+Q_B}\right)}{\partial Q_A}\right|_{Q_B} = \frac{1-C}{Q_o} \tag{6-34}$$

其次求取λ_{11}的分母项：

$$\left.\frac{\partial C}{\partial Q_A}\right|_{Q_o} = \left.\frac{\partial\left(\frac{Q_A}{Q_o}\right)}{\partial Q_A}\right|_{Q_o} = \frac{1}{Q_o} \tag{6-35}$$

因此可求得λ_{11}：

$$\lambda_{11} = \frac{\left.\frac{\partial C}{\partial Q_A}\right|_{Q_B}}{\left.\frac{\partial C}{\partial Q_A}\right|_{Q_o}} = \frac{\frac{1-C}{Q_o}}{\frac{1}{Q_o}} = 1 - C = 0.25 \tag{6-36}$$

所以系统的相对增益阵列为

	Q_A	Q_B
C	0.25	0.75
Q_o	0.75	0.25

由相对增益阵列可知图6-10所示匹配是不合理的，可以重新匹配，组成按出口浓度C来控制物料Q_B，而Q_o由Q_A来控制的系统，这样系统的关联影响就小得多了。

2. 控制器的参数整定

在上一方法无能为力或尚嫌不够时，一条出路是在动态上设法通过控制器的参数整定，使两个控制回路的工作频率错开，两个控制器作用强弱不同。在图6-10所示的压力和流量控制系统中，如果把流量作为主要被控变量，那么流量控制回路像通常一样整定，要求响应灵敏；而把压力作为从属的被控变量，压力控制回路整定得“松”一些，即比例度大一些，积分时间长一些。这样，对流量控制系统来说，控制器输出对被控流量变量的作用是显著的，而该输出引起的压力变化，经压力控制器输出后对流量的效应将是相当微弱的。这样就减少了关联作用。当然，在采用这种方法时，次要的被控变量的控制品质往往较差，这在有些情况下是个严重的缺点。

3. 减少控制回路

把上一方法推到极限，次要控制回路的控制器取无穷大的比例度，此时这个控制回路不再存在，它对主要控制回路的关联作用也就消失。例如，在精馏塔的控制系统设计中，工艺对塔顶和塔低的组分均有一定要求时，若塔顶和塔低的组分均设有控制系统，这两个控制系统是相关的，在扰动较大时无法投运。为此，目前一般采用减少控制回路的方法来解决。如塔顶重要，则塔顶设置控制回路，塔底不设置质量控制回路而往往设置加热蒸汽流量控制回路。

4. 串接解耦控制

在控制器输出端与执行器输入端之间，可以串接入解耦装置 $D(s)$，双输入双输出串接解耦系统框图如图 6-11 所示。

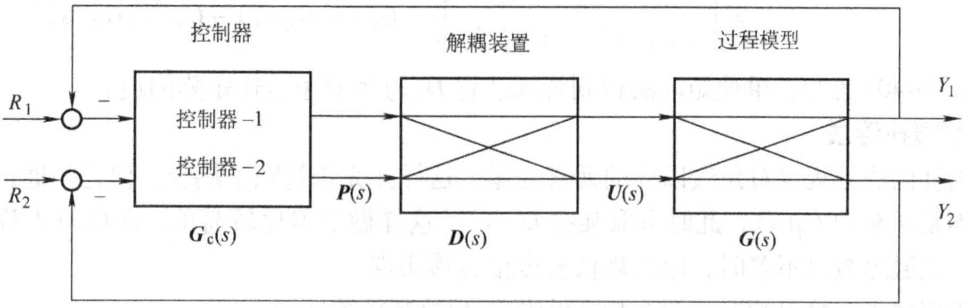

图 6-11　双输入双输出串接触耦系统框图

由图 6-11 得

$$Y(s)=G(s)U(S)$$

$$U(s)=D(s)P(s)$$

所以，

$$Y(s)=G(s)D(s)P(s) \tag{6-37}$$

由式(6-37)可知，只要能使 $G(s)D(s)$ 相乘后成为对角阵，就解除了系统之间耦合，两个控制回路不再关联。

6.5.4　串接解耦控制

前已说明，串接解耦装置 $D(s)$ 的作用是使 $G(s)D(s)$ 的积成为对角阵，这样关联就消除了。要求 $G(s)D(s)$ 之积为对角阵，对其非零元素又有 3 类方法。

1. 对角线矩阵法

此法要求 $G(s)D(s)=\mathrm{diag}[G_{ij}(s)]$，如

$$G(s)D(s)=\begin{bmatrix} G_{11}(s) & 0 \\ 0 & G_{22}(s) \end{bmatrix} \tag{6-38}$$

即通过解耦，使各个系统的特性完全像原来的单回路控制系统一样。

因此，解耦装置 $D(s)$ 可以由式(6-39)求得

$$\boldsymbol{D}(s)=\begin{bmatrix}D_{11}(s) & D_{12}(s)\\ D_{21}(s) & D_{22}(s)\end{bmatrix}=\begin{bmatrix}G_{11}(s) & G_{12}(s)\\ G_{21}(s) & G_{22}(s)\end{bmatrix}^{-1}\begin{bmatrix}G_{11}(s) & 0\\ 0 & G_{22}(s)\end{bmatrix}$$

$$=\begin{bmatrix}G_{11}(s)G_{22}(s) & -G_{22}(s)G_{12}(s)\\ -G_{11}(s)G_{21}(s) & G_{11}(s)G_{22}(s)\end{bmatrix}\Big/\left[G_{11}(s)G_{22}(s)-G_{21}(s)G_{12}(s)\right] \tag{6-39}$$

这样求出的解耦装置各元素传递函数可能相当复杂。

2. 单位矩阵法

单位矩阵法与式(6-38)相似，有 $\boldsymbol{G}(s)\boldsymbol{D}(s)=\boldsymbol{I}=\mathrm{diag}[1,1,\cdots,1]$，如

$$\boldsymbol{G}(s)\boldsymbol{D}(s)=\begin{bmatrix}1 & 0\\ 0 & 1\end{bmatrix} \tag{6-40}$$

即通过解耦，使各个系统的对象特性成1：1的比例环节。此时解耦装置 $\boldsymbol{D}(s)$ 为

$$\boldsymbol{D}(s)=\begin{bmatrix}D_{11}(s) & D_{12}(s)\\ D_{21}(s) & D_{22}(s)\end{bmatrix}=\begin{bmatrix}G_{11}(s) & G_{12}(s)\\ G_{21}(s) & G_{22}(s)\end{bmatrix}^{-1}$$

$$=\begin{bmatrix}G_{22}(s) & -G_{12}(s)\\ -G_{21}(s) & G_{11}(s)\end{bmatrix}\Big/\left[G_{11}(s)G_{22}(s)-G_{21}(s)G_{12}(s)\right] \tag{6-41}$$

由式(6-40)可知，单位矩阵法得到解耦装置 $\boldsymbol{D}(s)$ 为对象传递矩阵的逆。

3. 前馈补偿法

前馈补偿法只规定对角线以外的元素为零，这样亦完全解除了耦合。但是各通道的传递函数并不是原来的 $G_{ij}(s)$，此时可取某些 $D_{ij}=1$。这样做显得比较简单，所以有人称之为简易解耦。在通道数目不多时，用常规仪表也很容易实现。

对于双输入双输出情况，图6-12为前馈解耦控制系统框图。

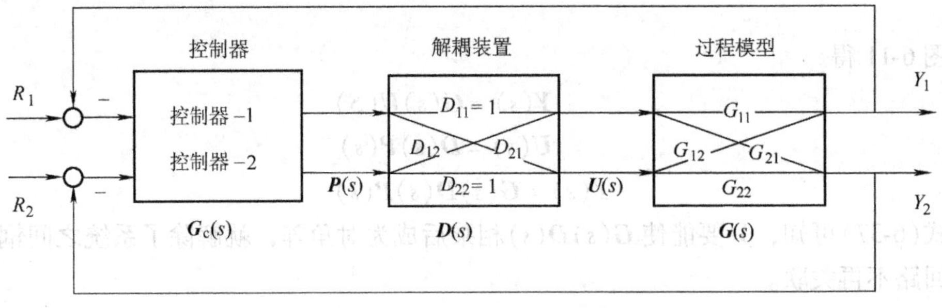

图6-12 前馈解耦控制系统框图

图6-12中，取 $D_{11}(s)=D_{22}(s)=1$，解耦补偿装置 $D_{21}(s)$ 和 $D_{12}(s)$ 可根据前馈补偿原理求得

$$G_{21}(s)+D_{21}(s)G_{22}(s)=0$$

所以

$$D_{21}(s)=-\frac{G_{21}(s)}{G_{22}(s)} \tag{6-42}$$

又有

$$G_{12}(s)+D_{12}(s)G_{11}(s)=0$$

所以

$$D_{12}(s) = -\frac{G_{12}(s)}{G_{11}(s)} \tag{6-43}$$

在需要时，也可令 $D_{21}(s)=D_{12}(s)=1$ 或 $D_{21}(s)=D_{22}(s)=1$ 或 $D_{12}(s)=D_{11}(s)=1$，按同样原理可以求得解耦装置的传递函数。

4. 设计中的有关问题

1）实践表明，在很多情况下采用稳态解耦已能获得相当好的效果。例如某乙烯厂裂解炉出口温度的解耦控制，这个系统应用了稳态解耦方法，获得了较好效果。

对于采用前馈补偿法时，若式(6-42)中 $G_{21}(s)$ 和 $G_{22}(s)$ 的动态项相近、式(6-43)中 $G_{12}(s)$ 和 $G_{11}(s)$ 的动态项相近时，采用稳态解耦十分简单和方便，用常规仪表亦可以实施。

2）一般地说，需要采用动态解耦时，$D_{ij}(s)$ 宜采用超前滞后环节即 $K(T_1s+1)/(T_2s+1)$ 的形式。

3）当 $\boldsymbol{G}(s)$ 为奇异矩阵时，即 $\boldsymbol{G}(s)$ 的行列式为零时，如采用对角线矩阵法和单位矩阵法，$D_{ij}(s)$ 的分母项为零，如采用前馈补偿法，$\boldsymbol{G}(s)\boldsymbol{D}(s)$ 的乘积为零。总之无法采用串接解耦控制方案。在双输入双输出的情况下，$G_{11}(s)G_{22}(s)$ 与 $G_{12}(s)G_{21}(s)$ 很接近时，解耦也比较困难。

6.5.5　解耦控制系统的工业应用实例

在此介绍某乙烯装置裂解炉的解耦控制。它具有 4 组并联的裂解炉管，每组炉管对应于 8 个烧嘴。每组有燃料油的控制阀。原料油(煤油、柴油等)经预热至 590℃后进入裂解炉管进行裂解，生成乙烯、丙烯、丁烯、甲烷、乙烷、丙烷、……。为了减少炉管结焦和提高乙烯等产品收率，需要降低裂解炉管内的油气分压，因此需按一定的比率加入稀释蒸汽。原料油和稀释蒸汽的比率应该控制好。

裂解反应温度的控制更是十分重要。它不仅影响乙烯收率，而且直接关系到结焦情况。因为结焦到一定程度后必须清焦，所以也关系到清焦周期。通常是控制好炉管出口温度，以保证反应温度维持在合适的区间。

假设只有一组炉管，最简单的控制方案是用炉管出口温度作为被控变量，燃料油流量作为操纵变量组成单回路控制方案。然而这里有 4 组炉管，而且安装在同一炉膛之内，相互关联是相当严重。例如，流经第一组炉管烧嘴的控制阀的燃料油流量发生变化后，不仅会影响到第一组炉管的出口温度，也会影响到相邻的第二组炉管的出口温度；第二组炉管烧嘴燃料流量的变化，除影响本组炉管外，也会影响相邻的第一组和第三组……。如果采用 4 个简单的温度定值控制系统，控制品质必然很差，稳态一旦被打破，就不易复归平衡。

安装 4 个控制器和 4 个控制阀，并配上解耦装置，构成解耦控制系统可以解决问题。在此，采用了一个温度主控制器，另外引入 4 个偏差设定器，并使用计算机进行解耦计算，达到了令人满意的结果。下面简单介绍这一方案。

图 6-13 为这一系统的原理框图。

先暂不考虑主控制器 TC 的输出 u，而单独探讨各偏差设定器 TXC_i 的修正值 Δu_i 对各组炉管出口温度的影响。显然，过程的稳态特性可表述为

$$\Delta\theta_i = f_i(\Delta u_1, \cdots, \Delta u_4) \quad i=1,2,3,4$$

式中，θ_i 是第 i 组炉管的出口温度。

假设在小范围内可以线性化

$$\Delta\boldsymbol{\theta} = \boldsymbol{A}\Delta\boldsymbol{u} \tag{6-44}$$

即

$$\begin{bmatrix}\Delta\theta_1\\ \vdots \\ \Delta\theta_4\end{bmatrix} = \begin{bmatrix}a_{11} & \cdots & a_{14}\\ \vdots & & \vdots \\ a_{41} & \cdots & a_{44}\end{bmatrix}\begin{bmatrix}\Delta u_1\\ \vdots \\ \Delta u_4\end{bmatrix}$$

式中 $a_{ij} = \partial f_i / \partial u_j$

反过来，如果要求各点温度作 $\Delta\boldsymbol{\theta}$ 的稳态变动，应该施加的 $\Delta\boldsymbol{u}$ 是

$$\Delta\boldsymbol{u} = \boldsymbol{A}^{-1}\Delta\boldsymbol{\theta} \tag{6-45}$$

这样，如果已知各 θ_i 与基准温度之 e_i，即温度偏差，并要求消除这些温度偏差，则各点温度应该作出的稳态变动是

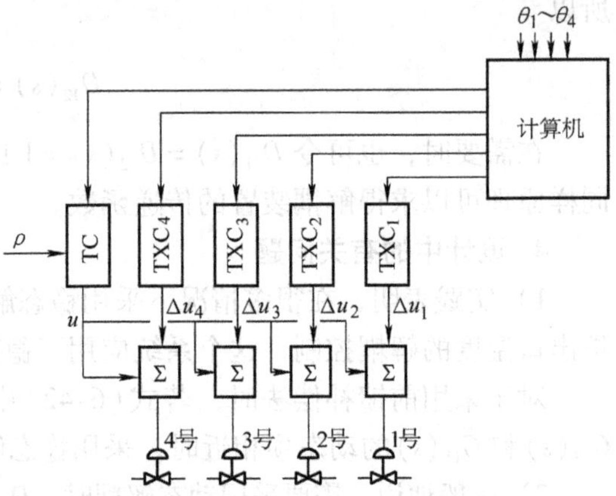

图6-13 裂解炉炉管出口温度解耦控制原理框图

$$\Delta\theta_i = -e_i$$

而应该施加的 $\Delta\boldsymbol{u}$ 就是

$$\Delta\boldsymbol{u} = \boldsymbol{A}^{-1}\Delta\boldsymbol{\theta} = -\boldsymbol{A}^{-1}\boldsymbol{e} \tag{6-46}$$

式中，$\boldsymbol{e} = [\boldsymbol{e}_1 \quad \boldsymbol{e}_2 \quad \boldsymbol{e}_3 \quad \boldsymbol{e}_4]^{\mathrm{T}}$。

这个系统采用计算机控制。采样时间应该很好考虑，现取5min。这样，在操纵变量作了调整以后，尽管传热过程有相当大的滞后，仍有足够的时间使出口温度起响应。

经过测试得到：

$$\boldsymbol{A} = \begin{bmatrix}0.589 & 0.195 & 0 & 0\\ 0.195 & 0.589 & 0.195 & 0\\ 0 & 0.195 & 0.589 & 0.195\\ 0 & 0 & 0.195 & 0.589\end{bmatrix}$$

也就是说，每组烧嘴除影响本组炉管外，也影响相邻的各一组炉管，其效应为对本组炉管的1/3。进行矩阵求逆：

$$\boldsymbol{A}^{-1} = \begin{bmatrix}1.9398 & -0.7334 & 0.2724 & -0.0902\\ -0.7334 & 2.2122 & -0.8234 & 0.2724\\ 0.2724 & -0.8234 & 2.2122 & -0.7334\\ 0.0902 & 0.2724 & -0.7334 & 1.9398\end{bmatrix}$$

把 $\boldsymbol{A}^{-1}$ 值编入程序，在测得温度偏差 $\boldsymbol{e}$ 以后，由计算机求出 $\Delta\boldsymbol{u}$ 值。

那么用什么作为基准温度呢？可选任何一组炉管的出口温度。

也许可能想到取出口温度的设定值作为基准温度，但在此不这样做。因为各 Δu_i 值每5min计算一次，单靠它来控制出口温度达到设定值，动作不够及时，所以宁可把它们作为消除各炉管出口温度差别的手段。

至于使基准温度达到设定值的任务，是由主控制器TC来完成，它可以是PID连续作用的。主控制器的输出为 $\boldsymbol{u}$。

在控制方案上把两者结合起来。通过偏差设定器中的加法器，把 $\boldsymbol{u}$ 和 Δu_i 代数相加，其

输出作为送往执行器的信号。

现场经验表明，这样的系统是成功的。为了使动作更平稳，修正不是一蹴而就的，实际上采用的 $\Delta \boldsymbol{u}$ 值的1/2，即

$$\Delta \boldsymbol{u} = K\boldsymbol{A}^{-1}\Delta \boldsymbol{\theta}$$

$K=0.5$，同时对各 Δu_i 进行限幅，每次不超过全范围的3%。运行结果是各点间温度差保持在1.5℃以内。

这个裂解炉的解耦控制系统仅仅考虑系统间的静态耦合，只能消除系统稳定状态下的关联，对于系统间的动态关联响应是无能为力的。尽管如此，稳态解耦控制还是能满足相当多的工艺过程要求，且补偿矩阵简单，因此在工程上获得了广泛的应用。

最后需要着重指出以下两点：

1）控制系统之间的关联并非一定是有害的，也有相互帮助的关联，因此，只有在系统关联严重影响控制品质时，才考虑设计解耦控制系统。

2）如果能通过选择控制方案来避免或减弱系统之间的耦合，也不必要设计解耦控制系统。

目前不少裂解炉出口温度控制不采用解耦控制而采用另外控制方案，每组炉管出口温度与相应的进料流量组成串级控制系统，调整某组炉管进料量不会影响其他炉管出口温度，即相互之间没有耦合，且响应速度快，能保持炉出口温度符合要求。采用这个控制方案最大的问题是如何保证进料负荷的稳定，一般情况下炉管出口温度微小波动，只需调整进料量的1%～2%，最多小于5%。为保证进料负荷的稳定，设计了总进料负荷（总进料流量）与燃料总管压力的串级控制，总进料流量控制器采用间隙控制器，偏差小于5%时控制器输出不变，防止了温度控制系统与压力控制系统之间关联作用。

6.6　自适应控制

自适应控制是建立在系统数学模型参数未知的基础上的，而且随着系统行为的变化，自适应控制也会相应地改变控制器的参数，以适应其特性的变化，保证整个系统的性能指标达到令人满意的结果。自适应控制系统是一个具有适应能力的系统，它必须能够辨识过程参数与环境条件变化，在此基础上自动地校正控制规律。一个自适应控制系统至少应有下述3个部分：

1）具有一个测量或估计环节，能对过程和环境进行监视，并有对测量数据进行分类以及消除数据中噪声的能力。这通常体现为：对过程的输入/输出进行测量，并基于此进行某些参数的实时估计。

2）具有衡量系统的控制效果好坏的性能指标，并且能够测量或计算性能指标，判断系统是否偏离最优状态。

3）具有自动调整控制规律或控制器参数的能力。

实质上，自适应控制是辨识与控制技术的结合，自适应控制的结构可以非常简单，亦可以相当复杂，主要有简单自适应控制系统、模型参考型自适应控制系统、自校正控制系统3种类型。

6.6.1 简单自适应控制系统

这类系统对环境条件或过程参数的变化用一些简单的方法辨识出来，控制算法亦很简单。在不少情况下，实际上是一种非线性控制系统或采用自整定调节器的控制系统。

自20世纪70年代以来，自整定调节器发展相当迅速，特别是随着计算机技术、人工智能、专家系统技术的发展，利用专家经验规则进行PID参数的自整定。目前不少分散控制系统或可编程调节器中有自整定调节器，采用各种方法实现PID参数自整定。下面举几个例子。

1. 继电型自整定

继电型自整定的基本思想是，在控制系统中设置两种模式：测试模式和控制模式。在测试模式下，用一个滞环宽度为h，幅值为d的继电器代替控制器(见图6-14)，利用其非线性，使系统处于等幅振荡(极限环)。测取系统的振荡周期和振幅，以便能利用临界比例度法的经验公式。在控制模式下，控制器使用整定后的参数，对系统的动态性能进行控制。如果对象特性发生变化，可重新进入测试模式，再进行测试，以求得新的整定参数。

图6-15所示是继电型PID自整定控制结构。从图中可以看出，两种模式的切换是靠开关来实现的。

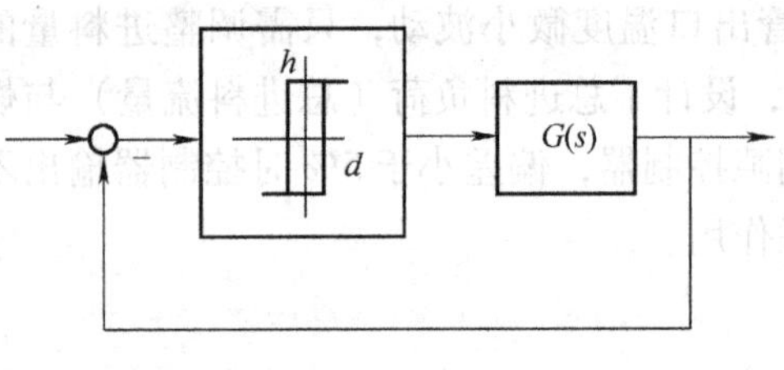

图6-14 继电控制时的系统等效框图

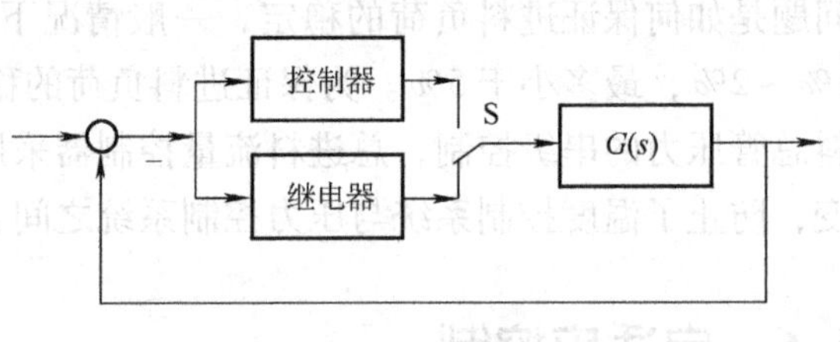

图6-15 继电型PID自整定控制结构

整定步骤如下：

1) 在控制模式下，通过人工控制使系统进入稳定状态，然后将整定开关S拨向测试模式，接通继电器，使系统处于等幅振荡。

2) 测出振荡幅度A和振荡周期T_k，并根据公式

$$\delta_k = \frac{\pi A}{4d} \tag{6-47}$$

求出临界比例度δ_k。

3) 与临界比例度法一样，根据T_k和δ_k值，利用临界比例度法的经验公式，求出控制器的各整定参数。

继电型自整定方法简单、可靠，需要预先设定的参数就是继电特性的参数h和d。该方法的缺点是，被控对象需能在开关信号作用下产生等幅振荡，从而限制了其使用范围。另外，对于时间常数较大的被控对象，整定过程将很费时间；对一些干扰因素多且较频繁的系统，则要求振荡幅度足够大，严重时将影响稳定的等幅振荡的形成，从而无法加以整定。

2. YEWSERIES-80 型自整定 PID 控制器

YEWSERIES-80 型自整定 PID 控制器如图 6-16 所示。

图 6-16 中，点画线部分为控制器所配置的专家系统 STC 的结构。其中：

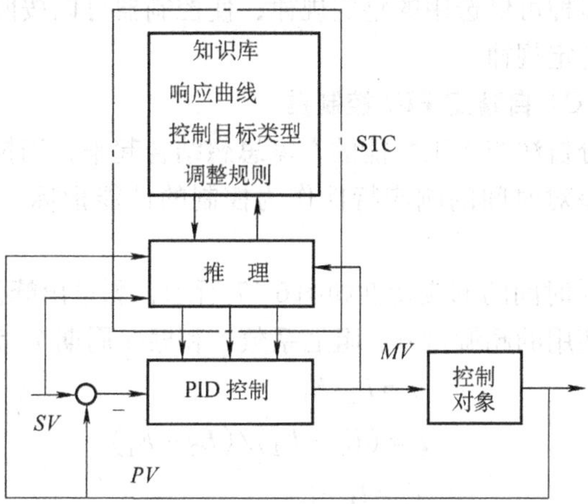

图 6-16　YEWSERIES-80 型自整定 PID 控制器

知识库：相当于一部 PID 参数整定的选择手册。手册记载有许多种基本控制规律及其对应的最佳参数，即专家整定经验数据。

响应曲线：根据设定值 SV、测量值 PV、控制器输出值 MV 的变化情况，经过推理所得到的过程响应曲线。

控制目标类型：有 4 种目标类型，见表 6-2。

表 6-2　目标类型

类　　型	目　　标	
0 类型	超调 0	无超调
1 类型	累积误差面积最小 $\min\int_0^{\infty}\mid e\mid t\mathrm{d}t$	超调小（约 5%）整定时间短
2 类型	控制面积最小 $\min\int_0^{\infty}\mid e\mid \mathrm{d}t$	超调中（约 10%）上升时间略快
3 类型	平方控制面积最小 $\min\int_0^{\infty}e^2\mathrm{d}t$	超调大（约 15%）上升时间快

调整规则：根据过程响应曲线，从知识库中选择适当的调节规则，求出相应 PID 变化量。

推理：根据设定值 *SV*、测量值 *PV*、控制器输出值 *MV*，推导出对象的阶跃响应或脉冲响应，并给出响应曲线的特征参数。

专家系统 STC 随时观察测量值、设定值和控制器输出信号。当控制偏差超过 STC 启动临界值时，控制器开始观察测量信号的波形，并将其与已存入 STC 知识库中的十几种响应曲线加以对照。知识库中的响应曲线为目标整定波形，根据不同的整定目标，按最佳条件进行整定。

在判别测量信号的波形与目标整定波形的一致程度时，以信号的超调量和衰减比作为评价的指标标准，即只要测量信号波形的这两个指标满足目标曲线，就被看做是最佳整定，否则控制器就要进行PID最佳参数值的计算。

控制器内存有100多种可供选用的整定规律，使控制器可以按照响应特性或响应特性的发展趋势从中选择最佳整定规律。

3. FOXBORO-EXACT 自整定PID控制器

这种控制器把波形分析法与人工智能的专家思想结合起来，当控制回路的设定值或干扰发生变化时，将控制偏差对时间的响应特性作为控制的性能指标，判断是否要修改现行的PID参数。

假定控制偏差$e(t)$对时间的响应特性如图6-17所示，测量出峰值E_1、E_2和E_3，则用于计算自整定过程中所要使用的超调量σ、阻尼系数ζ和振荡周期T_c为

$$\sigma = E_2/E_1$$

$$\zeta = (E_3 - E_2)/(E_2 - E_1)$$

$$T_c = t_3 - t_1$$

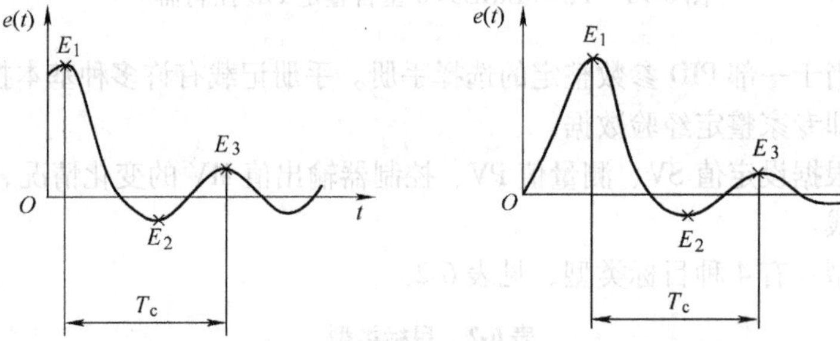

a) 设定值阶跃变化　　b) 负荷阶跃变化

图6-17 控制偏差$e(t)$对时间的响应特性

把这些参数引进自整定算法参数修正计算软件包，就可以根据用户对过程控制的性能指标的要求，按照预先设计好的程序进行计算，从而得出PID控制器的整定参数。

6.6.2 模型参考型自适应控制系统

这类系统主要用于随动控制，一开始用于飞机自动驾驶方面。人们期望随动控制的过渡过程符合一种理想模式。典型的模型参考型自适应控制系统是参考模型和被控系统并联运行，参考模型表示了控制系统的性能要求。

图6-18为模型参考型自适应控制系统，输入$r(t)$一方面送到控制器，产生控制作用，对过程进行控制，系统的输出为$y(t)$；另一方面$r(t)$送往参考模型，其输出为$y_m(t)$，体现了预期品质的要求。把$y(t)$和$y_m(t)$进行比较，其偏差送往适应机构，进而改变控制器参数，使$y(t)$能更好地

图6-18 模型参考型自适应控制系统

接近$y_m(t)$。设计控制规律的方法目前有 3 种：参数最优化方法；基于李雅普诺夫稳定性理论的方法；利用超稳定性来设计自适应控制系统的方法。

6.6.3　自校正控制系统

自校正控制系统是自适应控制中一个相当活跃的分支。自校正控制器的基本结构如图 6-19所示。

自校正控制器也由两个回路组成。内回路包括过程和普通线性反馈控制器。外回路用来调整控制器参数，它由参数估计器和控制器及参数调整机构组成。

参数估计器可以采用递推最小二乘法、广义最小二乘法、辅助变量法等实时在线参数估计方法。控制器可以采用最小方差控制、线性二次型最优控制、极点配置和广义最小方差控制等。

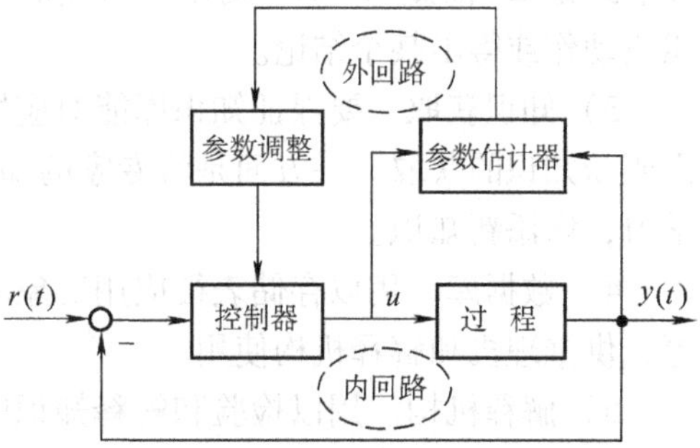

图 6-19　自校正控制器的基本结构

6.7　智能控制

智能控制(Intelligent Control,IC)是 20 世纪 80 年代以来极受人们关注的一个领域，学术界有不少人认为智能控制将继经典控制理论方法和现代理论控制方法之后，成为新一代的控制理论方法。智能控制的理论和应用研究很多，在国内外都是受人瞩目的热点，本节简单介绍智能控制中的专家系统、模糊控制、人工神经网络控制。

6.7.1　专家系统

专家系统主要指的是一个智能计算机程序系统，其内部含有大量的某个领域专家水平的知识与经验，能够利用人类专家的知识和解决问题的经验来处理该领域的高水平难题。也就是说，专家系统是一个具有大量的专门知识与经验的程序系统，它应用人工智能技术和计算机技术，根据某领域一个或多个专家提供的知识和经验，进行推理和判断，模拟人类专家的决策过程，以便解决那些需要人类专家才能处理好的复杂问题。简而言之，专家系统是一个模拟人类专家解决领域问题的计算机程序系统。

专家系统的基本功能取决于它所含有的知识，因此，有时也把专家系统称为基于知识的系统(Knowledge-Based System)。

1. 专家系统结构

专家系统的结构是指专家系统各组成部分的构造方法和组织形式。一般由 6 个部分组成，如图 6-20 所示。

1）人机接口。利用人机接口，专家可以将自己的新知识、新经验加入到知识库中，也可以方便地对知识库中的规则进行修改；操作员可以在操作中随时得到专家系统的帮助，

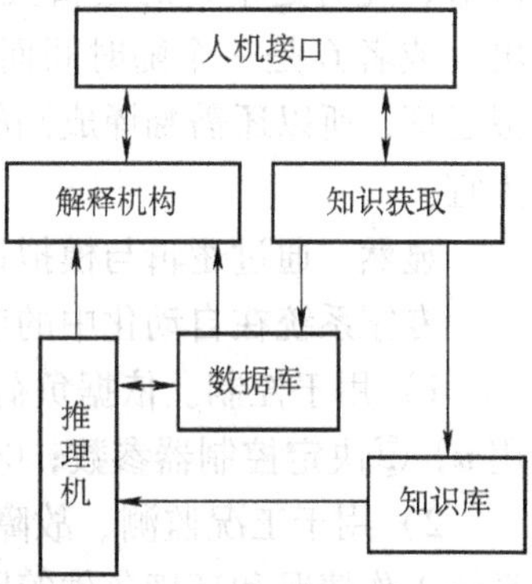

图 6-20　专家系统的组成

了解系统，并应用系统，像领域专家一样解决问题。

2）知识库。用以存储某个具体领域的专门知识，包括理论知识和经验知识。专家系统的性能在很大程度上取决于知识库中知识的完备性和知识表示的正确性、一致性和独立性。常用的知识表示方法有：①逻辑因果图；②产生式规则；③语义网络；④框架理论；⑤概念从属。其中，尤以产生式规则构成的产生式知识库（即规则库）使用最多。产生式规则的一般形式是 IF（前提）THEN（动作）。将规则与数据库中的数据相匹配，一旦匹配成功，就执行相应动作或得出某个结论。

3）知识获取。要保证知识库能对应用对象所有状态的描述具有完备性和正确性，往往需要新知识的获取。一方面是将专家的知识和经验进行描述并写入；另一方面是进行机器自学习，增添新知识。

4）数据库。用以存储表征应用对象的特性数据、状态数据、求解目标和中间状态数据等，供推理机和解释机构使用。

5）解释机构。用以检验和解释知识库中相应规则的条件部分，即用推理得到的中间结果对规则的条件部分中的变量加以约束，并将该规则所预言的变化（由动作引起）返回推理机。

6）推理机。承担控制并执行专家推理的过程。从数据库来的数据经过一定的推理和计算形成事实，然后与知识库中的相应规则进行匹配，找出可用的规则集，根据一定的优先级别应用各条规则，同时执行各规则的动作（或结论）部分，并更新数据库。在整个推理过程中，如何快速查找并正确应用可用规则，是决定推理速度和正确性的关键。推理方法又与知识描述方式密切有关，如对语义网络知识库用匹配和继承推理方法，对神经网络知识库用模式识别推理方法，对产生式规则库用链式逻辑推理方法。链式逻辑推理具体又分为正向推理（数据驱动策略）、逆向推理（目标驱动策略）与正反向混合推理3类方式。

2. 专家系统在自动化中的应用

在过程控制中，专家系统能够做的事情很多。但必须注意，过程控制是在现场实时进行的，因此在专家系统的实时性和可靠性方面有很高的要求，并希望有良好的开放性。

专家系统的编程语言，当处理的完全是逻辑关系时，LISP 语言是公认的最佳选择。但是，在过程控制的许多应用场合，常常会涉及一些模拟解析运算。例如，有一条产生式规则，IF $y_a \geqslant y_b$，THEN $y_c = C$。这里可能 y_a 和 y_b 都是实测的数值，C 又是一个已知的恒值，此时是单纯的逻辑关系。但在有些时候，y_a 或（和）y_b 需要通过微分方程的求解得出，或者 C 是一个随时间而变化的函数，此时采用 LISP 语言就不方便，因为它不适合于模拟运算，所以还需翻译成别的语言。遇到逻辑与模拟计算复合的情况，还是采用 C ++ 语言为宜。

显然，通过逻辑与模拟计算的复合，可以使专家系统的应用范围扩大。

专家系统在自动化中的应用至少有3大方面：

1）用于控制。依据负荷、进料情况、环境条件和系统工作情况等因素：①决定控制作用 u；②决定控制器参数；③决定控制系统类型或结构等。

2）用于工况监测、故障诊断和区域优化。这是诊断型任务，与控制型任务不同。依据系统工作情况和环境条件等因素：①判定工况是否正常；②判定工况不正常的根源；③判定如何使工作情况进入优良区域。

3）用于计划和调度。

3. 专家系统应用示例

下面介绍乙烯精馏塔优化专家系统。对于乙烯精馏塔，当工艺操作条件发生变化时，其操作点位置亦要相应改变，这样才能保证生产处于最优状态。为此，设计图 6-21 所示的乙烯精馏塔优化专家系统，通过专家系统决策，选择最优操纵变量的值，使过程始终处于最优状态。本系统目标函数是在能耗允许的情况下，使乙烯回收率最大。该专家系统由知识库、数据库、推理机构、解释部分和知识获取等 5 部分组成。

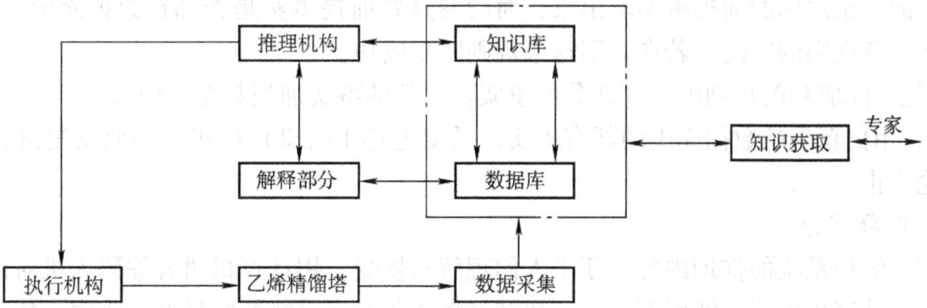

图 6-21　乙烯精馏塔优化专家系统

（1）知识库的建立

乙烯精馏塔优化专家系统知识库中的知识主要由以下 3 方面获得：

1）机理模型知识。这是在优化模型基础上，根据模型中各个变量之间的相互关系以及变化趋势来取得一部分模型知识，这对专家系统寻优是至关重要的。

2）实践经验知识。对于精馏塔的常规操作，人们已积累了相当丰富的经验。从有经验的工程师以及有关参考文献中，都可以获得这部分知识。

3）机理模型仿真知识。通过模型的优化计算，可以总结出一些优化结论，这对于建立专家系统也是不可缺少的。

乙烯精馏塔优化专家系统的知识表述，采用产生式规则（IF-THEN 规则）的形式来表达有关优化过程的专门知识，共有 7 条规则，能判断乙烯精馏塔进料流量、进料组成以及产品乙烯浓度发生变化时的最优操纵变量的选择。

规则的基本形式如下：

IF（前提事实成立）　　THEN（结论成立）

在这些规则中，考虑了乙烯精馏塔中进料流量 F、进料中乙烯的浓度 x_F，产品乙烯浓度 x_D 分别单独变化时，操纵变量（即回流比、产品乙烯采出量）应如何改变的情况；考虑了 F、x_F 和 x_D 三者之二或三者同时变化时，操纵变量应如何改变的情况。

（2）数据库的建立

在乙烯精馏塔优化专家系统的数据库中存放的是乙烯精馏塔的一些操作数据。支持该专家系统推理的信息源有以下两类：

1）目标函数。以乙烯精馏塔产品乙烯回收率最大为目标，即

$$\beta = \max_{s \cdot t}(\beta) = -\min_{s \cdot t}(\beta)$$

2）在线信息。乙烯精馏塔优化专家系统将引进计算机实时数据采集通道。通过此通

道，将一些重要的参数信息采入到该数据库中来，对实现乙烯回收率β最优是重要的。这些在线信息有F、x_F、D、x_D、R以及中间再沸器热量Q_S和塔底再沸器热量Q_B。

（3）推理机构

推理机构是乙烯精馏塔优化专家系统的核心部分，这里采用正向推理的事实驱动规则，即由原始数据出发，按一定策略，运用知识库中专家系统的事实，推断出结论的方法。其详细的推理步骤是：

1）推理机构用存放在数据库中的事实与知识库中规则的前提进行匹配。为此首先是将知识库中的一条规则的前提事实取出来，而后看这些前提事实是否都在数据库中，若不在，则进行下一条规则的匹配；若在，则这条规则匹配成功。

2）把匹配成功的规则的结论部分的事实作为新的事实加到数据库中去。

3）再用更新后的数据库中的新有事实，重复上述1）、2）两步，如此反复进行，直到得到结论为止。

（4）解释部分

为了能解释系统的推理内容，便于人们理解与接受，用计算机语言编码人机对话的解释程序，存入计算机以形成解释部分。乙烯精馏塔优化专家系统的解释部分程序，负责对推理给出必要的解释。它可以解释下列4方面的问题：①试用成功的规则是哪些？②应控制哪些变量？③优化结果如何？④操纵变量的值是多少？

（5）知识获取部分

为了使整个系统具有可扩充性和可修改性，系统中把知识库和推理机构分离开来，形成了相互独立的模块，使扩充和修改知识处于半自动化状态。

仿真结果表明，该专家系统有较高的精确度，完全可以替代常规优化系统来达到优化的目的。

6.7.2 模糊控制

传统的控制系统分析与设计大多依赖于被控对象的精确数学模型，如传递函数或状态方程。但许多实际系统和过程都比较复杂，如工业过程的被控对象具有非线性、时变、大延迟等特性，很难建立精确的数学模型和设计出合适的控制器。然而这些过程系统由熟练操作工来操作或控制却往往能达到较好的工作状态，其操作（控制）规则常常以模糊的形式体现在控制人员的经验中。

1965年，美国的Zadeh创立了模糊集合论；1974年，英国的Mamdani首先将模糊控制应用于锅炉和蒸汽机的控制，在实验室获得成功。这一开拓性的工作标志着模糊控制的诞生。模糊控制（Fuzzy Control）是以模糊集合论、模糊语言变量和模糊逻辑推理为基础的一类计算机控制策略，模糊控制是一种非线性控制。模糊控制不是采用纯数学建模的方法，而是结合专家的知识和思维，进行学习与推理、联想和决策的过程，由计算机来辨识和建模，并进行控制。

1. 模糊控制系统的基本结构

图6-22为一个模糊控制系统。由图可知，模糊控制器由模糊化、知识库、模糊推理和清晰化（或称去模糊化）4个功能模块组成，各模块功能如下：

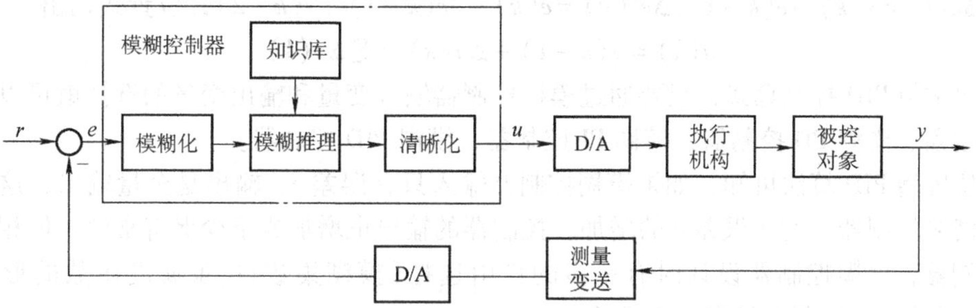

图 6-22 模糊控制系统

(1) 模糊化

模糊化模块的功能是将输入的精确量按某些算法转换为模糊量。该模块的输入量包括了系统的参考输入、系统输出或状态等。模糊化过程一般如下：

1）首先对输入量进行处理，变换成模糊控制器要求的输入量。例如，当系统控制是按偏差控制时，计算偏差 $e=r-y$。

2）将上述已经处理过的输入量进行尺度变换，使其变换到各自的论域。

3）将变换到论域范围的输入量进行模糊化处理，把原有的精确量变换成模糊量，并用相应的模糊集合语言值来表示，例如{PB, PM, PS, ZO, NS, NM, NB} = {“正大”，“正中”，“正小”，“零”，“负小”，“负中”，“负大”}。

(2) 知识库

知识库包含应用领域的知识和控制目标，通常由数据库和模糊控制规则库两部分组成。数据库主要包括了各语言变量的隶属函数、尺度变换因子，以及模糊空间的划分数等。模糊控制规则库包括了用模糊语言变量表示的一系列控制规则，反映了控制专家的经验和知识。

(3) 模糊推理

模糊推理是模糊控制器的核心，该推理过程是基于模糊逻辑中的蕴含关系及推理规则来进行的。

(4) 清晰化(去模糊化)

由于实际的控制量，也就是被控对象的输入应当是精确量，清晰化的功能就是将模糊推理得到的模糊控制量变换为实际的控制量。它是把模糊量经清晰化运算后变换成论域范围的清晰量，再经尺度变换转换成实际的控制量。

2. 模糊 PID 控制器

常规 PID 控制器是当今应用广泛、简单实用的控制方法。它既可以用解析方法进行设计，也可以凭借经验和试凑方法确定。双输入单输出模糊控制器中，当输出为全量输出型时，相当于非线性 PD 控制器。这两种控制器若用于自平衡对象的控制，在阶跃输入时存在输出稳态误差。其实模糊控制器要具有 PID 控制器的一些特性，关键在模糊控制器的输入变量和输出变量的选择。常规离散 PID 控制算式的位置式和增量式分别为

$$u(k) = K_P e(k) + K_I \sum_{j=1}^{k} e(j) + K_D(e(k) - e(k-1)) \tag{6-48}$$

$$\Delta u(k) = K_P \Delta e(k) + K_I e(k) + K_D \Delta e^2(k) \tag{6-49}$$

式中，$\Delta e(k)=e(k)-e(k-1)$，$\Delta e^2(k)=e(k)-2e(k-1)+e(k-2)$，位置式输出

$$u(k)=u(k-1)+\Delta u(k)=\sum\Delta u(k) \tag{6-50}$$

参照常规PID控制算式，只要通过模糊控制器输入变量和输出变量的选择就可以确定模糊P控制器、模糊PD控制器、模糊PI控制器、模糊PID控制器。

由位置型PID算法可知，如果模糊控制器输入只有误差e，输出是全量输出，这时控制器为模糊P控制器。对于误差e的增加，控制器的输出也增加或至少保持常值，但相对于常规P控制器，模糊控制器设计时有更多的自由选择（模糊集数目、隶属度函数的形式及参数），同时模糊P控制器具有可变增益。

参照式(6-48)，模糊PI控制器选择全量输出作为模糊控制器的输出，输入变量为e和$\sum e$；或者参照式(6-49)和式(6-50)，选择模糊控制器输出为控制增量Δu，输入选择e和Δe。而模糊PD控制器选择输入变量e和Δe，输出变量为u。

类似于常规PID控制器，下面给出模糊PID控制器的几种形式：

模糊PID位置算式 $$u=F(e,\Delta e,\sum e) \tag{6-51}$$

模糊PID增量算式 $$\Delta u=F(e,\Delta e,\Delta e^2) \tag{6-52}$$

模糊PID全量算式 $$u=\sum\Delta u \tag{6-53}$$

位置式模糊PID控制器和增量式模糊PID控制器分别如图6-23a和图6-23b所示。若考虑到对象是自平衡的，则由式(6-53)得到全量(位置)式控制信号。

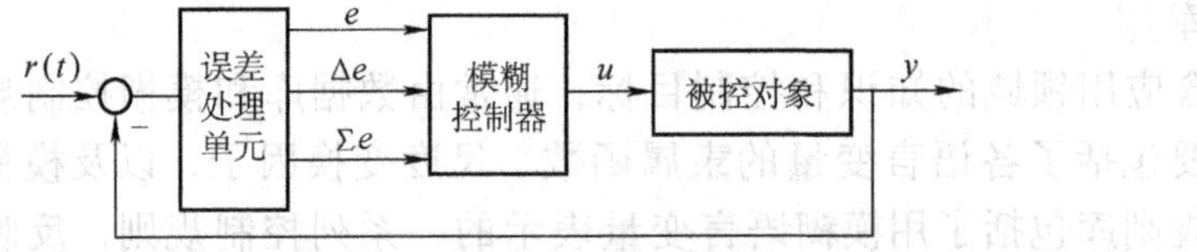

a) 位置式模糊PID控制器

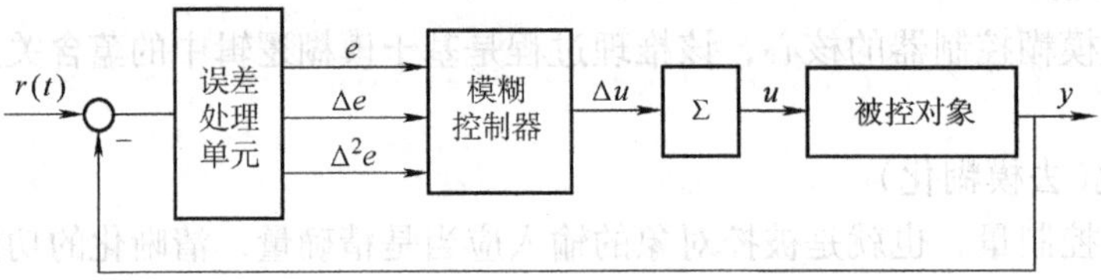

b) 增量式模糊PID控制器

图6-23 模糊PID控制器

在图6-23所示结构中，模糊控制器有3个输入。若每个输入语言变量取7个模糊集合，则最多可能需要$7\times7\times7=343$条模糊规则，而当输入量为两个时，最多只需要$7\times7=49$条模糊规则。可见增加了一个输入量却大大增加模糊控制器设计和计算的难度，而且对于实对控制而言，实时推理或实时查询的代价大幅度增加。为了降低模糊控制器的设计和计算的复杂性，又确保实现模糊PID控制的功能，已经有几种变形的模糊PID控制器和混合的模糊PID控制器结构。

图6-24所示的模糊PID控制器的变形结构给出了采用两个模糊控制器，其中一个是常

规的模糊 PD 控制器，它具有两个输入 e 和 Δe，最多需 49 条规则(设每个语言变量取 7 个模糊集合)。另外一个是模糊 P 控制器，输出变量为 Δu，经过累加后为 $\sum\Delta u$，作为积分控制分量叠加到总的控制 u，因为只有一个输入，最多只需要 7 条规则。因此总共最多只有 56 条规则。显然这种变形结构没有增加太多的计算负担和实时计算开销，又能实现模糊 PID 控制功能，这是非常实用的控制方案。

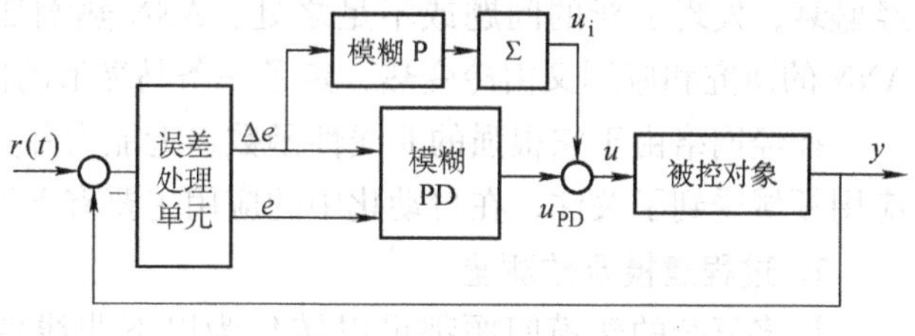

图 6-24　模糊 PID 控制器的变形结构

图 6-25 为混合型模糊 PID 控制器。它是由一个常规积分控制器和一个模糊 PD 控制器并联而成的。常规的积分控制器输出为 u_i($u_i = k_i\sum e_i$)和模糊 PD 控制器输出控制量 u_f 叠加，作为混合 PID 控制器的总输出，即 $u = u_i + u_f$，可使系统成为无静差模糊控制。

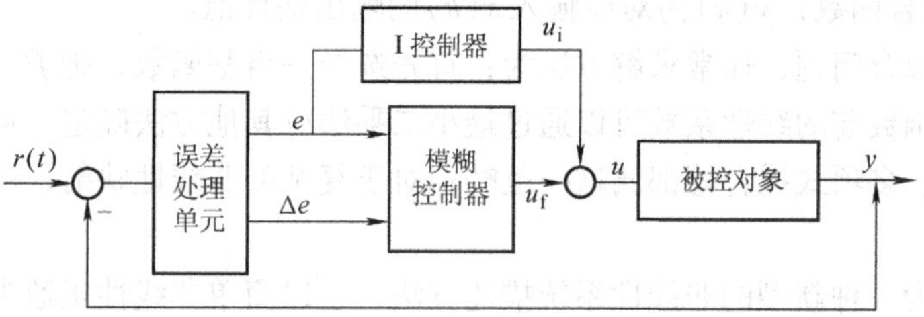

图 6-25　混合型模糊 PID 控制器

图 6-26 为具有误差 e 模糊积分的 PID 模糊控制器。它是对误差 e 的模糊量进行积分(或累加)。这种对误差 e 的模糊值进行积分的 PID 模糊控制器可用来消除大的系统稳态误差。这种系统在原点附近容易产生极限环振荡，为此必须使 Δu_{min} 缩小，这就使得论域的量化等级增加，导致了控制规则数增加，也增加了模糊控制器设计的复杂性。

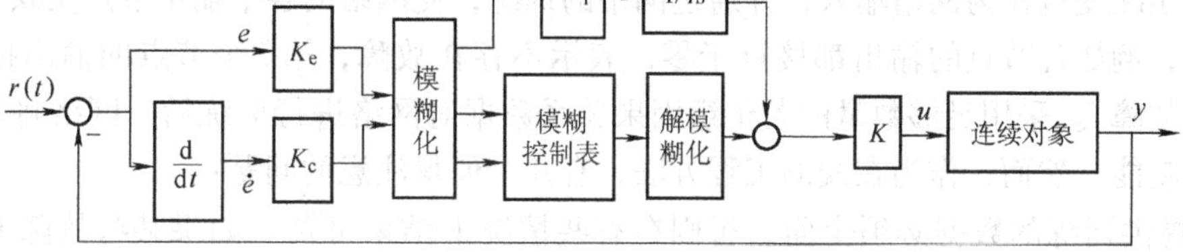

图 6-26　误差 e 模糊积分的 PID 模糊控制器

6.7.3　神经网络控制

人脑极其复杂，是由一千多亿个神经元构成的网络状结构。人们一开始进行神经网络控制，是想通过微电子技术来模拟人脑。尽管已有多年历史，但人脑仿真依然是一个难题。然而，从研究神经元所得到的一些特性，导致了人工神经网络(Artificial Neural Network，ANN)的诞生。到今天已有几十种类型。神经网络在工程上的应用，似乎已与人脑的设想逐渐远离，而是作为强有力的非线性函数转换器来看待。从20世纪40年代起，几十年的发展，历经盛衰，发现了新的问题或不足之处，ANN热潮变冷，作了改进，提出新的结构和算法，ANN的研究和应用又由冷变热，走了一条马鞍形的曲折道路。

神经网络由于它很强的非线性函数逼近能力并具有并行处理工作方式等特点，已在很多应用领域受到了关注，在自动化中的应用主要有下列诸方面：

1. 过程建模及软测量

许多复杂的建模问题都可以转化为以下非线性最优拟合问题。给定样本集合$\{x(k), y(k) \mid k=1,\cdots,N\}$求最优拟合函数：

$$\hat{y}(k)=f[x(k)] \qquad k=1,2,\cdots,N$$

使

$$J=\frac{1}{N}\sum_{k=1}^{N}[y(k)-\hat{y}(k)]^2$$

极小化。其中，$x(k)=(x_1(k),\cdots,x_N(k))$为样本输入向量；$N$为样本数；$y(k)$为样本输出；$f(\cdot)$为最优拟合函数；$\hat{y}(k)$为对应输入$x(k)$的输出估计值。

对于非线性拟合问题，通常求解方法为：首先选择一组基函数，把$f(\cdot)$表示成基函数的线性组合；基函数前的线性系数可以通过最小二乘法或其他方法确定，从而得到最优拟合函数，线性估计、多项式拟合等都属这一范畴；对于复杂的非线性映射，就面临如何选取基函数的问题。

神经网络作为一种新型的非线性系统描述方法，它以简单非线性函数为基础构造复杂的函数，具有模型结构简单、自学习功能强等特点。

应用数学模型来间接测量一些成分和物性变量，为解决许多测量难题提供了可能性，近年来很受注意。除了采用非线性回归模型外，采用神经网络作为软测量模型有不少优点，可用来描述变量完全不同、函数关系迥异的特性。例如，现在对炼油过程中油品干点和倾点等的软测量，使用RBF网络能得到较满意的结果。

2. 故障监测和诊断

神经网络可被用作故障监测和诊断的工具。不同的故障情况，会产生不同的现象。将反映现象的工况变量作为网络输入，并通过网络的训练，使网络的各个输出节点反映某种故障存在与否，例如各节点的输出都接近于零，表示不存在故障，第i个节点的输出接近于1，表示存在故障i。采用足够数量的若干组因果关系数据对网络进行训练后，网络将有很好的故障诊断功能。然而，作为在线的工程方法，有几个值得注意的问题：

1）提供训练的数据必须全面，否则在有些情况下结果可疑。如果某些故障t_i相应于两个工作区域，但在训练时只提供一个工作区域的数据，则当工况进入发生故障t_i的另一区域时，网络完全可能给出不存在t_i故障的结论。又如，通常假定系统只处于无故障或存在一个故障的情况，当实际上同时存在两个故障时，也可能给出不正确的结论。因此神经网络虽然不需要验知数学模型，但是足够的验前知识还是很有帮助的，甚至是必要的。

2）实际过程总处于动态，依据稳态关系建立的神经网络有可能给出错误结论，考虑动态行为还是一个困难的问题。

3）本质只能给出有无故障和故障在哪里的结论，对故障程度无从判断。

3. 用于控制

神经网络在控制系统中的作用主要有以下几种：①在传统的控制系统中用来对动态系统建模，充当对象模型；②在反馈控制系统中直接充当控制器的作用；③在传统控制系统中起优化计算的作用；④与其他智能控制方法，如模糊逻辑、遗传算法、专家系统等相融合。下面按照神经网络在控制系统中的作用介绍几种常见的神经网络控制结构。

（1）神经网络监督控制

通过对传统控制器进行学习，然后利用神经网络控制器(NNC)逐渐取代传统控制器的方法，称为神经网络监督控制，其结构如图6-27所示。神经网络控制器实际上是一个前馈控制器，它建立的是被控对象的逆模型。神经网络通过对传统控制器的输出进行学习，在线调整网络的权值，使反馈控制输出 $u_p(t)$ 趋近于零，从而使神经网络控制器逐渐在控制作用中占据主导地位，最终取消反馈控制器的作用。一旦系统出现干扰，反馈控制器重新起作用。因此，这种前馈加反馈的监督控制方法，不仅可以确保控制系统的稳定性和鲁棒性，而且可有效地提高系统的精度和自适应能力。

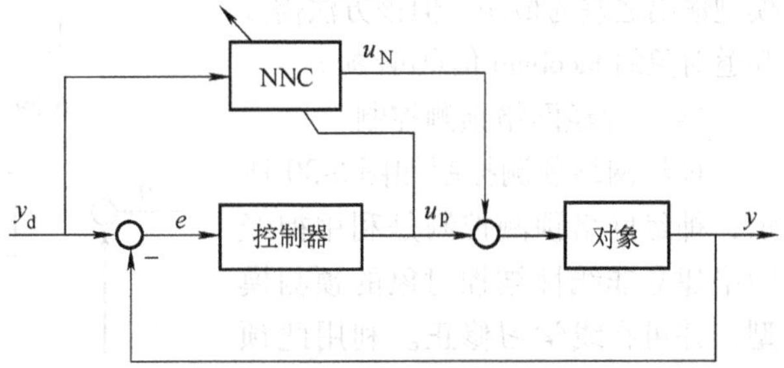

图6-27 神经网络监督控制的结构

（2）神经网络直接逆控制

神经网络直接逆控制就是将被控对象的神经网络逆模型与被控对象串联起来，以便使期望输出与对象实际输出之间的传递函数为1。在神经网络直接逆控制中，神经网络控制器做为前馈控制器，使它的特性为对象特性的逆。设对象特性为 $f(\cdot)$，设计神经网络控制器的特性为 $f^{-1}(\cdot)$，则系统前向通道传递函数为1，系统的实际输出等于期望输出，实现了理想的控制效果。

显然，神经网络直接逆控制的控制效果取决于逆模型的准确程度。单纯的前馈控制缺乏反馈，为此，一般应使神经网络控制器具有在线学习能力，即作为逆模型的神经网络连接权能够在线调整。其实现的两种方案如图6-28所示。

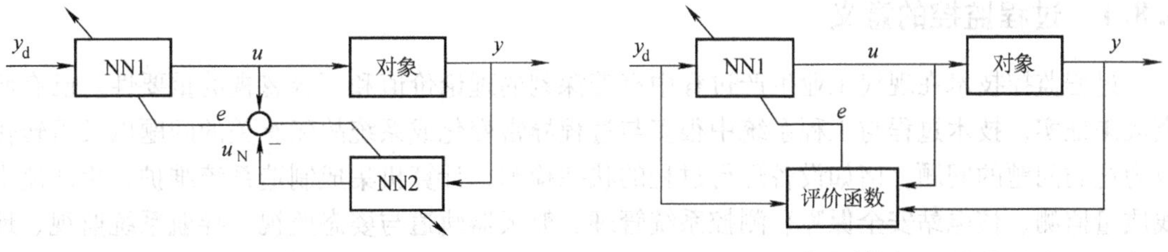

a)　　b)

图6-28 神经网络直接逆控制的两种方案

在图6-28a中，NN1和NN2具有完全相同的网络结构和连接权，NN2的作用是通过间接学习，改变网络的连接权，以便获得 $f^{-1}(\cdot)$ 的映射特性。在图6-28b中，神经网络通过评价函数进行学习，调整权值，实现对象的逆控制。

(3) 神经网络模型参考自适应控制

神经网络直接模型参考自适应控制系统如图6-29所示，神经网络控制器(NNC)的作用是使被控对象与参考模型输出之差为最小。但该方法需要知道对象的Jacobian信息$\partial y/\partial u$。

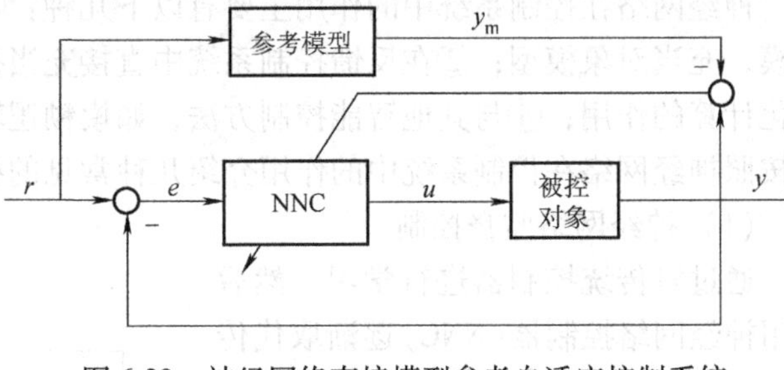

图6-29 神经网络直接模型参考自适应控制系统

(4) 神经网络预测控制

神经网络预测控制如图6-30所示，神经网络预测控制是利用神经网络建立非线性被控对象的预测模型，并可在线学习修正。利用此预测模型，可以由当前的系统控制信息预测出在未来一段时间范围内系统输出，通过设计优化性能指标，利用非线性优化器求出优化的控制作用$u(t)$。

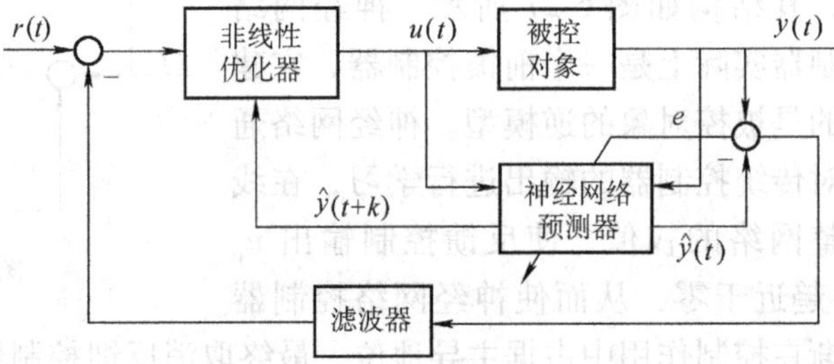

图6-30 神经网络预测控制

6.8 工业生产过程监控技术

过程监控一词，从广义上讲，是指对过程变量巡回检测，对被控变量进行控制，并对各关键变量的实时值进行监测，将数据记录（或存储）并报告给操作人员，并配有一定的报警功能；从狭义上讲，是指依据所能获得的各项测量情况，分析和判断生产工况是否正常，如出现不正常工况或其预兆，则找出原因，提出对策。本章讨论的是狭义概念上的过程监控。过程监控是过程自动化与过程控制领域的重要组成部分，是实现系统可靠性、安全性、维修性的关键技术之一。

6.8.1 过程监控的意义

过程监控技术在现代工业生产过程中有着深刻的理论价值和不容忽视的重要性。已有研究成果证实，技术过程与工程系统中很多与过程异常变化或系统故障有关的问题以及可转化成为这类问题的问题，诸如设备运行过程的状态检测、计算机集成制造系统维护、生产流水线质量监测、核电站安全保障、测控系统管理、航天器轨道与姿态监视、导航系统监视、地震等灾变事件预警、控制系统故障检测与诊断、图像边界确定、语音信号分段以及气候与环境监测等，都可以在过程监控理论下得到解决。

过程控制需要设置监控系统，至少有下列几点理由：

1）生产过程及设备有时会出现故障，有的甚至是不可避免的，如反应器的结焦、换热器的结垢、管道的漏泄或堵塞。另一方面，即使生产过程及设备本身没有故障，但遇到特大扰动时，将不能维持正常工况，例如遇到环境温度的大幅度上升或生产负荷的大幅度提高，空气冷却器的出口温度无论如何降不到设定数值。

2）虽然目前的控制装置可靠性已经很高，如有的 DCS 的平均无故障时间已达 10 万 h 以上或更高的数量级，而且还设有自检装置，但是检测元件、变送器和执行器的可靠性没有控制装置那么高，还时有故障发生。

3）人为的操作失误还时有发生。

4）人们对 DCS 有时有过分的信赖心理，疏于检查工况的事情亦属常见。

5）一般的报警和联锁保护系统虽然有持续不断地完成任务的优点，但是它却只能在工况偏离正常状态较远时才发布声光信号，在生产发生故障的萌芽时期无法及时作出判断，同时它只能按照较简单的逻辑关系工作，不能满足复杂系统的需要。换句话说，这类系统的自动监测水平较低，远不如业务成熟的操作工人和技术人员。

6）过程工业现在正向着大型化和精密化两个不同的方向发展。发生一次故障的经济损失往往很大，停车一天要造成高达数百万元的损失。某厂的大型芳烃装置因有水进入吸附装置，停车损失接近一亿元。故障本身有一个发生过程，发现得早，处理及时，损失小；延误时机，将会造成严重经济损失，甚至引起人身事故。

6.8.2　过程监控的一般步骤

过程监控任务的完成，主要由信号采集、数据处理、故障检测与诊断以及故障决策等阶段组成，如图 6-31 所示。

（1）数据采集

数据采集的主要工具是传感器。对动态系统运行过程而言，传感器或测量设备输出信息通常是以等间隔或不等间隔的采样时间序列的形式给出的。

监控过程的数据采集，必须同时兼顾到采集过程的工程可实现性和采样数据的有效性。数据有效性主要是指采样的测量数据与过程系统故障之间必须有内在关联性。

（2）信号处理

一般地，在对过程进行故障检测与诊断之前必须借助滤波、估计或其他形式的数据处理与特征信息技术对过程系统采样时间序列进行信息压缩，使之更适合于故障检测与诊断。

出于监控目的的过程信号处理，实质上是选择合适的过程监控指标函数，使得过程正常信号和过程故障信号之间存在显著差异，从而使得过程监控准确、有效地运行。

（3）故障检测

变化检测就是判断并指明系统是否发生了异常变化及异常变化发生的时间。例如，对于正在运行的系统或按规定标准进行生产的设备，辨别其是否

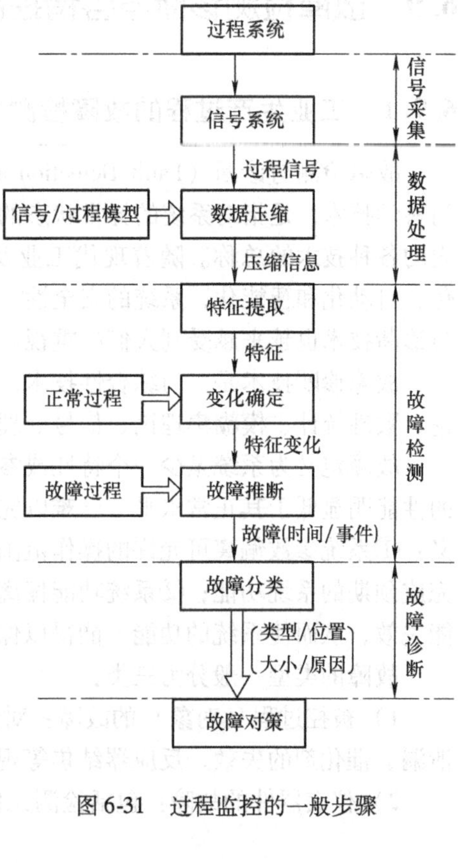

图 6-31　过程监控的一般步骤

超出预先设定或技术规范规定的无故障工作门限。

过程故障检测的首要任务是依据压缩之后的过程信息或借助直接从实时测量数据中提取的反映过程异常变化或系统故障特征的信息，判断系统运行过程是否发生了异常变化，并确定异常变化或系统故障发生的时间。

通常，依据处理方式和处理时限不同，过程监控可区分为在线监视和离线检测两大类。其中在线监视可以对设备运行状况或系统功能进行及时的检测，一旦发现有异常征兆则及时报警，是实时监控系统和过程安全控制系统的核心。

(4) 故障诊断

故障诊断是指通过足够数量测量设备（如传感器）观测到的数据信息、过程系统动力学模型、系统结构知识以及过程异常变化的征兆与过程系统故障之间内在联系，对系统的运行状态进行分析和判断，查明故障发生的时间、位置、幅度和故障模式。

依据故障诊断时所凭借的冗余信息类型的不同，过程故障诊断可划分为基于硬件冗余、解析冗余和知识冗余以及基于多种冗余信息融合等不同方式。

(5) 故障对策

对具体工程活动而言，分析出故障产生的原因及部位后，下一步必须考虑故障的处理方法。较典型的故障处理方法有顺应处理、容错处理与故障修复等三大类。

在实施过程监控时，必须根据系统具体情况，并综合考虑研究对象、故障特点及影响程度等多方面的因素，针对不同故障制定不同的处理对策。

6.9 故障检测诊断与容错控制技术

6.9.1 工业生产过程的故障检测与诊断的一些概念

故障检测与诊断（Fault Detection and Diagnosis，FDD）技术是发展于20世纪中叶的一门科学技术，是指对系统的异常状态的检测、异常状态原因的识别以及包括异常状态预测在内的各种技术的总称。随着现代工业及科学技术的迅速发展，生产设备日趋大型化、高速化、自动化和智能化，系统的安全性、可靠性和有效性日益变得重要化和复杂化，故障检测与诊断技术也越来越受到人们的重视。

故障诊断技术是一门综合性技术，它的开发涉及多门学科，如现代控制理论、可靠性理论、数理统计、模糊集理论、信号处理、模式识别、人工智能等学科理论。

故障定义为系统至少一个特性或参数出现较大偏差，超出了可以接受的范围，此时系统的性能明显低于其正常水平，已难以完成预期的功能。从系统的观点来看，故障包含双层含义：①系统参数偏离可允许的操作范围，使整个系统的性能指标明显低于正常范围，而难以完成预期的系统功能；②系统功能偏离正常运行范围的程度加剧，造成系统或设备本身的功能失效，从而使系统的功能不能得以保证。

故障的类型一般分为三类：

1）被控过程（对象）的故障：对象的某部分器件失效，如容器或管道的破裂、阀门的泄漏、催化剂的失效、反应器结焦等现象。

2）仪表器件的故障：包括检测元件、变送器、执行器、连接管线、控制装置和计算机接口的故障，如传感器发生卡死、损坏、掉电和完全失效的硬件故障，执行机构卡死、恒增益或恒偏差造成不能正确执行控制命令等的变化，以及执行机构非线性特性恶化、粘滞效应等。

3）软件故障：指计算机诊断程序和控制程序的故障，也包括感染计算机病毒的故障。

FDD 的任务是识别故障是否存在、故障位置和解决方法，由低级到高级，可分为几个方面的内容：

1）故障预报（Fault Prediction）：研究系统的故障征兆，预测即将发生的故障，预防将来出现大的故障，及时采取措施。

2）故障检测（Fault Detection）：对导致动态系统操作异常的各个功能单元故障进行离线或在线检测，判断系统是否发生了故障。一旦系统发生意外变化，应立即报警。

3）故障分离（Fault Isolation）：在故障检测完成后对检测出的系统故障确定其种类和发生的部位，区别出故障原因是执行器、传感器和被控对象等或者是特大扰动。

4）故障重构（Fault Reconstruction）：直接获取故障相关信息，在线或离线重构故障。

5）故障分析或辨识（Fault Analysis or Identification）：在分离出故障后确定故障的大小和产生的原因。

6）故障诊断（Fault Diagnosis）：从广义概念来讲其为故障检测、分离和辨识的统称；从狭义上特指故障分离、故障重构和故障辨识。

7）故障评价、决策（ Fault Evaluation）：判断故障的严重程度及对系统的影响和发展趋势，根据故障的类别、严重程度，确定是否采取措施，以防故障的传播，预防灾难性的事故发生。

图 6-32 为故障检测与诊断流程。

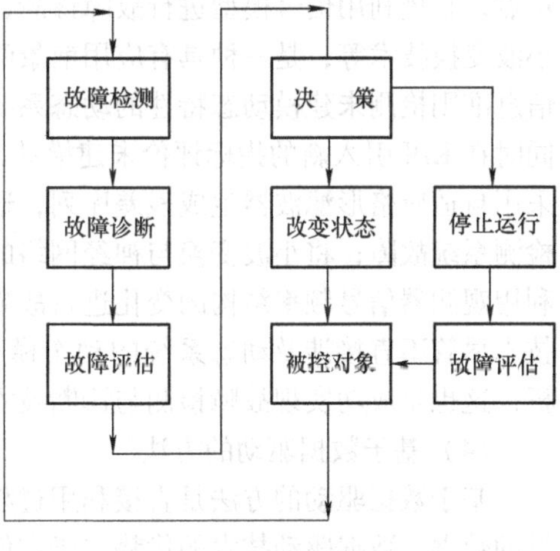

图 6-32　故障检测与诊断流程

任何一个系统都会存在误差，故障检测与诊断系统也不例外。故障检测与诊断系统的可靠性要求要高于一般的控制系统。故障检测与诊断系统要提高故障的正确检测率，降低故障的漏报率和误报率（漏报指发生了故障未报警，误报指未发生故障反而报警）。

6.9.2　故障检测与诊断的主要方法

一般认为，1971 年美国麻省理工学院的 Beard 教授提出用解析冗余代替硬件冗余，通过系统的自组织使系统闭环稳定，并通过比较观测器的输出得到系统故障信息的新思想，标志着故障检测与诊断技术的开端。数十年来，作为一门综合性的技术，在理论、算法、工程软件和应用等方面都已有很多发展，并创造了显著的经济效益，到目前为止已经出现了基于各种不同原理的众多方法。同以前相比，这些方法不论是检测性能、诊断性能，还是鲁棒性都有很大提高，而且对于线性时不变系统已经形成了相对较为完整的体系结构。

常用的故障检测和诊断方法有如下几类：

（1）基于解析模型的方法

基于解析模型的方法作为故障检测与诊断技术发展最早的方法，其基本原理是建立被诊断动态系统的数学模型，将实际动态系统的特性和系统数学模型表达的预期系统特性进行比较，产生残差，对残差进行分析和处理，达到故障检测与诊断的目的。残差与被诊断系统的正常运行状态无关，通过其输入、输出信息所构成的线性或非线性函数，判断系统是否产生故障。

（2）基于知识的方法

动态系统复杂性的增加，造成获取系统精确数学模型的困难，同时系统故障的多样性，使故障和征兆之间的关系不是简单的一对一的对应关系，往往需要通过探索过程实现故障检测与诊断。基于知识的方法避免了对精确数学模型的过分依赖，引入了许多诊断对象多方面的信息，特别是可以充分利用领域专家的诊断知识，从而实现定性、定量知识的有机结合。基于知识的方法可分为基于症状的方法和基于定性模型的方法两大类，主要方法有专家系统方法、模糊逻辑方法、神经网络方法、模式识别方法、基于定性/半定性模型的方法和粗糙集理论方法等。

（3）基于信号分析的方法

基于信号处理方法的故障检测与诊断技术可以部分地回避建立动态系统数学精确模型的难点，直接利用信号模型进行故障诊断，如相关函数、频谱分析、自回归滑动平均过程以及小波变换技术等，是一种具有应用前景的故障检测与诊断技术。主要方法包括根据 Kullback 信息准则检测未建模动态特性的动态系统的故障，利用遗传算法和梯度方法辨识系统参数，同时在 KDI 引入新的指标评价未建模动态特性，设计判断决策，达到鲁棒故障检测的目的；采用自适应格形滤波器生成残差序列，通过构造检验统计量对序列进行假设检验，实现在线检测系统故障；将小波变换与神经网络的结合构成小波网络，利用观测器信号的奇异性以及利用观测器信号频率结构的变化进行故障诊断。总之，基于信号处理方法的故障检测与诊断技术尽管不直接涉及动态系统的动态模型，但必须对故障产生的机理进行透彻的研究和分析，这也是成功实现故障检测与诊断技术的关键。

（4）基于数据驱动的方法

基于数据驱动的方法是直接利用过程数据进行故障诊断的方法。现代工业系统中产生大量的数据，数据驱动技术的优势在于它们能将高维的数据变换成低维的数据，并从中获取重要的信息。基于数据驱动的监控方法不需要精确的数学模型，而是采用多元投影方法，将过程数据和质量数据从高维数据空间投影到低维特征空间，所得到的特征变量保留了原始数据的特征信息，摒弃了冗余信息，是一种高维数据分析处理的有效工具。基于数据驱动的方法又可以分为单变量统计方法和多变量统计分析方法。单变量统计方法只对生产过程的一些重要指标单独地实施统计过程监控，主要方法有 Shewhart 控制图、累计和图和指数加权平均图等。随着现代工业技术的发展，单变量统计方法逐渐被多变量统计方法所取代。多变量统计监控方法主要包括主元分析（Principal Component Analysis，PCA）、部分最小二乘（Partial Least Squares，PLS）、独立成分分析（Independent Component Analysis，ICA）和 Fisher 判别式分析（Fisher Discriminant Analysis，FDA）。

（5）混合故障诊断方法

上述几种故障诊断方法都具有各自的优缺点，因此，没有哪一种方法对所有的应用来说都是最优的。随着工业系统的日益复杂化，单独一种故障诊断方法往往难以满足诊断要求，因此在实际故障诊断中越来越多地采用多种故障诊断方法，利用各种方法的组合实现优势互补来提高故障诊断的性能。例如，利用模糊理论与神经网络的结合建立模糊神经网络故障诊断模型；利用小波变换、PCA 等方法对原始数据进行去噪、特征变换后采用 SVM 或神经网络进行故障诊断等。

6.9.3　工业生产过程容错控制技术

容错控制系统是在元部件（或分系统）出现故障时仍具有完成基本功能能力的系统，要尽量保证动态系统在发生故障时仍然可以稳定运行，并具有可以接受的性能指标。

容错控制是提高系统安全性和可靠性的一种新的途径，由于任何系统都不可避免地会发生故障，因此，容错控制可以看成是保证系统安全运行的最后一道防线。从目前发展看，控制系统的故障诊断和容错控制有着密切的关系，故障诊断是容错控制的基础和准备，容错控制则为故障诊断研究注入了新的活力。容错控制的研究目前尚处于初创阶段，从理论到应用也将需要一个发展过程。

容错控制器的设计方法有硬件冗余方法和解析冗余方法两大类。

硬件冗余方法是通过对重要部件及易发生故障部件提供备份，以提高系统的容错性能。对于某些系统，可以采用双重或更高重备份的办法来提高系统的可靠性，这也是一种有效的容错控制方法，在控制系统中得到了广泛的应用。只要能建立起冗余的信号通道，这种方式可用于对任何硬件环节失效的容错控制。例如在 DCS 系统中，系统电源至关重要，所以往往有冗余电源，一旦一个电源出现故障，立即切换至备用电源；或者由两个（或多个）电源同时工作，只要一个电源正常工作，就能保证整个系统的供电。

解析冗余方法主要是通过设计控制器来提高整个控制系统的冗余度，从而改善系统的容错性能。基于解析冗余上的考虑：与硬件冗余相对的是软件冗余，软件冗余又可分为解析冗余、功能冗余和参数冗余 3 种，它是利用系统中不同部件在功能上的冗余性，通过估计，以实现故障容错。通过估计技术或其他软件算法来实现控制系统容错性，具有性能好、功能强、成本低和易实现等特点，因而近年来得到研究者们的广泛关注。

基于解析冗余的容错控制方法有被动容错控制和主动容错控制两种。

被动容错控制是设计适当固定结构的控制器，该控制器除了考虑正常工作状态的参数值以外，还要考虑在故障情况下的参数值。被动容错控制是在故障发生前和发生后使用同样的控制策略，不进行调节。被动容错控制包括完整性控制、联立镇定控制、可靠镇定控制等类型。

主动容错控制是在故障发生后需要重新调整控制器参数，也可能改变控制器结构。主动容错控制包括：控制律重新调度方法、控制律重构方法和基于自适应控制的主动容错控制方法等。

主动容错控制方法中，基于故障检测与诊断子系统可以在线检测整个系统的运行状态。当控制系统发生某些局部故障时，可以迅速报警，并分离出发生故障的部位，以帮助维修人员迅速查找出故障源，进行排除，以防局部故障在系统中的传播而导致灾难性故障的发生。再进一步，基于故障检测与诊断子系统还可以构造一种新的容错控制系统，即根据故障诊断信息，可知道被控对象的结构与参数变动情况，在此基础上可以重构控制律，确保控制系统稳定。

6.10 工业生产过程操作优化技术

6.10.1 操作优化的概念

工业生产过程中涉及很多优化问题，例如，在对流体输送的管径进行选择时，口径越粗，投资费用越高，但摩擦损耗所消耗的功率越小，操作费用越低。这两个效应是相反的，当选择某一口径时，可使总的费用为最小。精馏塔回流比的选择是另一个典型例子，为达到规定的分离要求，回流比选得越大，则塔板数可以越少，投资费用越低；但与此同时，能量消耗越大，操作费用越高。这两个效应是相反的，在最优的回流比下，总的费用为最小。

1. 工业过程优化问题的分类

工业系统的最优化命题具有以下特点：

1）最优化命题的核心是使一个目标函数（J）成为最大值或最小值，如收益最大、成本最低等。通常这个目标函数总与经济效益有关，即使像处理量、收率等技术指标，也有着明确的经济意义。

2）求解目标函数的最优值可以是最大值，也可以是最小值，视目标函数和优化要求而定。

3）目标函数的值取决于一些可以调整的自变量（$\boldsymbol{x}=[x_1, x_2, \cdots, x_n]^{\mathrm{T}}$），同时也受一些环境条件变量（$\boldsymbol{f}=[f_1, f_2, \cdots, f_n]^{\mathrm{T}}$）的影响，但这些环境条件变量是不能自由调整的。

4）在最优化命题中，往往有约束条件存在，如某个自变量的值必须低于某一限值等。

在工业生产过程中，需要求解的优化问题很多。常见的有两大类：一是设计中的优化，此时工艺流程、设备类型和尺寸，生产中的操作条件都可以调整，但在一经确定之后，不需随时修改；二是运行中的优化，此时工艺流程、设备类型和尺寸都已固定，只有操作条件可以变动，它们也就是生产优化命题中的运行变量。

运行中的优化又可分为3个方面：

1）控制优化（或称最优控制），其目标函数是被控过程的某项动态品质指标，如ISE或ITAE等积分鉴定准则或是兼顾动态偏差与控制作用的二次型函数（LQR）等，运行变量是控制作用u。其解可将控制作用表述为时间t或采样次数k的函数，也可表述为状态或输出变量的函数。前者是开环表述形式，后者是状态反馈或输出反馈形式。另外，预测控制是采用滚动优化策略的控制，自校正控制是系统辨识与最优控制的结合。简言之，在简单控制系统中，PID参数的最优整定也是控制系统的优化。

2）操作优化，其目标函数是体现经济效益的某项指标，如追求产量最高、成本最低、能耗最小，而以一个或几个关键被控变量的设定值为运行变量。

操作优化常采用递阶控制系统结构，优化层位于直接控制层之上，由上位机给出几个控制器的设定值。它与设计优化的区别是工艺流程、设备类型和尺寸都已确定，可调整的是生产中的操作条件。为什么即使进行了优化设计，在运行中还要进行操作优化呢？这是因为在很多情况下，环境条件会发生变化，如原料成分、生产负荷、设备性能等变化（如催化剂活性衰退、炉管表面结垢等），运行变量值需要及时作相应的调整。

为了实现工业过程的实时优化，希望用计算机进行在线的优化计算。由于遇到环境条件经常发生变动的情况，一次性地用计算机进行离线操作指导，不能处理环境条件经常变动的复杂情况。生产过程优化也可能人工进行，知识和经验丰富的行家也有能力出色地完成优化任务，但由于被优化过程的高度复杂性，而且优化需要实时地持续进行，用计算机来实现实时在线优化更具优越性。

3）生产计划与调度的优化，这是生产管理层次的优化。计划是决定年、季、月的产品产量，以及原料、辅料、水、电和燃料(或蒸汽)的需要性；调度是计划的具体实现方案，确定在每个时刻、每个设备的生产内容和任务，并确定原料、燃料、水、电和蒸汽的调配等。

总的来说，运行中的优化有可能带来显著的经济效益，理论分析和现场的成功经验都证实了这一点。优化是一种不需增加设备投资的“软件”获益手段。

然而也需指出，运行优化的推行，必须谨慎选择。至少有如下原因：①并非所有的过程和设备都需优化，有些过程或设备的运行，只要工况平稳，能确保物料和能量的平衡，就达到了目的；②各个子系统都实现最优化，整体系统不一定是最优的，相反，为了整体效益的提高，有时需要牺牲局部的利益；③如果环境条件变动不多，或者虽有变动但对目标函数影响不大，这时可以一次性地求出最优的运行变量值，不必更改，没有必要用计算机进行在线的持续优化。优化的点求精而不求多。

2. 目标函数和运行变量的选择

工业过程的优化问题可表示为

$$
\begin{aligned}
&\min_{x} J(\boldsymbol{x}, \boldsymbol{f}) \\
&\text{s. t. } g(\boldsymbol{x}, \boldsymbol{f}) \leqslant 0 \\
&\qquad h(\boldsymbol{x}, \boldsymbol{f}) = 0
\end{aligned}
\tag{6-54}
$$

式中，$\boldsymbol{x}$ 为运行变量，即自变量向量，是使目标函数 J 成为最小值的可调整向量；$\boldsymbol{f}$ 为环境向量，是由环境条件和外界条件组成的，是不能自由调整的向量；g 为不等式约束条件，是 $\boldsymbol{x}$ 和 $\boldsymbol{f}$ 的函数；h 为等式约束条件，同样也是 $\boldsymbol{x}$ 和 $\boldsymbol{f}$ 的函数。

目标函数 J 的选择很重要，从原则上说，目标应该是在安全、可靠的前提下追求最高的经济收益，J 将涉及产量和成本各方面许多因素，也就是说，是一个多目标优化问题。

选取时应注意 J 的实际意义，不要导致增产不增收等不良结果出现；同时也要注意进行优化计算时的方便性，不宜过于复杂。

$\boldsymbol{x}$ 的选择也很重要。首先，应该在工艺上合理，这些变量应该对 J 起重要影响，同时，以独立调整的自变量为宜。其次，$\boldsymbol{x}$ 的维数不宜高，较多的运行变量会给优化的求解造成困难。

3. 约束条件

是否有约束条件，如何处理，也是优化命题必须考虑的重要问题。约束条件有多种情况，一般可分为 3 大类，即无约束条件、等式约束条件和不等式约束条件。其中，不等式约束条件的情况可分别划入前两种类型中去。例如，要求 $g_i(\boldsymbol{x}, \boldsymbol{f}) \leqslant 0$，则在 $g_i(\boldsymbol{x}, \boldsymbol{f}) < 0$ 的区域内，$\boldsymbol{x}$ 的变动是自由的，而在这个区域的边缘，$g_i(\boldsymbol{x}, \boldsymbol{f}) = 0$，这就成为等式约束条件了。实际计算中需要注意的是，在某组 $\boldsymbol{x}$ 值下，是否满足 $g_i(\boldsymbol{x}, \boldsymbol{f}) \leqslant 0$ 的条件，需经过验算，在 $g_i(\boldsymbol{x}, \boldsymbol{f}) < 0$ 的区间，不必加约束条件，可像无约束条件一样处理，但当进入 $g_i(\boldsymbol{x}, \boldsymbol{f}) \geqslant 0$ 的区域，则应加入 $g_i(\boldsymbol{x}, \boldsymbol{f}) = 0$ 的约束条件，使新的 $\boldsymbol{x}$ 值不超出许可区域。

6.10.2 常用的最优化方法

选择合适的优化算法也是工业过程操作优化的关键之一，特别是遇到模型的方程数目众多而且性质复杂的情况，求解的困难更大。最优化方法的提出，从17世纪牛顿发明微积分求取极值的时代算起，已有300多年历史。后来又出现Lagrange乘子法，1847年法国数学家Cauchy提出最速下降法，1939年前苏联数学家卡恩托维奇提出线性规划中的求解方法。到20世纪40年代以后，由于生产和科学研究突飞猛进的发展，特别是由于计算机日益广泛的应用，最优化问题的研究不仅成了一种迫切需要，也有了求解的有力工具。到了60年代，最优化理论和算法形成了一个新的学科，出现了线性规划、整数规划、非线性规划、几何规划、动态规划、随机规划、网络流等许多分支。近几十年以来，随着优化问题复杂程度的不断提高以及问题规模的不断扩大，原有的优化方法已难以完全满足实际需要。例如，一些连续量优化问题难以找到全局最优解，或者缺乏模型结构中的信息（如梯度不存在），离散量优化问题面临超大维数带来的“组合爆炸”难题，因此，人们一方面致力于传统优化方法的改进，另一方面则把目光投向一些新的优化理论和方法，如智能优化方法、并行计算法和随机优化等。

20世纪80年代以来，一些新颖的优化算法，如人工神经网络、混沌、遗传算法、模拟退火、禁忌搜索和群智能算法等得以发展，它们大多以模拟或揭示某些自然现象为思路，为解决复杂优化问题提供了新的方法。由于这些算法构造的直观性与自然机理，通常被称为智能优化算法，或现代优化算法。

模拟退火算法（Simulated Annealing，SA）最早由Kirkpatrick等应用于组合优化领域，它是基于Mente-Carlo迭代求解策略的一种随机寻优算法，其出发点是基于物理中固体物质的退火过程与一般组合优化问题之间的相似性。模拟退火算法来源于固体退火原理，将固体加温至充分高，再让其徐徐冷却。加温时，固体内部粒子随温升变为无序状，内能增大，而徐徐冷却时粒子渐趋有序，在每个温度都达到平衡态，最后在常温时达到基态，内能减为最小。模拟退火算法从某一较高初温出发，伴随温度参数的不断下降，结合概率突跳特性在解空间中随机寻找目标函数的全局最优解，即在局部最优解能概率性地跳出并最终趋于全局最优。模拟退火算法是一种通用的优化算法，理论上算法具有概率的全局优化性能，目前已在工程中得到了广泛应用，诸如VLSI、生产调度、控制工程、机器学习、神经网络和信号处理等领域。

遗传算法（Genetic Algorithm）是一类借鉴生物界的进化规律（适者生存、优胜劣汰遗传机制）演化而来的随机化搜索方法。它是由美国的J. Holland教授于1975年首先提出，其主要特点是直接对结构对象进行操作，不存在求导和函数连续性的限定；具有内在的隐并行性和更好的全局寻优能力；采用概率化的寻优方法，能自动获取和指导优化的搜索空间，自适应地调整搜索方向，不需要确定的规则。遗传算法的这些性质，已被人们广泛地应用于组合优化、机器学习、信号处理、自适应控制和人工生命等领域，它是现代有关智能计算中的关键技术。遗传算法的基本运算过程包括初始化、个体评价、选择运算、交叉运算、变异运算等步骤。

蚁群优化（Ant Colony Optimization，ACO）算法是由意大利学者M. Dorigo、A. Colorni、V. Maniezzo受到人们对自然界中真实的蚁群集体行为的研究成果的启发而首先提出来的一种基于种群的模拟进化算法，当时他们称之为蚁群算法，并利用该方法去解决旅行商问题等，取得了较好的实验结果。后来 M. Dorigo 等人为了方便其他学者研究，将各种蚂蚁算法统称为蚁群优化算法，并为该算法提出了一个统一的框架结构模型。M. Dorigo 等人充分利用了蚁群搜索食物的过程与旅行商问题之间的相似性，通过人工模拟蚂蚁搜索食物的过程，即通过个体之间的信息交流与相互协作最终找到从蚁穴到食物源的最短路径，来求解旅行商问题。

粒子群优化算法（Particle Swarm Optimization，PSO）又翻译为粒子群算法、微粒群算法或微粒群优化算法，是通过模拟鸟群觅食行为而发展起来的一种基于群体协作的随机搜索算法。通常认为它与蚁群算法都是群集智能（Swarm Intelligence，SI）的一种。它可以被纳入多主体优化系统（Multiagent Optimization System，MAOS）。粒子群优化算法是由 Eberhart 博士和 kennedy 博士提出。PSO 模拟鸟群的捕食行为：一群鸟在随机搜索食物，在这个区域里只有一块食物。所有的鸟都不知道食物在那里，但是它们知道当前的位置离食物还有多远。那么找到食物的最优策略就是搜寻目前离食物最近的鸟的周围区域。

6.11　结束语

以多变量预测控制技术为主要特征的先进控制技术在炼油、化工、石油化工、冶金等行业得到了广泛应用和发展，取得了明显的经济效益。有些投运率还不够高，缺乏长期应用，应用面还有待进一步拓展。

为此今后还要进一步开发鲁棒性强、适应性宽（操作条件、原料性质等）、性能价格比优的商品化先进控制与优化控制软件，适应国内大、中型企业需要。

当前先进控制与优化控制软件的二次开发量较大，从设计、测试、仿真研究，到实际工业装置投运的周期较长，为此今后应开发一些二次开发量较少的先进控制与优化控制软件，以适应市场需要。

用户要建立一支能参与设计、测试、仿真研究，到实际工业装置投运的技术队伍，一旦先进控制与优化控制软件厂商交付使用后，企业自已能运行、维护，保持长期运行。

随着人工智能的迅速发展和控制理与其他学科的交叉渗透，先进控制技术将会逐渐得到深入的发展，应用更加广泛，产生更大的经济效益和社会效益。

习题及思考题

6-1　预测控制与 PID 控制有什么不同?

6-2　简述预测控制的 3 个特征。

6-3　何时采用推断控制?

6-4　软测量技术主要由哪几部分组成?

6-5　简述 Smith 预估补偿器及应用场合。

6-6　什么是系统间的关联？简述解除耦合的途径。

6-7　什么是自适应控制？自适应控制有哪 3 类?

6-8　简述专家系统在自动化中应用的主要方面。

6-9　简述模糊控制系统的基本结构。

6-10　简述神经网络在自动化中应用的主要方面。

6-11　综合自动化系统的特点是什么?

第 7 章　典型过程单元控制

本章以流体输送设备、传热设备、蒸发器、管式加热炉、工业窑炉、精馏塔、化学反应器等若干过程为例，从工艺要求和自动控制角度出发，介绍和探讨这些过程常用控制系统。

7.1　流体输送设备的控制

在石油、化工等生产过程中，用于输送流体和提高流体压头的机械设备，通称为流体输送设备。其中，输送液体、提高压力的机械称为泵；输送气体并提高压力的机械称为风机和压缩机。

在工艺生产过程中，要求平稳生产，往往希望流体的输送量保持为定值，这时如系统中有显著的扰动，或对流量的平稳有严格的要求，就需要采用流量定值控制系统。在另一些过程中，要求各种物料保持合适的比例，保证物料平衡，就需要采用比值控制系统。此外，有时要求物料的流量与其他变量保持一定的函数关系，就采用以流量控制作用为副环的串级控制系统。

在流量控制系统中，被控变量是流量，操纵变量也是流量，即被控变量和操纵变量是同一物料的流量，只是处于管路的不同位置。这样的过程接近 1∶1 的放大环节，时间常数很小，因此广义对象的特性必须考虑测量系统和控制阀。过程、测量系统和控制阀的时间常数在数量级上相同且数值不大，这样组成的闭环系统其可控性较差，且工作频率较高，所以控制器的比例度必须取得较大，而且为消除余差，引入积分作用十分必要。一般地说，积分时间在 0.1min 到数十分钟的数量级。由于这个特点，流量控制系统一般不装阀门定位器，装了阀门定位器后，控制品质反而下降。这也不难理解，阀门定位器的接入，相当于增添了一个串级副环，主环频率较高，阀门定位器的振荡周期可能与主环处于同样数量级，这样就有强烈的振荡倾向。

在流量控制系统中，采用节流装置测量流量时，被控变量的信号有时有脉动情况并且常夹杂有高频的扰动（噪声），这是因为在流体通过节流装置时，湍动较大，不规则的、带有随机性质的运动不可能完全避免。尽管这种噪声的频率较高，不影响信号的平均值，然而在测量时必须设法滤去它们，不能放大。所以，在流量控制系统中，通常不引入微分作用，因为微分作用对高频信号很敏感，若经放大会危及系统。有时甚至采用反微分器，接在变送器与控制器之间。

在流量控制系统中除了动态上的特点以外，广义对象的稳态特性往往存在着非线性，特别是采用节流装置和差压变送器时更为严重。非线性的存在，负荷变化时会影响控制品质，为此可通过控制阀的流量特性选择来加以补偿或采用开方器使广义对象的稳态特性近似为线性。这样，控制器参数整定好后，就可适应不同负荷的需要，得到较好的控制品质。

流量控制系统的主要扰动是压力和阻力的变化，特别是同一台泵分送几支并联管道的场合，每一支路的流量变化都会影响控制阀上游压力的变动 i，有时必须采用适当的稳压措施。

至于阻力的变化，如管道积垢的效应等，往往是比较迟缓的。

7.1.1 泵的控制

泵可分为离心泵和容积式泵两大类，而容积式泵又可分为往复泵、旋转泵。由于工业生产中以离心泵的应用最为普遍，所以本小节将较详细地介绍离心泵的特性及控制方案，对容积式泵、风机、压缩机控制做一般介绍。

1. 离心泵的控制

离心泵是使用最广的液体输送机械。泵的压头 H 和流量 Q 及转速 n 间的关系，称为泵的特性，大体如图 7-1 所示，也可由下列经验公式来近似：

$$H = k_1 n^2 - k_2 Q^2 \tag{7-1}$$

式中，k_1 和 k_2 是比例系数。

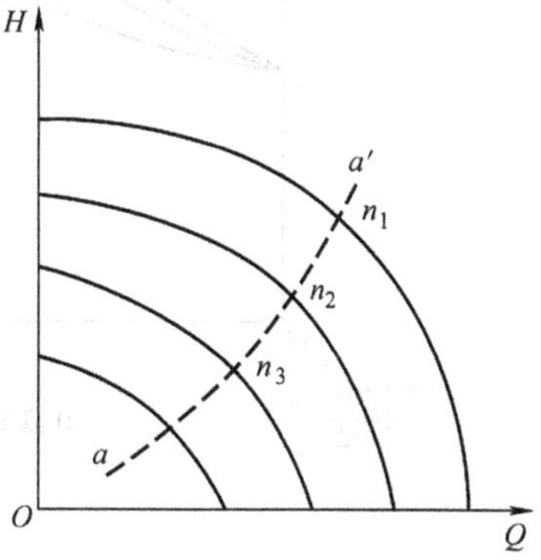

图 7-1 离心泵的特性

aa'—相应于最高效率的工作点轨迹，$n_1 > n_2 > n_3$

当离心泵装在管路系统时，实际的排出量与压头是多少呢？这就需要与管路特性结合起来考虑。管路特性就是管路系统中流体的流量和管路系统阻力的相互关系，如图 7-2 所示。

图 7-2 中，h_L 表示液体提升一定高度所需的压头，即升扬高度，这项是恒定的；h_P 表示克服管路两端静压差的压头，即为$(P_2 - P_1)/\gamma$，这项也是比较平稳的；h_F 表示克服管路摩擦损耗的压头，这项与流量的二次方近乎成比例；h_V 是控制阀两端的压头，在阀门的开启度一定时，也与流量的二次方成比例。同时，h_V 还取决于阀门的开启度。

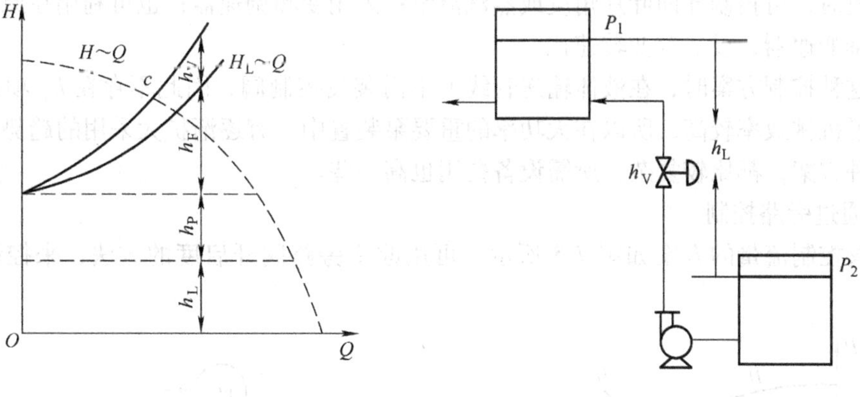

图 7-2 管路特性

设 $$H_L = h_L + h_P + h_F + h_V$$

则 H_L 和流量 Q 的关系称为管路特性，图 7-2 为一例。

当系统达到平稳状态时，泵的压头 H 必然等于 H_L，这是建立平衡的条件。从特性曲线上看，工作点 c 必然是泵的特性曲线与管路特性曲线的交点。

工作点 c 的流量应符合预定要求，它可以通过以下方案来控制：

（1）改变控制阀开启度，直接节流

改变控制阀的开启度，即改变了管路阻力特性，图7-3a表明了工作点变动情况。图7-3b所示直接节流的控制方案是用得很广泛的。

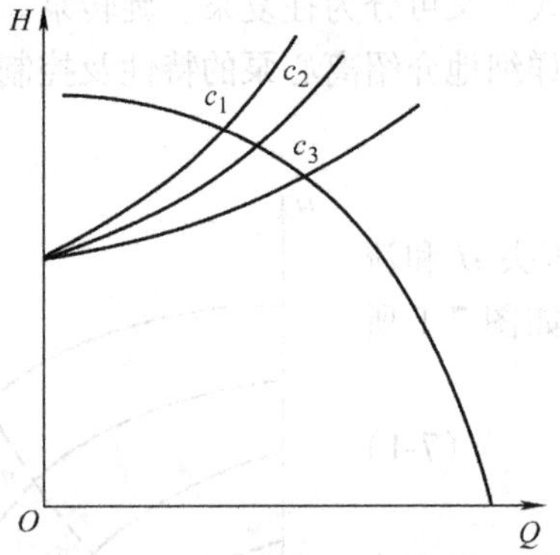

a) 流量特性

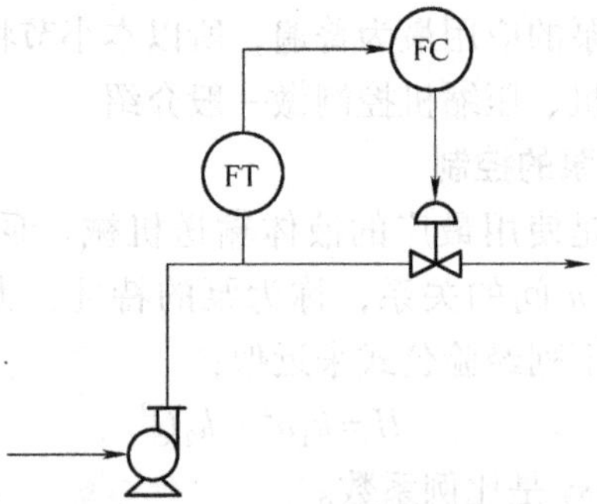

b) 控制方案

图7-3　直接节流以控制流量

这种方案的优点是简便易行，缺点是在流量小的情况下，总的机械效率较低，所以这种方案不宜使用在排出量低于正常值30%的场合。

（2）改变泵的转速

泵的转速有了变化，就改变了特性曲线形状，图7-4表明了工作点的变动情况，泵的排出量随着转速的增加而增加。

改变泵的转速以控制流量的方法有：用电动机作原动机时，采用电动调速装置；用汽轮机作原动机时，可控制导向叶片角度或蒸汽流量；采用变频调速器；也可利用在原动机与泵之间的联轴变速器，设法改变转速比。

采用这种控制方案时，在液体输送管线上不需装设控制阀，因此不存在 h_V 项的阻力损耗，相对说机械效率较高，所以在大功率的重要泵装置中，有逐渐扩大采用的趋势。但要具体实现这种方案，都比较复杂，所需设备费用也高一些。

（3）通过旁路控制

旁路阀控制流量的方案如图7-5所示，可用改变旁路阀开启度的方法，来控制实际排出量。

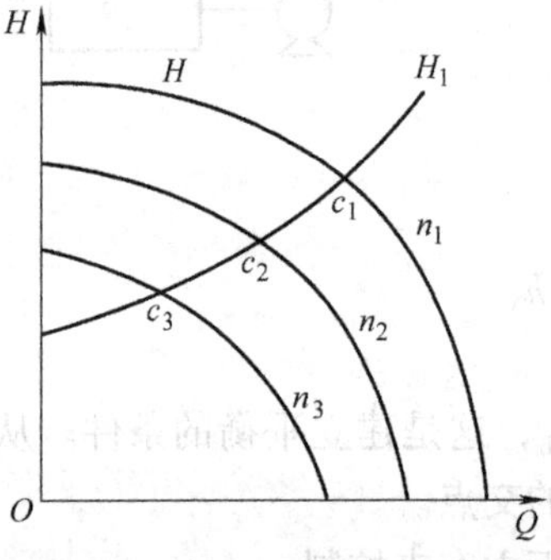

图7-4　改变泵的转速以控制流量

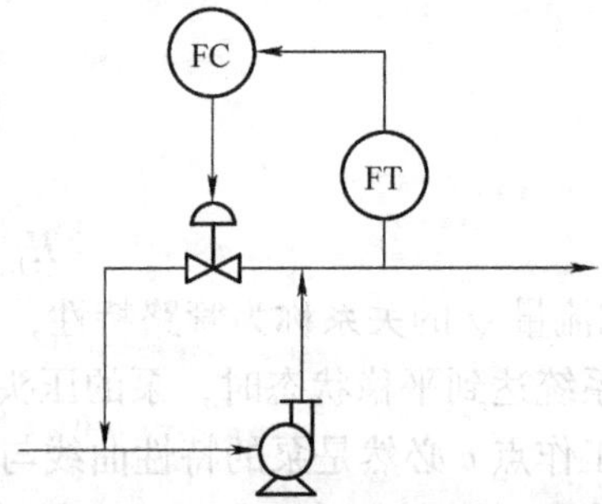

图7-5　旁路阀控制流量的方案

这种方案颇简单，而且控制阀口径较小。但也不难看出，对旁路的那部分液体来说，由泵供给的能量完全消耗于控制阀，因此总的机械效率较差。

2. 容积式泵的控制

容积式泵有两类：一类是往复泵，包括活塞式、柱塞式等；另一类是直接位移旋转式，包括椭圆齿轮泵、螺杆式等。由于这类泵的共同特点是泵的运动部件与机壳之间的空隙很小，液体不能在缝隙中流动，所以泵的排出量与管路系统无关。往复泵只取决于单位时间内的往复次数及冲程的大小，而旋转泵仅取决于转速。它们的流量特性大体如图 7-6 所示。

既然它们的排出量与压头 H 的关系很小，因此不能在出口管线上用节流的方法控制流量，一旦将出口阀关死，将产生泵损、机毁的危险。

往复泵的控制方案有以下几种：

1）改变原动机的转速。此法与离心泵的调转速相同。

2）改变往复泵的冲程。在多数情况下，这种控制冲程方法机构复杂，且有一定难度，只有在一些计量泵等特殊往复泵上才考虑采用。

3）通过旁路控制。其方案与离心泵相同，是最简单易行的控制方式。

4）利用旁路阀控制，稳定压力，再利用节流阀来控制流量（见图 7-7），压力控制器可选用自立式压力控制器。这种方案由于压力和流量两个控制系统之间相互关联，动态上有交互影响，为此有必要把它们的振荡周期错开，压力控制系统应该慢一些，最好整定成非周期的调节过程。

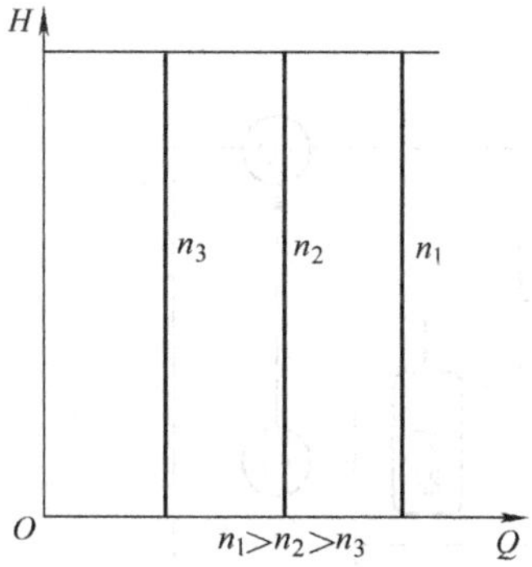

图 7-6　往复泵的流量特性

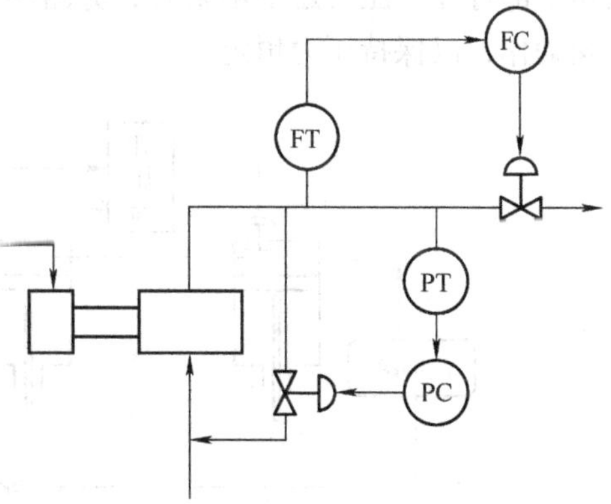

图 7-7　往复泵出口压力和流量控制

7.1.2　变频调速器的应用

在工业生产装置中，不少泵出口的流量均随工况的改变而频繁波动。在控制系统中执行器一般采用控制阀，但在工艺流程中，由于控制阀的压降（0.02 ~ 2.5MPa）占工艺系统压降的比例较大，从而导致泵的能量在调节阀上的损失也较大，为此，变频调速器替代控制系统中控制阀逐渐增加。

变频调速器是采用正弦波 PWM 脉宽调制电路，并能接收控制器的输出信号。变频调速器具有大范围平滑无级变速特性，频率变化范围宽达 2.4 ~ 400Hz，调速精度可达 ±0.5%，变频调速器作为执行器，与工艺介质不接触，具有无腐蚀、无冲蚀的优点。因为电动机的消耗功率与转速的三次方成正比，所以当电动机转速降低、泵的出口流量减少时，相应消耗的功率便大幅度下降，从而达到显著节电效果。

目前，在生产装置中有的采用变频调速器与控制阀并存的控制方式，一般情况下采用变频调速，异常情况下采用控制阀控制。其原因有：在变频调速控制效果不佳或出现意外时，可及时切换至控制阀控制，保证安全生产；能够利用控制阀进行流量微调；当管线要求压力一定时，可以通过控制阀实现。

虽然使用变频调速器的一次性投资较大，但有高效节能的优势。例如，某蒸馏装置共有15台机泵，总额定功率为1 061kW，调节阀平均开度按最大值70%计算，指标内电价为0.37元/kW，全年可节约电费130万元，节能效果显著。变频调速一般投资回收期为0.5～1年，因此值得推广。

7.1.3 压缩机的控制

压缩机是指输送压力较高的气体机械，一般产生高于300kPa的压力。压缩机分为往复式压缩机和离心式压缩机两大类。

往复式压缩机适用于流量小、压缩比高的场合，其常用控制方案有气缸余隙控制、顶开阀控制（吸入管线上的控制）、旁路回流量控制、转速控制等。这些控制方案有时是同时使用的。图7-8为氮压缩机气缸余隙及旁路阀控制流程，这套控制系统允许负荷波动的范围为60%～100%，是个分程控制系统，即当控制器输出信号在20～60kPa时，余隙阀动作。当余隙阀全部打开，压力还下不来时，旁路阀动作，即输出信号在60%～100%时，“三回一”旁路阀动作，以保持压力恒定。

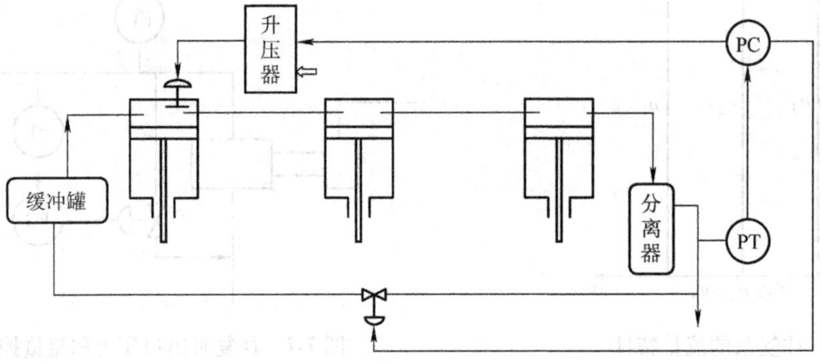

图7-8 氮压缩机气缸余隙及旁路阀控制流程

近年来由于石油及化学工业向大型化发展，离心式压缩机飞速地向高压、高速、大容量、自动化方向发展。离心式压缩机与往复式压缩机比较有下述优点：体积小、流量大、质量小，运行效率高，易损件少，维护方便，气缸内无油气污染，供气均匀，运转平稳，经济性较好等，因此得到了广泛的应用。

离心式压缩机虽然有很多优点，但在大容量机组中，有许多技术问题必须很好地解决，如喘振、轴向推力等，微小的偏差很可能造成严重事故，而且事故的出现又往往迅速、猛烈，单靠操作人员处理，常常措手不及。因此，为保证压缩机能够在工艺所要求的工况下安全运行，必须配备一系列的自控系统和安全联锁系统。一台大型离心式压缩机通常有下列控制系统：

1）气量控制系统（即负荷控制系统）。常用气量控制方法有：出口节流法；改变进口导向叶片角度的方法，主要是改变进口气流的角度来改变流量，它比进口节流法节省能量，但要求压缩机设有导向叶片装置，这样机组在结构上就要复杂一些；改变压缩机转速的控制方法，这种方法最节能，特别是大型压缩机现在一般都采用蒸汽涡轮机作为原动机，实现调速较为简单，应用较为广泛。除此之外，在压缩机入口管线上设置控制模板，改变阻力亦能实现气量控制，但这种方法过于灵敏，并且压缩机入口压力不能保持恒定，所以较少采用。

压缩机的负荷控制可以用流量控制来实现，有时也可以采用压缩机出口压力控制来实现。

2）入口压力控制。入口压力控制方法有：采用吸入管压力控制转速来稳定入口压力；设有缓冲罐的压缩机，缓冲罐压力可以采用旁路控制；采用入口压力与出口流量的选择控制。

3）防喘振控制系统。离心式压缩机当负荷降低到一定程度时会出现喘振的现象。喘振会损坏机体，产生严重后果，应设置防喘振控制系统防止喘振的产生。

4）压缩机各段吸入温度以及分离器的液位控制。

5）压缩机密封油、润滑油、调速油的控制系统。

6）压缩机振动和轴位移检测、报警、联锁。

7.1.4　离心式压缩机的防喘振控制系统

1. 离心式压缩机的喘振

离心式压缩机有这样的特性：当负荷降低到一定程度时，气体的排送会出现强烈的振荡，机身也会剧烈振动，这种现象称为喘振。喘振会严重损坏机体，进而产生严重后果，压缩机在喘振状态下运行是不允许的，在操作中一定要防止喘振的产生。因此，在离心式压缩机的控制中，防喘振控制是一个重要课题。

为什么会产生喘振呢？原因还得从过程特性上找。离心式压缩机的特性曲线——压缩比（压缩机出口压力 P_2 与入口压力 P_1 之比）与进口体积流量 Q 之间的关系曲线（有时也可用 $P_2 \sim Q$ 曲线表示）大体如图 7-9 所示。图中 n 是离心式压缩机的转速，由图可知，每条曲线即在每种转速下，都有一个 P_2/P_1 值最高的点，连接最高点的虚线是一条表征产生喘振的极限曲线。虚线左侧的阴影部分是不稳定区，称为喘振区；虚线的右侧为稳定区，称为正常运行区。若压缩机的工作点在正常运行区，即 P_2/P_1 最高点之右，此时流量减少会提高压缩比 P_2/P_1，流量增大会降低 P_2/P_1。假设转速为 n_2，正常流量为 Q_A，如有某种扰动，使流量（负荷）减少（仍在正常运行区），结果压缩比 P_2/P_1 增加，即出口压力 P_2 增加，P_2 将大于管路阻力，使压缩机排出量增加，使它回复到稳定流量 Q_A。假

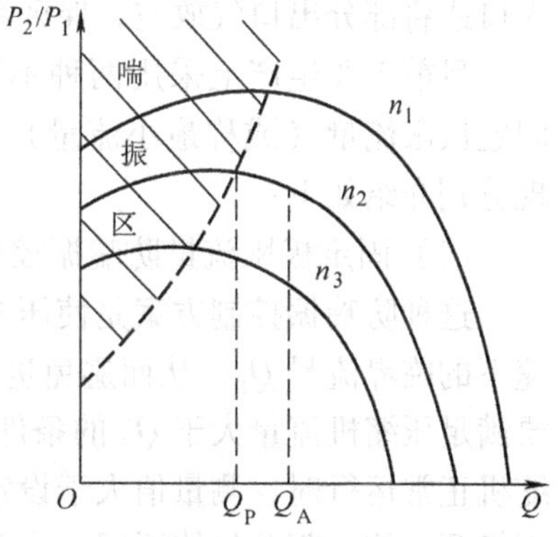

图 7-9　离心式压缩机的特性

如负荷继续减小，使 $Q_A < Q_P$，即移动到 P_2/P_1 最高点之左（喘振区），此时压缩比反而下降，即出口压力 P_2 下降。这样会出现恶性循环，压缩机排出量继续减小，压力 P_2 继续下降，于是出现管网压力大于压缩机所能提供压力的情况，瞬时会发生气体倒流。接着压缩机恢复正常工作，回升压力，又把倒流进来的气体压出去。此后又引起 P_2/P_1 下降，出口气体又倒流，上述现象重复进行，称为喘振。喘振表现为压缩机的出口压力和出口流量剧烈波动，机器与管道振动，如果与机身相连的管网较小并严密，则可能听到周期性的如同哮喘病人"喘气"般的噪声；而当管网容量较大时，喘振时会发生周期性间断的吼响声，并伴随有止逆阀的撞击声，它将使压缩机及所连接的管网系统和设备发生强烈振动，甚至使压缩机遭到破坏。

在不同转速下，最高点的轨迹近似于一条抛物线，经过实验测试及理论分析，如果将 P_2/P_1 与 $Q_1{}^2/\theta_1$ 标绘，喘振点的轨迹可大体上接近一条直线，压缩机的实际工作点还应留有一些余地。因此，可写出防喘振保护曲线公式如下：

$$\frac{P_2}{P_1} = a + b\frac{Q_1^2}{\theta_1} \tag{7-2}$$

式中，P_2 为压缩机出口压力；P_1 为压缩机入口压力；Q_1 为压缩机入口流量；θ_1 为压缩机入口温度；a，b 为系数。

如果 P_2/P_1 小于 $\left(a + b\dfrac{Q_1^2}{\theta_1}\right)$，工况是安全的；如果 P_2/P_1 大于 $\left(a + b\dfrac{Q_1^2}{\theta_1}\right)$，工况就危险了。

a 和 b 的数值由压缩机制造部门提供。可分为 $a=0$（$Q_1=0$ 时，曲线通过 $P_2/P_1=0$ 点）、$a>0$（$Q_1=0$ 时，$P_2/P_1>0$）及 $a<0$（$Q_1=0$ 时，$P_2/P_1<0$）3 种情况，如图 7-10 所示。

2. 防喘振控制系统

从上述分析可知，只要保证压缩机吸入流量大于临界吸入流量 Q_P，系统就会工作在稳定区，不会发生喘振。

为了使进入压缩机的气体流量保持在 Q_P 以上，在生产负荷下降时，必须将部分出口气从出口旁路返回到入口或将部分出口气放空，保证系统工作在稳定区。

目前工业生产上采用两种不同的防喘振控制方案：固定极限流量（或称最小流量）法与可变极限流量法。现分别介绍如下：

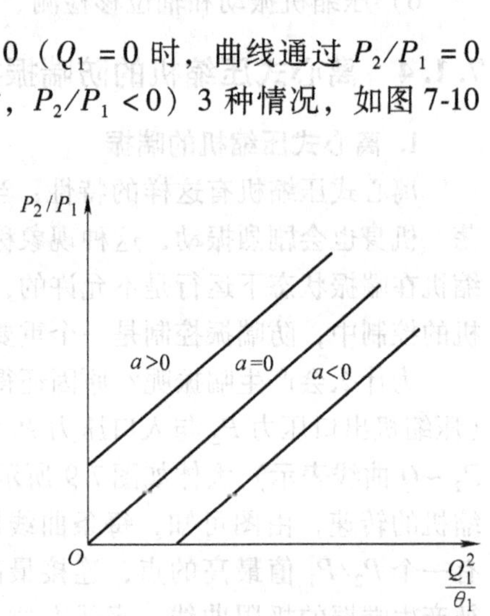

图 7-10 防喘振保护曲线

（1）固定极限流量防喘振控制

这种防喘振控制方案是使压缩机的流量始终保持大于某一固定值即正常可以达到最高转速下的临界流量 Q_P，从而避免进入喘振区运行。显然压缩机不论运行在哪一种转速下，只要满足压缩机流量大于 Q_P 的条件，压缩机就不会产生喘振，其控制系统如图 7-11 所示。压缩机正常运行时，测量值大于设定值 Q_P，则旁路阀完全关闭。如果测量值小于 Q_P，则旁路阀打开，使一部分气体返回，直到压缩机的流量达到 Q_P 为止，这样压缩机向外供气量减少了，但可以防止发生喘振。

固定极限防喘振控制系统应与一般控制中采用的旁路控制法区别开来。主要差别在于检测点位置不一样，防喘振控制回路测量的是进压缩机流量，而一般流量控制回路测量的是从管网送来或是通往管网的流量。

固定极限流量防喘振控制方案简单，系统可靠性高、投资少，适用于固定转速场合。在变转速时，如果转速低到 n_2、n_3 时，流量的裕量过大，能量浪费很大。

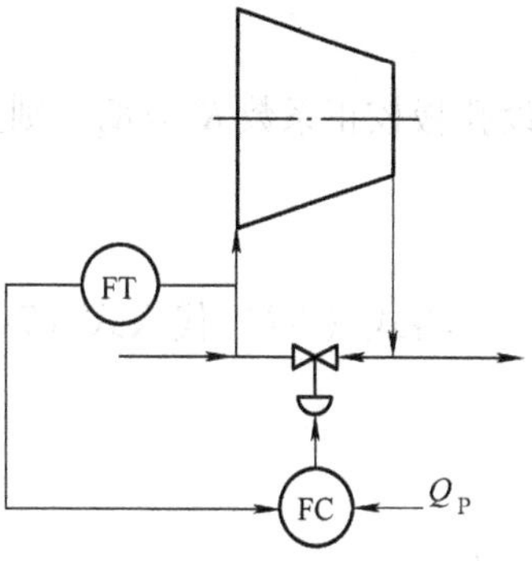

图 7-11　固定极限流量防喘振控制系统

（2）可变极限流量防喘振控制

为了减少压缩机的能量消耗，在压缩机负荷有可能经常波动的场合，采用可变极限流量防喘振控制方案。

假如在压缩机吸入口测量流量，只要满足下式即可防止喘振产生：

$$\frac{P_2}{P_1} \leqslant a + \frac{bK_1^2}{\gamma}\frac{P_{1d}}{P_1} \text{或} P_{1d} \geqslant \frac{\gamma}{bK_1^2}(P_2 - aP_1) \tag{7-3}$$

式中，P_1 是压缩机吸入口压力，绝对压力；P_2 是压缩机出口压力，绝对压力；P_{1d}是入口流量 Q_1 的压差；$\gamma = M/(ZR)$ 为常数（M 为气体相对分子质量，Z 为压缩系数，R 为气体常数）；K_1 是孔板的流量系数；a、b 为常数。

按式（7-3）可构成如图 7-12 所示的可变极限流量防喘振控制系统。该方案取 P_{1d} 作为测量值，而取$(-\gamma/bK_1^2)(P_2 - aP_1)$为设定值，这是一个随动控制系统。当 P_{1d} 大于设定值时，旁路阀关闭；当小于设定值时，将旁路阀打开一部分，保证压缩机始终工作在稳定区，这样防止了喘振的产生。

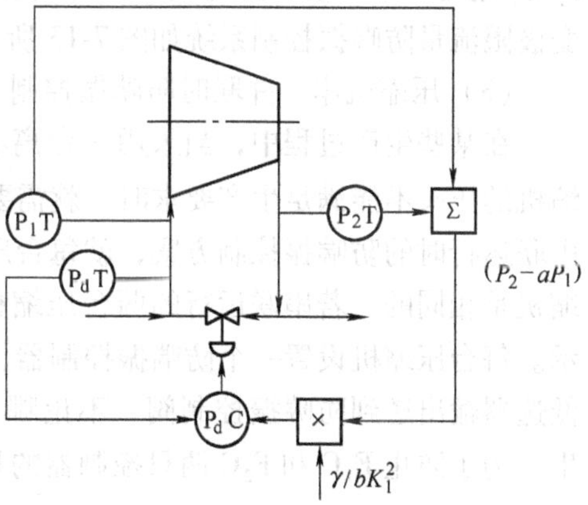

图 7-12　可变极限流量防喘振控制系统之一

在有些情况下，不等式（7-3）可简化，例如

$$a = 0 \quad P_{1d} \geqslant \frac{\gamma}{bK_1^2}P_2 \tag{7-4}$$

$$a = 1 \quad P_{1d} \geqslant \frac{\gamma}{bK_1^2}(P_2 - P_1) \tag{7-5}$$

在工业设备上，有时往往不能在压缩机入口管线上测量流量。例如，当压缩机入口压力较低而压缩比又较大时，在入口管线上安装节流装置而造成的压力降，为使压缩机达到相同的排出压力，可能需要增加压缩机，这是不经济的，应予避免，因此就采用在出口管线上安装节流装置的办法。在压缩机的出口端测量流量时，其质量流量 G_2 与进口管线上的质量流量 G_1 应该相等，即

$$G_1 = G_2$$

或

$$\gamma_1 Q_1 = \gamma_2 Q_2 \tag{7-6}$$

式（7-6）也可以写成

$$K_1\sqrt{\frac{P_{1d}P_1M}{ZR\theta_1}}=K_2\sqrt{\frac{P_{2d}P_2M}{ZR\theta_2}}$$

设孔板校正系数 $K_1=K_2$，则上式可以化为

$$P_{1d}=\frac{P_{2d}P_2\theta_1}{P_1\theta_2} \tag{7-7}$$

将式（7-7）代入式（7-3）可得

$$P_{1d}=\frac{P_{2d}P_2\theta_1}{P_1\theta_2}\geqslant\frac{\gamma}{bK_1^2}(P_2-aP_1)$$

则有

$$P_{2d}\geqslant\frac{\gamma}{bK_1^2}\frac{P_1\theta_2}{P_2\theta_1}(P_2-aP_1) \tag{7-8}$$

式（7-6）在不少情况下亦可以简化，如 $a=0$ 时

$$P_{2d}\geqslant\frac{\gamma}{bK_1^2}\frac{\theta_2}{\theta_1}P_1 \tag{7-9}$$

式（7-8）是简化了的可变极限流量的防喘振控制系统的数学模型，这时节流装置安装在压缩机的出口管线上。一般情况下，式中 θ_2/θ_1 也是一个恒值，此时式（7-8）构成的可变极限流量防喘振控制系统如图 7-13 所示。

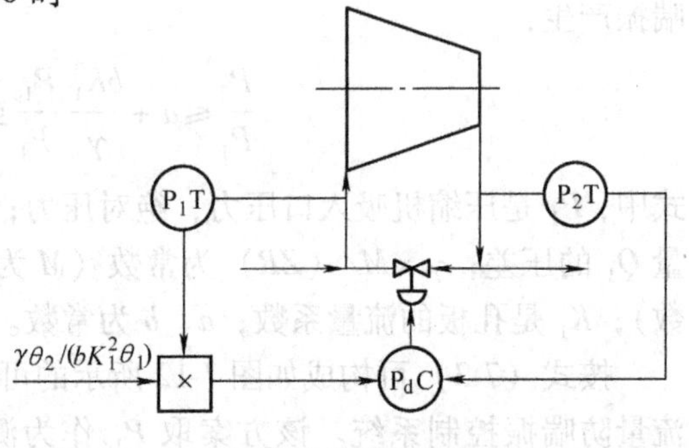

图 7-13 可变极限流量防喘振控制系统之二

（3）压缩机串、并联时防喘振控制

在某些生产过程中，当采用一台离心式压缩机的压头不能满足生产要求时，就需要两台或两台以上的离心式压缩机串联运行。压缩机串联运行时的防喘振控制方案，就每台压缩机而言，其防喘振控制方案与前面介绍的单台压缩机是相同的。若串联运行的两台压缩机只有一个旁路阀，其防喘振控制系统如图 7-14 所示。每台压缩机设置一个防喘振控制器，防喘振控制器 F_1C 和 F_2C 的输出信号到低选器 LS，低选器输出送到防喘振控制阀，不论哪一台压缩机出现喘振就打开旁路阀，以防止喘振发生。为了防止 F_1C 和 F_2C 两只控制器的积分饱和，采用自低选器输出作为积分外反馈。

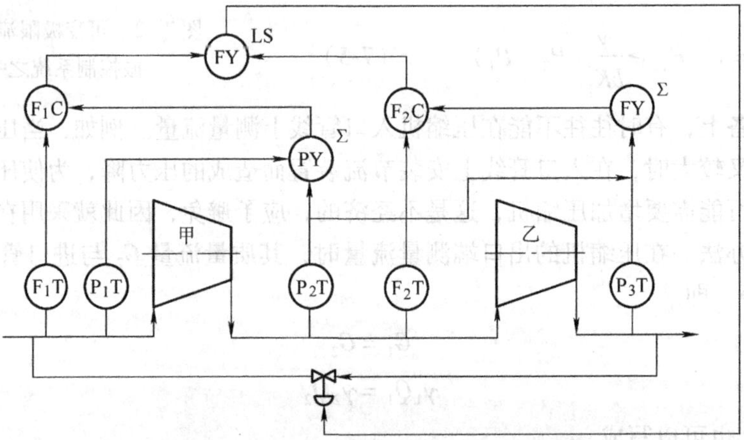

图 7-14 压缩机串联运行时防喘振控制系统

在有些生产过程中，当一台离心式压缩机的流量（即气量）不能满足要求时，就需要两台或两台以上离心式压缩机并联运行。如果两台压缩机分别装有一个旁路控制阀，其防喘振控制方案与单台压缩机一样。如果两台压缩机共用一个旁路阀，防喘振控制系统如图 7-15 所示。

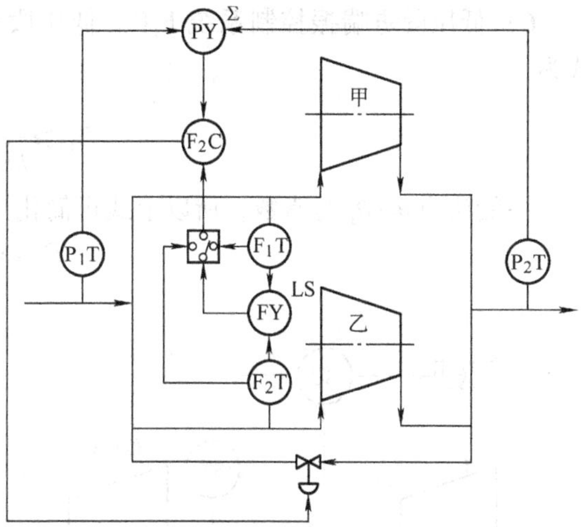

图 7-15　压缩机并联运行时防喘振控制系统

在各自压缩机入口管线上设置流量差压变送器，两台差压变送器输出信号送到低选器 LS，经比较后送到防喘振流量控制器 FC 与设定信号相比较，若已达到喘振极限就自动打开旁路阀，以防止喘振发生。如果生产过程负荷只需一台压缩机操作时，只要将选择操作开关切换到需要操作的一台压缩机的入口流量差压变送器，就可实现单台压缩机防喘振控制。该方案成立的前提是两台压缩机的特性必须相同或十分相似。

3. 实例：分析一台 CO_2 压缩机的控制方案

图 7-16 为一台 CO_2 压缩机的控制方案，压缩机由工业汽轮机带动。由于工艺供给 CO_2 时多时少，当 CO_2 过多时，生产中允许放空，而当 CO_2 过少时，就减负荷生产。压缩机送往下一工序的流量是采用调节汽轮机转速的方法来控制的，主要控制系统有：

1）正常生产时，CO_2 供应大于需求量。压缩机的送气量由流量调节器 FC 与转速控制器 SC 组成串级控制系统来控制。既然供应量大于需求量，那么保证送气量没有困难，并有余力，但是系统压力（压缩机入口压力）将增大，因此设置 PC 压力控制系统将一部分气体放空。

2）CO_2 供应量不足，小于需求量。此时要同时保持流量和压力恒定是不可能的。这时候，即使将放空阀完全关闭，仍保持不了设定的流量，结果会使汽轮机转速越来越高，系统吸入阻力越来越低，这种现象必须防止。因此，将 FC 和 PC 的输出一同送往低选器 LS，然后送往 SC。当供应量减少时，PC 的输出减少，一方面去关闭放空阀，另一方面与 FC 的输出比较，如果 PC 的输出低，就由 PC 去操作 SC，减少蒸汽进入量，降低转速，使 CO_2 压缩机的送气量下降，以稳定吸入压力，保护压缩机，不至造成机械损伤。

3）高压段吸入压力过高时，由 P_1C 自动控制放空阀，以保证高压段吸入压力不至过高。

4）高压段出口压力过高，压力控制器 P_2C 自动地通过低选器控制旁路阀，使部分 CO_2 回流，保证高压段出口压力不至过高。

5）高压段防喘振控制系统 F_2C。高压段节流装置安装于入口管线上，其防喘振方程式为

$$P_{2d} \geqslant \frac{\gamma}{bK_1^2} P_2 = CP_2$$

6）低压段防喘振控制系统 F_1C。低压段节流装置安装于出口管线上，其防喘振方程式为

$$P_{1d} \geqslant \frac{\gamma}{bK_1^2} \frac{\theta_2}{\theta_1} P_0$$

一般认为 θ_2/θ_1 是常数，所以上式可简化为

$$P_{1d} \geqslant CP_0$$

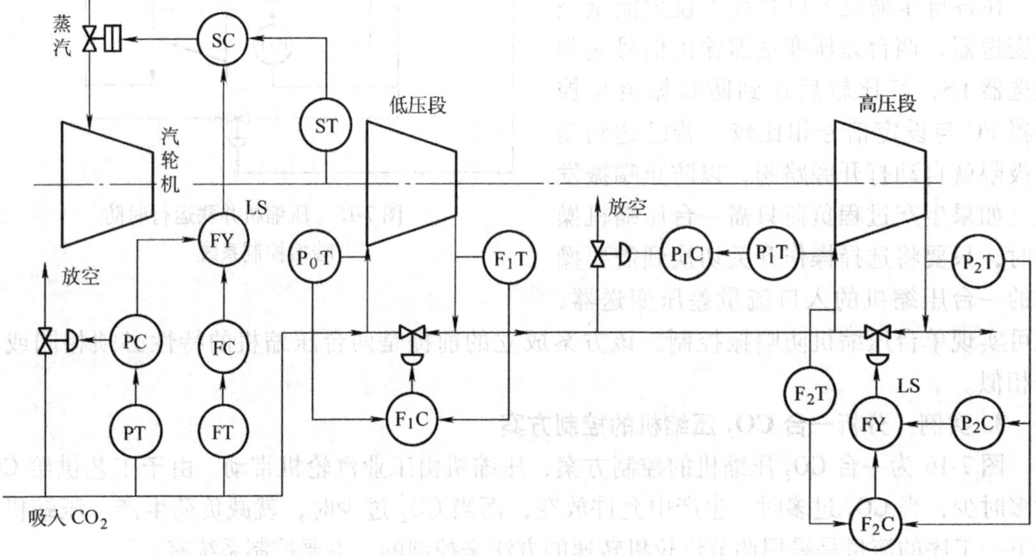

图 7-16 CO_2 压缩机的控制方案

7.2 传热设备的控制

许多工业过程，如蒸馏、蒸发、干燥结晶和化学反应等均需要根据具体的工艺要求，对物料进行加热或冷却，即冷热流体进行热量交换。冷热流体进行热量交换的形式有两大类：一类是无相变情况下的加热或冷却；另一类是在相变情况下的加热或冷却（即蒸汽冷凝给热或液体汽化吸热）。热量传递的方式有热传导、对流和热辐射 3 种，而实际的传热过程很少是以一种方式单纯进行的，往往由两种或 3 种方式综合而成。

传热（热交换）过程是利用各种形式的换热器即传热设备来进行的。不论其目的在于加热、冷却、汽化、冷凝，从进行热交换的两种流体的接触关系来看，则不外乎直接接触式、间壁式及蓄热式 3 大类，尤以间壁式传热设备应用最广。

7.2.1 传热设备的稳态数学模型

传热过程的稳态特性，在化学工程中已得到广泛研究，不论设计和控制，都离不开过程特性的分析。对一个已有的设备，研究稳态特性的意义是为了搞好生产控制，具体来说，有以下 3 个作用：

1）作为扰动分析，操纵变量选择及控制方案确定的基础。

2）求取放大倍数，作为系统分析及控制器参数整定的参考。

3）分析在各种条件下的放大系数 K_0 与操纵变量（调节介质）流量的关系，作为控制阀选型的依据。

传热过程工艺计算的两个基本方程式是热量衡算式与传热速率方程式，它们是构成传热设备的稳态特性的两个基本方程式。

1. 热量衡算式

根据流体在传热过程中发生相变与否，可分为两种情况。

1）流体在传热过程中发生相的变化（如冷凝或汽化），且该流体温度不变，则

$$q = G\gamma \tag{7-10}$$

式中，q 为传热速率（J/h）；G 为流体发生相变的质量流量（冷凝量或汽化量）（kg/h）；γ 为流体的相变热（冷凝热或汽化热）（J/h）。

2）流体在传热过程中无相的变化，则

$$q = GC(\theta_o - \theta_i) \tag{7-11}$$

式中，G 为流体的质量流量（kg/h）；C 为流体在进、出口温度范围内的平均比热容（J/(kg·℃)）；θ_o 为流体出换热器的温度（℃）；θ_i 为流体进换热器的温度（℃）。

总之，热量衡算式表明，当不考虑热损失时，热流体放出的热量应该等于冷流体吸收的热量，其基本形式有

$$G_1\gamma_1 = G_2\gamma_2 \quad \text{（两种流体均发生相变）} \tag{7-12}$$

$$G_1\gamma_1 = G_2C_2(\theta_{2o} - \theta_{2i}) \quad \text{（仅一种流体发生相变）} \tag{7-13}$$

$$G_1C_1(\theta_{1i} - \theta_{1o}) = G_2C_2(\theta_{2o} - \theta_{2i}) \quad \text{（两种流体均没有发生相变）} \tag{7-14}$$

式中，变量下标 1、2 表示流体 1 和流体 2；温度 θ 的下标中 i 表示进口，o 表示出口。

2. 传热速率方程式

热量的传递方向总是由高温物体传向低温物体，两物体之间的温差是传热的推动力，温差越大，传热速率亦越大。传热速率方程式是

$$q = UA_m\Delta\theta_m \tag{7-15}$$

式中，q 为传热速率（J/h）；U 为传热总系数［J/（m^2·℃·h）］，U 是衡量热交换设备传热性能好坏的一个重要指标，U 值越大，设备传热性能越好，U 的数值取决于 3 个串联热阻（即管壁两侧对流给热的热阻以及管壁自身的热传导热阻），这 3 个串联热阻中以管壁两侧对流给热系数 h 为影响 U 的最主要因素，因此，凡能影响 h 的因素均能影响 U 值；A_m 为平均传热面积（m^2）；$\Delta\theta_m$ 为平均温度差，是换热器各个截面冷、热两流体温度差的平均值（℃）。

在各种不同情况下 $\Delta\theta_m$ 的计算方法是不同的，需要时可参考有关资料。

3. 换热器稳态特性的基本方程式

这里以图 7-17 所示逆流、单程、列管式换热器为例，用传热过程的两个基本方程式列写稳态特性方程式。

（1）热量平衡关系式

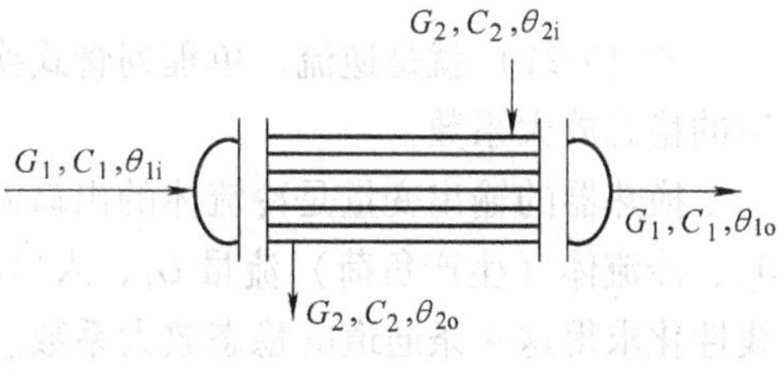

图 7-17　逆流、单程、列管式换热器

为处理方便，弄清主要问题，忽略一些次要因素（如热损失），热流体放出的热量等于冷流体吸收的热量

$$q = G_2C_2(\theta_{2i} - \theta_{2o}) = G_1C_1(\theta_{1o} - \theta_{1i}) \tag{7-16}$$

式中，q 为传热速率（kcal/h）；G 为质量流量（kg/h）；C 为平均比热[kcal/(kg·℃)]；θ 为温度（℃）；下标1为冷流体，2为载热体，i为进口，o为出口。（注：1kcal＝4.1868kJ。）

在进口条件确定以后，式（7-16）中仍有两个未知数 θ_{1o} 和 θ_{2o}，单凭这一关系，还不能完全规定系统的状态，尚需找出传热速率的关系。

（2）传热速率关系式

$$q = UA_m\Delta\theta_m \tag{7-17}$$

式中，$\Delta\theta_m$ 是平均温差，逆流、单程条件下是一个对数平均值

$$\Delta\theta_m = \frac{(\theta_{2o} - \theta_{1i}) - (\theta_{2i} - \theta_{1o})}{\ln\dfrac{\theta_{2o} - \theta_{1i}}{\theta_{2i} - \theta_{1o}}} \tag{7-18}$$

在大多数情况下，如果不是用于设备的设计，而只是为了表示变量之间的关系，那么算术平均值就足够精确了。当$(\theta_{2o} - \theta_{1i})/(\theta_{2i} - \theta_{1o})$在1/3～3之间，其误差小于5%。算术平均值可表示为

$$\Delta\theta_m = \frac{(\theta_{2o} - \theta_{1i}) + (\theta_{2i} - \theta_{1o})}{2} \tag{7-19}$$

（3）换热器稳态特性的基本方程

由式（7-16）可得

$$\theta_{2o} = \theta_{2i} - \frac{G_1C_1}{G_2C_2}(\theta_{1o} - \theta_{1i}) \tag{7-20}$$

将式（7-19）和式（7-20）代入式（7-17）可得

$$q = \frac{UA_m}{2}(\theta_{2i} - \theta_{1o} - \theta_{1i}) + \frac{UA_m}{2}\left[\theta_{2i} - \frac{G_1C_1}{G_2C_2}(\theta_{1o} - \theta_{1i})\right]$$

由式(7-16)有

$$\frac{UA_m}{2}(\theta_{2i} - \theta_{1o} - \theta_{1i}) + \frac{UA_m}{2}\left[\theta_{2i} - \frac{G_1C_1}{G_2C_2}(\theta_{1o} - \theta_{1i})\right] = G_1C_1(\theta_{1o} - \theta_{1i})$$

整理上式可得

$$\frac{\theta_{1o} - \theta_{1i}}{\theta_{2i} - \theta_{1i}} = \frac{1}{\dfrac{G_1C_1}{UA_m} + \dfrac{1}{2}\left(1 + \dfrac{G_1C_1}{G_2C_2}\right)} \tag{7-21}$$

式（7-21）就是逆流、单程列管式换热器的稳态特性基本方程式，由此可以求得有关通道的稳态放大系数。

换热器的输出变量是冷流体的出口温度 θ_{1o}，而输入变量是：载热体流量 G_2、入口温度 θ_{2i}、冷流体（生产负荷）流量 G_1、入口温度 θ_{1i}。由于式（7-21）是非线性方程，可以通过线性化求得这4条通道的稳态放大系数。

例如，载热体 G_2-输出变量 θ_{1o}（ΔG_2-$\Delta\theta_{1o}$）。

对式（7-21）求导可得

$$\frac{d\theta_{1o}}{dG_2}=\frac{\theta_{2i}-\theta_{1i}}{2\left[\frac{G_1C_1}{UA_m}+\frac{1}{2}\left(1+\frac{G_1C_1}{G_2C_2}\right)\right]^2}\frac{G_1C_1}{G_2^2C_2} \quad (7\text{-}22)$$

该通道也是非线性的，以$\frac{G_2C_2}{UA_m}$为横坐标，$\frac{\theta_{1o}-\theta_{1i}}{\theta_{2i}-\theta_{1i}}$为纵坐标作图（见图7-18），图中每点斜率反映出放大系数的大小，$\frac{G_1C_1}{UA_m}$一定时，$\frac{G_2C_2}{UA_m}$较小时，θ_{1o}变化显著，而$\frac{G_2C_2}{UA_m}$较大时，θ_{1o}变化缓慢且出现饱和现象。

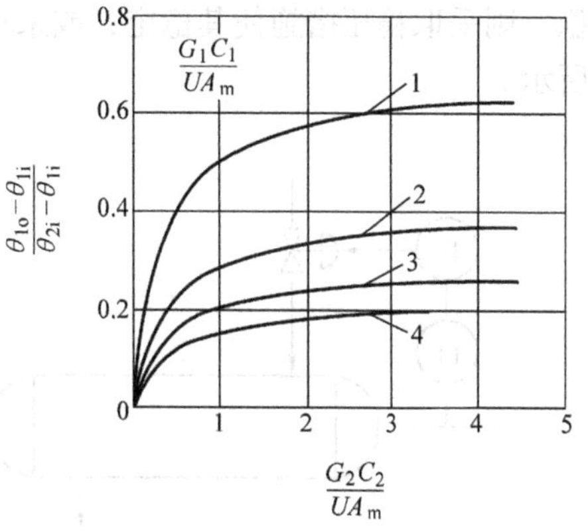

图7-18 载热体流量 G_2 与冷流体出口温度 θ_{1o} 的关系

7.2.2 一般传热设备的控制

一般传热设备在这里是指以对流传热为主的传热设备，常见的有换热器、蒸汽加热器、氨冷器、再沸器等间壁式传热设备，在此就它们控制中的一些共性作一些介绍。一般传热设备的被控变量在大多数情况下是工艺介质的出口温度，至于操纵变量的选择，通常是载热体流量。然而在控制手段上有多种形式，从传热过程的基本方程式知道，为保证出口温度平稳，满足工艺要求，必须对传热量进行控制，要控制传热量有下面几条途径。

1. 控制载热体流量

改变载热体流量的大小，将引起传热系统 U 和平均温差 $\Delta\theta_m$ 的变化。对于载热体在传热过程中不起相变化的情况下，如不考虑 U 的变化，从前述热量衡算式和传热速率方程式来看，当传热面积足够大时，热量衡算式可以反映稳态特性的主要方面。改变载热体流量，能有效地改变传热平均温差 $\Delta\theta_m$，即改变传热量，因此控制作用能满足要求。而当传热面积受到限制时，要将热量衡算式和传热速率方程式结合起来考虑。

对于载热体有相变时情况要复杂得多，例如对于氨冷器，液氨汽化吸热。传热面积有裕量时，进入多少液氨就汽化多少，即进氨量越多，带走热量越多。不然的话，液氨的液位要升高起来，如果仍然不能平衡，液氨液位越来越高，会淹没蒸发空间，甚至使液氨进至出口管道损坏压缩机。所以采用这种方案时，应设有液位指示、报警或联锁装置，确保安全生产。还可以采用图7-19所示氨冷器出口温度与液位的串级控制系统，其实该系统是改变传热面积的方案，应用这种方案时，可以限制液位的上限，保证有足够的蒸发空间。

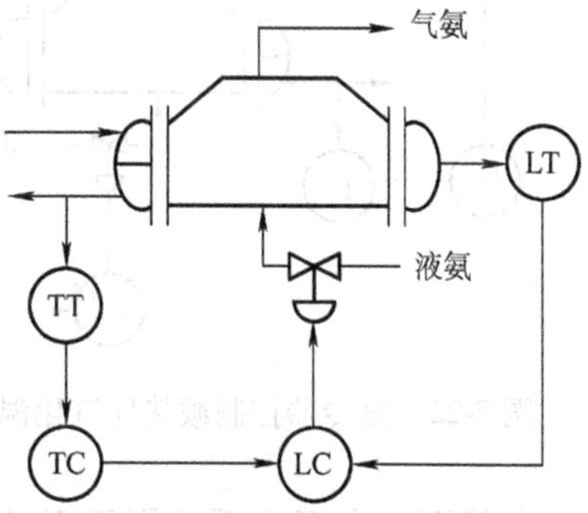

图7-19 氨冷器出口温度与液位的串级控制系统

图7-20为控制载热体流量方案之一，这种方案最简

单，适用于载热体上游压力比较平稳及生产负荷变化不大的场合。如果载热体上游压力不平稳，则采取稳压措施使其稳定，或采用温度与流量（或压力）的串级控制方案，如图7-21所示。

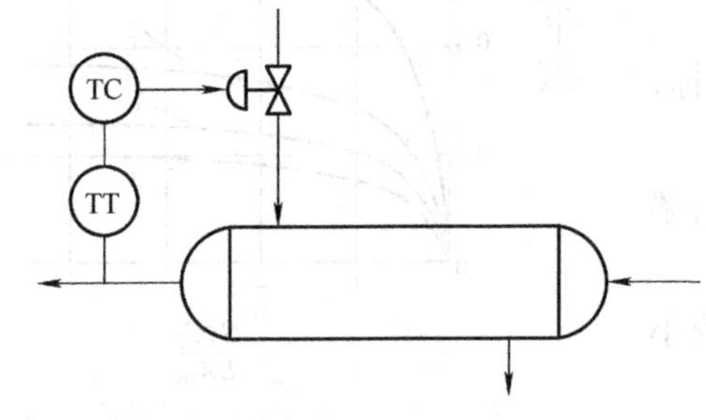

图7-20　调载热体流量单回路控制方案

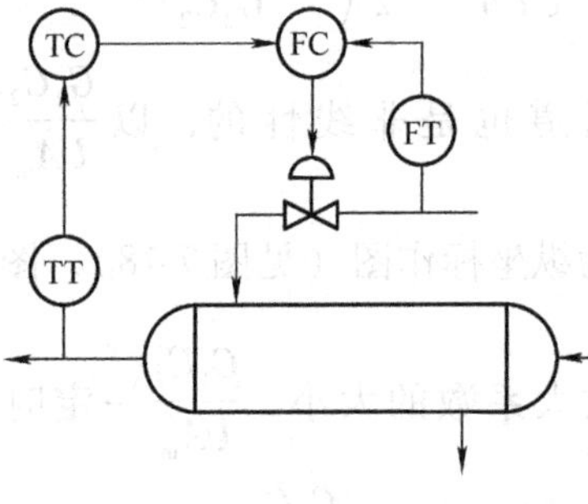

图7-21　调载热体流量串级控制方案

2. 控制载热体的汽化温度

控制载热体的汽化温度亦即改变了传热平均温差 $\Delta\theta_m$，同样可以达到控制传热量的目的。图7-22就是这类方案的一例。控制阀安装于气氨出口管道上，当阀门开度变化时，气氨的压力将起变化，相应的汽化温度也发生变化，这样亦就改变了传热平均温差，从而控制了传热量。但光这样还不行，还要设置一液位控制系统来维持液位，从而保证有足够的蒸发空间。这类方案的动态特点是滞后小，反应迅速、有效，应用也较广泛。但必须用两套控制系统，所需仪表较多；在控制阀两端气氨有压力损失，增大压缩机的功率；另外，要行之有效，液氨需有较高压力，设备必须耐压。

3. 将工艺介质分路

可以想到，要使工艺介质加热到一定温度，也可以采用同一介质冷热直接混合的办法。将工艺介质一部分进入换热器，其余部分旁路通过，然后两者混合起来，是很有效的控制手段。图7-23为采用三通控制阀将工艺介质分路的控制方案。

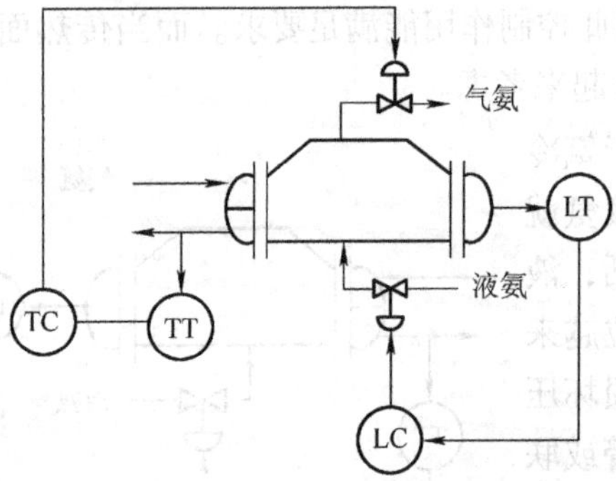

图7-22　氨冷器控制载热体汽化温度的方案

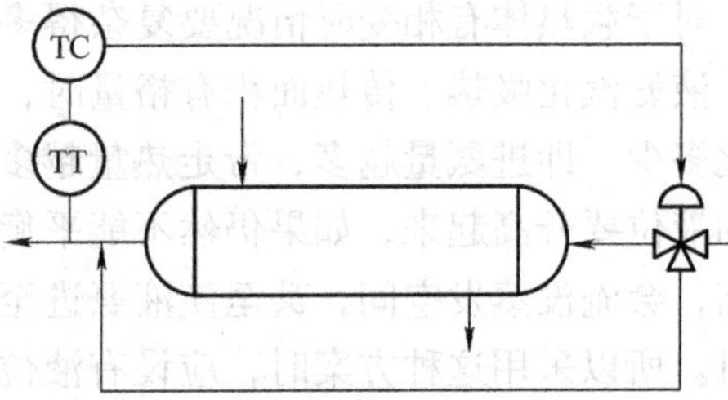

图7-23　将工艺介质分路的控制方案

然而本方案也不适用于工艺介质流量 G_1 较大的情况，因为此时静态放大系数也较小。该方案还有一个缺点是要求传热面积有较大裕量，而且载热体一直处于最大流量下工作，这在专门采用冷剂或热剂时是不经济的，然而对于某些热量回收系统，载热体亦是某种工艺介质，总流量不好控制，这时便不成为缺点了。

4. 控制传热面积

从传热速率方程式 $q = UA_m\Delta\theta_m$ 来看，使传热系数和传热平均温差基本保持不变，控制传热面积 A_m 可以改变传热量，从而达到控制出口温度的目的。图 7-24 为这种控制方案的一例，其控制阀装在冷凝液的排出管线上。控制阀开度的变化，使冷凝液的排出量发生变化，而在冷凝液液位以下都是冷凝液，它在传热过程中不起相变化，其给热系数远较液位上部气相冷凝给热小，所以冷凝液位的变化实质上等于传热面积的变化。

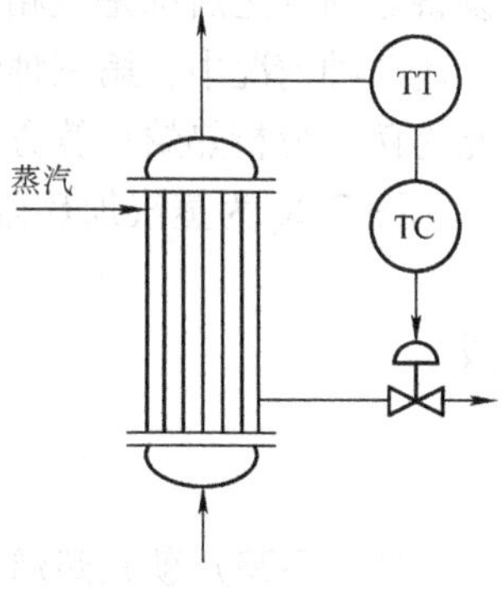

图 7-24 控制传热面积的控制方案

这种控制方案主要用于传热量较小，被控制温度较低的场合；在这种场合若采用控制载热体量——蒸汽的方法，可能会使凝液的排除发生困难，从而影响控制品质。

将控制阀装在冷凝液排出管线上，蒸汽压力有了保证，不会形成负压，这样可以控制工艺介质温度达到稳定。

传热面积改变过程的滞后影响，将降低控制品质，有时需设法克服。较有效的办法是采用串级控制方案，将这一环节包括于副回路内，以改善广义对象的特性。例如温度对凝液的液位串级，如图 7-25a 所示；或者温度对蒸汽流量串级，而将控制阀仍装在凝液管路上，如图 7-25b 所示。

总得说来，因为传热设备是分布参数系统，近似地说，是具有时滞的多容过程，所以在检测元件的安装上需加注意，应使测量滞后减到最小程度。正因为过程具有这样的特性，在控制器选型上，适当引入微分作用是有益的，在有些时候是必要的。

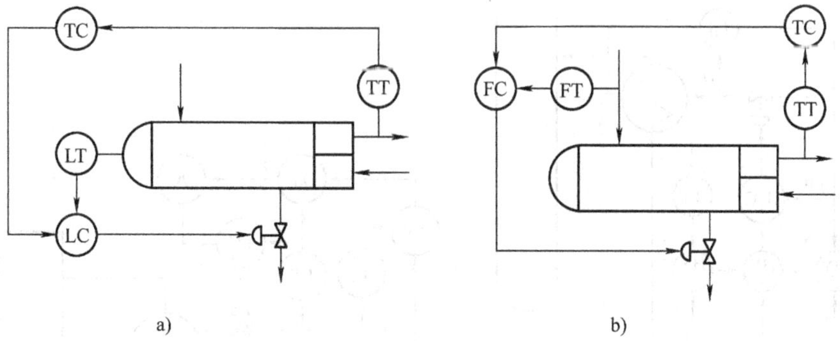

图 7-25 控制阀装在凝液管线上的两种串级控制方案

7.2.3 传热设备的热焓与热量控制方案

1. 热焓控制

热焓是指单位质量的物料所积存的热量，热焓控制是保持某物料的热焓为一定值，或按一定规律而变化的操作。

传热设备的被控变量应是热焓，但常采用温度控制方案，这种方案只适用于传热设备出口工艺介质是气相或液相。若工艺介质是气液混合相，则温度与热焓之间没有单值关系，采用温度控制就没有意义了，为此应采用热焓控制。

热焓是通过热量衡算关系间接得到的，计算时需要注意的是正确计算载热体与工艺介质之间的热量交换。从载热体情况来看有3种：进入传热设备之前和之后都是气相，进入传热设备之前和之后都是液相，进入传热设备之前是气相、而通过加热后完全被冷凝成液相。在上述3种情况中，第三种情况较为复杂，也用得最多。例如蒸汽加热器就是这样。下面就以此为例，分析热焓计算方程式。

图7-26为蒸汽加热器出口工艺介质的进料热焓控制方案。蒸汽加热器的热量衡算式为

$$FH_f - Fc_f\theta = F_s[\lambda + c_s(\theta_i - \theta_o)]$$

或

$$H_f = c_f\theta + \frac{F_s}{F}[\lambda + c_s(\theta_i - \theta_o)] \tag{7-23}$$

式（7-23）就是热焓计算式，因为F_s、F、θ、θ_i、θ_o可以直接测量，而λ、c_s、c_f可查图表资料得到，这样按式（7-23）计算得到的值即为热焓测量值。由图7-26可知，热焓控制系统可由若干运算单元组成，并不复杂，在采用计算机时更为方便。

2. 热量控制

在某些生产过程中需要控制热量，此时被控变量不再是温度而是热量，但目前还缺乏直接测量热量的仪表，可以通过热量衡算式来求得热量，从而实现热量控制。在热量衡算式中应注意到传热过程中是否发生相的变化，热量衡算式如下：

$$Q = GC(\theta_i - \theta_o)$$

这样只要测量流体进出口温度和流体热量，经过计算可得到热量，控制方案如图7-27所示。

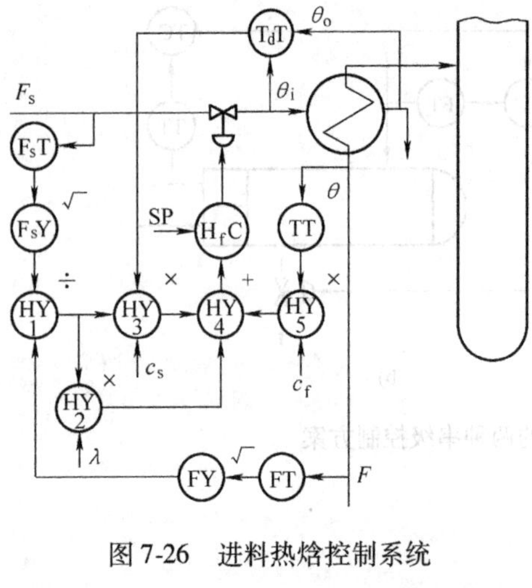

图7-26　进料热焓控制系统

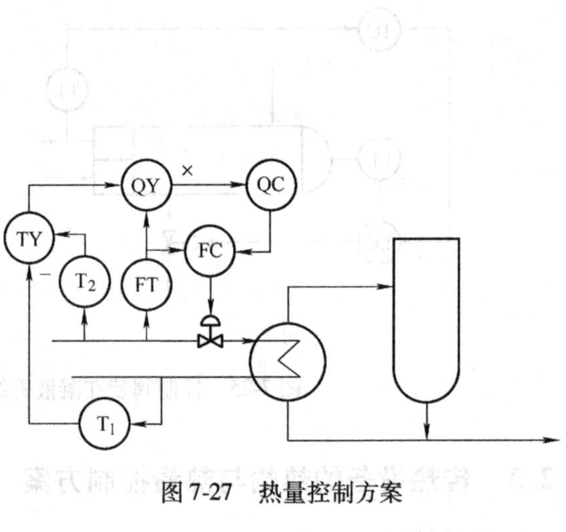

图7-27　热量控制方案

7.3　蒸发器的控制

蒸发操作是用加热的方法使溶液中部分溶剂汽化并除去，以提高溶液中溶质的浓度，或使溶质析出。所以蒸发是使挥发性溶剂与不挥发性溶质分离的一种操作。蒸发广泛应用于制

盐、制碱、制糖、食品、医药、造纸及核能等工业生产中。

工业生产中使用较广泛的是具有管式加热面的蒸发器。按照蒸发器中溶液循环的情况将它们大致分为：

1）自然循环蒸发器。主要由于加热时设备内各部分溶液的密度不同而产生溶液的循环，如中央循环管式蒸发器、悬筐式蒸发器、外加热式蒸发器、管外沸腾式蒸发器（又称列文蒸发器）。

2）强制循环蒸发器。溶液的循环是依靠泵的抽打作用，迫使溶液沿着一定的方向循环，其循环速度较自然循环的大，且传热总系数也较大。

3）膜式蒸发器。其特点是溶液仅通过加热器一次，不作循环，溶液在加热器管壁上呈薄膜形式，蒸发速度快，所以对处理热敏性物料特别适宜，常用的有升膜式、降膜式、升降膜式蒸发器。

7.3.1 蒸发器的特性

工业上蒸发大多属于沸腾蒸发，即溶液中溶剂在沸点时汽化，在汽化过程中溶液呈沸腾状态。汽化不仅在溶液表面进行，而且几乎在溶液各个部分同时发生汽化现象。它是一个剧烈的传热过程，因此蒸发器的对象特性可以作为集中参数系统处理。蒸发器的对象特性与其他传热对象一样，也很复杂。对于每效蒸发器来说，工业上常用具有时滞的一阶环节来近似。而对于膜式蒸发器，由于其蒸发速度很快（数秒至数十秒），停留时间短，其对象特性不同于一般蒸发器。膜式蒸发器的时滞和时间常数均较小。

最终产品浓度是蒸发过程中主要控制指标。所以最终产品浓度是被控变量。影响产品浓度的扰动因素有：蒸发罐内压力变化；进料流量、浓度、温度的影响；加热蒸汽方面扰动；液位波动的影响；冷凝液及不凝性气体的排除等。

由于影响蒸发操作的因素较多，为了使蒸发操作在一个较好的工况下进行，往往希望将一切扰动排除在进蒸发罐之前。但实际上，扰动不可能全部克服在进蒸发罐之前，未被克服的扰动将最终影响产品浓度。为了使产品浓度符合要求，一般以产品浓度作为被控变量。采用合适的操纵变量，如进料流量（指允许调节）、循环量、出料流量，有时也采用加热蒸汽，这样构成的控制系统称为蒸发器的主控制回路。根据具体情况，将其他变量的控制称为蒸发器的辅助控制回路。

7.3.2 蒸发器的主控制回路

目前最常用的主控制回路即蒸发器的产品浓度控制、温度控制、温差控制等。

1. 浓度控制

根据产品浓度来调节的方案是最直接的，在可能的情况下总是最优先考虑直接产品的浓度，直接测量产品浓度的方法很多，如折光仪测定法、密度法等。图 7-28 为采用折光仪来测定产品浓度作为被控变量，操纵出料量来实现自动控制的方案。图 7-29 为采用密度法的浓度控制方案。

2. 温度控制

在蒸发过程中，对于一个蒸发罐来说，罐内物料浓度是温度（指物料的沸点）和真空度（或压力）的函数，当罐内真空度稳定不变时，物料沸点可以反映物料浓度。沸点上升，浓度增加，反之浓度降低，温度与浓度有一一对应的关系。特别是有些物料蒸发的工艺过程，对产品浓度与温度均有一定要求。图7-30为二段蒸发器出口温度控制方案的一例。

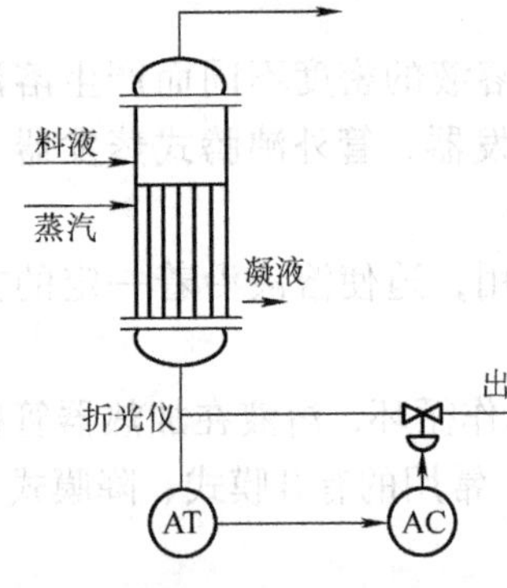

图7-28 采用折光仪的浓度控制方案

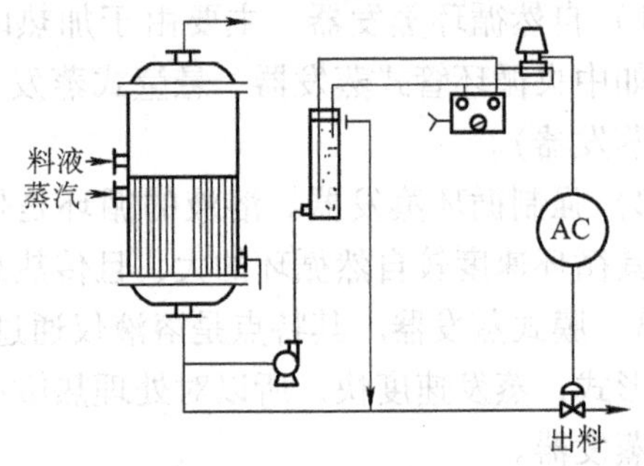

图7-29 采用密度法的浓度控制方案

3. 温差控制

上述用温度控制来代替浓度控制，在某些情况下是适合的，也是必需的，但当压力或真空度变化时，就无法采用。为克服真空度的影响，采用温差法，即沸点上升法。温差法的基本原理是：根据真空度变化对溶液的沸点和水的沸点影响基本一样，即真空度在一定范围内变化时，一定浓度的溶液沸点和水的沸点（饱和蒸汽的温度）之差即温差基本不变的原则，采用温差来反映溶液浓度可以克服真空度变化对测量的影响。

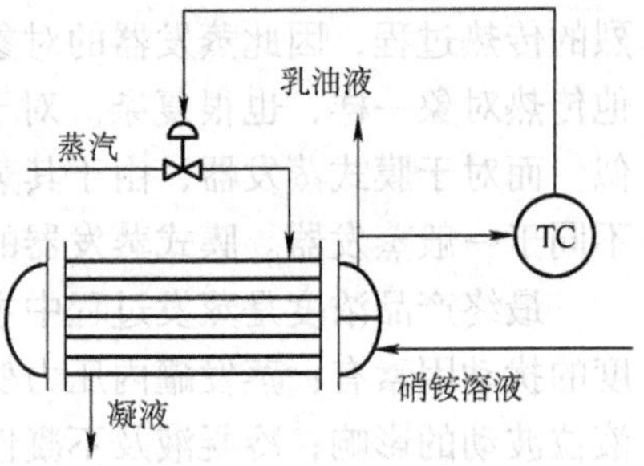

图7-30 二段蒸发器出口温度控制方案

蒸发器温度作为间接控制指标的条件是真空度恒定，当真空度变化较大时，可采用温差控制。温差控制的依据是沸点上升法，即真空度变化对溶液沸点和对水沸点的影响基本相同，或在一定真空度变化范围内，一定浓度溶液沸点和水沸点（饱和蒸汽温度）之差保持基本不变。因此，根据水沸点和温度差就能补偿因真空度变化使产品沸点变化的影响。这种控制方法也在精密精馏塔的温度差控制中被采用。

实施温差控制时，应注意下列事项：

1）正确选择气液相测温点的位置。液相测温点应是该真空度下溶液的沸点温度，通常，较易确定，只需不受进料、液位影响即可。对升降膜式蒸发器，应使液相测温点接触流动的溶液，不在死区安装。气相测温点应正确反映该真空度下饱和蒸汽温度。通常，可采用如图7-31所示的气相测温小室测量。由于二次蒸汽常含少量溶质，因此，测温小室不能直接安装在蒸发室，测温小室可安装在蒸发器顶部或蒸发器连通管上。

2）安装时应使测温小室内压力与蒸发器内压力保持一致，测温元件不能接触液体。

3）由于真空度变化时，气相温度变化较液相温度变化快，造成温度差的变化而浓度不变的虚假现象，可对气相温度信号设置一阶滤波环节。

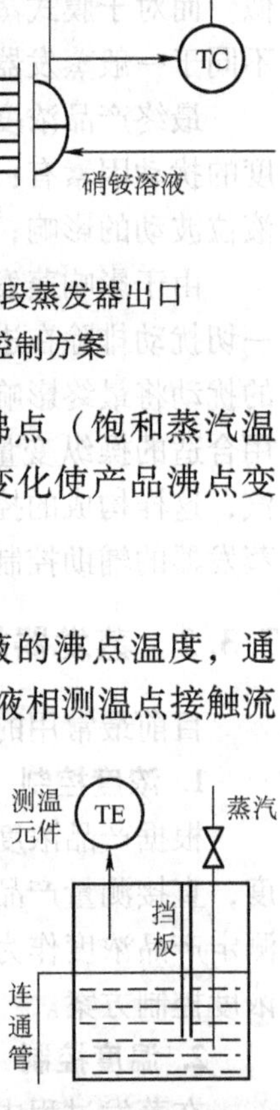

图7-31 测温小室

4）保证小室内的水位。

饱和蒸汽的压力与温度的关系如图 7-32 所示。压力不同，饱和蒸汽的温度也不同，所以只要测出压力，就可求得饱和蒸汽温度，则温差就可以求得。图 7-33 为一个温差控制实例。从图中可以看出，蒸发器气相压力经压力变送器后送到一个函数发生器，这个函数发生器是按图 7-32 曲线来工作的。函数发生器是用很多段折线来替代这条曲线。通过函数发生器把压力信号转换成了相应的温度信号，然后将此信号通过一个延迟单元，再送到加法器进行运算。在此，延迟单元是为了解决测温滞后问题，测压滞后小，这样温度和压力在测量时间上有差异，为求出同一瞬间液相温度和气相压力，因此在函数发生器之后加一延迟单元，把压力变送器送来信号延迟到与液相温度变送器来的信号同步，以便正确运算。

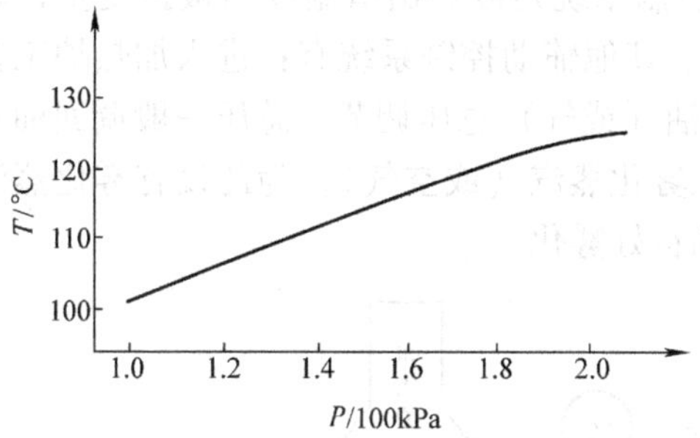

图 7-32　饱和蒸汽的压力与温度的关系

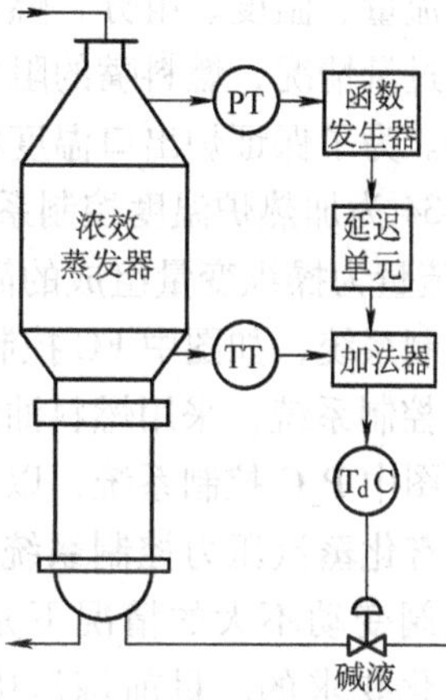

图 7-33　温差控制实例

7.3.3　蒸发器的辅助控制回路

蒸发器的辅助控制回路主要有加热蒸汽的控制、蒸发器的液位控制、真空度的控制、冷凝液的排除等。这些辅助控制回路可以采用一般控制方案。但是蒸发器的液位控制应考虑蒸发操作的特点：其一，蒸发器是密闭容器，且要保持一定压力或真空度；其二，蒸发过程中溶液沸腾剧烈，溶液的泡沫易造成假液位；其三，蒸发过程是一个浓缩过程，浓度随着各效增加，易使取压口不畅通，有时会堵塞取压口，特别是具有结晶及黏度较大的物料。

一般浓度较低的效可以采用沉筒式液位发信器，较为简单可靠。浓度较高的效或易结晶的物料可以采用法兰式差压变送器。对于浓度高且腐蚀性大的物料可采用触点液位计，但调节质量差一些。

7.4　管式加热炉的控制

在生产过程中有各式各样的加热炉，在炼油化工生产中常见的加热炉是管式加热炉。对于加热炉，工艺介质受热升温或同时进行汽化，其温度的高低会直接影响后一工序的操作工况和产品质量，同时当炉子温度过高时会使物料在加热炉内分解，甚至造成结焦而烧坏炉管。加热炉的平稳操作可以延长炉管使用寿命，因此加热炉出口温度必须严加控制。

加热炉的对象特性一般通过定性分析和实验测试获得。从定性角度出发，可看出其热量的传递过程是：炉膛炽热火焰辐射给炉管，经热传导、对流，传热给工艺介质。所以与一般传热对象一样，具有较大的时间常数和纯滞后时间。特别是炉膛，它具有较大的热容量，故滞后更为显著。因此，加热炉属于一种多容量的对象。

7.4.1 加热炉的简单控制

加热炉的最主要控制指标是工艺介质的出口温度。对于不少加热炉来说，温度控制指标要求相当严格，如允许波动范围为 ±(1% ~2%)。影响炉出口温度的干扰因素有：工艺介质进料的流量、温度、组分，燃料油（或气）的压力、成分（或热值），燃料油的雾化情况，空气过量情况，燃料嘴的阻力，烟囱抽力等。在这些干扰因素中有的是可控的，有的是不可控的。为了保证炉出口温度稳定，对干扰因素应采取必要的措施。

图 7-34 为加热炉温度控制系统，其主要控制系统是以炉出口温度为被控变量，燃料油（或气）流量为操纵变量组成的简单控制系统。其他辅助控制系统有：进入加热炉工艺介质的流量控制系统，如图中 FC 控制系统；燃料油（或气）总压调节，总压一般调回油量，如图中 P_1C 控制系统；采用燃料油时，还需加入雾化蒸汽（或空气），为此设有雾化蒸汽压力系统，如图中 P_2C 控制系统，以保证燃料油的良好雾化。

采用雾化蒸汽压力控制系统后，在燃料油阀变动不大的情况下是可以满足雾化要求的。目前炼厂中大多数采用这种方案。

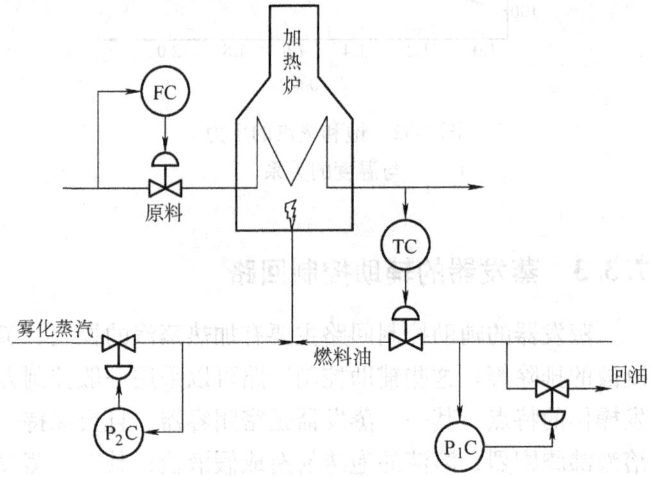

图 7-34 加热炉温度控制系统

采用简单控制系统往往很难满足工艺要求，因为加热炉需要将工艺介质（物料）从几十摄氏度升温到数百摄氏度，其热负荷较大。当燃料油（或气）的压力或热值（组分）有波动时，就会引起炉口温度的显著变化。采用简单控制时，当热变量改变后，由于传递滞后和测量滞后较大，作用不及时，而使炉出口温度波动较大，满足不了工艺生产的要求。为了改善品质，满足生产的需要，石油化工、炼厂中加热炉大多采用串级控制系统。

7.4.2 加热炉的串级控制系统

加热炉的串级控制方案，由于干扰作用及炉子型式不同，可以选用不同被控变量组成不同的串级控制系统。主要有以下方案：①炉出口温度对燃料油（或气）流量的串级控制；②炉出口温度对燃料油（或气）阀后压力的串级控制；③炉出口温度对炉膛温度的串级控制；④采用压力平衡式调节阀（浮动阀）的控制方案。

如果主要干扰在燃料的流动状态方面，如阀前压力的变化，炉出口温度对燃料油流量的串级控制似乎是一种很理想的方案。但是燃料流量的测量比较困难，而压力测量比较方便，所以炉出口温度对燃料油（或气）阀后压力的串级控制系统应用很广泛。值得指出的是，燃烧嘴部分阻塞也会使阀后压力升高，此时副控制器的动作将使控制阀关小，这是不适合的，运行中必须防止这种现象的发生。

当主要干扰是燃料油热值变化时，上述两种串级控制的副回路无法感受，此时采用炉出口温度对炉膛温度串级控制的方案更好些。但是，选择具有代表性、反映较快的炉膛温度检测点较困难，测温元件及其保护套管必须耐高温。

当燃料是气态时，采用压力平衡式控制（浮动阀）的方案颇有特色，这里采用压力平衡式控制阀代替了一般控制阀，节省了压力变送器，压力平衡式控制阀本身兼有压力控制器的功能，实现了串级控制。这种阀不用弹簧、不用填料，所以它没有摩擦，没有机械的间隙，故工作灵敏度高、反应快，能获得较好的效果。

7.4.3　加热炉的安全联锁保护系统

为了保证大型加热炉的安全生产，防止生产事故发生，以免造成严重的损失，应有必要的安全联锁保护系统，至于采用哪些安全联锁保护系统，应视具体情况而定。

1. 以燃料气为燃料的加热炉安全联锁保护系统

在以燃料气为燃料的加热炉中，主要危险是：

1）被加热工艺介质流量过低或中断，此时必须采取安全措施，切断燃料气控制阀，停止燃烧，否则会将加热炉管子烧坏，使其破裂造成严重的生产事故。

2）当火焰熄灭时，会在燃料室里形成危险性的燃料气—空气混合物。

3）当燃料气压力过低即流量过小时会出现回火现象，故要保证最小燃料气流量。

4）当燃料气压力过高，则喷嘴会出现脱火现象，以至造成灭火，甚至会在燃料室里形成大量燃料气-空气混合物，造成爆炸事故。

为了安全生产，防止生产事故，可设置一些安全联锁保护系统，如图 7-35 所示。

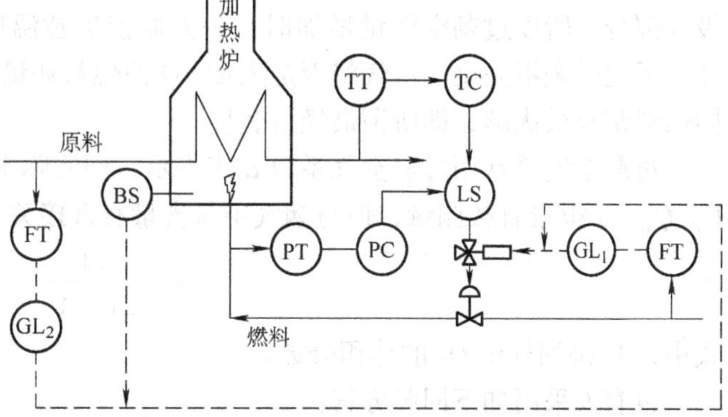

图 7-35　加热炉的安全联锁保护系统

在正常生产时，由炉出口温度来控制燃料气流量的大小，以保证炉出口温度满足生产要求。为了安全生产，防止事故，设置的安全联锁保护系统有：

1）炉出口温度与控制阀阀后压力的选择控制系统。正常生产时，有温度控制器 TC 工作。当由于某种干扰作用，使得控制阀阀后压力过高、达到安全极限时，压力控制器 PC 通过低值选择器 LS 取代温度控制器工作，关小控制阀，以防止脱火，一旦正常后仍由温度控制器工作。

2）燃料气流量过低联锁报警系统 GL_1，当燃料气流量低到一定极限时，则 GL_1 联锁动作，使三通电磁阀线圈失电，这样来自控制器的气压信号放空，燃料气阀被切断，以防止回火造成事故。联锁动作以后，不能自动复位，只能经过检查确认危险消除后，才人工复位、投入运行，以免误动作而造成爆炸事故。

3）工艺介质低流量联锁报警系统 GL_2。当工艺介质流量过低或中断时，GL_2 动作切断燃料气控制阀，停止燃烧。

4）火焰检测器开关 BS，当火焰熄灭时，动作切断燃料气控制阀，停止供气，以防止燃料室内形成燃料气-空气混合物造成爆炸事故。1）、4）两个系统联锁动作以后，不能自动复位，正常后，需人工复位重新投入运行。

2. 以燃料油为燃料的加热炉安全联锁保护系统

在这类加热炉中主要危险是：进料流量过低或中断；燃料油压力过高会脱火，过低会回火；雾化蒸汽压力过低或中断，会使燃料油得不到良好雾化，甚至无法燃烧。因此，在这里设置联锁保护系统基本上与以燃料气为燃料的加热炉相似，仅是将原来的火焰检测器 BS，换成雾化蒸汽压力过低联锁保护系统。

7.4.4 加热炉的热效率控制

热效率是评价加热炉性能和衡量能量利用的一项重要指标。提高加热炉的热效率是减少燃料消耗、节约能源的一项重要且有效的措施。

欲提高加热炉的热效率，一是从加热炉本体结构上改进，最大限度地回收对流室出口烟气带走的热量；二是提高加热率的控制水平，形成合理的燃烧条件，使燃烧的发热量最大限度得到利用。下面，就如何提高加热炉的控制水平进行讨论。

1. 过剩空气系数和加热效率计算

由燃烧理论可知，影响加热炉热效率的因素很多，但主要取决于烟气成分（特别是氧含量）和烟气温度两个方面。烟气中各种成分如 O_2、CO、CO_2 和未燃烧烃的含量基本上可以反映燃料燃烧的情况，最简便的方法是用烟气中氧含量 A_o 来表示。根据燃烧反应方程式，可以计算出使燃料完全燃烧时所需氧气量，称之为理想空气量 Q_T。但是，实际上完全燃烧所需空气量 Q_P 要超过 Q_T，即要有一定的过剩空气量。由于烟气的热损失占加热炉热损失的极大部分，所以过剩空气量增加时，一方面使炉膛温度降低，更主要的是使烟气热损失增加，反之燃烧不完全，烟气将带走大量 CO 使燃料耗量增加，热效率降低。过剩空气量对不同燃料都有最优解，即所谓最经济燃烧。

过剩空气量常用过剩空气系数 α 来表示，即实际空气量 Q_P 与理论空气量 Q_T 之比，$\alpha = Q_P/Q_T$。α 很难直接测量，但与烟气中氧含量有直接关系，常用近似公式表示如下：

$$\alpha = \frac{21}{21 - A_o}$$

式中，A_o 是烟气中 O_2 的体积分数。

也有人采用如下回归方程：

$$\alpha = a_0 + a_1 A_o + a_2 A_o^2$$

一般认为 α 控制在 1.02～1.10 之间为最经济燃烧。由此可求得氧含量，因此烟气中氧含量 A_o 可作为一种直接测量的经济燃烧指标。

有人给出加热炉热效率计算经验公式如下：

$$\eta = b_0 - b_1 \alpha - b_2 T - A_{co} - Q \tag{7-24}$$

式中，η 是加热炉热效率；α 是过剩空气系数；T 是烟气温度；A_{co}是烟气中 CO 的体积分数；Q 是加热炉热损失。其中，A_{co}和 α 两近似可取 5%。

2. 热效率控制方案

热效率控制一般是通过控制烟气中的氧含量来实现。在此介绍某厂用 PLC 实现的加热炉热效率控制方案，如图 7-36 所示。

由图 7-36 可以看出，这是一个前馈串级控制系统，以烟气中氧含量为主被控变量，炉膛负压为副被控变量，烟道挡板开度为操纵变量的串级控制系统。在此串级控制系统中，炉膛负压会受到 O_2 控制器的影响，造成炉膛负压的波动，使烟气挡板频繁动作。为此，炉膛负压采用间隙式 PID 控制，当炉膛负压与设定值之间偏差在死区（间隙）范围内，即 $|e| \leqslant \delta$ 时控制器输出不变；只有当 $|e| > \delta$ 时控制器才动作。δ 大小由现场测试确定。

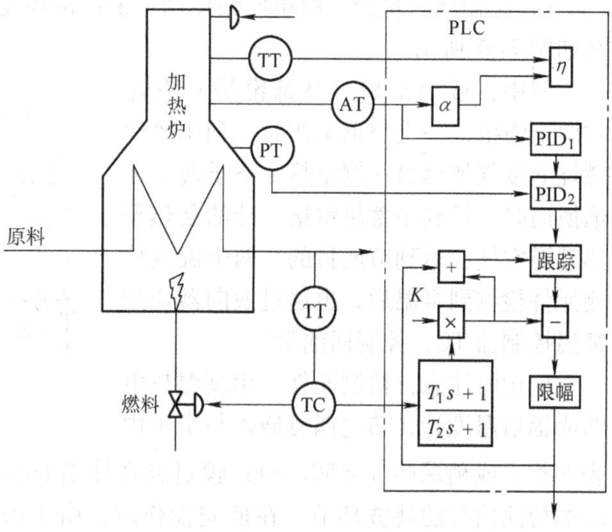

图 7-36 加热炉热效率控制方案

前馈变量是加热炉出口温度控制器输出，这是因为进料量和燃料量波动影响着氧含量，而这些波动集中反映在炉出口温度的变化，炉出口温度变化通过调整燃料来改变燃烧工况。这一变化需及时调整烟道挡板开度，才能保持烟气中氧含量不变。为此采用炉出口温度控制器输出作为前馈变量，组成前馈串级控制系统有利于提高控制品质。此外，也有采用进料流量或燃烧气流量作为前馈变量的。

该系统投运后，热效率提高了 3% ~5%，达到了节能目的。在图 7-36 中，PLC 还有一个过剩空气系数和热效率计算功能，用于指导控制。

7.5 工业窑炉的控制

硅酸盐工业是使用能源的大户。窑炉是硅酸盐工厂的主要设备。提高窑炉自动化水平是稳定产品品质、提高产品产量、节省能量、提高设备利用率的可靠保证。本节介绍部分工业窑炉的控制。

7.5.1 玻璃窑炉的控制

玻璃窑炉用于烧成高品质的玻璃制品所需的玻璃液。最常见的玻璃窑炉是马蹄焰窑，因其窑形如马蹄而得名。玻璃窑炉的控制任务是控制窑温、窑压和液位等过程变量，获得最佳工艺条件下的玻璃液，供制作玻璃制品；在保证玻璃液品质前提下，维持合理燃料和空气的比值，使燃烧完全；此外，对蓄热室火焰窑炉需设计合理的控制火焰换向的操作。

1. 玻璃窑炉的窑温控制

玻璃窑炉的窑温包括火焰空间温度和玻璃液温度。它们是决定玻璃熔化过程好坏的最主要因素，是设计控制方案最复杂、困难的被控变量。

影响窑温的因素有燃料量、燃料—助燃空气（二次风）比值、燃料-雾化空气比值等。控制要求不仅是窑温，还需达到燃料的完全燃烧。通常采用的控制方案如下：

1）控制燃料量的窑温单回路控制系统：被控变量是窑温，操纵变量是燃料量。控制方案如图7-37所示。

图中，玻璃窑炉（马蹄窑炉）有左右两个喷枪，一支喷枪工作时，利用燃料燃烧的废气加热另一侧蓄热室格子砖，火焰换向时，可利用蓄热室格子砖的蓄热预热助燃空气，达到节能目的。两个温度检测元件检测到窑温后，也通过换向器切到窑温控制器TC，控制回油量。

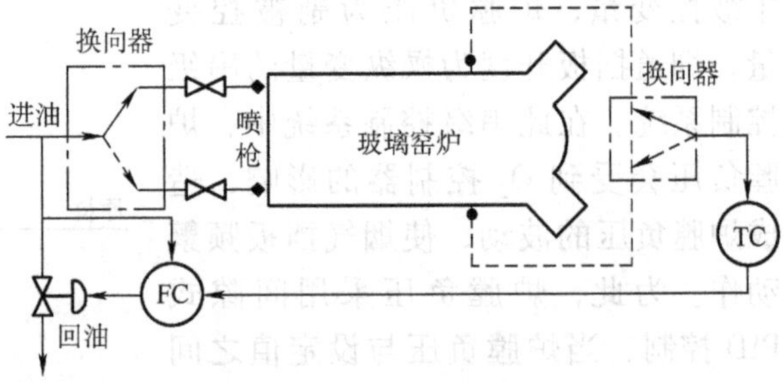

图7-37　玻璃窑炉温度控制方案

应用时注意：检测元件可用高温热电偶或辐射温度计，热电偶可插入与窑顶内表面相平或稍深些（<50mm）；辐射温度计是非接触式温度计，测量精度较低，有时还需增加检测信号的滤波环节。在换向操作时，由于需切断燃料，被检测的温度值会因此而下降，为此可设计“快速追温”与非线性PID的结合算法，及时进行调整。

2）串级控制系统：如图7-37所示，燃料油流量和原窑温单回路组成了串级控制系统。当燃料油压力变化较大时，可将燃料油的压力或流量作为串级控制系统的副环，主被控变量仍是窑温。但要注意，控制系统在换向时，流量下降到零，使副环不能正常工作。因此，在火焰切换时，需将副控制器切除，使其输出保持不变。

3）玻璃窑炉的燃烧控制：燃料的燃烧控制是经济性指标。图7-38为玻璃窑炉重油、雾化风、二次风组成的比值控制，窑温与重油流量组成的经济燃烧控制系统框图。图中，还对二次风设计了特殊算法，用于调整二次风和重油流量的比值。

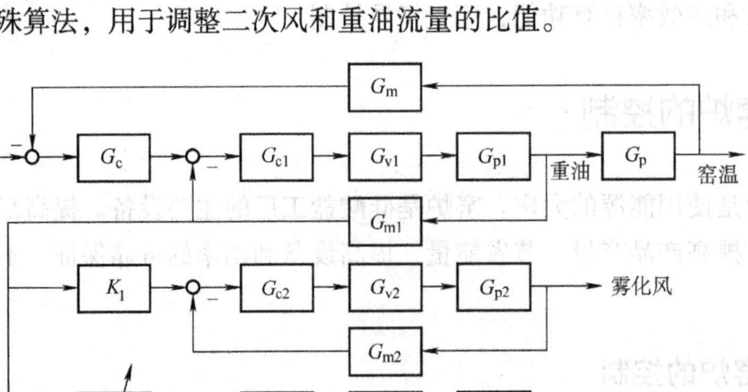

图7-38　玻璃窑炉燃料经济燃烧控制系统框图

重油作为主动量，雾化风和二次风作为从动量，组成比值控制系统，比值 K_1 和 K_2 需根据不同的重油进行调整，以获得最佳燃烧效果。其中，K_2 值的自动校正有两种方法：一是根据烟气中氧含量，经特殊算法计算得到；二是二次风自寻优控制算法。最优目标函数是耗油量最小的二次风量，采用该方法不仅能使燃料完全燃烧，同时达到节油目的。

窑温作为主被控变量，重油流量作为副被控变量的串级控制系统，用于克服重油流量和压力波动对窑温的影响。

2. 玻璃窑炉的窑压控制

玻璃窑炉的窑压控制如图 7-39 所示，它是将玻璃熔液上方火焰空间某点压力维持在接近于零的微正压。影响窑压的因素有助燃空气流量、环境大气温度和压力、火焰换向造成的扰动等。窑压控制的操纵变量是烟道闸门开度，控制通道时间常数很小，约几秒，因此，采用单回路控制系统即可满足工艺要求。

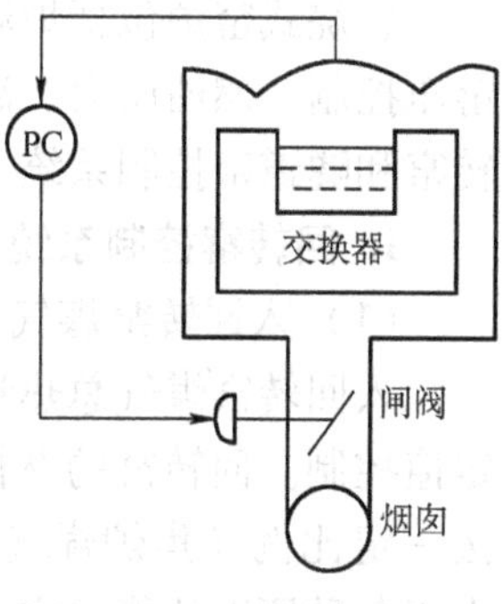

图 7-39　玻璃窑炉的窑压控制

由于控制通道时间常数很小，因此检测装置应选小惯性元件，必要时，应对检测信号进行高频和低频滤波。例如，采用气阻气容或 *RC* 滤波器。执行器应采用灵活的旋转蝶阀，它具有质量小、推力小、不易卡阻等优点。通过控制器参数的整定，可以控制窑压在 ±0.49Pa（约 ±0.05mmH_2O）的控制精度。

与窑温控制相似，当火焰换向时，应将控制器切到手动，使其输出保持不变，防止造成窑压波动，当火焰换向后操作平稳时才切换到自动模式。

3. 玻璃窑炉的液位控制

玻璃窑炉的液位被控过程是无自衡过程。被控变量是玻璃熔液的液位，操纵变量是加料量，通常采用位式控制或单回路连续控制。

液位的检测是本控制系统的关键。常用检测方法有固定铂探针和可移动铂探针、吹气法（测量背压）和光电法等。铂探针检测液位常用于双位式液位控制；吹气法简单，但测量精度低；光电法有高的测量精度，但装置复杂，价格也较昂贵。这两种检测方法用于连续控制系统。

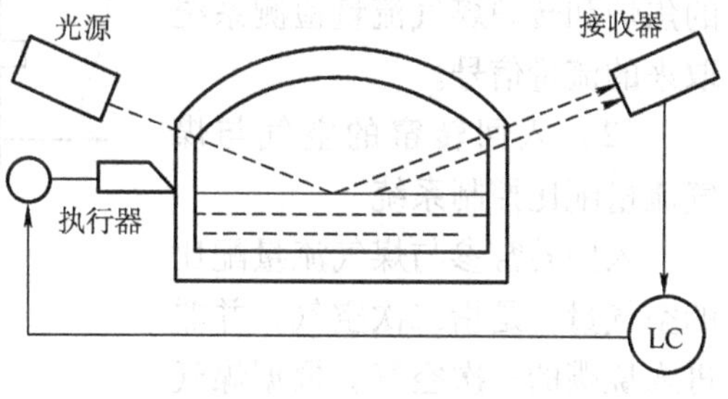

图 7-40　光电式玻璃液位控制系统的示意图

图 7-40 为光电式玻璃液位控制系统的示意图。液位控制系统的执行器通常采用调速直流电动机拖动的螺旋式加料机或往复式加料机。

4. 马蹄焰窑的火焰换向控制

马蹄焰窑有两个蓄热室，要定时（20～30min）进行切换操作，为降低劳动强度，保证窑炉的安全运行，需设计火焰的自动换向控制。

有单指令和双指令自动换向控制两种系统。单指令控制以时间间隔作为换向依据；双指令控制除了换向时间指令外，还包括温度指令。单指令控制简单、可靠、维护方便，但因蓄热时间固定，有时会造成蓄热室格子砖过热损坏。双指令控制是或逻辑运算，只要一个指令的条件满足，就执行换向操作。例如，时间指令是燃烧时间大于30min；温度指令是燃烧时间大于20min及蓄热室温度大于1150℃。

换向操作顺序为：切断左侧喷枪→切断左侧雾化风→二次风换向→开右侧雾化风→开右侧喷枪；当右侧换向到左侧时，操作顺序与上述顺序类似。

常用的换向装置有机械-接触式控制装置、继电-接触式控制装置、电子式控制装置和微型计算机等。

7.5.2 燃烧式工业窑炉的控制

燃烧式窑炉包括炉温控制和最佳燃烧工况的控制（空/燃比控制，空/燃比闭环修正，窑压控制，燃油压力、温度、雾化气和助燃空气压力、温度等辅助参数控制）。下面介绍回转窑和隧道窑控制系统。

1. 回转窑控制系统

（1）入回转窑煤气总热量控制系统

入回转窑煤气总热量控制，就是对混合煤气的流量进行温度、密度和热值修正后的流量定值控制。回转窑的燃料为焦炉和转炉煤气的混合煤气，两种煤气是在能源中心（混合站）按一定比例（焦炉煤气的混合比为74%~100%，转炉煤气的混合比为0~26%）混合的。由于各种原因从能源中心送来的混合煤气热值并不是恒定不变的，为了稳定入窑的总热量，控制产品的烧成品质，通常根据混合煤气密度与热值变化，控制入窑总热量。

在图7-41所示入回转窑煤气总热量控制系统中，运算器（MUL）装有微处理器，输入运算器的焦炉和转炉煤气流量信号都是来自能源中心，是从混合前的焦炉和转炉煤气流量检测系统取来的流量信号。

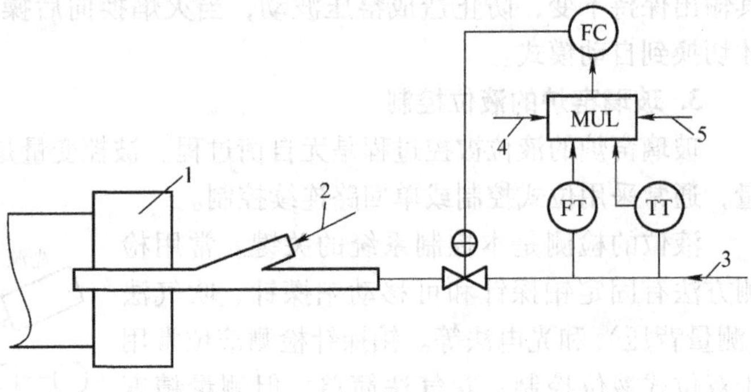

图7-41 入回转窑煤气总热量控制系统
1—回转窑 2—一次空气 3—混合煤气
4—由能源中心来的混合前焦炉煤气流量信号
5—由能源中心来的混合前转炉煤气流量信号

（2）入回转窑的空气与煤气流量配比控制系统

入回转窑参与煤气流量配比的空气量，是指二次空气，并非进入烧嘴的一次空气。根据煤气成分可以计算出单位体积燃料所需的理论空气量。采用焦炉煤气加热时，$1m^3$ 焦炉煤气需 $4.6m^3$ 空气量才能完成燃烧。空气与煤气量配比控制，可以使过剩空气系数稳定、合理，煤气充分燃烧。

在焦炉煤气压力波动较大时，应首先稳定煤气压力，设一套煤气稳压控制系统，以消除压力波动的干扰。

本控制系统适用于以焦炉煤气为燃料的回转窑，控制系统如图7-42所示。

（3）回转窑预热机下部气体温度控制系统

从窑头来的约800℃燃烧烟气，透过预热上的料层后，从炉篦子下部经除尘器等，到设备后由烟囱排出。当炉篦子上布料层不均或窑内烟气温度过高时，都会使炉篦子下部烟气温度过高，导致炉篦子被烧坏，甚至烧坏除尘器内的布袋。所以设置了预热机下部气体温度的控制系统。

为了更加可靠，炉篦子下部选取4个测温点，用4支热电偶。其中任一点温度超过规定值就进行报警，同时按预定的角度自动打开旁通阀，直到温度恢复正常时才自动关闭旁通阀。回转窑预热机下部气体温度控制系统如图7-43所示。

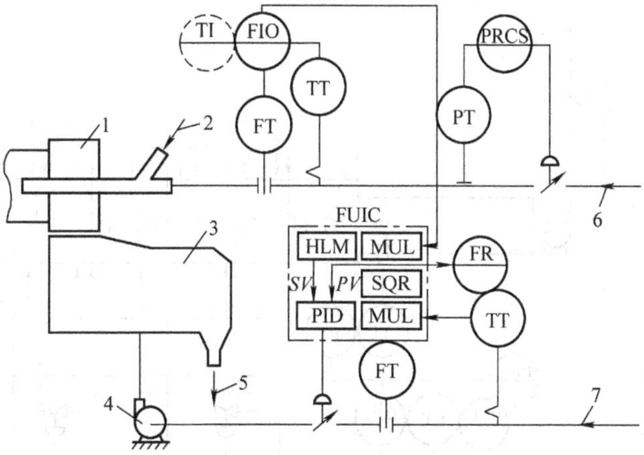

图7-42 入回转窑的空气和煤气流量配比控制系统

1—回转窑 2—一次空气 3—冷却机 4—风机 5—出料 6—焦炉煤气 7—二次空气

2. 隧道窑控制系统

隧道窑按烧成过程分为预热、烧成和冷却3个带。装制品的窑车从预热带进入，对制品进一步干燥和预热，随着窑车前进方向逐步升温。烧成带有的窑分为升温、保温和降温3个区段，也有的窑分为高温和低温两个区段。烧嘴都设在烧成带两侧，烧成带温度就是制品需要的烧成温度。制品进入冷却带后逐步降温，放出的热量被冷却风带出。

窑内压力是稳定隧道窑操作和稳定烧成温度的先决条件，所以对窑内压力的控制很有必要，一般是控制烧成带前、后两点窑压稳定。一点取靠近烧成带的预热带零压车位压力，控制窑的排烟量，另一点取靠近烧成带的冷却带正压车位压力，控制进窑冷风量。

但是，窑压的稳定并不能完全消除烧成带温度干扰因素，所以还需要在烧成带选取一定数量的温度控制点。具体点数可根据不同类型窑来确定，如烧成带分3个区最好在每个区设一点。控制手段是根据窑内温度控制进入烧嘴的燃料量。

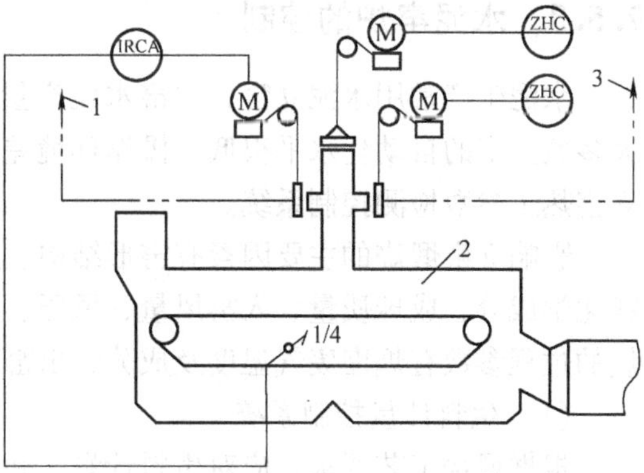

图7-43 回转窑预热机下部气体温度控制系统

1—至气体冷却器 2—冷却机 3—至湿式集尘器

图7-44所示的隧道窑控制系统，表示以油为燃料，将烧成带分成3个区控制的高温隧道窑。选择窑同一侧25号、28号、30号车位3个测温点，分别作为在3个区的被控变量，控制3个区的烧嘴进油量。

窑内压力控制，一是取21号车位压力控制排烟量，二是取37号车位压力控制进窑冷却空气量。

燃料油、空气总管及雾化空气分别设有压力控制系统。为了尽量保证入窑油量与空气量的合理比例，在19号车位装有氧化锆氧量分析仪，根据废气中氧含量来校正油、空气量的比例。

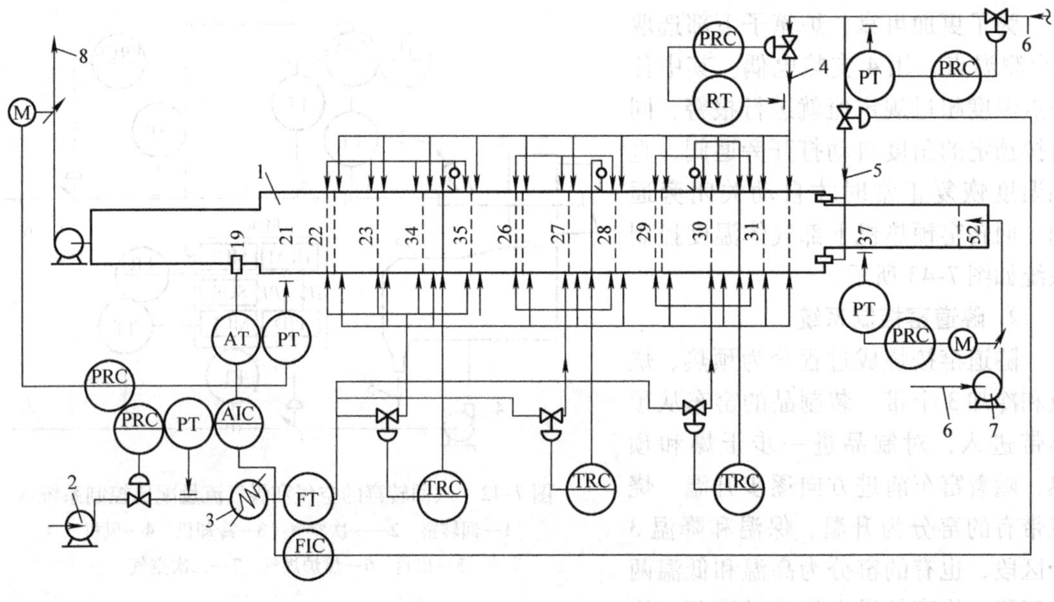

图 7-44 隧道窑控制系统

1—隧道窑 2—燃油泵 3—燃油加热器 4—雾化空气 5—喷射空气 6—空气 7—风机 8—至烟囱

7.5.3 水泥窑炉的控制

水泥生产常用水泥立窑，立窑水泥产量占全国水泥总产量的80%以上。目前，国内绝大多数立窑的自动化水平很低，操作环境差，劳动强度大，经常发生事故。图7-45为机械立窑热工参数检测控制系统。

影响立窑煅烧的主要因素有窑形结构、风机选型、入窑生料和煤粉的流量、配热量、生料化学成分、成球质量、入窑风量、风压、湿料层厚度、料风管的密封性能等。反映立窑煅烧的过程参数有烟囱废气温度及成分、出窑熟料温度、熟料卸料量、卸料速度等。

(1) 生料计量控制系统

根据煅烧工艺要求，应对生料计量，并满足所需设定值。为此，需对生料称重，并将瞬时流量累积，得到累积量。累积量测量值送生料计量控制器，其输出控制滑差电动机的转速，使生料计量满足工艺要求。

(2) 煤粉计量控制系统

根据煅烧工艺要求，除了对生料进行计量外，还需对煤粉计量。应根据煤粉热值确定煤粉的计量设定值，采用调速皮带秤进行称重，并通过调速控制煤粉累积量。

(3) 预加水成球控制系统

生料和煤粉混合后，需要配比一定量的水，使混合成球，为此，设计预加水成球控制系统。以冲击式流量计检测入窑混合料（生料和煤粉）量，控制预加水量和预混合料量的比值，经搅拌混合，使干混合料经预加水搅拌后形成球核。

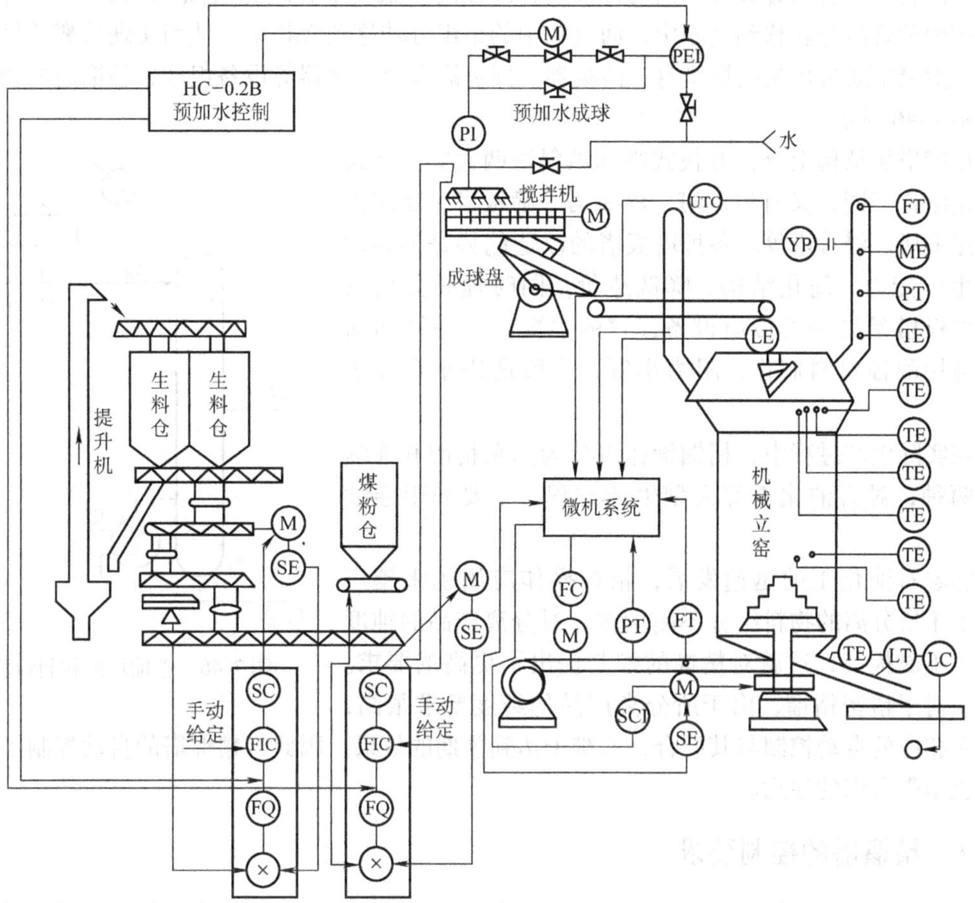

图 7-45　机械立窑热工参数检测控制系统

(4) 鼓风量控制系统

立窑的鼓风机转速控制入窑风量，通过控制入窑风量可稳定地控制立窑的煅烧情况。因此，根据立窑废气成分控制鼓风机的鼓风量，组成单回路控制系统。

(5) 卸料速度控制系统

立窑内物料在重力作用下整体下降，下降速度与煅烧速度和卸料速度有关。根据立窑内窑面物料的料位，控制塔式卸料机滑差电动机的转速或开停布料机，控制窑面料位。

立窑的煅烧操作还包括过程参数的检测等，整个检测和控制系统采用计算机控制装置实施，保证了立窑的稳定操作，实现了闭门煅烧。

7.6 精馏塔的控制

精馏是化工、石油化工、炼油生产中应用极为广泛的传质传热过程，其目的是将混合物中各组分分离，达到规定的纯度。例如，石油化工生产中的中间产品裂解气，需要通过精馏操作进一步分离成纯度很高的乙烯、丙烯、丁二烯及芳烃等化工原料。精馏过程的实质，就是利用混合物中各组分具有不同的挥发度，即在同一温度下各组分的蒸汽压不同这一性质，使液相中的轻组分转移到气相中，而气相中的重组分转移到液相中，从而实现分离的目的。

一般精馏装置由精馏塔塔身、冷凝器、回流罐以及再沸器等设备组成，精馏塔的物料流程如图7-46所示。

精馏塔从结构上分，有板式塔和填料塔两大类。板式塔根据结构不同，又有泡罩塔、浮阀塔、筛板塔、穿流板塔、浮喷塔、浮舌塔等。各种塔板塔的改造趋势是提高设备的生产能力、简化结构、降低造价，同时提高分离效率。填料塔是另一类传质设备，它的主要特点是结构简单、易用耐蚀材料制作、阻力小等，一般适用于直径小的塔。

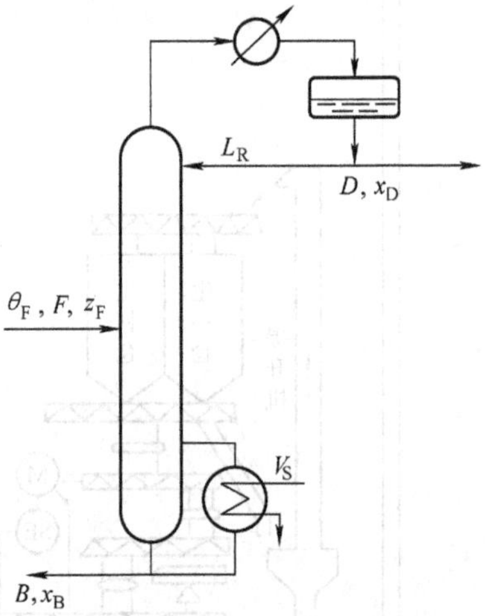

图7-46 精馏塔的物料流程

在实际生产过程中，精馏操作可分为间歇精馏和连续精馏两种，对石油化工等大型生产过程，主要采用连续精馏。

随着石油化工的迅速发展，精馏操作应用越来越广泛。由于所分离的物料组分不断增多，对分离产品的纯度要求也不断提高，这就对精馏的控制提出了更高的要求。此外，对于精密精馏，由于所分离产品的纯度要求很高，若没有相应的自动控制与其配合，就难于达到预期的效果。因此，精馏塔的自动控制极为重要，也很受人们的注意。

7.6.1 精馏塔的控制要求

精馏塔的控制目标是，在保证产品质量合格的前提下，回收率最高和能耗最低，或使塔的总收益最大，或总成本最小。一般来讲应满足如下3方面要求：

1. 质量指标

塔顶或塔底产品之一应该保证合乎规定的纯度，另一产品的成分也应维持在规定范围。或者塔顶和塔底的产品均应保证一定的纯度。就二元组分精馏塔来说，质量指标的要求就是使塔顶产品中的轻组分含量和塔底产品中重组分的含量符合规定的要求。而在多元组分精馏塔中，通常仅关键组分可以控制。所谓关键组分，是对产品质量影响较大的组分。把挥发度较大而由塔顶馏出的关键组分称轻关键组分，挥发度较小从而由塔底流出的关键组分称为重关键组分。所以，对多元组分精馏塔可以控制塔顶产品中轻关键组分和塔底产品中重关键组分的含量。

2. 物料平衡和能量平衡

塔顶馏出液和塔底釜液的平均采出量之和应该等于平均进料量，而且这两个采出量的变动应该比较和缓，以利于上、下工序的平稳操作，塔内及顶、底容器的蓄液量应介于规定的上、下限之间。

精馏塔的输入、输出能量应平衡。使塔内操作压力维持恒定。

3. 约束条件

为保证精馏塔的正常、安全操作，必须使某些操作参数限制在约束条件之内，常用的精馏塔限制条件为液泛限、漏液限、压力限及临界温差限等。液泛限又称气相速度限，即塔内气相速度过高时，雾沫夹带十分严重，实际上液相将从下面塔板倒流到上面塔板，产生液泛破坏正常操作。漏液限又称最小气相速度限，当气相速度小于某一值时，将产生塔板漏液，板效率下降。最好在稍低于液泛的流速下操作。流速的控制，还要考虑塔的工作弹性。对于浮阀塔来说，由于工作范围较宽，通常很易满足条件，但对于某些工作范围较窄的筛板塔和乳化填料塔就必须很好地注意。防止液泛和漏液，可以塔压降或压差来监视气相速度。压力限是塔的操作压力的限制，一般最大操作压力限，即塔操作压力不能过大，否则会影响塔内的气液平衡，严重越限甚至会影响安全生产。临界温差限主要是指再沸器两侧间的温差，当这一温差低于临界温差时，给热系数急剧下降，传热量也随之下降，不能保证塔的正常传热的需要。

7.6.2 精馏塔的扰动分析

影响精馏塔的操作因素很多，和其他化工过程一样，精馏塔是建立在物料平衡和热量平衡的基础上操作的，一切因素均通过物料平衡和热量平衡影响塔的正常操作。影响物料平衡的因素主要是进料流量、进料组分和采出量的变化等。影响热量平衡的因素主要是进料温度（或热焓）的变化、再沸器的加热量和冷凝器的冷却量变化，此外还有环境温度的变化等。同时，物料平衡和热量平衡之间又是相互影响的。

在各种扰动因素中，有些是可控的，有些则是不可控的。现作如下分析：

1）进料流量 F 在很多情况下是不可控制的，它的变化通常难以完全避免。如果一个精馏塔位于整个工艺生产过程的起点，则要使流量 F 恒定，并无困难，可采用定值控制。然而，在多数情况下，精馏塔的处理量是由上一工序规定的，如果要使进料量 F 恒定，势必需要很大的中间容器或贮槽。工艺上新的趋势是尽量减小或取消中间贮槽，而上一工序采用液位均匀控制系统来控制出料，以避免进塔流量 F 的剧烈变动。

2）进料成分 z_F 一般是不可控的，它的变化也是难以避免的，它由上一工序或原料情况所确定。

3）进料温度（或热焓）θ_F 一般是可控的。进料温度在有些情况下本来就较恒定，例如在将上一塔的釜液送往下一塔继续精馏时。在其余情况下，可先将进料预热，并对进料温度 θ_F 进行定值控制。进料通常是液态，亦可以是气态，有时亦会遇到气液混合物的情况，此时气液两相的比例宜恒定，也就是说，进料的热焓要恒定。

4）对蒸汽压力的变动，可以通过总管压力控制的方法消除扰动，也可以在串级控制系统的副回路中（如采用对蒸汽流量的串级控制系统）予以克服。

5）冷却水的压力波动，也可以用类似方式解决。

6）冷却水温度的变化，通常比较和缓，主要受季节的影响。

7）环境温度的变化，一般影响较小。但也有特殊情况，近年来，直接用大气冷却的冷凝器使用已较多，一遇气候突变，特别是暴风骤雨，对回流液温度有很大影响，为此可采用内回流控制。

总之，在多数情况下，进料流量 F 和进料成分 z_F 是精馏操作的主要扰动，然而还需结合具体情况加以分析。

为了克服扰动的影响，就需进行控制，常用的方法是改变馏出液采出量 D、釜液采出量 B、回流量 L_R、蒸汽量 V_S 及冷剂量 Q_C 中某些项的流量。

从上述分析中可以看到，精馏操作中，被控变量多，可以选用的操作纵变量也多，又可有各种不同的组合，所以精馏塔的控制方案颇多。精馏塔是一个多输入多输出过程，它的通道多，动态响应缓慢，变量间互相关联，控制要求又较高，这些都给精馏塔的控制带来一定的困难。同时，各个精馏塔的工艺和结构特点，又是千差万别的，因此在设计精馏塔的控制方案时，更需深入分析工艺特点，了解精馏塔特性，以设计出比较完善、合理的控制方案。

7.6.3 精馏塔的特性

1. 物料平衡和内部物料平衡

（1）物料平衡

对于一个精馏塔，不管是总的物料量，还是对任一组分来说，进料与出料之间要保持物料平衡。

为了使讨论简化，这里的讨论限于顶部和底部产品均为液相的二元组分精馏塔。总的物体平衡关系为

$$F = D + B \tag{7-25}$$

式中，F 为进料流量(kg · mol/h)；D 为馏出液采出量(kg · mol/h)；B 为釜液采出量(kg · mol/h)。

轻组分的物料平衡关系为

$$Fz_F = Dx_D + Bx_B \tag{7-26}$$

式中，z_F、x_D、x_B 分别是进料、馏出液及釜液中轻组分的摩尔分数。

联立方程式（7-25）和式（7-26）可得

$$x_D = \frac{F}{D}(z_F - x_B) + x_B, \frac{D}{F} = \frac{z_F - x_B}{x_D - x_B} \tag{7-27}$$

或

$$x_B = x_D - \frac{F}{B}(x_D - z_F), \frac{B}{F} = \frac{x_D - z_F}{x_D - x_B} \tag{7-28}$$

从上述关系式中可以明显地看出，进料在产品中分配量（用 D/F 或 B/F 来表示）是决定顶部和底部产品中轻组分含量 x_D 和 x_B 的关键因素。另外进料成分 z_F 也是一个影响 x_D 和 x_B 的重要因素。下面举个例子来说明。设在苯与甲苯的精馏塔中，原定的成分浓度 $z_F = 0.50$，产品要求 $x_D = 0.95$，$x_B = 0.05$，则从式（7-27）可知

$$\frac{D}{F} = \frac{0.5 - 0.05}{0.95 - 0.05} = 0.5 = 50\%$$

若进料浓度 z_F 改变为 0.40，如 $\frac{D}{F}$ 仍为 50%，那么，x_D 所能达到的最高极限（即在釜液中不含苯，$x_B = 0$ 的条件下）也仅为

$$x_D = \frac{F}{D}z_F = 2 \times 0.40 = 0.80$$

如不调整 D/F，x_D 无论如何也达不到设定值。因此，如果进料成分 z_F 变化时，就必须调整 D/F 或 B/F 才能满足使 x_D 和 x_B 的值恒定的要求。

（2）内部物料平衡

为简化起见，这里以二元精馏塔及顶部和底部产品均是液相为例。图 7-47 为塔板 n 上的各项物料情况。

图 7-47 中，在恒分子流假设的前提下，分析任一塔板 n（加料板除外）的物料和热量衡算关系时，可知

$$L_{n-1}=L_n$$
$$V_{n+1}=V_n$$

式中，L_{n-1}为自上一塔板流下的液相千克摩尔；L_n 为本塔板流下的液相千克摩尔；V_{n+1}为自下一塔板上升的气相千克摩尔；V_n 为本塔板上升的气相千克摩尔。

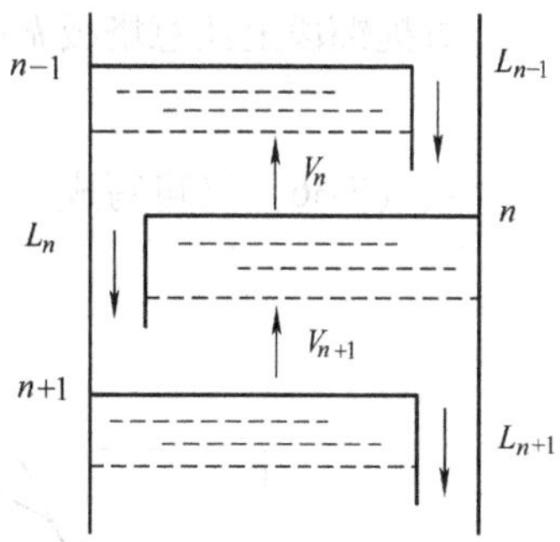

图 7-47　塔板 n 上各项物料情况

即在精馏段内，各塔板的 V 及 L 分别相等；如果回流液的温度等于沸点，则 $V=V_R$，$L=L_R$。在提馏段内各板的 V 及 L 也分别相等，$V=V_S$，$L=L_S$。

1）加料板的物料平衡：

$$F+L_R+V_S=L_S+V_R \tag{7-29}$$

如果是液相沸点进料

$$L_S=L_R+F,V_S=V_R \tag{7-30}$$

如果是气相沸点进料

$$V_R=V_S+F,L_S=L_R \tag{7-31}$$

如果在其他情况下进料，则需依据热量平衡关系作相应的修正。

2）精馏段的物料平衡。图 7-48 为精馏段物料平衡示意图，就冷凝器写出物料平衡关系式：

$$D=V_R-L_R \tag{7-32}$$

对精馏段上任意塔板 j 以上作物料平衡计算（参阅图 7-48），轻组分的物料平衡关系式是

$$V_R y_{j+1}=L_R x_j+Dx_D \tag{7-33}$$

式中，y_{j+1}为自 $j+1$ 板来的气相中轻组分浓度；x_j 为塔板 j 上液相中轻组分浓度。

式（7-33）又可改写成为

$$y_{j+1}=\frac{L_R}{V_R}x_j+\frac{D}{V_R}x_D \tag{7-34}$$

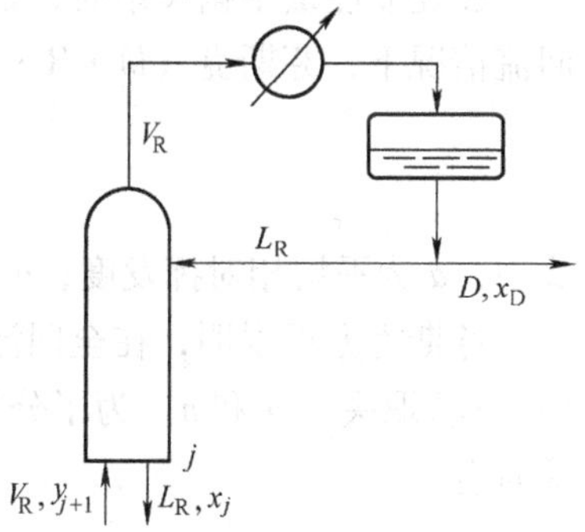

图 7-48　精馏段的物料平衡示意图

式（7-34）表明了任一塔板的气相组分与上一塔板的液相组分之间的关系。绘制在 x-y 坐标系，得到一条直线（见图 7-49），通常称为精馏段操作线，此线的斜率是 $L_R/V_R\left(\frac{R}{R+1}，R=L_R/D\text{ 即回流比}\right)$。当回流比 R 越大时，斜率也越大；在全回流时（$D=0$），将与对角线重合。同时，当塔顶蒸汽在冷凝器内全部冷凝时，顶板 1 的气相成分 $y_1=x_D$，因此操作线通过对角线上 $x=x_D$ 的一点。

3）提馏段的物料平衡。图7-50为提馏段的物料平衡示意图，就再沸器写物料平衡关系式：

$$B = L_S - V_S \tag{7-35}$$

对提馏段上任意塔板 k 以下作物料平衡关系式：

$$V_S y_k = L_S x_{k-1} - B x_B \tag{7-36}$$

式（7-36）又可写成

$$y_k = \frac{L_S}{V_S} x_{k-1} - \frac{B}{V_S} x_B \tag{7-37}$$

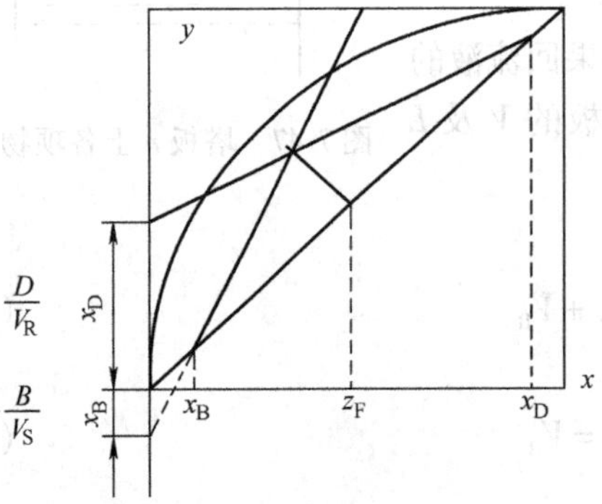

图7-49 平衡曲线和操作线

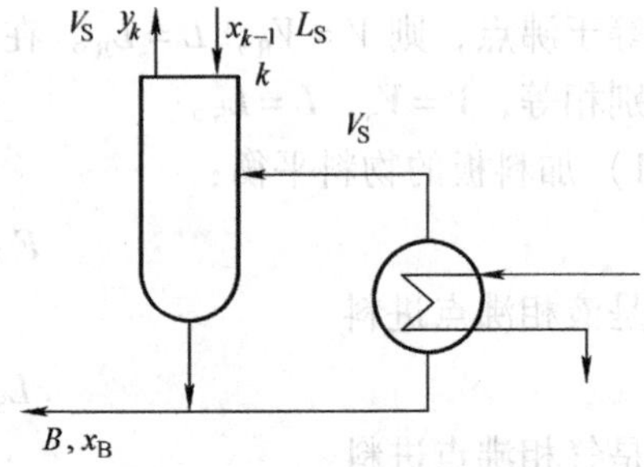

图7-50 提馏段的物料平衡示意图

式（7-37）同样表明了任一塔板的气相成分与上一塔板的液相成分间的关系。如绘制成提馏段操作线，则斜率为 L_S/V_S，并通过 $x = x_B$ 的一点（见图7-49）。

2. 能量平衡关系

在建立能量平衡关系时，首先要了解分离度的概念，基于各级的气-液平衡关系，如全回流情况下，芬斯克（M·R·Fenske）方程：

$$\frac{x_D(1-x_B)}{x_B(1-x_D)} = a^n \tag{7-38}$$

式中，a 为平均相对挥发度；n 为理论塔板数。

芬斯克方程说明，在全回流时，二元精馏塔两端产品成分间的分离关系 $x_D(1-x_B)/x_B(1-x_D)$ 取决于 a 和 n。为了分析塔的控制问题，需要把这种关系推广到全回流以外的情况，这时有

$$\frac{x_D(1-x_B)}{x_B(1-x_D)} = s \tag{7-39}$$

式中，s 为分离度。

由式（7-39）可解出 x_D 或 x_B：

$$x_D = \frac{s x_B}{1 + x_B(s-1)} \tag{7-40}$$

或

$$x_B = \frac{x_D}{x_D + s(1 - x_D)} \tag{7-41}$$

在分离度已知的条件下，对应于任一 x_B 值可解出 x_D，反过来也一样。把 x_D 和 x_B 代入式（7-27）或式（7-28）就可确定 D/F 或 B/F。或者说在一定分离度和 D/F 或 B/F 条件下，式（7-27）或式（7-28）与式（7-40）或式（7-41）就完全确定了塔顶和塔底产品的成分 x_D 和 x_B。从上述讨论中可以得出如下结论：

1）塔顶和塔底产品的成分都受到 D/F 或 B/F 的强烈影响。

2）进料成分 z_F 的变化，可以通过 D/F 或 B/F 的适当调整加以补偿，例如 z_F 增加，则 x_D 和 x_B 也相应增加，此时可以增加 D/F（或减少 B/F）加以补偿。

3）如果分离度 s 是恒定的，则控制任一产品的成分，同时也就起到了对另一种产品成分的控制（对一定的分离度来说 x_D 和 x_B 之间的关系是确定的）。也可以说，如果分离度 s 是确定的，在确定了 D/F 或 B/F 后，x_D 和 x_B 也都确定了。

现在讨论分离度 s，影响分离度的因素很多，可以用下式来表示：

$$s = f(\alpha, n, V/F, z_F, E, n_F) \tag{7-42}$$

式中，V/F 为塔内上升蒸气 V 与进料流量 F 之比；E 为塔板效率；n_F 为进料板位置。其余符号同前。

对一个既定塔，α、n、E 和 n_F 是一定的或变化不大，同时进料成分 z_F 的变化对 s 的影响与 V/F 对 s 的影响相比，要小得多，从而可以忽略。于是有

$$s = f\left(\frac{V}{F}\right) \tag{7-43}$$

式（7-43）说明了塔的分离度 s 与 V/F 有关，V/F 一定，意味着分离度 s 即分离关系 $x_D(1 - x_B)/x_B(1 - x_D)$ 一定。式（7-43）可进一步近似为

$$\frac{V}{F} = \beta \ln s \tag{7-44}$$

上式中的 β 定义为塔的特性因子，对任意给定塔，β 可以用 V/F 除以分离度 s 的自然对数来求得。把式（7-39）代入式（7-44）可得

$$\frac{V}{F} = \beta \ln \frac{x_D(1 - x_B)}{x_B(1 - x_D)} \tag{7-45}$$

式（7-45）是 x_D 和 x_B 之间的又一关系式。

综上所述，对于一个既定塔（也包括进料成分 z_F 一定），只要保持 D/F 和 V/F 一定（或 F 一定时，保持 D 和 V 一定），这个塔的分离结果 x_D 和 x_B 将完全被确定。

3. 进料成分 z_F 和流量 F 对产品质量影响

（1）进料成分 z_F

倘使 D/F 及 L_R/D 不变，则当进料成分变化时，两条操作线的斜率不变，其结果将是使它们向左或向右平移。例如 z_F 增加时，各线右移（见图 7-51），结果是 x_D 和 x_B 都上升。如果主要产品是釜液，当然影响质量。如果主要产品是馏出液，则虽对它自身并没有不良后果，然而釜液中轻组分的含量过高，同样是不能容许的。当 z_F 减少时，各线左移，结果是 x_D 和 x_B 都下降。

如何来克服这一扰动呢？由式（7-27）和式（7-28）可知，当 z_F 增加时，为保持 x_D 和 x_B 不变，则应该增加 D 和减少 B。考虑到 $D = V_R - L_R$，$B = L_S - V_S$，因此也可将 V 和 L 适当变动，即将 L_R 适当减少，V_S 适当增加。概括起来，对 Δz_F 的补偿条件是

$$\Delta V_S = K_1 \Delta z_F; \quad \Delta L_R = K_2 \Delta z_F \tag{7-46}$$

式中，K_1 和 K_2 是比例系数，其中 K_1 为正值，K_2 为负值。

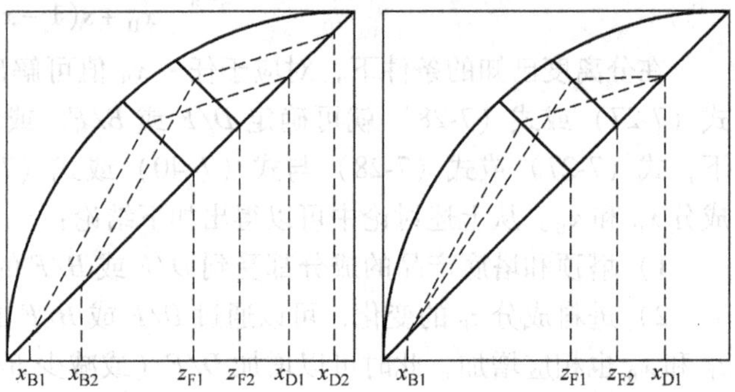

a) z_F变化的影响　　b) 消除z_F影响的措施

图 7-51　z_F 的影响及消除其影响的措施

（2）进料流量 F

进料流量 F 的影响，要依据所用调节手段及进料状态来具体分析。在4个操纵变量 L_R、V_S、D 和 B 中，只好自由控制其中两个流量，其余两个按物料平衡关系而流出（或流入）。在此假设调节蒸汽量 V_S 和回流量 L_R。

在液相沸点进料时，如进料流量 F 增加，则 L_S 增加，因而使提馏段操作线斜率增加（脱开对角线），使 x_B 上升。

在气相沸点进料时，如进料流量 F 增加，则 V_R 增加，因而使精馏段操作线斜率减小（脱开对角线），使 x_D 下降。

在进料流量改变以后，仍然要求保持 x_D 和 x_B 不变，应该按比例改变 L_R、V_S、D 和 B，使 D/F、L_R/D 仍维持原来数值，$y \sim x$ 图上各梯级位置不变。

因此，对 ΔF 的补偿条件是

$$\Delta V_S = K_3 \Delta F; \quad \Delta L_R = K_4 \Delta F \tag{7-47}$$

式中，比例系数 K_3 和 K_4 都是正值。

对于其他扰动，也可类似地进行分析。

通过以上的分析，也可以看出各种调节手段的作用：

1）加大 V_S，将使 $x_B \downarrow$。

2）加大 L_R，将使 $x_D \uparrow$。

3）减少 B，将使 $x_B \downarrow$，$x_D \downarrow$。

4）减少 D，将使 $x_D \uparrow$，$x_B \uparrow$。

7.6.4 精馏塔被控变量的选择

精馏塔被控变量的选择，指的是实现产品质量控制，表征产品质量指标的选择。精馏塔产品质量指标选择有两类，即直接产品质量指标和间接产品质量指标，本小节重点讨论间接质量指标的选择。

精馏塔最直接的质量指标是产品成分。近年来成分检测仪表的发展很快，特别是工业色谱的在线应用，出现了直接按产品成分来控制的方案，此时检测点就可放在塔顶或塔底。然而由于成分分析仪表价格昂贵，维护保养复杂，采样周期较长，即反应缓慢、滞后较大，加上可靠性不够，应用受到了一定限制。

1. 采用温度作为间接质量指标

最常用的间接质量指标是温度。温度之所以可选作间接质量指标，这是因为对于一个二元组分精馏塔来说，在一定压力下，沸点和产品成分之间有单独的函数关系。因此，如果压力恒定，塔板温度就反映了成分。对于多元精馏塔来说，情况就比较复杂，然而炼油和石油化工生产中，许多产品由一系列碳氢化合物的同系物组成，在一定压力下，保持一定的温度，成分的误差就可忽略不计。在其余情况下，压力的恒定总是使温度参数能够反映成分变化的前提条件。由上述分析可见，在温度作为反映质量指标的控制方案中，压力不能有剧烈波动，除常压塔外，温度控制系统总是与压力控制系统联系在一起的。

采用温度作为被控变量时，选择塔内哪一点温度作为被控变量，应根据实际情况加以选择，主要有以下几种：

（1）塔顶（或塔底）的温度控制

一般来说，如果希望保持塔顶产品符合质量要求，即主要产品在顶部馏出时，以塔顶温度作为控制指标，可以得到较好的效果。同样，为了保证塔底产品符合质量要求，以塔底温度作为控制指标较好。为了保证另一产品质量在一定的规格范围内，塔的操作要有一定裕量。例如，如果主要产品在顶部馏出，操纵变量为回流量的话，再沸器的加热量要有一定富裕，以使在任何可能的扰动条件下，塔底产品的规格都在一定限度以内。

采用塔顶（或塔底）的温度作为间接质量指标，似乎最能反映产品的情况，实际上并不尽然。当要分离出较纯的产品时，在邻近塔顶的各板之间温差很小，所以要求温度检测装置有极高的精确度和灵敏度，这在实际上有一定困难。不仅如此，微量杂质（如某种更轻的组分）的存在，会使沸点起相当大的变化，塔内压力的波动，也会使沸点起相当大的变化，这些扰动很难避免。因此，目前除了像石油产品的分馏即按沸点范围来切割馏分的情况之外，凡是要得到较纯成分的精馏塔，通常已不将检测点置于塔顶（或塔底）。

（2）灵敏板的温度控制

在进料板与塔顶（或塔底）之间，选择灵敏板作为温度检测点。灵敏板实质上是一个稳态的概念。所谓灵敏板，是指当塔的操作经受扰动作用（或承受控制作用）时，塔内各板的组分都将发生变化，各板温度也将同时变化，一直达到新的稳态时，温度变化最大的那块板即称为灵敏板。同时，灵敏板也是一个动态的概念，前已说明灵敏板与上、下塔板之间浓度差较大，在受到扰动（或控制作用）时，温度变化的初始速度较快，即反应快，它反映了动态行为。

灵敏板位置可以通过逐板计算或计算机稳态仿真，依据不同情况下各板温度分布曲线比较得出。但是，因为塔板效率不易估准，所以还需结合实践，予以确定。具体的办法是先算出大致位置，在它的附近设置若干检测点，然后在运行过程中选择其中最合适的一点。

（3）中温控制

取加料板稍上、稍下的塔板，甚至加料板自身的温度作为被控变量，这常称为中温控制。从其设计意图来看，希望及时发现操作线左、右移动的情况，并得以兼顾塔顶和塔底成分的效果。这种控制方案在某些精馏塔上取得成功，但在分离要求较高时，或是进料成分 z_F 变动较大时，中温控制看来并不能正确反映塔顶或塔底的成分。

2. 采用压力补偿的温度作为间接质量指标

用温度作为间接质量指标有一个前提，塔内压力应恒定，虽然精馏塔的塔压一般设有控制系统，但对精密精馏等控制要求较高场合，微小压力变化，将影响温度与组分间关系，造成产品质量控制难于满足工艺要求，为此需对压力的波动加以补偿，常用的有温差和双温差控制。

(1) 温差控制

在精密精馏时，可考虑采用温差控制。在精馏中，任一塔板的温度是成分与压力的函数，影响温度变化的因素可以是成分，也可以是压力。在一般塔的操作中，无论是常压塔、减压塔还是加压塔，压力都是维持在很小范围内波动，所以温度与成分才有对应关系。但在精密精馏中，要求产品纯度很高，两个组分的相对挥发度差值很小，由于成分变化引起的温度变化较压力变化引起温度的变化要小多，所以微小压力波动也会造成明显的效应。例如，苯-甲苯-二甲苯分离时，大气压变化为6.67kPa，苯的沸点变化为2℃，已超过了质量指标的规定。这样的气压变化是完全可能发生的，由此破坏了温度与成分之间的对应关系。所以在精密精馏时，用温度作为被控变量往往得不到好的控制效果，为此应该考虑补偿或消除压力微小波动的影响。

塔压波动时，两极间的温差变化却非常小，可以采用温差控制。温差控制已成功地应用于苯-甲苯-二甲苯、乙烯-乙烷、丙烯-丙烷等精密精馏系统。要应用得好，关键在于选点正确、温差设定值合理（不能过大）以及操作工况稳定。

(2) 温差差值（双温差）控制

采用温差控制还存在一个缺点，就是进料流量变化时，将引起塔内成分变化和塔内降压发生变化。这两者均会引起温差变化，前者使温差减小，后者使温差增加，这时温差和成分就不再呈现单值对应关系，难以采用温差控制。

采用温差差值控制后，若由于进料流量波动引起塔压变化对温差的影响，在塔的上、下段温差同时出现，因而上段温差减去下段温差的差值就消除了压降变化的影响。从国内外应用温差差值控制的许多装置来看，在进料流量波动影响下，仍能得到较好的控制效果。

7.6.5 精馏塔的控制方案

精馏塔是一个多变量被控过程，在许多被控变量和操纵变量中，选定一种变量配对，就构成了一个精馏塔的控制方案。在许多控制方案中，要决定一种比较合理的方案是一个棘手的问题。欣斯基（Shinskey）做了大量研究，提出了精馏塔控制中变量配对的3条准则：

1）当仅需要控制塔的一端产品时，应当选用物料平衡方式来控制该产品的质量。

2）塔两端产品流量较小者，应作为操纵变量去控制塔的产品质量。

3）当塔的两端产品均需按质量控制时，一般对含纯产品较少，杂质较多的一端的质量控制选用物料平衡控制，而含纯产品较多、杂质较少的一端的质量控制选用能量平衡控制。当选用塔顶部产品馏出物流量 D 或塔底采出液量 B 来作为操纵变量控制产品质量时，称为物料平衡控制；而当选用塔顶部回流或再沸器加热量来作为操纵变量时，则称为能量平衡控制。

欣斯基提出的3条准则对于精馏塔控制方案设计有很好的指导作用。本小节介绍一些常用的基本控制方案。

精馏塔自动控制的主要目的，是使塔顶和塔底的产品满足质量要求。当这方面的要求不高以及扰动不多的时候，由前面稳态特性可知，只要固定 D/F（或 B/F）和 V/F（或回流比），完全按物料及能量平衡关系进行控制，已能达到目的。这样的控制方案最简单方便，但对于产品质量来说是开环的，所以适应性较差，使用并不很广泛。

1. 按精馏段指标的控制

当对馏出液的纯度较之对塔底产品为高，或是全部为气相进料（因为进料 F 变化先影响 x_D），或是塔底、提馏段塔板上的温度不能很好反映产品成分变化时，往往按精馏段指标进行控制。

这时，取精馏段某点成分或温度为被控变量，而以 L_R、D 或 V_S 作为操纵变量，可以组成单回路控制方案或串级控制方案。串级控制方案虽然复杂一些，但可迅速有效地克服进入副环的扰动，并可降低对控制阀特性的要求，在需作精密控制时有所采用。

按精馏段指标控制，对塔顶产品的成分 x_D 有所保证。当扰动不大时，塔底产品成分 x_B 的变动也不大，可由稳态特性分析来确定它的变化范围。采用这种控制方案时，在 L_R、D、V_S 和 B 这 4 者中选择一种作为控制产品质量的手段，选择另一种保持流量恒定，其余两者则按回流罐和再沸器的物料平衡，由液位控制器加以控制。常用的控制方案有两类。

（1）间接物料平衡控制

间接物料平衡控制方案之一如图 7-52 所示。该方案是按精馏段指标来控制回流量，保持加热蒸汽流量为定值。该方案由于回流量 L_R 变化后再影响到馏出液 D，所以是间接物料平衡控制。这种控制方案的优点是控制作用滞后小，反应迅速，所以对克服进入精馏段的扰动和保证塔顶产品是有利的，这是精馏塔控制中最常用的方案。

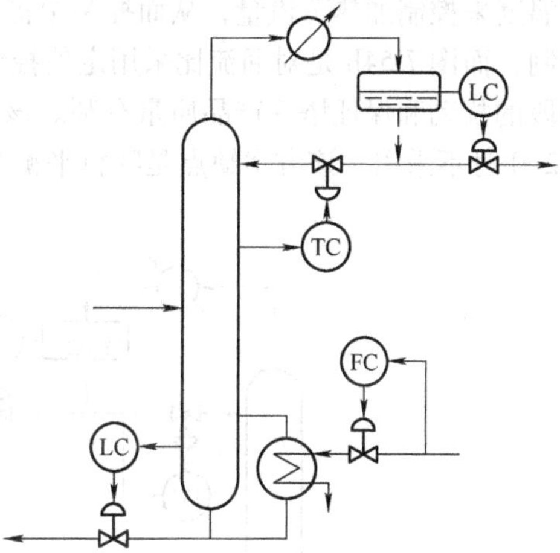

图 7-52　间接物料平衡控制方案之一

在该方案中，L_R 受温度控制器调节，但在环境温度改变时，即使 L_R 未变动，内回流亦会变化，且物料与能量之间关联较大，这对于精馏塔平稳操作是不利的。所以在控制器参数整定上应加以注意。有人认为，当采用成分作为被控变量时，控制器采用 PI 即可，不必加微分，该方案主要应用场合是 $L/D<0.8$ 及某些需要减少滞后的塔。

（2）直接物料平衡控制

图 7-53 为直接物料平衡控制方案之一。该方案是按精馏段指标来控制馏出液 D，并保持 V_S 不变。该方案的主要优点是：物料与能量平衡之间关联最小；内回流在周围环境温度变化时基本保持不变，例如环境温度下降，使回流的温度下降，暂时使内回流增加，因而使塔顶上升蒸汽减

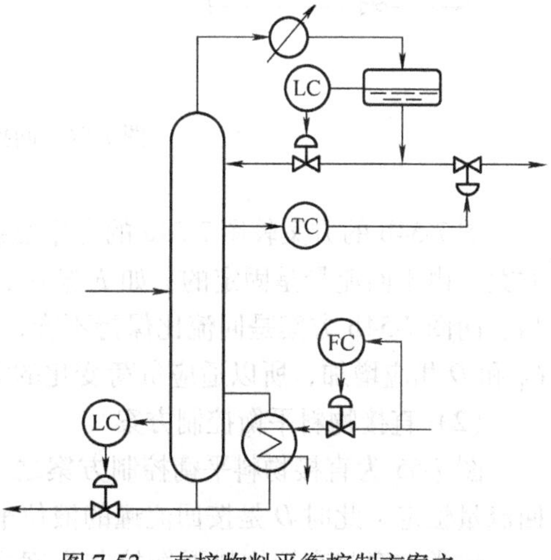

图 7-53　直接物料平衡控制方案之一

少，冷凝液减小，流位下降，经调节使 L_R 减小，结果使得内回流基本保持不变，这对精馏塔平稳操作有利；还有产品不合格时，温度调节器自动关闭出料阀，自动切断产品。

然而该方案温度控制回路滞后较大，从馏出液 D 的改变到温度变化，要间接地通过液位控制回路来实现，特别是回流罐容积较大，反应更慢，给控制带来了困难，所以该方案适用于馏出液 D 很小（或回流比较大）且回流罐容积适当的精馏塔。

2. 按提馏段指标的控制

当对塔底的成分要求较之对馏出液为高，进料全部为液相（因为进料 F 变化先影响到 x_B），塔顶或精馏段塔板上的温度不能很好反映成分的变化，或实际操作回流比较最小回流比大好多倍时，采用提馏段指标的控制方案。常用的控制方案有两类。

（1）间接物料平衡控制

按提馏段指标的间接物料平衡控制方案之二如图7-54所示。该方案是按提馏段的塔板温度来控制加热蒸汽量，从而控制了提馏段质量指标。其中，图7-54a是对回流采用定值控制，而图7-54b是对回流比采用定值控制。该方案滞后小，反应迅速，所以对克服进入提馏段的扰动和保证塔底产品质量有利。该方案是目前应用最广的精馏塔控制方案，仅在 $V/F \geqslant 2.0$ 时不采用。该方案缺点是物料平衡与能量平衡关系之间有一定关联。

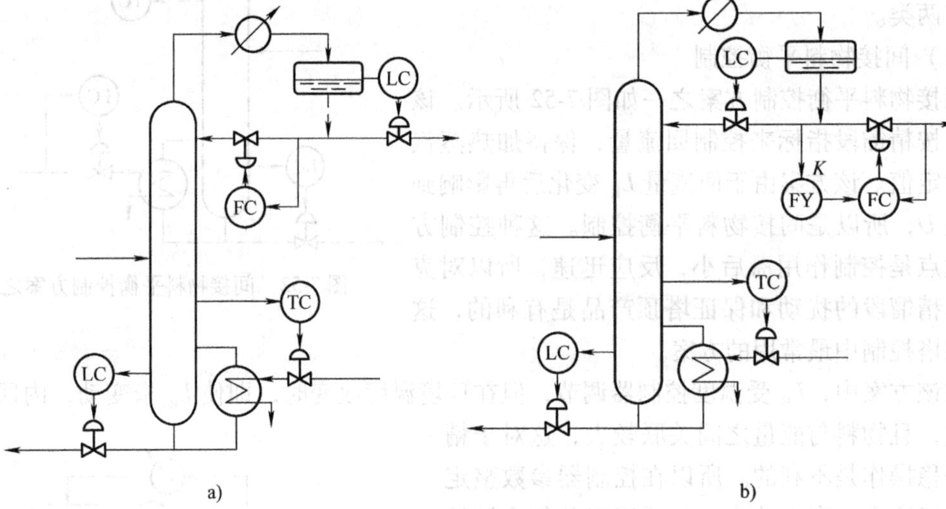

图7-54　间接物料平衡控制方案之二

图7-54b的方案较图7-54a的方案复杂一些，但其适应负荷变化能力较强。对于图7-54a方案，由于回流量是固定的，如 F 减小，则必然增加能耗，如 F 增加，则可能出不合格产品。而图7-54b方案是回流比保持不变，如 F 减小，则 L_R 和 D 均相应减小，如 F 增加，则 L_R 和 D 相应增加，所以适应负荷变化的能力较强。

（2）直接物料平衡控制方案

图7-55为直接物料平衡控制方案之二，它按提馏段温度控制塔底产品采出 B，并保持回流量恒定。此时 D 是按回流罐的液位来控制，蒸汽量是按再沸器的液位来控制。

这类方案与直接物料平衡控制方案之一（即按精馏段温度来控制 D 的方案）相比较，

有其独特优点和一定弱点。其优点是，物料平衡与能量平衡关系之间关联最小，当塔底采出量 B 少时，这样做比较平稳；当 B 不符合质量要求时，会自行暂停出料。缺点是，滞后较大且液位控制回路存在反向特性。该方案仅适用于 B 很少且 $B<20\%V$ 的塔。

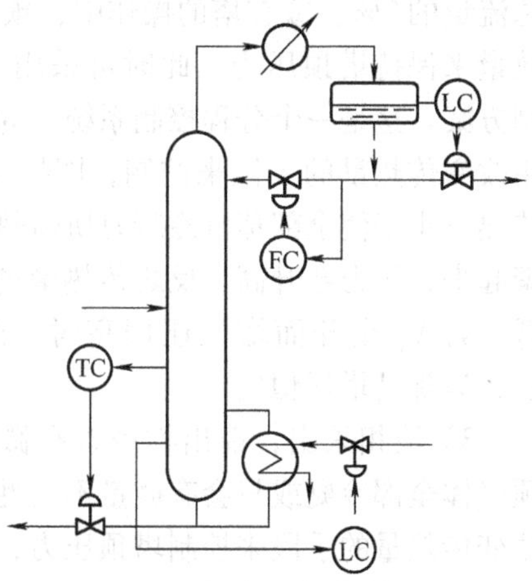

图 7-55　直接物料平衡控制方案之二

3. 压力控制

精馏塔的操作大多是在塔内压力维持恒定的基础上进行的。在精馏操作过程中，进料流量、进料成分和温度的变化，塔釜加热蒸汽量的变化，回流量、回流液温度及冷剂压力的波动等都可能引起塔压波动。而塔压波动必将引起每块塔板上的气液平衡条件的改变，结果使整个塔正常操作被破坏，最终将影响产品的质量。所以，在精馏操作中，必须设置压力控制系统，以保证精馏塔在某一恒定压力下工作。特别是在精密精馏中，塔顶或塔底产品质量要求较高，操作压力的精确控制显得更加重要。

精馏可在常压、减压及加压下操作。例如，在混合液沸点较高时，减压可以降低沸点，避免分解，炼油厂中的减压塔即为一例。在混合液沸点很低时，加压可以提高沸点，减少冷量，在石油化工中的裂解气分离时即是如此。由于压力不同，压力控制方案也有所不同，但总地来说是应用能量平衡来控制塔压。

（1）加压精馏塔的压力控制

所谓加压精馏塔即指精馏塔操作大于大气压的情况。加压精馏塔控制方案的确定与塔顶馏出物状态（气相还是液相）及馏出物中含不凝性气体量的多少有密切关系，下面分别给予介绍。

1）液相采出，且馏出物中含有大量不凝物。图 7-56a 所示压力控制方案，测压点在回流罐上，控制阀安装在气相排出管线上。这种方案反应较快，适用于塔顶气体流经冷凝器的阻力变化不大的场合，回流罐压力可以间接代表塔顶压力，维持回流罐内压力即保证塔顶压力恒定。若由于进料流量、成分、加热蒸汽等扰动引起冷凝器阻力变化时，回流罐压力不能代表塔顶压力，此时应采用图 7-56b 所示的方案。

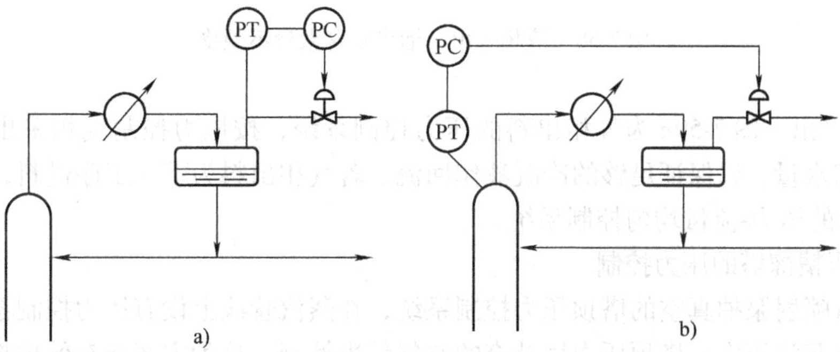

图 7-56　塔顶压力控制方案（馏出物中含有大量不凝物）

2）液相采出，且馏出物中含有少量不凝物。当塔顶气相中不凝性气体量小于塔顶气相总流量的2%，或在塔的操作中，预计只有部分时间产生干气时，就不能采用控制不凝物排放量来保持塔顶压力，此时可采用图7-57所示的控制方案。这是一个分程控制系统。为保持塔顶压力采用改变传热量的手段来控制，即控制阀 V_1 作用。如传热量小于使全部蒸汽冷凝时所需热量，则蒸汽将积聚起来，压力会升高。反之传热量过大，则压力会降低。若 V_1 全开而塔压还偏高时，此时打开放开阀 V_2，以保持塔压恒定。

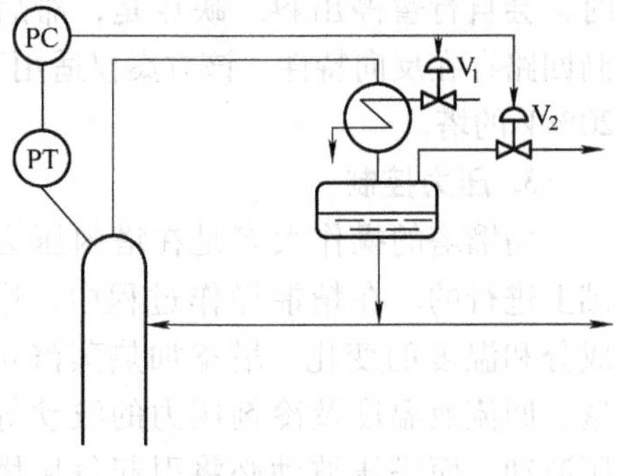

图7-57 液相采出，馏出物含少量不凝物

3）液相采出，馏出物中含有微量不凝物。当塔顶气体全部冷凝或只会有微量不凝性气体时，可采用改变传热量的手段来控制塔顶压力，具体控制方案有如图7-58所示的3种方式。

按压力改变冷却水的流量，这种方式最节约冷却水量（见图7-58a）；按压力改变传热面积，即让凝液部分地浸没冷凝器，这种方案较迟钝（见图7-58b）；采用热旁路的办法，其实是改变气体进入冷凝器的推动力。当系统压力偏高时，关小阀门，使冷凝器两端压差 ΔP 增加，则有较多气相物料进入冷凝器冷凝，增加传热速率，从而使压力回复到设定值。反之，阀门开大，使冷凝器两端压差 ΔP 减小，进入冷凝器气相物料减小。这种方案反应较灵敏，炼油厂中应用较多（见图7-58c）。

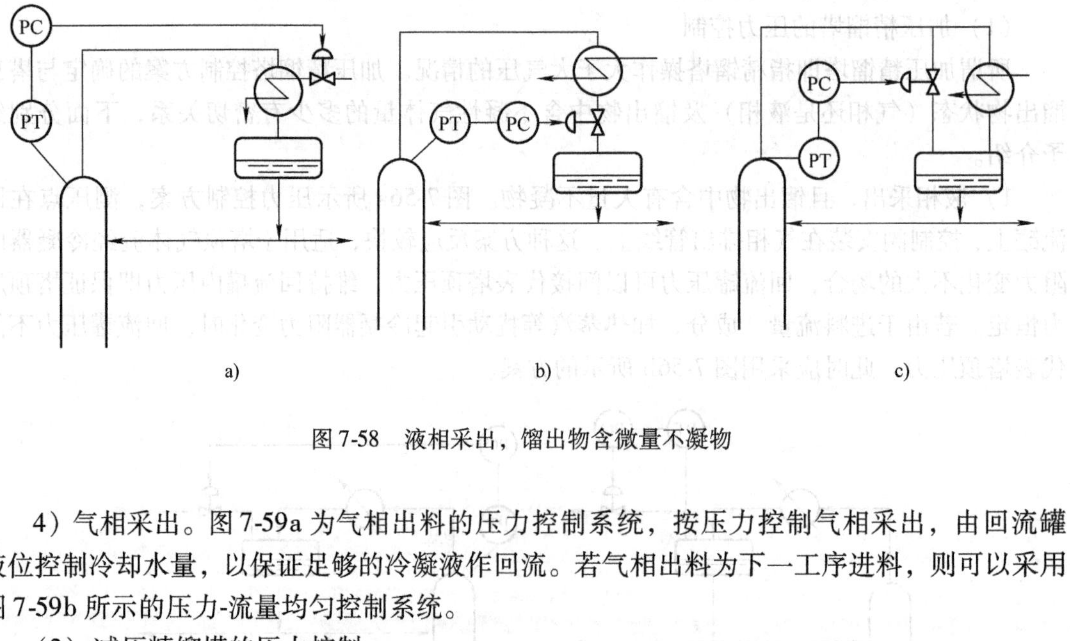

图7-58 液相采出，馏出物含微量不凝物

4）气相采出。图7-59a为气相出料的压力控制系统，按压力控制气相采出，由回流罐液位控制冷却水量，以保证足够的冷凝液作回流。若气相出料为下一工序进料，则可以采用图7-59b所示的压力-流量均匀控制系统。

（2）减压精馏塔的压力控制

采用蒸汽喷射泵抽真空的塔顶压力控制系统，在蒸汽管线上设有压力控制系统，以维持喷射泵的最佳蒸汽压力；塔顶压力用补充的空气量来控制，这种方案能有效地控制任何波动和扰动对塔顶压力的影响；采用电动真空泵的减压系统的压力控制放空。

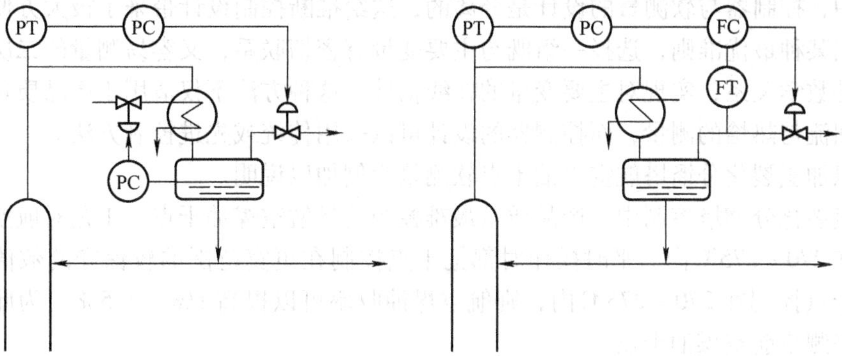

图 7-59　气相出料压力控制方案

（3）常压塔

常压塔安排较简单，可在回流罐或冷凝器上设置一个通大气的管道来平衡压力，以保持塔内压力接近大气压。如果对精馏塔操作压力稳定性要求较高时，则需设置压力控制系统，以维持塔内压力稍高于大气压，其方案类似加压塔控制方案。

7.6.6　精馏塔的先进控制

1. 前馈控制

精馏塔在反馈控制过程中，若遇到进料扰动频繁，加上控制通道滞后较大等原因，使控制质量满足不了工艺要求，此时引入前馈控制可以明显改善系统的控制品质，图 7-60 为精馏塔前馈-反馈控制方案之一。

当进料流量增加时，只要成比例增加再沸器的加热蒸汽（即增加 V）和塔顶馏出液 D，就可基本保持塔顶或塔底的产品成分不变。实践证明，前馈控制可以克服进料流量扰动影响的大部分，余下小部分扰动影响由反馈控制作用予以克服。

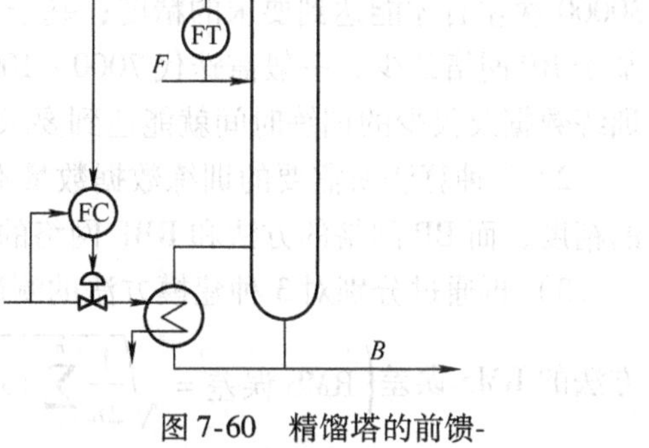

图 7-60　精馏塔的前馈-反馈控制方案之一

2. 推断控制和软测量

精馏塔产品质量控制，常用方法是采用间接质量指标-温度作为被控变量，或采用在线工业色谱分析仪。前者是间接质量指标控制，受到操作条件等变化时，难于保证产品质量。后者在线工业色谱分析仪价格昂贵，维护保养复杂且引入较大的纯滞后，给控制带来了困难。从 20 世纪 70 年代 Brosillow 提出推断控制策略以来，以软测量为基础的推断控制在工业精馏塔控制中逐渐得到广泛应用。

目前发展起来的软测量技术体现了估计器的特点。在以软测量的估计值作为反馈信号的控制系统中，控制器与软测量的设计是分离的，这给推断控制设计带来了极大方便。估计器设计是根据某种最优准则，选择一组既与主要变量有密切联系，又容易测量的二次变量，通过构造某种数学关系，实现对主要变量的在线估计。这种方法不仅适用于产品质量估计，亦可用于内回流与热焓的测量，而控制器的设计可以采用传统或先进控制方法。

下面以加氢裂化分馏塔航空煤油干点软测量为例加以说明。

在加氢裂化分馏塔控制中，产品质量最难控制的是航空煤油干点，工艺对航空煤油干点控制要求在270～275℃内。平时操作时都把干点控制在更宽范围的较保守的数值上，若能按要求把干点控制在270～275℃内，则航空煤油收率可以提高1%～1.5%。为此可采用软测量方法来测量航空煤油干点。

（1）辅助变量选择

经与工艺人员多次协商及现场了解工艺情况后，初步确定了作为软测量模型输入变量的有关变量。影响航空煤油干点的最主要因素是：航空煤油抽出量和航空煤油侧线抽出温度。次要的因素是：第一分馏塔塔顶压力、温度，回流量，轻石脑油抽出量，重石脑油抽出量及其侧线温度，第一分馏塔塔底温度、流量，第一分馏塔进料量及进料温度。航空煤油干点 y_1 与航空煤油抽出点温度、流量等13个变量有关，可以表示成如下的非线性关系：

$$y_1 = f(T_h, F_h, T_j, F_j, T_r, F_r, T_{top}, P_{top}, T_{in}, F_{in}, T_b, F_b, F_L)$$

式中，T_j 为航空煤油抽出点温度；T_h 为重石脑油抽出点温度；F_j 为航空煤油抽出量；F_h 为重石脑油抽出量；F_r 为回流量；F_{in}为进料量；F_L 为轻石脑油抽出量；T_{in}为进料温度；T_r 为塔顶回流温度；T_b 为塔底温度；P_{top}为塔顶压力；F_b 为塔底流量；T_{top}为塔顶温度。

（2）航空煤油干点软测量混合模型建立

在确立了与航空煤油干点有关的辅助变量基础上，现场从过去几年的过程数据中采集了242组数据，后又取得60组实时数据进行泛化检验。

根据上述数据，采用BP网络、RBF网络和部分最小二乘法（PLS）建立软测量模型。上述的基于BP网络、基于RBF网络、基于部分最小二乘法3种方法的建模结果都能达到一定的精度，经过训练后基本上都能满足工艺要求。总结3种建模方法，其比较如下：

1）在建模过程中可以发现，基于BP网络的模型所需要训练时间最长，一般需要迭代30000次左右才能达到要求的精度；基于RBF网络的模型所需要的训练次数及训练时间都比基于BP网络的少，一般需迭代7000～10000次；基于部分最小二乘法的模型则需要较少的训练数据及很少的训练时间就能达到要求。

2）3种算法所需要的训练数据数量不同，PLS方法只需要80组数据训练即可获得要求的精度，而BP网络的方法和RBF网络的方法要用180组数据来训练才能达到要求。

3）再通过分别对3种建模方法的测试得到的60组误差数据进行对比，综合计算出3种方法的RMS误差$\left(\text{RMS误差} = \sqrt{\frac{1}{2n}\sum_{i=1}^{n}(x_i - \hat{x}_i)^2}\right)$。3种模型的RMS误差比较见表7-1。

表7-1 3种模型的RMS误差比较

算　法	RBF	PLS	BP
RMS误差	0.8733	1.0714	1.1373

从表 7-1 中看出，基于 RBF 的模型的 RMS 误差相对较小，但在实际使用中，3 种模型的估计结果各有千秋。因此采用加权的方法将此 3 个结果综合考虑，形成混合模型，在此 3 个结果与分析测试值之间再辨识出最优的加权系数。混合模型结构如图 7-61 所示。采用这种加权的方法，可提高在实际应用中软测量估计模型适用不同工况变化的鲁棒性，这里鲁棒性指的是当输入变量中的个别点发生突变时，模型仍能保持正确的估计输出而不受干扰。

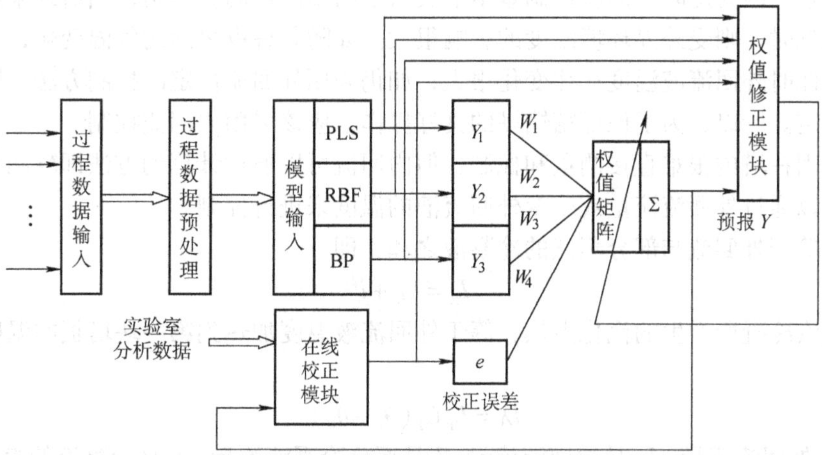

图 7-61　混合模型结构

（3）航空煤油干点软测量工程实施及结果

在加氢裂化分馏塔航空煤油干点软测量系统中，其各种软测量模型的算法是软件的核心，但只有这些核心部分还无法构成一个实用完整的系统，必须有相应的软件来实现良好的人机接口和过程显示。在基于现场数据的仿真研究的基础上，由 CENTUM-XL 系统提供的编程环境编制软仪表的核心程序，程序包括数据预处理模块、神经网络估计模块、统计分析方法计算模块、在线校正模块和加权系数修正模块等。同时，在现场 CENTUM-XL 系统操作站上完成了良好的人机操作界面。在整个组态过程中，过程参数的采集及各种运算是在操作站上实现的，而操作画面、显示画面等各种画面是在工程师站上实现，然后下转至操作站的。

1）采集各相关的过程变量。

2）进行过程变量数据预处理，包括滤波、平滑、噪声去除等，并经主元分析法（PCA）选取了 6 个主元变量作为输入。

3）进行基于 BP 网络、RBF 网络、PLS 算法的软测量模型的估计。并通过人工分析值，各模块估计输出值辨识出相应的加权系数。

4）通过人工分析值和与其对应的过程输出，在线校正模块计算出校正误差，并通过权值校正模块辨识出的加权系数作用于最终的估计输出。

5）分析值输入窗口，用来输入人工分析值及采样时间，用于在线校正。

6）实时趋势显示，可把航空煤油的干点的估计数据的变化趋势显示出来，还可以显示短期历史趋势和长期历史趋势。

加氢裂化第一分馏塔航空煤油干点软测量模型自投运以来，运行一直安全、可靠、稳定。

3. 内回流控制

内回流通常是指精馏塔精馏段内上层塔向下层塔板板流动的液体流量。内回流控制就是指在精馏过程中控制内回流为恒定量或按某一规律而变化的操作。

当塔顶蒸汽温度与外回流液温度之差变化不大时，采用控制外回流的办法一般可以满足精馏操作要求，因为此时外回流控制基本上反映了内回流控制。但是，当塔顶采用风冷式冷凝器冷凝蒸汽时，则受外界环境温度的影响很大。如随着昼夜之间的气温变化，暴风雨前后气温变化，此时外回流液温度往往变化很大，如仍采用外回流恒定的控制方法，则实际的内回流并不恒定。所以，为了保证精馏塔的良好操作，应该采用内回流控制。

内回流因在塔内很难直接测量和控制，但内回流可以通过计算的方法即软测量获得，内回流控制可以通过外回流流量或改变外回流液的温度来进行控制。

内回流等于外回流与部分蒸汽的冷凝液之和，即

$$L_i = L_R + l \tag{7-48}$$

部分蒸汽冷凝所产生的汽化潜热，等于外回流液温度加热到第一块塔板的温度所需的热量，即

$$l\lambda = L_R C_P(\theta_i - \theta_R) \tag{7-49}$$

式中，L_R 是外回流流量；L_i 是内回流流量；l 是部分冷凝液流量；λ 是冷凝液的汽化潜热；C_P 是外回流液的比热容；θ_i 是塔顶第一块塔板温度；θ_R 是外回流液温度。

整理可得

$$L_i = L_R + L_R\frac{C_P\Delta\theta}{\lambda} = L_R\left(1 + \frac{C_P\Delta\theta}{\lambda}\right) \tag{7-50}$$

式中，$\Delta\theta = \theta_i - \theta_R$。

这就是内回流的数学模型。因为外回流 L_R、温度差 $\Delta\theta$ 可以直接测量，液体比热容 C_P 和气化潜热可查表得到，这样可以计算得内回流 L_i。

图 7-62 为内回流控制方案之一，由图可知，它是由若干运算单元来完成运算的，以实现内回流控制。国外内回流控制实施已采用内回流计算专用仪表，这样使用更加方便。

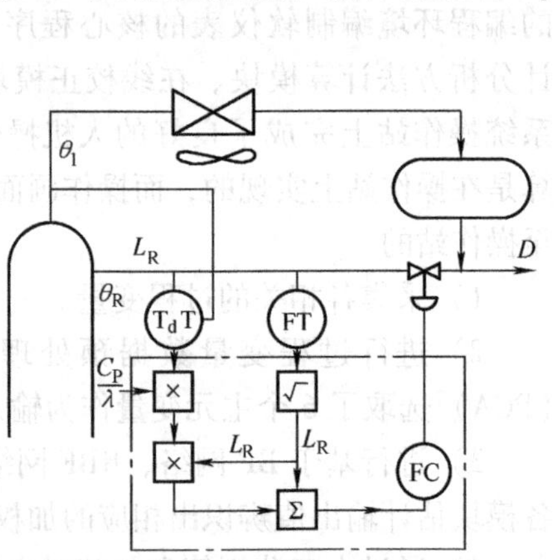

图 7-62 内回流控制方案之一

4. 预测控制

预测控制技术在工业过程中应用逐渐广泛，精馏过程控制也是这样。下面介绍多变量预测控制技术在常压蒸馏塔上应用。

常压蒸馏塔的工艺流程简图如图 7-63 所示。常压蒸馏塔的生产原理是采用蒸馏的方法从拔头原油中分离出各种石油馏分。常压蒸馏塔塔顶出汽油，产品质量指标是干点；常一线出航空煤油（简称航煤），产品质量指标主要有初馏点、闪点、干点和冰点；常二线出轻柴油，产品质量指标主要是 90% 点；常三线出变压器油原料（简称变料），产品质量指标主要有黏度和闪点；常四线出催化裂化原料（简称催料），无主要的产品质量指标。

塔顶汽油质量控制一般采用调节塔顶温度，而一线、二线、三线产品质量控制分别采用调节一线流量、二线流量、三线流量，控制效果不理想，产品质量波动较大。为此采用多变量预测控制。

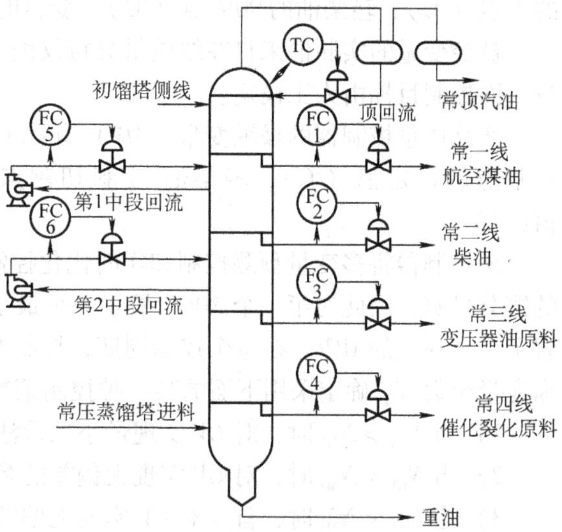

图 7-63　常压蒸馏塔的工艺流程简图

根据生产装置实际情况，控制目标如下：①控制汽油的干点（℃）；②控制航煤的初馏点、闪点和干点（℃）；③控制轻柴油的90%点（℃）；④控制变料的黏度（$\times 10^{-6} m^2/s$）；⑤ 使附加值最高的航煤产率（重量分率）最大（%）；⑥使常压加热炉能耗最小；⑦使常压蒸馏塔的处理量最大；⑧保证常压蒸馏塔的操作在操作极限之内。

在 I/A 系统的上位机 Vax4100 上采用 3 个多变量预测控制器 IDCOM，实现上述控制目标。3 个多变量预测控制器分别是满足产品质量指标的产品质量控制器和切割点控制器，还有用于设备能力约束的加工能力控制器。常压蒸馏塔多变量预测控制框图如图 7-64所示。

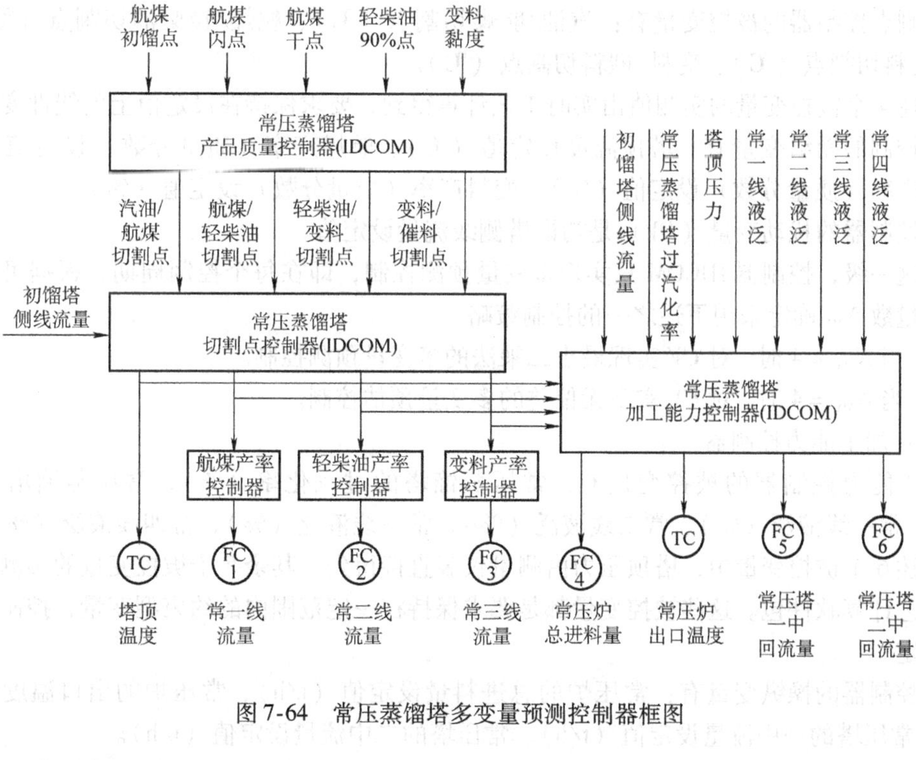

图 7-64　常压蒸馏塔多变量预测控制器框图

（1）产品质量控制器

产品质量控制器的被控变量（*CV*）有：航煤的初馏点（℃）、航煤的闪点（℃）、航煤的干点（℃）、轻柴油的90%点（℃）、变料的黏度。

被控变量的实测值来自在线质量分析仪表。它们都是要求保持在某个范围内的约束型变量。而控制目标由人工设定。

产品质量控制器的操纵变量（*MV*）有：汽油/航煤切割点的设定值（℃）、航煤/轻柴油切割点的设定值（℃）、轻柴油/变料切割点的设定值（℃）、变料/催料切割点的设定值(℃)。

该控制器将多变量预测控制和实时优化控制结合在一起，使航煤的产率最大，即使航煤的馏分最宽，因此对第一个 *MV* 设置了一个最小的 IRV（Ideal Rest Value）；对第二个 *MV* 设置了一个最大的 IRV。在每个控制周期，控制器根据违约的被控变量个数 N_{CV} 和可调节的操纵变量个数 N_{MV} 确定采用下面的某一种控制策略：

1）当 $N_{CV} > N_{MV}$ 时，对 *CV* 实现最小二乘法的多变量预测控制。

2）当 $N_{CV} = N_{MV}$ 时，对 *CV* 实现无偏差的多变量预测控制。

3）当 $N_{CV} < N_{MV}$ 时，首先对 *CV* 实现无偏差的多变量预测控制，然后采用下述的方法实现航煤产率的实时优化控制：

$N_d = N_{MV} - N_{CV}$ 称为操纵变量的自由度。

当 $N_d \geqslant 2$ 时，第一个和第二个操纵变量跟踪相应的 IRV 。

当 $N_d < 2$ 时，对第一个和第二个操纵变量实现最小二乘法的优化控制。

（2）切割点控制器

切割点控制器的被控变量有：汽油/航煤切割点（℃）、航煤/轻柴油切割点（℃）、轻柴油/变料切割点（℃）、变料/催料切割点（℃）。

上述4个被控变量的实测值由实时工艺计算得到，要求保持在设定值上的线性变量，而切割点控制的操纵变量有：塔顶温度设定值（℃）、航煤产率（质量分数）设定值（%）、轻柴油产率（质量分数）设定值（%）、变料产率（质量分数）设定值（%）。

该控制器的扰动变量（*DV*）是初馏塔侧线流量设定值。

在这一级，控制器 IDCOM 只实现多变量预测控制，即在每个控制周期，根据可调节的操纵变量数 N_{MV} 确定采用下述之一的控制策略：

1）当 $N_{MV} < 4$ 时，对 *CV* 实现最小二乘法的多变量预测控制。

2）当 $N_{MV} = 4$ 时，对 *CV* 实现无偏差的多变量预估控制。

（3）加工能力控制器

加工能力控制器的被控变量有：常压蒸馏塔的过汽化率（%）、常压蒸馏塔顶压力(kPa)、常一线液泛（%）、常二线液泛（%）、常三线液泛（%）、常四线液泛（%）。

上述6个被控变量中，塔顶压力由测量仪表直接得到，其余5个被控变量的实测值来自实时工艺计算软件包。这些被控变量都是要求保持在一定范围内的约束型变量，控制目标由人工设定。

该控制器的操纵变量有：常压炉的总进料量设定值（t/h）、常压炉的出口温度设定值(℃)、常压塔的一中流量设定值（t/h）、常压塔的二中流量设定值（t/h）。

该控制器的扰动变量有：初馏塔侧线流量设定值（t/h）、航煤产率（质量分数）设定值（%）、轻柴油产率（质量分数）设定值（%）、变料产率（质量分数）设定值（%）、常压蒸馏塔顶温度设定值（℃）。

4 个操作变量，除常压炉的总进料量设定值经一个分配器送至常压炉的 4 路流量控制器（I/A 系统中的 PID 控制器）外，其余 3 个操纵变量直接送至 I/A 系统的相应控制器上。

该控制器将多变量预测控制和实时优化控制结合在一起。为使常压蒸馏塔的处理量最大，常压炉的能耗最小，对第一个和第二个操纵变量分别设置了最大 IRV 和最小 IRV。在每个控制周期，控制器根据违约的被控变量个数 N_{CV} 和可调节的操纵变量个数 N_{MV}，确定采用合适的控制策略。

对产品质量控制器和加工能力控制器而言，由于被控变量都是要求保持在一定范围内的约束型变量，尽管操纵变量个数少于被控变量个数，多数时间被控变量都在约束范围之内，不用调节，操纵变量一般都有自由度，因此该优化目标的实现是可能的。实现优化目标后，对产品质量控制器而言，相当于航煤的初馏点。闪点在其约束范围内卡下限控制，航煤的干点卡上限控制；对加工能力控制器而言，相当于常压蒸馏塔的处理量卡设备能力的约束上限控制，常压蒸馏塔的过汽化率卡约束下限控制，实现了产品质量和设备能力的“卡边”控制。

产品质量控制器的被控变量实测值来自在线质量分析仪表，过程本身的时滞较大；当欲实现优化目标时，其调节很缓慢（一般每次允许的最大调节量约是实现预测控制时的 1/10），产品质量控制器向下一级送出的调节量小。这两种因素的共同作用，使得切割点控制器被控变量的设定值相对比较稳定。切割点控制器的被控变量都是要求保持在设定点上的线性变量，被控变量的实测值由实时工艺计算得到，基本无时滞。当生产方案不变，原油性质发生变化时，控制器能根据被控变量实测值的变化迅速做出反应，抑制这种扰动，保证平稳操作。

产品质量控制器和切割点控制器串级控制正式投用后，产品质量波动全面减少，不仅提高了产品质量的平稳率和航煤的收率，而且常压蒸馏塔的总拔出率也得到了提高，获得了明显经济效益。

多变量预测控制器 IDCOM 能成功地解决过程模型的大时滞和多个变量间具有强关联作用等控制应用难题，且对模型的精度要求不高，适于石化行业大型生产装置的过程控制。

7.6.7　精馏塔的节能控制

能源危机近年来一直为世界各国关注，开源节流是解决的根本途径，所以在工业生产中，节能已被引为重要研究方向。石油化工企业是工业生产耗能大户，而精馏过程往往又占典型石油化工生产能耗的 40%，由于精馏过程是为了实现分离，塔底汽化需要能量，塔顶冷凝尽管是除热，也要消耗能量，因此精馏塔的节能控制成为人们研究的一个重要课题。

长期以来，经过人们大量研究工作，提出了一系列新型控制系统，以期尽量节省和合理使用能量。另一方面，对工艺进行必要改进，配置相应的控制系统，充分利用精馏操作中的能量，降低能耗。本小节举例介绍几种节能控制方法。

1. 浮动塔压控制

在一般精馏操作中，均设有塔压自动控制系统，原因有二：一是过去常用温度作为反映产品质量的间接指标，这只有在一定压力条件下才行；二是只有将塔操作在稳定压力下，才能保证塔的平衡和正常工作。然而从节约能量或经济观点考虑，恒定塔压未必合理，尤其是冷凝器为风冷或水冷两种情况就更加如此。

传质原理表明，塔内气相压力对许多混合物分离系统的相对挥发度都有很大影响，当系统压力最低时，可以最小的能量消耗对给定的混合物进行分离。因此，有人提出将恒定塔压控制改成浮动塔压控制，以使冷凝器总保持在最大热负荷下操作，于是塔压应当像热负荷和冷剂温度允许的那样低。塔压低，使相对挥发度高，就容易分离，因而获得相同纯度的分离所消耗的能量越小。

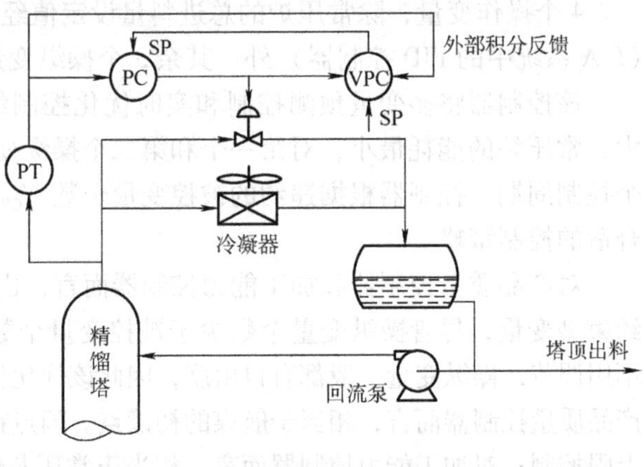

图7-65 精馏塔压力浮动控制系统

图7-65为精馏塔压力浮动控制系统。系统的特点是增加了一个纯积分（或大比例的PI控制器）的阀位控制器VPC，在原来压力控制系统上增加VPC后将起以下两个作用：

1）不管冷剂情况如何变化（如遇暴风雨降温），塔压首先不受其突然变化的影响，而后再缓缓变化，并最后浮动到冷剂可能提供的最低压力。这就是说塔压应当是浮动的，但不希望突变，因为塔压突变可能会导致塔内液泛，从而破坏塔的正常操作。

2）为保证冷凝器总在最大热负荷下操作，即阀门开度应处于最小位置，考虑到要有一定控制裕量，阀门开度给定在10%处，或更小一些的数值。

图7-65中，PC为一般的PI控制器。PC控制系统选定的操作周期短，过程反应快，而阀位控制器VPC的操作周期长，过程反应慢。因此，分析时可以假设：PC系统和VPC系统间，其动态联系可忽略，即分析PC动作时，可以认为VPC系统是不动作，而分析VPC系统时，又可以认为PC系统是瞬时跟踪的。VPC控制器的外部积分反馈是为防止当PC手动设定时引起VPC积分饱和而设置的。下面简单分析一下该系统的工作原理。

当由于冷剂增加，压力下降时，PC控制器动作打开控制阀，其开度大于10%，使压力迅速恢复到原值。然后，阀位控制器缓慢降低压力控制器的设定值，直到阀门开度等于10%，塔的压力达到与外界条件相应的新稳态值为止，从而实现了浮压操作，图7-66为冷剂突然增加时塔压及阀门开度变化的情况。

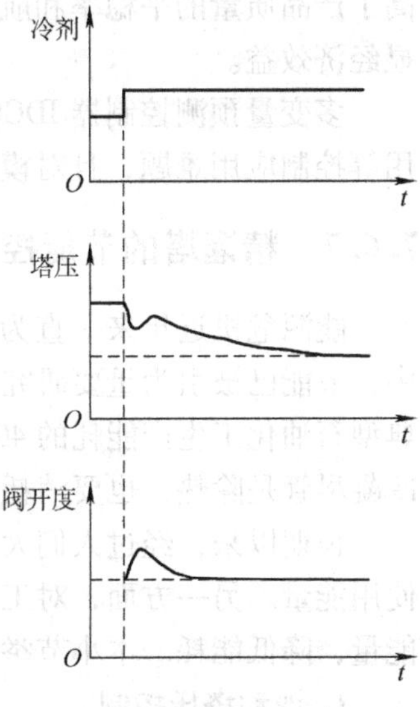

图7-66 冷剂突然增加时塔压及阀门开度变化的情况

昼夜24h内温度变化引起塔压浮动，对于空冷式冷凝器，浮压操作的优点特别明显，据报道，环境温度每降低1℃，分离丙烷和异丁烷所需的能量就减少1.26%。

采用浮动塔压控制方案后，一般应设置直接质量控制回路。若仍用温度作为间接质量指标控制时，需引入压力校正。一种方法是将温度θ和压力P分别进行测量，然后通过计算装置处理。假定压力的增量为ΔP，相应的沸点升高为$\Delta\theta$，两者的比值可以近似为常数$K=\partial P/\partial\theta=\Delta P/\Delta\theta$，$K$的数值可

从物理化学数据手册查出或实验求得，所以校正后的温度值 θ_c 应该是

$$\theta_c = \theta - 1/K\Delta P = \theta - 1/KP + 1/KP_0 = \theta - 1/KP + K_0 \tag{7-51}$$

式中，P_0 是额定压力，$K_0 = 1/KP_0$。

2. 能量的综合利用控制

在精馏塔的操作中，塔底再沸器要用蒸汽加热，塔顶冷凝器要除热，通常两者需要消耗能量，是否有可能从根本上改变这一情况呢？答案是肯定的，至少有以下两种方法。

第一，把塔顶的蒸汽作为本塔塔底的热源。问题是塔顶蒸汽的冷凝温度低于塔底液体的沸腾温度，热量不能由低温处直接向高温处传递，办法是增加一个透平压缩机，把塔顶蒸汽压缩以提高其冷凝温度，这称为热泵系统。

压缩机系由电动机带动时，所需功与压缩机的压缩比有关，存在如下关系：

$$N = m\frac{1}{n-1}\frac{R\theta_D}{M\eta}\left[\left(\frac{P_E}{P_D}\right)^{\frac{n-1}{n}} - 1\right] \tag{7-52}$$

式中，m 是质量流量；M 是千克摩尔质量；n 是多变指数；N 是所需理论压缩功；P_D 是压缩机入口压力（即塔顶压力）；P_E 是压缩机出口压力；R 是气体常数；θ_D 是塔顶温度；η 是多变效率。

由式（7-52）可知，当 P_E/P_D 之比越小，则压缩机所需的功也越小。从工艺上分析满足这比值较小的条件是塔压降要小，被分离物之温差要小。某些精密精馏系统例如丙烯丙烷塔等，采用这种方案颇有经济价值，此时热量平衡系统很关键，应设置相应的控制系统。图 7-67所示为热泵控制系统一例。在塔顶管线上增加了一台涡轮压缩机，将塔顶原有冷凝器与再沸器合二为一，但为了满足开车需要，还必须加一辅助再沸器，并且该辅助再沸器给系统补充必要的热量，以维持塔压差恒定。

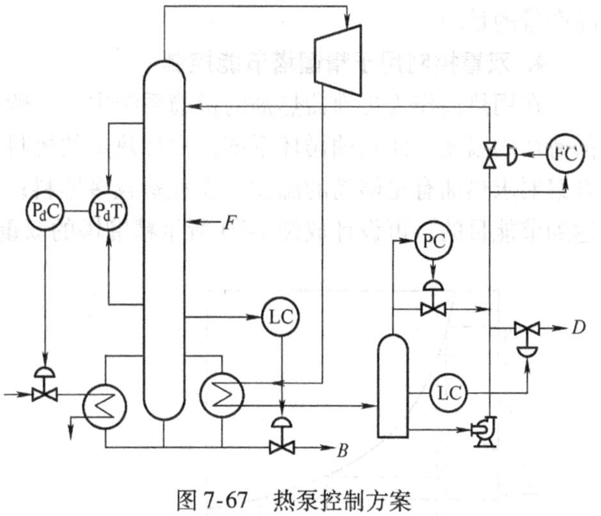

图 7-67　热泵控制方案

第二，在几个塔串联成塔组的情况，上一塔的蒸汽可作为下一塔的热源。首先要求上一塔塔顶温度远大于下一塔塔底温度，这样上一塔塔顶蒸汽可为下一塔提供大部分能量或更多一些，同时也可自行压入下一塔再沸器。其次这两塔之间存在着关联，应设计行之有效的控制方案，才能使这种流程得以实现。图 7-68 为这种流程的控制方案一例。甲塔塔顶冷凝器和乙塔辅助再沸器是用来作为平衡能量用的。如甲塔塔顶提供能量大于乙塔所需的能量，则温度控制器 TC 与流量控制器 FC 组成串级控制系统，流量控制器 FC 输出控制合流阀 V_1，此时阀 V_2（辅助再沸器载热体控制阀）关闭。若甲塔塔顶提供能量作为乙塔再沸器能量不够时，乙塔辅助再沸器载热体控制阀 V_2 由温度控制器控制。这里温度控制器输出分程于阀 V_2 和流量控制器 FC 的设定值。

3. 产品质量的“卡边”控制

在一般精馏操作中，操作人员为了防止产出不合格的产品，总是习惯于把产品浓度的设定值提高，以留有余地，出现过分离。然而，提高分离度就意味着加大回流比，增加再沸器上升蒸汽，这种操作方式既浪费了能量又降低了回收率。因此，为保证产品质量合格，提高产品产量，降低能耗，应该将保守的“过分离”操作转变为严格产品质量指标的“卡边”生产，这就可以降低回流比。

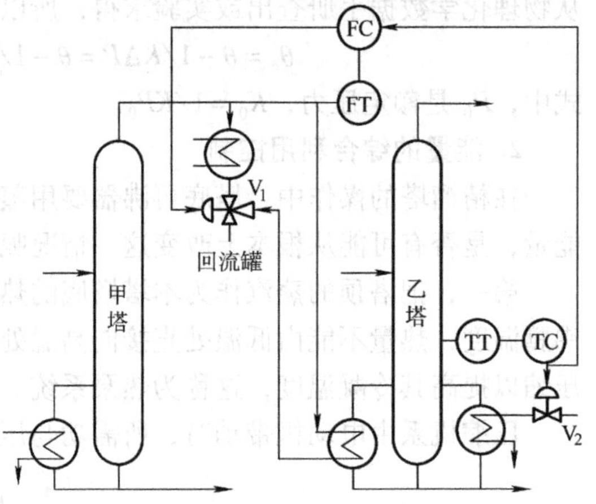

图7-68 甲塔塔顶气相作为乙塔再沸器热量的控制系统

降低回流比是节能的有效途径，但降低回流比需十分慎重，因回流比对产品质量影响较大。图7-69为某典型的脱异丁烷塔塔顶采出物中，杂质正丁烷含量与回流比的关系。质量指标规定产品中含正丁烷4%，但实际操作总是过分离，生产含1.2%正丁烷的塔顶产品，这是由于产品中杂质含量与回流比之间的非线性关系。当回流比为8∶1时，回流比每减少半个单位，产品中杂质含量只增加0.2%；而回流比为理想值4∶1时，回流比每减少半个单位就会使产品杂质增加1.8%。由此可见，降低回流比会增加操作难度。这时应采用先进控制系统或计算机控制，实现“卡边”控制可有效地降低回流比，从而达到节约能量、提高产量的目的。

4. 双重控制用于精馏塔节能控制

在用热油作为再沸器热剂的精馏系统中，一般提馏段温度控制通过再沸器热油阀流量来保持塔内温度，而热油循环系统是由加热炉的燃料量调整来维持热油的一定温度。这种控制方案要求热油有足够高的温度，需耗费较多燃料；其次热油阀上压力损失也增加了能耗。为达到节能目的，可设计成图7-70所示精馏塔的双重控制系统。

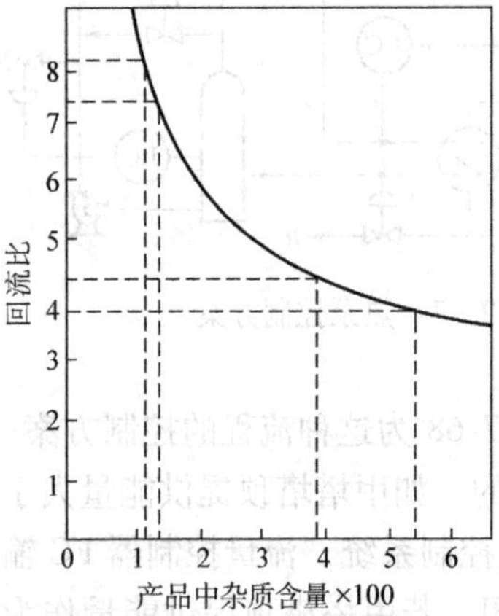

图7-69 杂质正丁烷含量与回流比的关系

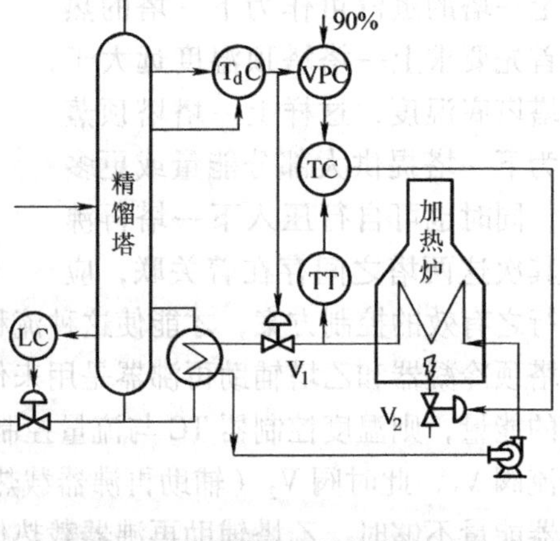

图7-70 精馏塔的双重控制系统

图 7-70 所示双重控制系统中通过阀位控制器 VPC 和温度控制 T_dC，可以使热油阀 V_1 总是处于全开的工作状态，一般为 90%，有一定控制裕量。这样在一定加热量要求时可使热油温度尽可能降低。从热力学观点来看，热油流量控制阀开度大，可减少控制阀节流损失的能量，从而使加热炉提供的热能可以少一些；同时热油温度可以尽量降低，意味着加热炉燃料耗量减少，达到了节能目的。

该系统动作过程是这样的：当塔内温度由于某种原因升高时，T_dC 的动作使热油阀 V_1 开度先减小，与此同时，VPC 动作，其输出变化使 TC 的设定值降低，这样 TC 动作，把燃料阀 V_2 关小，减少燃料量，使加热炉出口温度随之降低，于是热油阀 V_1 又逐渐打开，压降减少。如此工作过程，最终结果在使塔内温度调整到工艺要求的设定值上，而 VPC 把 TC 的设定值改变，直到满足热油阀 $V_1$90% 开度时的最低热油温度值。

5. 控制两端产品质量

当塔顶和塔底产品均需达到规定的产品质量指标时，就可以设置塔顶和塔底两端产品的质量控制系统。采用两个产品质量控制的主要原因，是使操作接近规格限，从而使操作成本特别是能耗降低。如果不考虑操作成本和能量消耗的话，采用一个产品质量控制的方案，也可使另一端产品质量符合规格，只是回流比（或 V/B）更大一些，能量消耗就要增加。

按两个产品的质量指标进行控制的方案很多，但两个质量指标均用物料平衡控制方式是不能采用的。这是因为均按物料平衡控制时，两个质量控制器都作用在产品流量上（即 D 和 B），于是塔底液位由再沸器加热量来控制，塔顶压力由冷凝器冷却量来控制，从而回流罐液位用回流来控制。这样一来，塔底液位与回流罐液位之间关联十分严重。例如，当塔底液位上升时，塔底液位控制器就要加大再沸器热量，使塔内上升蒸汽量增加，使塔压升高，从而使压力控制器增加冷凝器冷却量，把塔内增加的上升蒸汽冷凝。并通过回流罐液位控制器转移到回流上去，使塔内回流量增加同一个量，这个量最终可使塔底液位升高。因而，从稳态上看，塔底液位无变化，而从动态上看，上述过程将继续下去，塔底液位控制不可能稳定下来，于是塔底液位控制将因关联影响而失效。

因此，按塔的两端产品质量控制方案有两种基本类型：第一种是两个产品质量指标均用能量平衡控制；第二种是一个产品质量指标用物料平衡控制，另一个产品质量指标用能量平衡控制。然而这两个产品质量控制系统之间存在着相互关联的影响，这些方案往往容易失败。为此，可作关联程度分析，然后采取有关措施，实现两端产品质量控制。

现以精馏塔的两个产品质量控制回路关联程度进行分析如下：

（1）选用 D 和 V 来控制塔顶组分 y 和塔底组分 x

这种方案回流罐液位由回流量控制，塔底液位由 B 控制，塔压由冷却量控制。用 D/F 和 V/F 作为操纵变量，则 DV 子系统的相对增益矩阵为

$$\boldsymbol{\Lambda}_{\mathrm{DV}}=\begin{array}{c|cc} & D/F & V/F \\ \hline y_{\mathrm{h}} & \lambda_{y\mathrm{D}} & \lambda_{y\mathrm{V}} \\ x_{\mathrm{l}} & \lambda_{x\mathrm{D}} & \lambda_{x\mathrm{V}} \end{array}$$

式中，y_{h} 表示塔顶产品中重组分；x_{l} 表示塔底产品中轻组分。

$$\lambda_{yD}=\frac{\left.\dfrac{\partial y_h}{\partial\dfrac{D}{F}}\right|_{\frac{V}{F}}}{\left.\dfrac{\partial y_h}{\partial\dfrac{D}{F}}\right|_{x_l}} \tag{7-53}$$

为便于通用分析，将式（7-27）和式（7-45）写成如下形式：

$$\frac{D}{F}=\frac{z_i-x_i}{y_i-x_i}=\frac{z_h-x_h}{y_h-x_h}=\frac{z_l-x_l}{y_l-x_l} \tag{7-54}$$

$$\frac{V}{F}=\beta\ln s=\beta\ln\frac{y_l x_h}{x_l y_h}=\beta\ln\frac{(1-y_h)x_h}{y_h(1-x_h)}=\beta\ln\frac{y_l(1-x_l)}{x_l(1-y_l)} \tag{7-55}$$

式中，z_h 表示进料中重组分；z_l 表示进料中轻组分；y_l 表示塔顶产品中轻组分；x_h 表示塔顶产品中重组分。

由式（7-55）可知

$$\left.\frac{\partial y_h}{\partial\dfrac{D}{F}}\right|_{\frac{V}{F}}=\left.\frac{\partial y_h}{\partial\dfrac{D}{F}}\right|_{s}$$

对物料平衡式（7-54）求导可得

$$\left.\frac{\partial\dfrac{D}{F}}{\partial y_h}\right|_s=\frac{(x_h-z_h)-\left.\dfrac{\partial x_h}{\partial y_h}\right|_s[(y_h-x_h)+(x_h-z_h)]}{(y_h-x_h)^2} \tag{7-56}$$

由式（7-55）可得

$$s(1-x_h)y_h=(1-y_h)x_h$$

$$x_h=\frac{sy_h}{1-y_h+sy_h} \tag{7-57}$$

将式（7-57）对 y_h 求导得

$$\left.\frac{\partial x_h}{\partial y_h}\right|_s=\frac{S}{(1-y_h+sy_n)^2}=\frac{x_h x_l}{y_h y_l} \tag{7-58}$$

将式（7-58）代入式（7-56）可得

$$\left.\frac{\partial y_h}{\partial\dfrac{D}{F}}\right|_{\frac{V}{F}}=\left.\frac{\partial y_h}{\partial\dfrac{D}{F}}\right|_s=\frac{(z_h-y_h)^2}{(x_h-z_h)+(z_h-y_h)\dfrac{(z_h x_l)}{(y_h y_l)}} \tag{7-59}$$

同样，对物料平衡式（7-54）求导，可确定在 x_l 不变时，y_h 对 D/F 的稳态增益为

$$\left.\frac{\partial y_h}{\partial\left(\dfrac{D}{F}\right)}\right|_{x_l}=\frac{(x_h-y_h)^2}{x_h-z_h} \tag{7-60}$$

于是将式（7-59）和式（7-60）代入式（7-53）可得

$$\lambda_{yD}=\frac{1}{1+\dfrac{(z_h-y_h)x_hx_l}{(x_h-z_h)y_hy_l}} \tag{7-61}$$

由相对增益矩阵性质可得

$$y_{xD}=(1-\lambda_{yD})=\frac{1}{1+\dfrac{(x_h-z_h)y_hy_l}{(x_h-y_h)x_hx_l}} \tag{7-62}$$

而 $\lambda_{xV}=\lambda_{yD}$，$\lambda_{yV}=\lambda_{xD}$。

如果忽略进料成分的影响，当 $x_l>>y_h$ 时，λ_{yD} 趋近于 0，λ_{xD} 趋近于 1，即选取 D 控制 x_l，V 控制 y_h。而当 $y_h>>x_l$ 时，λ_{yD} 趋近于 1，λ_{xD} 趋近于 0，即选取 D 控制 y_h，V 控制 x_l。换句话说，一般应该用物料平衡控制不太纯产品的成分，而用能量平衡来控制较纯产品的成分。

但是当 $\lambda_{xD}\approx1$，$\lambda_{yV}\approx1$ 时，选用 D 来控制 x_l，V 来控制 y_h，此时动态响应很差，而需采用另外控制方案。

（2）选用 B 和 L 控制 x 和 y

BL 子系统的相对增益矩阵为

$$\boldsymbol{\Lambda}_{BL}=\begin{array}{c|cc} & B/F & L/F \\ \hline y_h & \lambda_{yB} & \lambda_{yL} \\ x_l & \lambda_{xB} & \lambda_{xL}\end{array}$$

按上述方法可以导出

$$\lambda_{yB}=\frac{\left.\dfrac{\partial y_h}{\partial \frac{B}{F}}\right|_{\frac{L}{F}}}{\left.\dfrac{\partial y_h}{\partial \frac{B}{F}}\right|_{x_l}}=\frac{1}{1+\dfrac{(z_h-y_h)x_hx_l}{(x_h-z_h)y_hy_l}} \tag{7-63}$$

比较式（7-63）与式（7-61）可知

$$\lambda_{yB}(\boldsymbol{\Lambda}_{BL})=\lambda_{yD}(\boldsymbol{\Lambda}_{DV})$$

同时可得

$$\lambda_{yL}(\boldsymbol{\Lambda}_{BL})=\lambda_{yV}(\boldsymbol{\Lambda}_{DV})$$
$$\lambda_{xB}(\boldsymbol{\Lambda}_{BL})=\lambda_{xD}(\boldsymbol{\Lambda}_{DV})$$
$$\lambda_{xL}(\boldsymbol{\Lambda}_{BL})=\lambda_{xV}(\boldsymbol{\Lambda}_{DV})$$

用此子系统 $\boldsymbol{\Lambda}_{DV}$ 中 $\lambda_{xD}\approx1$，$\lambda_{yV}\approx1$，相当于子系统 $\boldsymbol{\Lambda}_{BL}$ 中 $\lambda_{xB}\approx1$，$\lambda_{yL}\approx1$，即用 B 控制 x_l，用 L 控制 y_h 的动态响应要快得多。

（3）选用 L 和 V 控制 y 和 x

子系统 $\boldsymbol{\Lambda}_{LV}$ 是唯一的非物料平衡子系统。两种产品成分用 L 和 V 加以控制，即全部用能量平衡控制。

相对增益 λ_{yL} 可以通过子系统 $\boldsymbol{\Lambda}_{DV}$ 的 λ_{yD} 来求出

$$\frac{\lambda_{yL}}{\lambda_{yD}}=1+\frac{\beta\ (y_1-x_1)^2}{(z_1-x_1)}\left(\frac{1}{y_1}+\frac{1}{y_h}\right)$$

或

$$\lambda_{yL}=\frac{(x_h-z_h)[(Z_1-x_1)y_1y_h+\beta(y_1-x_1)^2]+(Z_1-x_1)(z_h-y_h)x_hx_1}{(Z_1-x_1)[(x_h-z_h)y_hy_1+(z_h-y_h)x_hx_1]} \tag{7-64}$$

λ_{yL}（$\boldsymbol{\Lambda}_{LV}$）一般是正的，并且常常比1大得多。对于 $\lambda_{ij}>1$ 的匹配往往是不可取，因此这种控制方案采用较少。

求出相对增益后，就可对控制方案做出选择。相关不严重时，可以通过控制器参数整定的方法使相关回路的工作频率拉开，以减少相关；或通过被控变量与操纵变量的正确匹配以减少相关。如还不能达到要求，可以采用解耦控制系统。

由于精馏塔是一个非线性、多变量过程，准确求取动态特性相当困难，而稳态特性的求取比较容易，因此可以采用稳态解耦。为工程实施方便，只要采用前馈（简易）解耦即可，如果尚不能满足要求，可在稳态解耦基础上作适当动态补偿。

下面介绍一个精馏塔两端产品质量控制的应用实例。某气分装置的脱丙烷塔将液化石油气分离成 C_3 馏分和 C_4 馏分，并分别作为下游丙烯塔和脱异丁烷塔的进料。因此，对脱丙烷塔的塔顶和塔底组分均有较高要求，工艺指标均需达到99%。经过关联分析后，设计图7-71所示的脱丙烷塔两端产品质量控制系统。

在这里塔顶和塔底产品质量指标用温差来反映。塔顶温差控制器确定回流比 R 或 $D/(L+D)$，而液位控制器确定塔顶总量（$L+D$），这是因为塔压恒定条件下，进料变化对塔顶产品的影响，最终会反映到回流罐液位上。当液位升高时，液位控制器通过信号 $D/(L+D)$ 以固定比例增加回流量 L 和馏出液量 D；反之液位下降时，回流量 L 和馏出液量 D 成比例减少。这样恒定回流比，有助于保持塔顶产品组分。塔底产品组分通过恒定 V/B 和引入进料前馈保持恒定。塔压通过控制塔顶馏出物的热旁路和回流罐上放空的分程控制来恒定。由于塔顶和塔底产品质量同时控制，对这两个控制器参数设置适当拉开，以获得较好效果。

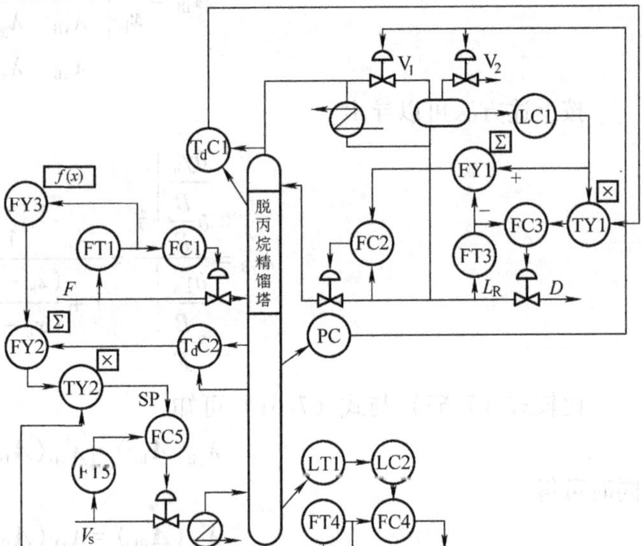

图7-71 脱丙烷塔两端产品质量控制系统

脱丙烷塔两端产品质量控制系统运行效果较好。当进料流量从9.5t/h突变到11t/h时，两端温差波动极小，意味着两端产品质量基本保持不变。当进料组分变化时，也能保证塔顶和塔底产品纯度达到99%的工艺要求。经过一段时间运行的统计数据表明，该塔的 V/B 由0.313降至0.217左右，回流比 R 由设计的3.19降至2.8左右，取得了明显的节能降耗效果。

7.6.8 精馏塔的优化

精馏塔的控制目标应该对产品质量、产品产量及能量消耗3个方面综合考虑。前面所述控制方案中，只强调产品质量符合一定的纯度要求，忽略了经济指标的综合考虑。因此，为了提高精馏操作的经济效益，应在保证产品质量前提下，选取一种能综合考虑精馏操作全部要求的经济指标（目标函数），使之最优。这就是精馏塔最优化。目前易于实现并能取得较高效益的最优化应该是稳态优化控制。要实现精馏塔稳态优化，首先应在一定约束条件下（如液泛、加热和冷却等限制，产品质量等限制，参数之间的相互依赖关系）选取一个表征精馏塔某种操作要求的目标函数。大多数优化目标函数是与产品的售价、成本、产量和能耗等经济指标有关的，它可以是利润或损耗，操作成本或生产率，质量或能耗。精馏塔的优化目标函数有4种形式。

1）成本和利润目标函数。这是美国学者欣斯基提出的两种形式的目标函数，其一是能耗和损耗函数

$$\frac{P_2}{F}=(P_D-P_B)\frac{B}{F}X_B+PH_V\frac{V}{F} \tag{7-65}$$

式中，P_D 和 P_B 是塔顶产品 D 和塔底产品 B 的单价；P 是加热和冷却的综合成本；V 是再沸器中产生的塔内上升蒸汽流量；H_V 是被分离的混合物的汽化潜热。

式（7-65）是单位进料的产品损耗和水、电、气等公用事业成本的组合。如果定义成本函数是单位进料的能量成本和产品价格损失两者之和，则式（7-65）就是成本函数。其二是利润函数：

$$P_P=P_DD+P_BB-P_FF-PH_VV-P_0 \tag{7-66}$$

式中，P_F 是进料的单价；P_0 为企业管理费、工资和设备折旧等固定成本。

利润函数是所有产品价值之和减去进料的成本。

2）成本函数。式（7-65）的成本函数只考虑能耗和产品价值损耗，没有考虑产品的产量。节能虽然可以降低能耗所需成本，但在产品质量合格的前提下，却要减少产量，这实际上往往会导致产品能耗的增加，从而不可能得到最大的经济效益。因此，必须同时考虑能耗和产量，使成本最低或收益最大。此时目标函数为

$$\frac{P_1}{F}=(P_D-P_B)\frac{B}{F}X_B+(P_B-P_D)\frac{D}{F}(1-X_D)+PH_V\frac{V}{F}+P_F \tag{7-67}$$

式（7-67）中，第一项为塔顶产品在塔底流失的经济损失，而第二项是塔底产品在塔顶流失的经济损失。上述两项中必有一项为负，当 $P_D>P_B$ 时，第二项为负值，它表示低价的塔底产品当作高价的塔顶产品出售而得到的经济利益。在满足塔顶产品质量指标时，显然第二项数值的增大对成本的降低是有利的。这就是所谓的“卡边控制”，即在塔顶产品质量合格的前提下，增加产量 D 和增大塔顶重组分（$1-X_D$）值会使收益增加的。可见，综合考虑第一、二两项时，成本函数更加完善。第三项为耗用能量所需成本。第四项为原料 F 所需成本。

3）单位进料量的利润函数。式（7-66）的利润函数是考虑进料量 F 的影响。当塔的进料量能够自由操作时，就可以选择最优进料量使利润函数式（7-66）为最大。这就是最优

进料问题，但对于单塔来说，能够自由选择进料的机会是很少的。因此，往往用单位处理量的利润函数作为目标函数。则式（7-66）可写为

$$\frac{P_2}{F}=P_{\mathrm{D}}\frac{D}{F}+P_{\mathrm{B}}\frac{B}{F}-C_{\mathrm{F}}-PH_{\mathrm{V}}\frac{V}{F}-\frac{P_0}{F} \tag{7-68}$$

4）综合收益函数。在式（7-68）利润函数的基础上，同时考虑产品流失的经济损失和卡边控制的收益，目标函数可改写成下列综合收益函数：

$$\frac{P_3}{F}=P_{\mathrm{D}}\frac{D}{F}+P_{\mathrm{B}}\frac{B}{F}-C_{\mathrm{F}}-PH_{\mathrm{V}}\frac{V}{F}-\frac{P_0}{F}-(P_{\mathrm{D}}-P_{\mathrm{B}})\frac{B}{F}X_{\mathrm{B}}-(P_{\mathrm{B}}-P_{\mathrm{D}})\frac{D}{F}(1-X_{\mathrm{D}}) \tag{7-69}$$

实际上这4种形式可归纳为两种：一是经济效益，应追求其极大值；二是经济损耗，应追求其极小值。两种形式可以互换，然后确定控制策略，决定控制作用的数值或函数关系（如作为控制器的设定值，或直接送到控制阀的信号），按照这个数值或函数关系去改变操纵变量，以使目标函数最优，在实现稳态优化控制的基础上，可以对某些变量进行必要的动态补偿。下面介绍一个回收甲醇精馏塔的具体实例。

某农药厂有一个从前道工序的洗涤水中回收甲醇的精馏塔，共有30块塔板。该塔进料的主要成分是甲醇和水，杂有少量盐类，可作为二元物系来看待。工艺要求馏出液 D 中甲醇含量 $x_{\mathrm{D}}\geqslant 98\%$（体积分数），釜液 B 作为废液排放，其要求甲醇含量 x_{B} 必须小于0.5%，主要扰动是进料流量 F 和料液中甲醇含量 x_{F} 的变化。在用常规仪表控制时，工况不够稳定。后对控制方案做了综合考虑，采用二级优化控制，基础级采用精馏段直接物料平衡控制方案，优化级采用稳态优化控制，给出 D 和 Q（加热量）的设定值，投运后效果良好，产品合格、工况稳定，而且能耗降低，获得明显经济效益。

1. 目标函数 J

目标函数采用损耗最小的形式。设 D 的单价为 P_{D}，B 的单价 P_{B}，热量的单价为 P_{Q}，则对每千摩尔的进料来说，由于有一部分轻组分进入釜液，产生的损耗是

$$\frac{Bx_{\mathrm{B}}}{F}(P_{\mathrm{D}}-P_{\mathrm{B}})$$

有一部分重组分进入馏出液，产生的损耗是

$$\frac{D(1-x_{\mathrm{D}})}{F}(P_{\mathrm{B}}-P_{\mathrm{D}})$$

耗用能量的损耗是

$$\frac{Q}{F}P_{\mathrm{Q}}$$

所以，总的目标函数是

$$J=\frac{BX_{\mathrm{B}}}{F}(P_{\mathrm{D}}-P_{\mathrm{B}})+\frac{D(1-x_{\mathrm{D}})}{F}(P_{\mathrm{B}}-P_{\mathrm{D}})+\frac{Q}{F}P_{\mathrm{Q}} \tag{7-70}$$

约束条件为

$$x_{\mathrm{D}}^0\leqslant x_{\mathrm{D}}\leqslant 1$$

$$x_{\mathrm{B}}^0>x_{\mathrm{B}}>0$$

x_D^0 和 x_B^0 都是工艺规定的浓度。在本例中，釜液作为废液排放，$P_B=0$。优化控制是要找出使 J 成为极小值的操作条件。

2. 数学模型

根据物料平衡和能量平衡来建立数学模型，主要有以下关系：

（1）物料分配与 x_D、x_B 的关系

依据组分和总的物料平衡关系有

$$Fx_F = Dx_D + Bx_B$$

$$F = D + B$$

由上可得出

$$\frac{D}{F}=\frac{x_F-x_B}{x_D-x_B} \tag{7-71}$$

$$\frac{B}{F}=\frac{x_D-x_F}{x_D-x_B} \tag{7-72}$$

（2）分离度 s 与消耗能量的关系

分离度 s 是能耗的函数，引入经验公式

$$\frac{Q}{F}=\beta\ln s=\beta\ln\frac{x_D(1-x_B)}{x_B(1-x_D)} \tag{7-73}$$

式中，β 称塔的特性因子，通过实测数据和数字仿真求得，在控制过程中，考虑到环境（外部）条件的变化，β 尚需在线进行修正。

（3）x_D 和 x_B 的估计

x_D 由灵敏板（第 11 板）温度来估计。

x_B 由釜温 T_c 来估计。依据测试数据回归，得出下列经验公式：

$$x_B=\exp(515.16-9.1823T_c+0.040472T_c^2) \tag{7-74}$$

（4）x_F 的估计

x_F 由推断估计得到

$$\begin{aligned} x_F =& 66.75-1.444T_4+0.05802T_{23}+5.529\times10^{-3}T_4^2-2.140\times10^{-3}T_{12}^2 \\ &-1.157\times10^{-3}T_{23}^2+3.691\times10^{-3}T_4T_{12}+1.200\times10^{-3}T_4T_{23} \end{aligned} \tag{7-75}$$

式中，T_4、T_{12}、T_{23}分别为第 4、12、23 板温度。

3. 优化策略及控制方案

为计算的方便，在此取 x_D 和 x_B 为自变量，将 D/F、B/F 与 Q/F 的关系式代入目标函数式，使 J 成为 x_D 与 x_B 的函数

$$J=P_D\frac{x_D-x_F}{x_D-x_B}x_B-P_D\frac{(x_F-x_B)(1-x_D)}{x_D-x_B}+P_Q\beta\ln\frac{x_D(1-x_B)}{x_B(1-x_D)} \tag{7-76}$$

为了求取极小值，先求出 $\partial J/\partial x_D$ 值

$$\frac{\partial J}{\partial x_D}=P_D\frac{x_B(x_F-x_B)}{(x_D-x_B)^2}+P_D\frac{(x_F-x_B)(1-x_D)}{(x_D-x_B)^2}+P_Q\beta\frac{1}{x_D(1-x_D)}$$

由于 $x_D>x_F>x_B$，$x_D<1$，$x_B>0$，$\partial J/\partial x_D$ 总是正值，因此，在约束范围内，x_D 应越小，才能使 J 越小，这样，应该卡边操作，x_D 的最优值应为

$$x_D^* = x_D^0 \tag{7-77}$$

将 x_D^* 代入目标函数式，在已定的 x_F 下，J 将仅是 x_B 的函数。令 $\partial J/\partial x_B = 0$，得

$$\frac{P_D(x_D^0 - x_F)}{(x_D^0 - x_B^0)^2} - \frac{P_Q B}{x_B^*(1 - x_B^*)} = 0 \tag{7-78}$$

式中，x_B^* 即为所求的最优值。

当 x_D^0 接近于1，x_B^0 接近于0时，可得 x_B^* 的近似表达式为

$$x_B^* = \frac{P_Q \beta}{P_D(x_D^0 - x_F)} \tag{7-79}$$

当然，$x_B{}^*$ 也受到工艺约束条件的限制。如果出现 x_B^* 的计算值高于 x_B^0，则应取 $x_B^* = x_B^0$。但在本例中，这样的情况很少发生。

取 x_D 和 x_B 为自变量，并不妨碍操纵变量的选取。在本例中，考虑到馏出液是主要产品，精馏段灵敏板作为检测点，从温度分布曲线看也较合适，故取 D 和 Q 为操纵变量。在已求得 x_D^* 和 x_B^* 后，D 和 Q 的最优值很容易从式（7-71）和式（7-73）解出

$$D^* = F\frac{x_F - x_B^*}{x_D^0 - x_B^*} \tag{7-80}$$

$$Q^* = F\beta\ln\frac{x_D^0(1 - x_B^*)}{x_B^*(1 - x_D^0)} \tag{7-81}$$

一个精馏塔的优化及控制方案如图7-72所示。这里采用二级优化及控制，基层级仍采用常规仪表。D^* 的控制设置流量副回路，流量的设定值采用前馈与反馈的复合形式。前馈量按式（7-58）由计算机给出 D^* 值，反馈控制系统采用精馏段灵敏板温度控制，以保证产品质量。为了使设定值能保持正常范围，需要引入偏置常量。

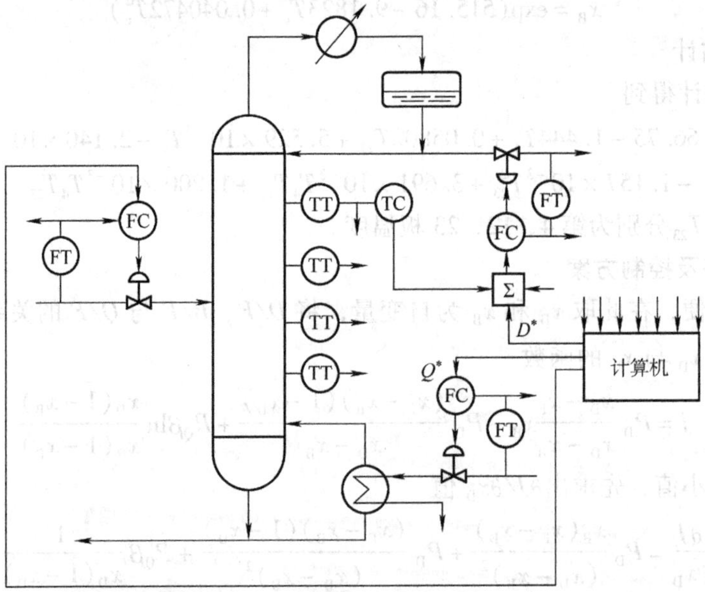

图7-72 一个精馏塔优化及控制方案

Q^* 的控制也设置流量回路，其设定值由计算机给出。

F 在正常工况下由操作人员设定，但最大流量要受到最大供热量的限制，流量的容许上限是

$$F = \frac{Q_{\max}}{\beta \ln \dfrac{x_D^0(1 - x_B^*)}{x_B^*(1 - x_D^0)}} \tag{7-82}$$

由计算机给出。

其他控制点自成回路，计算机不加控制，但能显示检测信号。

7.7 化学反应器的控制

7.7.1 化学反应器的控制要求

反应器是化工生产中一类重要的设备。由于化学反应过程伴有化学和物理现象，涉及能量、物料平衡，以及物料、动量、热量和物质传递等过程，因此，反应器的操作一般比较复杂。反应器的自动控制直接关系到产品的质量、产量和安全生产。

在反应器结构、物料流程、反应机理和传热传质情况等方面的差异，使反应器控制的难易程度相差很大，控制方案也差别很大。

化工生产过程通常可划分为前处理、化学反应及后处理 3 个工序。前处理工序为化学反应作准备，后处理工序用于分离和精制反应的产物，而化学反应工序通常是整个生产过程的关键操作过程。

设计反应器的控制方案，需从质量指标、物料平衡和能量平衡、约束条件 3 方面考虑。

1. 质量指标

反应器的质量指标一般指反应转化率或反应生成物的浓度。转化率是直接质量指标，如果转化率不能直接测量，可选取与它相关的变量，经运算间接反映转化率。如聚合釜出口温差与转化率的关系为

$$y = \gamma c(\theta_o - \theta_i)/x_i H \tag{7-83}$$

式中，y 是转化率；θ_i、θ_o 分别是进料与出料温度；γ 是进料重度；c 是物料的比热容，x_i 是进料浓度；H 是单位摩尔进料的反应热。

对于绝热反应器，进料温度一定时，转化率与进料与出料的温度差成正比，即 $y = K(\theta_o - \theta_i)$。这表明转化率越高，反应生成的热量越多，因此，同样进料温度条件下，物料出口温度也越高。所以，可用温差 $\Delta\theta = (\theta_o - \theta_i)$ 作为被控变量，间接反映转化率的高低。

化学反应过程总伴随有热效应。因此，温度是最能表征反应过程质量的间接质量指标。

一些反应过程也用出料浓度作为被控变量，例如，焙烧硫铁矿或尾砂的反应，可取出口气体中 SO_2 含量作为被控变量。但因成分分析仪表价格贵、维护困难等原因，通常采用温度作为间接质量指标，有时可辅以反应器压力和处理量（流量）等控制系统，满足反应器正常操作的控制要求。

当扰动作用下，反应转化率或反应生成物组分与温度、压力等参数之间不呈现单值函数关系时，需要根据工况变化补偿温度控制系统的给定值。

2. 物料平衡和能量平衡

为使反应正常操作，反应转化率高，需要保持进入反应器各种物料量的恒定，或物料的配比符合要求。为此，对进入反应器的物料常采用流量的定值控制或比值控制。此外，部分物料循环的反应过程中，为保持原料的浓度和物料的平衡，需设置辅助控制系统，如合成氨生产过程中的惰性气体自动排放系统等。

反应过程有热效应，为此，应设置相应的热量平衡控制系统，例如及时移热、使反应向正方向进行等。而一些反应过程的初期要加热，反应进行后要移热，为此，应设置加热和移热的分程控制系统等。

3. 约束条件

约束条件防止反应器的过程变量进入危险区或不正常工况。例如，一些催化反应中，反应温度过高或进料中某些杂质含量过高，将会损坏催化剂；流化床反应器中，气流速度过高，会将固相催化剂吹走，气流速度过低，又会让固相沉降等。为此，应设置相应的报警、联锁控制系统。

7.7.2 化学反应器的热稳定性

通常，化学反应伴有热效应。吸热反应过程随反应温度的升高，反应速度加快，但因吸收的热量也相应增加，因此，反应温度会下降。从热稳定性看，吸热反应过程具有自衡能力。即吸热反应过程的反应温度会稳定到一个新的稳定温度，该过程在开环条件下能够稳定。放热反应过程随反应温度的升高，反应速度加快，放热也增加，使反应温度更加升高，造成正反馈，如一些高分子聚合反应过程就是这样。如果不能及时除热，反应过程将不稳定，因此，这类过程在开环条件下是不稳定的。

1. 放热方程

反应器中，单位时间内放出热量 Q_R 为

$$Q_R = (-\Delta H)V_r = (-\Delta H)VkC \tag{7-84}$$

转化率 y 可表示为

$$y = \frac{C_0 - C}{C_0} = \frac{k\tau_c}{1 + k\tau_c} = \frac{k\dfrac{V}{F}}{1 + k\dfrac{V}{F}} \quad \text{或} \quad kV = F\frac{y}{1-y} \tag{7-85}$$

$$C = C_0(1-y) \tag{7-86}$$

因此，单位时间内放出热量 Q_R 为

$$Q_R = (-\Delta H)VkC_0(1-y) = (-\Delta H)FC_0 y \tag{7-87}$$

式中，ΔH 是摩尔反应热（吸热为正，放热为负）；V 是反应器内物料容积；r 是反应速度，C 是反应物的摩尔浓度；θ 是反应温度；F 是进料量；τ_c 是停留时间。

式（7-87）表明，放热量 Q_R 与进料量 F 成正比，与转化率 y 成正比。因此，放热量 Q_R 与反应温度 θ 的关系曲线与转化率 y 与反应温度 θ 的关系曲线相似，为S形曲线。在反应温度较低时，反应的放热量较小；反应过程中，反应温度不断升高，放热量也不断增加；反应后期，转化率下降，放热量也随之下降。

2. 除热方程

在绝热状态下进行反应时，系统的除热量 Q_0 为

$$Q_0 = F\rho C_p(\theta - \theta_i) \tag{7-88}$$

式中，F 是进料量；ρ 是进料密度；C_p 是进料比热容；θ_i 是进料温度；θ 是反应器内温度。

除热量 Q_0 与进料量 F 成正比，与反应温度 θ 成正比。因此，除热线是一条直线，直线的斜率为 $F\rho C_p$，截距为 $-F\rho C_p\theta_i$，它与 θ 轴交点为 θ_i。

3. 稳态工作点

当放热量等于除热量时，系统的热量平衡。在热量与温度的关系曲线上表现为放热线与除热线的交点处热量达到平衡。

除热线的影响：图 7-73 为放热线和除热线。

图 7-73 中，除热线 1 与放热线（S 形曲线）只有一个交点 C，该点称为稳态工作点。当因扰动使工作点偏离时，如反应温度上升，则因除热量大于放热量，工作点仍恢复到 C；反之，反应温度降低，则因放热量大于除热量，反应温度会上升，直到回复到原工作点 C。因此，工作点 C 称为热稳定的工作点。这时，系统在开环条件下稳定。

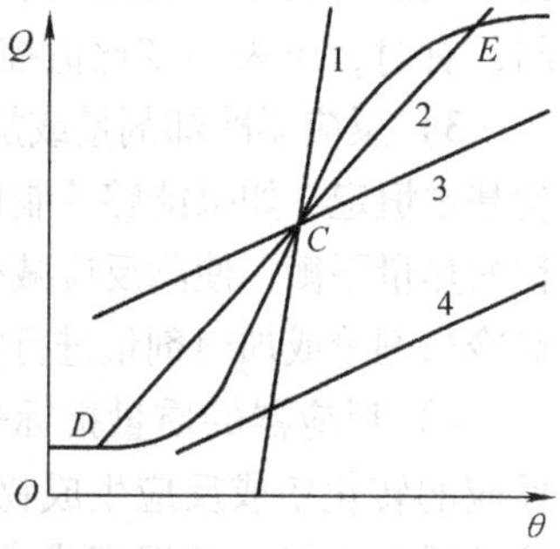

图 7-73　放热线和除热线

除热线 2 与放热线有 3 个交点 C、D 和 E，如果扰动使反应温度升高，则工作点 C 处，放热量大于除热量，反应温度会继续上升，直到工作点 E。反之，如果扰动使反应温度降低，则因除热量大于放热量，反应温度会继续降低，直到工作点 D。因此，工作点 C 是热不稳定的工作点，这时，只有 D 和 E 才是热稳定工作点。

除热线 3 与放热线有一个交点 C，但扰动影响下，反应温度升高后，因放热量大于除热量，反应温度继续升高，因此，工作点 C 是热不稳定的工作点。

除热线 4 与放热线没有交点，因此，不存在稳态工作点。

放热线的影响：上面仅讨论除热线方程变化对工作点的影响，放热线方程也会随着停留时间的增加而右移。因此，它们对稳态工作点也有影响，讨论如下：

1）绝热反应：当停留时间 τ_c 不变，入口温度 θ_i 变化时，放热线曲线不变，除热线斜率不变，但截距变化，除热线位置左右平移，因此，一般情况下，只影响初始工作点，不影响系统的热稳定性。但当入口温度过低时，反应速度接近于零，这时，几乎不发生反应。当停留时间 τ_c 变化，入口温度 θ_i 不变时，表示进料量变化，它不仅使放热线位置发生移动，而且使除热线的斜率和截距发生变化，因此，对热稳定性有一定影响。

因此，在绝热状态下进行的放热反应，调整进料量和进料温度对系统的热稳定性影响不大；当进料量变化过大，或入口温度过低时，对系统热稳定性有影响。

2）非绝热反应：非绝热反应时，需要用载热体进行冷却，则除热量方程成为

$$Q_0 = F\rho C_p(\theta - \theta_i) + UA(\theta - \theta_C) \tag{7-89}$$

式中，U 是传热系数；A 是传热面积；θ_C 是冷剂温度。

式（7-89）表明，在停留时间不变时，可以调整 U 和 A 来改变除热线斜率，即改变转化率。如果 UA 越大，则除热能力越强，系统越容易稳定。

7.7.3 化学反应器的基本控制策略

影响化学反应的扰动主要来自外部，因此，控制外围是反应器控制的基本控制策略。采用的基本控制方法如下：

1）反应物流量控制：为保证进入反应器物料的恒定，可采用参加反应物料的定值控制，同时，控制生成物流量，使由反应物带入反应器的热量和由生成物带走的热量也能够平衡。反应转化率较低、反应热较小的绝热反应器或反应温度较高、反应放热较大的反应器，采用这种控制策略有利于控制反应的平稳进行。

2）流量的比值控制：多个反应物料之间的配比恒定是保证反应向正方向进行所需的，因此，不仅要稳态保持相应的比值关系，还需要在动态保证相应的比值关系，有时，需要根据反应的转化率或温度等指标及时调整相应的比值。为此，可采用单闭环、双闭环比值控制，有时，可采用变比值控制系统。

3）反应器冷却剂量或加热剂量的控制：当反应物量稳定后，由反应物带入反应器的热量就基本恒定，如果能够控制放热反应器的冷却剂量或吸热反应器的加热剂量，就能够使反应过程的热量平衡，使副反应减少，及时地移热或加热，有利于反应向正方向进行。因此，可采用对冷却剂量或加热剂量进行定值控制或将反应物量作为前馈信号组成前馈-反馈控制系统。

4）反应器的质量指标是最主要的控制目标。因此，对反应器的控制，主要被控变量是反应的转化率或反应生成物的浓度等直接质量指标。当直接质量指标较难获得时，可采用间接的质量指标，如温度或带压力补偿的温度等。操纵变量可以采用进料量、冷却剂量或加热剂量，也可采用进料温度等进行外围控制。

7.7.4 化学反应器的基本控制方案

1. 出料成分的控制

当出料成分可直接检测时，可采用出料成分作为被控变量组成控制系统，如合成氨生产过程中变换炉的控制。

变换生产过程是将造气工段来的半水煤气中的一氧化碳转化为合成氨生产所需的氢气和易于除去的二氧化碳，变换炉进行如下气固相反应：

$$CO + H_2O \rightarrow CO_2 + H_2 + Q$$

变换反应的转化率可用变换气中一氧化碳含量表征。控制要求为：变化炉出口一氧化碳含量 CO < 3.5%。影响变换生产过程的扰动是半水煤气流量、温度、成分，蒸汽压力和温度，冷激水量和催化剂活性等。影响变换反应的主要因素是半水煤气和蒸汽的配比。据此，设计以变换炉出口一氧化碳含量为主被控变量，蒸汽和半水煤气比值为串级副环的变比值控制系统，如图 7-74 所示。其中，半水煤气为主动量，蒸汽为从动量。

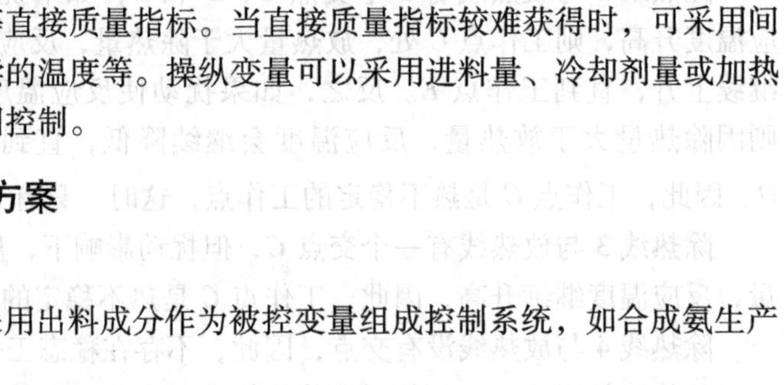

图 7-74 变换炉出口气一氧化碳含量控制系统

2. 反应过程的工艺参数作为间接被控变量

在反应器的工艺参数中，通常选用反应温度作为间接被控变量。常用的控制方案如下：

1）进料温度控制：如图 7-75 所示，物料经预热器（或冷却器）进入反应器。这类控制方案通过改变进入预热器（或冷却器）的热剂量（或冷剂量），来改变进入反应器的物料温度，达到维持反应器内温度恒定的目的。

2）改变传热量：大多数反应器有传热面，用于引入或移去反应热，所以采用改变传热量的方法可实现温度控制。如图 7-76 所示，当釜内温度改变时，可通过改变热剂（或冷剂）流量来控制釜内温度。该控制方案结构简单、仪表投资少，但因反应釜容量大，温度滞后严重，尤其在进行聚合反应时，釜内物料黏度大、热传递差、混合不易均匀，难以使温度控制达到较高精确度。

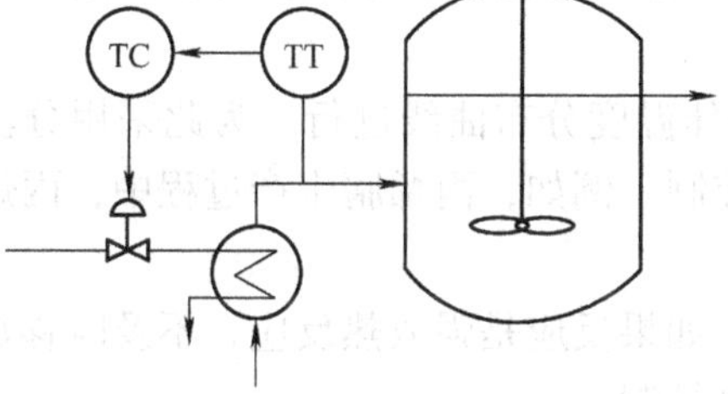

图 7-75　进料温度控制

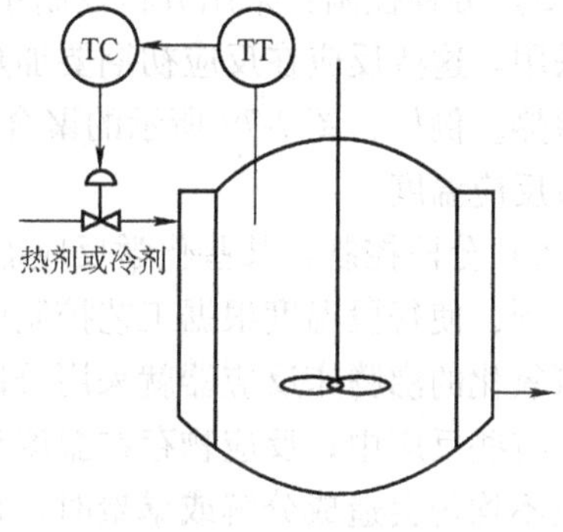

图 7-76　改变传热量的控制

3）串级控制：将反应器的扰动引入到串级控制系统的副环，使扰动得以迅速克服。例如，釜温与热剂（或冷剂）流量的串级控制系统（见图 7-77a），釜温与夹套温度的串级控制系统（见图 7-77b），氨氧化过程的串级控制（见图 7-78）等。

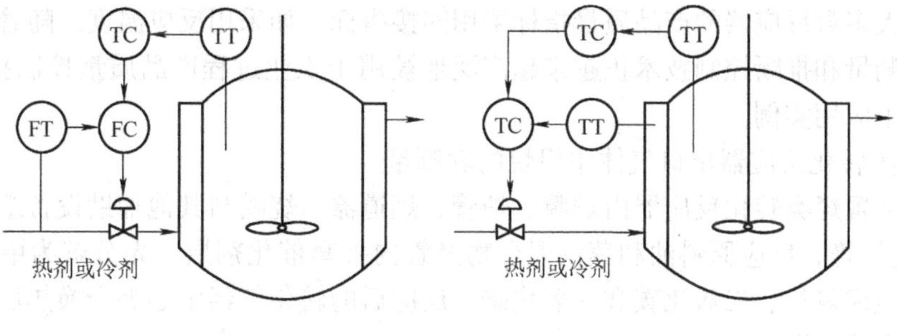

a) 温度和冷剂量串级　　b) 温度与夹套温度串级

图 7-77　反应器温度的串级控制系统

4）前馈控制：进料流量变化较大时，应引入进料流量的前馈信号，组成前馈-反馈控制系统。如图 7-79 所示，前馈控制器的控制规律是 PD 控制。由于温度控制器采用积分外反馈防止积分饱和，因此，前馈控制器输出采用直流分量滤波。

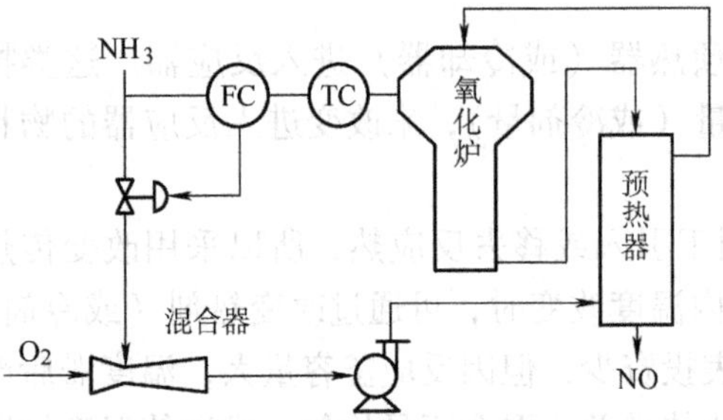

图 7-78 氨氧化过程的串级控制系统

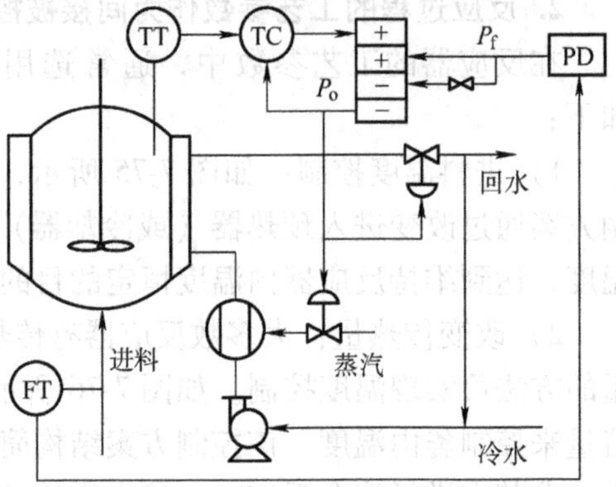

图 7-79 反应器的前馈-反馈控制系统

5）分程控制：采用分程控制系统除了可扩大可调范围外，对一些聚合反应器的控制也常采用。这些反应在反应初期要加热升温，反应过程正常运行时，要根据反应温度，或加热或除热。例如，图 7-79 所示的聚合反应器就采用分程控制系统，通过控制回水和蒸汽量来调节反应温度。

6）分段控制：某些化学反应器要求其反应沿最佳温度分布曲线进行。为此采用分段温度控制，使每段温度根据工艺控制的设定要求进行控制。例如，丙烯腈生产过程中，丙烯进行氨氧化的沸腾床反应器就采用分段控制。

有些反应中，反应物存在温度稍高会局部过热，如果反应是强放热反应，不及时移热或移热不均匀会造成分解或暴聚时，也可采用分段温度控制。

采用反应过程的工艺参数作为间接被控变量时，由于这些被控变量与质量指标之间有一定的联系，但对质量指标来看，系统是开环的，其间没有反馈的联系。因此，应注意防止由于催化剂老化等因素造成被控变量控制是平稳的，而产品质量指标不合格的情况发生。

3. 化学反应器的推断控制

采用在线分析仪表检测化学反应器的产品质量指标，具有滞后大、难维护、价格贵等缺点，因此，大多数反应器的产品质量指标采用间接指标，如采用反应温度。随着计算机技术的发展，软测量和推断控制技术正越来越广泛地被用于工业过程产品质量控制指标的检测。下面介绍几个应用实例。

（1）烃类转化反应器出口气体中甲烷的软测量

某甲醇装置烃类转化反应器由炉膛、炉管、烟道器、烧嘴与其他辅助设备组成。炉膛内有 76 根转化炉管，反应原料油和蒸汽混合物经管内夹套催化剂层，先分解为甲烷，然后发生化学反应生成氢气、二氧化碳和一氧化碳，反应后的转化气经中心夹套换热后流出，并经集气总管送合成工段。

烃类转化反应器出口气中甲烷含量是一个十分重要的控制指标。因采用在线分析仪表的滞后大，因此，常用反应温度作为间接质量指标。该生产过程中负荷变化较频繁，因此，采用在线分析仪表作模型校正用，采用软测量技术估计甲烷含量。

经分析，选用下列过程变量作为辅助变量：反应炉管外壁温度 T_1、二氧化碳添加量 F_1，水碳比 R_1、转化反应器压力 P_1。经实测过程数据，和统计回归分析，建立如下出口气体中甲烷含量 y 的数学模型：

$$y = 252.0848 - 0.5109T_1 - 0.8889 \times 10^{-3}F_1 - 2.232R_1 + 0.2262P_1 + 0.2652 \times 10^{-3}T_1^2 \tag{7-90}$$

根据数学模型估计的出口甲烷含量 y 与在线红外分析仪表测量值之间有较大误差。经分析，主要是稳态数学模型与实际生产过程存在差异，为此，对模型作如下修正：

$$y(t) = y_1(t) + k_1[y_2(t-\tau) - y_1(t-\tau)] + k_2[y_2(t-\tau-\Delta t) - y_1(t-\tau-\Delta t)] \tag{7-91}$$

式中，$y(t)$ 是 t 时刻甲烷含量的在线估计值；$y_1(t)$ 是 t 时刻由上式计算得到的甲烷含量；τ 是纯时滞时间，随生产负荷变化而变化，采用最小二乘法定时在线计算得到；Δt 是时间间隔，人工调整的时间参数；k_1 和 k_2 是加权系数，根据所需控制要求调整。

经模型修正后的甲烷含量与实际分析数据十分接近，采用该修正后的甲烷组成的串级解耦控制系统已经成功地用于实际的生产过程，并取得较好控制效果。

（2）酯化釜中酯化率的软测量和控制

生产涤沦的直接酯化法生产过程中，第一酯化釜出口质量指标控制至关重要，通常采用酯化率（ES）和二甘醇（DEG）含量作为质量指标。工艺通过出口 ES 和 DEG 的采样分析对生产过程进行操作，不能满足工艺控制要求，为此，采用软测量技术对 ES 和 DEG 进行测量和控制。

根据工艺机理分析和实际测试，影响 ES 和 DEG 的可测变量如下：进料 EG 与 PTA 的摩尔比值 MET、反应温度 T、反应压力 P、停留时间 TM 等 4 个变量。因此，软测量模型采用 3 层 BP 网，输入层采用 4 个节点，隐含层采用 20 个节点，输出层采用 2 个节点。

软测量数学模型采用梯度下降收敛算法。因梯度下降法容易进入局部最优，为此，在收敛过程中采用了如下一些改进：采用自动改变收敛因子，改进收敛速度；用重新随机赋初值的方法跳出局部最优点；充分利用工艺先验知识，对过程数据进行预处理，加快收敛速度。

经测试和长期运行的考验，该数学模型的精确度在 ±1% 以内，满足了工艺控制的要求。在此基础上，经分析和实际测试发现酯化釜温度的扰动影响较强，因此，将酯化釜温度作为副被控变量，将酯化率作为主被控变量组成以动态矩阵控制器为主控制器、酯化釜温度控制器为副控制器的串级控制系统，使整个控制系统既具有较好的跟踪性能和鲁棒性，又具有较好的抗干扰性能。实际运行表明该控制系统满足生产过程的控制要求，取得较高经济效益。

（3）流化床干燥器湿含量的推断控制

流化床干燥器的主要质量指标是物料出口湿含量。因为固体颗粒的湿含量难于直接测量，因此，采用推断控制方法进行控制。

根据工艺机理，固体颗粒湿含量 x 与入口、出口温度（T_i、T_o）及湿球温度 T_w 有如下关系：

$$x = \frac{x_C GC}{H_v \gamma A} \ln\left(\frac{T_i - T_w}{T_o - T_w}\right) \tag{7-92}$$

式中，x_C 是降速和恒速干燥的临界湿含量；G 是空气流量；C 是空气比热容；H_v 是水的潜热；γ 是传质系数；A 是固体颗粒的表面积。

实际运行时，对数项前的系数基本不变，可作为常数处理，因此，湿含量 x 仅与入口、出口温度和湿球温度有关。但湿球温度 T_w 的测量有困难，在较高温度下，湿球温度是入口干球温度的函数，而受湿度影响较小，因此，针对特定的物料湿含量 x，可建立 T_o 与 T_i 的关系曲线。只要控制 T_o 与 T_i 的值符合某一关系曲线，就能将湿含量控制在相应数值。

将所建立 T_o 与 T_i 的关系曲线用可调整斜率为 R、截距为 b 的直线近似，即

$$T_{os}=b+RT_i \tag{7-93}$$

式中，T_{os} 是出口温度希望的设定值；斜率 R 和截距 b 由关系曲线确定，并在现场进行适当调整。

考虑到入口温度变化到出口温度变化之间的时滞，在计算 T_{os} 前，应对入口温度进行延时。流化床干燥器出口物料湿含量的推断控制系统如图 7-80 所示。图中，TY 用于根据 T_o 与 T_i 的关系曲线计算出口温度希望的设定值，其中，包含了对入口温度的延时功能。T_1C 是出口温度控制器，T_2C 是入口温度控制器，P_dC 是干燥器压降控制器。

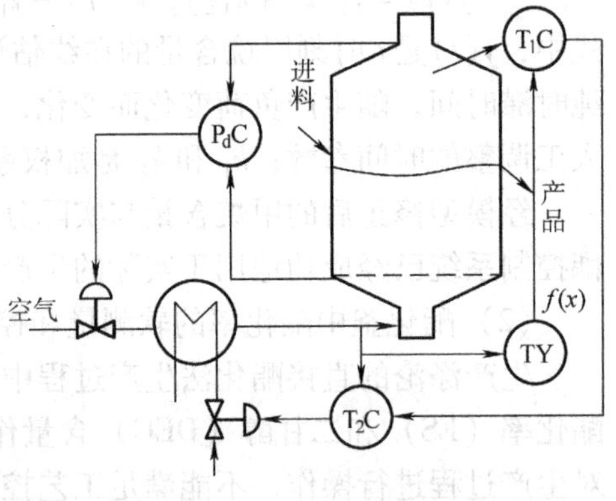

图 7-80 流化床干燥器出口物料湿含量推断控制系统

流化床控制系统框图如图 7-81 所示。图中，TY 用于实现推断控制运算。根据框图，当因扰动引起入口温度升高时，经推断运算回路，使出口温度希望的设定值升高，经主控制回路，使入口温度进一步升高，因此，图中上面的回路是正反馈控制系统，而下面的串级控制系统是负反馈控制系统。只有负反馈回路的控制作用大于正反馈控制回路的控制作用，控制系统才能稳定，为此，在 TY 中引入时滞，用于延时入口温度的变化，其数值应大于主控制器的积分时间；调整推断运算环节中斜率（即增益）的数值，使满足稳态时，总正反馈增益小于总负反馈增益。

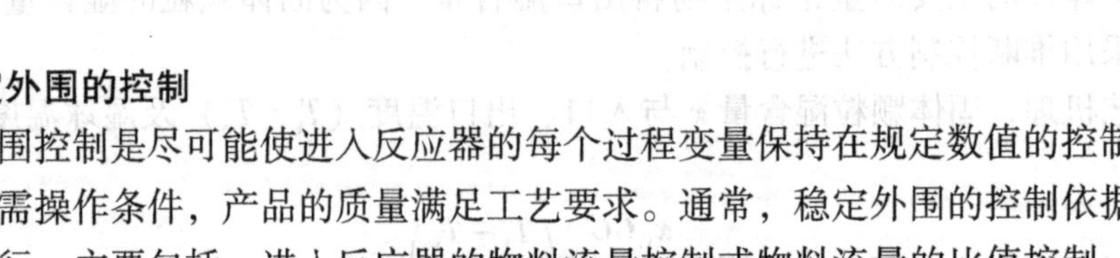

图 7-81 流化床控制系统框图

4. 稳定外围的控制

稳定外围控制是尽可能使进入反应器的每个过程变量保持在规定数值的控制，它使反应器操作在所需操作条件，产品的质量满足工艺要求。通常，稳定外围的控制依据物料平衡和能量平衡进行，主要包括：进入反应器的物料流量控制或物料流量的比值控制；控制反应器出料的反应器液位控制或反应器压力控制；稳定反应器热量平衡的入口温度控制，或加入（移去）热量的控制。

石脑油为原料的一段转化炉内进行如下反应：

$$C_nH_{2n+2}+\frac{n-1}{2}H_2O\rightarrow\frac{3n+1}{4}CH_4+\frac{n-1}{4}CO_2$$

$$CH_4+H_2O\leftrightarrow CO+3H_2+Q$$

甲烷转化为一氧化碳的反应是强吸热反应。由炉管外的烧嘴燃烧燃料供给热量，转化过程的控制指标是：出口气体中甲烷含量符合工艺要求；出口气体中氢氮比符合工艺要求。为此，组成稳定外围的控制系统。一段转化炉简化控制点流程如图 7-82 所示。

该系统由下列主要控制系统组成：

1）进料流量控制：对各进料流量进行闭环控制，包括原料石脑油、蒸汽和空气，及总燃料量等流量的闭环控制。

2）保证蒸汽、空气和石脑油之间的比值控制：以蒸汽流量作为主动量，石脑油作为从动量（比值 k_3），组成双闭环比值控制系统；以石脑油流量作为主动量，空气作为从动量（比值 k_1），组成双闭环比值控制系统。

3）热量控制：以石脑油流量作为主动量，总燃料量作为从动量（比值 k_2），组成双闭环比值控制系统，保证供热量与原料量的配比。该系统采用两种燃料：炼厂气和液化气。液化气的热值高，炼厂气的热值低，因此，根据热值分析仪 AT 的数值，经热值控制器调整炼厂气和液化气的比值，其中，炼厂气是主动量，液化气是从动量和串级控制系统的副被控变量，热值是串级控制系统的主被控变量，组成变比值控制系统，保证热值恒定，从而间接保证了出口气中残余甲烷含量满足工艺要求。

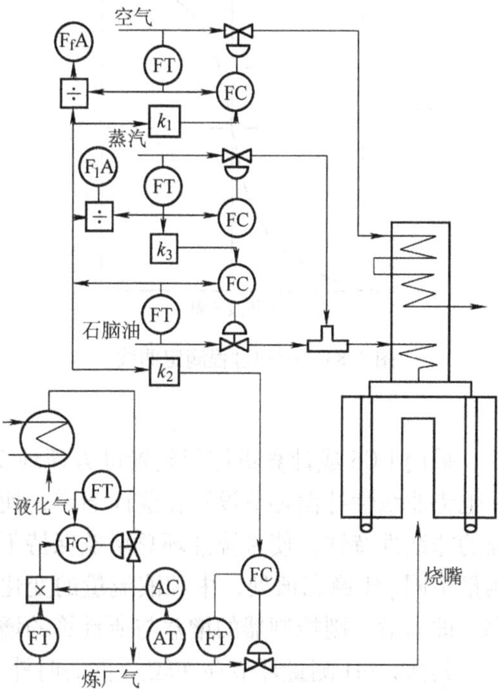

图 7-82 一段转化炉简化控制点流程

4）压力控制：控制炉管内物料的压力，保证反应器出口气体流量的稳定，图 7-82 中未画出。

5. pH 控制

酸碱中和反应是反应过程中常见的一类反应。在环境保护等领域有广泛应用。pH 控制是该类反应过程的重要控制。pH 值是反应过程的质量指标。由于 pH 值与中和液之间存在非线性关系，中和过程滴定曲线如图 7-83 所示，pH 值的测量环节具有时滞特性，因此，对 pH 控制有一定困难。

首先，pH 过程的特性不能通过选择控制阀的流量特性来补偿。通常，采用非线性控制规律实现 pH 过程特性的补偿。例如，由欣斯基（Shinsky）提出的三段式非线性控制器。其基本原理是控制器用 3 段不同的增益，补偿 pH 过程增益的变化，使控制系统总开环增益保持基本不变，满足系统稳定运行的准则。pH 过程的设定值通常控制在 pH = 7，因此，偏差小时，过程的增益大，偏差大时过程增益小，为此，三段式非线性控制器的增益应设计成偏差大时增益大，偏差小时增益小。图 7-84 是正作用的三段式非线性控制器偏差与输出之间的关系曲线。也可采用其他非线性控制规律的控制器。例如，可采用如下规律的比例积分控制器：

$$u(t) = K_c\left[e(t)\,|\,e(t)\,|\, + \frac{1}{T_i}\int_0^t e(\tau)\mathrm{d}\tau\right] + u_0 \tag{7-94}$$

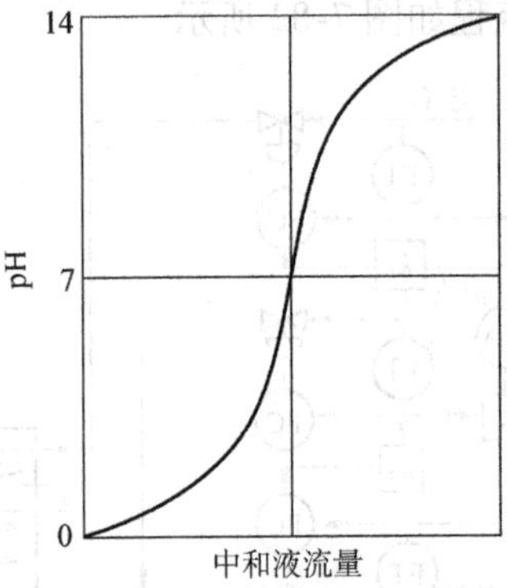

图 7-83 中和过程滴定曲线

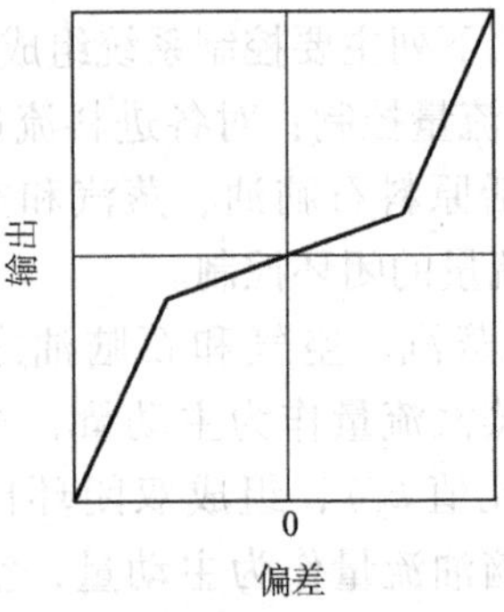

图 7-84 三段式非线性控制器偏差与输出关系曲线

采用 DCS 或计算机控制装置可方便地实现非线性控制规律，近年推出的智能阀门定位器也将非线性补偿环节设置在前向通道，使非线性环节的实现变得容易。为较好补偿 pH 过程的非线性特性，使系统开环总增益保持不变，可对 pH 过程的非线性特性进行测试。通过测量不同 pH 稳态值处，中和液流量的变化量 ΔF 和 pH 的变化量 ΔpH，计算其变化量的斜率，即增益，则控制器的增益与所计算的增益倒数成正比。

其次，pH 测量环节存在较严重的时滞。因此，实施 pH 控制时，可采用减小测量环节时滞的一些措施，例如采用外部的循环泵将被测量液体连续采出等。还可采用加大时间常数的方法，缓和 pH 的变化。一般不采用简单控制系统，可采用第 6.4 节介绍的时滞补偿控制系统。

此外，pH 控制系统也可采用分程控制方案，其中，大阀进行粗调，小阀进行细调。这种控制方案适用于 pH 变化范围较大的场合。采用流加的工艺过程，例如发酵过程中，由于底物和流加物的量不断增加，因此，这时 pH 控制应采用自适应控制或采用前馈-反馈控制，以适应流量的变化。

习题及思考题

7-1 离心泵的流量控制方案有哪几种形式？

7-2 离心泵与往复泵流量控制方案有哪些相同点与不同点？

7-3 何谓离心式压缩机的喘振？产生喘振条件是什么？

7-4 离心式压缩机防喘振控制方案有哪几种？简述适用场合。

7-5 试述一般传热设备的控制方案，并举例说明。

7-6 图 7-85 所示的蒸汽加热器中：

(1) 主要扰动为进料流量 G_1，其变化幅度较大且频繁，设计合理控制系统，并确定控制器正、反作用。

(2) 主要扰动为加热蒸汽上游压力 P，其变化幅度较大且频繁，设计合理控制系统，并确定控制器正、反作用。

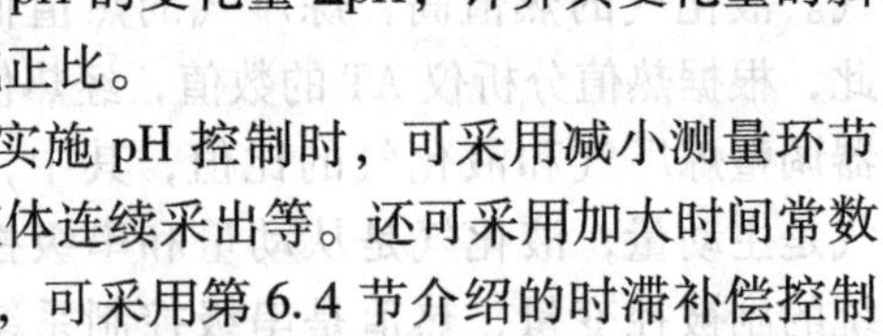

图 7-85 蒸汽加热器

7-7　蒸发器产品浓度控制方案中采用温差法测浓度时，如何选择气相测温点？

7-8　简述加热炉的控制方案。

7-9　工业窑炉过程控制主要包括哪些内容？

7-10　精馏塔的控制要求是什么？

7-11　精馏塔的主要扰动因素是哪些？

7-12　精馏塔的被控变量有哪几个？操纵变量又是哪几个？

7-13　什么情况下采用精馏段指标控制？什么情况下采用提馏段指标控制？

7-14　试说明精馏塔的物料平衡控制，并举例说明。

7-15　试说明精馏塔的能量平衡控制，并举例说明。

7-16　试述液相采出，馏出物中含有微量不凝物时精馏塔塔压控制方案。

7-17　试述精馏塔内回流控制系统，并简述适用场合。

7-18　试述精馏塔浮动塔压控制，并简述适用场合。

7-19　反应器控制系统中的被控变量、操纵变量和扰动变量有哪些？

7-20　什么是反应器的热稳定性？吸热反应器的被控对象是否一定稳定？放热反应器的被控对象是否一定不稳定？为什么？

7-21　化学反应器的常用控制方案有哪些？主要控制目标是什么？

7-22　某连续搅拌夹套反应器，反应初期要用蒸汽或热水加热，反应进行后要移热。设计反应器温度控制系统来满足上述控制要求。

第 8 章　典型工业生产过程的控制

8.1　常减压蒸馏过程的控制

常减压蒸馏过程分 3 段，即初馏、常压蒸馏和减压蒸馏，用于生产各种燃料油和润滑油馏分。常减压蒸馏过程的流程简图如图 8-1 所示。

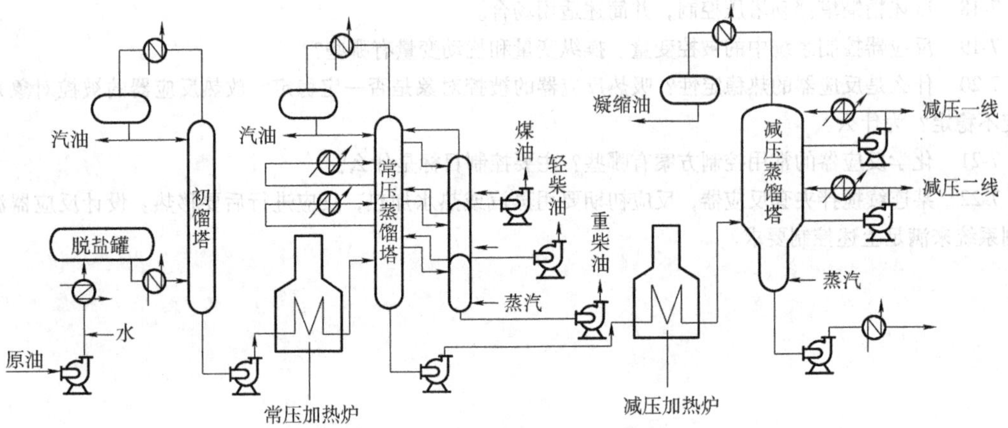

图 8-1　常减压蒸馏过程的流程简图

1）初馏。脱盐、脱水后的原油经换热后以 220～240℃进入初馏塔（预汽化塔），从塔顶以气态馏出初馏点约 130℃的馏分作为重整原料或更重的汽油，经冷凝冷却后部分作为回流，侧线不出产品。

2）常压蒸馏。初馏塔底的拔头原油经常压加热炉加热到 360～370℃，进入常压蒸馏塔，塔顶气相经冷凝，作为回流，使塔顶温度控制在 90～110℃，塔顶到进料段之间的温度逐渐升高，并利用馏分沸点范围的不同，在塔顶蒸出汽油气和水蒸气，在常压塔的每段外部设置汽提塔，作为该段精馏的提馏段，从而在侧一线、侧二线和侧三线分别蒸出煤油、轻柴油、重柴油。侧线馏分经常压汽提塔用过热蒸汽提出轻组分后，经换热回收热量，再分别冷却到一定温度送出装置。塔底约 350℃，塔底未汽化的重油用过热蒸汽汽提出轻组分后，作为减压塔进料。

3）减压蒸馏。常压蒸馏塔底重油经泵加压送减压加热炉，加热到 380℃，进入减压蒸馏塔，塔顶不出产品，分离出来的不凝气和水蒸气送大气冷凝器，经冷凝后用二级蒸汽喷射泵抽出不凝气，使塔压保持在 2.67～10.67kPa，以利于在减压下使油品充分蒸出。塔侧从一线和二线抽出润滑油馏分或裂化原料油，经汽提塔汽提（图 8-1 中未画出），换热冷却后，部分作为回流，部分作为产品送出装置。塔底减压渣油也用过热蒸汽汽提出轻组分，提高拔出率，用泵抽出后经换热冷却后出装置，作为自用燃料或商品燃料油，或作为沥青原料、丙烷脱沥青装置的原料，用于生产重质润滑油和沥青。通常，常压蒸馏塔的拔出率约为 25%～40%，减压塔拔出率约为30%。

常减压过程的控制主要为加热炉的控制、精馏塔的控制等。常减压过程控制的特点如下：常压蒸馏塔和减压蒸馏塔的控制只有精馏段，因此，按精馏段指标进行控制；都有侧线产品，它含有比该分馏组分更轻的组分，为此，每个侧线有汽提装置，进行蒸汽蒸馏，以获得满意的分馏点；进料来自加热炉，因此，进料是两相混合物料进料。

8.1.1　常减压过程的控制要求和目标

常压系统主要用于生产燃料油，控制要求是馏分组分。以提高分馏精确度为主要控制目标，提高常压蒸馏塔拔出率，降低加热炉热负荷，提高处理能力，为减压蒸馏塔操作打好基础。主要扰动有进料量、进料温度（热焓）、回流量或回流比，加热蒸汽温度和流量，过热蒸汽温度和压力等。控制指标主要有常压塔塔顶温度、各侧线的分馏点温度等。

1. 加热炉的控制

原油加热炉因处理量大，通常采用多个支路，由于加热炉燃烧的不均匀，造成各支路出口温度不同。为使出口温度平稳，并使常压蒸馏塔和减压蒸馏塔能够平稳操作，需对各支路进行平衡控制。要求在保证各支路流量差不大于约束值，各支路流量之和等于总原油处理量的条件下，通过调节支路流量，使支路出口温度差最小。

某加热炉的出口温度采用广义多变量预测控制实现平衡控制。共有4个炉管，测得被控对象的传递函数如下：

$$\left.\begin{aligned}G_1(s)&=\frac{\Delta T_1(s)}{\Delta F_1(s)}=\frac{-3.5\mathrm{e}^{-3s}}{(11.4s+1)(2.8s+1)}\\G_2(s)&=\frac{\Delta T_2(s)}{\Delta F_2(s)}=\frac{-3.3\mathrm{e}^{-3s}}{(12.2s+1)(2.6s+1)}\\G_3(s)&=\frac{\Delta T_3(s)}{\Delta F_3(s)}=\frac{-3.6\mathrm{e}^{-3s}}{(11.6s+1)(2.9s+1)}\\G_4(s)&=\frac{\Delta T_4(s)}{\Delta F_4(s)}=\frac{-3.1\mathrm{e}^{-3s}}{(11.9s+1)(2.5s+1)}\end{aligned}\right\}\tag{8-1}$$

图8-2为加热炉的广义预测控制。图中，计算模块将求和模块4个偏置输入分别与常压蒸馏塔塔底液位控制器输出相加，作为4路支路流量控制器的设定。常规控制时，将液位控制器输出直接作为流量控制器的设定。4个偏置输入之和为零，从而保证总流量不变。广义预测控制器的输入是各支路炉管出口温度 T_i 和平均值 T，输出是支路流量的偏差量 ΔF_i，设支路流量偏差量平均值为 ΔF，则求和模块的各支路输出为

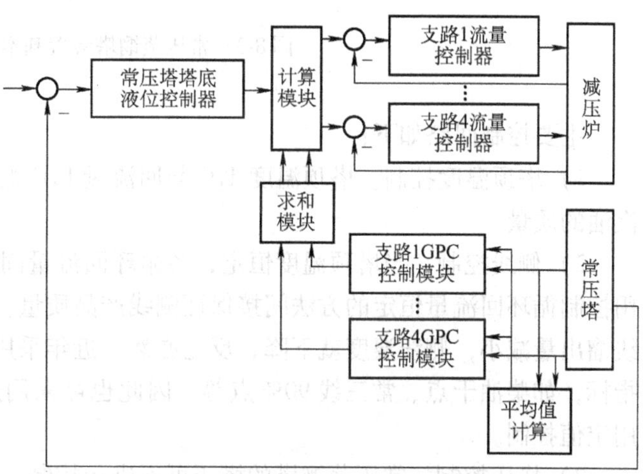

图8-2　加热炉的广义预测控制

$$\Delta F_i - \Delta F$$

实施时，温度平均值计算结果应设置速率限制，以防止温度变化过快造成对出口温度设定的不良影响；进口流量控制阀采用气关型，因此，为防止其开度过小，需设置高限器保证进口流量不小于某一设定限。

2. 常压蒸馏塔的控制

常压系统生产燃料油，要求严格的馏分组成，因此，常压系统的控制以提高分馏精确度为主。常压蒸馏塔装置基本控制回路如图 8-3 所示。

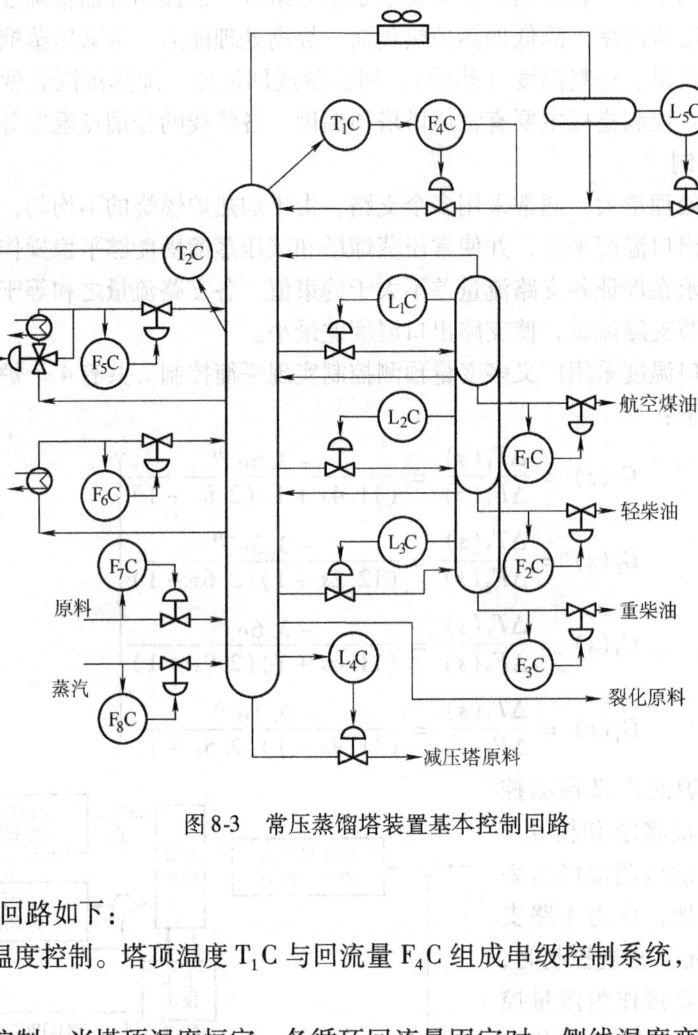

图 8-3 常压蒸馏塔装置基本控制回路

主要控制回路如下：

1）塔顶温度控制。塔顶温度 T_1C 与回流量 F_4C 组成串级控制系统，保证塔顶馏出产品汽油的质量。

2）侧线控制。当塔顶温度恒定，各循环回流量固定时，侧线温度变化不大，因此，采用控制循环回流量恒定的方法间接保证侧线产品质量。控制方法是：加大循环回流量，使侧线馏出量减小，侧线温度就下降，反之亦然。近年采用软测量技术间接推断侧线产品的质量指标，如柴油干点、常三线 90% 点等，因此也可采用这些指标进行控制。侧线的采出量采用定值控制。

3）塔压控制。常压蒸馏塔的塔压可不进行控制，直接将冷凝器开口通大气。当采用风冷时，由于受到环境温度变化的影响较大，会造成冷凝量的改变。在塔顶温度恒定后，常压蒸馏塔的塔压可保持基本不变。

4）过热蒸汽控制。进入塔底的过热蒸汽量应控制恒定，它主要用于将原油中的轻组分吹出。汽提塔的过热蒸汽通常控制其压力，以保证汽提塔稳定操作。此外，加热炉出口过热蒸汽温度应控制在400℃。

5）原料量控制。控制原料量主要是控制负荷的大小，根据常压蒸馏塔设备的生产能力可调整其设定值。由于控制阀安装在加热炉前，因此，油温不高，不会出现气相进料。必要时可设置前馈控制，与过热蒸汽量按一定比例变化。进料温度通常由加热炉控制燃料量来调节。例如，组成加热炉出口温度（原料进口温度）与炉膛温度的串级控制。

6）液位控制。塔底产品是减压塔的进料，因此，对塔底液位采用简单均匀控制或串级均匀控制。汽提塔的液位直接影响汽提塔轻组分的采出，因此，汽提塔液位采用单回路控制系统。它与侧线产品采出量的定值控制系统一起，能够保证侧线温度的稳定。例如，扰动使侧线采出量增大时，侧线温度上升，汽提塔液位也随之上升，液位控制回路关小控制阀，减小了采出量，侧线温度也随之下降，反之亦然。当侧线产品中轻组分增加时，侧线温度下降，汽提塔的入塔流量虽然不变，但因轻组分增加使汽提出来的量增加，并使液位下降，通过液位控制打开控制阀，加大采出量，从而保持侧线温度稳定。油水分离器液位采用简单的单回路控制。

3. 减压蒸馏塔的控制

减压系统生产润滑油馏分或裂化原料，对馏分要求不高，主要要求馏出油残炭合格前提下提高拔出率，减少渣油量。因此，提高减压塔汽化段真空度，提高拔出率是主要控制目标。减压蒸馏塔的控制与常压塔的控制相似。减压塔装置基本控制回路如图 8-4 所示。

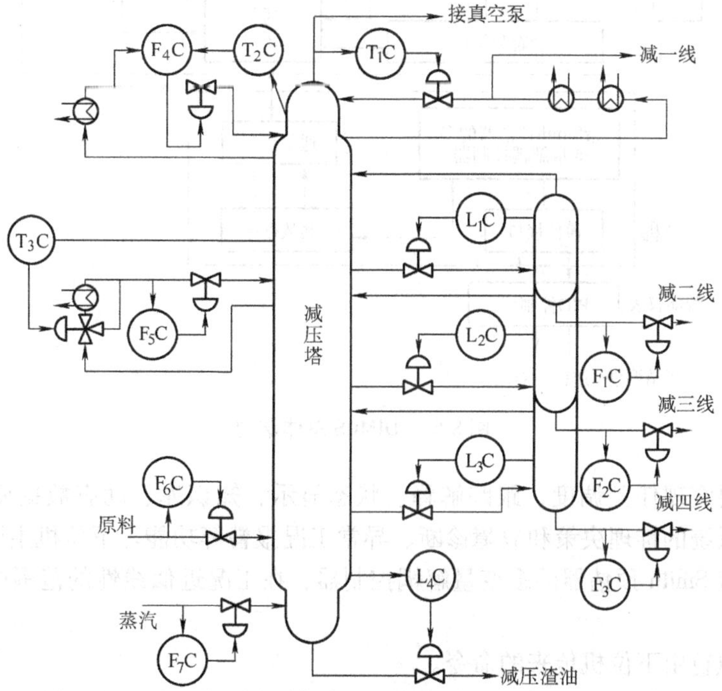

图 8-4　减压蒸馏塔装置基本控制回路

1）塔压控制。采用二级蒸汽喷射泵，控制蒸汽压力和真空度。

2）塔顶温度控制。塔顶不出产品，采用一线油打循环，回流控制塔顶温度，组成一线温度和回流量的串级控制。

3）液位控制。与常压蒸馏塔液位控制相似，汽提塔液位采用单回路控制系统。它与侧线产品采出量的定值控制系统一起，能够保证侧线温度的稳定。

4）原料和过热蒸汽的控制。与常压蒸馏塔控制类似。

8.1.2 减压精馏塔智能多变量控制系统

1. 系统总体结构

根据 G. N. Saridis 组织级、协调级和控制级 3 级递阶的智能控制思想，减压精馏塔智能多变量控制系统（DIMCS）在硬软件结构上均分 3 层，总体结构如图 8-5 所示。

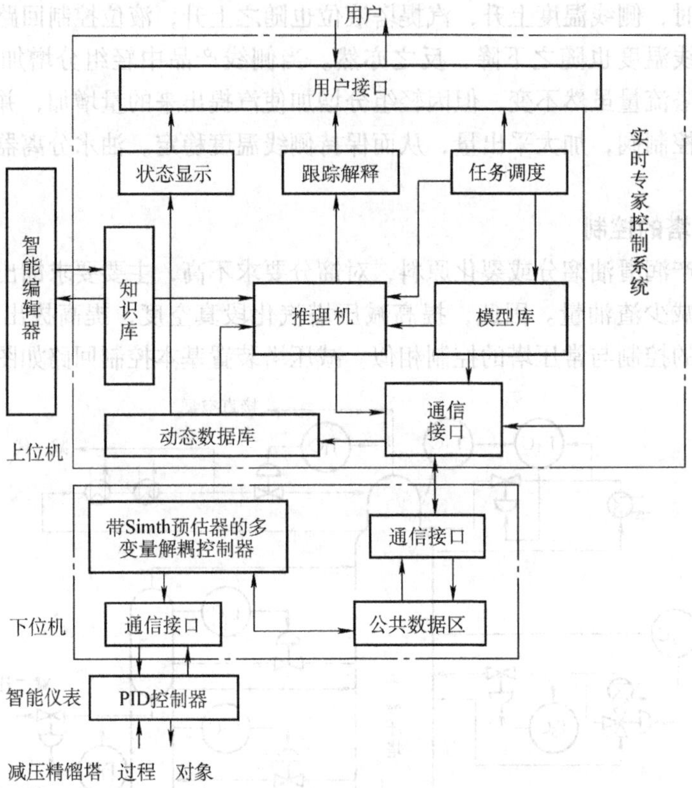

图 8-5 DIMCS 总体结构

上位机主要实现任务调度、跟踪解释、状态显示、知识库、动态数据库与模型库的整定，以及专家系统的推理决策和故障诊断、异常工况报警等功能。下位机主要根据上位机设定的参数运行带 Smith 预估器的多变量解耦控制器，在工况近似线性的范围内对对象实施常规控制。

智能仪表执行由下位机传来的命令。

这 3 级结构充分体现了“递增的智能伴随递减的精度”的智能控制思想，整个系统实际为一种实时专家系统监督管理下的多变量控制系统。

2. 系统模型的获取与控制结构的确立

系统的控制指标是减压塔第一、二、三和四抽出侧线的黏度与闪点，而控制手段是第一、二和三线的流量。此外，各侧线回流量、塔顶温度和塔底吹气量、进料量等对质量也有影响，所炼制的原油有青海油、新疆油、二连浩特油和成分复杂、比例不清的混合油等不同油品，加上控制方案不同，模型经常变化。因此，该过程具有高维数、强耦合、模型不确定、分布参数、非确定性控制指标、对象时变、大时延和非线性等复杂特征。由于混合油的代表性和常用性，混合油模型成为主攻方向。经多方调查和研究，选择一、二和三线的流量来控制 4 条侧线的质量来构成 3×4 的简化模型

$$
\boldsymbol{G}_0(s)=\begin{bmatrix}
\dfrac{0.12\mathrm{e}^{-1020s}}{1825s+1} & 0 & 0\\
\dfrac{0.36\mathrm{e}^{-1380s}}{0365290s^2+2058.6s} & \dfrac{0.19\mathrm{e}^{-1620s}}{1076s+1} & 0\\
\dfrac{0.1\mathrm{e}^{-1200s}}{1142.52s+1} & \dfrac{0.06\mathrm{e}^{-2100s}}{622386.5s^2+1343.7s+1} & \dfrac{0.06\mathrm{e}^{-1200s}}{451784.1s^2+637s+1}\\
\dfrac{0.2\mathrm{e}^{-1980s}}{1233s+1} & \dfrac{0.26\mathrm{e}^{-1620s}}{1012580s^2+1726s+1} & \dfrac{0.16\mathrm{e}^{-1800s}}{831132s^2+1683s+1}
\end{bmatrix}
\tag{8-2}
$$

该模型是通过反应曲线法在近似线性的条件下得到的，显然这是一个奇异的模型。由于三线质量的稳定性，将三线质量的控制交给上位机，而在下位机上运行 3×3 的模型，从而解决了模型奇异问题。

在该传递函数的基础上，形成如图 8-6 所示的 DIMCS 控制结构。

下位机是一个带有 Smith 预估器的多变量解耦控制器，根据所获得传递函数，采用 Rosenbrock 的逆 Nyquist 阵列法，设计了带预补偿器的控制器。

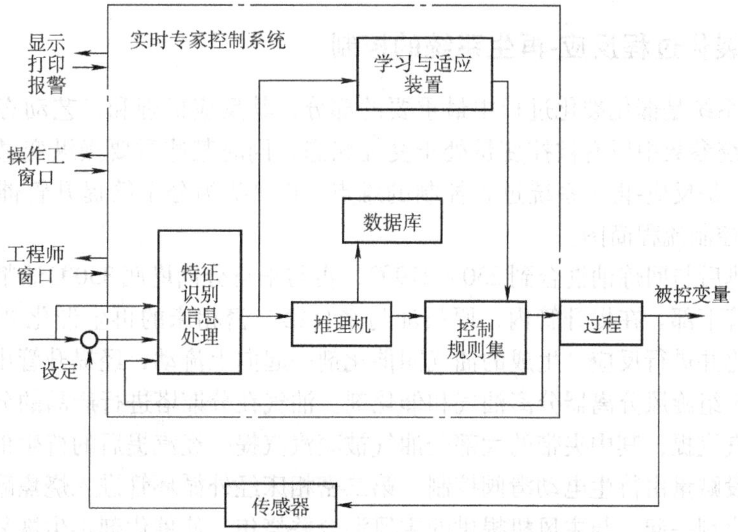

图 8-6　DIMCS 控制结构

3. 系统控制策略

由于受控对象是一个非线性的复杂过程，因此在控制时，针对不同工况采取不同的控制策略。

对变量采用定性描述方法，通过初始证据获取，按照变量说明库中相应的描述，将实时数据描述为“正常”和“不正常”两种状态，提供给推理机使用。

当工况处于平稳带内时，此时的系统模型将为近似线性，上位机实时专家控制系统中的规则将处于休眠状态，此时下位机的常规控制器将起到主导作用，使系统的精度达到保证；当工况越出平稳带后，上位机的推理机将被启动，并通过一次或多次模糊的调试使工况恢复到平稳带内。

8.2 催化裂化过程的控制

催化裂化过程是以重油馏分油为原料，在催化剂和450～530℃、0.1～0.3MPa条件下，经过裂化为主的一系列反应，生成气体、汽油、柴油、重质油及焦炭的工艺过程。其工艺主要特点是轻质油收率高，可达70%～80%，气体产率（主要是C_3、C_4）达10%～20%，其中，烯烃含量达50%，因此，它是石油加工过程中重要的二次加工手段。

催化裂化过程通常由反应-再生系统、分馏系统和吸收-稳定系统等3部分组成。催化裂化过程的特点如下：催化裂化反应是复杂的并行-顺序反应，裂化反应的产物馏分范围宽，因此，反应深度对各产品产率分配有重要影响，为此，必须控制适当的催化裂化过程的转化深度；催化裂化反应在催化剂条件下进行，由于催化剂活性受到积炭影响，因此，要反应和再生交替进行，裂化反应是吸热反应，催化剂再生是放热反应，因此，温度控制十分重要；催化裂化反应过程中有很多过程变量无法检测，如烧焦率、催化剂循环量、催化裂化体积转化率、再生器表观线速度、剂油比等，因此，要采用可软测量的方法对这些过程变量进行检测和控制。

8.2.1 催化裂化过程反应-再生系统的控制

反应-再生系统是催化裂化过程中最重要的部分，其反应机理和工艺动态过程复杂。要使反应-再生系统参数中所有被控变量处于受控状态，同时某些重要操纵变量又能处于其理想的经济目标，是反应-再生系统过程控制的难点。图8-7为分子筛提升管催化裂化装置的反应-再生系统控制流程简图。

原料经换热后与回炼油混合到250～279℃，再与来自分馏塔底350℃油浆混合进入筒式反应器的提升管下部。在提升管内，原料油与来自第二密相床的再生催化剂（700℃左右）接触、迅速汽化并进行反应，生成的油气同催化剂一起向上流动，经提升管出口快速分离进入沉降器，经3组旋风分离器分离油气和催化剂。油气在分馏塔进行产品的分离，催化剂在汽提段经过蒸汽汽提，其中夹带的大部分油气被蒸汽汽提。经汽提后的待生催化剂进入烧焦罐下部。汽提段藏量由待生电动滑阀控制，第二密相床经外循环管进入烧焦罐下部的再生催化剂与待生催化剂一起，与主风机提供的主风混合并烧焦，使催化剂再生恢复活性，再生后的催化剂与空气、烟气并流进入稀相管进一步烧焦，稀相管出口设置4组粗旋风分离器，分离烟气和催化剂。带催化剂的再生烟气再经6组旋风分离器进一步分离，回收的催化剂进入

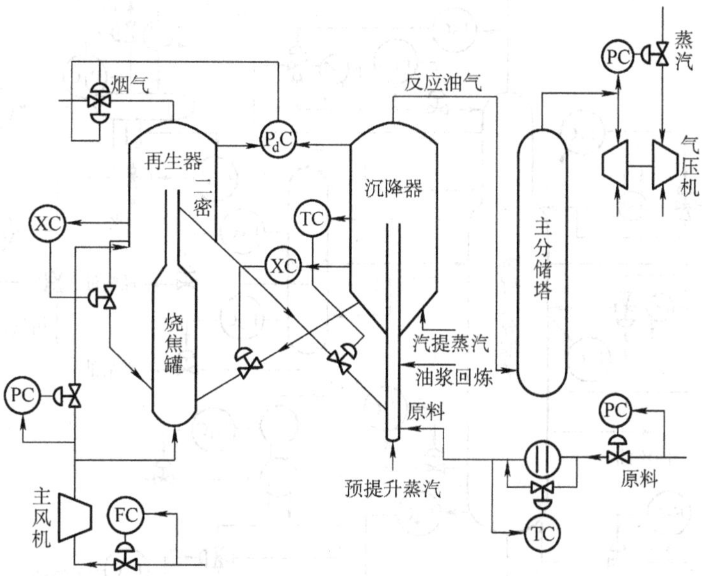

图 8-7 反应-再生系统控制流程简图

第二密相床。第二密相床中再生催化剂分两路，一路经再生斜管去提升管反应器，其量由提升管出口温度控制再生滑阀调节；另一路经循环管返回烧焦罐，其量由二密藏量控制循环量滑阀调节。再生烟气经外集气室进入余热炉，燃烧后排空。再生器压力由双动滑阀控制。反应器本身不设置控制，而通过反应沉降器的压力反映，并由空气压缩机调速控制。应保持反应器与再生器之间的压差，通常，反应器压力略高于再生器压力，因再生器为烧去积碳，需送入空气，如再生器压力高于反应器压力，就可能使空气进入反应器发生爆炸。其压差通过再生器出口烟气量调节。

除了图 8-7 所示控制系统外，还设置了约束控制，使部分控制成为卡边控制，保证经济运行与设备安全。一些装置对重要的过程变量，如催化剂循环量、剂油比等，采用软测量技术进行推断和估计并应用于生产过程指导或控制，取得了很好的效果。

8.2.2 裂解气分馏塔的控制

裂解气分馏塔的进料来自催化反应器的 460℃以上带有催化剂粉末的裂解气，经换热、降温和除尘后，从分馏塔底部以气相进料，经分馏后，塔顶得到富气和粗汽油，侧线在汽提塔中经汽提、换热、冷却后得到轻柴油和重柴油。侧线还产出回炼油，塔底得到渣油。与一般的分馏塔控制类似，采用循环回流控制侧线温度，保证侧线馏分的组分。汽提塔的蒸汽从汽提段底部送入，根据汽提液位控制产品的采出量。塔顶温度采用塔顶温度和回流量的串级控制。与一般分馏塔不同，由于全塔剩余的热量大，因此，塔顶采用循环回流，中段采用两个回流，塔底采用渣油回流的方法，为此，设置相应的温度控制系统，或温度和回流量的串级控制系统。塔底则采用液位和流量的单回路控制。塔压控制采用排放富气量控制。粗汽油量采用回流罐液位和馏出量的串级控制。再沸器加热量和塔底采出量采用定值控制。再沸器液位控制进入的载热体流量，保证一定的加热量。裂解气分馏塔装置基本控制回路如图 8-8 所示。

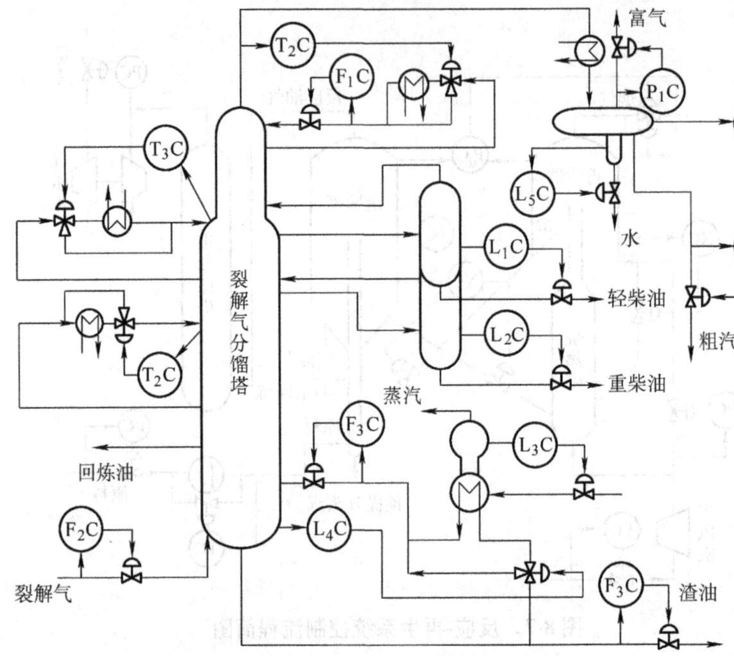

图 8-8 裂解气分馏塔装置基本控制回路

8.2.3 吸收-稳定系统的控制

吸收-稳定系统包括吸收解吸塔和稳定塔。吸收-稳定系统的基本控制回路如图 8-9 所示。

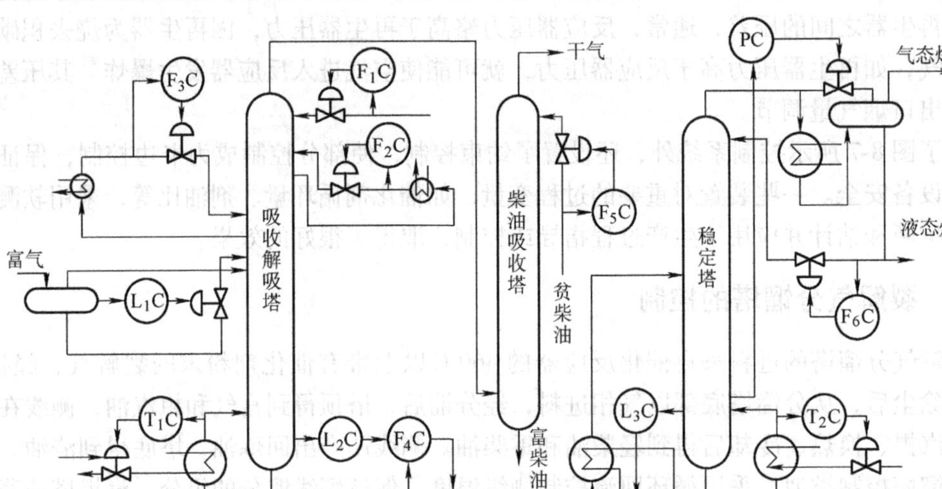

图 8-9 吸收-稳定系统的基本控制回路

吸收解吸塔用稳定汽油（C_3 以上组分）为吸收剂，吸收富气中的 C_3、C_4 馏分，全塔分两段，上段是吸收段，下段是解吸段。富气从塔中部进入，稳定汽油由塔顶打入，在塔内逆向接触，稳定汽油吸收富气中的 C_3、C_4 馏分。下到解吸段的汽油除含 C_3、C_4 馏分，还含 C_2 馏分，它与塔底来的高温蒸汽接触，使汽油中的 C_2 馏分解吸，从塔顶出来的馏出物是基本脱除 C_3 以上组分的贫气。

柴油吸收塔的进料是吸收解析塔的贫气，它从塔底进入，与塔顶进入的来自分馏塔的贫柴油逆向接触。贫柴油作为吸收剂吸收贫气中的汽油，经吸收汽油后的干气从塔顶引出，吸收汽油后的柴油从塔底采出，送回分馏塔。

稳定塔实质是一个精馏塔。来自吸收解吸塔的吸收了 C_3、C_4 馏分的汽油从稳定塔的中部进入，塔底产品是蒸汽压合格的稳定汽油，塔顶产品经冷凝后分为液态烃（主要是 C_3、C_4 馏分）和气态烃（小于等于 C_2 馏分）。液态烃再进行分离，脱除丙烷（脱丙烷塔）、丁烷（脱丁烷塔）、丙烯（脱丙烯塔）等，获得相应的产品。

吸收解吸塔的吸收段设置两个循环回流，一般采用定回流量控制。塔顶加入的稳定汽油量也采用定值控制。进塔的富气分气相和液相进入不同的塔板，液相进料量采用液位均匀控制。再沸器的控制采用恒定塔釜温度调节再沸器加热量的控制方式。塔底采出采用塔釜液位和出料的串级均匀控制。

8.2.4　反应-再生专家系统

本小节介绍的专家系统，利用开发工具 G2 内部的模拟器和可以连接的图形对象来模拟实际生产工艺生产过程的操作，并建立起了适合于现场装置的动态经验模型。同时，运用其神经网络和模糊逻辑技术，解决了不能用数学模型精确描述的实际生产过程，为建立先进控制系统提供了一个强大的基础平台，并进行了各种参数的预测。另外，这个系统还采用多种数据分析方法，把专家知识和分析方法进行有机结合，实施控制参数的控制。

由于对生产过程的状况具有同专家一样有时甚至比专家更准确的工况判别，再结合 RM-PCT 技术实现先进的控制，并考虑到原油性质变化的频繁，因此，这个专家系统实现装置的反应-再生系统协调控制和优化控制，更具有现实意义，可实现过渡平稳和生产优化，达到节能降耗，增加经济效益的目的。反应-再生专家系统结构如图 8-10 所示。

1. 问题的简化及原则

催化反应-再生系统原是Ⅳ型 U 形管装置，自改造成提升管后，装置在生产中一直进行摸索，粗汽油回炼，新催化剂的使用等新工艺新技术一直在生产中进行试验，其间还经历几次小改造，可以说，可用的历史数据很少。

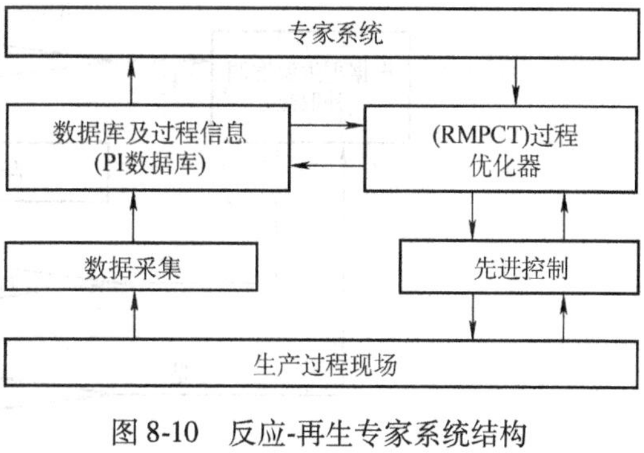

图 8-10　反应-再生专家系统结构

反应-再生系统的原料来源十分复杂，包括常减压的热蜡油、洗涤油，延迟焦化的焦化蜡油，灌区的冷蜡油和渣油等。除来料性质和品种不同外，由于焦化蜡油经常大幅度波动，导致其他流量也处于较大波动，加上原料混合不均，给平稳过渡带来很大困难。

催化剂对系统的影响较大，但又不能在线测量，新鲜剂的补充和平衡剂的卸出，其控制具有不确定性。

总之，反应-再生系统是一个十分复杂的系统，其变量多且相互影响，而且还存在着许多不可测因素直接影响着系统的操作，不经过简化，开发工作难以进行。经过对工艺的分析，认为控制催化装置反应-再生系统平稳过渡的关键就是要保持生焦的相对稳定，根据需要调节反应深度和掺渣比。为把握重点，按如下原则对问题作适当简化：

1）优先保持再生温度平稳，这是系统稳定的主要保证。

2）根据氧含量变化调节掺杂比。

3）氧含量稳定是烧焦平衡的主要标志。

4）根据回炼油及油浆产率来判断反应深度。

5）通过提降回炼油量及反应温度来调节反应深度。

6）在具体操作中保持进料密度基本不变。

7）催化剂性质保持稳定。

2. 具体实施

基于上述考虑，在具体控制调整中，把握氧含量和再生温度两根直线，在实际控制中，基本保持进料密度不变。

（1）I/O 变量

I/O 变量设置如下：

再生器烟气氧含量 AI3103；原料混合密度 AR3201；进料量 FC3112；外取热滑阀开度 ZI3102；再生器温度 TC3102；反应温度 TC3101A；回炼油流控 FC3103；回炼油液位 LI3202；热蜡 FC3204；冷蜡 FC3208；渣油 FC3202；焦蜡 FC3206；洗涤油 FC3112。

（2）需计算的混合原料各性质

1）依据来料流量预测其混合密度。

2）焦化蜡油计算入修正掺杂比。

3）计算其混合原料残炭。

（3）控制策略

根据简化原则，在专家系统中采用图 8-11 所示的催化协调控制思路。

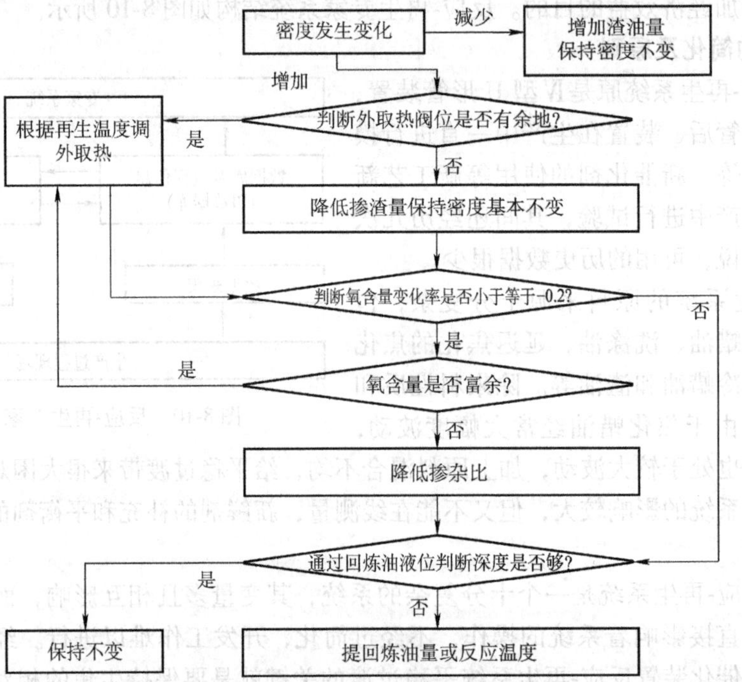

图 8-11 催化协调控制思路

说明：用在线比重仪检测到密度发生变化后，才认定原料性质变化；在氧含量有余地时，尽量提高掺杂；原料变轻，先提掺杂；原料变重，先判断外取热及氧含量是否有余地，如有根据再生温度调外取热，无余地降掺杂；通过回炼油液位和油浆产率判断反应深度，并通过提降回炼油量和反应温度来控制反应深度。

（4）控制输出

1）外取热滑阀开度及调节量。

2）掺杂比。

3）回炼油流量。

4）反应温度。

（5）投用情况

系统自投用以来，其运行达到了预期目标，专家系统在线给出的提示信息是较为准确和及时的，其反映出的变化趋势和调节方向，与装置的实际状况相当吻合，与操作员的调节也基本保持一致。此外，该专家系统在实际应用中还表现出如下几个特点：系统具有较强的适应能力；具有良好的实时性；催化装置反再系统的调节信息比实际调整具有超前性特性；系统具有良好的扩充性和开放性；与实际操作调整相比，系统较少出现超调；故障诊断和工况判别系统发挥了专家监视生产操作的作用；极大地减轻了操作人员的劳动强度。

8.3　乙烯生产过程的控制

乙烯生产工艺复杂，既有物理过程，又有化学反应过程，既有高温（1300℃），又有低温（-170℃），但均属于典型化工单元过程。这些单元之间衔接紧密，中间缓冲余地较小，因此，操作参数允许变化的范围很小，操作难度大，对自动控制提出了很高的要求。

乙烯生产过程分为裂解、分离和制冷等 3 部分。乙烯过程（裂解和分离）有多种工艺路线。裂解过程是裂解原料在管式裂解炉中与蒸汽以一定的汽烃比配比，并在 800℃以上的温度下进行裂解反应，反应后的产物是原料裂解气和乙烷裂解气，它们经急冷和淬冷后进入汽油分离塔。分离过程是原料裂解气和乙烷裂解气在汽油分离塔冷却分离，塔釜的产品是裂解柴油和裂解燃料油，裂解气经冷却和干燥后进脱甲烷塔、脱乙烷塔，经乙烯精馏塔得到高压和低压乙烯，经脱丙烷塔、甲烷汽提塔、丙烯精馏塔、脱丁烷塔等得到相应的产品。制冷过程包括丙烯、乙烯和甲烷制冷系统。丙烯制冷系统用于提供-40℃、-23℃、2℃、18℃等 4 种不同制冷温度等级的丙烯，乙烯制冷系统用于提供-101℃、-75℃、-62℃等 3 种不同制冷温度等级的乙烯，甲烷制冷系统用于提供-136℃制冷温度等级的甲烷。这些制冷剂被用作乙烯过程中有关单元操作的冷剂。图 8-12 为乙烯生产过程的工艺流程框图。

8.3.1　裂解过程的控制

不同的乙烯裂解炉类型，其控制方案也有所不同。由于乙烯裂解过程的特点，其控制大多数已经采用 DCS 实施。一些生产过程已采用先进控制技术。裂解炉的控制要求如下：

1）乙烯收率是主要控制指标，通常采用下列控制性能指标：

① 裂解深度：采用甲烷与丙烯比表示裂解深度。可通过调节燃料量或原料量控制。

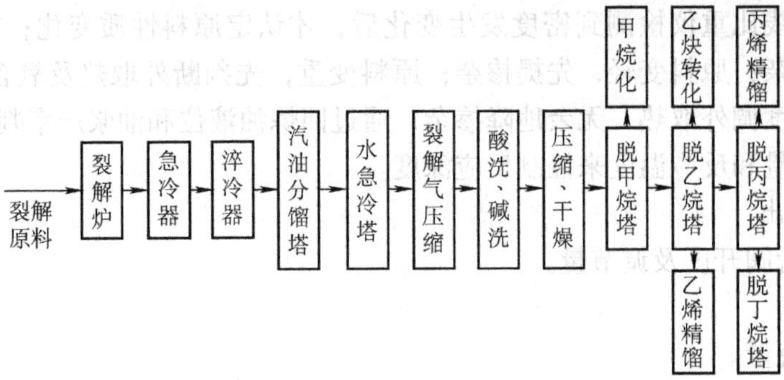

图 8-12 乙烯生产过程的工艺流程框图

② 停留时间：停留时间应尽量短，以抑制二次反应进行。由于裂解炉类型已经确定，因此，停留时间主要通过调节进料量和操作压力控制。

③ 汽烃比：由于裂解反应是体积增加的反应，因此，降低反应压力有利于反应进行，通常，加入稀释剂蒸汽，通过调节蒸汽流量来控制汽烃比。

2）负荷稳定是保证裂解炉处理量（原料和稀释蒸汽量）的稳定。进料量的波动不仅影响裂解炉的平稳运行，而且对分离过程造成影响，因此，需要控制进料量恒定。稀释用蒸汽量恒定有利于烃分压的恒定，使裂解反应过程稳定，为此，需控制蒸汽量恒定。

3）节能和安全。裂解反应是吸热反应，温度高，因此，节能是裂解过程的控制指标。此外，节省原料、蒸汽和生产成本等也是重要的控制指标。最佳燃烧控制是节能的有效方法，在裂解过程控制中可采用烟气含氧量控制燃料和空气、蒸汽比值等实现。

乙烯生产过程工艺复杂、生产流程长、操作要求高，对安全生产也有极高要求，为此应设置报警点和联锁系统，其中，联锁系统可分为安全联锁和程序联锁等。

1. 裂解炉出口温度控制

乙烯装置裂解炉有4组并联的炉管，每组炉管对应8个烧嘴。炉体侧面墙砌成2~3层台阶，烧嘴安装在台阶上，其轴线与辐射管沿管长方向相平行，烧嘴火焰向下喷射。原料和稀释用蒸汽经对流段预热到590℃后，进入裂解炉辐射管，炉墙辐射热量使裂解原料发生反应，生成乙烯、乙烷、丙烯等。裂解温度的控制因受到临近炉管温度的影响，因此，是耦合系统，早期通常设计解耦控制系统。

目前，已有不少裂解炉出口温度控制不采用解耦控制而采用另外控制方案。这类方案中，每组炉管出口温度与相应的进料流量组成串级控制系统，调整某组炉管进料量不会影响其他炉管出口温度，即相互之间没有耦合，且响应速度快，能保持炉出口温度符合要求。采用这类控制方案最大的问题是如何保证进料负荷的稳定。一般情况下，炉管出口温度微小波动，只需调整进料量的1%~2%，最多不大于5%。为保证进料负荷的稳定，设计了总进料负荷（总进料流量）与燃料总管压力的串级控制，总进料流量控制器采用间隙控制器，偏差小于5%时控制器输出不变，防止温度控制系统与压力控制系统之间的关联作用。

2. 裂解炉的裂解深度控制

乙烯装置裂解炉的裂解深度控制框图如图8-13所示。它以裂解气中丙烯分析值与甲烷分析值之比作为裂解深度的指标，通过控制器CCO101输出作为炉管出口温度控制器的设定。其中，通过分配器与出口温度平均值COT比较，其偏置模块的输出作为各出口温度控制器的设定，调节燃料量。

随着裂解炉规模的扩大，炉管数与烧嘴数可能不同，导致解耦控制会较困难。近年也有采用改变裂解原料量控制出口温度的控制方法，但需注意总负荷的平衡。其控制策略是裂解原料量增加，出口温度下降。这样，系统的响应快，且它的变化对其他炉管的扰动影响小。考虑到总负荷的平衡，某一炉管裂解原料量增加，其他炉管的裂解原料量就要减少才能保证总量的恒定，因此，总通量不变，且出口温度不变。

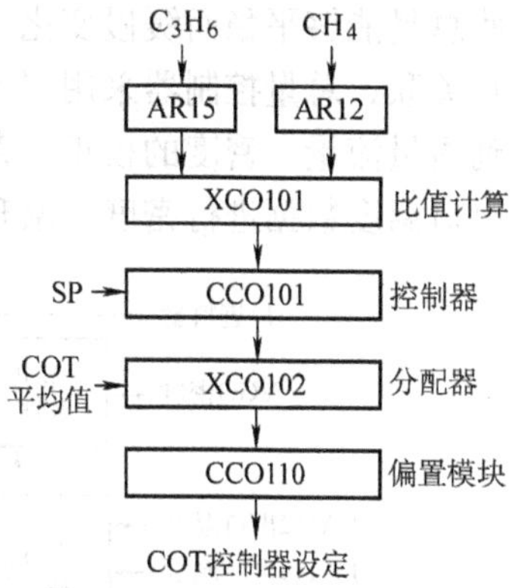

图 8-13　乙烯装置裂解炉的裂解深度控制框图

裂解深度控制可根据数学模型计算获得，图 8-14 为采用数学模型确定裂解深度，并据此调节炉管出口温度的控制系统框图。SEVUPD 裂解深度更新程序根据所测裂解深度、相关物料的物性参数即裂解炉操作条件，计算出口温度 COTC，并与实测值 COT 比较，得到炉出口温度校正系数 DELCOT，供 SEVCAL 程序使用。

SEVCAF 结焦系数程序根据操作员键入的炉管管壁温度、物料的物性参数、裂解炉操作条件，计算结焦系数，供 SEVCAL 程序使用。

SEVCAL 裂解深度估计计算程序根据操作员键入的裂解原料 ASME 值、DELCOT 校正系数、结焦系数 FUF、物料物性参数、裂解炉操作条件等计算裂解炉的裂解深度。每分钟计算一次，经取平均后作为裂解深度控制器的测量值，用于裂解深度控制。

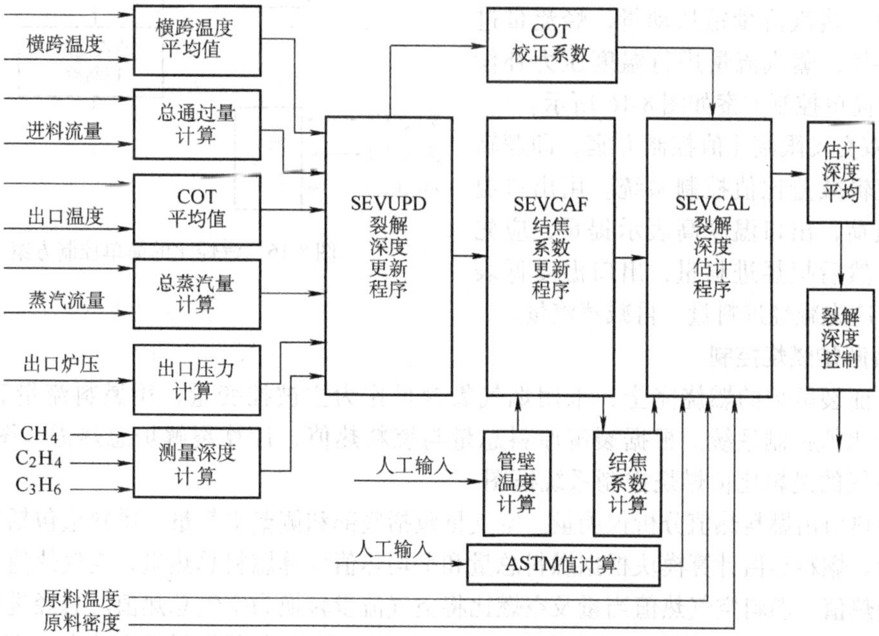

图 8-14　采用数学模型确定裂解深度控制系统框图

3. 裂解炉生产能力控制

当裂解炉各炉管总进料量波动超过 ±2% 时，用调节炉膛压力来控制，即用燃料气压力的变化调节来消除总进料量的变化。它用总量控制器输出作为燃料气压力控制器的设定，通过改变燃料气总管控制阀开度，使炉管的热交换量变化，经调节进料量使出口温度稳定，并使总量能够平稳而缓慢变化。为防止炉管出口温度控制系统与燃料气压力控制系统之间的相互关联，总量控制器采用“间隙作用”的PI控制算法。实际应用时，需对烃密度校正，得到质量流量。密度的校正可直接用VGO密度计数据，也可根据AGO密度和EA112、EA113出口温度数据进行密度和温升的补偿计算获得。图8-15为总通量控制系统框图。

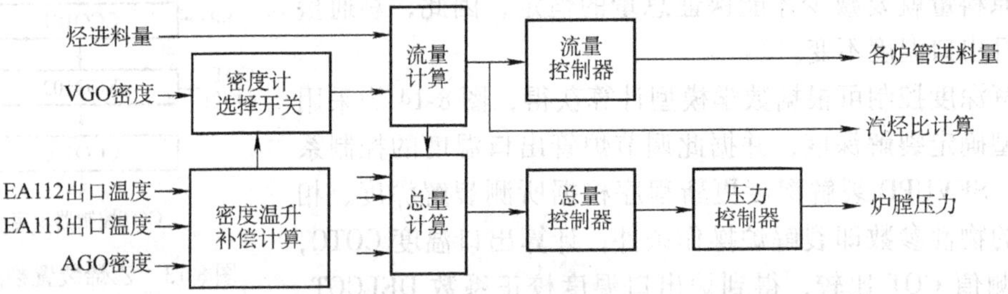

图8-15　总通量控制系统框图

4. 裂解炉汽烃比控制

为有利于反应进行，希望有较低的烃分压，除可在较低的压力下操作外，还可采用加入适量的稀释剂。汽烃比控制有两种控制方案：

1）简单比值控制方案。根据进料量与蒸汽量组成简单比值控制系统。烃进料量是主动量，蒸汽流量是从动量，烃流量进行密度补偿，蒸汽流量进行温度压力补偿计算，其简单控制方案如图8-16所示。

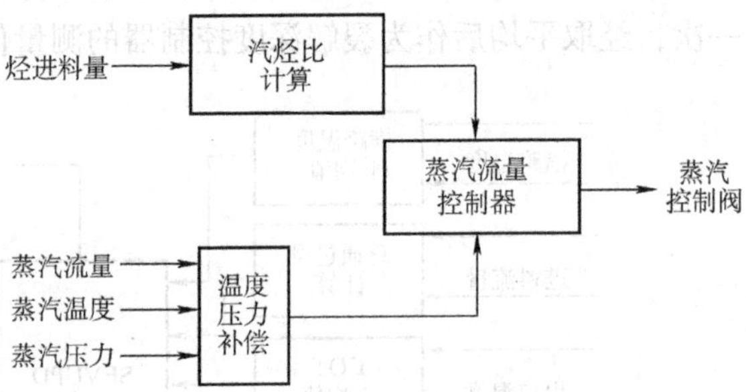

图8-16　汽烃比的简单控制方案

2）双交叉限幅比值控制方案，即逻辑提量和逻辑减量比值控制系统。用出口温度代表负荷，出口温度高表示提量，应先提蒸汽，然后提烃进料量；出口温度低表示减量，应先减烃进料量，再减蒸汽量。

5. 裂解炉燃烧控制

为保证裂解炉的燃烧完全，采用烟气氧含量作为主被控变量，用燃料流量和空气流量组成变比值控制系统。根据裂解原料总量与燃料热值，计算裂解炉总热需。图8-17为燃料和空气的逻辑比值燃烧控制系统框图。

燃料热值由燃料热值分析仪测量。空气量包括底部和侧壁空气量，燃料量包括底部和侧壁燃料量。燃料热值计算模块根据燃料总量和平均热值计算燃料总热量，空气热值计算模块根据平均热值、燃料空气热值当量及空燃比将空气流量转换为空气总热值。总烃进料量经燃料热值补偿（超前滞后环节）后作为裂解炉总热需，并作为燃料低选和空气高选的输入。燃料低选和空气高选的另一输入分别是空气热值和燃料热值。烟气含氧量控制器输出作为空气热需的输入。控制过程如下：

当总量比设定值低时，总量控制器（反作用）输出增加，燃料热需输出增加，被空气高

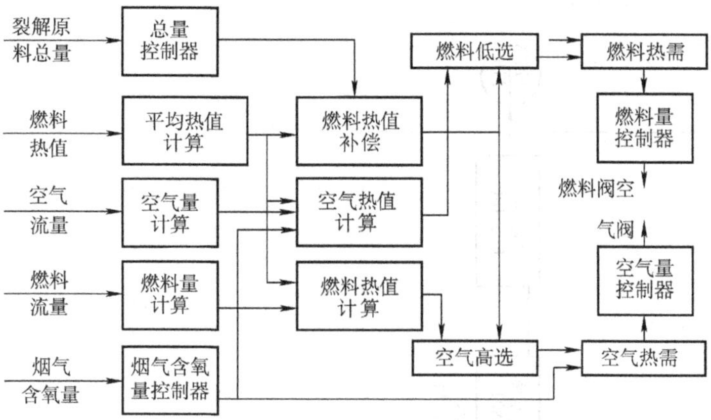

图 8-17　燃料和空气的逻辑比值燃烧控制系统框图

选选中，使空气热需增加，经后续的底部和侧壁空气分配后，增加空气量。空气量增加后，根据空气燃料热值当量计算的空气热值也增加，使燃料低选选中燃料热值补偿的输出，从而根据总量控制器的输出使燃料量增加，经后续的底部和侧壁燃料分配后，增加燃料量，达到总量低时先提空气后提燃料的控制目的。反之，当总量比设定值高时，先减燃料后减空气。

燃料量的增加和减少，使裂解炉出口温度随之升高和降低，为保持出口温度，经出口温度控制系统自动地在燃料量增加时增加烃进料量，燃料减少时自动减少烃进料量。最终使总进料量保持与设定一致。

烟气含氧量控制器输出反映燃烧系统的空燃比，它作为空气热需比率的设定和空气热值计算的输入。当烟气含氧量高于设定值，烟气含氧量控制器（反作用）输出降低，空气热需输出减小，使空气量减小，最终使烟气含氧量降低，反之亦然。

8.3.2　乙烯精馏塔控制

乙烯精馏塔共有 125 块塔板。原料来自脱乙烷塔塔顶产品，经乙炔转换器及乙烯干燥器后从第 98 块塔板进入，主要成分是乙烯和乙烷，含有少量甲烷、氢气及丙烯。乙烯产品由第 9 块塔板侧线采出，乙烯产品要求不低于 99.95%（摩尔浓度），以符合聚合级乙烯质量标准。塔底产品主要为乙烷，经回收冷量及加热汽化后作为乙烯裂解炉的裂解原料。

乙烯精馏塔控制的基本要求可以归结为两点：第一为控制侧线采出乙烯产品中乙烷浓度，使之符合聚合级产品规格（要求乙烷加甲烷含量不大于 500×10^{-6}）；第二要求塔底排出的釜液乙烯损失最小（要求不大于 1.5% 摩尔浓度），主要扰动为进料流量。乙烯精馏塔的控制系统由常规仪表和计算机构成，计算机实现塔顶产品中乙烷浓度和塔釜乙烯损失最小的先进控制。

1. 乙烯产品中乙烷浓度控制系统

根据乙烯产品中乙烷浓度测量值（采用在线色谱分析仪得到）与设定值间的偏差，求出消除该偏差所需的回流比初值，同时根据第 112 塔板上乙烯浓度标出一个回流比调整量，将此调整量与由反馈控制求出的回流比初值相叠加，其代数和作为回流比控制块的设定值。从工艺分析可知，当第 112 塔板上的乙烯浓度大于设定值时，可以适当减小回流比（FIC428/FFRC425），增加采出量，反之亦然。该回路的控制逻辑框图如图 8-18 所示。

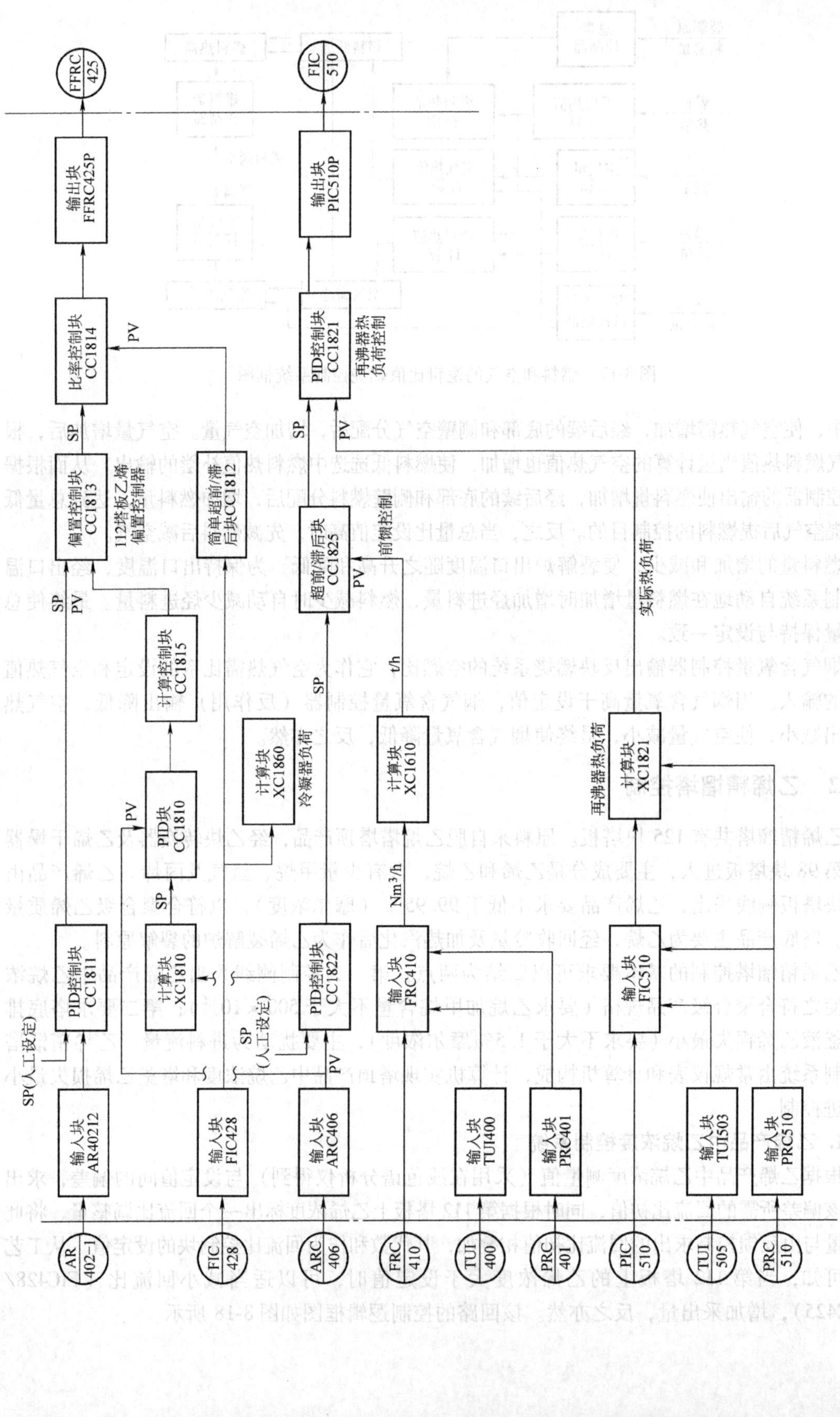

图 8-18 乙烯精馏塔计算机控制逻辑框图

输入块 AR40212 从在线气相色谱仪中读入乙烯产品中的乙烷浓度。PID 控制块 CC1811 根据乙烯产品中乙烷浓度的测量值与设定值之差，求出回流比设定值的初值，送往偏置控制块 CC1813。

XC1810 是一个计算块，为控制块 CC1810 提供设定值，并确保该设定值与 CC1822 的设定值始终相同。因此，操作员只需为 CC1822 输入设定值。

控制块 CC1810 就是第 112 塔板乙烯浓度补偿器，起着前馈补偿作用，它根据第 112 塔板上乙烯浓度的测量值与设定值之差求出回流比的调整量送至 CC1815。CC1810 采用间歇作用算法（Gap-Action Algorithm），即当测量值与设定值之差的绝对值大于某一数据时，控制块的输出才发生变化，以帮助保持塔的平衡操作。

计算控制块 CC1815 接收并保存 CC1810 的输出，作为对 CC1811 提供的回流比设定值初值的偏置，CC1815 还监视 CC1814 的状态，并设置自身与 CC1814 相同的串级状态标志。当 CC1815 在串级状态时，CC1810 的输出通过 CC1815 连续地送至 CC1813。当 CC1815 不在串级状态时，CC1810 跟踪。CC1815 置零为块的初始化作准备。

偏置控制块 CC1813 将来自 CC1811 的回流比设定值的初值，与来自 CC1815 的回流比的调节量相叠加，其代数和作为最终的回流比设定值送往比率控制块 CC1814。

输入块 FIC428 读入回流量 FIC428，并将其送往 CC1812。CC1812 是一个简单超前/滞后块，采用一阶滞后算法对输入回流量信号进行处理，处理后的输出信号送往 CC1814。CC1814 将来自 CC1812 的经一阶滞后算法处理后的回流量 FIC428，乘以来自 CC1813 的回流比值设定值。乘积经输出块 FFRC425P，送往常规仪表采出量调节器 FFRC425 作为设定值，实现设定值控制，通过调节采出量来控制产品乙烯中的乙烷浓度。

当计算机不投用时，采出量 FFRC425 与回流量实现比值控制，直接根据回流量来调节采出量。

2. 塔釜乙烯损失最小控制

计算机根据灵敏板（第 112 塔板）上乙烯浓度测量值与设定值偏差，求出为消除该偏差所需再沸器热负荷设定值的初值，同时根据塔进料流量变化，引入前馈补偿，对反馈控制求出的再沸器热负荷设定值的初值进行修正，经修正后的值作为再沸器热负荷的设定值。计算机根据丙烯压力 PRC510，得出丙烯的汽化热，然后再乘以丙烯流量 FIC510，乘积为再沸器的热量输入。计算机根据热负荷设定值与测量值之间的偏差，求出为消除该偏差所需的丙烯流量的设定值，通过调整再沸器的丙烯流量来控制再沸器的热负荷，使塔釜乙烯损失最小。

输入块 ARC406 从在线红外气体分析仪中读入灵敏板上的乙烯浓度。PID 控制块 CC1822 根据乙烯浓度的测量值与设定值（人工）之差，求出再沸器热负荷设定值送往 CC1825。为减少对产品中乙烷浓度控制回路的扰动，PID 控制块 CC1822 也采用间隙作用算法。输入块 FRC410 读入脱乙烷塔塔顶出料流量，并进行温度（TUI400）和压力（PRC401）补偿计算。计算块 XC1610 按下式将流量 FRC410 从 $N \cdot m^3/h$ 换算成 t/h：

$$XC1610 = FRC410 \times C018 \times C071 / C121 \quad (t/h)$$

式中，$C018 = 0.04462kmol/Nm^3$ 理想气体，$Nm^3 \to kmol$ 转换常数；$C071 = 28.67kg/kmol$ 脱乙烷塔塔顶出料气体分子量；$C121 = 1000kg/t$。

CC1825 是一个超前/滞后块，有前馈控制作用，它根据乙烯塔进料流量变化进行动态补偿，减少进料流量变化对第 112 板乙烯浓度影响。同时实现反馈控制与前馈控制作用叠加。

输入块 FIC510 用来计算至再沸器的丙烯蒸气的质量流量。

计算块 XC1821 按下法计算再沸器的热量输入。首先根据丙烯压力计算丙烯的汽化热 HVAP（kJ/kg）：

$$HVAP = C046 \times [(C047 - PRC510)/C048]^{C049} \tag{8-3}$$

然后再求出再沸器的热量输入（GJ）：

$$XC1821 = HVAP \times FIC510 \times C032 \tag{8-4}$$

式中，FIC510，输入块计算出来丙烯质量流量（kg/h）；PRC510 丙烯蒸气压力（kPa）；C046 = 104.72 回归系数；C047 = 45.57 回归系数；C048 = 45.87 回归系数；C049 = 1.43 回归系数；$C032 = 10^{-6}$换算系数。

XC1821 的输出送到控制块 CC1821 作为再沸器热负荷测量值，PID 控制块 CC1821 根据热负荷测量值与设定值之差，求出为消除该偏差所需的丙烯蒸气流量，通过输出块 PIC510P 送至常规 SPC 调节器 FIC510 作为设定值，调节再沸器的丙烯流量来控制再沸器的热负荷。

当计算机不投运时，ARC406 和 FIC510 构成串级控制，直接根据第 112 塔板上的乙烯浓度来调节再沸器的丙烯流量。

8.3.3 乙炔加氢反应器控制

乙炔加氢反应是将来自脱乙烷塔顶部物料中的乙炔转化成乙烯或乙烷，使出口乙炔浓度不大于 5×10^{-6}。在理想情况下，当氢/炔摩尔比 $R=1$ 时，进气中乙炔全部转化成乙烯，乙炔加氢的乙烯增量（ΔC_2）最大。氢/炔比是乙炔加氢操作的要素。

加氢反应是一个放热反应，且需要在一定的起点温度下才能进行。随着时间的增长，催化剂活性及选择性会逐步降低，加氢反应的起点温度必须提高，而床层温升下降，所需氢/炔比增加。乙炔加氢反应器控制系统如图 8-19 所示，图中方框内功能由计算机完成。

1. 进气温度控制系统 TRCA405

TRCA405 是一个分程控制回路，A 阀调节进加热器的低压蒸汽流量，B 阀调节旁路流量。当进气温度较低时，B 阀关阀，A 阀打开，反之亦然。

设置该温度控制回路的目的是为了保证一定的催化反应起点温度，克服进气温度及反应器床层温度变化对反应器操作的干扰。进气温度控制回路对保证反应器稳定和安全运行是必不可少的。随着催化剂使用时间的增长，活性下降，反应温度必须提高，进气温度也要相应提高。因此，进气温度的设定值也需相应提高。

2. 出口乙烯浓度及过氢化控制

乙炔加氢反应器的计算机控制系统如图 8-20 所示。计算机控制系统的目的，第一是控制反应器出口乙炔浓度$\leqslant 5\times10^{-6}$；第二是使乙烯转化成乙烷的过氢化作用减至最小。

计算机从在线色谱分析仪中读入反应器出口乙炔浓度，采用前馈加反馈算法，通过调节氢流量来控制出口乙炔浓度。

床层温升控制器的输出作为氢/炔比控制器的设定值。床层温升增加，氢/炔比设定减小，反之亦然。氢/炔比受床层温升的制约，从而防止过氢化。

HS1 和 HS2 分别是反应器 A 和 B 的最高床层温度选择器。计算模块 4 计算床层最大温升，其输出作为床层温升控制块的 PV 值。XC 是一个操作开关，由操作员设定，以确定哪一台反应器在运行中。

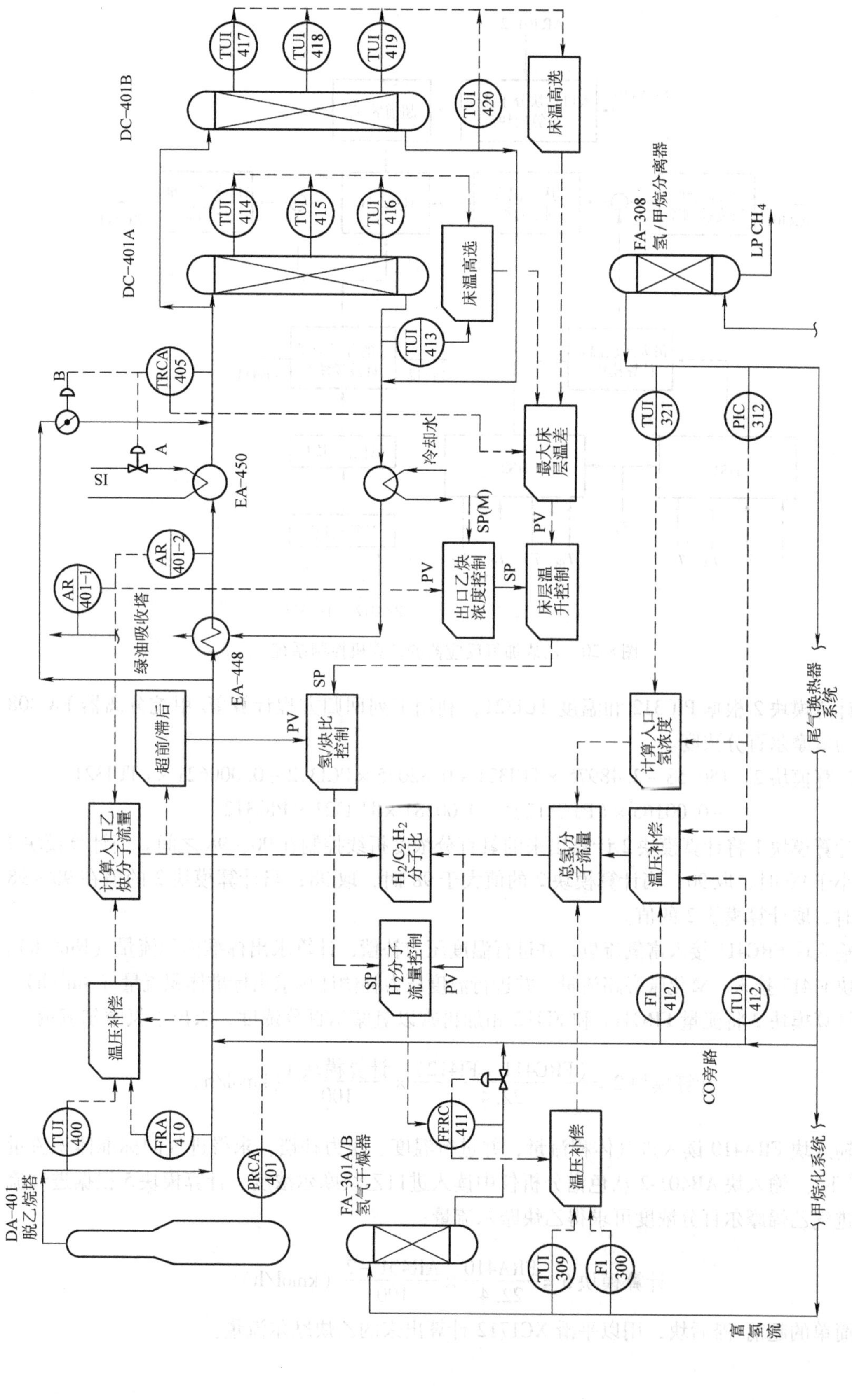

图 8-19　乙炔加氢反应器控制系统

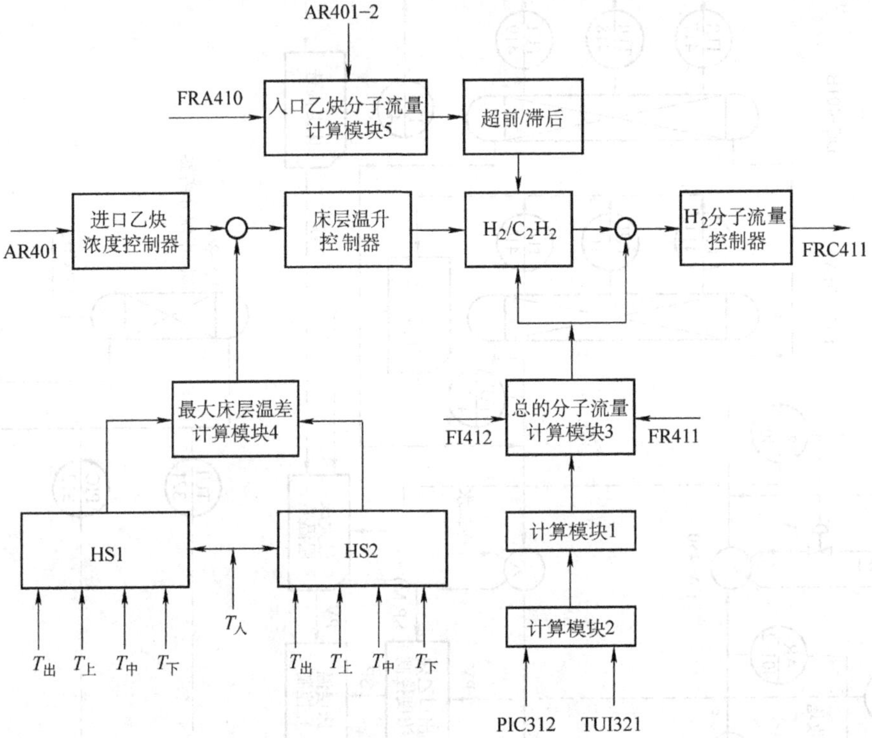

图 8-20 乙炔加氢反应器的计算机控制系统

计算模块 2 根据 PIC312 和温度 TUI321，利用下列回归方程计算氢/甲烷分离器 FA-308 出口的氢摩尔百分浓度。

$$\text{计算模块 2} = 150.58 - 2.48975 \times \text{TUI321} + 0.82025 \times \text{PCI312} - 0.000621 \times (\text{TUI321})^2 - 0.00165 \times (\text{PTC312})^2 + 0.00381 \times \text{TUI321} \times \text{PIC312}$$

计算模块 1 将计算模块 2 计算出来的氢百分浓度折线控制在 90 ~ 98 之间。当计算模块 2 的值小于 90 时，取 90；当计算模块 2 的值大于 98 时，取 98；当计算模块 2 的值在 90 ~ 98 之间时，取计算模块 2 的值。

输入块 FRC411 接入富氢流量，并进行温度压力补偿，计算求出标准体积流量（Nm^3/h）。输入块 FI412 接入一氧化碳旁路流量，并进行温度压力补偿计算求出标准体积流量（Nm^3/h）。

计算模块 2 将流量 FRC411 和 FI412 相加再乘以氢摩尔百分浓度，求出总氢摩尔流量。

$$\text{计算模块 2} = \frac{(\text{FRC411} + \text{FI412})}{22.4} \times \frac{\text{计算模块 1}}{100} (\text{kmol/h})$$

输入块 FRA410 读入进气体积流量，并进行温度、压力补偿，求得进气的标准体积流量（Nm^3/h）。输入块 AR401-2 从色谱分析仪中读入进口乙炔摩尔浓度。计算模块 5 根据进气流量及进气乙烯摩尔百分浓度可求得乙炔摩尔流量：

$$\text{计算模块 5} = \frac{\text{FRA410}}{22.4} \times \frac{\text{AR401} - 2}{100} \ (\text{kmol/h})$$

简单的超前/滞后块，用以平滑 XC1712 计算出来的乙炔摩尔流量。

8.4 聚合过程的控制

聚合过程是在聚合反应釜内，在分散剂、缓冲剂、链转移剂、防黏剂、热稳定剂、引发剂和终止剂等助剂作用下，单体在一定温度和压力下聚合成为高分子聚合物的过程。本节以几种聚合过程的控制为例说明聚合过程的控制。

8.4.1 聚对苯二甲酸乙二酯（聚酯）生产过程的控制

聚酯生产方法很多，但原料仍以对二甲苯为主。对二甲苯（PX）制成对苯二甲酸（PTA）的直接酯化缩聚法是广泛应用的方法。聚酯切片是合成纤维原料及感光胶片片基材料。聚酯生产过程主要有缩聚和回收两部分。

酯化反应由 3 个酯化釜串接组成，原料 PTA 和乙二醇（EG）的混合浆料从第一酯化釜底部进入，酯化温度为 260 ~ 270℃，反应压力从 0.25MPa 递减至 0.02MPa，总酯化率达 96% ~97%。缩聚反应分预缩聚和后缩聚，反应温度随流程进展而升高，反应压力逐步下降。缩聚反应中游离的 EG 从釜顶以气相逸出，经喷淋冷凝器至丁二醇回收装置。EG 的回收包括废 EG 蒸发、蒸馏塔和精馏塔等。图 8-21 为酯化、缩聚工艺控制流程简图。

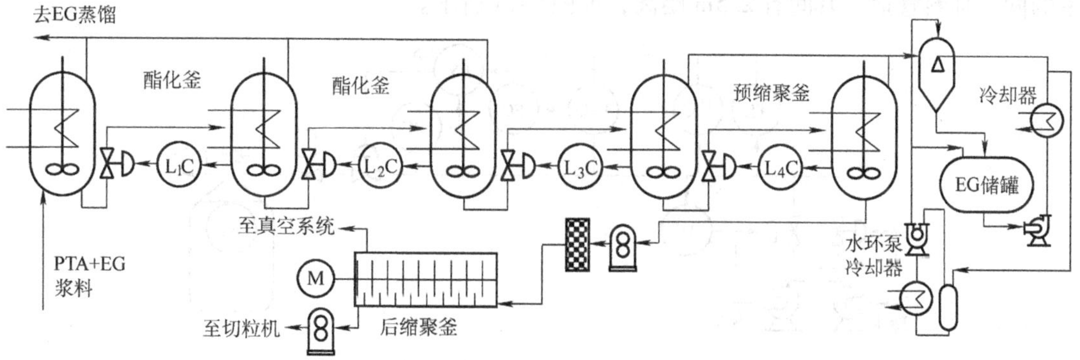

图 8-21　酯化、缩聚工艺控制流程简图

PTA 粉料经称重仪称重，与设定值比较，改变螺旋输送器电动机转速，用于控制进入混合槽的 PTA 粉料量，这是以称重量为主被控变量，转速为副被控变量的串级控制系统。同时，称重信号经信号转换后，经比值运算后作为 EG 物料控制器的设定，控制 EG 的加入量，达到 PTA 与 EG 的一定摩尔分数配比要求，这是定比值控制系统，图 8-21 中略去。

混合后的浆料从第一酯化釜底部进入，在管道上安装流通式放射性铯密度计，间接检测配比情况。第二和第三酯化釜、两个预缩聚釜都采用液位控制进料量的控制方案，如图 8-21 中所示。调节后缩聚釜的出料泵电动机的转速控制出料量。第一酯化釜液位通过浆料泵电动机转速控制进料浆量。由于液位稳定，因此，反应停留时间恒定。

反应釜温度通过调节进入反应釜夹套的道生蒸汽量控制。反应釜压力（或真空）通过调节釜顶排出（或吸入）的 EG 蒸汽量控制。

后缩聚釜是圆盘反应釜，它是卧式结构的圆筒容器，内有 12 个小室，其中，11 个室内有圆盘，由电动机带动缓慢旋转，用于作为搅拌和增大残留乙二醇蒸发表面积，使产品达到合格的黏度。在一定转速、反应釜真空度和温度下，釜内液位影响反应停留时间、乙二醇蒸发表面积，从而影响缩聚反应速度。所采用的后缩聚釜的控制系统如图8-22所示。

图8-22中，用手动控制两个出料泵电动机的转速，用手动控制后缩聚反应釜的电动机转速。出料黏度与反应釜真空度组成串级控制系统，控制进入反应釜的EG蒸汽量。反应釜温度用进入夹套的道生蒸汽量控制。根据反应釜的液位控制进料量。

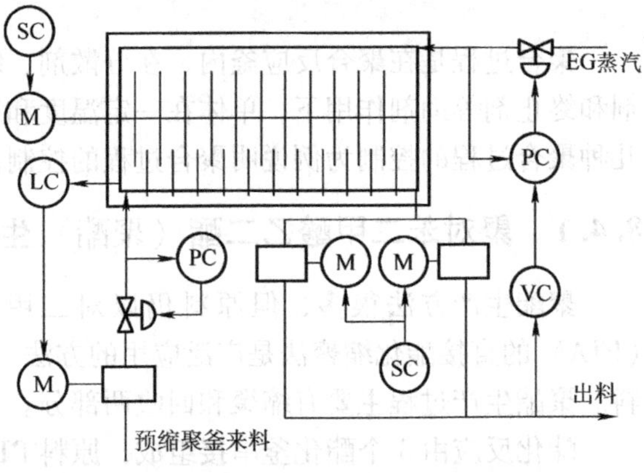

图8-22 后缩聚釜的控制系统

8.4.2 聚氯乙烯生产过程的控制

生产聚氯乙烯的主要方法是悬浮法。聚合过程是在有搅拌的反应器内进行的，采用间歇操作。下面介绍部分控制系统：

1. 无离子水计量控制系统

聚合过程采用热水入料方式操作，即无离子水加热到48℃左右后加入聚合釜，以提高釜内原料温度、缩短升温时间的操作方式。无离子水尽量采用两个涡轮流量计串联连接在水平的同一加料管道，其间有2.5m距离，如图8-23所示。

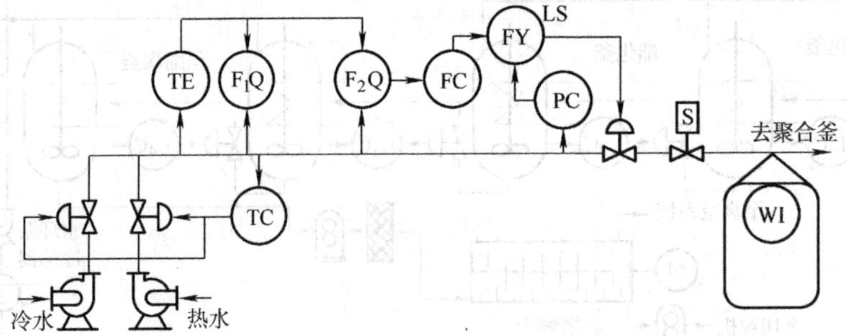

图8-23 无离子水计量控制系统

图8-23中，冷、热无离子水混合后的无离子水温度采用分程控制分别控制冷、热无离子水控制阀。混合后温度对进料无离子水流量进行温度补偿，F_1Q是进料体积检测用仪表，F_2Q是进料表，用于计量，并经FC控制进料控制阀的开度。进料压力有一个最低软限值，当进料压力低于该设定值时，由压力控制器PC取代流量控制器，控制进料量，防止涡轮流量计因出口压力低引起的进料汽化，造成流量计读数的误差。如果计量仪表故障时，系统还设置计量罐，用称重仪表WI进行校正。为使计量正确，控制系统设置了满流速和微流速两种进料流速设定，满流速时可达136m^3/h，微流速时仅23m^3/h，当计量接近设定的计量值时，控制系统改用微流速控制进料，直到达到设定的计量值时关闭进料控制阀。整个控制系统采用计算机控制装置实施，因此，进料控制阀后还设置进料切断电磁阀，用于自动开启和关闭计量控制系统。

2. 聚合釜温度控制系统

PVC的聚合反应是放热反应。因此，应及时将反应热移走，保持釜内温度恒定。通常采用釜温作为主被控变量，夹套温度为副被控变量的串级控制系统。图 8-24 为聚合温度控制系统。

聚合反应开始，95℃热水直接加入夹套，并在釜内添加引发剂，不同牌号的树脂，对温度、原料量等有不同的要求，即配方程序不同。

在聚合反应开始后，就要向夹套通入冷却水，根据需要可增大冷却水量，直到达到最大的经济流速。这时，可向釜内的挡板内供水，并按反应温度调节供水量。当挡板也达到最大经济流速时，表示已经达到该聚合釜的最大移热能力。

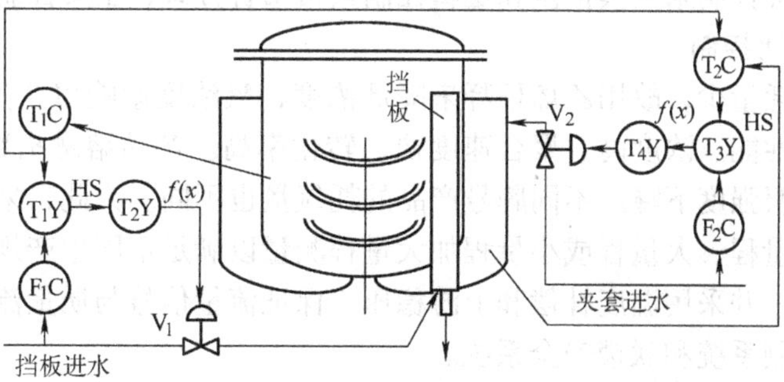

图 8-24　聚合温度控制系统

图 8-24 中，进水控制阀均为气关型，主、副温度控制器为反作用控制器。T_1Y 和 T_3Y 是高选器，T_2Y 和 T_4Y 是配方程序用的逻辑切换装置。釜温是根据釜内的 5 点温度确定的，其中，4 点温度测量液相温度，1 点温度测量气相温度。气相温度应低于液相温度，如果 4 点温度的偏差大于程序设定值，则配方程序自动定时全开进水控制阀，减少温度测量值与设定值的偏差，如果仍不能减少，则发出报警信号，以便操作人员处理。

当反应生成热不高时，釜温控制器 T_1C 的输出作为夹套温度控制器 T_2C 的外设定，组成串级控制系统，并根据 T_2C 的输出控制阀 V_2 的开度。当反应生成热很大时，夹套控制阀 V_2 全开，直到夹套进水达到最大经济流速。最大经济流速由夹套水流量控制器 F_2C 的设定值确定。它通过高选器选中流量控制器输出实现。同样，釜温控制器输出低，高选器选中挡板流量控制器 F_1C 的输出，使挡板进水流量控制阀开到最大经济流速。经上述温度控制系统调节后，釜温波动范围可保持在 ±0.2℃内，满足了工艺操作的要求。

夹套和挡板的冷却水量及冷却水的温升经计算机根据聚合釜的数学模型，计算获得聚合釜的放热速度，并进而得到 VCM 生成 PVC 的转化率。

聚合釜的升温控制采用逻辑控制与 PID 控制结合的方法进行。根据不同配方所确定的升温温度确定直接加热温度设定值及 PID 切换点等。

当聚合温度过高，或反应过程中发生停电等事故时，控制系统中的事故处理系统会自动打开终止剂控制阀，加入终止剂，停止反应。

3. 缓冲剂计量控制系统

PVC 聚合反应的缓冲剂是磷酸三钙（白色颗粒固体），因此，计量过程要不断搅拌。由于是间歇反应，因此，计量过程是间歇进行的，整个计量过程采用逻辑顺序控制，由配方控制程序给出。

8.4.3 聚乙烯生产过程的控制

聚乙烯是乙烯聚合而成的高分子化合物，产品分高、中、低压聚乙烯和低压低密度聚乙烯等。高压聚乙烯又称为低密度聚乙烯（LDPE），指在100～300MPa下生产的密度为0.91～0.935g/cm^{3}的聚乙烯。高压聚乙烯生产按反应器类型可分为管式和釜式反应器两大类。管式反应器的反应压力高、反应温度高，但转化率也较高，反应时间较短，停留时间较短，相对分子质量分布较宽，对过程控制和安全控制的要求亦高。

高压聚乙烯过程控制采用模拟量和逻辑控制紧密结合方式，主要控制系统如下：

1. 氧与乙烯配比控制

引发剂纯氧消耗量少，故用乙烯稀释来降低浓度，氧浓度影响聚合反应速度和转化率，并影响反应产品的性能。浓度高、聚合速度快、转化率高。产品熔融指数上升，产品密度、相对分子质量和屈服强度下降。不同牌号产品的耗氧量也不同。为此，采用两套热质量流量计检测流量，用小量程、大量程或小量程加大量程测量以满足不同生产规模的要求。乙烯量采用整体喷嘴测量，并采用温度补偿和上游稳压，保证流量信号与质量流量成正比。图8-25为氧和乙烯配比控制系统和联锁安全系统。

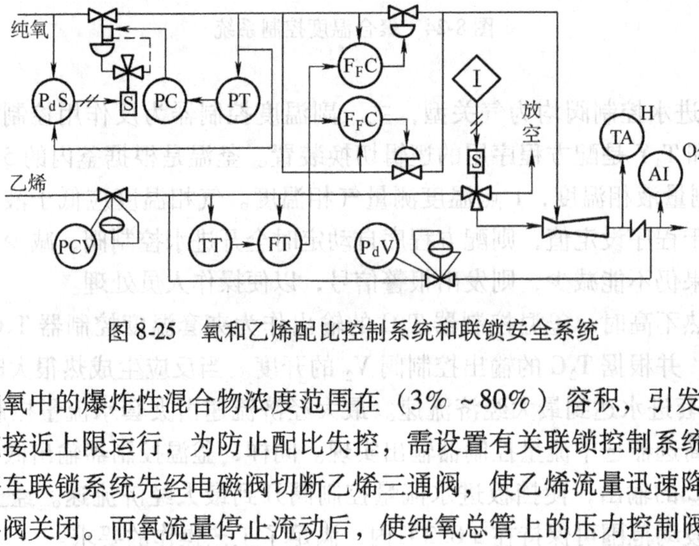

图8-25 氧和乙烯配比控制系统和联锁安全系统

由于乙烯在氧中的爆炸性混合物浓度范围在（3%～80%）容积，引发剂中乙烯浓度要大于爆炸上限或接近上限运行，为防止配比失控，需设置有关联锁控制系统。

系统局部停车联锁系统先经电磁阀切断乙烯三通阀，使乙烯流量迅速降到零，并经比值系统将纯氧进料阀关闭。而氧流量停止流动后，使纯氧总管上的压力控制阀前、后压降下降到零，P_dS动作，经电磁阀动作来切断氧压力控制阀，为纯氧系统事故切断提供双重保险，提高整个系统的可靠性。即使系统有泄漏，还可经乙烯三通控制阀放空，防止在系统中积累，使氧浓度升高。

P_dV自力式差压控制阀在两端压差大于50kPa时，自动打开，乙烯经旁路进入引发剂压缩机。正常运行时，压差小于50kPa，因此，该控制阀关闭。该控制阀用于防止联锁动作时，因乙烯进料阀关闭，使压缩机入口形成负压，将空气吸入压缩机的事故。

2. 反应器综合控制

反应器综合控制包括主流入口差压控制、反应峰值温度和反应压力串级控制、冷侧流温度和流量控制等常规控制和时间程序、逻辑程序等顺序控制。图8-26为聚乙烯反应器的主要控制系统。

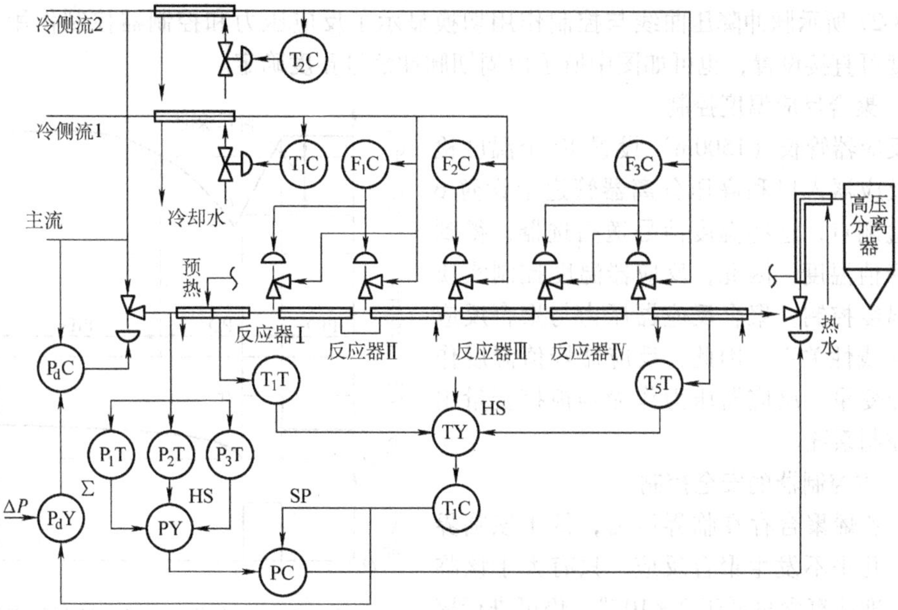

图 8-26　聚乙烯反应器的主要控制系统

(1) 反应器主流入口差压控制

反应器主流入口差压指二次压缩机出口压力与反应器入口（管式反应器首部）压力之差。控制差压可消除反应器压力周期性脉动变化对冷侧流注入流量的影响，使冷侧流注入系统的工况稳定。采用反应峰值温度 T_1C 与入口压力 PC 的串级控制系统。由于反应器压力受时间程序的影响而周期变化，因此，不能直接用差压值。为此，将温度控制器输出叠加差压的偏置值后作为二次压缩机出口压力控制器的设定，使压缩机出口压力与反应器设定压力之间保持一个恒定差压。

(2) 反应器压力控制

反应器的操作压力对聚合反应影响很大，为确保压力检测信号的正确，采用三重检测元件和变送器（图 8-26 中的 P_1T、P_2T 和 P_3T），经高选器 PY 后获得反应器最大压力作为压力控制器的测量信号。控制器 PID 和 PD 功能的切换由时间逻辑程序控制，用于配合脉冲周期降压控制。PID 切换到 PD 时，积分作用被记忆，不会因测量与设定之间的偏差而变化，副控制器的输出控制反应器末端的脉冲控制阀。压力控制器设定等于反应器压力设定减去反应器峰值温度控制器输出。

(3) 反应器周期脉冲降压控制

反应生成的聚合物黏度大，易黏附在反应器管壁，影响传热效果。为清除黏附的聚合物，采用周期脉冲降压控制，使管内流体呈现脉动流，从而冲刷黏附物，脉冲周期为 60～100s，降压深度为 0～20MPa。为消除脉动压力对反应器压力的影响，对压力控制器的控制算法进行切换，即当反应器实际压降达到降压深度设定值 B 时，控制器是 PD 控制，微分输出使出料控制阀迅速关小，反应器压力回升。这阶段内，原有的积分输出被保持，但不再有偏差积分的累积输出。当反应器实际压降上升到降压深度设定值 C 时，控制器是 PID 控制，由于反应压力与设定的偏差较小，反应压力可迅速和平稳地在 PID 控制作用下恢复到设定值，避免了衰减振荡的过渡过程，有较满意的操作效果。

图8-27所示脉冲降压曲线与控制作用切换显示了反应压力和控制器控制作用的关系。降压深度可直接设置，也可如图中所示由周期脉冲信号宽度确定。

（4）聚合反应温度控制

沿反应器管长（1500m）设置40个温度检测点，反应器入口和高压分离器管道上设置6个温度检测点，这些温度信号送高选器，得到反应器峰值温度，因此，反应器温度控制实质是峰值温度控制。聚合反应器压力与聚合反应速率呈现线性关系，因此，反应器峰值温度作为主被控变量，反应器压力作为副被控变量组成串级控制系统。

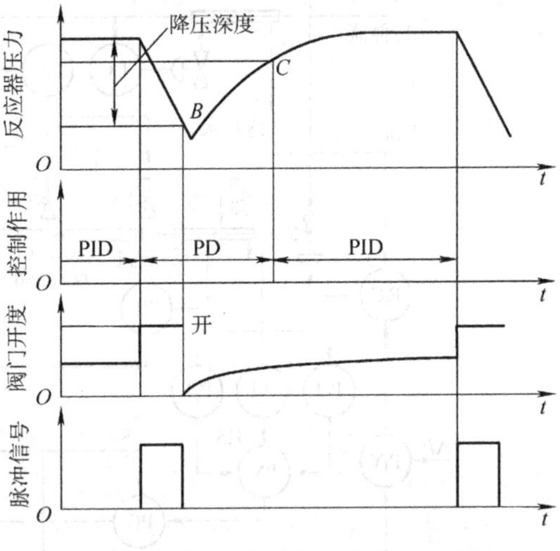

图8-27　脉冲降压曲线与控制作用切换

（5）主控制器的安全控制

氧与乙烯聚合存在临界压力，低于该临界压力时，几乎不发生聚合反应，只有大于该临界压力，即使氧含量低于2×10^{-6}，仍可进行聚合反应。因此，临界压力的控制是安全控制的基础。安全控制就是当工艺参数异常时，将压力降到临界压力以下的控制方法。根据工艺不同的事故条件，安全控制的方式不同。例如，可直接切断脉冲周期信号，停止脉冲降压控制；可直接切断进料控制阀；可将反应器压力控制器的设定直接降到安全压力，或以一定速率降低压力设定值等。一旦故障消除后，压力要逐步由人工恢复到正常操作压力。

3. 反应器的节水控制

反应器需用热水作为传热介质，根据操作和控制的要求，由3路不同蒸汽压力的热水各自组成闭合循环系统。热水温度通过热水槽上压力分程控制系统控制。热水吸收热量产生蒸汽，使热水槽压力升高。共有3套热水槽，液位以分程控制系统为主，另有压力的分程控制和单回路控制，流量的单回路控制等。聚乙烯反应器节水控制系统如图8-28所示。

图8-28中，热水槽的压力随热水吸收热量的大小而变化。当热水槽压力升高时，通过P_1C使V_1打开，蒸汽送入管网，压力随之下降；反之，如果放出热量，则回水温度下降，热水槽压力下降，通过P_1C先关闭V_1，如果热水槽压力继续下降，则打开V_2，由于外管网蒸汽压力大于热水槽压力，用外管网蒸汽加热热水，使热水槽压力维持在设定的压力。

压力控制的引入，使闭环循环系统开了口，循环系统中水量随换热工况的变化而变化。当蒸汽外排时，热水槽液位下降，为维持系统中水量的恒定，维持热水槽液位，采用L_1C的液位分程控制；当水量不足时，开大除氧器来的补偿水阀V_1，否则，将多余的水经V_2送冷凝槽。

（1）除氧器和冷凝槽液位同时升高

为维持热水槽的压力，从蒸汽管网补充加热蒸汽，使热水槽液位升高。经L_1C，开大该控制系统中的V_2，关小V_1，使除氧器的外供水减小，冷凝槽的进水增加，从而使除氧器和冷凝槽的液位随之升高。由于冷凝槽是立式容器，除氧器是卧式容积，因此，冷凝槽液位响应比除氧器液位的响应要迅速，使L_3C动作，开大该控制系统中的V_1，使除氧器液位升高。因此，除氧器液位在外供量减小和由于冷凝槽的供量增大而进一步上升。L_2C因除氧器液位

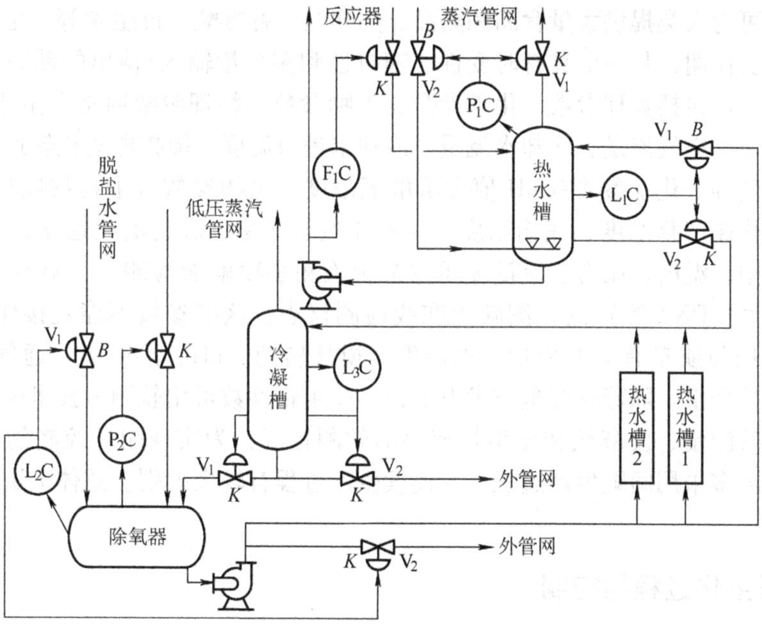

图 8-28　聚乙烯反应器节水控制系统

上升而使输出增大，由脱盐水管网来的新鲜软水阀 V_1 关小，如果液位继续上升，则打开去外管网的控制阀 V_2。冷凝槽液位在 L_3C 控制系统中的阀 V_1 全开后仍上升时，经控制阀 V_2 将凝液排放到外管网，防止液位过高使低压蒸汽带水。

（2）除氧器和冷凝槽液位同时降低

热水槽产生的蒸汽过多，热水循环系统的热水过量汽化，使热水槽液位下降。经热水槽液位控制系统的调节，关小出水阀 V_2，并打开进水阀 V_1，冷凝槽液位因凝液减小而下降，L_3C 输出也随之下降。首先关闭该液位控制系统的控制阀 V_2，然后关小控制阀 V_1，减小回除氧器的凝液。除氧器液位因凝液减小而下降，同时因热水槽的补充水量增大而下降。在 L_2C 的调节作用下，先关闭控制阀 V_2，进而打开控制阀 V_1，增加补充的软水量，从而使补给水量降到最低，达到节水控制目的。图 8-29 所示节水控制系统控制器输出与阀开度的关系。需注意，该控制系统中热水槽有 3 个液位的分程控制系统，它们都用于调节热水槽液位，并影响冷凝槽和除氧器的液位。

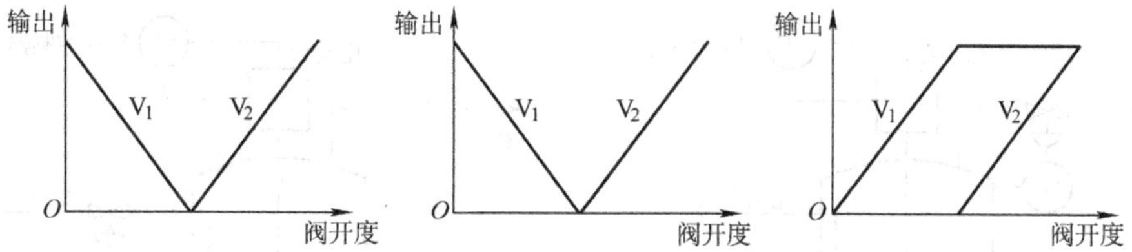

a) L_1C 控制系统　b) L_2C 控制系统　c) L_3C 控制系统

图 8-29　节水控制系统控制器输出与阀开度的关系

8.5　生化过程的控制

生化过程十分复杂，涉及生物化学、化学工程等诸多学科。生化过程的基础是发酵，利用微生物发酵可为人类提供大量食品和药品，如啤酒、谷氨酸、抗生素等。生化过程涉及微生物细胞的生长代谢，是一个具有时变性、随机性和多变量输入/输出的动态过程。生化过程需要检测的参数包括物理参数、化学参数、生物参数。物理参数通常有生化反应器温度、生化反应器压力、空气流量、冷却水流量、冷却水进口温度、搅拌电动机转速、搅拌电动机电流、泡沫高度等。化学参数有 pH 值和溶解氧浓度。生物参数有生物物质呼吸代谢参数、生物质浓度、代谢产物浓度、底物浓度、生物比生长速率、底物消耗速率、产物形成速率等。这些参数中，温度、压力、流量等运用常规检测手段就能检测，而对有些参数（如成分浓度、糖、氮、DNA 等）的检测缺乏在线检测仪表，这些参数不能直接作为被控变量，因此主要可采用与质量有关的变量，如温度、搅拌转速、pH、溶解氧、通气流量、罐压、泡沫等作为被控变量。随着软测量技术发展，不少生物参数可用软测量技术来解决，例如呼吸代谢参数的软测量、发酵热和比生长速率的软测量等，为实现闭环控制创造了条件。另外，生化过程大多采用间歇生产过程，与连续生产过程有较大差别。总体上讲，生化过程控制难度较大。

8.5.1 常用生化过程的控制

1. 发酵罐温度控制

一般发酵过程均为放热过程，温度多数要求控制在 30 ~ 50℃（±0.5℃）。过程操纵变量为冷却水，一般不需加热（特别寒冷地区除外）。图 8-30 为发酵罐温度控制流程图。测温元件多数采用 Pt_{100} 热电阻。由于发酵过程容量滞后较大，因此多数采用 PID 控制规律。

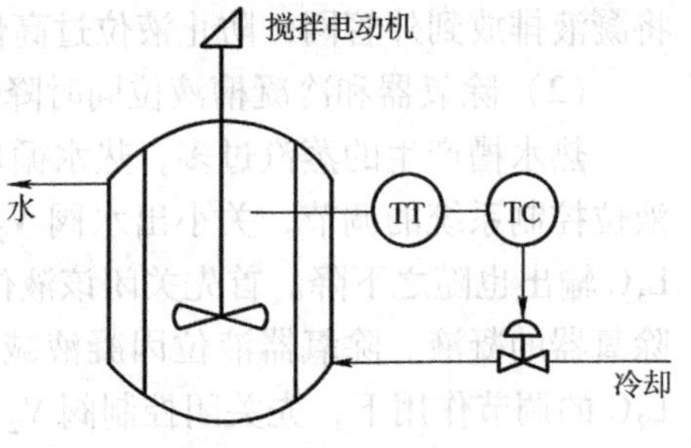

图 8-30 发酵罐温度控制流程图

2. 通气流量、罐压和搅拌转速控制

当搅拌转速、罐压（或通气流量）进行单回路控制时，其流程图如图 8-31 所示。由于在同一发酵罐中通气流量和罐压相互关联影响严重，因此这两个控制回路不宜同时使用。图 8-31a 中控制罐压，而图 8-31b 中控制通气流量。

此外，搅拌转速、罐压（或通气流量）控制常作为副回路与溶氧组成串级控制系统。

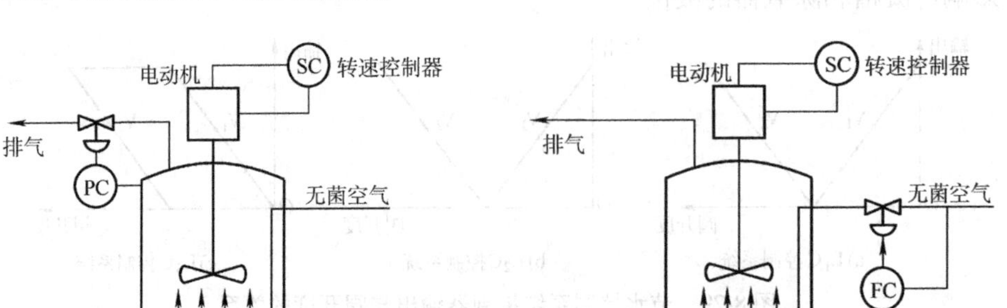

a) 搅拌转速、罐压控制　　b) 搅拌转速、通气流量控制

图 8-31 发酵罐搅拌转速、罐压（或通气流量）控制流程图

3. 溶氧浓度控制

在好气菌的发酵过程中，必须连续地通入无菌空气，使空气中的氧溶解到培养液中，然后在液流中传给细胞壁进入细胞质，以维持菌体生长和产物的生物合成。在发酵过程中必须控制溶解氧浓度，使其在发酵过程的不同阶段都略高于临界值，这样既不影响菌体的正常代谢，又不至为维持过高的溶氧水平而大量消耗动力。

培养液的溶解氧水平其实质为供氧和需氧矛盾的结果。影响溶氧浓度有多种因素，在控制中可以从供氧效果和需氧效果两方面加以考虑。需氧效果方面，要考虑菌体的生理特性等；供氧效果方面，要考虑通气流量、搅拌速率和气体组分中的氧分压、罐压、罐温以及培养液的物理性能。通常用控制供氧手段来控制溶氧浓度，最常用的溶氧浓度控制方案是改变搅拌速率和改变通气速率。

（1）改变通气速率

在通气速率低时改变通气速率可以改变供气能力，加大通气流量对提高溶氧浓度有明显效果。但是在空气流速已经较大时，再提高通气速率则控制作用并不明显，反而会产生副作用，如泡沫形成、罐温变化等。

（2）改变搅拌速率

该方案控制效果一般要比改变通气速率方案好。这是因为通入的气泡被充分破碎，增大有效接触面积，而且液体形成涡流，可以减少气泡周围液膜厚度和菌丝表面液膜厚度，并延长气泡在液体中停留时间，提高供氧能力。图 8-32 为改变搅拌转速的溶氧串级控制系统。

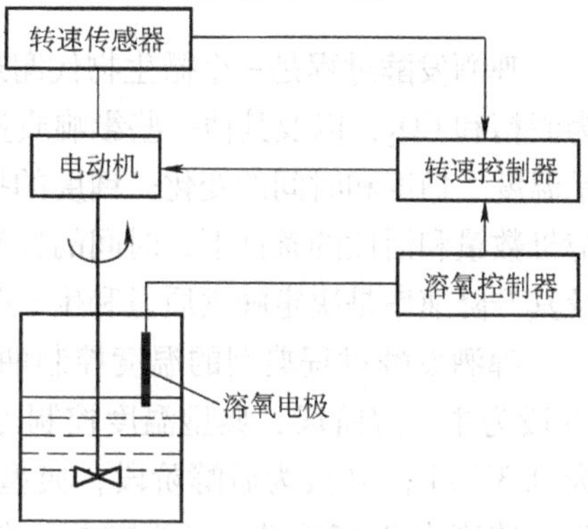

图 8-32 改变搅拌转速的溶氧串级控制系统

4. pH 控制

在发酵过程中为控制 pH 值而加入的酸碱性物料，往往就是工艺要求所需的补料基质，所以在 pH 控制系统中还需对所加酸碱物料进行计量，以便进行有关离线参数的计算。图 8-33 所示是采用连续流加酸碱物料方式控制 pH。

图 8-34 为采用脉冲式流加方式控制 pH。在这种控制方式中，AC 控制器将 PID 运算的输出转换成在一定周期内开关信号，控制隔膜阀（或计量杯）。该控制方式在目前应用较为广泛。

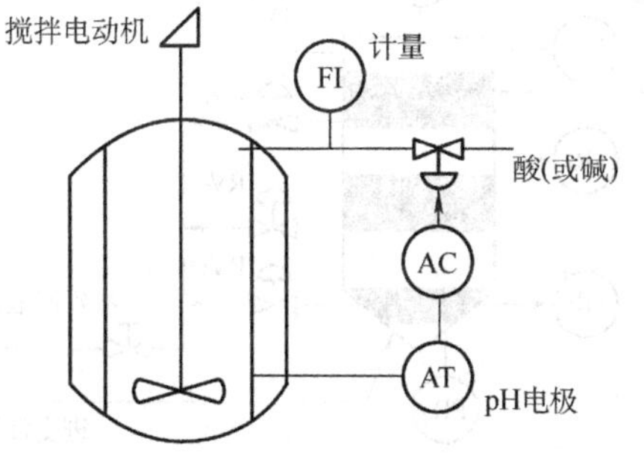

图 8-33 连续流加酸碱物料方式控制 pH

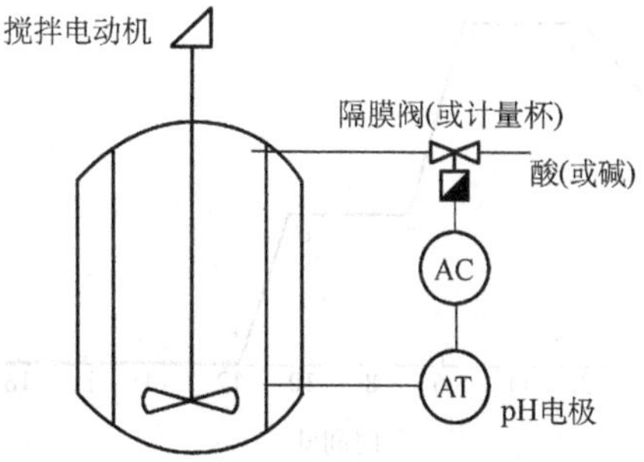

图 8-34 脉冲式流加方式控制 pH

5. 自动消泡控制

在很多发酵过程中，由于多种原因会产生大量泡沫，从而引起发酵环境的改变，甚至引起逃液现象，造成不良后果。通常在搅拌轴的上方安装机械消泡桨，少量的泡沫会不断地被打破。但当泡沫量较大时，就必须加入消泡剂（俗称“泡敌”）进行消泡，采用位式控制方式。当电极检测到泡沫信号后，消泡控制器LC便周期性地加入消泡剂，直至泡沫消失。在控制系统中可以对加入的消泡剂进行计量，以便控制消泡剂总量和进行有关参数计算。消泡控制如图8-35所示。

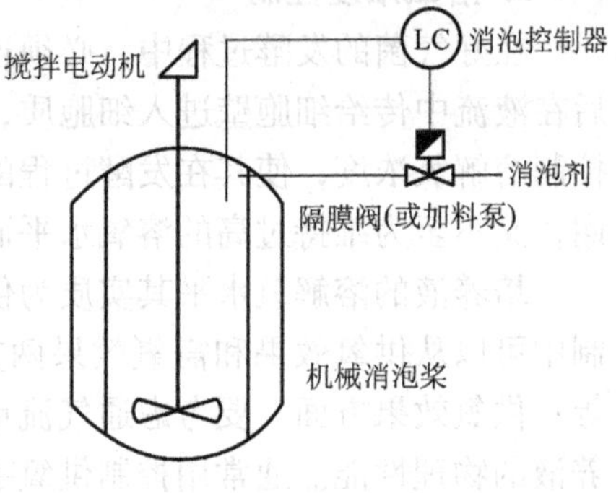

图8-35 消泡控制

8.5.2 啤酒发酵过程的控制

啤酒发酵过程是一个微生物代谢过程。它通过酵母的多种酶解作用，将可发酵的糖类转化为酒精和CO_2，以及其他一些影响质量和口味的代谢物。在发酵期间，工艺上主要控制的变量是温度、糖度和时间的变化。糖度的控制是由控制发酵温度来完成的，而在一定麦芽汁浓度、酵母数量和活性的条件下，时间的控制也取决于发酵温度。因此，控制好啤酒发酵过程的温度及其升降速率是决定啤酒质量和生产效率的关键。

啤酒发酵过程典型的温度控制曲线如图8-36所示。*oa*段为自然升温段，无需外部控制；*ab*段为主发酵阶段，典型温度控制点是12℃；*bc*段为降温逐渐进入后酵，典型的降温速度为0.3℃/h；*cd*段为后酵阶段，典型温度控制点是5℃；*de*段为降温进入贮酒阶段，典型的降温速度为0.15℃/h；*ef*为贮酒，典型温度控制点是0～-1℃。

啤酒发酵生产工艺对控制的主要要求是：

1）控制罐温在特定阶段时与标准的工艺生产曲线相符。

2）控制罐内气体的有效排放，使罐内压力符合不同阶段的需要。

3）控制结果不应与工艺要求相抵触，如局部过冷、破坏酵母沉降条件等。

图8-37为啤酒发酵过程带控制点的工艺流程，采用计算机控制方案。TR_1～TR_3为均衡

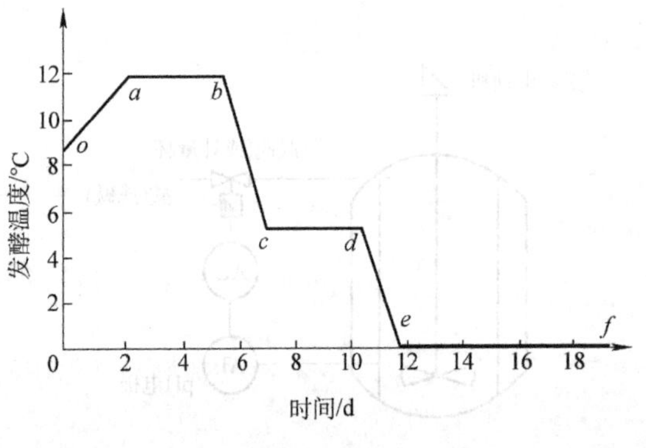

图8-36 啤酒发酵过程典型的温度控制曲线

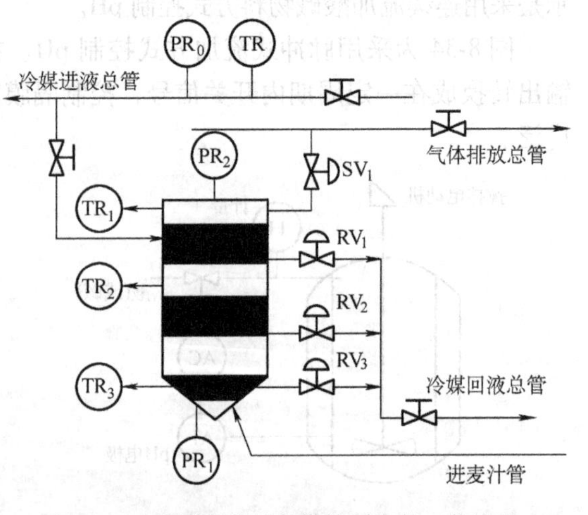

图8-37 啤酒发酵过程带控制点的工艺流程

测定罐内上、中、下 3 点温度的铂电阻，$PR_1 \sim PR_3$ 为罐顶气压及罐底压力测量的压力变送器，SV_1 为气动开关阀，执行控制器下达的气压排放命令。$RV_1 \sim RV_3$ 为流量控制阀，将根据 $TR_1 \sim TR_3$ 测定的罐内温度并依据一定的控制规律来控制环绕罐体的三段冷媒换热带内流过冷媒的流量，以此达到控制罐温的目的。

发酵工艺过程对温控偏差要求很高，由于采用外部冷媒间接换热方式来控制体积较大的发酵罐温度，极易引起超调和持续振荡，整个过程存在大时滞环节，使用普通的 PID 控制是无法满足控制要求的，因此应采用一些特殊的控制方法，如工艺曲线分解、温度超前拦截、连续交互式 PID 控制技术等，以获得较高的控制品质。

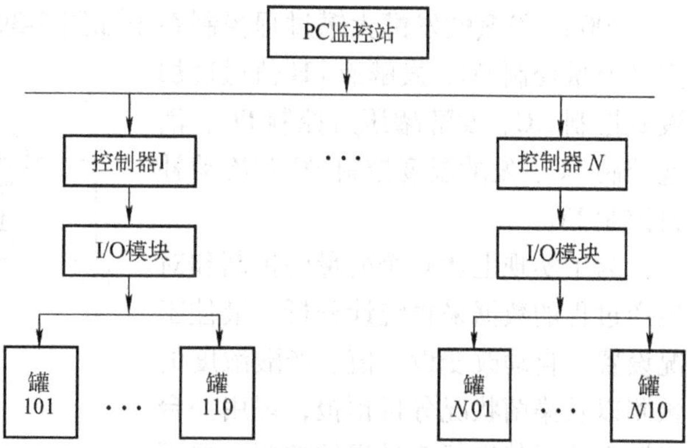

图 8-38　控制系统硬件结构

控制系统硬件结构如图 8-38 所示。控制系统分为两级。第一级是 PC 监控站，用于提供操作界面，并且向控制器下装控制组态软件，便于系统功能和控制算法的修改。第二级是控制器和 I/O，每个控制器可以完成对 10 个发酵大罐的全部测控任务。

8.5.3　典型生化过程的计算机控制

谷氨酸（味精）已是人们日常生活中不可缺少的调味品。我国谷氨酸生产发展十分迅速，已经是世界的谷氨酸生产大国。但是，为了提高产酸率、降低能耗，完全有必要采用计算机对生产过程进行优化控制。

1. 谷氨酸发酵工艺过程

谷氨酸培养基（糖液等）先进入连消塔进行连续消毒，然后再进入间歇式谷氨酸发酵罐，在罐内，冷却器将培养基冷却至 32℃左右，再置入菌种，通入消毒空气，谷氨酸发酵过程逐渐开始。一般发酵过程可以分为几个阶段。前期为长菌期，是菌种吸收各种营养迅速生长的过程。这一阶段要求长菌快，糖菌转化率高，菌种产酸能力强，能耗低。中后期为产酸期，这时菌种已增殖完毕，要求产酸率高。

谷氨酸发酵是在糖液和其他生物质组成的基质溶液中，在通风供氧和适宜温度、pH 值条件下缓慢进行的生化过程。在整个发酵期间，必须严格控制微生物生长所需的环境条件，如氧气、pH 值、罐温等。环境因素控制不当，可能会改变微生物代谢途径，使谷氨酸产量锐减，而副产品大量增加，直接影响生产效益。因此，通风量、pH 值、罐温、适时补糖成为保证发酵正常进行的关键因素。

由于谷氨酸发酵过程是一个强的非线性、慢时变、重复性较差的复杂生化过程，对于不同的微生物生长期，所需要的环境参数是不同的，因此，控制系统的设定值在不同时期应该有所变化。再之，发酵液的 pH 值是非线性的，对于相同的 pH 偏差值，在不同的 pH 值工作点上需要加的氨量也不相同，因此，必须采用先进的非线性控制算法来控制发酵液的 pH 值。再如补糖量，如果采用一次性投料，不仅不能保持碳源、氮源的动态最优配比，还容易使一部分微生物的生长受到抑制。较为理想的做法是采用计算机流加控制方式，按需补加。

另外，对表征谷氨酸发酵过程状态的菌体浓度、基质浓度及产酸量等重要的生化参数，目前尚无可行的在线分析仪表，而采用软测量技术则可预估出这些生化参数，从而为工艺操作提供及时的指导。同时，软测量技术的实施也离不开计算机硬件和相应的软件。

2. 谷氨酸发酵过程常规计算机控制方案

$200m^3$ 谷氨酸发酵大罐过程控制系统如图 8-39 所示。图中包括 6 个控制系统，其中有空气流量控制 FC、发酵液 pH 值通过加液氨控制 AC、发酵罐压力控制 PC、消泡控制 LC、发酵温度控制 TC 和流动补料控制 FC。

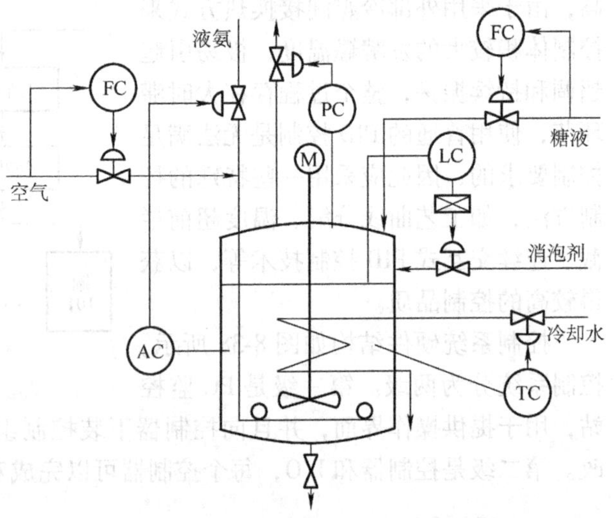

图 8-39　$200m^3$ 谷氨酸发酵大罐过程控制系统

为了实现上述 6 个变量的控制和对生产过程的数据采集统计分析、最佳工况设置、自动改变设定值、产酸浓度的预测以及染菌状况分析预报，现用一台集散系统对其进行全过程的控制。典型控制系统介绍如下：

（1）流加糖批量控制

根据工艺要求，流加糖的补料方式对微生物生长最为有利，而且应在不同的时间内按规定的量完成。每次批量补糖总量应在流程图上予以显示。上述参数被组态进控制组画面和调整画面，用户可以根据当前分析（或推断估算）的残糖量设定有关参数。当选择自动状态时即开始上述批量流加过程，流加到所要求的量后自动关闭糖液控制阀。

（2）pH 值控制

为了使谷氨酸高产，在发酵的中后期还必须根据 pH 的变化适时流加液氨。即在发酵进行约 12h 后，菌体已分裂完成，光密度（COD 值）不再上升，pH 值在短暂上升后降至 6.8 左右，这时应当流加液氨。流加后 pH 值上升至 7.0 以上。约经 6h，由于 NH_4^+ 被用于合成谷氨酸，谷氨酸又溶于培养基中，使发酵液 pH 值再次下降，这时需再次流加液氨，调整 pH 值。此后每当 pH 值下降时，仍需流加液氨，直到发酵接近结束，液氨流加量才适当减少。只有这样不断补充 NH_4^+ 和控制合适 pH 值，才能提高谷氨酸产量。然而，由于 pH 参数的严重非线性，在中和点附近有较大稳态增益，远离中和点时稳态增益却较小，这样要实现 pH 值的理想控制，采用常规算法难于奏效。现在，利用 DCS 的丰富资源开发了具有非线性补偿的变增益控制策略，即将整个 pH 参数的变化范围分成若干子区间，每个区间对应一组控制器参数。参数的选择既吸取了谷氨酸生产专家的经验，又兼顾区间补偿与整体特性。当参数进入某区间时，一组与之相适应的控制器参数自动跟踪变化，从而较好地适应了 pH 这一非线性时变过程对控制策略的要求。图 8-40 为 pH 值控制系统的组成框图。

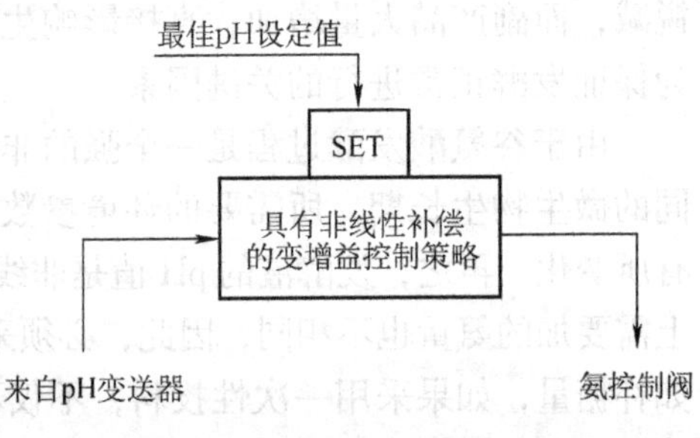

图 8-40　pH 值控制系统的组成框图

（3）发酵温度控制

菌体要在适宜的温度下才能正常生长代谢，因此按一定的设定值控制发酵罐温度是非常必要的。谷氨酸发酵过程通常分为 3 个阶段：1～12h 为培养期，温度要求控制在 32℃；12～20h 为发酵中期，温度控制在 34℃；20h 后为发酵后期，温度控制在 37℃。由于环境温度、冷却水温度、压力比较稳定，其他对温度的干扰也很小，采用单回路 PID 控制一般可以满足要求，如果单回路 PID 控制实在无法满足要求，可以考虑采用串级控制系统。

（4）通风量控制

谷氨酸发酵过程是好气性的，需要向发酵罐通风以供给所需的氧气。可以采用以溶解氧为主被控变量，风量、搅拌电动机转速为辅助变量的串级复合控制系统。风量的设定值由 DO 控制器（图中未画出）的输出确定，落入副回路的干扰很快由风量副回路克服。发酵罐的 DO 值除了可以用风量变化来控制外，还可以由搅拌电动机的转速来控制。为此，还设定了一个搅拌电动机转速控制回路。DO 传感器的输出信号除了送至 DO 控制器外，还按一定比例送至搅拌电动机控制回路。实践证明，当搅拌电动机转速适中，且发酵罐内有富裕的空气时，通过控制搅拌电动机转速可以加快 DO 的动态响应，提高了氧的利用率。而且，通过电动机调速来控制 DO 值还可以节能。

3. 谷氨酸发酵工艺过程的优化

为了优化谷氨酸发酵过程，提高产酸率、提高糖转化率、降低发酵周期，完全有必要对发酵过程进行多目标优化。以下简要介绍某味精厂的发酵过程优化工程：

该过程优化采用了模式识别调优方法。基本原理是将工艺操作状况看成是高维空间中的一个样本点，对应于不同目标值的许多工艺过程就组成了模式空间的点群。不同目标值的点群会分布在模式空间的不同区域。采用适当的数学方法，就可以把这些高维空间的图像降维而成人们可视的二维和三维图像。对应谷氨酸发酵过程而言，就相当于把不同工艺操作状况（操作点）的效果进行分类（如好、中、差等）。从所得到的二维图像就可以看出优化的方向，并找到更优的操作点，将这些更优的操作点经过逆映射就可以计算出优化的工艺操作条件，再将这些优化的操作条件在工艺中实施，就可以取得优化的效果。上述方法的计算步骤如下：

1）根据发酵过程的批报表和有关曲线，可以通过数据处理抽提出最有用的特征变量。

2）采用合适的模式识别方法（如 PCA、PLS 等）建立最能反映工艺过程性质的模式空间，并通过降维方法，找出对优化区最敏感的映射平面。在该平面根据判别的优化方向设定若干个优化点。

3）将这些优化点逆映射到原始数据空间，以设计出一套或若干套优化的工艺参数组合。经过对谷氨酸发酵过程的上述处理步骤，得到了优化后的工艺参数。将这优化后的工艺参数在谷氨酸发酵过程进行实施后，共实验了 390 批。据统计，糖酸转化率提高了 2.9%，发酵罐产量提高了 1.45%，产酸率提高了 2.56%，单批用糖减少 1.43%，经济效益比较显著。

8.6　制浆造纸过程的控制和硫酸盐法制浆过程的控制

造纸过程分为制浆和造纸两大过程。制浆过程用于制备纸浆；造纸过程是用纸浆抄造成为纸张。本节介绍制浆造纸过程的控制和硫酸盐法制浆过程的控制。

8.6.1 制浆造纸过程的控制

1. 纸浆浓度的控制

纸料制备过程中必须控制纸浆的浓度。这里的“浓度”是指绝干纤物料在纸浆和水的混合物中的质量分数。人工测量浓度的方法包括取样、称重、除去试样中的水分，再称出剩余试样的质量等步骤。这种方法适合于抽样检查，但不适合于连续控制。连续控制时要求对浓度的变化进行实时的、在线的检测。近年也有软测量技术检测打浆度的应用。工艺上一般要在高浓度下储存纸浆，以减小储浆池的容积。但是用管路输送高浓纸浆不但比较困难，而且效率低下。因此通常采用浓度控制系统向储浆池出口的纸浆中加入稀释水。

（1）单稀释控制系统

图8-41为一个典型的单稀释浓度控制系统，通常这种系统使纸浆浓度降低0.5%～1%。该系统由浓度检测单元CE、浓度变送器AT、辅助记录仪AR、浓度记录控制器AC，以及安装在稀释水管上的控制阀所组成。

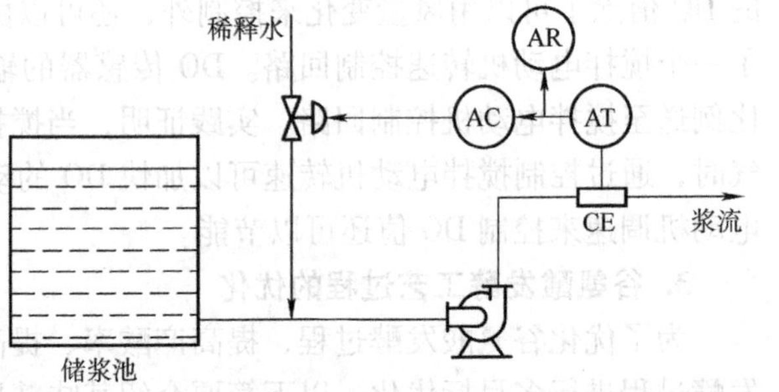

图8-41 典型的单稀释浓度控制系统

（2）双稀释控制系统

当要求纸浆浓度的稀释量超过0.5%～1%时，通常使用图8-42所示的双稀释浓度控制系统，通过两步加水来实现。在浓度大于6%的高浓浆池上普遍使用该方案。为了便于泵输送纸料，在储浆池底部即稀释区加水，把纸料浓度稀释到4%左右。一次稀释是通过控制器A_2C和控制阀加入大部分水来完成的。这个一次释释的控制器一般可使用标准比例控制器或位式控制器。该控制器的输入信号来自二次稀释的控制器A_1C向控制阀输出的信号。

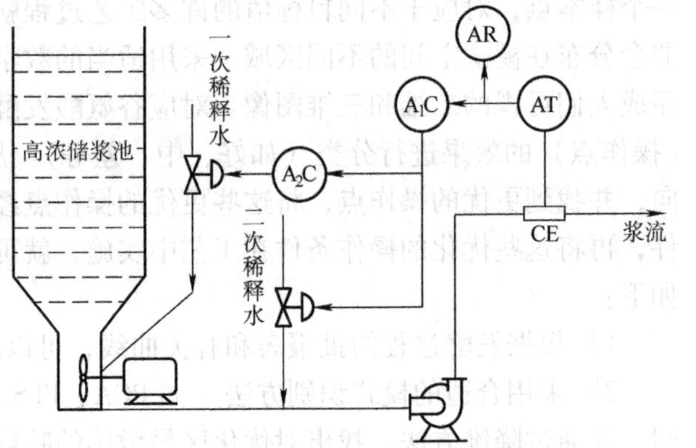

图8-42 双稀释浓度控制系统

2. 纸料配浆的比值控制

不同性质的浆料要按一定比例进行混合。另外，在混合池里还要按比例加入一些化学添加剂和染料。

图8-43为一种典型的连续管道计量纸料配浆控制系统。安装在混合池上的液位记录控制器L_1C的输出信号对各组分流量控制器施加作用，改变流入混合池的各组分量。液位记录控制器L_2C驱动从混合池到纸机抄前纸料管线上的控制阀，来补偿纸机需求量的变化，从而维持抄前池的液位。而此处的流量根据电磁流量计的信号由记录仪F_7R记录下来。液位记录控制器L_1C根据混合池出料量变化的情况而动作，从而维持混合池内的液位。因此混合池的液位也将反映出纸机需求量的变化。当混合池液位随着纸机需求量的变化而变化

时，液位记录控制器 L_1C 将改变其输出，即改变向装在各流量比控制器 F_1C、F_2C、F_3C、F_4C、F_5C、F_6C 中的比例装置传送的信号。比例装置根据各组分相对于总流量所要求的合理流量来调整每个控制器的设定值，而这个合理流量是预先确定并输入到比例装置中的。所配用的各种浆的流量用电磁流量计来测量，染料、添加剂和淀粉的流量用电磁流量计来测量。混合池上的液位变送器 L_1T 和纸机抄前池上的液位变送器 L_2T 虽然可用吹气式的，但通常多采用膜片式的。

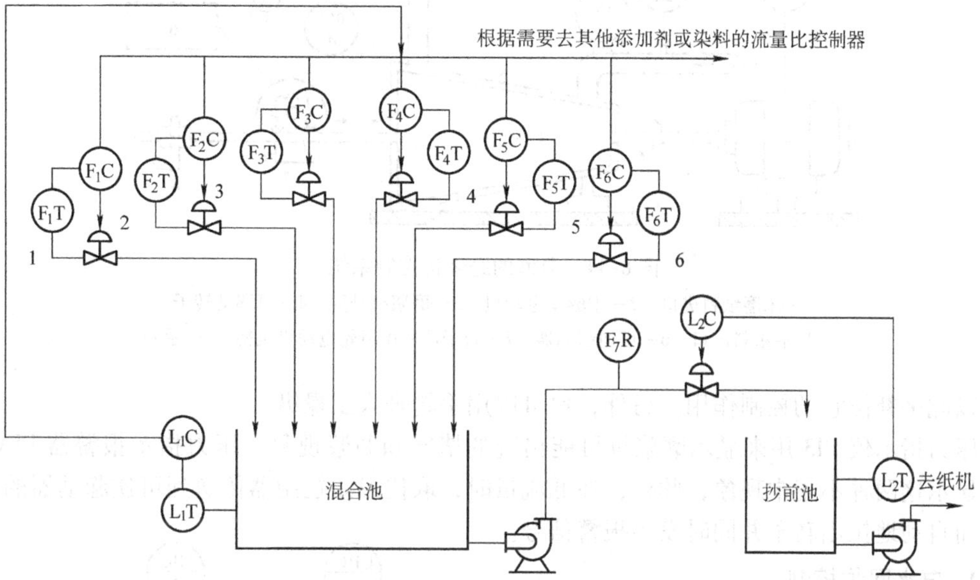

图 8-43　典型的连续管道计量纸料配浆控制系统

1—松木浆　2—硬木浆　3—损纸浆　4—来自染料储槽　5—来自添加剂储槽　6—来自淀粉储槽

3. 磨浆机的控制

为了改善纸浆的纤维交织性能，必须对纸浆进行机械处理。磨浆机是现代连续磨浆设备，其自动操作，是利用磨浆机的传动负荷、转子的压力、伏辊真空度、纸料通过磨浆机的温差、打浆度的测量结果，或者几个因素的综合情况去控制传动机构的自动移动部件来实现的。图 8-44 为一种典型的磨浆机控制系统，是把驱动电动机的功率和通过锥形磨浆机纸料的温差结合起来控制转子位置的系统，其根本目的是通过对转子位置的调整来控制作用于纸浆的机械功的量。

温度检测元件 TT2a、TT2b 分别安装在磨浆机的进口和出口，测量信号送给温差变送器 TdCon2；TdCon2 则用纸料出口温度减去纸料进口温度，并把与通过磨浆机后纸料所升高的温度成比例的信号传送给温差记录控制器 TdRC2。这个控制器是一个脉冲持续型控制器，它发出脉冲信号来触发转子位移电动机的可逆起动器用的继电器，由此便可按要求向里或向外移动转子，以维持转子具有适度的机械作用（做功）。

主传动电动机的负荷功率由变送器 EwT1 测量并传送给记录器 EwRC1，同时也把这个信号传送给温差记录控制器 TdRC2，以此来补偿它的控制作用。当出现干扰时，将存在一个时间滞后，直到该干扰作用被温差测量仪表检测出来，才能重新调节转子的位置。电动机负荷功率测量仪表越敏感，检测这种干扰作用就越迅速，从而能及时给温差控制器发出相应信

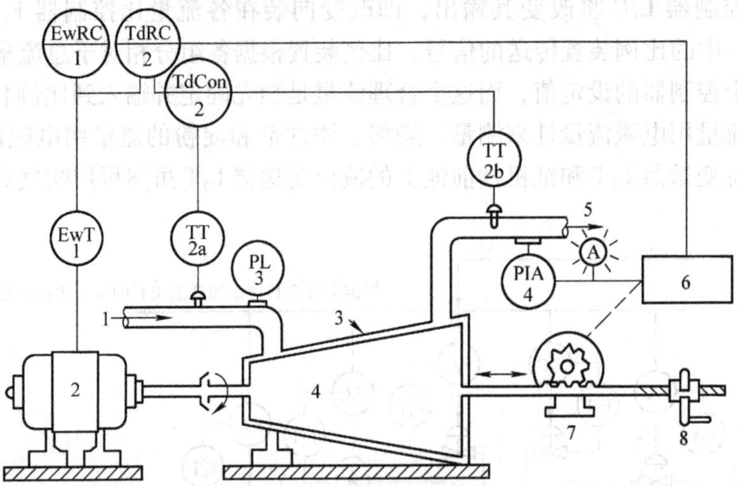

图 8-44 典型的磨浆机控制系统

1—未磨纸料进口 2—主驱动电动机 3—磨浆机外壳 4—可移动转子 5—磨后纸料出口 6—可逆起动器 7—转子位移用齿轮电动机机构 8—手轮

号，以此来补偿它的控制作用。另外，也可以用手轮来人工操纵。

压力指示仪 PI3 用来显示磨浆机可能出现的堵塞和断浆现象。压力指示报警器 PIA4 也用来显示这两种不正常现象，此外，在低流量时，取代温差控制器传送到可逆起动器的控制信号而自动地拉出转子并同时发出报警信号。

4. 白水回收控制

白水回收装置通常用来从纸机白水中回收纤维和填料，回收的纤维和填料重新用来抄纸，而排水可作为纸料制备的稀释水和洗涤水，或用在其他制浆和抄纸车间。

图 8-45 为转鼓式及真空四转式白水回收机的控制系统。流入白水回收机的白水流量由 FRC1 所在流量控制回路控制。用液位控制器 LIC2 维持网槽内的适当液位，以保证白水回收机的有效操作，通过 LIC2 控制转鼓的转速，增加或减小转鼓的过滤速度，达到液位控制要求。用远传的手动机构 HIC3 向白水回收机的卸料口加温水，以达到稀释目的，并有助于过滤。纸料的浓度用浓度控制器 CRC4 控制加到

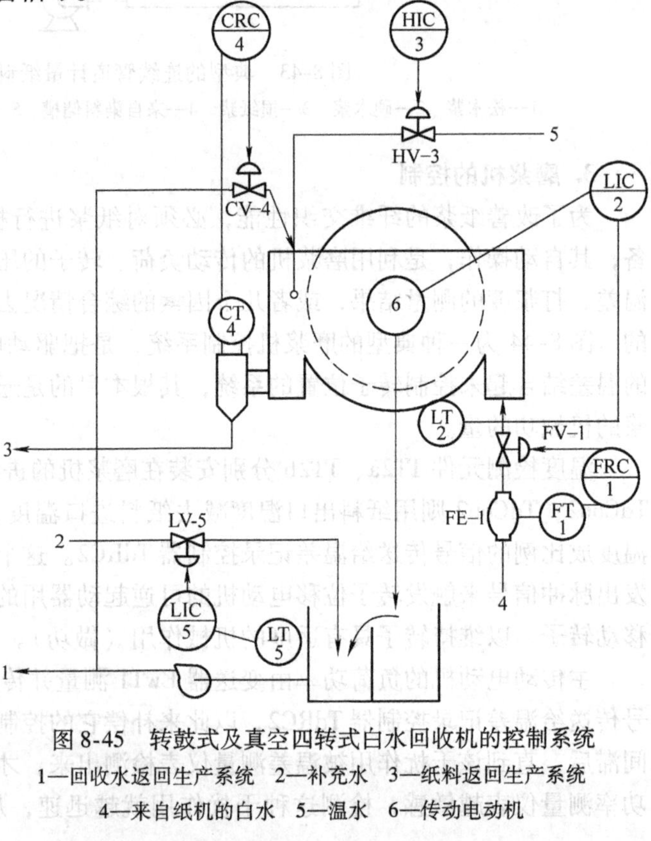

图 8-45 转鼓式及真空四转式白水回收机的控制系统

1—回收水返回生产系统 2—补充水 3—纸料返回生产系统 4—来自纸机的白水 5—温水 6—传动电动机

白水回收机卸料口的回水量来调节。

5. 网前箱的控制

图 8-46 为造纸过程工艺简图。网前箱也称为流浆箱。经配料后的纸浆与白水混合，浆浓用白水量控制，纸浆经预热后进入网前箱，在压缩空气和网前箱液位的静压下，纸浆从网前箱的堰口喷出，在铜网或塑料网上成形，并在压榨部经压榨和真空抽吸脱除水分，纸页进烘缸干燥，并经压光后卷成纸筒。网前箱的主要功能如下：

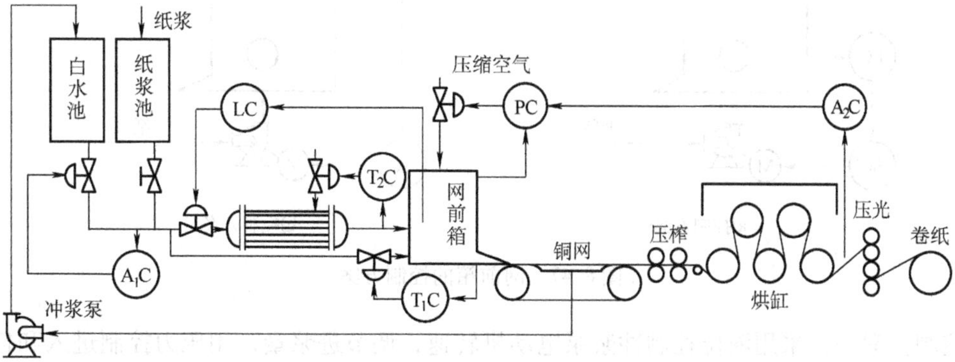

图 8-46　造纸过程工艺简图

1）保持一定的总压，使网速与喷出的浆速保持一致，当液位保持恒定时，压缩空气的压力决定喷出的浆速。对不同类型的纸张，网速可稍大于、等于或稍小于浆速。

2）网前箱的液位保持恒定。在液位恒定后，可通过调节压力控制浆量。

3）网前箱内浆料温度稳定，以保持良好的脱水功能。

此外，网前箱的堰高需要控制，满足所需定量和水分的控制指标。

由于系统具有强关联，因此，采用解耦控制系统。实际测试得到系统传递函数矩阵为

$$\begin{bmatrix} L(s) \\ P(s) \\ T(s) \end{bmatrix} = \begin{bmatrix} \dfrac{-39.7}{47.6s+1} & \dfrac{-20.1}{47.6s+1} & \dfrac{-10.6}{47.6s+1} \\ \dfrac{-0.98}{0.15s+1} & \dfrac{-0.58}{0.15s+1} & \dfrac{-1.10}{0.15s+1} \\ \dfrac{2.62}{1.06s+1} & \dfrac{-0.67}{1.06s+1} & \dfrac{0.096}{1.06s+1} \end{bmatrix} \begin{bmatrix} u_C(s) \\ u_H(s) \\ u_A(s) \end{bmatrix} \tag{8-5}$$

计算相对增益阵列为

$$\boldsymbol{\Lambda} = \begin{bmatrix} 0.2455 & 0.5447 & 0.2098 \\ 0.0799 & 0.1271 & 0.7930 \\ 0.6746 & 0.3282 & -0.0028 \end{bmatrix} \tag{8-6}$$

式中，$L(s)$、$P(s)$和 $T(s)$分别是网前箱液位、压力和温度的输出传递函数；$u_C(s)$、$u_H(s)$和$u_A(s)$为操纵变量，表示冷水量、热水量和压缩空气量。

根据相对增益阵列，为了减小或削弱系统的耦合，可采用热水阀控制液位，冷水阀控制温度，压缩空气阀控制压力。

除了采用合适的被控变量与操纵变量的配对外，对关联系统的解耦还可以采用串接解耦装置的方法或采用状态反馈的方法等。

大多数网前箱的控制只需要控制液位和压力，这时，系统是双输入双输出控制系统。根据被控对象的特性，可采用如图 8-47 所示的两种不同控制方案。

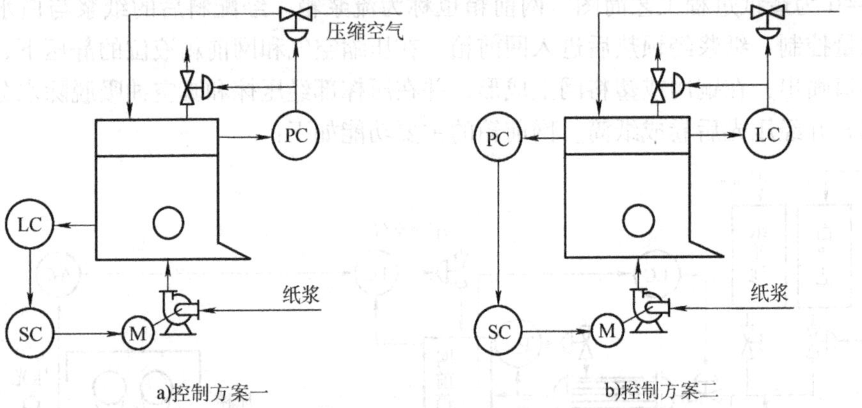

图 8-47 网前箱的控制方案

控制方案一，采用液位控制冲浆泵电动机转速，调节进浆量，用压力控制进入和排放的压缩空气量。前者采用串级控制系统，后者采用分程控制系统。这种控制系统的变量配对在大多数应用场合被采用。控制方案二，采用液位控制压缩空气量，总压控制冲浆泵电动机转速。该控制方案对压力变化的影响较小，但当网速变化、网前箱堰高变化时，要及时调节压力设定值。常用于网速不变的应用场合。

应用时需注意，网前箱的纸浆流量控制阀要求的控制分辨率高，达 0.5% ~0.1%。因此，需采用特殊控制阀，它可以直接用计算机控制也可以在现场进行手动控制，如耐莱斯公司的定量控制阀等。

6. 纸张的定量和水分控制

定量和水分是纸张的重要性能指标。目前新建大、中型造纸厂都设置定量水分控制。

定量检测原理是利用 β 射线穿透纸页时，射线的衰减程度确定纸页的定量指标。定量指纸页每平方米的克数，如复印纸的 70g、80g，新闻纸的 51g、48.8g 等。穿透纸页后的 β 射线强度 I 与发射处强度 I_0 的关系为

$$I = I_0 e^{-\mu X} \tag{8-7}$$

式中，μ 是纸的质量吸收系数，它与纸的厚度、密度和纸页中填料含量等有关，通常为常数；X 是纸页的定量。

水分的检测有多种方法，如电导法、微波法和红外线法等。通常采用红外线法和微波法。水分检测原理是利用水分吸收红外线或微波，从而根据它们被吸收后的强度变化检测出纸页所含的水分。例如，双光路红外线水分检测仪表所检测的水分用下列公式表示：

$$M = [K_0 + K_1(T_{1.7}/T_{1.94})]/X \tag{8-8}$$

式中，K_0 和 K_1 是常数；$T_{1.7}$ 和 $T_{1.94}$ 分别是经 1.7μm（参比光路）和 1.94μm（工作光路）滤光片后的光强度；X 是纸页的定量；M 是水分信号（用% 表示）。

通常，定量和水分检测仪表与其他检测纸张性能的仪表一起安装在一个扫描架上，扫描架来回移动过程中把相关检测数据送往仪表计算机装置。

某造纸厂实际测试后，获得定量和水分的数学模型为

$$\begin{bmatrix} y_1(t) \\ y_2(t) \end{bmatrix} = \begin{bmatrix} \dfrac{(6.1-3.36z^{-1})z^{-6}}{1-1.15z^{-1}+0.33z^{-2}} & \dfrac{-(3.4-2.03z^{-1})z^{-3}}{1-1.15z^{-1}+0.33z^{-2}} \\ \dfrac{(0.4-0.25z^{-1})z^{-6}}{1-1.32z^{-1}+0.43z^{-2}} & \dfrac{-(1.20-0.91z^{-1})z^{-3}}{1-1.32z^{-1}+0.43z^{-2}} \end{bmatrix} \begin{bmatrix} u_1(t) \\ u_2(t) \end{bmatrix} + \begin{bmatrix} d_1(t) \\ d_2(t) \end{bmatrix} \tag{8-9}$$

式中，$y_1(t)$和$y_2(t)$是定量和水分；$u_1(t)$和$u_2(t)$是冲浆阀和蒸汽阀开度；$d_1(t)$和$d_2(t)$是扰动。

由于无法实现超前项，因此，对蒸汽阀开度采用滞后 3 拍的信号，即

$$u_2(t) = u_2'(t-3)$$

由于各通道时滞相差较大，采用一般广义预测控制时参数确定较困难，因此，采用带时滞补偿的广义预测控制算法，选用控制器参数为：$P=4$，$NU=1$，$R=0.1I$，$\alpha_1=\alpha_2=0$。经实际运行，定量控制偏差为（360 ±5）g，水分控制偏差为 ±0.5%，节省纸浆 3.15%。

定量、水分的控制还可用其他的控制方案。例如，直接通过解耦装置进行解耦；在纸机湿部与干部之间增加一台定量水分仪表，它们的信号作为副被控变量，组成串级控制系统；将网速（抄速）的信号引入，作为蒸汽量和浆流量控制的前馈信号，组成前馈－反馈控制系统等。

8.6.2　硫酸盐法制浆过程的控制

制浆造纸过程的控制因所采用的工艺流程不同而不同。硫酸盐法制浆在制浆法中占主导地位。其工艺流程如图 8-48 所示。

其中，蒸煮工艺分间歇和连续两种。间歇蒸煮时，木片和按规定的液木比和碱木比计量的黑液和白液送入蒸煮器内，按一定的程序将蒸煮器内容物加热；蒸煮液用加热器加热和强制循环，空气和不凝性气体从蒸煮器顶部排放；蒸煮 1 ~1.5h 后，达到最高温度并保温 2h 后排放到喷放锅；木片被离解为纤维，排出的蒸汽在热交换器内冷凝，作为纸浆洗涤用。连续蒸煮时，木片先在汽蒸器内汽蒸，排放出空气和不凝气体；预热的木片和按一定配比的蒸煮液进入蒸煮器，移动通过一个中间温度区域，使化学品均一渗入木片；蒸煮器内的药液经加热器加热和强制循环，或直接通汽，使混合物达到蒸煮温度；维持 1 ~1.5h 后，完成蒸煮；热废液被抽送到低压罐，低压罐内的闪蒸蒸汽用于汽蒸器，回收热量；纸浆用冷黑液骤冷，防止纤维降级。纸浆经洗涤，分离出黑液，并经筛选和净化，作为抄纸原料。

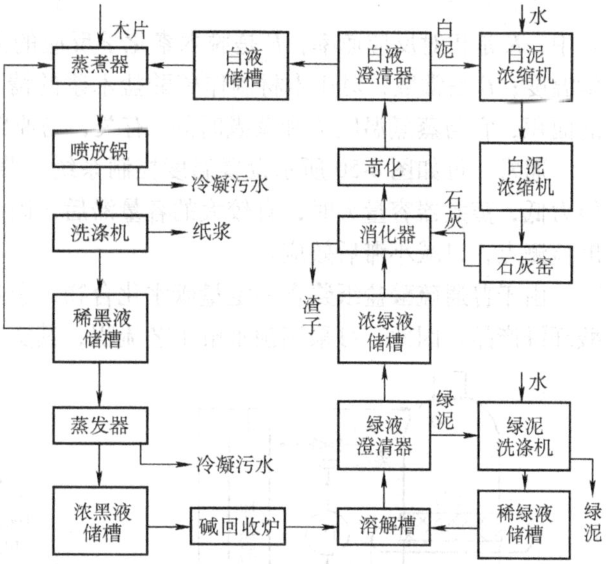

图 8-48　硫酸盐法工艺流程

化学品的回收包括对白液、黑液和绿液的回收。经洗涤机洗涤后得到的稀黑液经一系列蒸发器后得到含70% ~75%固形物的浓黑液；浓黑液在碱回收炉内燃烧，形成熔融物，在溶解槽用水溶解，获得绿液；绿液用再烧石灰苛化，形成供下次蒸煮用的白液。

1. 蒸煮器温度控制

蒸煮过程中，蒸煮温度需要按规定的温度变化。图8-49为简化的蒸煮温度程序控制曲线。蒸煮温度过高，使纸浆黏度下降，并使纸浆的强度下降，纸张得率下降。影响蒸煮的因素有木片的树种类型、木片总质量、木片含水量、蒸煮液的硫化度（Na_2S与活性碱AA或总滴定碱TTA之比）；控制蒸煮的操纵变量有化学品用量、液木比、温度程序的设定等。被控变量是脱木素程度（通常用高锰酸盐值或Kappa值表示）和残碱。

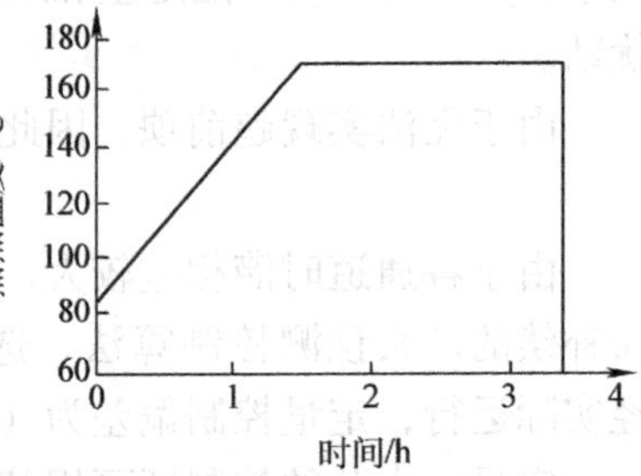

图8-49 简化的蒸煮温度程序控制曲线

蒸煮器温度控制包括蒸煮器温度程序控制、温度设定曲线的随动控制、蒸煮终点控制等。温度的程序控制可采用程序设定仪表或计算机控制装置设置相应的温度折线。温度设定曲线的随动控制可按随动控制系统的要求设置控制器参数。蒸煮终点控制与脱木素程度有关。根据反应动力学数学模型，相对反应速率为

$$K = e^{B-\frac{E}{RT}} \tag{8-10}$$

H因子为

$$H = \int_0^t K\mathrm{d}t \tag{8-11}$$

式中，K是相对反应速率；E是脱木素化学反应的活化能；R是气体常数；T是蒸煮的热力学温度；B是常数，对用木材制作硫酸盐木浆的情况，$B=43.2$；H因子是反应速率曲线下的面积，它与蒸煮温度T和蒸煮时间t有关，与原料及有效碱等有关。

通常，可如图8-50所示设置温度控制系统，蒸煮温度设置在加热器入口，但对循环泵能力低，蒸煮器容量大时，有较大的容量滞后，因此，可在加热器出口设置副被控变量的温度检测点，以减小滞后效应。

由于普通硫酸盐纸浆含一定量碳水化合物，影响纤维素用化学方法转化成粘胶纤维和醋酸纤维产品，因此，可采用预水解工艺流程，其实际时间程序如图8-51所示。

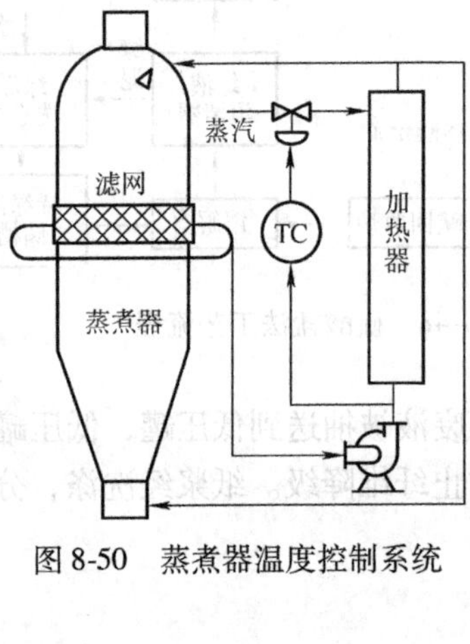

图8-50 蒸煮器温度控制系统

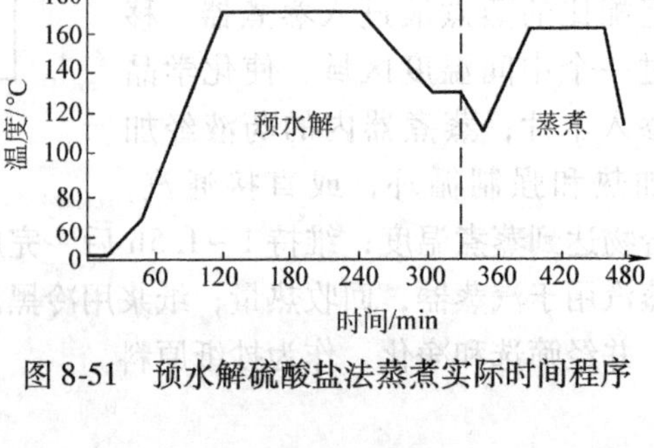

图8-51 预水解硫酸盐法蒸煮实际时间程序

2. 蒸煮器压力控制

与蒸煮器温度控制类似，蒸煮器压力控制也包括程序控制和随动控制。

3. 蒸煮循环药液的配比控制

经加热的循环药液分上下两路进入蒸煮器，它们的流量应按一定的配比分配，使蒸煮器内部的温度场分布均匀，避免出生浆或半生浆事故发生。为此可采用单闭环或双闭环比值控制系统，也可根据蒸煮器温度作为主被控变量，组成变比值控制系统。

4. 蒸煮器有效碱检测

有效碱量增加使 Kappa 值下降，半纤维得率下降。但可使纸浆的白度提高，筛渣量减小。因此，对有效碱的检测十分重要。例如，采用利用电导滴定原理的有效碱分析器、利用滴定时的溶解热和反应热分析的热化学式有效碱分析器等。

8.7 冶金过程的控制

钢铁生产过程包括从矿石原料的冶炼直到生产出钢材的各个工序，大体分为炼铁、炼钢和轧钢 3 个工序。

转炉炼钢的转炉是用铁皮外壳内衬耐火砖的炉子。原料为铁液和废钢，装入废钢为总装料量的 15% ~30%，然后兑入铁液，从上部降下氧枪，开始顶吹冶炼。氧浓度为 98.5% ~ 99.5%，流速为声速的 2 ~3 倍。在氧气流冲击熔池的点开始急剧反应，中心温度可达 2500 ~3000℃。氧化反应过程中，铁液中的碳、磷、锰、硅、硫等燃烧，放出热量。为燃烧成渣，送入辅助原料石灰石作为造渣剂，燃烧后它们杂质成为氧化物，作为炉渣排出。碳被氧化成为 CO 或 CO_2，使溶池沸腾，加速氧化反应的进行，过剩的氧与高温铁结合成为灰尘逸出炉外。吹炼终止需根据氧气吹入量、吹炼时间和火焰状况等确定。当溶池温度高时需加入碳酸钙或轧制铁磷和矿石。

转炉炼钢过程的特点是：高温氧化反应；所需钢种不同，对铁液成分、加料量，氧量、吹炼时间等的操作控制要求不同；反应时间短。

8.7.1 转炉炼钢过程的控制

转炉炼钢过程的控制包括加料控制、氧枪的枪位控制、一次除尘控制、煤气回收控制及转炉终点控制等。转炉控制的目的是能够在最短的操作周期内获得成分和温度合格的定量钢液。

1. 加料控制

加料控制以固体物料控制为主，各原料经储料罐送称重料斗，经计量后送汇总斗，由操作人员手动加入转炉，如图 8-52 所示。在自动加料方式下，当各称重料斗的储料量达到设定值后就自动汇入汇总斗，再由操作人员开闭汇总斗出料阀门进行加料。

2. 氧枪枪位控制

氧枪枪位控制是使氧气的吹炼能够在短时间内完成，使喷溅量最小。氧枪的枪位升降控制是按图 8-53 所示的氧枪速度要求进行控制。系统可设置自动或手动操枪方式。在自动操枪方式下，氧枪能自动回复到等待位或下至开氧点，还可由操作人员通过按钮进行枪位微调；在手动操枪方式下，则可直接通过按钮实现氧枪大范围的快速移动。氧枪枪位控制系统和加料控制系统可在 DCS 系统的一个操作画面显示，方便于监视、操作和控制。

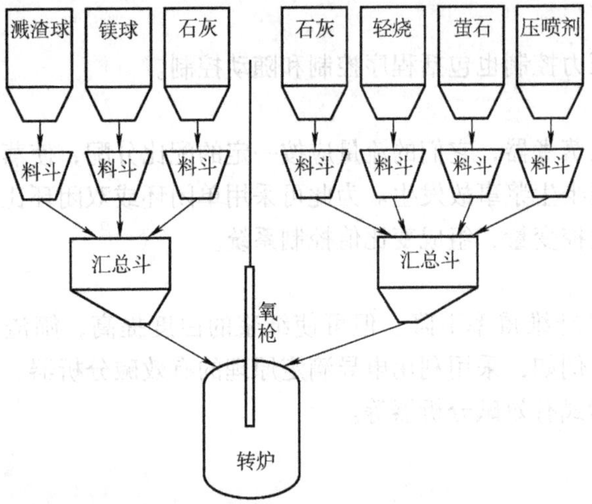

图 8-52 转炉炼钢工艺过程简图

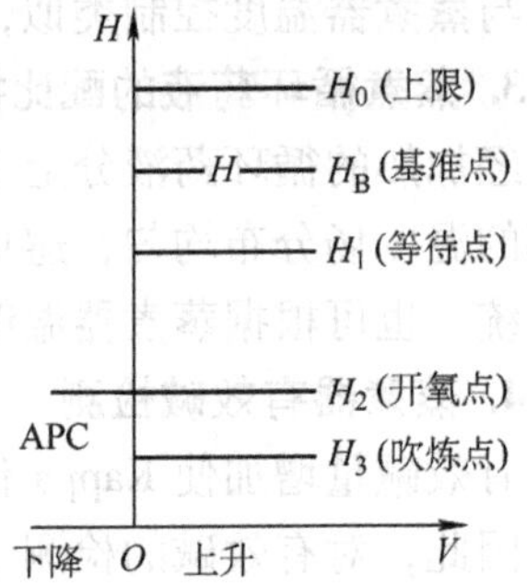

图 8-53 氧枪升降控制

通常情况下，氧枪停在等待点（H_1）处。开始吹炼时，操作人员按氧枪下降按钮，氧枪开始快速下降，直至开氧点（图 8-53 中 H_2 处），计算机进入自动位置控制方式，即根据氧枪距离吹炼点的位置不断改变氧枪下降速度，离吹炼点越近速度越慢，最后准确地停在吹炼点上。吹炼结束时，操作人员按氧枪上升按钮，氧枪按上升曲线很快上升到等待点，并自动关闭氧气控制阀。为保证枪位准确，可采用绝对值编码器检测枪位，使控制精度达 ±1cm，以满足工艺控制要求。H_1 点以上用于换枪，无特殊要求，采用恒速控制。

3. 终点控制

终点控制的目标是使停吹温度控制在某一温度范围内，如（1600±12）℃，停吹的方法可以采用改变废钢混合比或改变石灰石、铁磷和铁矿石加入量实现。熔池温度控制的目的是保证吹炼的反应能够按标准情况进行，保证钢锭浇铸温度合适。浇铸温度对钢锭质量影响较大，钢的凝固温度主要随含碳量变化，还与浇铸方式、脱氧方式、浇包内夹杂物的浮起时间、浇包加热状况等有关。

终点控制分静态终点控制和动态终点控制。静态终点控制根据吹炼开始前与反应有关的物料平衡和热量平衡关系，计算需加入的原料、辅助原料量及加入的氧量，按计算的结果进行吹炼的控制。在吹炼过程中不作任何修正，因此，静态终点控制是离线指导的控制。动态终点控制在开始阶段与静态终点控制相同，但根据吹炼过程中的情况预测和判断吹炼终点，使控制终点命中。例如，可根据吹炼末期的火焰情况进行判断。由于动态终点控制不断获得实际过程的信息，及时进行调整，因此，它是在线操作指导控制，有可能组成闭环控制系统。

根据前一炉（作为基准炉）的吹炼结果，可建立本次吹炼的终点温度数学模型：

$$\Delta\Theta = \Delta W - b_1\Delta \mathrm{Si_P} - b_2\Delta \mathrm{C_P} - b_3\Delta\theta_{\mathrm{P}} - b_4\Delta h - b_5\Delta F_{\mathrm{O_2}} - \Delta F_{\mathrm{C}} - \Delta F_{\mathrm{t}} \tag{8-12}$$

式中

$$\begin{aligned}\Delta W = &(W_{\mathrm{SC}} + a_1 W_{\mathrm{CP}} + a_2 W_{\mathrm{MS}} + a_3 W_{\mathrm{CaO}} + a_4 W_{\mathrm{ORE}})/(W_{\mathrm{HP}} + W_{\mathrm{CP}} + W_{\mathrm{SC}}) - \\ &(W_{\mathrm{SCB}} + a_1 W_{\mathrm{CPB}} + a_2 W_{\mathrm{MSB}} + a_3 W_{\mathrm{CaOB}} + a_4 W_{\mathrm{OREB}})/(W_{\mathrm{HPB}} + W_{\mathrm{CPB}} + W_{\mathrm{SCB}})\end{aligned}$$

式中，Si 表示硅含量，C 表示碳含量，θ 表示铁液温度，h 表示氧枪位置（高度），Δ 表示本次炉与基准炉数据之差，下标 P 表示铁液；F 表示体积流量，F 的下标 O_2 表示氧气，下标 C 表示碳，下标 t 表示延迟时间；W 表示质量，W 的下标 SC 表示废钢，下标 CP 表示冷铁，下标 HP 表示铁液，下标 CaO 表示生石灰，下标 ORE 表示铁矿石；a_1、a_2、a_3、a_4、b_1、b_2、b_3、b_4、b_5 是常数；下标 B 表示基准炉的数据，无下标表示本次炉的数据。

同样可建立终点碳的数学模型，其形式与温度数学模型类似。由于经验模型是以前一炉的数据作为下一炉的计算依据，因此，当前一炉发生反常时，下一炉的计算结果就不正确，为此也可将基准炉数据与下一炉数据分列在等式两侧，对前面的各炉计算相应基准炉的平均值，如果前一炉的数据偏离均值，就可减少根据前一炉数据计算的失误发生。

从静态终点控制的效果看，对低碳钢冶炼，命中率达 75% ~79%，中碳钢冶炼的命中率达 64% ~65%。

动态终点控制根据熔池的火焰分析终点，例如吹炼终点时火焰低落，但它受操作人员的经验影响。通常，可根据炉气分析，即根据鼓风机压入和炉口吸入的空气量比从炉口逸出的 CO 和 CO_2 的量多，因此，炉气量大致相同条件下，从炉气中的 CO 和 CO_2 可测出脱碳量。

动态终点控制有两种控制方式：

1）对含碳量进行调整，温度进行连续测量的控制方式。该方式不断检测温度，控制吹炼过程，预先设置含碳量稍偏低，然后根据温升相应地加碳。

2）对含碳量进行连续测量，温度进行调整的控制方式。该方式不断测量含碳量，用含碳量控制吹炼过程。预先设置温度偏高，然后控制含碳量时加入冷却物料，调整温度。

采用动态终点控制后，低碳钢的命中率提高约 13%，中碳钢提高约 24%。

8.7.2　氧化转炉炼钢过程的控制

氧化转炉炼钢是炼钢生产的主要工艺，其冶炼过程是：将高炉铁液及石灰石、萤石等一些辅助原料装入炉内，从顶部插入氧枪向炉内喷吹氧气，与铁液中的杂质反应成渣并从铁液中除去，获得所要求的钢种。为生产低碳钢和超低碳钢，采用顶吹和底吹同时进行的复合吹炼工艺。

1. 顶吹供氧控制系统

影响转炉生产的产量、质量，以及炉膛和能耗的重要参数是氧气压力和供氧流量。提高氧气压力和供氧流量，就增加了氧气对铁液的穿透深度，缩短了吹氧时间，提高了产量。但是，氧气压力太高，会造成铁水喷溅，损坏转炉炉衬而降低炉龄。而转炉炼钢冶炼周期短（约 35min），又是断续过程，吹氧、停吹操作频繁。因此对氧气压力和供氧流量的控制非常重要。该控制系统的难点是必须同时稳定地控制氧气压力和氧气流量，而供氧系统氧气压力和氧气流量在同一管道上工作，相互之间有干扰，致使控制系统无法稳定。图 8-54 为顶吹供氧控制系统流程图之一，它较好地解决了两个控制系统在同一管道上的相互干扰问题。

控制系统第一级为压力控制，用 PID 控制器，氧气压力经调节阀减压至 1.3 ~1.6MPa；第二级为氧气流量控制，也用 PID 控制器。由于两个控制系统在同一管道上，转炉吹炼或停吹、转炉吹炼时间的长短等因素均会使氧气总管压力波动，而压力波动又会引起氧气流量的变化。因此需采取以下两个措施：

1）压力控制系统内设置阀门的计算规定开度控制。阀门计算规定开度控制方式是指转炉吹炼开始后，由在系统中增设的加减运算器按氧气总管压力和吹氧设定值大小进行运算后输出控制信号，使压力控制阀处于某一开度。经过规定时间后，压力控制器才根据输入的氧气压力信号大小自动控制阀开度。

2）流量控制系统内设置固定开度控制。氧气流量固定开度控制是指转炉吹炼开始后，

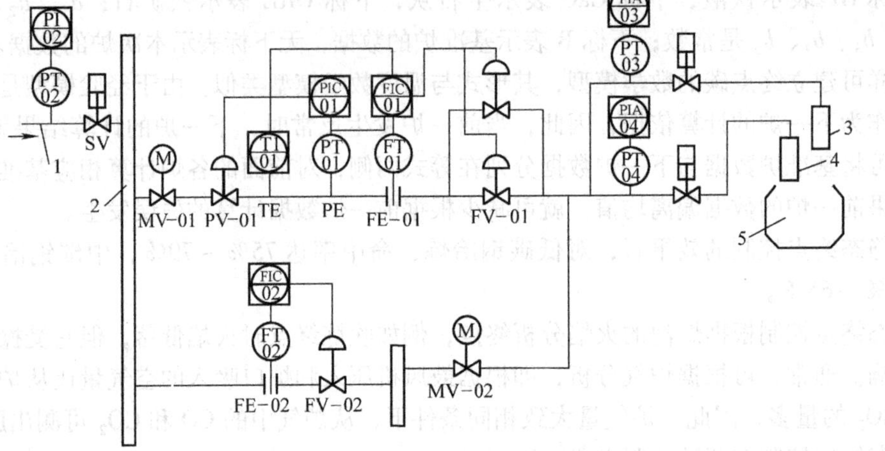

图 8-54 顶吹供氧控制系统流程图之一
1—氧气 2—集气管 3—1 号氧枪 4—2 号氧枪 5—转炉

不使流量变化很大，使控制系统处于比较稳定状态，因此设法在刚打开氧气切断阀时使流量控制阀固定在某一开度，经过一定时间后，控制系统才投入自动。

为提高吹氧流量的测量精度，应对吹氧量进行温度、压力修正。氧气流量的设定值一般情况下由计算机设定。

2. 底吹供气控制系统

图 8-55 为底吹供气控制系统流程图，控制从转炉底部送入炉内搅拌气体的流量。虽然系统结构并不复杂，但由于转炉底吹工艺过程冶炼周期短、炉况变化快，且不同冶炼钢种每个炉次的各阶段供给的气体种类和强度是变动的，因此本控制系统具备了多样控制功能，主要有 4 个方面：

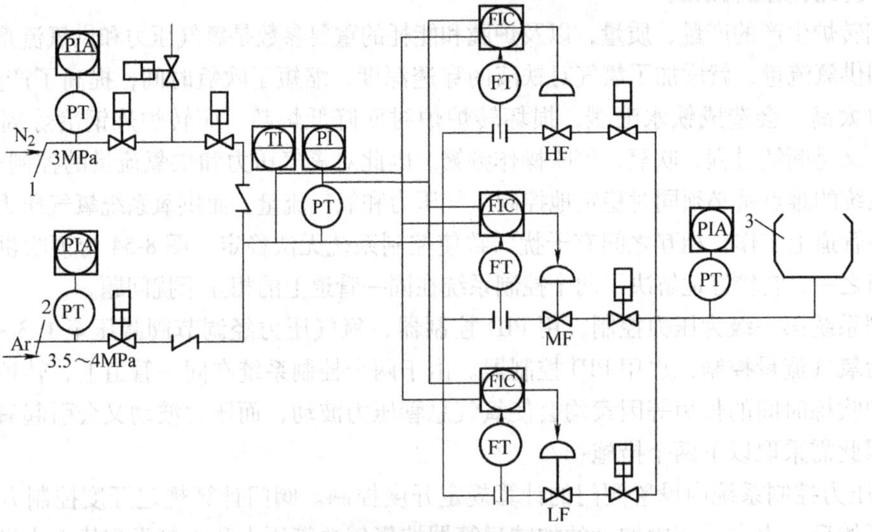

图 8-55 底吹供气控制系统流程图
1—氮气 2—氩气 3—转炉

1）控制系统有多种模式，在转炉吹炼过程中根据不同钢种、不同吹炼时间，对底吹供给的氮气、氩气流量进行控制。

2）控制系统紧跟工序快速实时切换供气管路（HF 为大流量管路，MF 为中流量管路，LF 为小流量管路）和供气种类（氩气、氮气）。

3）控制系统对转炉底吹供给的不同气体使用同一套节流装置进行计算和处理。

4）控制系统有多重保护的安全联锁功能，以防止底吹堵塞、失电等，确保转炉安全可靠工作。

由此而知，底吹供气控制系统是底吹气体流量连续控制和气体切换顺序控制综合一体化的控制系统。具体实施时采用 DCS。

控制系统中虽然有 3 个并行的流量控制系统，但在转炉冶炼过程中的任何时间只有一个管路供给一种气体，即只有一个流量控制系统工作。流量控制器都采用 PID 控制器。

当转炉开始准备冶炼时，HF、MF、LF 这 3 个管路切换为 LF 小流量管路供给氮气，防止转炉残渣堵塞供气管路，直到装入铁水。当氧枪下降吹氧后，供气管路切换到 MF 中流量管路并继续吹入氮气，直到吹炼期 60% 以前。当吹炼到达吹炼期 60% 已接近后期，再切换到 HF 大流量管路，供给的气体切换为氩气，直至吹炼终了准备出钢，再切换为 LF 管路，供给气体又切换为氮气，准备下炉吹炼。

为保证转炉安全生产和提高钢的质量，切换联锁时序的要求很严格，即在切换时先行气体阀门必须等待后续气体阀门打开后才能关闭，不允许停止供气。另外，氮气与氩气切换时机要根据冶炼钢种要求而定，如由氮气切换为氩气时间过早，必然增加氩气耗量，增加钢的成本。如由氮气切换为氩气时间过晚，则使钢中含氮量超标，降低钢的质量。

3. 炉口微差压及煤气回收控制系统

转炉吹炼过程中产生大量以 CO 为主要成分的转炉煤气，可以将其回收后作为燃料。图 8-56为炉口微差压及煤气回收控制系统。

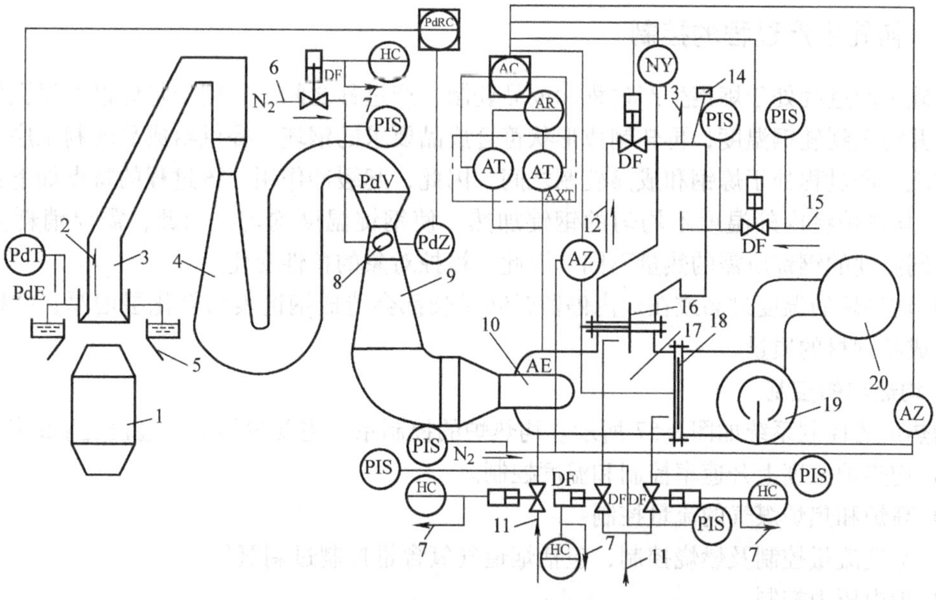

图 8-56　炉口微差压及煤气回收控制系统

1—转炉　2—烟气　3—固定烟罩　4—第一文氏管　5—活动烟罩　6—氮气　7—至 AC 控制器　8—RD 阀　9—第二文氏管　10—风机　11—至风机翼轮的冲洗水　12—煤气　13—烟气放散　14—点火器　15—蒸汽　16—放散阀　17—三通阀　18—回收阀　19—水封阀　20—至煤气柜

1）炉口微差压的控制范围。炉口微差压控制就是控制炉内压力在一个最佳范围内。如果炉内压力大于大气压力，则转炉煤气喷出炉外而降低回收量，同时又损坏设备和污染环境。如果炉内压力小于大气压力，则从炉口吸入空气使一氧化碳变成二氧化碳，降低了煤气的热值。理论上微差压应控制为0，但受设备和工艺条件影响，微差压一般控制在10～20Pa。

2）取压口位置。取压口位置选在不易堵塞、能真实反映炉口压力情况、维护方便的地方。一般选择在下部烟罩同活动烟罩的水封处。

3）炉口微差压变送器，测量范围为－100～100Pa。

4）炉口微差压控制器，采用PI控制规律。

5）整个系统的控制过程是：微差压变送器将检测的炉口微差压信号送入微差压控制器，由它控制二级文氏管管喉口内的RD阀，使炉口保持在±10Pa，以保证回收高质量的转炉煤气。图8-56中的AE、AT、AC是转炉煤气成分分析，以确保煤气质量和安全。分析系统应完全满足以下条件：

①氧枪下降到正常吹炼位置；

②烟罩下降到正常回收位置；

③经分析炉气中一氧化碳含量大于30%（摩尔分数）；

④经分析炉气中氧含量小于1%（摩尔分数）；

⑤三通阀位置正常；

⑥煤气柜允许回收煤气。

满足这些条件后，控制器使放散阀关闭，回收阀打开，回收煤气送入煤气柜。上述条件如果不能全部满足，则不能回收煤气，此时控制器使放散控制阀打开，回收阀关闭，烟气经放散烟囱点火放入大气。

8.7.3 初轧生产过程的控制

初轧生产过程处于炼钢生产过程和成品轧制生产过程之间。它用于将炼钢工序提供的钢锭加热并均热到轧钢温度，再轧制成形状符合成品要求的钢坯，提供给成品轧制工序。

初轧生产过程处于炼钢和成品轧制之间，因此，起缓冲作用。该过程的特点如下：

1）均热炉将内外温度不均匀的钢锭加热，使钢锭温度均匀，因此，需要消耗大量热量，不同温度的钢锭所需的热量不同。因此，被控对象的特性变化。

2）均热炉的温度过高或在炉内停留时间过长都会造成钢锭表面氧化层增厚，并影响到烧损和成品钢材的质量。

1. 均热炉的控制

均热炉的控制系统如图8-57所示。均热炉的控制系统主要包括下列过程变量的控制：

1）均热炉温度上升速率控制和温度控制。

2）高炉和焦炉煤气的流量控制。

3）空气流量控制及燃烧控制，包括烟道气氧含量控制过剩氧气。

4）炉内压力控制。

5）排气温度控制。

6）同流热交换器的温度控制。

7）均热炉加热周期的确定等。

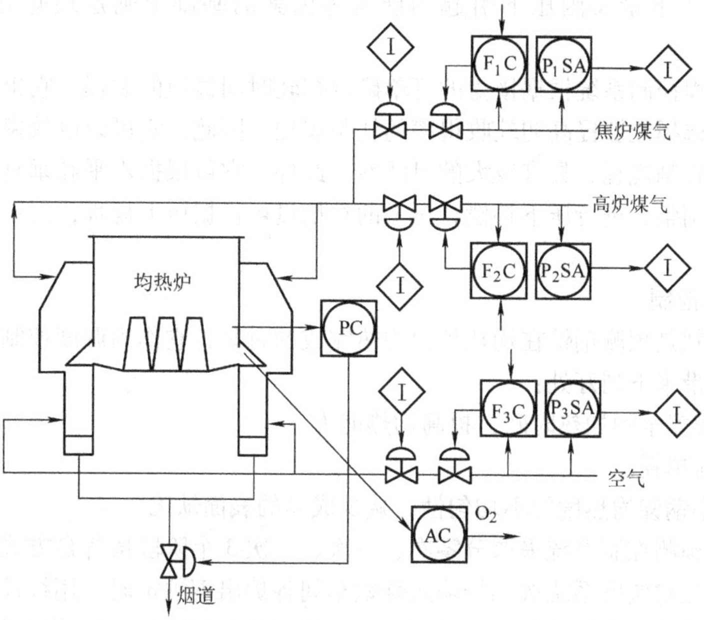

图 8-57　均热炉的控制系统

2. 轧制规程自动控制

初轧与带钢热轧的区别是：高效率进行可逆轧制，以发挥轧机能力，减少道次数；平稳咬入；减少轧件过运转；增大加速度和减速度；减少翻钢操作等。轧制控制包括：

1）根据在线数据，对各钢锭计算最佳道次规程。

2）根据（热金属检测器）HMD 和压力传感器信息，进行图形识别和顺序控制。

轧机控制系统框图如图 8-58 所示。首先，经轧机操纵台进行自动轧制的设定，控制系统对自动轧制情况进行判别，规程计算任务根据钢锭信息给出轧制规格。

道次规程计算分两阶段。第一阶段计算确定 3 个道次的规程。即根据不同品种的标准变形抗力进行各道次计算，通过自动位置控制（APC）装置发出运行指令；APC 装置确定万能轧机的水平轧辊、垂直轧辊和侧导板位置，驱动轧机及前、后辊道；轧制过程中，跟踪轧制任务，采集有关输入信息，例如 HMD、压力、水平和垂直辊位置、旋转脉冲计数器、压下位置、电流、轧制力和速度等检测信号。

第二阶段根据第 2 道次的实际轧制数据，计算钢锭真正变形抗力，确定第 4 道次以后的最佳规程。它是在充分考虑轧制限制、轧制负

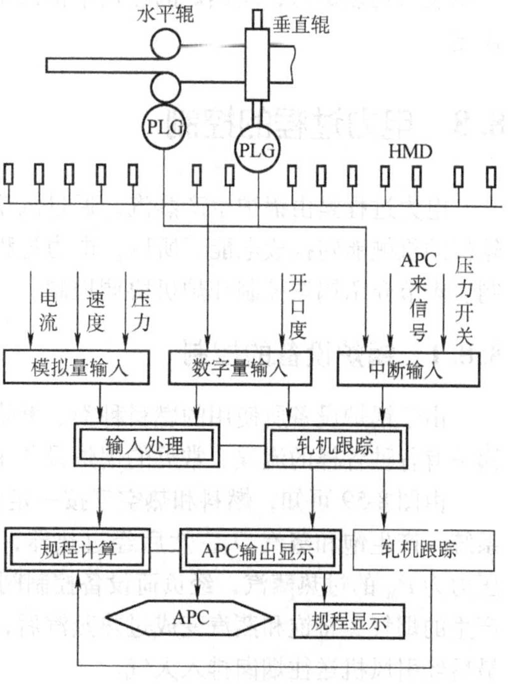

图 8-58　轧机控制系统框图

载、咬入控制、压下量及因压下引起的展宽等因素的基础上确定最短轧制时间的轧制规程。

自动轧制规程控制系统根据接受的订单确定初轧时间最短的规程，它也通过适当分配总道次的压下量，选择能够提高初轧收得率的轧制规程。因此，它可以以效率为中心或以收得率为中心来确定轧制规程，具有较大的灵活性。此外，它可根据水平和垂直轧辊之间的压下量进行速度差的调整，进行压下补偿，压下的补偿量可根据压下规程，对不同的道次取不同数值。

3. 烧成预测控制

烧成预测控制是预测钢锭在均热炉内均热完成的时刻，它作为调度控制的基础。正确的均热完成时刻可带来下列好处：

1）通过缩短安全的加热时间，提高均热能力。

2）降低燃料单耗。

3）通过减小钢锭均热度的不均匀性，减少成品的表面缺陷。

通常，烧成预测控制系统采取分零次、一次、二次3个阶段按各自方式计算。

零次预测是在对调度系统按编号输入炼钢车间各炉出钢预定时，用线性方程式，根据预定出钢时刻计算均热炉内钢锭的在炉时间。一次预测是在钢锭装入均热炉时进行，根据钢锭从浇铸完成到装炉为止的情况及刚装完后均热炉的状况计算出炉时间。二次预测是在钢锭装入均热炉后，根据精确的数学模型，定时（30min）计算一次，用动态的燃料流量、炉壁温度、钢锭规格和装入量等计算温度分布，判别出炉时间。数学模型大多数采用均热炉的自动燃烧控制时燃料流量作为自变量，用它的指数函数构成数学模型。钢锭内部温度分别根据钢锭动态吸热量、钢锭吸热量，对热量平衡方程进行在线模型修正。其中，钢锭动态吸热量是根据装入均热炉后，均热炉的热量平衡确定的，钢锭吸热量则根据钢锭周围的热辐射关系式确定。

8.8 电力过程的控制

电力过程是由锅炉生产蒸汽，通过汽轮机把蒸汽的热量转换成机械能，并由发电机把汽轮机的机械能转换成电能。所以，电力过程控制包括锅炉控制、汽轮机控制以及炉机协调控制。本节介绍锅炉控制和炉机协调控制。

8.8.1 锅炉设备的控制

由于锅炉设备所使用的燃料种类、燃烧设备、炉体形式、锅炉功能和运行要求的不同，锅炉有各种各样的流程。常见的锅炉设备主要工艺流程如图8-59所示。

由图8-59可知，燃料和热空气按一定比例进入燃烧室燃烧，产生的热量传给蒸汽发生系统，产生饱和蒸汽 D_S，然后经过热器，形成一定温度的过热蒸汽 D，汇集至蒸汽母管。压力为 P_M 的过热蒸汽，经负荷设备控制阀供给生产负荷设备使用。与此同时，燃烧过程中产生的烟气，将饱和蒸汽变成过热蒸汽后，经省煤器预热锅炉给水和空气预热器预热空气，最后经引风机送往烟囱排入大气。

根据生产负荷的不同需要，锅炉需要提供不同规格（压力和温度）的蒸汽，同时，应

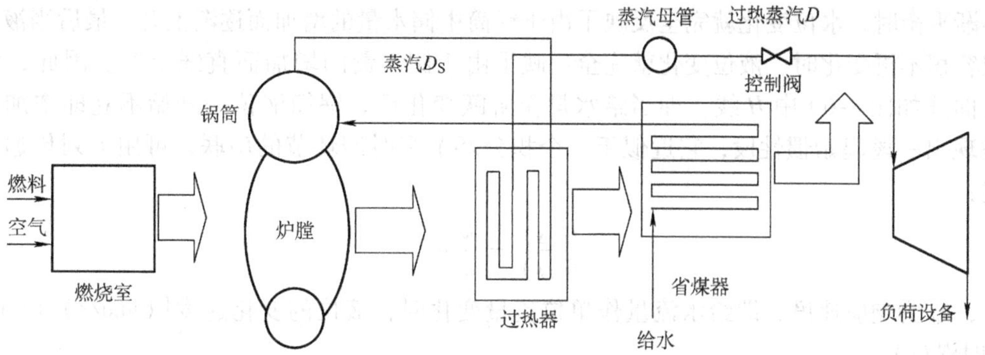

图 8-59　常见的锅炉设备主要工艺流程图

根据经济性和安全性的要求，使锅炉安全运行和使完全燃烧。锅炉设备的主要控制要求如下：

1）供给蒸汽量适应负荷变化需要或保持给定负荷。

2）锅炉供给用汽设备的蒸汽压力保持在一定范围内。

3）过热蒸汽温度保持在一定范围内。

4）锅筒水位保持在一定范围内。

5）炉膛负压保持在一定范围内并保持锅炉燃烧的经济性和安全运行。

1. 锅炉锅筒液（水）位的控制

锅筒液位是锅炉运行的主要指标，是一个非常重要的被控变量，维持液位在一定的范围内是保证锅炉安全运行的首要条件，这是因为：

1）水位过高会影响锅筒内汽、水分离，饱和蒸汽带水过多，会使过热器管壁结垢导致损坏，同时过热蒸汽温度急剧下降。该过热蒸汽作为汽轮机动力的话，将会损坏汽轮机叶片，影响运行的安全与经济性。

2）液位过低，则由于锅筒内的水量较少，而负荷很大时，水的汽化速度加快，因而锅筒内的水量变化速度很快，如不及时控制就会使锅筒内的水全部汽化，导致水冷壁烧坏，甚至引起爆炸。因此，锅炉锅筒液位必须严加控制。

（1）锅筒液位的动态特性

锅筒液位不仅受锅筒（包括循环水管）中储水量的影响，也受液位下气泡容积的影响。而液位下气泡容积与锅炉的负荷、蒸汽压力、炉膛热负荷等有关。因此，影响液位变化的因素很多，其中主要是锅炉蒸发量（蒸汽流量 D）和给水流量 W。下面着重讨论在给水流量作用下和蒸汽流量扰动下的液位过程的动态特性。

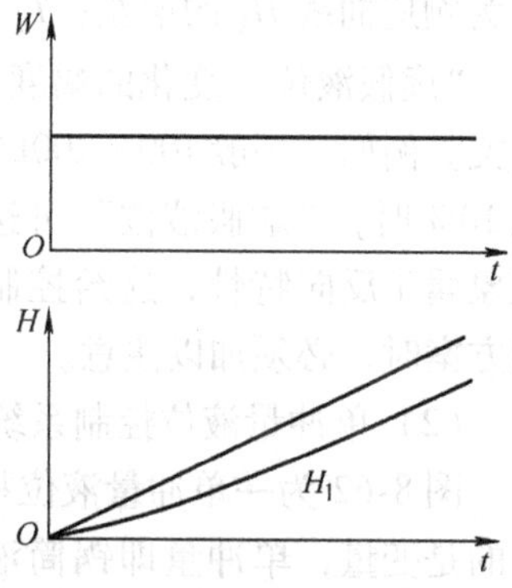

图 8-60　给水流量阶跃下锅炉锅筒液位的阶跃响应曲线

1）锅筒水位在给水流量作用下的动态特性。图 8-60 为给水流量阶跃下，锅炉锅筒液位的阶跃响应曲线。把锅筒和给水看作单容量无自衡过程，液位阶跃响应曲线如图中 H_1 线。

但是，由于给水温度比锅筒内饱和水的温度低，所以给水流量 W 增加后，从原有饱和水中吸取部分热量，这使得液位下气泡容积有所减少。当液位下气泡容积的变化过程逐渐平衡时，水位变化就完全反映了由于锅筒中储水量的增加而逐渐上升。最后当液位下气泡容积不再变化时，液位变化就完全反映了由于储水量的增加而直线上升。因此，实际液位曲线如图 8-60 中 H 线，即当给水量作阶跃变化后，锅筒液位一开始不立即增加，而要呈现出一段起始惯性段，它近似于一个积分环节和时滞环节的串联，可用下列传递函数描述：

$$\frac{H(s)}{W(s)}=\frac{k_0}{s}e^{-s\tau} \tag{8-13}$$

式中，k_0 为响应速度，即给水流量作单位流量变化时，液位的变化速度[(mm/s)/(t/h)]；τ 为时滞(s)。

给水温度低，时滞 τ 也越大。对于非沸腾式省煤器的锅炉，τ 为 30～100s；对于沸腾式省煤器的锅炉，τ 为 100～200s。

2）锅筒液位在蒸汽流量扰动下的动态特性。在蒸汽流量阶跃下，锅炉锅筒液位的阶跃响应曲线如图 8-61 所示。当蒸汽流量 D 突然增加时，从锅炉的物料平衡关系来看，蒸汽流量 D 大于给水流量 W，液位应下降，如图中曲线 H_1。但实际情况并非这样，由于蒸汽用量的增加，瞬时间必然导致锅筒压力的下降。锅筒内的水沸腾突然加剧，水中气泡迅速增加。由于气泡容积增加而使液位变化的曲线如图中 H_2 所示，而实际显示的液位响应曲线 H 为 H_1+H_2。从图上可以看出，当蒸汽负荷增加时，虽然锅炉的给水量小于蒸发量，但在一开始时，液位不仅不下降反而迅速上升，然后再下降（反之，蒸汽流量突然减少时，则液位先下降，然后上升），这种现象称为“虚假液位”。应该指出：当负荷变化时，液位下气泡容积变化而引起液位的变化速度是很快的，图中 H_2 的时间常数只有 10～20s。

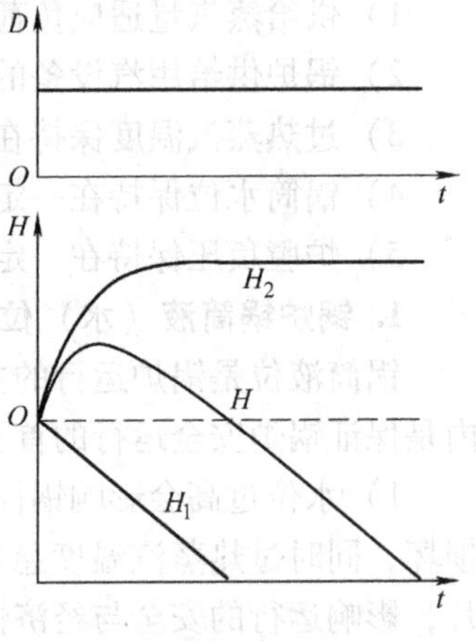

图 8-61 蒸汽流量阶跃下锅炉锅筒液位的阶跃响应曲线

蒸汽流量 D 作阶跃变化时，可用下列传递函数描述：

$$\frac{H(s)}{D(s)}=\frac{H_1(s)}{D(s)}+\frac{H_2(s)}{D(s)}=-\frac{k_f}{s}+\frac{k_2}{T_2s+1} \tag{8-14}$$

式中，k_f 为响应速度，即蒸汽流量作单位流量变化时，液位的变化速度[(mm/s)/(t/h)]；k_2 为响应曲线 H_2 的增益；T_2 为响应曲线 H_2 的时间常数。

“虚假液位”变化的幅度与锅炉的工作压力和蒸发量有关。例如，一般 100～200t/h 的中高压锅炉，当负荷变化 10%时，“虚假液位”可达 30～40mm。“虚假液位”现象属于反向特性，这给控制带来一定困难，在设计控制方案时，必须加以注意。

（2）单冲量液位控制系统

图 8-62 为一单冲量液位控制系统。这里的冲量一词指的是变量，单冲量即锅筒液位。这种控制系统结构简单，是典型的单回路定值控制系统，在锅筒内水的停留时间较长，负荷又比较稳定的场合，这样的控制系统再

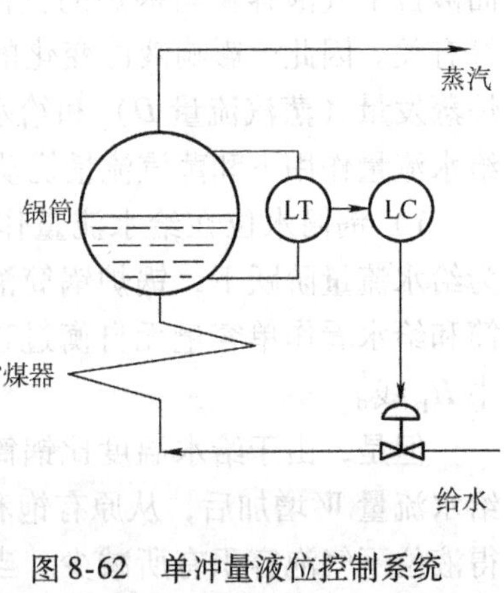

图 8-62 单冲量液位控制系统

配上一些联锁报警装置，也可以保证安全操作。

然而，在停留时间较短，负荷变化较大时，采用单冲量液位控制系统就不能适用。这是由于：

1）负荷变化时产生的“虚假液位”，将使控制器反向错误动作，负荷增大时反而关小给水控制阀，一到闪急汽化平息下来，将使液位严重下降，波动很厉害，动态品质很差。

2）从负荷变化到液位下降要有一个过程，再由液位变化到阀动作已滞后一段时间。如果液位过程时间常数很小，偏差必然相当显著。

3）给水系统出现扰动时，动作作用缓慢。假定给水泵的压力发生变化，进水流量立即变化，然而到液位发生偏差而使控制阀动作，同样不够及时。

为了克服上述这些矛盾，可以不仅依据液位，同时也参考蒸汽流量和给水流量的变化，来控制给水控制阀，能收到很好的效果，这就构成了双冲量或三冲量控制系统。

（3）双冲量控制系统

在锅筒的液位控制中，最主要的扰动是负荷的变化。那么引入蒸汽流量来校正，不仅可以补偿“虚假液位”所引起的误动作，而且可以使给水控制阀的动作及时，这就构成了双冲量控制系统，如图 8-63 所示。

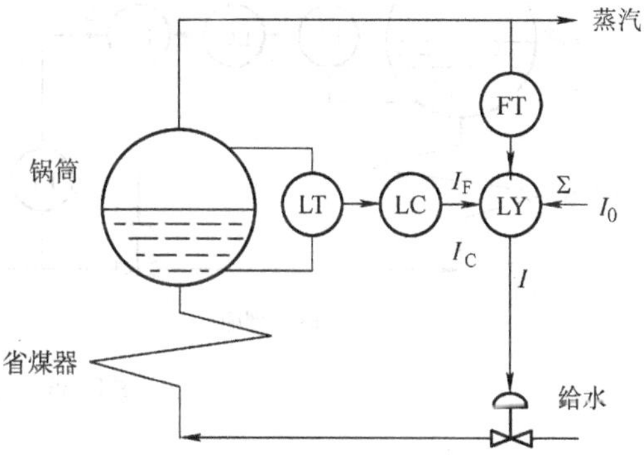

图 8-63　双冲量控制系统

从本质上看，双冲量控制系统是一个前馈（蒸汽流量）加单回路反馈控制系统的复合控制系统。图 8-63 所示连接方式中，加法器 LY 的输出 I 为

$$I = C_1 I_C \pm C_2 I_F \pm I_0 \qquad (8\text{-}15)$$

式中，I_C 为液位控制器的输出；I_F 为蒸汽流量变送器（一般经开方器）的输出；I_0 为初始偏置值，数值等于正常工况下蒸汽流量输出信号 $C_2 I_F$，符号与该信号相反；C_1、C_2 为加法的系数。

双冲量控制系统对于给水系统的扰动不能直接补偿。为此将给水流量信号引入，构成三冲量控制系统。

（4）三冲量控制系统

1）三冲量控制方案之一。图 8-64 为三冲量控制方案之一。该方案实质上是前馈（蒸汽流量）加反馈控制系统。这种三冲量控制方案结构简单，只需要一台多通道控制器。整个系统又可看作三冲量的综合信号为被控变量的单回路控制系统，所以投运和整定与单回路一样；但是如果系统设置不能确保物料平衡，当负荷变化时，水位将有余差。

系数 α_D 和 α_W 起什么作用呢？第一是用来保证物料平衡，即在 $\Delta W = \alpha\Delta D$ 的条件下，多通道控制器蒸汽流量信号 $\alpha_D \Delta I_F$ 与给水流量信号 $\alpha_W \Delta I_C$ 应相等；第二是用来确定前馈作用的强弱，因为上式仅知道 α_W 和 α_D 的比值，其大小依据过程特性确定，其大小反映了前馈作用的强弱。α_D 越大其前馈作用越强，则扰动出现时，控制阀开度的变化亦越大。

2）三冲量控制方案之二。三冲量控制方案之二如图 8-65 所示，该方案与方案之一相类似，仅是加法器位置从控制器前移至控制器后。该方案相当于前馈串级控制系统，而副回路的控制器比例度为 100%。该方案不管系数 α_D 和 α_W 如何设置，当负荷变化时，液位可以保持无差。

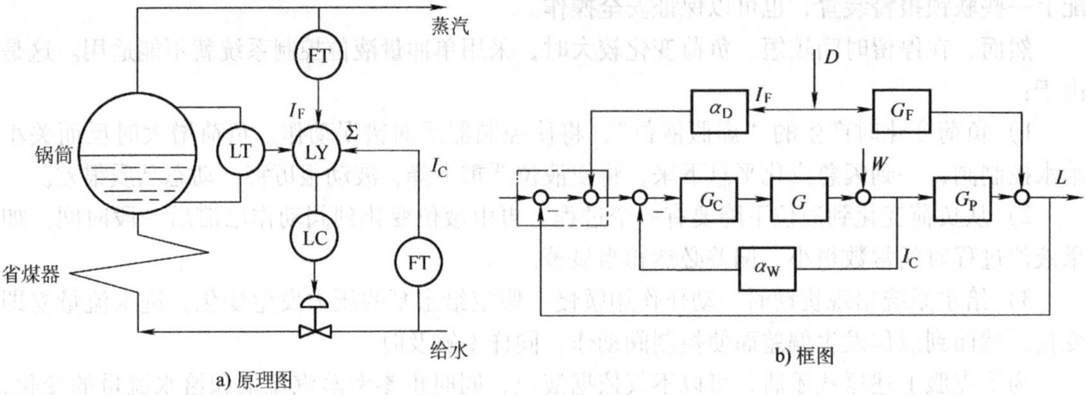

图 8-64 三冲量控制方案之一

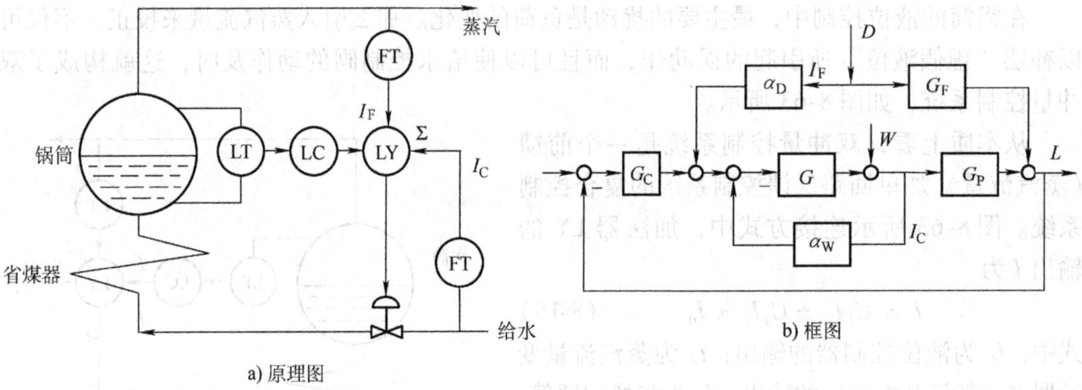

图 8-65 三冲量控制方案之二

3）三冲量控制方案之三。图 8-66 为三冲量控制方案之三。这是一种比较新型的接法，可以清楚地看出，这是前馈（蒸汽流量）与串级控制组成的复合控制系统。

在锅筒停留时间较短，“虚假液位”严重时，需引入蒸汽流量信号的微分作用，如图 8-66 中虚线所示。这种微分作用应是负微分作用，起一个动态前馈补偿作用，以避免由于负荷突然增加或减少时，液位偏离设定值过高或过低而造成锅炉停车。

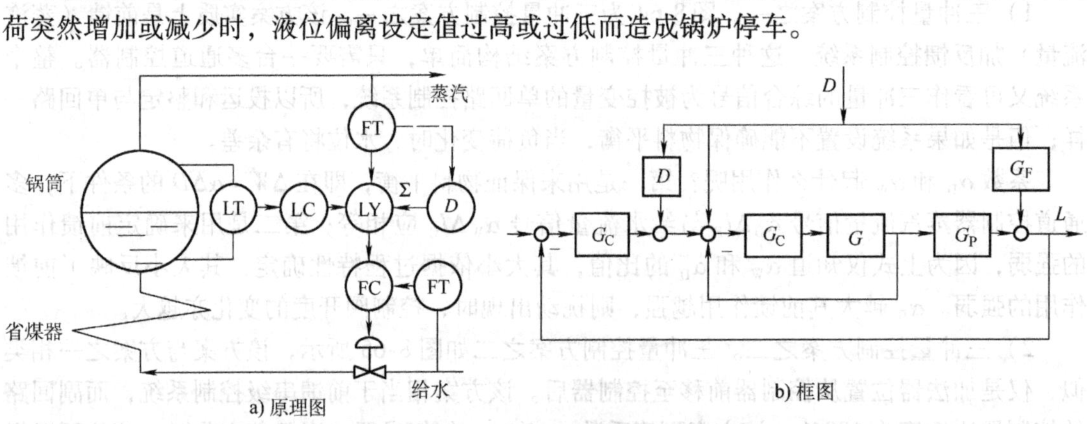

图 8-66 三冲量控制方案之三

(5) 应用示例

锅炉锅筒液位控制系统可采用单回路控制器实现。图 8-67 为采用 KMM 可编程单回路控制器实施时的功能模块组态。图中，各功能模块的功能见表 8-1。

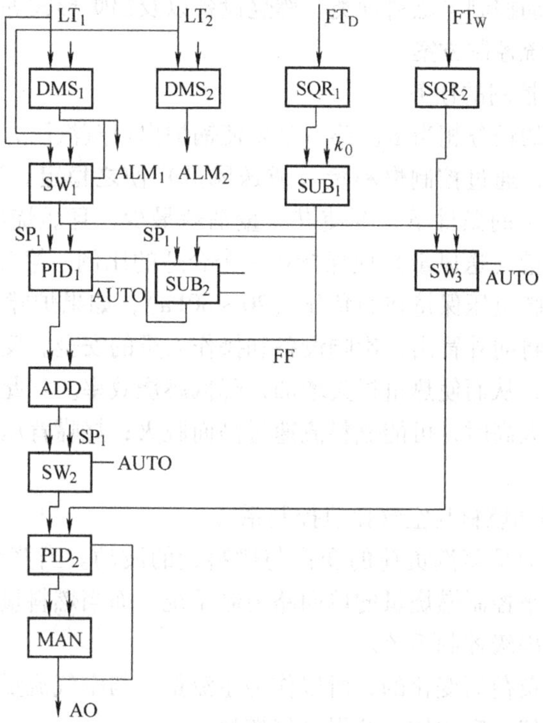

图 8-67 锅炉锅筒液位控制系统功能模块组态图

表 8-1 各功能模块的功能

功能模块名称	DMS	SQR	SW	SUB	ADD	PID	MAN
功　能	偏差监视	开方	开关	减	加	控制	手动

控制方案主要包括下列内容。

1）锅筒液位的双重检测：采用两个检测元件和变送器对锅筒液位进行检测，用偏差监视模块检测，发现异常时输出报警信号。正常情况下，开关 SW_1 切换到 LT_1，作为 PID_1 测量信号和 SW_3 输入信号，异常时，LT_2 信号送出，并发出报警信号；如果切换时或异常情况下，LT_2 信号异常，则 DMS_2 发出报警信号；异常工况下应及时检修 LT_1。

2）单冲量与三冲量液位控制系统的切换：开停车或负荷不正常时，控制系统应切换到单冲量液位控制系统，为此，使用 SW_3 切换。当 SW_3 的 AUTO 为 1 时，表示单冲量控制，PID_2 作为液位控制器调节给水流量；当 AUTO 为 0 时，给水流量信号经开方 SQR_2 运算后，直接送液位控制器 PID_2，组成三冲量液位控制系统。这时，PID_1 测量信号来自液位信号，其输出经加法器 ADD，加入蒸汽流量的前馈信号（蒸汽流量信号经开方 SQR_1，并减去偏置 k_0 后送入），经 SW_2，作为 PID_2 的设定，组成蒸汽流量前馈-液位和给水流量的串级控制系统。

3）无扰动切换：在 AUTO 状态，PID_1 输出跟踪 SUB_2 输出。为实现控制系统的无扰动切换，应使 ADD 输出等于 SP_1。根据图 8-67 所示，ADD 输出等于 PID_1 输出与 FF 之和，因 PID_1 输出跟踪 SUB_2 输出，因此，PID_1 输出跟踪 SP_1 减 FF，则 ADD 输出跟踪 SP_1。

2. 锅炉燃烧系统的控制

锅炉燃烧系统的自动控制与燃料种类、燃烧设备以及锅炉形式等有密切关系。下面重点讨论燃油锅炉的燃烧系统控制方案。

（1）燃烧过程自动控制的任务

燃烧过程自动控制的任务相当多。第一是要使锅炉出口蒸汽压力稳定，因此，当负荷扰动而使蒸汽压力变化时，通过控制燃料量（或送风量）使之稳定。第二是保证燃烧过程的经济性。在蒸汽压力恒定的条件下，要使燃料量消耗最少，且燃烧尽量完全，使热效率最高，为此燃料量与空气量（送风量）应保持在一个合适的比例。第三是保持炉膛负压恒定。通常用控制引风量使炉膛负压保持在微负压（20～80Pa），如果炉膛负压太小甚至为正，则炉膛内热烟气甚至火焰将向外冒出，影响设备和操作人员的安全。反之，炉膛负压太大，会使大量冷空气漏进炉内，从而使热量损失增加，降低燃烧效率。与此同时，还必须加强安全措施。例如，烧嘴背压太高时，可能燃料流速过高而脱火；烧嘴背压过低时又可能回火，这些都应设法防止。

（2）蒸汽压力控制和燃料与空气比值控制系统

蒸汽压力的主要扰动是蒸汽负荷的变化与燃料量的波动。当蒸汽负荷及燃料波动较小时，可以采用蒸汽压力来控制燃烧量的单回路控制系统。而当燃料量波动较大时，可以采用蒸汽压力对燃料流量的串级控制系统。

燃料流量是随蒸汽负荷而变化的，所以作为主流量，与空气流量组成单闭环比值控制系统，以使燃料与空气保持一定比例，获得良好燃烧。

图 8-68 为燃烧过程的基本控制方案。图 8-68a 所示方案是蒸汽压力控制器 PC 的输出同时作为燃料流量和空气流量控制器 FC 的设定值。这个方案可以保持蒸汽压力恒定，同时燃料量和空气量的比例是通过燃料流量控制器和空气流量控制器的正确动作而得到间接保证的。图 8-68b 所示方案是蒸汽压力对燃料流量的串级控制，而送风量随燃料量变化而变化的比值控制，这样可以确保燃料量与送风量的比例。但是这个方案在负荷发生变化时，送风量的变化必然落后于燃料量的变化。为此，可设计为图 8-69 所示的燃烧过程改进控制方案。

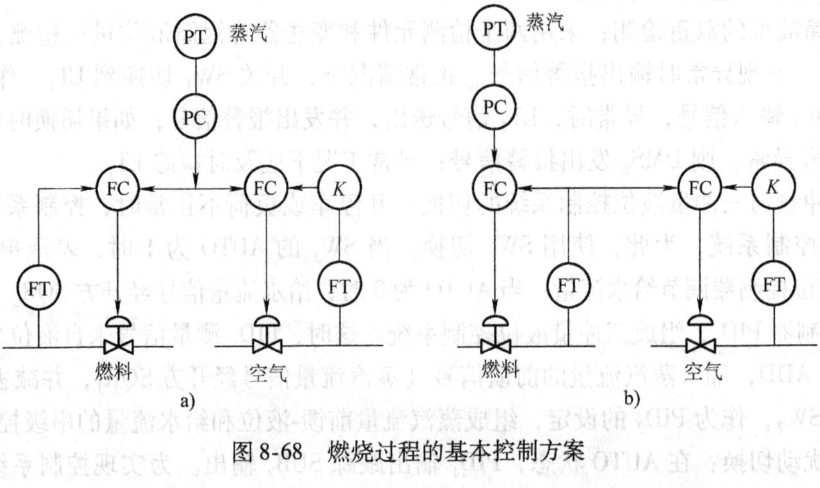

图 8-68 燃烧过程的基本控制方案

该方案在负荷减少时，先减燃料量，后减空气量；而负荷增加时，在增加燃料量之前，先加大空气量，以使燃烧完全。

（3）双交叉燃烧控制

双交叉燃烧控制是以蒸汽压力为主被控变量，燃料量和空气量并列为副被控变量的串级控制系统。其中，两个并列的副环具有逻辑比值功能。该控制系统在稳定工况下能够保证空气和燃料在最佳比值，也能在动态过程中尽量维持空气、燃料配比在最佳值附近，因此，具有良好经济效益和社会效益。

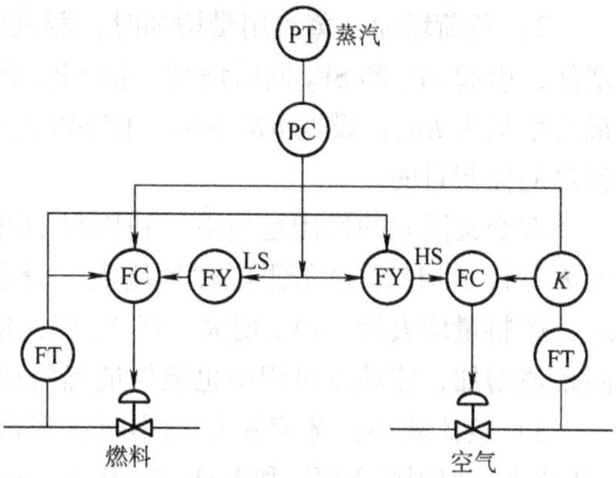

图 8-69 燃烧过程的改进控制方案

双交叉燃烧控制系统如图 8-70 所示。控制系统可方便地在计算机控制装置或 DCS 中实现。图中，HLM 和 LLM 分别是高限限幅和低限限幅器，HSE 和 LSE 是高选和低选器。

1）稳定工况：蒸汽压力在设定值，压力控制器 PC 输出经高、低限限幅器后，分别经燃料系统的高选 HSE_1 和低选 LSE_1，作为燃料流量控制器的设定 SP_1，经空气系统的低选 LSE_2 和高选 HSE_2，并乘以比值系数 K 后，作为空气流量控制器设定 SP_2，因此，稳定工况时有 $SP_2 = KSP_1$。

由于两个流量控制器具有积分控制作用，稳态时，设定值与测量值应相等，无余差，即 $F_1 = SP_1$，$F_2 = SP_2$；因此，有 $KF_1 = F_2$，这表明，稳定工况下，燃料流量与空气流量能够保持所需的比值 K。

稳定工况下，控制系统中所有高选和低选、高限和低限都不起作用，它们的输出都是蒸汽压力信号值 OP。

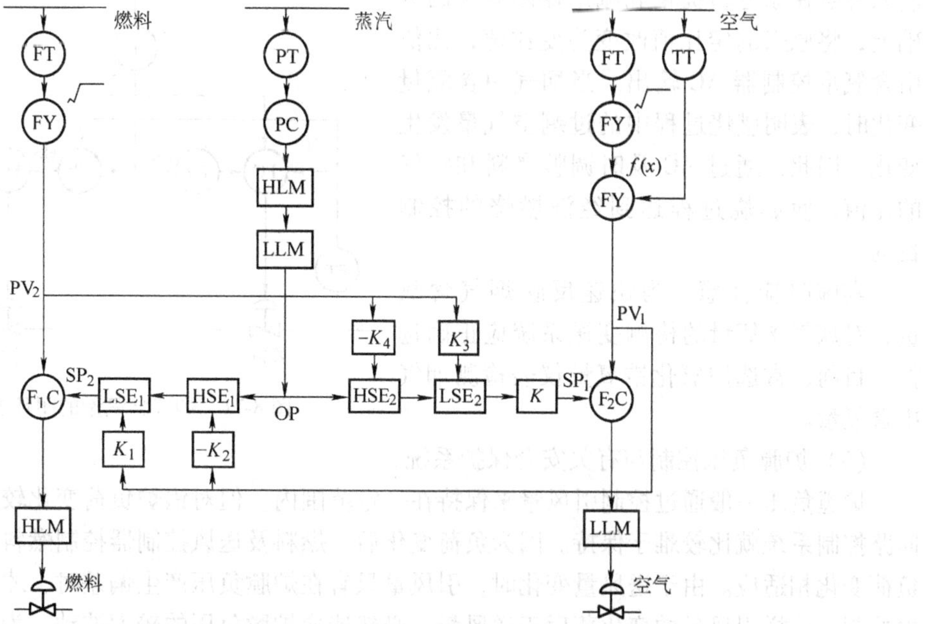

图 8-70 双交叉燃烧控制系统

2）负荷增加：蒸汽用量增加时，蒸汽压力下降，反作用控制器 PC 的输出增加，即 OP 增加，引起 SP_1 和 SP_2 同时增加。但 SP_1 受 LSE_1 限幅，最大增量为 K_1，SP_2 受 LSE_1 限幅，最大增量为 KK_4。设置 $KK_4 > K_1$，使 SP_1 的增加不如 SP_2 明显，即达到先增空气量，后增燃料量的控制目的。

双交叉限幅的作用是使空气和燃料的增加是交叉进行的，即空气量增加后，PV_2 增大，经 K_1 后，使 LSE_1 的低限限幅值增大，设定 SP_1 也随 PV_2 增大而增大，即燃料量增大。反之，燃料量增大后，PV_1 增大，经 K_4 后，使 LSE_2 增大，又反过来增大空气量，这种交叉的限幅值增加，使动态过程中也能保证燃料和空气流量比值在接近最佳比值。

3）负荷减小：蒸汽用量减小时，蒸汽压力增加，PC 控制器输出减小，与上述相似，OP 减小。但因受 HSE_1 和 HSE_2 的限幅，SP_1 的最大减量为 K_2，SP_2 的最大减量是 KK_3。设置 $K_2 > KK_3$，使 SP_2 的减少不如 SP_1 明显，因此，达到减量时先减燃料量，后减空气量的控制目的。

同样，由于减量时，K_2 和 K_3 也交替减小，因此，燃料量和空气量在减量的动态过程中能够保证工作在接近最佳比值。

（4）燃烧过程中烟气氧含量闭环控制

燃烧过程控制保证了燃料量和空气量的比值关系，但并不保证燃料的完全燃烧，燃料的完全燃烧与燃料的质量（含水量、灰分等）、热值等因素有关。不同的锅炉负荷下，燃料量和空气量的最佳比值也会不同，因此，需要有一个检查燃料完全燃烧的控制指标，并根据该指标控制空气量的大小。衡量燃烧过程是否完全燃烧的常用控制指标是烟气中含氧量，烟气含氧量 A_0 最优值为 1.6% ~3% 。

烟气含氧量控制系统与锅炉燃烧控制系统一起实现锅炉的经济燃烧，烟气含氧量的闭环控制系统如图 8-71 所示。烟气含氧量闭环控制系统是在原逻辑提量和减量控制系统的基础上，将原来的定比值改变为变比值，比值由含氧量控制器 AC 输出。当烟气中含氧量变化时，表明燃烧过程中的过剩空气量发生变化，因此，通过 AC 及时调整燃料和空气的比值，使燃烧过程达到经济燃烧的控制目的。

实施时应注意，为快速反映烟气含氧量，对烟气含氧量的检测变送系统应正确选择。目前，常选用氧化锆氧量仪表检测烟气中含氧量。

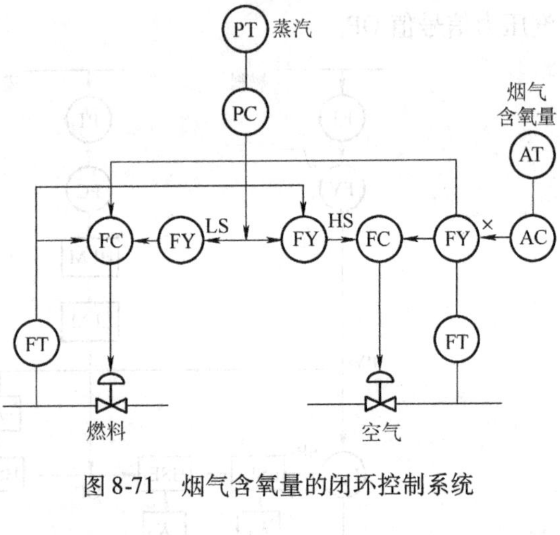

图 8-71 烟气含氧量的闭环控制系统

（5）炉膛负压控制与有关安全保护系统

炉膛负压一般通过控制引风量来保持在一定范围内。但对锅炉负荷变化较大时，采用单回路控制系统就比较难于保持。因为负荷变化后，燃料及送风控制器控制燃料量和送风量与负荷变化相适应。由于送风量变化时，引风量只有在炉膛负压产生偏差时，才由引风控制器去控制，这样引风量的变化落后于送风量，必然造成炉膛负压的较大波动。为此，可设计成图 8-72 所示的炉膛负压前馈-反馈控制系统。图 8-72a 中送风控制器输出作为前馈信号，而

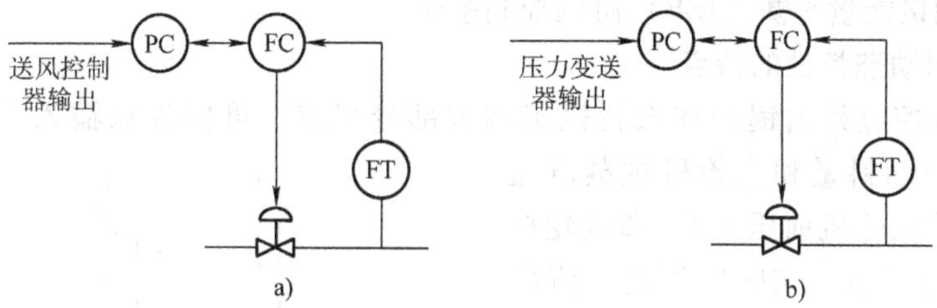

图 8-72　炉膛负压前馈-反馈控制系统

图 8-72b 中用蒸汽压力变送器输出作为前馈信号。这样可使引风控制器随着送风量协调动作，使炉膛负压保持恒定。

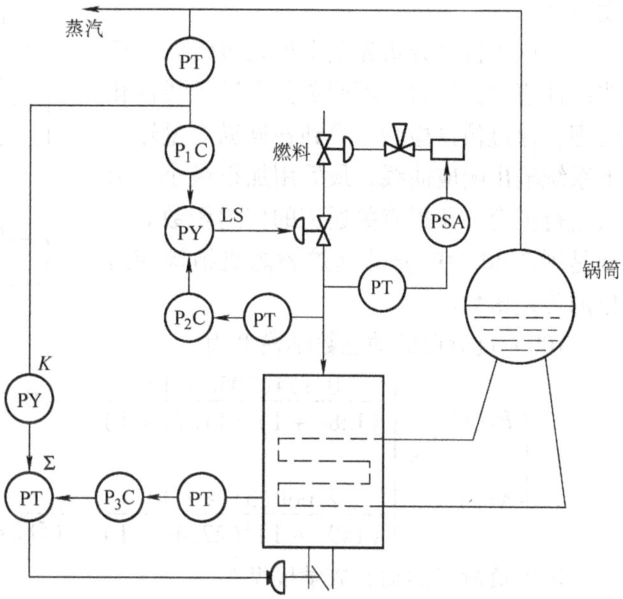

图 8-73　锅炉燃烧控制系统举例

下面以图 8-73 所示的锅炉燃烧控制系统为例，来说明燃烧过程中的有关安全保护系统。如果燃料控制阀阀后压力过高，可能会使燃料流速过高，而造成脱火危险，此时由过压控制器 P_2C 通过低选器 LS 来控制燃料控制阀，以防止脱火的产生；如果燃料控制阀阀后压力过低，可能有回火的危险，由 PSA 系统带动联锁装置，将燃料控制阀上游阀切断，以防止回火。图中 P_1C 是蒸汽压力控制系统，依据蒸汽压力来控制燃料量。图中还有一炉膛负压的前馈-反馈控制系统。

8.8.2　电站锅炉和发电机组的协调控制

电站锅炉负荷与发电机组的发电负荷之间存在系统的关联，本节从系统的协调出发，通过系统的协调和跟踪，对关联系统进行解耦。

协调控制是解决大系统控制问题的基本策略。大系统是由若干相互关联的子系统组成的复杂系统。大系统的控制策略是分解-协调方法，即将大系统分解为若干子系统，对各子系统分别处理和控制，求得各子系统的局部最优解；从全局出发，合理调整各子系统间的关系，求得各子系统的协调和统一，得到整个大系统的最优解。

单元机组的协调控制是在常规炉机局部控制系统的基础上，把锅炉和汽轮机组作为一个整体进行控制。图 8-74 为单元机组协调控制系统框图。

主要的协调控制系统有：补偿锅炉侧扰动的机跟炉协调控制系统；补偿汽轮机侧扰动的机跟炉协调控制系统；补偿锅炉侧扰动的炉跟机协调控制系统；补偿汽轮机侧扰动的炉跟机协调控制系统；双向串联补偿功能的机组协调控制系统。

通常，从能量平衡观点出发，将单元机组协调控制系统分为直接能量平衡（DEB）协调控制系统和间接能量平衡（IEB）协调控制系统。

1. 单元机组动态特性的特点

单元机组被控过程由锅炉和汽轮机组两大部分组成，可作为双输入双输出过程。其操纵变量是锅炉燃料量和汽轮机主蒸汽流量。被控变量是汽轮机前压力 P_T 和汽轮机实际发出的电功率 N。实际应用时，汽轮机主蒸汽流量可采用主蒸汽调节汽门的开度 T，锅炉燃料量可以是制粉机同步机开度 B 等。

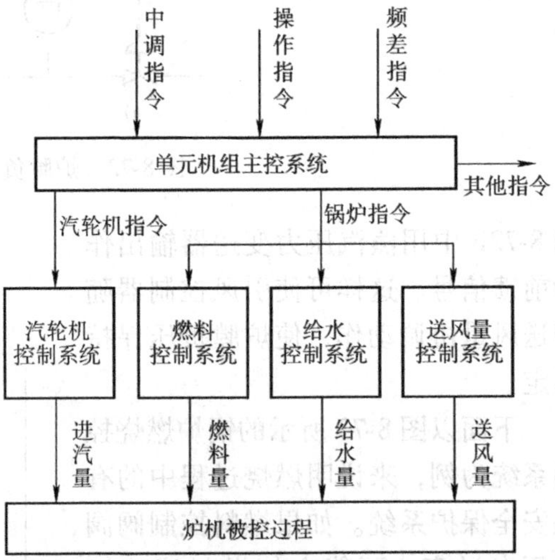

图 8-74 单元机组协调控制系统框图

可以用机理分析先获得单元机组的一组非线性模型，然后在不同负荷点进行线性化处理，通过仿真检验，得到各操纵变量输入下系统输出响应曲线，最后用加权最小二乘法进行拟合，获得有关通道的传递函数。下面是国产300MW 直流锅炉燃煤机组被控对象的传递函数。

100% 负荷点的动态数学模型为

$$\begin{bmatrix} P_T(s) \\ N(s) \end{bmatrix} = \begin{bmatrix} \dfrac{0.124(205s+1)}{(128s+1)^2(11.7s+1)} & -0.139\left(0.04+\dfrac{0.96}{70s+1}\right) \\ \dfrac{2.069(311s+1)}{(149s+1)^2(22.4s+1)} & \dfrac{4.665s(99s+1)}{(582s+50s+1)(4.1s+1)} \end{bmatrix} \begin{bmatrix} B(s) \\ T(s) \end{bmatrix} \tag{8-16}$$

70% 负荷点的动态数学模型为

$$\begin{bmatrix} P_T(s) \\ N(s) \end{bmatrix} = \begin{bmatrix} \dfrac{0.162(275s+1)}{(168s+1)^2(11.5s+1)} & -0.081\left(0.01+\dfrac{0.99}{97s+1}\right) \\ \dfrac{2.116(457s+1)}{(221s+1)^2(21.8s+1)} & \dfrac{1.483s(150s+1)}{(632s+40s+1)(2.7s+1)} \end{bmatrix} \begin{bmatrix} B(s) \\ T(s) \end{bmatrix} \tag{8-17}$$

可以看到，单元机组被控过程通常具有下列特点：操纵变量 B 对压力 P_T 和功率 N 的控制通道具有较大时间常数，过程响应较慢，而操纵变量 T 对压力和 P_T 和功率 N 的控制通道具有较小时间常数，过程响应快；操纵变量 B 对压力 P_T 和功率 N 的控制通道具有相接近的时间常数，因此，压力 P_T 和功率 N 对锅炉燃料量的响应曲线也很相似；利用汽轮机调节汽门开度 T 作为操纵变量，可以快速改变机组被控变量 P_T 和 N。控制过程的实质是利用机组内部的蓄热，即锅炉内部的蓄热。机组容量越大，相对而言，蓄热能力越小；直流锅炉的蓄热比自然循环锅炉的蓄热能力要小得多，反映在动态特性，表现为直流锅炉的惯性比锅筒锅炉机组要小。

2. 直接能量平衡协调控制系统

直接能量平衡（DEB）协调控制系统以汽轮机能量需求信号直接对锅炉输入的能量进行控制，保证在任何工况下锅炉输入能量与汽轮机能量之间的平衡。能量平衡的依据是机前压力 P_T，如果 P_T 偏离设定值，就表示机炉之间能量的供需出现不平衡。调节的手段有炉跟机（调节锅炉输入能量）和机跟炉（调整汽轮机负荷）。但是机前压力 P_T 并不真正代表能量，仅是表征能量是否平衡的参数，因此，是间接能量平衡的控制策略。此外，机前压力表征能量是否平衡时存在惰性，造成控制作用不及时，为此，需引入前馈信号，如机组功率定值的信号，给出提前的控制作用，适应负荷要求。

直接能量平衡协调控制系统的特点是：机组功率由汽轮机调节汽门实现，具有炉跟机控制的特点，因此，机组对外界负荷的响应快；采用代表汽轮机能量需求的信号作为机炉之间的协调信号，控制锅炉输入能量，保证任何工况下机组内部能量供需的平衡。

机前压力设定值 P_{SP} 控制有定压与滑压两种方式，压力设定值由运行人员在负荷管理控制中心画面上给定，由运行人员选择投运。定压运行时，维持汽轮机主蒸汽调节汽门前压力 P_T 不变，靠调节汽轮机调节汽门开度来改变输出功率。滑压运行则是使调节汽门处于全开（90%）位置，调节主蒸汽调节汽门前压力随负荷大小而升降，滑压运行使机组在带部分负荷时也具有较高效率。汽轮机寿命损耗较小，并能提高机组的调峰能力。

(1) 以 $(P_1/P_T)P_{SP}$ 作为能量平衡信号的 DEB 协调控制系统

该控制系统以汽轮机一级压力 P_1 与机前压力 P_T 之比代表汽轮机调节汽门的开度，响应快，可克服因直接测量控制阀门阀位（开度）所带来的死区或干摩擦等非线性的影响。该系统以机前压力设定值 P_{SP} 与代表汽轮机调节汽门开度的 P_1/P_T 之积作为汽轮机能量需求的信号。稳态时，机前压力等于其设定值，该能量需求信号就等于 P_1，即可代表进入汽轮机的蒸汽量（进入汽轮机的能量）。动态时，$(P_1/P_T)P_{SP}$ 代表汽轮机所需能量。这时，功率控制回路为及时使机组功率与外界负荷需求相适应，需先过调汽轮机调节汽门门开度，使 $(P_1/P_T)P_{SP}$ 信号与实际功率需求之间有一定偏差。外界负荷需求增加时，汽轮机调节汽门门开度增大，但因锅炉补充能量还不及时，使 P_T 下降，为此，应先通过调节汽门开度，提供一个前馈控制作用，使能量需求信号 $(P_1/P_T)P_{SP}$ 大于功率指令。因此，用 $(P_1/P_T)P_{SP}$ 信号作为前馈信号比用功率信号作为前馈信号更有效，具有加快响应的作用。

用 $(P_1/P_T)P_{SP}$ 信号的另一优点是它不受锅炉内部扰动的影响。例如，锅炉内部扰动造成机前压力 P_T 变化时，P_1 先变化，P_1/P_T 可近似不变。另外，该信号也不受机组运行工况变化的影响。当采用定压运行时，P_{SP} 不变，因此，该信号成为 P_1/P_T。

图 8-75 为 L&N 公司（Leeds & Northrup）的 DEB 协调控制系统框图。其中，功率控制系统由汽轮机功率 N 为主被控变量、汽轮机一级压力 P_1 为副被控变量的串级控制系统组成。用功率设定值的比例微分信号作为前馈控制信号，以增强汽轮机输出功率跟踪功率设定值的能力。锅炉控制系统用 P_1/P_T 作为前馈信号，前馈控制器采用比例微分控制规律，用于克服锅炉的大惯性造成的影响。此外，增加热量反馈信号 $P_1 + c(\mathrm{d}P_d/\mathrm{d}t)$，其中，$P_d$ 是锅炉锅筒压力，c 是锅炉蓄热系数，用于对汽轮机一级压力进行偏差校正，以保证机前压力 P_T 等于其设定值 P_{SP}。

该协调控制系统适用于定压和滑压运行方式。

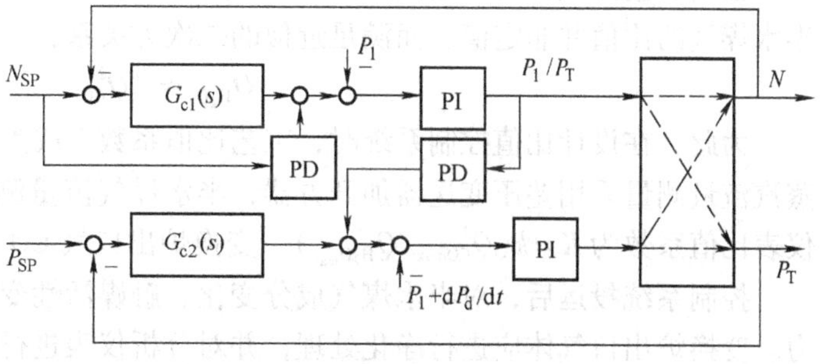

图 8-75　DEB 协调控制系统框图

(2) 以 $P_1[1+k(P_{SP}-P_T)]$ 为前馈信号的DEB协调控制系统

锅炉负荷的前馈信号包括两部分。P_1 代表进入汽轮机的蒸汽量，因此，与机组负荷成正比，它表示理想状况下锅炉能力的输入前馈信号。但 P_1 直接引入锅炉控制系统会造成正反馈，因 P_1 上升，作为前馈信号，使锅炉燃料量增加，进一步升高 P_1，为此，用 $P_1k(P_{SP}-P_T)$ 作为另一个前馈信号，补偿正反馈的影响。

协调主控系统设计有协调控制、汽轮机跟踪、锅炉跟踪、手动方式4种不同级别的运行方式，以适应机组不同运行工况的需要。协调控制方式是机组最高级别的运行控制方式。采用以锅炉跟踪为基础的DEB直接能量平衡协调控制系统。"锅炉跟踪"（BF）运行方式是协调控制系统在汽轮机侧局部故障或受限制工况（不能投自动）下的一种辅助运行方式，基本模式是锅炉侧自动调节机前压力（闭环），汽轮机手动调节功率（开环）。其特点是机组对电网的负荷响应快，能充分利用锅炉蓄能，缺点是运行稳定性较差。汽轮机跟踪（TF）方式是协调控制系统在锅炉侧局部故障或受限制工况时（不能投自动）的另一种辅助运行方式，基本模式是汽轮机自动调压（闭环），锅炉手动调节功率（开环）。其特点是机组运行稳定，缺点是负荷响应较慢，不仅未能利用锅炉蓄能，在负荷变化（如增加）时，还需要补充锅炉附加蓄能，且对电网干扰较大。当汽轮机和锅炉侧都出现故障或控制回路尚未完成调试整定时，协调主控系统处于"手动方式"。

8.9 化肥生产过程的控制

8.9.1 合成氨生产过程的控制

合成氨过程是一个典型化工生产过程。装置规模日趋扩大，生产技术和工艺过程日趋复杂，对过程的控制也提出更高要求。本节就合成氨生产过程中的主要控制系统作简要介绍。

1. 变换炉的控制

合成氨生产过程中变换工序是一个重要环节，它将一氧化碳和蒸汽进行反应，变换为氢气和二氧化碳。主要反应为

$$CO+H_2O \leftrightarrow CO_2+H_2+Q$$

(1) 变换炉出口气体中CO浓度控制

有时，可直接用变换炉出口气体中CO浓度作为被控变量，采用变比值控制系统，控制变换炉出口气体中CO浓度。

根据工艺测试分析，变换炉出口CO含量一定时，不同负荷（半水煤气）下，水蒸气和半水煤气的比值并非定值，而满足近似的二次方关系：

$$Q_{H_2O} \approx kQ_{CO}^2 \tag{8-18}$$

为此，在设计比值控制系统时，工艺比值系数 k 成为 $k=Q_{H_2O}/Q_{CO}^2$；仪表系统的设计中，蒸汽流量测量采用差压变送器加开方器，半水煤气流量测量采用差压变送器但不加开方器，仪表比值系数为 $K=k(Q_{CO\max}^2/Q_{H_2O\max})$。变换炉出口气CO含量控制系统如图8-76所示。

控制系统投运后，对半水煤气成分变化、触媒活性变化等扰动的影响都有较好的克服能力。变换炉出口气体应进行净化处理，并对分析仪表进行定期维护是控制系统正常运行的前提。该系统的控制通道时间常数较采用入口温度或一段温度控制的控制通道时间常数小，因

此，控制品质较好。

(2) 变换炉的优化控制

变换炉的控制目标是变换炉出口气体中 CO 浓度 X_{CO}，影响的扰动变量有变换炉入口气体温度 T_{in}、入口气体组成 C_{in}、空气流速 S_v、触媒活性 AF 等，选择操纵变量为入口气体温度 T_{in}（通过调节废热锅炉旁路流量来控制）。控制目标 X_{CO} 与扰动变量、操纵变量间的函数关系表示为

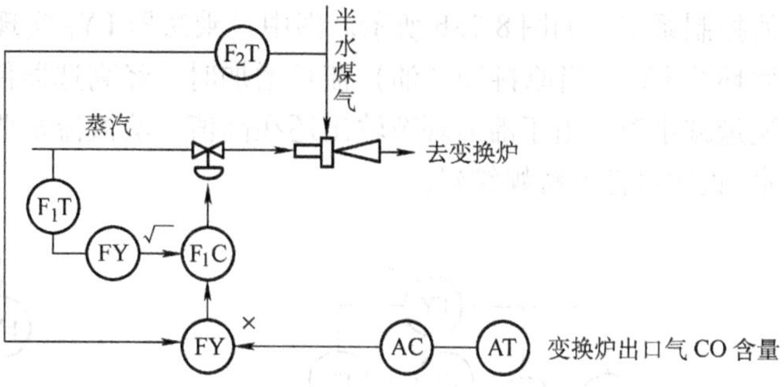

图 8-76　变换炉出口气 CO 含量控制系统

$$X_{CO}=f_1(T_{in},C_{in},S_v,AF) \tag{8-19}$$

优化目标函数为

$$J=\min(X_{CO}) \tag{8-20}$$

求得的最优化入口温度设定值为

$$T_{inop}=f_2(C_{in},S_v,AF) \tag{8-21}$$

对式（8-21）线性化，得到近似的增量式线性控制模型为

$$\Delta T_{inop}=\frac{\partial f_2}{\partial C_{in}}\Delta C_{in}+\frac{\partial f_2}{\partial S_v}\Delta S_v+\frac{\partial f_2}{\partial AF}\Delta AF=k_1\Delta C_{in}+k_2\Delta S_v+k_3\Delta AF \tag{8-22}$$

图 8-77 为变换炉的最优控制系统。图中，根据式（8-22）计算变换炉入口温度优化设定值，组成变换炉入口温度的监督控制系统，实现稳态优化控制。该控制系统的实质是多变量前馈控制系统。

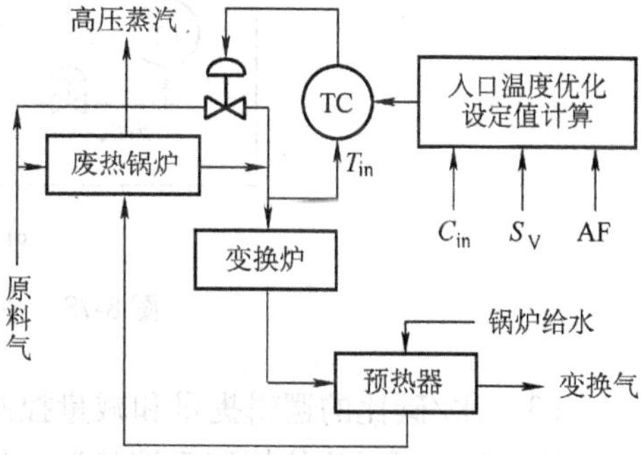

图 8-77　变换炉的最优控制系统

2. 转化炉水/碳比控制

水/碳比控制是转化工段一个十分关键的工艺控制参数。水/碳比指进口气中蒸汽和含烃原料中碳分子总数之比。水/碳比过低会造成一段转化炉触媒的结炭。由于进口气中总碳量的分析与测定有一定困难，因此，总碳量通常用进料原料气流量作为间接被控变量。

一段转化炉水/碳比控制可采用蒸汽和原料气两个流量的单闭环控制系统，但因没有比值计算和显示，通常需要设置相应的水/碳比报警和联锁系统，防止水碳比过低造成结炭。

通常，一段转化炉水/碳比控制采用水/碳比的比值控制系统，如图 8-78 所示。有 3 种不同的实施方案。

(1) 以水定碳的比值控制系统

该比值控制系统的主动量是蒸汽流量，原料气（油）流量作为从动量，组成双闭环比值控制系统，如图 8-78a 所示。图中，乘法器 FY 实现比值函数运算，该控制方案能够保证水/碳比恒定，当蒸汽不足时，能够使原料气（油）随之减小。

(2) 以碳定水的比值控制系统

该比值控制系统的主动量是原料气（油）流量，蒸汽流量作为从动量，组成双闭环比值控制系统，如图8-78b所示。图中，乘法器FY_1实现比值函数运算，增加高选器FY_2和滞后环节FY_3。当原料气（油）流量增加时，经高选器使蒸汽流量也增加，但当原料气（油）流量减小时，由于滞后环节输出还在高值，蒸汽流量要滞后一段时间再减小，因此，不会因水/碳比过低使触媒结炭。

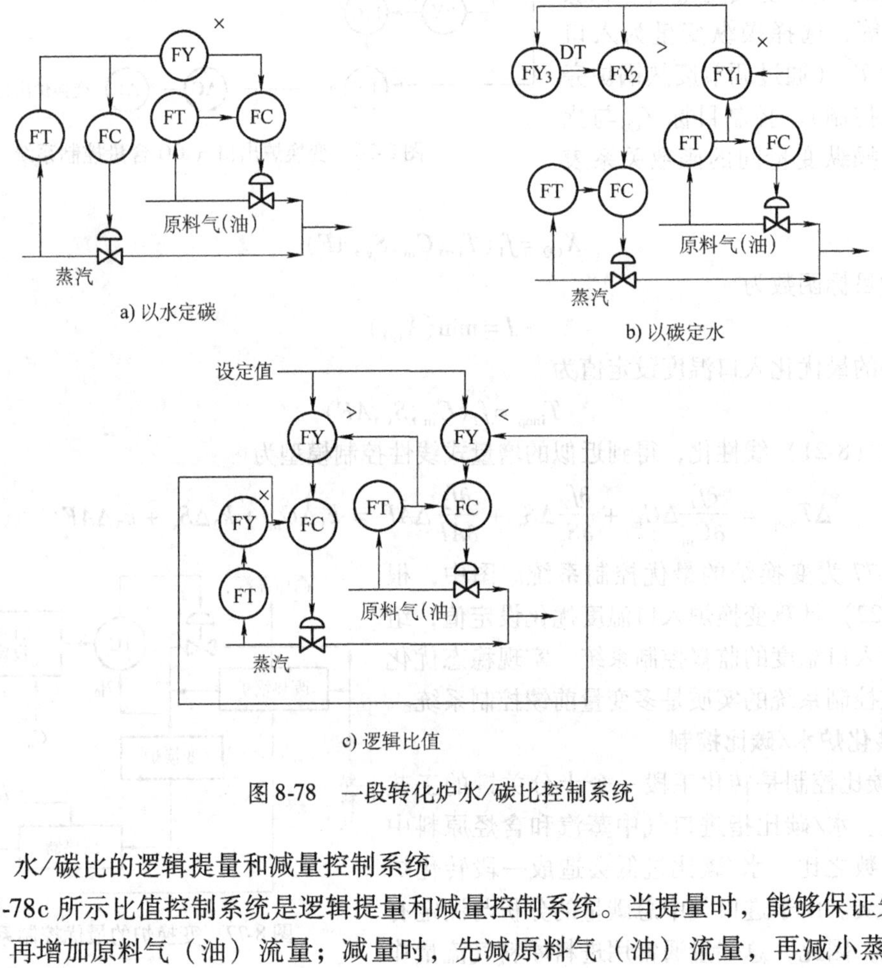

a) 以水定碳　b) 以碳定水　c) 逻辑比值

图8-78　一段转化炉水/碳比控制系统

（3）水/碳比的逻辑提量和减量控制系统

图8-78c所示比值控制系统是逻辑提量和减量控制系统。当提量时，能够保证先增加蒸汽流量，再增加原料气（油）流量；减量时，先减原料气（油）流量，再减小蒸汽流量。防止了触媒结炭的发生，保证了安全生产。

在比值控制系统中，对蒸汽和原料气（油）流量测量，如果物料的温度、压力或成分有较大变化时，需要进行温度和压力补偿，以补偿因重度变化造成的影响，提高测量精确度。

3. 合成塔的控制

合成塔的控制主要有氢/氮比控制、合成塔温度控制和合成弛放气控制等。

（1）氢/氮比控制

合成氨的反应方程式为

$$3H_2+N_2\leftrightarrow 2NH_3+Q$$

由于合成反应的转化率较低（约为12%），必须将产品分离后的未反应物料循环使用，即循环气加到新鲜合成气中再进入合成塔进行反应。氢气和氮气需按3∶1比例混合，然后进行反应。

以天然气为原料的大型合成氨厂中，氢/氮比控制的操纵变量是二段转化炉入口加入的空气量。从空气加入，经二段转化炉、变换炉、脱碳系统、甲烷化及压缩，才能进行合成反应，因此，整个调节通道很长，时间常数和时滞很大，这表明被控过程是大时滞过程。为此，设计如图 8-79 所示合成反应过程的氢/氮比串级变比值控制系统，以合成塔进口气中氢/氮比为主被控变量，以新鲜合成气中氢/氮比为副被控变量，考虑到天然气原料流量波动的影响，引入了原料流量的前馈信号，组成串级前馈控制系统。

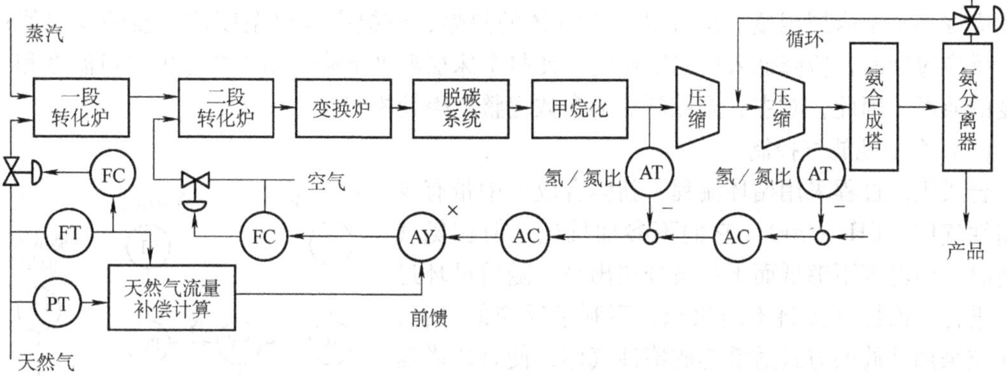

图 8-79　合成反应过程的氢/氮比串级变比值控制系统

考虑到图 8-79 所示控制方案中副控制通道的时间常数还较大，对变换氢扰动的影响要到甲烷化后才能反映出来，因此，有些合成氨厂组成 3 个环的串级控制系统，即在上述串级变比值控制系统的基础上，将变换气中的氢含量作为最里面的副被控变量，组成第三个副环控制回路，可有效地克服前面部分过程扰动的影响，最终，使氢/氮比保持在 3 ±0.07 的范围内，满足了工艺控制的要求。

(2) 合成塔温度控制

为保证合成反应稳定运行，要求控制好合成塔触媒层的温度，以便提高合成转化率，延长触媒使用寿命。控制方案有多种，图 8-80 为其中一种。

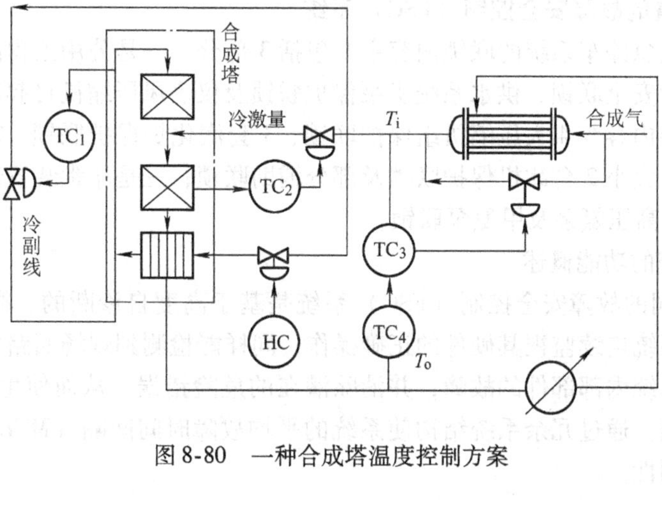

图 8-80　一种合成塔温度控制方案

图8-80中，TC_1是合成塔入口温度控制器，被控变量是合成塔入口温度，操纵变量是冷副线流量。因合成气刚入塔，离化学平衡有距离，应提高反应速率。入口温度过低，不利于反应进行，入口温度过高，则反应速率过快，床温上升过猛，影响触媒使用寿命。

TC_2是合成塔触媒床层温度控制器，被控变量是触媒床层温度，操纵变量是冷激量，因第二层触媒中化学平衡成为主要矛盾，因此，应控制床层温度，以反映化学平衡的状况。

TC_3和TC_4组成串级控制系统，主被控变量是合成塔出口温度T_o，副被控变量是入口温度T_i，操纵变量是入口换热器的旁路流量。根据热量平衡关系，入口温度T_i的气体在合成反应中获得热量，温度升高到T_o。因此，出口温度低表示反应转化率低，反应的热量不够，为此应提高整个床层温度，即提高入口气体的热焓，或提高入口温度控制器的设定值；反之，反应过激时，应降低入口温度设定，使整个床层温度下降。由于要考虑出口温度和入口温度的兼顾，因此，对主、副控制器的参数应整定得较松些。

（3）合成弛放气控制

合成生产过程采用循环流程，新鲜合成气中带有少量惰性气体（CH_4 + Ar），它们不参加反应，但在氨气分离时，因温度不够低而不能被分离出来，随着循环过程的进行，惰性气体将不断累积，不利于反应的进行，为此应采用弛放的方式适量排放惰性气体，使合成塔运行在较高转化率的工况。因排放过程中部分合成气也随之排放，为此应控制。

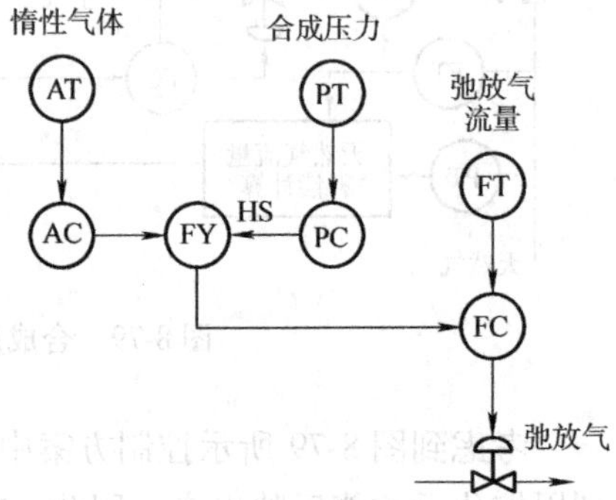

图8-81 弛放气控制系统

图8-81为弛放气控制系统。采用选择性控制系统和串级控制结合的控制方案。正常情况下，由回路中惰性气体分率作为主被控变量，弛放气流量作为副被控变量，操纵变量是弛放气流量。惰性气体分率是采用全组分色谱仪测出合成回路中各组分分率，再将甲烷和氩分率相加后作为主被控变量。采用串级控制可改善被控对象的动态特性，获得较好的控制品质。当合成回路的压力过高时，通过高选器FY，选中压力控制器输出，组成合成回路压力与弛放气流量的串级控制，及时增加弛放气的排放量，降低压力，直到压力恢复到正常范围后，再切回到惰性气分率的控制。

4. 大化肥装置的故障安全控制（FSC）系统

化肥装置的紧急停车系统的联锁内容主要包括3部分：一是公用工程部分，主要内容为两套高压蒸汽锅炉安全联锁、供水系统机泵保护联锁及仪表风压缩机自起动联锁；二是合成氨装置部分，主要内容为4大压缩机组保护联锁、3套汽化炉保护联锁、2套液氧泵及膨胀涡轮机保护联锁、大小2台冰机保护联锁及部分辅助联锁；三是尿素装置部分，主要内容为CO_2压缩机联锁、高压氨泵及甲氨泵联锁。

（1）FSC系统的功能概述

Honeywell公司的故障安全控制（FSC）系统是基于高度自诊断的、微处理器技术的软件容错系统。该系统连续监视其硬件的正确操作，同样能检测到现场回路的故障，通过自诊断程序能诊断出系统内部部件的故障，并消除潜在的危险错误，从而使生产过程免受危险，使系统可靠性增强。通过冗余系统结构使系统的平均故障时间间隔（MTBF）大大提高，从而提高系统的可用性。

1）硬件方面。FSC 构成图如图 8-82 所示。

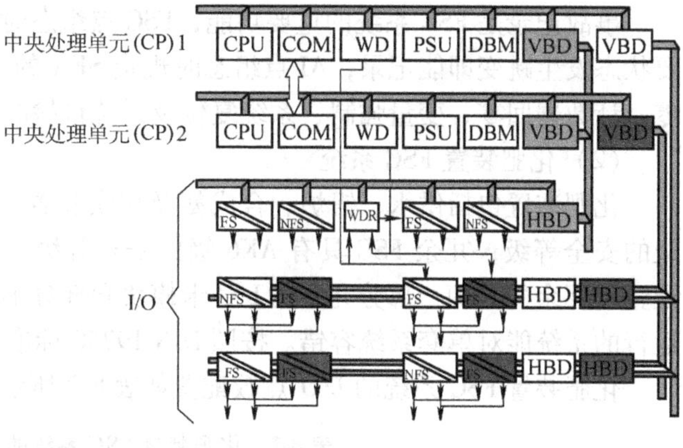

图 8-82 FSC 构成图

图 8-82 中主要模块功能：

①CPU 卡件（1002/1/2）：采用 68000 系列处理器，其功能为读输入信号，执行功能逻辑程序，写输出到输出卡，连续测试系统硬件，以保证安全控制。

②COM 通信卡件（10014/F/F，10014/H/F）：每块 COM 卡件都有自己的内存和微处理器，通信卡主要功能：支持冗余的中央处理单元（CP）之间的通信；支持 FSC 与远程 FSC 之间的通信；支持与其他系统（如 DCS，PC）之间的通信。

③WD 看门狗卡（10005/1/1）是一个多通道的计时器电路，其主要功能：最大执行时间，用于检测程序执行是否正确，而不是进入死循环；最小执行时间，用于防止跳转部分程序；5V 电压监视，使之在正常电压范围内；CPU、COM 卡内存错误检测。

④PSU 电源卡（10300/1/1）：负责将直流电源 24V 转换为 5V，供系统使用。

⑤DBM 诊断电池卡（10006/2/1）主要功能：电池功能，该电池用于 COM 卡、CPU 卡的 RAM 以及时钟的后备电源；时钟显示，简单的维护接口，可以显示卡件类型、机架及故障卡件的位置等诊断信息；温度监控，FSC 的故障安全控制功能要在规定的温度范围内才能得到保证。

⑥VBD 垂直总线驱动卡及 HBD 水平总线驱动卡：其功能是与 VBUS、HBUS 一起实现 CP 与 I/O 卡之间的数据通信。

⑦I/O 卡：具有“FS”和“NFS”两种选择功能，具有“FS”功能的卡件，当其中的元器件损坏或故障时，能保持输出截断为安全状态。

2）软件方面。FSC 浏览器（Navigator）是基于 Windows 的功能强大的软件包，利用该软件，可以生成标准的应用程序，进行系统配置，通过采用 IE611313—3 标准符号的功能逻辑图（FLD）可编制 FSC 系统的用户控制程序。FSC 支持在线监视、程序在线修改、卡件有条件在线更换。

系统组态时必须定义安全等级。FSC 按 DIN19250 标准分 6 级（AK1 ~ AK6），1 级最低，4 级为常用级，5、6 级用于较高安全场所。不同的安全等级，系统软件的运行、诊断深度、编译、校验、向应时间等标准不同。

系统组态时必须定义“相邻故障时间间隔”，一般为 72h。CPU 自检时发现一个故障，立即报警通知处理，保证系统安全。当发生第一个故障时，FSC 启动“相邻故障时间间隔”定时器，在这段时间内，若第一故障未排除又来第二故障，则与此相关的 CPU 停车。除非在第二故障来之前复位（RESET）相关 CPU，使此定时器重新回零计时。但这会降低 FSC 系统的安全等级。

I/O 卡件组态时必须定义“安全相关?”和“测试?”。具有“FS”功能的 I/O 卡件，当“安全相关? YES”时发现故障，卡件变量值为“安全”状态（de-energized）。当“安全相关？NO”时发现故障，仅报告故障信息，卡件变量值仍送往后续变量。

事故记录是FSC系统的重要功能，FSC点组态时要定义“SER enable?”。DI/DO点，只要状态发生跳变即能记录，AI点组态时规定SER的设定值，SER记录每次跳变、定时器回零、计数器回零、变量强制、系统复位及系统自检故障等，为准确分析故障提供有效依据。

（2）化肥装置FSC系统

化肥装置包括供水、锅炉、合成氨及尿素装置、根据FSC的特点，单套FSC具有AK4级的安全等级，冗余FSC具有AK6级的安全等级。所以一化肥装置采用FSC-1002D＋r＋s配置：冗余的CPU、部分冗余的I/O卡模块和部分不冗余的I/O卡模块。两套控制单元平行运行的系统能对单套系统容错。按照DIN 19250标准，此配置符合TUV的AK5级安全认证。

化肥装置FSC系统的I/O点数配置如表8-2所示。

表8-2 化肥装置FSC系统的I/O点数配置

类别	信号类型	合成氨装置及公用工程			尿素装置及高压锅炉制粉		
		实际点数	备用点数	合计	实际点数	备用点数	合计
冗余	DI	726	73	799	284	29	313
	DO	314	32	346	113	12	125
单重化	DI	712	20	732	268	12	280
	DO						
通信	RS232C/485	2		2	1		1

化肥装置FSC系统根据实际需求配置了3个控制柜（ESD1#～ESD3#）、3个继电器和旁路开关柜（ESD4#～ESD6#）、一台工程师站、一台SOE站和打印机，以及辅助操作台、就地仪表盘等和现场输入/输出端子柜，并通过与DCS的通信实现报警联锁信号显示及ESD自诊断及报警显示。其硬件配置图如图8-83所示。

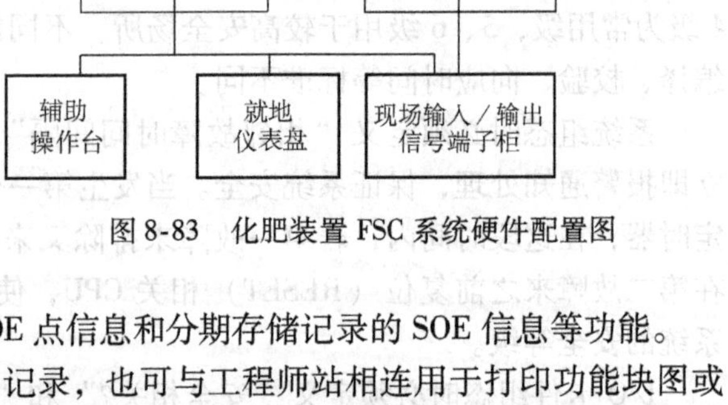

图8-83 化肥装置FSC系统硬件配置图

各硬件配置的功能：

1）工程师站：是基于Windows系统，使用FSC系统专用的FSC602组态开发软件的上位机。可对FSC系统的硬件配置和逻辑功能进行组态。同时该软件还具有在线监测功能块图、系统运行状态和诊断系统故障等功能，并可自动生成I/O组态信息文档以方便批量建点。

2）SOE站：由于FSC系统对SOE的记录仅有400条的记录内存，所以必须设有专门的上位机运行FSC系统专用的SOE软件，以将系统记录的SOE信息及时采集并存储在该站上。同时，该站还具有组态SOE点信息和分期存储记录的SOE信息等功能。

3）打印机：用于发生事故时打印SOE记录，也可与工程师站相连用于打印功能块图或其他组态信息。

4）控制站：控制站是核心单元，通过 FSC602 所做的各项组态工作都下载到该控制站运行。控制站在结构上分为 3 层。控制站的前层由一主机架（ESD1#）和两个扩展机架（ESD2#、ESD3#）构成。其中，主机架包括两个相互冗余的中央处理单元（CP），CP 通过垂直总线驱动模块（VBD）和通信总线与各 I/O 机架相连。控制站的中层还配备有经过安全认证的 DC24V 稳压电源，用于给卡件通道配电。控制站的后层则排列安装与 I/O 卡件相对应的 FTA 接线卡。ESD 通过内在的逻辑控制功能实现其输入和输出信号的特定关系，根据工艺过程状况控制生产设备的状态，保证生产异常过程中得到安全控制。ESD 自诊断功能也确保了安全性。控制站通过自己的通信卡分别连接到工程师站和 SOE 站进行数据传输。它还能使用 RS232 或 RS485 接口与其他系统通信，将过程变量和设备状态送到 DCS 系统进行显示、报警。

5）辅助操作台：安装有联锁指示灯、蜂鸣器、手操按钮，对由 ESD 通过信号线发送过来的报警、联锁信号进行声光提示和对联锁相关设备实施手动操作（包括试灯按钮和报警确信按钮）。

6）就地仪表盘：安装于现场设备旁，用于将相应设备的联锁信号的状态用指示灯的形式在此显示，以方便就地对设备进行起停操作。

7）现场输入/输出信号端子柜：用于安装安全栅、报警设定器及对回路设置带熔断器端子等。同时也方便了仪表的维护检查工作。

5. 合成氨优化控制

某年产 30 万 t 合成氨装置主要流程简述如下：经脱硫后的天然气与蒸汽以一定的比例混合后进入一段转化炉炉管内，在触媒床进行甲烷转化反应，在管外通过燃烧天然气与弛放气来提供甲烷转化反应所需要的热量。一段转化炉出口气与工艺空气及蒸汽混合后进入二段转化炉进一步转化，最后供二段转化炉出口气中的甲烷含量降到规定指标以下，在二段转化炉前配入的工艺空气量则依据合成系统对氢/氮比的要求。为了回收热量，从二段转化炉出来的转化气再依次经第一废热锅炉与第二废热锅炉进行热量回收，同时副产高压蒸汽。二段转化炉出口气再经过高温变换炉，进行一氧化碳变换反应，高温变换炉出口气经高温变换废热锅炉回收部分热量，再通过甲烷化气预热器进行热交换后，进入低温变换炉。低温变换炉出口气体中含有大量二氧化碳，再经吸收塔进行吸收脱碳，随后进入甲烷化炉，使未被完全清除的一氧化碳与二氧化碳程在甲烷化触媒的作用下与氢作用，最后使残余的一氧化碳和二氧化碳脱除至微量，从而制得合成氨所用的氢氮合成气（新鲜气）。

新鲜气由氢氮压缩机加压，与合成塔出口的循环气相混合，再进循环段压缩，最后进入合成系统。加压后的氢氮混合气进入合成塔，在塔内换热器换热后，在塔内触媒层上进行合成反应生产氨。系统反应后生成的氨经过一系列冷却器和氨冷器，使气氨冷凝，在氨分离器中分离出来。由于反应过程中，惰性气体（如 Ar、CH_4）并不参加反应，若不排除，则会不断积累，使合成反应无法进行，故在合成塔后，通过排放部分气体（弛放气）来控制惰性气体水平。

对这样的合成工艺流程，在建立系统模型和优化时，把全系统划分为转化、变换、吸收、甲烷化、压缩及合成几个子系统进行考虑。在进行机理模型建立时，根据对象物理化学变化规律，通过选择微元段建立物料平衡、热量平衡和动量平衡方程及反应动力学方程。在建立各自的微分方程后，首先进行计算机的数值联立求解，得出系统分布特征，并在现场参数检验中，进一步校核。首先获得离线仿真模型，然后在实际装置中，借助于微机与DCS双向通信，通过连续采集实际信息，进行在线校正，以获得适合优化算法所要求的简化数学模型。进而采用大系统分解—协调优化方法求取装置的优化工作点。

在此，根据主干流程将其划分为转化、变换、脱碳、甲烷化、压缩和合成6个子系统。经过分解后，子系统相对简单一些，可以着手对子系统建立数学模型。在合成氨生产的控制上，可以根据过程的物理和化学现象及已了解的基本规律，从一些基本物料、热量衡算式及反应速率方程等出发建立机理模型。在建立机理模型有困难时，也可依据已采集的输入、输出信息和工艺参数的记录，运用统计和回归处理的方法建立一些简化模型。要注意的是，所谓机理模型并不就是对实际过程的直接描述，而只能是对对象的合理简化的结果。可以这样认为，数学模型的特征是简化，其效果优劣的关键则在于简化的合理性。而合理性又是相对的，若简化假设少一些，模型偏离实际的程度就比较小。因此，实际模型的建立，特别是在采用计算机仿真手段时，必须在模型的目的、精度要求、耗机时间三者之间作恰当的选择。

在实际生产过程中，希望装置能在最优的条件下操作。一种方法是从对象建立的数学模型出发，然后通过一定的算法求取各控制器的最优给定值，人们据此调整设定值，改变装置的生产状况，即所谓的离线最优和开环指导。若环境及扰动变化很小，符合建立模型时的假设条件，模型又足够精确，开环指导能使生产水平有所提高，这是比较理想的结果。但在实际生产中，环境变化及模型偏差与理想情况有较大的差异，开环求得的最优点可能偏离实际最优点甚多，甚至可能连约束条件也得不到满足，所以开环控制并不能得到满意的效果。另一种方法即在线最优控制方法，它考虑了环境及扰动条件的变化及数学模型的偏离，从实际生产过程引入反馈，根据偏差情况及时修正，通过对实际系统稳态输出量的检测来校正按实际模型求得的最优控制设定值。此实例中就是采用了这样的方法。图8-84为本例中合成生产装置实施的闭环系统总体实施框图。以下对该结构图作一简单介绍：

合成氨系统优化是建立在机理模型基础上的，它采用系统数学模型的在线修止并运用大系统分解-协调优化算法，以及输出逻辑处理方法，确保安全、有效，实现了在线闭环操作优化控制，获得了令人满意的结果。

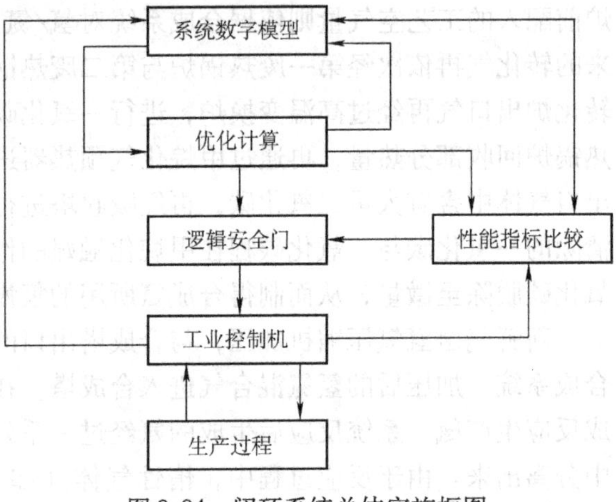

图8-84 闭环系统总体实施框图

1）过程基本模型。它是依据物料平衡、热量平衡与动量平衡建立的微分方程组，通过积分计算获得相应的组分和温度分布。过程基本模型先经离线计算，再通过在线采集部分参数对模型中的部分参数进行校正，以提高精度。

2）简化模型。在基本模型基础上，经过摄动获得不同的输入/输出变量后，再经过数据处理获得简化模型。采取实时闭环方案后，对模型中的个别参数（高次项）再作适当在线修正，满足不同负荷的要求。

3）最优化计算。在简化模型基础上，采用大系统分解-协调优化技术进行优化计算，获得最优的设定点，如一段炉水/碳比、一段炉出口温度、合成氢/氮比等，然后写入相应的数据文件。

4）模型及过程的性能比较和验算。这一部分软件依据采集到的现场实时信息，计算出真实系统的能耗，与根据基本模型计算的能耗进行比较，发出是否对模型中参数进行修正的指令，并与优化计算后的能耗值进行比较发出一个给安全逻辑门的比较指令，决定是否需要进行相应调整。

5）安全逻辑门。这是为在线闭环运行中安全因素而设置的。在将优化设定值送入 DCS 前，要进行步幅、方向、有效性等检验。若在安全范围内，则允许优化计算的设定值安全通过。

6）工业控制机与过程。这里充分利用 DCS 的丰富软件功能，灵活组态，构成有效的先进控制系统，对装置运行进行控制。

对合成氨系统采用了系统数学模型参数的在线修正、大系统最优化算法和输出逻辑处理方法，以每小时为一周期，针对工况实际操作状况指出优化操作方向，并给出关键工艺参数（决策变量）的最优设定值。这些最优值通过通信线路送回到 DCS 作为上位机送来的外设定值。正常操作时，整个系统实现闭环在线优化控制，即工艺操作参数经通信口传输到上位机，上位机根据在线优化程序计算出最优设定值后，传输回 DCS，直接改变关键控制路的设定值，通过控制系统再调整操作工况到优化后工作点操作。该系统以单产能耗最低为目标函数，在外给天然气量确定后，求得最大限度的高产、低耗。

8.9.2 尿素生产过程的控制

20 世纪 60 年代初，水溶液全循环法尿素生产工艺实现了工业化；60 年代末，氨气提法和 CO_2 气提法尿素装置投产成功，使尿素生产技术飞跃发展；80 年代，IDR 法、ACES 法、UTI 法生产装置相继投产，进一步降低了物耗和能耗；90 年代初，双塔高效 HEC 法尿素装置投产。尿素生产已经从常规仪表控制向计算机控制过渡。

传统的采用水溶液全循环法生产工艺，要实现系统高负荷、安全、稳定、长周期运行，使系统介质组分、二氧化碳转化率、尿素产量和消耗达到最佳，关键在于对尿素合成塔、中压吸收塔、解吸塔 3 塔的操作控制。

1. 尿素合成塔的操作控制

某尿素合成塔内置 12 块筛板作为塔板。调节合成塔组分，使其达到最佳运行状态的关键在于调节系统的氨/碳比和水/碳比。

（1）氨/碳比调节

氨/碳比是指反应物氨与二氧化碳的摩尔分数，有时也用过剩氨来表示。控制系统的氨过剩，可以与水结合成 NH_4OH，起到脱水剂的作用，使平衡向生成尿素的方向移动；也可以抑制某些副反应的发生，有利于提高二氧化碳的转化率。根据生产负荷和生产实践，可将合成塔的氨/碳比控制在 3.95 ~4.1。在实际生产过程中，可通过以下方法来判断合成塔氨/碳比的高低。

1）通过合成塔顶、底温度的变化来判断。在氨预热器温度不变的情况下，当系统氨过量时，合成塔顶部温度、底部温度都会降低，若塔顶温度和塔底温度都偏高，说明系统氨不足。但当入塔二氧化碳过量太多时，也会出现塔底温度下降的现象，因此要判断清楚，及时调整。若氨/碳比控制过高，会造成合成塔压力升高，中、低压负荷增大，设备动力消耗增加。

2）根据预分器温度来判断。在正常生产中，预分器温度一般在116.5～117.5℃，若预分器温度高于117.5℃，说明系统负荷过大，二氧化碳过量，应及时调整系统负荷，防止组分失衡。

3）根据分析结果来判断。

（2）水/碳比调节

水/碳比是指进入合成塔的物料中水和二氧化碳的摩尔分数。控制适中的水/碳比是水溶液全循环工艺的根本，也是提高二氧化碳转化率的重要因素之一。在实际操作过程中，如果水/碳比控制不当，系统二氧化碳转化率会下降，从而造成一段循环负荷增加、一分加热器用汽量上升、一甲泵转速增加、二段分解后尿液浓度降低等一系列问题。实际生产中可通过以下方法来判断水/碳比的高低。

1）在系统氨/碳比不变的情况下，若合成塔操作出现底部温度升高、顶部温度下降现象，说明系统水碳比过高。水/碳比过高，会使二氧化碳转化率大幅度下降，系统水平衡遭到破坏，从而造成系统“恶性循环”，这时应尽可能地保持中压吸收塔温度和液位的稳定，适当增加顶、底回流氨量，降低一甲泵转速，减少进合成塔水量，待水/碳比降低后，调整好进塔氨/碳比。

2）在氨/碳比不变的情况下，若塔底温度下降，而塔顶温度升高，则说明系统水少，水/碳比过低。水/碳比过低，也会影响系统的水平衡，造成一甲液浓度增高，引起一甲泵气缚，使中低压操作条件恶化。这时可适当增加一甲泵的转速，增大入合成塔的水量，及时补充一、二冷进液。

3）根据分析结果及时调整好水/碳比。

在日常生产中，只要调整好入塔物料比，塔内温度、压力自成平衡，就可达到较高的二氧化碳转化率。

2. 中压吸收塔的操作控制

中压吸收塔是分解吸收、降低消耗和提高效益的核心设备。分解吸收取决于中压吸收塔的两段——上段精洗段和下段鼓泡段。在实际操作过程中，由中压分解的预精馏气汇集进入中压吸收塔底部鼓泡段。鼓泡段温度的调节是最频繁、最困难的，吸收塔温度不正常往往都是从底部鼓泡段开始。鼓泡段要吸收预分气和精馏气中95%的二氧化碳。吸收塔底部温度一般控制在86～92℃，虽然温度低有利于中压吸收，但会引起一甲液中二氧化碳浓度增加，造成中压吸收塔波动，破坏系统的水平衡并影响合成塔操作；温度高时，气相管出口二氧化碳含量增加，严重情况下会造成二氧化碳上窜，氨冷器堵塞，致使回流氨下流不畅，造成中压吸收塔超温，严重时系统将被迫停车热洗。因此，吸收塔操作控制的好坏直接影响合成塔的组分及二氧化碳转化率的高低。

为了维持中压吸收塔自热平衡，使气相出蒸汽得到冷凝，气相中的二氧化碳含量降到1%以下，加入了回流氨，控制中压吸收塔顶水的浓度在90%～95%。若顶部加氨量少，则使氨的浓度过低，出气温度高，出口气相中水与二氧化碳含量升高；若加氨量过多，氨的浓度过高，则又会使溶解二氧化碳的能力下降，易析出结晶。因此，顶部加氨量不可随意变化，底部回流可随负荷变化而加减。塔顶氨水量以及二甲液返回水量的变化会影响溶液的浓度，带来温度的变化。正常生产情况下，如中压吸收塔精洗段温度上升，要先检查二循二冷